九三
JIUSAN
九三非转基因
产品家族
沃土天成 健康油来

中國貴州茅台酒
500ml
TRADE MARK
KWEICHOW MOUTAI
53% vol
贵州茅台酒
贵州
茅台酒股份有限公司出品
PRODUCE OF
KWEICHOW MOUTAI CO., LTD.
53% vol. 106PROOF. 500mL

香 李錦記 港
HONG KONG
LEE KUM KEE

李锦记自1888年由新会籍乡亲李锦裳先生创办以来，经过四代人的努力，目前以制造优质调味品享誉全球，已成为一个家喻户晓的酱料王国。李锦记集团跨越三个世纪，历经几代人的艰苦奋斗，如今已发展成为世界酱料调味品行业中具领导地位的跨国企业， 各类调味产品达到200余种，分销网络遍布全球超过100个国家和地区。凭借独特的管理文化、严谨的质量监控、优质和创新的产品，加上百年的品牌信誉，令李锦记屡获殊荣，骄人的成就获得外界一致肯定。

李锦记旧庄蚝油
匠心独蕴
创味经典
质量
百分百坚持
容不下半
不完美
李錦記
旧庄蚝油
始创于1888年·SINCE 1888
LEE KUM KEE
PREMIUM OYSTER SAUCE
净含量 510克 NET CONTENT 510 g

中国食品工业集团

中国食品工业（集团）公司（简称“中食集团”，缩写 CFC）创始于 1983 年，是经国家经贸委批准，在原中国食品工业总公司基础上组建的大型国有企业，隶属中国轻工集团公司。

中食集团自成立以来，始终致力于中华民族食品产业的发展，为中华传统食品的产业化、现代化和国际化，提供高层次、专业化的投资、商贸和咨询服务。经过二十多年的努力，现已形成实业投资与食品加工、商贸经营与物流配送、行业咨询与会展培训等三个业务板块，成为中国食品产业中最具有突出特色和影响力的国有服务性集团公司。

在世界经济日益融合的新阶段，中食集团更加注重中华传统文化食品的挖掘和培育，推动并扶植中华食品在营销理念、品质控制和企业管理上与国际接轨，并与国内外食品界同仁一起，共创中华食品的卓越未来。

战略定位

以弘扬中华食品为己任，为我国食品产业的发展，提供高层次、专业化的投资、商贸及咨询服务，并最终成为行业发展的重要引领者和推动者。

投资服务： 以食品行业投资并购服务为重点，通过控股或参股，建立行业先进企业示范；

商贸服务： 以特色原料和优质传统食品商贸服务为重点，通过品牌整合，通路建设，推动行业食品及原辅材料升级；

咨询服务： 以开展政府产业规划、行业技术管理咨询、质量安全认证、杂志传媒、产业论坛培训、会展交流服务为重点，建立产业交流平台，推动行业企业技术和管理进步；

发展目标

成为具有突出特色和影响力，弘扬中华食品产业发展的标志性企业，并具有较完整产业链和行业综合服务能力的创新型集团公司。

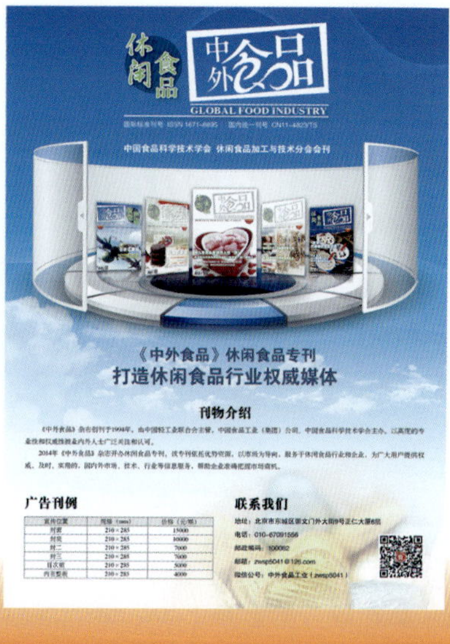

蒙牛®
MENGNIU
只为点滴幸福
Little
Happiness
Matters

用品质垫起奶业新台阶

——石家庄君乐宝乳业有限公司发展纪实

石家庄君乐宝乳业有限公司成立于1995年，经过20年发展，目前已经成为河北省最大的乳制品加工企业，是农业产业化国家重点龙头企业、国家高新技术企业、国家乳品研发技术分中心。公司现有员工近6000人，在河北省石家庄、保定和江苏徐州等地建有13个生产工厂，主要经营酸牛奶、低温乳酸菌饮料、婴幼儿奶粉、纯牛奶等60多个品项。2014年君乐宝完成销售收入50亿元，销售增长率高于行业平均增速一倍以上，低温酸牛奶、乳酸菌饮料市占率居全国第四位。

君乐宝乳业在20年的生产经营实践中，始终将产品质量安全放在经营管理工作的首位，通过全方位的创新探索出了一条积极有益的乳业发展之路。

一、奶源建设是奶业实现安全发展的基础。

奶源是品质管理的基础。为了保证食品安全和充足的奶源供应，君乐宝从奶源入手，将自建牧场及收购、控股大型牧场作为企业发展的重点，目前已经在石家庄、保定等地自建大型现代化牧场六个，此外，君乐宝对所有合作的奶牛养殖场、养殖小区全部采用规模化、标准化、集约化经营管理模式，集中规范化饲养率、机械化挤奶率均达100%。通过严格管控，君乐宝产品所用原奶各项指标全部优于国家标准。特别是君乐宝自有牧场所产原奶的主要指标远远优于欧盟、美国、日本标准。

二、科研创新是企业实现跨越赶超的关键。

自创立以来，君乐宝乳业始终专注于乳制品的研发生产，逐步形成了以益生菌菌株自主开发为核心、多学科整合和多方位联合的“产学研”一体化研究模式。近年来，君乐宝先后完成创新项目150多项，实现成果转化70多项。率先开发了红枣、沙棘酸奶等系列养生产品；开发出国内首款功能性活性乳酸菌饮料——“每日活菌”；此外，君乐宝还在行业内率先推出开啡尔常温酸奶等一系列高附加值新品。公司采集筛选的干酪乳杆菌N1115获得国家发明专利授权，为中国人益生菌研究的自有自主之路取得了突破性进展。

三、大力发展婴幼儿奶粉行业是中国乳业重新振兴的起点。

2014年，君乐宝高标准进军婴幼儿配方奶粉市场。君乐宝婴幼儿配方奶粉完全对标国际品质，所用奶源全部来自自建自控的大型标准牧场，蛋白质、脂肪含量、菌落指数等主要指标优于欧盟标准；主要原辅料全部来自国际奶粉供应链顶级供应商，并逐步要求原辅材料供应商也要具备欧盟认证资质；与中国营养学会合作成立婴幼儿营养研发中心，君乐宝奶粉配方经过中国营养学会专家组验证“具有较高水平”；采用全球一流的生产技术和工艺，追求严格的医药级GMP管理标准，君乐宝奶粉在国内率先实现了全流程可追溯的质量管理体系，确保每一罐奶粉的安全、放心。

2015年，君乐宝奶粉成为全球首家获得欧盟BRC A+顶级认证的婴幼儿奶粉企业，用事实证明国产奶粉已经拥有不输于任何洋奶粉的品质。君乐宝奶粉上市一年多累计销售额已经超过6亿元，消费者群体发展到60万人。

面向未来，君乐宝乳业将进一步强化奶源基地建设，大力发展、做大做强婴幼儿奶粉项目。在此基础上发展成为具有规模化、现代化牧场养殖、奶制品生产销售特别是婴幼儿奶粉的全产业链、全产品线的综合性奶制品企业集团，用品质垫起奶业新台阶。

饮旺时刻
乐享生活
旺~旺
小小
99%
果蔬汁
含量
0泡
果奶味
多种维生素
清爽0脂肪
旺旺
刺
果奶味饮料
清爽0脂肪
青心柠檬味
蔬果一日
旺旺集团™
饮品事业部

四平宏宝莱饮品股份有限公司
Siping Hong Bao Lai Beverages Co., Ltd.

2015年4月28日，庆祝“五一”国际劳动节暨表彰全国劳动模范和先进工作者大会在北京人民大会堂隆重举行。四平宏宝莱饮品股份有限公司董事长卢宪军被授予2015年全国劳动模范荣誉称号。

四平宏宝莱饮品股份有限公司，始建于1992年，2012年按照现代产权制度和治理结构成功实现股份制改造。公司现拥有饮料、冷饮二个产业和四平、北京、南京三个生产基地，市场覆盖东北、华北、华东全部区域及华南部分区域的22个省份和直辖市，现已成为四平市支柱企业，并在2014年获得国家认证认可监督管理委员会认证认可技术研究所颁发的诚信管理体系证书、2015年获得吉林省质量奖。

公司多年来研发和积累了深受行业瞩目和消费者青睐的产品群，生榨系列饮料（2014年荣获吉林省名牌产品）引领行业新趋势，玻璃瓶饮料在所辖销售区域占有率排名第一，花生露饮料（2011年荣获吉林省名牌产品）创造植物蛋白饮料新蓝海；沙冰、沙皇枣雪糕产品成为行业持续火爆单品典范，含有真实新鲜水果果粒、无添加健康诉求的鲜果时光系列成功实现冷饮行业差异化品类占位。

公司成立以来，秉承“诚信、优秀、创新、分享”的经营理念，拓展市场、夯实管理，实现平均每年20%以上的增长速度，向社会诠释着一我们要承担责任。

精彩辉煌的成长历史已经铸就，振奋人心的发展蓝图正在绘制：宏宝莱公司将在新一轮战略周期，抓住中国经济转型新常态的历史机遇，建设出好品牌、好产品、好团队，继续持续快速发展，打造本地区规模、效益、员工满意度等各项指标最优秀的公司！

纯正菜油
邦淇选邦淇
菜籽油
乡间小榨
记忆中的味道
邦淇乡间小榨菜籽油
记忆中的味道
邦淇
石羊食品
400-029-9800
陕西石羊农业科技有限公司西安食品分公司
地址：陕西省西安市经济技术开发区石羊工业园区A20

吃货尽在小王子
产品多多 选择多多
小王子
Potato Chips
薯片
董小姐
焙烤薯片
(膨化食品)
非油炸
萌主战酱
薯条
快乐就是赶走顾虑，做喜欢的事情
小王子
XIAO WANG ZI
浙江小王子食品股份有限公司
ZHEJIANGXIAOWANGZIFOODSHARECO.,LTD
地址：杭州临安小王子路48号小王子食品工业园区
电话：0571-63724881 传真：0571-63737838
http：www.xwz-food.com

金辉煌食品
GOLDEN SPLENDID FOODS

广东金辉煌食品有限公司

—— 用心做食品 以质创未来 ——

【我们在这里】

广东.湛江——这个位于祖国大陆最南端，拥有全国十分之一黄金海岸线的美丽滨海城市，凭借其得天独厚的人文地理条件，成为了雷州半岛上一颗璀璨的明珠。

【我们的品牌】

“金辉煌”——扎根广东湛江的本土品牌，创始于1996年，是一家集品牌连锁酒店、房地产开发、物业管理、食品生产于一体的多元化集团企业，他以无可争议的经营实力和品牌价值，成为了家喻户晓的民心品牌。

【我们的食品公司】

广东金辉煌食品有限公司现代化生产基地位于湛江市麻章区金园路21号，占地面积50亩，总建筑面积达3万多平方米，投资额为1亿多元人民币。主要生产加工各式糕饼、腊味、粽子、速冻食品、各类海鲜干货和各种应节礼品等系列产品，于2014年6月30日盛大落成，这翻开了金辉煌投资集团发展史上崭新的一页。广东金辉煌食品公司引入了国际先进水平的生产设备，采用专业的ISO22000食品安全体系管理，只为打造国家食品高标准的全自动化现代生产基地。金辉煌食品有限公司开业当天，中国食品工业协会副会长——沈虓先生、中国烘培协会秘书长——张辉先生以及来自全国各地的知名企业家都纷纷到场祝贺。中国食品工业协会副会长沈虓先生对金辉煌食品有限公司作出了高度评价，并在开业致辞中这样说到：“参观了广东金辉煌食品有限公司后，无论是厂容厂貌，还是生产车间的硬件设备和生产环境，都让我感到‘非常震撼’，没想到，金辉煌食品有限公司在品质控制和食品质量安全把关上做到如此尽善尽美，完全是按照国家食品最高标准打造的全自动化现代生产基地”。

【我们的生产线】

广东金辉煌食品公司落成后，启动了第一条食品生产线，开始制作中国传统应节食品——中秋月饼，我们在品质控制和食品质量安全把关上做到尽善尽美，在生产车间内，设置有供外人参观的观光通道，我们可以看到整个生产车间每个作业区域都非常的清洁卫生，每个区域的地板颜色也严格区分开来，比如，烘烤区、内包装区、外包装区、凉冻区的地板分别用黄色和绿色区分开来，严格控制人员跨区域作业。更让人放心的是车间的质量安全控制，所有原材料在进入车间前，必须进行质量检测，并做好标识，然后才能进入生区存放，生区车间设有食品级10万级空气过滤及灭菌设备，熟区车间设有药品级1万级空气过滤及灭菌设备，以保证原材料和制作过程中的质量与卫生安全。

继月饼生产之后，金辉煌食品公司启动了第二条食品生产线——广式腊味，我们不仅坚持以传统工艺来制作，我们还坚持只选用新鲜猪肉，无色素、无香精。

金辉煌食品有限公司还将陆续启动其他生产线，生产加工各种糕饼、点心、粽子、速冻食品、各类海鲜干货和各种应节礼品等系列产品。

【我们的承诺】

民以食为天，食品事，没小事！我们将心比心，用实在的心做好品质的食品，用责任的心做绿色健康安全的食品。致力为整个食品加工产业的健康良性发展树立模范和表率。

服务热线：4008-838-868

工厂地址：
广东省湛江市麻章区金园路21号（三佰洋工业园）

广东荣诚食品有限公司

广东荣诚食品有限公司是一家专业精工研发、生产和销售月饼、曲奇、桃酥、馅饼、腐乳饼、粽子等食品的大型企业。荣诚凭借着品牌优势、包装创新优势、产品创新优势、产品质量优势、人才与团队和营销网络优势等6大核心优势，成长为国内月饼行业的领军企业之一。

荣诚食品旗下拥有荣诚月饼、老家潮汕、荣诚曲奇、至爱优品和荣诚饼家等5大品牌。荣诚公司自成立以来一直处于高速的发展状态，“荣诚月饼”品牌深得广大消费者认可，在市场上树立了良好的声誉，跻身国内月饼行业前茅，产品畅销全国各地。

同时，荣诚秉承潮汕传统制饼技艺，将“老家潮汕——潮式月饼”发扬光大，突破传统简单的包装，以独特的地方特色得到全国各地消费者的青睐。唯此精湛潮式月饼制作技艺，方得入选【广东省非物质文化遗产】名录！

而“荣诚曲奇”品牌以高品味及精致典雅的风格深入人心，在目前国内曲奇中一直以稳定的口感及高档的品质著称，上市以来便深受广大消费者的喜爱。

同样以曲奇为主打产品的喜事品牌“至爱优品”，则把传统喜庆文化与现代时尚气息融合于一体，致力打造一个中高端的婚嫁喜事品牌，从而为年轻一代提供现代时尚生活中的“爱的使者”。

经过在烘焙领域十几年不断探索与发展，荣诚厚积薄发全力打造的一个崭新烘焙品牌——“荣诚饼家”，旨在发展成为全国性高端连锁现烤现卖烘焙坊。品牌承袭“荣诚食品”始终如一的卓越品质和细致标准的专业服务，主要经营现烤面包、裱花蛋糕、手工西饼、时尚饮品、中秋月饼、潮汕年货等产品，完美呈现五星级烘焙美味。

荣诚一直坚持“诚信立业，荣耀百年”的企业理念，始终把企业人才与产品质量放在首要的位置，先后聘请多位食品专家作为企业技术顾问，同时建立现代化管理模式，严把产品质量关，使企业在2002年度顺利通过ISO9001国际标准质量体系认证，在2005年通过HACCP国际食品安全控制体系认证，在2008年通过ISO22000食品安全控制体系；并在2005年被评为“广东省著名商标”。在不断发展中，企业先后荣获“中国名饼”、“广东省名牌产品”、“中国烘焙最具竞争力十大品牌”、“国饼十佳”、“中国烘焙最受欢迎食品品牌”等荣誉称号。2011年企业再获殊荣，被评为“中国月饼十强企业”、“中国烘焙最具竞争力十大品牌”，“中国烘焙最具美誉度品牌”。2012年企业没有停下脚步，再攀高峰，被评为“中国烘焙最具影响力十大品牌”、“中国烘焙最具影响力十大OEM企业”、“广东省食品安全先进企业”。

地址：广东省汕头市跃进路23号利鸿基大厦A座写字楼13楼
服务热线：+86-754-88982190 88977588
传真：+86-754-88443163Add.:F/13,Li Hong Ji Office Building A,NO.23 Yuejin Road,Shantou,GuangdongHot Line:+86-754-88982190 88977588
Fax:+86-754-88443163Http://www.rcfood.com E-mail:rc@rcfood.com

宾堡----国际烘焙品牌

1945年冬，墨西哥城的一座小院里诞生了一家面包烘焙作坊，这就是宾堡集团的前身。不懈 的努力和对品质精益求精的追求，成就了宾堡持续稳定的增长。1980年，宾堡在墨西哥证券交易所正式上市。2011年，宾堡正式成为世界烘焙行业领导者，并多年成为福布斯全球最受尊敬的企业之一。如今的宾堡集团专业从事面包、蛋糕、饼干、糖果、巧克力及各种零食的研制和生产，在全球22个国家拥有175家工厂，职员达13万余名，年销售收入达数百亿美元。

▶ 宾堡集团业务覆盖全球22个国家和地区

▶ 宾堡运输车辆穿梭世界各地，为消费者送去新鲜面包

2006年，宾堡（北京）食品有限公司成立，标志着宾堡在中国和亚洲市场开始发力。2009年，在收购了北京知名即食品牌“百万庄园”后，宾堡迈开了深耕中国市场的重要一步。

2010年，知名面包品牌“金红伟”也被纳入宾堡集团。如今，宾堡已建立了以京津冀为核心，辐射全国的市场销售体系，产品畅销多个省市区。

近年来，崇尚健康和追求品质已成为广大消费者选购食品的首要标准。宾堡本着为消费者提供最健康、优质产品的宗旨，在产品研发上始终不遗余力。进军中国后，宾堡每年都有十余种新品面市。2014年4月，宾堡结合中国消费者口味特点，以100%加拿大小麦和欧洲进口黄油、奶油味原料，推出了“更弹更软更香醇”的本色皇家切片，短短数月便风靡京津冀，成为消费者的品质早餐首选。

2015年，宾堡又推出了刷新行业最高标准的全新产品——本色皇家超软切片面包！凭借顶级原料和特殊工艺，皇家超软拥有如同现烤出炉般的超软口感，一上市便深受消费者的喜爱和推崇。

辛勤的付出，终将获得应有的回报：宾堡市场占有率不断提升。根据权威调研机构尼尔森（Nielsen）的报告，2014年半年起，宾堡旗下产品的市场占有率已跃居北京商超渠道冠军！不仅如此，宾堡“本色”子品牌，更被评选为“2014中国食品年度杰出新锐品牌”，这是消费者和市场对宾堡的最大认同！

宾堡也是一家拥有高度社会责任感的现代化企业。通过天然气代替液化气、使用LED灯、改善自然采光板，宾堡工厂每年减少数量可观的二氧化碳排放；100%废水排放都经过处理。此外，宾堡全球标准统一，使用成本更高的可降解环保包装，相比传统塑料袋需至少100年降解时间，新的可降解包装袋只需3–5年即可融入自然生态循环。宾堡人正是通过这点滴努力，在能源节约、水资源保护、土壤保护方面，贡献出自己的一份力量！

2015年，宾堡集团将迎来成立70周年纪念。专注质量，胸怀天下，心系消费者，是宾堡几十年如一日的追求，也是获得成功的基石。未来，宾堡仍将不断创新，努力让更多消费者享受宾堡带来的优质美味和美好生活！

官网地址：www.bimbochina.com

欢迎关注宾堡中国官方微博

欢迎关注宾堡中国官方微信

宾堡·国际烘焙品牌

饭后来一瓶
消化好
秋林·格瓦斯
面包发酵饮料
净含量:350ml
1000
1000年以前，俄罗斯祖先开始研制格瓦斯饮料。
KBAC
1900
1900年俄国商人随着中东铁路的修建，把格瓦斯饮料制作工艺带入哈尔滨。
东北畅销饮料 秋林·格瓦斯

你的能量
超乎你想象
REDBULL
RedBull
红牛
RedBull
红牛
RedBull
红牛
净含量:250毫升
红牛维生素功能饮料
保健食品
卫食健字(1997)第327号
中华人民共和国卫生部批准
红牛维生素功能饮料　京食健广审（文）第2015040068号
不适宜人群：少年儿童　注意事项：本品不能代替药物
每日2罐
广告创意

订婚宴
百日宴
金婚宴
红花郎官方微信
健康饮酒
健康生活
幸福时刻·红花郎
人生中总会遇到那个值得珍惜的人，在值得纪念的日子，总有那些幸福的、喜庆的、
重要的时刻，想让我们开启一瓶酒，一起成长的好酒，一瓶可以承载我们故事的红花郎酒，尽情分享！
红花郎(10)
53%vol、39%vol
500ml
红花郎（15）
53%vol、39%vol
500ml
青花郎
53%vol、39%vol
500ml
酱香典范·红花郎
CLASSIC SOY SAUCE FLAVOR · HONG HUA LANG
郎酒集团
LANGJIU GROUP
www.langjiu.cn

滨河集团

人至诚　酒至醇　业至远

甘肃滨河食品工业集团有限责任公司，是在成立于1984年的滨河酒厂的基础上组建而成的。后经几十年的不断拓展、创新和提升，滨河集团已于2003年以卓越的绩效强势跻身中国白酒工业100强，位列第41名，同年被省政府确立为甘肃省60家重点工业企业。

滨河集团的核心产业是白酒和葡萄酒，年生产能力均为1万吨。公司在具有显著地理优势的甘肃张掖、四川蒲江共建立了3个酿酒基地，从而具备同时生产酱香、浓香、清香、九粮香、芝麻香等优质白酒和优质葡萄酒的工艺技术实力。由滨河集团独创的“九粮九轮酿造技术工艺”获得了国家专利，成为拥有自主知识产权的核心技术，填补了陇酒没有自主知识产权的空白，极大地推动了中国白酒技术的发展。公司白酒产品主要有九粮香型的滨河九粮王、滨河九粮液、九酿滨河、陇派，酱香型的九粮国风，芝麻香型的九味国香等。有机干红葡萄酒产品主要有国风赤霞珠、黑比诺、梅鹿辄等。滨河集团所取得的卓越绩效，得到各级政府和部门的高度评价，先后荣获“全国轻工行业做出突出贡献先进集体”、“甘肃省优秀企业”、“甘肃省纳税先进集体”、“甘肃省实施卓越绩效模式先进企业”、“张掖市人民政府质量奖”、首届“甘肃省履行社会责任示范单位”、“全国质量和服务诚信优秀企业”等200多项荣誉。

滨河集团将秉承“人至诚　酒至醇　业至远”的核心价值观，为打造享誉全国 独树一帜的知名企业而努力奋斗。

【九粮香型白酒】

九酿滨河

九粮酿造·9倍绵柔

滨河集团

中国的·世界的
五粮液
WULIANGYE FOR CHINA
FOR THE WORLD
六大特有优势
一瓶五粮美酒
SIX UNIQUE SUPERIORITIES
A BOTTLE OF MELLOW LIQUOR
得天独厚的自然生态环境，保证了数百种发酵微生物和谐共生；
600多年的明初古窖，五粮液沿用至今，香醉了时光；
萃取五粮精华，成就各味协调、恰到好处的酒体风格；
独有的传统酿造工艺，决定了五粮液品质取胜的关键；
和谐文化的至高境界，使五粮液成为中华文化的典型代表；
十里酒城的企业规模，铸就了761.26亿元的食品行业领先品牌
Unique natural environment makes Wuliangye outstanding.
In unique and more than 600-year-old cellars, the microorganisms multiplied from early Ming Dynasty to the present and never stopped.
Unique prescription of five grain brews perfect world' s famous liquor Wuliangye.
Unique brewing technology forms a special microorganism circle at Wuliangye Group.
Unique taste makes Wuliangye become the outstanding representative of Chinese culture.
Unique Ten-Mile Liquor Town makes Wuliangye become the leader in food industry with 76.126billion Yuan brand value.
五粮液
中国 名酒
五粮液
WULIANGYE YIBIN CO.,LTD.
www.wuliangye.com.cn

中国食品工业年鉴

CHINA FOOD INDUSTRY YEARBOOK

2015

（总第27部）

主编　刘治

中华书局

图书在版编目（CIP）数据

中国食品工业年鉴 . 2015 /《中国食品工业年鉴》编辑委员会编 .—北京 : 中华书局 , 2016.1

ISBN 978-7-101-11417-1

Ⅰ . 中… Ⅱ . 中… Ⅲ . 食品工业 – 中国 – 2015 – 年鉴 Ⅳ . TS2-54

中国版本图书馆 CIP 数据核字 (2015) 第 294859 号

责任编辑：朱慧

中国食品工业年鉴

CHINA FOOD INDUSTRY YEARBOOK

2015

（总第 27 部）

中国食品工业年鉴编辑委员会　编

*

中 华 书 局 出 版

（北京市丰台区太平桥西里 38 号　100073）

http: // www. zhbc. com. cn

E–mail: zhbc@zhbc. com. cn

廊坊华昌印刷厂印刷

*

787 * 1092　1/16　34 印张　10 插页　2260 千字

2015 年 12 月第 1 版　2015 年 12 月第 1 次印刷

印数：1–20000 册　定价：680.00 元（人民币）

ISBN 978-7-101-11417-1

《中国食品工业年鉴》（2015）编辑委员会

编　委

特约撰稿人

赵　奕	中国粮食行业协会处长
闫卫民	中国糖业协会副理事长
高　观	中国肉类协会副秘书长
高宏泉	中国水产学会副处长
朱念琳	中国焙烤食品糖制品工业协会理事长
刘美菊	中国乳制品工业协会副理事长
梁仲康	中国罐头工业协会理事长
李晓燕	中国生物发酵产业协会秘书长
白　燕	中国调味品协会常务副会长
宋占京	中国盐业协会副秘书长
薛　毅	中国食品添加剂生产应用工业协会秘书长
吴月芳	中国食品工业协会豆制品专业委员会秘书长
王延才	中国酒业协会理事长
李亚丽	中国食品工业协会啤酒专业委员会秘书长
赵亚利	中国饮料工业协会理事长
王　庆	中国茶叶流通协会常务副会长

（排名不分先后）

编辑说明

一、《中国食品工业年鉴》是由中国食品工业协会主管和主办的，是中国食品工业纪年性、资料性的大型工具书，《中国食品工业年鉴（2015）》为总第27部。

二、为保持《中国食品工业年鉴》的连续性，《中国食品工业年鉴（2015）》的结构体例与以前《中国食品工业年鉴》大体一致，部分篇幅做了如下增改：

1、随着我国消费水平进一步的提高，食品消费从主食占绝对比例向休闲比例进一步加大的方向发展，休闲食品在家庭支出中所占比例进一步提高，因此，在本部《年鉴》专论部分对休闲食品从不同的方面进行了论述。

2、为了便于研究中国食品工业区域食品经济发展情况，从《中国食品工业年鉴（2015）》开始，《年鉴》地方篇按照东部、中部、西部、东北部、台湾地区进行排序。

3、本部中刊录的专论、附录，原文照登，不再作技术处理。

三、《中国食品工业年鉴（2015）》中的统计数字，以国家统计局提供的数据为准，“同比”表示“与上(去)年同期相比”。统计数据中未包括香港、澳门特别行政区和台湾地区数据。

四、《年鉴》中每部分撰稿人的署名一律在条目之后。

五、本部《年鉴》的组稿、编纂、出版等工作，得到了中央和地方有关部门、中国食品行业各专业协会、地方食品工业协会（办公室）、中国食品工业协会专业委员会、《中国食品工业》杂志社、中华书局等单位的大力支持和帮助，谨此表示衷心的谢意！

《中国食品工业年鉴》编辑部

目 录

第一部分 综 述

1.1 食品工业“十二五”期间的发展状况 2
1.2 2014年食品工业经济运行综述 6
1.3 2014年食品工业大事记 8

第二部分 行业分述

行业类别名称以国民经济行业分类与代码（GB/T4754—2011）为准

2.1 制糖业 14
【a.概况】 14
【b.市场】 15
【c.食糖进出口贸易】 16
【d.技术进步工作】 16
【e.制糖行业质量与标准化工作】 17
【f.参与完成有关部委产业政策修改完善工作】 17
【g.行业新闻】 17
2.2 屠宰及肉类加工 19
【a.概况】 19
【b.主要经济指标】 19
【c.行业发展分析】 19
【d.行业面临的问题】 23
【e.发展趋势】 25
【f.政策建议】 26
2.3 水产品加工 27
【a.概况】 27
【b.行业面临的问题】 29

目 录

【c.发展趋势】 30
【d.政策建议】 30
2.4 淀粉糖及淀粉制品制造 32
【a.概况】 32
【b.淀粉产量】 32
【c.变性淀粉产量】 33
【d.淀粉糖产量】 34
【e.多元醇产量情况】 34
【f.进出口情况】 35
【g.多元醇产品进出口情况】 37
【h.淀粉进出口情况】 38
【i.淀粉糖（醇）面临的问题】 39
【j.发展方向】 40
【k.应用新技术、新装备提高市场竞争力】 40
【l.主要工作】 41
2.5 豆制品制造 42
【a.概况】 42
【b.规模企业主要产品状况】 43
2.6 焙烤食品制造 45
【a概况】 45
【b.主要经济指标】 45
【c.行业发展分析】 46
【d.行业面临的问题】 48
【e.发展趋势】 49
2.7 方便面 50
【a.概况】 50
【b.主要经济指标】 50
【c.行业发展分析】 50
【d.发展趋势】 51
2.8 速冻食品 53

【a.概况】……53
【b.主要经济指标】……53
【c.行业发展分析】……53
【d.行业面临的问题】……54
【e.发展趋势】……55
【f.政策建议】……55
2.9 乳制品制造……56
【a.概况】……56
【b.行业集中度及大型骨干企业情况】……58
【c.价格】……58
【d.乳制品进出口】……59
【e.产品质量】……60
【f.婴幼儿配方乳粉重新进行生产许可】……60
【g.乳制品行业国内收购、投资及合资合作情况】……60
【h.行业年度会议】……61
2.10 罐头食品制造……62
【a.概况】……62
【b.主要经济指标】……62
【c.行业发展分析】……62
【d.行业面临的问题】……66
【e.发展趋势】……67
【f.政策建议】……67
2.11 调味品……68
【a.概况】……68
【b.主要经济指标】……68
【c.行业发展分析】……68
【d.行业面临的问题】……71
【e.发展趋势】……71
【f.政策建议】……72
2.12 发酵制品制造……73

目 录

【a.概况】 73
【b.主要经济指标】 73
【c.行业发展分析】 73
【d.主要问题】 75
【e.发展趋势】 75
【f.政策建议】 75
2.13 发酵制品（酶制剂）工业 77
【a.概况】 77
【b.行业发展特点】 77
【c.行业活动】 78
2.14 生物发酵（氨基酸）工业 79
【a.概况】 79
【b.主产品生产情况】 79
【c.产品进出口情况】 80
【d.行业存在的主要问题】 80
【e.应对措施及工作重点】 81
【f.行业活动】 81
2.15 有机酸工业 82
【a.概况】 82
【b.存在问题】 85
【c.行业发展建议】 85
【d.柠檬酸分会工作】 86
2.16 营养与保健食品制造 87
【a.概况】 87
【b.基本监管情况】 88
【c.行业面临的问题】 89
【d.发展趋势】 89
【e.政策建议】 90
2.17 盐加工 91
【a.概况】 91

【b.协会工作】 91
2.18 食品及饲料添加剂制造 92
【a.概况】 92
【b.主要经济指标】 92
【c.行业面临的问题】 96
【d.发展趋势】 96
【e.政策建议】 97
2.19 酒的制造 98
【a.概况】 98
【b.主要经济指标】 98
【c.行业发展分析】 99
【d.行业面临的问题】 101
【e.发展趋势】 103
【f.政策建议】 104
2.20 啤酒制造 105
【a.概况】 105
【b.主要经济指标分析】 105
【c.主要技术指标比较】 109
【d.品牌与创新】 110
【e.产业结构趋向合理，扩张整合趋势持续减缓】 111
【f.中国啤酒持续稳健发展前景】 112
【g.中国啤酒工业发展中需要面对的工作和问题】 113
2.21 饮料制造 115
【a.概况】 115
【b.行业面临的问题】 117
【c.发展趋势】 118
【d.政策建议】 119
2.22 精制茶加工 120
【a.概况】 120
【b.2015年我国茶叶形势分析及预测】 123

【c.2015年全年茶叶产销形势预测】 127
2.23 休闲食品 128
《中国休闲食品行业发展状况》报告 128
2014年中国传统特色小品类休闲食品行业发展现状及趋势研究 131
国内休闲肉制品现状与展望 136
休闲方便食品的研究与探讨 140
休闲蔬菜制品味道发展趋势 142
休闲食品产业发展的几点建议 144

第三部分 地方分述

包括东部（9个）直辖市、省，中部（6个）省，西部（9个）自治区、省、直辖市，东北部（3个)省，台湾地区

3.1 北京市 148
【a.概况】 148
【b.协会工作】 148
【c.主要经济指标】 149
3.2 天津市 151
【a.概况】 151
【b.协会工作】 152
【c.食品工业动态】 152
【d.主要经济指标】 152
【e.先进企业】 153
【f.天津市食品工业50强企业名单】 154
【g.食品安全】 154
3.3 河北省 156
【a.概况】 156
【b.主要产品产量增长放缓】 156
【c.大事记】 157
【d.科技进步和科研成果】 158
【e.名优食品】 158

3.4 上海市 161
【a.概况】 161
【b.协会工作】 164
【c.主要数据】 164
3.5 江苏省 169
【a.概况】 169
【b.大事记】 170
【c.固定资产投资】 170
【d.行业管理】 171
【e.江苏名牌产品】 171
【f.江苏省著名商标】 172
【g.长三角地区名优食品】 175
【h.主要经济数据】 176
3.6 浙江省 179
【a.概况】 179
【b.存在问题】 179
【c.浙江加强食品安全基层网络建设】 180
【d.承办中国食品科学技术学会第十一届年会】 180
【e.开展全省食品安全百日严打行动】 180
【f.食品诚信管理体系建设走在全国前列】 181
【g.主要企业及产品】 182
3.7 福建省 186
【a.概况】 186
【b.主要经济指标（数据）】 186
【c.食品安全监督】 187
【d.食品科技】 189
【e.发展规划】 189
【f.主要任务】 190
【g.协会工作】 190
【h.荣誉版】 190
3.8 山东省 193

目 录

【a.概况】 193
【b.行业动态】 193
【c.大事记】 194
【d.品牌建设和创优工作】 194
【e.市场开拓】 202
【f.科技进步和科研成果】 202
【g.主要经济指标（数据）】 202
3.9 广东省 204
【a.概况】 204
【b.大事记】 205
【c.主要经济指标（数据）】 207
【d.主要产品产量】 208
【e.重点企业和名优产品】 209
【f.食品安全】 216
【g.品牌建设】 217
【h.产业园区】 217
【i.食品科技】 217
【j.国际交流和市场开拓】 220
【k.国家、地区、行业标准】 220
3.10 山西省 223
【a.概况】 223
【b.大事记】 223
【c.先进企业和名优产品】 224
【d.协会工作】 224
【e.山西省通过食品工业企业诚信信息公共平台认证企业】 224
【f.主要经济指标】 225
3.11 安徽省 226
【a.概况】 226
【b.重点行业运行情况】 226
【c.存在问题】 226

3.12 江西省 228
【a概况】 228
【b.大事记】 229
【c.行业管理】 229
【d.政策、法规】 230
【e.科技创新】 230
【f.品牌建设】 231
【g.主要经济指标（数据）】 231
3.13 河南省 232
【a.概况】 232
【b.大事记】 232
【c.河南省2014年度百强百高企业】 233
【d.中国驰名商标名单】 233
【e.2014年新认定的河南省著名商标名单】 234
【f.河南省第十二届（2014年度）名优月饼名单】 236
3.14 湖北省 238
【a.概况】 238
【b.存在的主要困难和问题】 239
【c.2015年全省食品工业发展趋势及预期】 239
3.15 湖南省 240
【a.概况】 240
【b.行业发展的主要特点】 240
【c.主要作用和地位】 241
【d.行业大事记】 241
【e.先进企业与名优产品】 242
3.16 内蒙古自治区 245
【a.概况】 245
【b.行业动态】 245
【c.主要经济指标（数据）】 245
【d.食品安全】 247

目 录

3.17 四川省 249
【a概况】 249
【b.食品安全】 250
3.18 贵州省 251
【a.概况】 251
【b.大事记】 252
【c.食品工业主要产品产量】 253
【d.主要经济指标】 253
【e.先进企业和名优产品】 253
【f.市场开拓和产品开发】 255
【g.科技进步和科研成果】 255
3.19 云南省 256
【a.概况】 256
【b.运行情况】 256
【c.运行特点】 256
【d.招商引资】 257
【e.协会工作】 257
3.20 陕西省 259
【a.概况】 259
【b.行业运行特点】 259
【c.大事记】 259
【d.强化服务宗旨】 260
【e.“十二五”规划中期评估】 261
【f.先进企业和名优产品】 262
【g.市场开拓和产品开发】 262
【h.国际交流】 262
【i.科技进步和科研成果】 263
3.21 甘肃省 264
【a.概况】 264
【b.主要经济指标】 264

【c.主要产品产量】 264

3.22 青海省 266

【a.概况】 266

【b.主要产品产量】 266

【c.大事记】 266

【d.“十二五”中期评估及展望】 267

【e.名优企业及产品】 268

3.23 宁夏回族自治区 269

【a.概况】 269

【b.行业情况】 269

3.24 重庆市 271

【a.概况】 271

【b.食品工业动态】 271

【c.新的政策、法规】 272

【d.主要产品产值】 272

3.25 辽宁省 274

【a.概况】 274

【b.行业分析】 275

【c.酒类产业】 275

【d.诚信体系建设】 276

【e.品牌建设】 276

【f.食品安全】 277

【g.协会动态】 277

【h.小资料】 277

3.26 吉林省 280

【a.概况】 280

【b.行业动态】 280

【c.区域特色】 281

【d.食品安全】 281

3.27 黑龙江省 283

【a.概况】 ……283
【b.食品工业发展重点】 ……283
【c.食品工业发展需求】 ……283
【d.行业工作】 ……284
3.28 台湾地区 ……285
【a.概况】 ……285
【b.食品产业发展趋势】 ……286

第四部分　数据统计

2014 年主要原料产品产量 –1 ……288
2014 年主要原料产品产量 –2 ……289
城镇居民家庭平均每人全年购买主要商品数量……290
出口主要食品数量和金额……290
分地区农副食品加工业主营业务收入及利润总额……291
分地区食品制造业主营业务收入及利润总额（当年价）……292
分地区烟草制品业主营业务收入及利润总额（当年价）……293
分地区酒、饮料和精制茶制造业总产值及其比例（当年价）……294
2014 年分地区酒饮料精制茶制造业经济指标……295
2014 年全国分地区农副食品加工业主要经济指标 ……296
2014 年全国分地区食品制造业主要经济指标……297
2014 年全国分地区烟草制品业主要经济指标……298
居民消费价格分类指数……299
农产品生产价格指数……300
分行业食品工业生产者出厂价格指数 ……300
分行业食品工业固定资产投资 –1 ……300
分行业食品工业固定资产投资 –2 ……301
分行业食品工业固定资产投资 –3 ……301
分行业食品工业固定资产投资及新增固定资产……301
分行业食品工业固定资产投资及新增固定资产……301
分行业食品工业资产及负债……302
分行业食品工业主营业务收入和主营业务成本……302

各地区城镇居民家庭平均每人全年现金消费性支出 –1 303
各地区城镇居民家庭平均每人全年现金消费性支出 –2 304
各地区城镇居民家庭平均每人全年现金消费性支出 –3 305
各地区城镇居民家庭平均每人全年现金消费性支出 –3 306
各地区城镇居民家庭平均每人全年现金消费性支出 –4 307
进口主要食品数量和金额........ 308
2014 年酒、饮料和精制茶制造业主要经济指标 –1 308
2014 年酒、饮料和精制茶制造业主要经济指标 –2 309
新增主要产品生产能力........ 310
分行业分经济类型食品工业主要经济指标 –1 310
分行业分经济类型食品工业主要经济指标 –2 315
分行业分经济类型食品工业主要经济指标 –3 319
分行业分经济类型食品工业主要经济指标 –4 323
分行业分经济类型食品工业主要经济指标 –5 327
分行业分经济类型食品工业主要经济指标 –6 331
分行业分经济类型食品工业主要经济指标 –7 335
分行业分经济类型食品工业主要经济指标 –8 339
分行业分经济类型食品工业主要经济指标 –9 344
全国食品工业主要产品产量 (W) 348
2010 ~ 2014 年分地区食品工业主要产品产量 –1 349
2010 ~ 2014 年分地区食品工业主要产品产量 –2 350
2010 ~ 2014 年分地区食品工业主要产品产量 –3 351
2010 ~ 2014 年分地区食品工业主要产品产量 –4 352
2010 ~ 2014 年分地区食品工业主要产品产量 –5 353
2010 ~ 2014 年分地区食品工业主要产品产量 –6 354
分行业食品工业能源消费总额........ 355
限额以上批发和零售业商品销售类值........ 355
分行业大中型食品工业企业研究与试验发展（R&D ）情况 –1........ 356
分行业大中型食品工业企业研究与试验发展（R&D ）情况 –2........ 356
分行业大中型食品工业企业新产品开发及生产情况........ 356
分行业大中型食品工业企业专利情况 –1（件） 356
2014 年食品制造业主要经济指标（件） 357
2014 年食品制造业主要经济指标 –2（件） 358
2014 年烟草制品业主要经济指标 –1 359
2014 年烟草制品业主要经济指标 –2 360
2014 年全国各省市食品工业主要经济指标 361

第五部分　附录

5.1 部分国家食品产业发展现状分析 364
5.2 中国食协[2015]号关于发布2014年度中国食品工业百强企业和重点行业十强企业的通知 369
5.3 2011—2013年度“中国食品工业协会科学技术奖”获奖项目名单 376
5.4 调味品食品安全追溯系统的建立与应用 380
5.5 质量为本 品牌为先 创新驱动——蓬勃发展的荣成海洋食品产业 388
5.6 中国白酒中青年专家——贡献文 391
5.7 中国白酒评酒大师——高连华 392

第一部分

综　述

1.1 食品工业“十二五”期间的发展状况

中国食品工业协会常务副会长　刘　治

“十二五”期间，面对国际国内复杂多变的经济环境，在国内经济下行压力加大、增速放缓的形势下，全国食品工业认真落实中央加强和改善宏观调控，坚持“稳中求进”的总方针，顺应市场变化，推进结构调整，生产平稳增长，产业规模继续扩大，经济效益持续提高，组织结构不断优化，区域经济协调发展，食品安全总体稳定。

一、食品工业规模效益稳定增长

“十二五”期间，食品工业在满足市场需求、转变方式、优化产业升级的基础上，继续保持行业稳定健康增长。

2014 年，我国规模以上企业食品工业主营业务收入 108933 亿元，比 2010 年的 63080 亿元增长了 72.7%，年均递增约 14.6%。

2014 年，食品工业上缴税金总额 9241.55 亿元，比 2010 年增长 79.9%，年均增长 14.8%；食品工业实现利润总额 7581.46 亿元，比 2010 年增长 95.1%，年均增长 18.2%。

食品工业总产值占全国工业总产值的比重由 2010 年的 8.8% 提高到 2014 年的 10.0%，与农业总产值之比由 2010 年的 0.88:1 提高到 2014 年的 1.05:1，食品工业在国民经济中的支柱产业地位进一步提升。

二、企业组织结构不断优化

“十二五”期间，食品工业企业不断发展壮大，生产集中度进一步提升。根据我会统计，2010 年，超过百亿元的食品工业企业有 27 家，截至 2014 年，全国达到和超过这一规模的食品工业企业有 54 家，超额完成了“十二五规划”中提出的百亿元食品工业企业超过 50 家的发展目标。

2014 年，大中型食品工业企业共计 5789 家，占规模以上食品工业企业数的 15.4%；完成主营业务收入占全行业的 54.0%；实现利润总额占全行业的 62.9%；上缴税金占全行业的 83.2%。

三、固定资产投资保持快速增长

“十二五”期间，全国食品工业固定资产投资保持快速增长，产能大幅增加，产品结构得到调整，工业自动化水平进一步提高，食品企业更加重视节能环保低碳经济，促进了循环经济和可持续发展。2011 年—2014 年累计完成固定资产投资总额 57363.2 亿元，比“十一五”期间增加 34315.7 亿元，增长 148.9%。

2014 年，全国食品工业完成固定资产投资 18698.9 亿元，比 2010 年增长 161.8%，年均增长 27.2%；全国食品工业总资产 6.58 万亿元，比 2010 年增长 66.6%，年均增长 13.6%。

食品工业是最早开放的竞争性行业之一，经过多年发展，食品工业企业已经适应了按市场经济方式解决企业发展资金问题。目前，食品工业固定资产投资额的 88% 是由企业自筹资金解决的，国家预算内资金、利用外资等其他资金来源只占到全部投资的12%。

四、区域经济均衡协调发展

“十二五”期间，在中央一系列区域发展政策指导下，食品工业区域经济逐渐趋向均衡协调发展。

东部地区继续保持了领先和优势的地位，2014年，东部地区实现了食品工业主营业务收入4.59万亿元，比2010年的3.26万亿元增长40.8%；东部地区的山东省2014年食品工业总产值1.68万亿元，一直以来稳居各地区首位。

中部地区借助农业资源优势，努力将其转化为产业优势，迅速崛起；2014年中部地区实现食品工业主营业务收入2.92万亿元，比2010年的1.45万亿元增长101.4%；河南、湖北、湖南三省食品工业主营业务收入比上年分别增长12.2%、12.5%、7.1%，其中，河南省2014年实现食品工业主营业务收入9631.55亿元，自2010年起连续4年居各地区第二位。

西部地区借助政策优势快速发展，2014年，西部地区实现食品工业主营业务收入2.06万亿元，比2010年的1.20万亿元增长71.7%。从增长速度上看，“十二五”期间，中部最快，西部次之。2010年，东部、中部、西部、东北地区食品工业主营业务收入在全国食品工业主营业务收入中的比例分别为45.1:22.9:19.4:12.6，到2014年时则变化为42.1:26.8:18.9:12.2。

中西部和东北地区食品工业主营业务收入占全国的比重由2010年的48.34%提高到2014年的57.89%，基本实现“十二五规划”目标。

五、对外贸易总体水平发展较快

“十二五”期间，2011年—2014年累计实现食品进出口贸易总额5806.6亿美元，比“十一五”期间累计增长52.4%，年均增长11.1%。食品出口四年累计2256.1亿美元，比“十一五”期间的1750.4亿美元增长28.9%；进口累计3550.5亿美元，比“十一五”期间的2060.3亿美元增长72.3%。

“十一五”期间，食品进口量、值快速增长，食品进出口贸易已由顺差转变成逆差，“十二五”期间食品进出口贸易逆差进一步扩大，2011年—2014年贸易逆差分别为194.5亿美元、331.8亿美元、372.6亿美元、395.5亿美元。主要原因是中国进口大宗商品（粮食、油料、油脂等）量、值不断创出新高，加之对乳制品和肉及肉制品食品进口的大幅增长，导致食品进出口贸易逆差进一步扩大。

2014年，食品进口金额998.8亿美元，比2010年增长66.9%，年均增长13.7%；食品出口金额603.3亿美元，比2010年增长33.7%，年均增长7.5%。

六、食品安全总体稳定向好

民以食为天，食以安为先。食品安全事关人民群众身体健康和生命安全，事关国家形象和企业信誉，是行业生存发展的根本。“十二五”期间，在党中央、国务院高度重视和各有关部门加强食品安全监管力度，以及各地区和全社会的共同努力下，我国食品安全形势总体稳定并保持向好趋势。

七、食品工业重点行业发展情况

1、粮食加工业

粮食加工业转化农产品数量大，产业关联度高，“十二五”期间保持较快增长，生产总量迈上新台阶。

2014年，全国规模以上粮食加工企业有6061家，实现主营业务收入12571.51亿元，比2010年增长98.4%，年均增长18.7%。全国规模以上粮食加工企业生产大米13042.82万吨，比2010年增长58.2%，年均增长12.2%；生产小麦粉14116.02万吨，比2010年增长39.5%，年均增长8.7%。

2、食用油加工业

我国是食用植物油生产和消费大国。“十二五”期间，我国食用油加工技术水平已达到国际先进水平，主营业务收入、资产总额等主要经济指标再创历史新高。

2014年，全国食用植物油产量6534.13万吨，比2010年增长66.9%，年均增长13.7%；实现主营业务收入10369.98亿元，比2010年6076.80增长70.6%，年均增长14.3%。

3、乳制品制造业

“十二五”期间，乳制品制造业在整顿和调整中实现恢复性增长，行业诚信建设、安全生产能力得到提高，但全行业仍处于转型发展期。

2014年，全国乳制品制造业完成主营业务收入3297.73亿元，比2010年增长67.8%，年均增长13.8%；乳制品产量2651.81万吨，比2005年2159.39增长22.8%，年均增长5.3%。

4、酿酒工业

酿酒工业是我国历史最悠久的传统工业之一，也是世界酒类品种最全、产业规模最大的国家。“十二五”期间酿酒行业在经历“十一五”高速发展后，逐步向“理性变革、力求稳健”发展，产业结构、生产规模和科技水平发生显著变化。

2014年，全国葡萄酒制造业实现主营业务收入420.57亿元，比2010年309.5增长35.9%，年均增长8.0%；葡萄酒产量116.10万千升，比2010年增长6.6%，年均增长1.6%。全国黄酒制造业实现主营业务收入158.56亿元，比2010年增长35.8%，年均增长7.9%。全国啤酒制造业实现主营业务收入1886.24亿元，比2010年增长46.2%，年均增长10.0%；啤酒产量4921.85万千升，比2010年增长了9.8%，年均增长2.4%。

2014年，白酒制造业实现主营业务收入5258.89亿元，比2010年增长94.2%，年均增长18.0%；白酒产量1257.13万千升，比2010年增长了60.2%，年均增长12.5%。白酒行业积极开展科技创新、节粮降耗，进行产业转型升级，成为拉动当地经济建设和发展的重要产业。

5、屠宰及肉类加工业

2014年，全国规模以上屠宰及肉类加工企业3786家，实现主营业务收入12874.01亿元，比2010年增长72.6%，年平均增长14.6%；畜禽屠宰业生产鲜冻肉3903.44万吨，比2010年2116.8增长84.4%，年平均增长16.5%；肉制品加工业实现主营业务收入4225.13亿元，比2010年增长42.2%，年均增长9.2%。

1.2 2014 年食品工业经济运行综述

中国食品工业协会副会长兼秘书长　沈　篪

2014 年，我国食品工业总体保持了平稳健康发展。食品工业全年运行呈现“增长稳定，价格平稳，效益提高，结构改善”的格局。食品工业以占全国工业 7.1% 的资产，实现了占比 10.0% 的主营业务收入，创造了占比 11.7% 的利润总额，上缴税金占全国工业的 19.1%，食品工业继续成为拉动内需增长的主体和国民经济发展的重要支柱产业。

一、工业生产平稳增长，增速继续回落

据国家统计局提供数据，2014 年，37607 家规模以上食品工业企业增加值按可比价格计算同比增长 7.8%，比全国工业低 0.5 个百分点，增速同比回落了 1.3 个百分点。若不计烟草制品业，食品工业增加值同比增长 7.6 %。

全年食品工业生产低位开局后逐步回升，5 月份增加值增速达到 10.5%，也是全年的最高值，5 月份后缓慢回落，期间有一些波动，全年月度工业增加值最低 5.3%，出现在 11 月份。

分行业看，农副食品加工业同比增长 7.7%，食品制造业同比增长 8.6%，酒、饮料和精制茶制造业同比增长 6.5%，烟草制品业同比增长 8.2%。

经测算，全年食品工业完成工业增加值占全国工业增加值的比重达到 11.9%，同比提高 0.3 个百分点，对全国工业增长贡献率 11.0%，拉动全国工业增长 0.9 个百分点。食品工业保持了国民经济重要支柱产业地位。

图 1　2014 年食品工业月度增加值增速

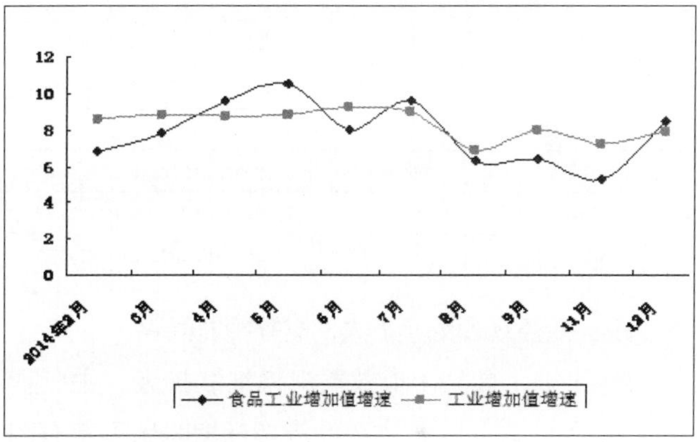

二、产销衔接良好

按照国家统计局食品工业 4 大类行业产销情况统计，全年农副食品加工业产品销售率 97.8%，食品制造业销售率 97.6%，酒、饮料和精制茶制造业 95.9%，烟草制品业 99.0%。农副食品加工业产销率与去年同期持平，其他 3 个行业产销率同比有所回落。

从全国食品 21 种主要品种产量来看，16 种食品产量增长，5 种食品产量下降，糖果、酱油产量增长超过 10%。部分产品由于行业调整或者受进口产品冲击，产量有所下滑。

表 1　2014年食品工业主要产品产量

万吨、万千升、亿支

产品名称	12月产量	同比增长（%）	全年产量	同比增长（%）
小麦粉	1358.32	3.13	14116.02	4.76
大　米	1300.04	5.49	13042.82	7.36
精制食用植物油	659.22	1.42	6534.13	6.65
成品糖	354.42	−2.06	1660.09	4.20

产品名称	12月产量	同比增长（%）	全年产量	同比增长（%）
鲜、冷藏肉	369.43	0.58	3903.44	4.86
冷冻水产品	84.89	-1.99	857.57	5.39
糖 果	40.06	22.84	362.41	13.84
速冻米面食品	56.82	-2.25	528.26	-3.93
方便面	90.90	-7.54	1025.64	-1.55
乳制品	232.44	-4.74	2651.81	-1.23
罐 头	118.33	3.92	1171.89	4.70
酱 油	100.48	20.52	938.83	10.63
冷冻饮品	16.37	11.54	308.57	-0.66
食品添加剂	64.10	19.59	682.90	7.95
发酵酒精	97.81	0.55	984.28	7.69
白酒(折65度，商品量)	131.71	-2.56	1257.13	2.75
啤 酒	242.10	-17.18	4921.85	-0.96
葡萄酒	11.89	5.29	116.10	2.11
软饮料	1202.96	-5.96	16676.81	4.61
精制茶	23.16	18.69	243.76	3.39
卷 烟	1745.99	13.65	26098.57	1.93

三、效益规模继续扩大，增幅明显回落

2014 年，食品工业效益规模继续扩大，主营业务收入近 11 万亿元，主要经济指标增幅比上年有明显回落。

全国规模以上食品工业企业实现主营业务收入 108932.93 亿元，同比增长 8.0%，增幅同比低 5.1 个百分点；食品工业实现利润总额 7581.46 亿元，同比仅增长 1.2%，增幅同比大幅回落 12.4 个百分点；全年上缴税金总额 9241.55 亿元，同比增长 7.2%，增幅同比低 3.6 个百分点。

食品工业每百元主营业务收入中的成本为 80.4 元，同比提高 0.8 元；主营业务收入利润率为 7.0%，同比下降 0.4 个百分点。

2014 年，食品工业效益增长出现明显回落。在食品工业 4 大行业中，酒、饮料及精制茶制造业受国家政策和部分行业调整影响，回落最为显著，行业利润和税金双双下降；农副食品加工业利润下降了 0.44%；烟草制品业利润仅维持 0.2% 的微增长。仅食品制造业利润增长显著，达 9.8%。

另外行业产成品库存增加，成本费用提升，是造成利润下降的主要原因。

表$_2$ 2014年食品工业经济效益指标

亿元

行业名称	主营业务收入	同比增长（%）	利润总额	同比增长(%)	税金总额	同比增长(%)
食品工业总计	108932.93	7.98	7581.46	1.19	9241.55	7.21
农副食品加工业	63533.18	7.01	3069.95	-0.44	1391.05	4.21
食品制造业	20261.67	12.25	1692.61	9.77	788.43	7.59
酒、饮料和精制茶制造业	16232.01	6.99	1603.10	-3.10	1119.04	-0.09
烟草制品业	8906.07	7.42	1215.80	0.24	5943.03	9.40

四、食品价格水平涨幅较低

2014 年，食品价格同比上涨 3.1%，涨幅同比下降 1.6 个百分点，也是近几年中最低的。全年鲜果价格上涨 18.0%，蛋品价格上涨 10.4%，乳制品上涨 8.5%，牛肉上涨 6.3%，水产品上涨 4.4%，粮食价格上涨 3.1%。价格下降的有，油脂价格下降 4.9%，猪肉价格下降 4.3%，鲜菜价格下降 1.5%。

从出厂价格来看，全年食品涨幅 0.2%。从购进价格来看，农副产品同比下降 0.6%。

图$_2$ 2014年食品消费价格指数走势（%）

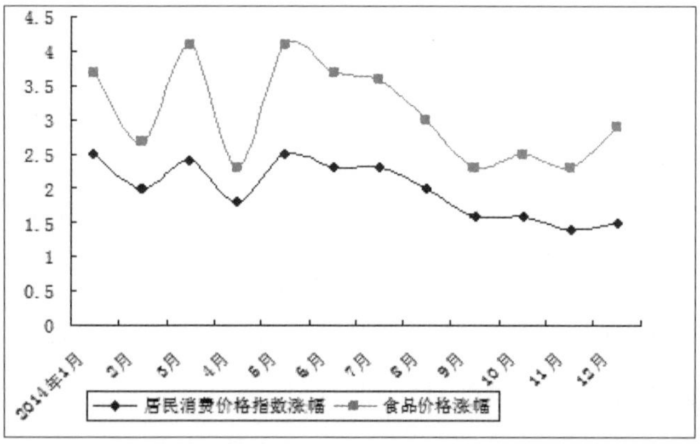

五、区域食品经济发展，中部最快，东北地区增速落后

2014 年，中部地区食品工业发展速度较快，东北地区明显落后于其他地区。按完成主营业务收入计，山东、河南、湖北、江苏、四川、广东、辽宁、湖南、福建、安徽位列前十位。共计完成食品工业主营业务收入 71560.66 亿元，占全国食品工业的 65.69%。其

中，东部、中部、西部、东北地区分别有4、4、1、1个省。东部、中部、西部、东北地区完成主营收入分别占同期全国食品工业的42.11%、26.81%、18.89%、12.19%。与两年前相比，中部地区占比有增长，东北地区占比降低，东部和西部占比变化不大。

表3 2014年分地区的食品工业经济效益

	企业数（个）	主营业务收入（亿元）	占比（%）	同比增长（%）	利润总额（亿元）	占比（%）	同比增长（%）
食品工业总计	37607	108932.9	100	7.98	7581.46	100	1.19
东部地区	14936	45867.5	42.11	8.32	3209.85	42.34	3.50
中部地区	10523	29209.91	26.81	11.16	1994.12	26.30	4.73
西部地区	7509	20576.75	18.89	10.66	1775.68	23.42	-0.93
东北地区	4639	13278.78	12.19	-2.88	601.81	7.94	-13.38

六、行业集中度继续提高

2014年，规模以上大中型食品工业企业共计5789家、小型企业31818家，分别占食品工业企业数的15.4%、84.6%；大中型食品工业企业完成主营业务收入占全行业的54.0%，小型企业占46.0%；实现利润总额分别占62.9%、37.1%；上缴税金分别占83.2%、16.8%。大中型企业的主要经济指标占比情况比两年前均有显著提高。

七、固定资产投资增速回落较大

2014年，食品工业完成固定资产投资18698.90亿元，同比增长18.6%，增速比制造业高5.1个百分点，同比回落7.3个百分点，但仍保持较快增长。食品工业投资额占全国固定资产投资额的3.7%，占比同比持平。

从资金来源构成看，国家预算资金占0.4%，国内贷款占6.8%，自筹资金占89.4%，利用外资占0.9%，其他资金占2.5%，只有自筹资金占比比上年有提高。

表4 2014年食品工业固定资产投资情况

	施工项目数（个）	本年新开工（个）	完成投资（亿元）	同比增长（%）	占比（%）
规模以上食品工业	30795	22214	18698.90	18.6	100.0
农副食品加工业	17485	12808	10026.60	18.7	53.6
食品制造业	6935	5019	4463.10	22.0	23.9
酒、饮料和精制茶制造业	6104	4222	3925.04	16.9	21.0
烟草制品业	271	165	284.17	-5.3	1.5

八、食品对外贸易平稳增长，年内进出口走势出现分化

2014年，食品进出口保持平稳增长。海关统计数据显示，全年进出口食品总额9986.3亿元人民币，同比增长4.6%。其中，出口3744.5亿元，同比增长4.1%；进口6241.8亿元，同比增长4.9%。增速同比均有回调。

从商品种类来看，水产品、蔬菜、水果仍为我国前三大出口商品。其中出口水产品1000多亿元，同比增长6.3%；出口蔬菜近600亿元，同比增长7.6%；出口水果200多亿元，同比增长2.6%。三类商品合计占出口总值的57.2%。同期进口粮油产品3800多亿元，同比增长3.1%，占同期我国食品进口总值的61.1%。

随着国际粮价的持续走低，拉低了以粮油食品进口为主的我国食品进口规模，以大豆为例，2014年，进口大豆7140万吨，同比增长12.7%，但以金额计算，仅增长5.0%。

1.3 2014 年食品工业大事记

1 月 9 日，全国农产品加工业工作会议在京召开，研究部署农产品加工改革创新和转型升级重点工作。

1 月 10 日，监察部通报：安徽省萧县、山东省潍坊市峡山区、山东省阳信县、江苏省东海县、山西省孝义市 5 起食品安全事件进行追责案例，54 人被处理。

1 月 15 日，为贯彻中央农村工作会议和国务院办公厅《关于加强农产品质量安全监管工作的通知》精神，全面提升农产品质量安全水平，农业部决定 2014 年为全国农产品质量安全监管年，推出 8 项措施，努力确保不发生重大农产品质量安全事件，切实维护人民群众“舌尖上的安全”。

1 月 19 日，中共中央、国务院发布《关于全面深化农村改革、加快推进农村现代化的若干意见》，即 2014 年中央一号文件，文件强调，构建国家粮食安全战略体系，农产品数量质量都要保安全。至此，中央一号文件已连续 11 年聚焦“三农”。

2 月 6 日，我国面向全球发行的英文日报《中国日报》以《艰难调整 茅台找到准确的市场方向》为题，从茅台成立定制酒营销公司切入，从一个侧面报道了茅台集团面向市场实施战略转型的情况，在国外引起关注，美国华盛顿邮报网等媒体转发该文。

2 月 12 日，国务院办公厅发布《中国食物与营养发展纲要（2014–2020 年）》。

2 月 18 日，全国食品安全监管工作会议在京召开，会议提出：构建最严格覆盖全过程监管制度。

2 月 22 日，中国食品（农产品）电子商务研讨会在京召开，会上发布《2013–2014 年农产品电子商务模式发展报告》，并宣布中国食品（农产品）安全电子商务研究院正式挂牌成立。

2 月 25–26 日，全国食品安全风险监测暨保健食品监管工作会在京召开，会议强调，2014 年风险监测、预警交流与统计分析全新职责为工作重点。

3 月 24 日，国家食药监总局发布《关于进一步加强对超过保值期食品监管工作的通知》，要求加强食品安全监管工作，有效防止和控制食品安全隐患。

3 月 24 日，商务部会同农业部等 13 个部门印发了《关于进一步加强农产品市场体系建设的指导意见》。

3 月 28 日，国家食药监总局和公安部联合发布“食品药品 10 大典型案例”，强力打击整治各类危害食品安全突出违法犯罪。

3 月 31 日，农业部印发《全国肉鸡遗传改良计划（2014–2025）》。

4 月 1 日，国家食药监总局发布《关于开展专项监督检查规范食品标签标识的通知》，部署各地开展食品标签标识专项监督检查工作。

4 月 4 日，在北京召开的食品安全标准与风险管理国际研讨会上，陈君石院士强调，我国食品安全标准已经与国际接轨。

4 月 8 日，中国食品工业协会罐藏食品科技工作委员会成立。

4 月 14 日，国家质检总局发布《进口食品不良记录管理实施细则》，自 2014 年 7 月 1 日起施行。

4 月 17–18 日，2014 年国际食品安全大会在京召开。

4 月 21 日，国家发改委网站宣布废止《食盐专营许可证管理办法》，自公布之日起执行。

4 月 23 日，国务院食品安全委员会专家委员会在京成立，主要承担食品安全技术咨询、政策建议、科普宣传等工作。

5 月 9 日，国家食药监总局首次发布小麦粉、乳制品、食用油等 11 个大类食品安全状况的国家监督抽检结果，瓶（桶）装水、果酒、配制酱油不合格率超过 10%。

5 月 14 日，国务院总理李克强主持召开国务院常务会议，讨论通过《中华人民共和国食品安全法（修订草案）》。会议决定，修订草案经进一步修改后提请全国人大常委会审议。

5 月 15 日，由中国食品工业协会主办，漯河市政府承办的第十二届中国（漯河）食品博览会及“百强食品企业漯河行”活动在漯河市举办。此次活动是中国食品工业协会首次组织食品龙头企业到地方考察投资环境、观摩学习。目的是探索协会如何为食品企业和地方政府服务。为企业了解投资环境及投资项目，为地方政府的食品园区招商引资搭建交流平台，充分发挥协会的组织协调与服务作用。

5 月 20 日，第十七届中国粮食论坛在京举行。

5 月 20–23 日，“2014 国际真菌毒素”大会在京召开。我国将真菌毒素防控当作食品安全监管的重中之重，已经刻不容缓。

5 月 22 日，光明食品集团宣布，与英国私募股权投资公司 Apax Partner 旗下基金就收购以色列食品公司 Tnuva 56% 股权事宜，在特拉维夫达成初步收购协议。

5 月 22 日，第八届中国国际有机食品博览会在沪举办。

5 月 28 日，国务院办公厅印发《2014 年食品安全重点工作安排》，完善制度机制，标本兼治食品安全突出问题，切实保障人民群众吃得健康，吃得放心。

5 月 28 日，国家卫计委等 5 部门发布公告调整含铝食品添加剂使用规定，膨化食品不再允许使用含铝食品添加剂。

5 月 30 日，国家食药监总局公布 133 家婴幼儿配方乳粉生产企业中 51 家未通过史上最严监管制度审查，82 家获得重新许可，将按照生产药品的环境生产婴幼儿配方奶粉。

6 月 9–11 日，由中国食品工业协会、河南省安阳市人民政府主办的全国食品工业强县创新发展研讨会在汤阴县举行。本次研讨会旨在紧密结合县域食品工业发展实际，及时交流总结我国食品工业强县（市、区）发展经验，坚持创新发展、推动食品工业强县建设再上新台阶，研讨会同期发布了《食品工业循环经济发展战略及近期行动计划》。

6 月 10 日，2014 年全国食品安全宣传周在京启动。

6 月 13 日，国务院公布《推动婴幼儿配方乳粉企业兼并重组工作方案》，国内乳品企业急切期待的这项重中之重的行业大政方针终于出台。

6 月 14 日，海峡两岸食品安全危机管理研讨会在福建省厦门市召开。

6 月 15–16 日，世界肉类组织第 20 届世界肉类大会在京召开。

6 月 23 日，第十二届全国人大常委会第九次会议审议《食品安全法（修订草案）》。

7 月 2 日，国内食品安全与食品科学专家学者提出，大数据时代食品安全须走社会共治之路。

7 月 2 日，国家卫计委公布白酒产品中塑化剂风险评估结果显示，我国白酒中塑化剂健康风险较低。

7 月 3 日，农业部在天津举办全国大中城市郊区推进主食加工业现场交流活动，发布了 38 项主食加工最新技术和装备成果，公布了第三批 100 家全国主食加工业示范企业名单。

7 月 10–12 日，首届中国（国际）牛羊肉产业大会在内蒙古包头市召开。

7 月 14 日，国家统计局发布全国夏粮生产数据显示，2014 年，全国夏粮总产量 2731.9 亿斤，比 2013 年增产 94.9 亿斤，增长 3.6%，全国夏粮生产连续 11 年实现丰收。

7 月 21 日，主题为“创新驱动发展，责任凝聚力量”的 2014 第五届中国食品安全高层对话在京举行。

7 月 29–30 日，第六届两岸食品产业合作交流会在福建省厦门市召开。

8 月 6 日，中俄双方达成了猪肉供应协议，双汇旗下的黑龙江宝泉岭双汇和哈尔滨双汇北大荒食品公司获得俄罗斯农业部门的进口批准，将向俄罗斯出口猪肉。

8 月 18 日，《食品工业发展报告（2013）年度》权威发布。

8 月 28 日，第三届中美冷冻食品高峰论坛在河南省郑州市举行。

8 月 22 日，国务院《关于支持东北振兴若干重大政策举措的意见》提出，巩固提升商品粮生产核心区地位，鼓励大型农产品加工企业布局生产基地。

8 月 26 日，第十二届全国 HACCP 研讨会在京召开，会上专家解读《食品安全法（修订草案）》。

8 月 28–30 日，第七届中国冷冻与冷藏食品工业展览会在河南省郑州市举行。

8 月 29 日，据《2014 中国孕婴童产业调查报告》显示，中国已成为全球第二大孕婴童产品消费国。

9 月 2–3 日，第十四届中国方便食品大会在京举办。

9 月 5 日，在中国和丹麦两国农业部的见证下，蒙牛乳业与丹麦爱氏晨曦乳业在丹麦就"中国－丹麦乳品技术合作中心项目"签署实施协议。根据协议，这个投资总额约为 2.2 亿元人民币的项目，将把丹麦乳业从农田到消费者，整个产业链条和实践经验引入中国，以促进中国乳制品质量达到欧盟标准。

9 月 27 日，第六届华樽杯中国酒业 200 强名单发布，中国酒企品牌价值首破千亿大关，中高端白酒整体品牌价值稳中有升。

9 月 30 日，中国辉山乳业控股有限公司和荷兰皇家菲仕兰有限公司正式宣布成立合资公司，是在中国运营完全垂直整合的婴幼儿配方奶粉供应链。

10 月 10 日，据中国糖协统计，2013/2014 制糖期，全国共生产食糖 1331.8 万吨，全国累计销售食糖 1024 万吨，累计销糖率 77%，同比减少 170 万吨。

10 月 10 日，国家质检总局、国家标准委批准发布 33 项国家标准，涉及健康安全、生态环境、经济发展、社会管理等多个方面。

10 月 10 日，2014（第三届）中国国际啤酒技术高峰论坛在京召开，啤酒行业期待价值回归。

10 月 13 日，国务院办公厅发布《关于进一步加强食品药品监管体系建设有关事项的通知》，要求吸取福喜事件教训，全程监管食品药品行业。

10 月 13 日，国家卫计委在官方网上发布《食品安全地方标准及备案指南》，规范了食品安全地方标准备案工作，明确了食品安全地方标准工作相关环节的具体操作程序和工作内容。

10 月 13 日，在"2014–2015 年中国粮食安全"评估高层研讨会上发布了中国粮食安全发展报告（2013–2014)，这是我国第一部关于粮食安全评估的发展报告。

10 月 18 日，由海关总署、国家工商总局、国家质检总局、国家粮食局和中国食品工业协会联合主办，由中国食品安全报社承办的第十二届中国食品安全年会召开。本届年会以"加强监管 社会共治 尚德守法 保障安全"为主题。

11 月 3 日，第十一届中国国际茶业博览会在京举办。

11 月 5 日，第二届中国"水与国家安全"研讨会在京举办，据悉，中国有 3.3 亿人口喝不上达标的水，每年有 6 万人死于因水污染引起的疾病饮水安全不仅关系着国计民生，更关系着国家安全。

11 月 5 日，第二届东方食品国际会议在京举办，孙宝国院士提出，中华传统食品现代化是历史必然。

11 月 7–10 日，2014 第四届亚洲食学论坛在陕西省西安市举行。

11 月 14 日，由中国食品工业协会主办，中粮集团、光明食品集团承办的首届"中国食品产业发展论坛"在上海展览中心举行，本次论坛是展示我国食品工业发展水平和宣传食品骨干企业在改革开放、创新发展中取得丰硕成果的一次盛会，对树立我国食品工业和食品安全的良好形象，推动食品企业积极参与国际合作与竞争，促进食品产业升级和食品消费将起到积极促进作用。

11 月 14–17 日，由中国食品工业协会主办，光明食品集团承办的"2014 中国·上海国际食品博览会"在上海展览中心开幕，国内外 483 家重点企业参展，展区面积 20000 平方米。

11 月 17 日，中国与澳大利亚共同签署了实质性、结束中澳自由贸易协定谈判的意向声明，根据谈判结果，中国对澳大利亚绝大多数产品关税最终降到零。

11 月 21 日，中国国家主席习近平与新西兰总理约翰·基共同为伊利大洋洲生产基地揭牌，这是中新两国一揽子合作中首个揭牌的项目。该项目同时覆盖包装、生产、深加工、科研等多个领域，是全球目前最大的一体化乳业基地。

11 月 22 日，新西兰信联乳业新建的 2 号工厂竣工，这里将成为光明乳业高端婴幼儿奶粉培儿贝瑞的生产基地。光明乳业一年前斥资 3.82 亿元人民币成功收购了新西兰信联乳业 51% 的股份，完成了中国乳业的首例海外并购。

11 月 24 日，国务院总理李克强在考察水利部时强调，6000 万人喝上干净水是硬承诺，决不打折扣。

11 月 25 日，漳州市食品科技应用研究院成立。

11 月 27 日，国家质检总局发布信息，我国又有 44 个县（市、区）被授予“国家级出口食品农产品示范区”称号，至此，我国累计已有 188 个县（市、区）成为国家级出口食品农产品质量安全示范区。

12 月 12 日，国家食药总局公布了本年度第二阶段 19 类食品及食品添加剂的监督抽检信息，其中，瓶（桶）装水微生物污染问题仍较为突出，近 800 种瓶装水被曝不合格。

12 月 12 日，国务院食安办召开国家食品安全信息平台项目建设部级协调会提出，打造食品安全统一网络平台。

12 月 12 日，蒙牛乳业与法国达能在港联合宣布，双方已签署认购协议，蒙牛将向达能定向增发相当于其总股本 6.6% 的股份，交易涉及资金总量约 51.53 亿港元（约 6.65 亿美元）。配售结束后，达能持有的蒙牛股本将由之前的 4.0% 增至 9.9%。

12 月 12–13 日，第七届中国冷链物流行业年会在京召开，会议提出，以转型升级应对冷链物流“新常态”。

12 月 17 日，卫计委组织拟订《食品安全国家标准糖果》等 31 项食品安全国家标准和 1 项标准修改单（征求意见稿），向相关部门和全社会征求意见。

12 月 22 日，十二届全国人大常委会第 12 次会议在京召开，食品安全法修订草案二审稿提请大会审议，增加转基因食品标识等内容，删除发布食品安全信息需“事先核实”条款。

第二部分

行业篇

行业类别名称以国民经济行业分类与代码（GB/T4754—2011）为准

2.1 制糖业

【a. 概况】

我国有15个省区产糖，沿边境地区分布，主产糖区集中在我国北部、西北部和西南部。甘蔗糖产区主要分布在广西、云南、广东、海南及邻近省区；甜菜糖产区主要分布在新疆、黑龙江、内蒙古及邻近省区。与糖料种植相关的人员近4000万。2013/14年制糖期全国食糖总产量中，甘蔗糖占93.4%，甜菜糖占5.6%。

我国的食糖生产销售年度为10月1日至翌年的9月30日，开榨时间由北向南各不相同。甜菜糖厂一般在9月底或10月初开机生产；甘蔗糖厂中，湖南省10月底或11月初开榨，广西、广东、海南等省区11月中或12月初开榨，云南省12月底或次年1月初开榨。

本制糖期自2013年9月29日新疆中粮屯河昌吉糖业分公司正式开机生产，至2014年5月27日云南孟定糖厂最后一个停机，历时241天，比上制糖期少生产37天。

全国共有开工制糖生产企业（集团）48家，开工糖厂260间，其中：甜菜糖生产企业（集团）5家，糖厂31间；甘蔗糖生产企业（集团）43家，糖厂229间；另有炼糖企业11家。本制糖期食糖产量超过61万吨的企业集团已经发展到10家，占全国食糖总产糖量的67.9%。

本制糖期，全国共生产食糖1331.8万吨。其中优级和一级白砂糖1247.25万吨，精制糖6.12万吨，绵白糖31.13吨，赤砂糖和红糖33.52万吨，原糖及其他13.78万吨。

本制糖期，全国糖料种植面积2670.91万亩，同比减少4%，其中甘蔗种植面积2438.87万亩，同比减少0.4%；甜菜种植面积232.04万亩，同比减少30.5%。甘蔗品种目前仍以台糖系列和粤糖系列为主，两大系列品种占总种植面积的87.4%；其他品种约占总种植面积的12.6%。甜菜主要种植品种仍以原种引进为主。甜菜品种主要以德国KWS系列、比利时安地系列、瑞士先正达系列为主，占甜菜总种植面积的74.54%。

本制糖期食糖产量、播种面积、开工糖厂数见表1

表1 2013/14年制糖期全国糖料播种面积、食糖产量基本情况

单位：万吨、万亩、间

企业名称	糖料播种面积（万亩）	产糖量（万吨）	开工糖厂数（间）
全国累计	2670.91	1331.80	260
甘蔗糖合计	2438.87	1257.17	229
广东	220.00	118.50	29
其中：湛江	175.00	104.50	22
广西	1546.96	855.80	102
云南	540.20	230.63	73
海南	100.64	41.65	17
福建	2.08	0.85	1
其他	28.99	9.74	7
甜菜糖合计	232.04	74.63	31
黑龙江	50.00	2.99	5
新疆	93.96	44.91	14
内蒙古	55.00	17	5
其他	33.08	9.73	7

本制糖期全国糖料收购价较上制糖期相比，甘蔗收购价、甜菜收购价均有所下降。甘蔗平均收购价格（地

头价，不含运输及企业对农民各种补贴费用等，下同）为435元/吨，同比每吨减少34元，甜菜平均收购价格为478元/吨，同比每吨减少11元。

本制糖期全国制糖行业主要技术指标：

甘蔗平均单产4.48吨/亩，甜菜平均单产3.05吨/亩。甘蔗平均含糖分13.64%，甜菜平均含糖分15.13%。甘蔗产糖率11.82%，甜菜产糖率12.05%。

【b. 市场】

1、国内食糖市场

本制糖期全国食糖产量1331.8万吨，同比增加24.96万吨，同比增长1.91%。其中：甘蔗糖产量1257.17万吨，同比增加58.83万吨，同比增长4.9%；甜菜糖产量74.63万吨，同比减少33.87万吨，同比下降31.22%。

本制糖期全国食糖消费量1480万吨，同比增加90万吨，同比增长6.5%；年人均食糖消费量为10.88公斤。食糖消费结构基本稳定，食糖消费总量中民用消费为36%，工业消费比例为64%。

本制糖期，中国糖业协会食糖价格指数4838元/吨，同比减少815元/吨；工业累计销售平均价格为4633元/吨，同比减少899元/吨。本制糖期全国制糖行业销售收入589亿元，同比减少171亿元；实现利税总额–69.52亿元（其中：利润–97.6亿元），同比减少75.68亿元；农民种植糖料收入同比减少39亿元。

2、本制糖期行业运行特征

本制糖期，加工糖料量11275万吨，同比减少37万吨，食糖产量1331.8万吨，同比增加24.96万吨。

（1）食糖消费创历史新高

本制糖期食糖替代品产量增长放缓，食糖消费量达到1480万吨，同比增加90万吨，同比增长6.5%。

国际食糖市场价格大幅下跌，食糖进口量增加，工业库存大幅上升

本制糖期纽约原糖价格震荡下跌，最低跌破14美分/磅，食糖进口继续维持较高水平，配额外进口食糖明显增加；全国食糖工业库存191.4万吨，比上一个制糖期增加137万吨。

（2）国内食糖价格大幅下跌，行业经济效益继续下滑

国内食糖价格连续第3个制糖期大幅下跌，产区南宁食糖现货报价由期初最高5640元/吨左右，最低跌破4000元/吨。全行业亏损规模扩大，经济效益继续下降，亏损额达到97.6亿元，同比增加2.15倍。农民种植糖料收入同比减少39亿元。

3、国家宏观调控力度进一步加强

制糖企业临时储存300万吨国产糖政策，严厉打击食糖走私专项活动等宏观调控措施，对于均衡市场供求、缓解企业资金压力、维护市场秩序、保持食糖市场运行基本稳定起到积极作用。

4、国际市场

（1）本制糖期，国际食糖价格震荡下跌

国际食糖市场连续第4个制糖期保持产需过剩，纽约原糖期货价格自制糖期初的19美分/磅附近震荡下跌，至2014年9月中旬创出13.32美分/磅的近5年新低，随后，泰国现货库存问题解决和巴西产糖比例下调，大幅反弹，制糖期末报收于15.48美分/磅。本制糖期，纽约原糖价格波动区间13.32 ~ 20.16美分/磅，同比有所扩大。如果以2011/12年制糖期的最高价格36.30美分/磅为起点，纽约原糖价格已经连续3个制糖期下跌，下跌时间持续42个月。

（2）发展方向

展望2014/15年制糖期，全球食糖供求形势尚受到诸多不确定因素影响。产量方面，前期干旱天气导致巴西和泰国食糖产量波动，印度糖厂财务困境和农民糖料款拖欠问题影响该国食糖生产，全球食糖产量是增加还是减少存在变数。消费方面，得益于经济增长和人口增加尤其是新兴市场食品和饮料需求增长，普遍认为全球食糖消费将保持增长，增速在2%左右。

2014年主流机构对2014/15年制糖期全球食糖产需平衡预期还存在较大分歧。例如，国际糖业组织（ISO）预期2014/15年制糖期，巴西食糖产量将减少，印度、欧盟（28国）和俄罗斯等国食糖产量将增加，全球食糖产量1.8375亿吨（原糖值），同比增加102

万吨，同比增长 0.56%；预期消费量 1.8244 亿吨，同比增加 370 万吨，同比增长 2.07%；全球食糖产需过剩 131 万吨，同比减少 269 万吨，连续第 5 个制糖期过剩；期末库存消费比 42.33%，同比下降 1.31 个百分点。而英国 Czarnikow 公司和瑞士 Kingsman 公司等主流分析机构则预期 2014/15 年制糖期全球食糖产需缺口将分别达 5 万吨和 166 万吨。

总体而言，主流机构普遍预期 2014/15 年制糖期全球食糖产需过剩量将进一步收窄甚至食糖产需有可能出现缺口，因此，国际食糖价格将可能摆脱低迷、回归其价值中枢波动，但是，作为美元计价货币的国际食糖价格还将会受到美元走强压力。

【c. 食糖进出口贸易】

本制糖期我国累计进口食糖 365.93 万吨，累计出口食糖 4.39 万吨，本制糖期食糖净进口量同比较有所增长。统计数据见下图：

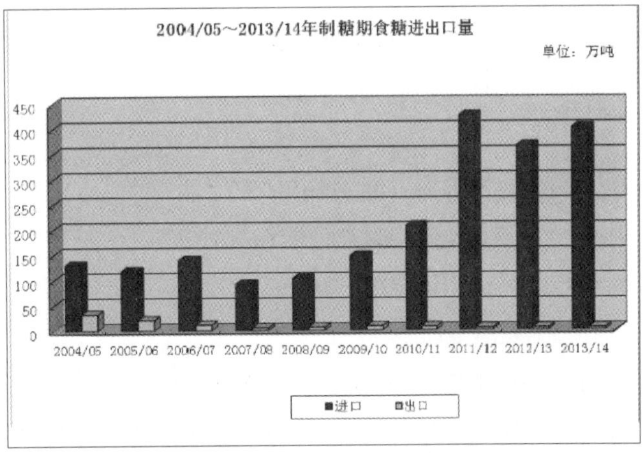

我国食糖进出口贸易情况分别见表$_2$ 表$_3$

表$_2$ 2005~2014年全国食糖进口与贸易方式统计表

单位：万吨

年度	合计	一般贸易	来料加工	进料加工	保税仓库进出境货物	边贸	其他
2005	138.97	85.04	5.67	41.29			6.97
2006	136.54	99.30	3.50	20.72	12.93		0.09
2007	119.34	99.18	1.59	13.28	5.22		0.07
2008	77.99	61.91	1.97	8.89	3.67		1.55
2009	106.45	83.02	0.17	9.93	12.77		0.56
2010	176.61	163.91	0.87	10.89	0.04	0.07	0.83
2011	291.94	276.68	0.97	13.27	0.06		0.96
2012	374.72	360.86	0.99	12.55	0.04		0.28
2013	454.59	434.86	1.3	14.77			3.66
2014	240.39	193.52	0.69	8.59	37.45		0.14

表$_3$ 2005~2014年全国食糖出口与贸易方式统计表

单位：万吨

年度	合计	一般贸易	来料加工	进料加工	保税仓库进出境货物	边贸	其他
2005	35.83	2.21	4.16	29.11			0.35
2006	15.45	2.49	3.06	9.61			0.29
2007	11.05	2.24	2.8	5.98			0.03
2008	5.84	1.76	2.15	1.51			0.42
2009	6.39	2.21	0.9	3.15			0.13
2010	9.43	5.65	0.91	1.99		0.25	0.63
2011	5.94	1.79	0.99	2.17	0.002	0.03	0.96
2012	4.71	1.64	0.93	1.87	0.001	0.019	0.25
2013	4.78	1.48	1.06	1.71		0.02	0.51
2014	3.56	1.12	0.81	1.49			0.14

【d. 技术进步工作】

完善绩效对标考评体系设计，继续做好对标工作。

自 2013 年开展行业绩效对标活动以来，得到全国制糖企业普遍响应，全行业热切关注着每个制糖企业生产技术指标，尤其是去年获得较好成绩表现的标杆企业。本制糖期开始后，协会即组织力量赴广西、云南等省区制糖企业调研，一方面核实标杆企业指标情况，另一方面广泛听取意见，进一步完善对标体系设计。同时收集整理本制糖期各企业数据，为 2015 年绩效对标考核工作做准备。

协会领导参加了第 26 届全国糖业质量工作会议和第六届全国糖业标准化工作论坛。

会议通报了 2013/14 年制糖期全国食糖和酒精行业质量监督检验情况，分别对连续三年获产量质量优秀奖的 55 家企业、2011 ~ 2014 年食糖产品质量监督抽查质量名列前茅的企业、二氧化硫单项指标优秀的企业等进行了表彰。

【e. 制糖行业质量与标准化工作】

中国糖业协会"十二五"期间来参与了《绵白糖》、《赤砂糖》、《冰糖》、《方糖》、《红糖》、《食糖分类》、《制糖企业良好操作规范》、《白砂糖试验方法》、《甘蔗和蔗渣的蔗糖分》、《锤度及纤维分测定 湿式分解法》、《糖料甜菜》、《糖单位产品能源消耗限额》等11项国家标准以及《白砂糖中不溶于水杂质的测定方法》、《白砂糖中螨的测定》、《白砂糖中亚硫酸盐的测定》、《冰糖试验方法》、《方糖试验方法》、《姜汁(粉)红糖》、《绵白糖试验方法》、《食糖中亚硝酸盐的测定》、《糖料甘蔗术语》、《糖料甜菜试验方法》、《糖料甜菜术语》、《甜菜糖蜜》、《甜菜中 α－氨基氮的测定》、《甜菜中糖度的测定》、《白砂糖中酸性絮凝物的测定》、《蜂蜜冰片糖》、《制糖工业企业综合能耗标准》等17项行业标准的制修订工作，其中有21项已经发布。

【f. 参与完成有关部委产业政策修改完善工作】

"十二五"期间，中国糖业协会在有关部委发布的产业政策中都不同程度的充实了有关糖业方面的内容。如：《产业结构调整指导目录(2011年本)》，《外商投资产业指导目录》(2011年修订版)，《产业转移指导目录》(2012年本)，《制糖行业食品安全检测能力建设专项实施方案》，《工业转型升级重点技术改造指南》，《工业清洁生产"十二五"规划》，《重大技术装备自主创新指导目录》(2011版)，《工业转型升级规划》(2011—2015)，《轻工业技术进步"十二五"发展指导意见》，《"十二五"轻工行业重点共性关键技术研发项目指南》，《"十二五"轻工行业重点推广技术目录》，"国家清洁生产推行规划"，"行业技术改造结构调整专项内容提纲"，《国家鼓励节水工艺技术和装备目录》(第一批)，"绿色制糖生产过程关键共性技术及示范"等。

【g. 行业新闻】

2月9日，协会领导参与了由卫生部组织的《食品安全标准－原糖》的审定。

2月20日，中国糖业协会在北京组织召开了"全国大型用糖食品企业(集团)座谈会议"。

2月26日–3月2日，受工信部委托，中国糖业协会组织专家组，按照工信部《关于对2013年糖精生产计划执行情况进行检查的通知》要求，对三家国家定点糖精企业的年度生产计划执行情况进行了检查。

3月10日和3月30–31日，中国轻工业联合会分别在广州和南宁组织召开了"十二五"国家科技支撑计划"制糖生产过程节能与清洁生产关键技术及示范"项目所属的"制糖生化助剂开发及应用"、"糖厂热能集中优化及控制系统"、"烟道气余热利用及半碳法制糖工艺"及"节水降耗闭合循环用水处理系统"4个课题验收会。

3月18日，《2013/14年制糖期广西食糖交易会暨中国糖业协会商业流通会员座谈会》在广西南宁召开。

3月19日，"原糖进口加工企业(集团)座谈会"在广西南宁召开。

3月，协会派员参加了国务院食品安全办公室在京召开的食品安全行业组织座谈会，贯彻落实《食品安全相关部门与行业协会联络协作机制(暂行)》。

4月3日，国家质检总局质量管理司指导开展了《企业质量诚信管理实施规范》培训学习等。

4月15日，工信部消费品司组织召开了《食品工业发展报告(2013年度)》编写工作会议。中国糖业协会作为参编单位之一，承担了《制糖行业现状分析》等相关内容的编写工作。

5月13日，中国糖业协会在北京召开《中国糖业政策与宏观调控研讨会》。

5月14日，中国糖业协会四届五次理事长工作会议在北京召开。

5月14日，《中国糖业》杂志编委会工作会议在北京召开。会议听取了《中国糖业》杂志创刊以来的工作汇报，讨论了《中国糖业》杂志内容及发展方向。

5月26日，为做好"十三五"规划前期研究重大课题相关工作的部署，国家发改委农经司在北京召开

《“十三五”我国粮食安全和主要农产品供给研究》课题组会议。

7月和9月，协会同志分别参加了科技部高新司和条财政司等在京召开的“十二五”国家科技支撑计划“制糖生产过程节能与清洁生产关键技术及示范”项目验收会。该项目分四个子课题，涵盖热能控制、烟道气利用、生化助剂开发以及闭合循环水处理等。

7月14–15日，国家发改委在云南昆明召开2014年主产区糖料价格工作交流会。

7月23日，为了进一步做好食糖信息统计工作，更好地为会员和政府宏观调控提供服务，中国糖业协会全国信息员工作会议在重庆市召开。

8月15日，原糖进口加工委员会第二次工作会议在大连市召开。

8月16日，中国糖业协会四届五次理事扩大会在大连市召开。

9月协会指派专家参加了由中国国际咨询公司组织的赴云南省蔗区调研。

11月1–2日，《2013/14年制糖期全国食糖产销工作会议暨全国食糖、糖蜜酒精订货会》在云南省昆明市召开。

12月,《绵白糖》等二十八项制糖行业国家(行业)标准审定会在广州市召开。

胡志江 王让梅

2.2 屠宰及肉类加工

【a. 概况】

2014 年，全国屠宰及肉类加工行业稳步发展，规模以上企业 3786 家，同比增加 93 家，增幅 2.5%。其中：大型企业 143 家，占规模以上企业总数的 3.77%；中型企业 639 家，占规模以上企业总数的 16.87%；小型企业 3004 家，占规模以上企业总数的 79.3%。

【b. 主要经济指标】

1、主营业务收入

全国规模以上屠宰及肉类加工企业主营业务收入 12874 亿元，同比增加了 861 亿元，同比增幅 7.16%。

2、利税

全国规模以上屠宰及肉类加工企业实现利税 704.61 亿元，同比减少 26.72 亿元，同比降幅 3.7%。其中，企业利润总额 643.63 亿元，同比减少 30.13 亿元，同比降幅 4.5%；上缴税金及附加 60.98 亿元，同比增加 3.41 亿元，同比增幅 5.9%

【c. 行业发展分析】

1、价格

全国总体上物价涨幅呈平稳回落态势。其重要原因之一，是肉类食品市场价格出现结构性回落。猪肉价格自 2011 年大幅上涨之后，连续 3 年呈下降趋势，于 2014 年跌入谷底；牛羊肉价格经 2011—2013 年连续大幅上涨后，于 2014 年开始企稳，增幅明显减小；禽肉价格经 2013 年下跌后开始转入上升通道。参见表 1

表1 主要肉类产品集贸市场平均成交价格及升降幅度

主要肉类产品	2011	2012	2013	2014
鲜猪肉（元/公斤）	26.73	25.32	25.22	23.06
同比升降 %	23.7	-5.3	-0.4	-8.6
鲜牛肉（元/公斤）	41.23	53.17	63.01	63.91
同比升降 %	16.01	28.93	18.5	1.4
鲜羊肉（元/公斤）	49.47	57.86	65.12	65.16
同比升降 %	23.63	16.94	12.5	0.06
白条鸡（元/公斤）	16.98	17.66	17.54	18.90
同比升降 %	9.99	4	-0.7	7.7

数据来源：农业部

图1-1 2011—2014主要肉类产品的价格变化

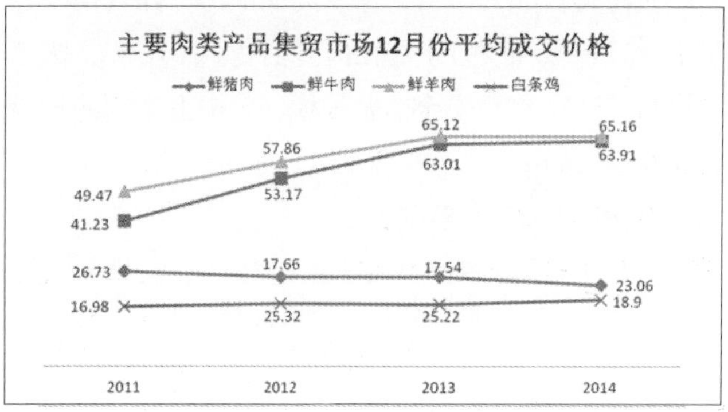

图1-2 2011—2014主要肉类产品价格升降幅度的变化

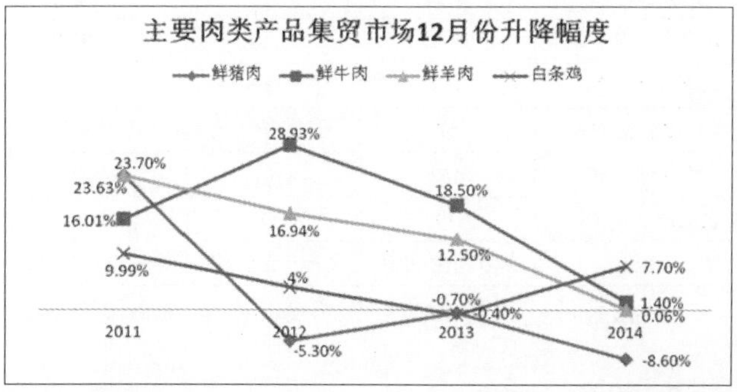

2、市场

据国家统计公报，2014 年，全国肉类总产量 8707 万吨，同比增长 2%，比“十二五”规划目标超出 207

万吨。其中，猪肉产量5671万吨，增长3.2%；牛肉产量689万吨，增长2.4%；羊肉产量428万吨，增长4.9%；禽肉产量1751万吨，比上年下降2.7%。

从市场供应结构看，猪肉、禽肉、牛肉、羊肉在肉类总产量中所占的比重为65.1:20.1:7.9:4.9。同比猪肉占比上升了0.8个百分点；禽肉占比下降了0.9个百分点；牛羊肉占比上升了0.1个百分点。和“十二五”规划目标相比，猪肉占比高了2.1个百分点，比重偏大。

图$_2$ 2014年我国肉类行业主要产品的结构

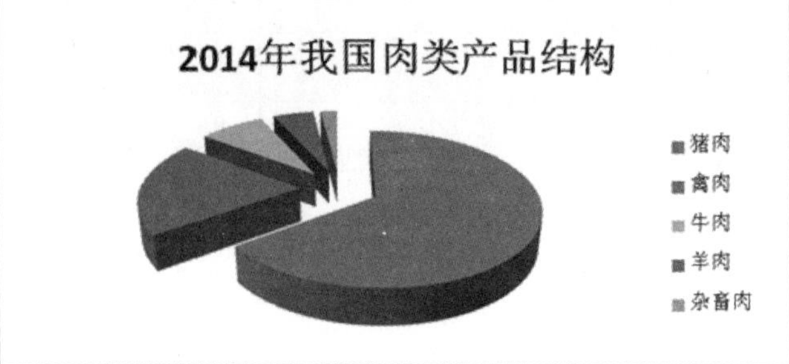

从肉类食品安全看，肉及肉制品的产品合格率稳步上升，保障和改善了居民肉食消费。2014年，国家共进行了3次食品安全监督抽检，其中上半年的抽检合格率为95.62%，下半年的2次抽检合格率分别为96.84%和97.32%。参见表2。

表$_2$ 2014年肉及肉制品食品安全国家监督抽检情况概览

	第一次抽检（2014.8.24公布）	第二次抽检（2014.12.5公布）	第三次抽检（2015.2.16公布）
抽检产品批次	1255	2466	5667
不合格产品批次	55	78	160
不合格率（%）	4.38	3.16	2.68
产品合格率（%）	95.62	96.84	97.32
抽检企业（家）	518	1181	2635
不合格企业（家）	52	69	153
合格企业（家）	463	1103	2475
企业合格率（%）	90	94.16	94.2
备注	未标示企业3家	未标示企业9家	未标示企业7家

数据来源：国家食药监总局食品安全监督抽检公告

3、投资

为适应国内市场肉类消费需求升级和结构调整的变化，2014年，全国肉类工业投资继续增加，牲畜屠宰比重下降，禽类屠宰和肉制品加工比重上升。

据国家统计局数据显示，2014年，全国规模以上屠宰及肉类加工企业资产总计6245.7亿元，同比增加888.54亿元，增幅16.5%。其中，牲畜屠宰企业资产2413.51亿元，同比增加285.29亿元，同比增幅12%；禽类屠宰企业资产1560.86亿元，同比增加255.01亿元，同比增幅17.37%；肉制品及副产品加工企业资产2271.34亿元，同比增加348.25亿元，同比增幅18.16%。

从投资结构看，牲畜屠宰企业资产在肉类行业的占比，由上年的39.7%降至2014年的38.6%，下降了1.1个百分点；禽类屠宰企业资产占比由上年的24.4%上升到2014年的25%，上升了0.6个百分点；肉制品及副产品加工企业资产占比由上年的35.9%上升到2014年36.4%，上升了0.5个百分点。

图$_3$ 2014年全国肉类重点行业资产分布结构

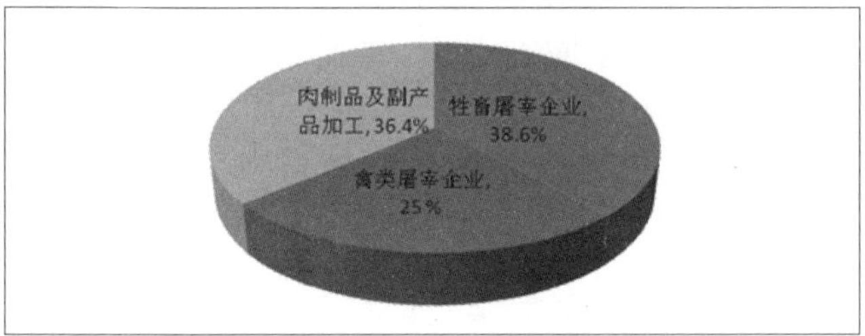

从投资增速看，2014年，全国规模以上屠宰及肉类加工企业投资增长幅度为16.5%，同比下降2.4个百分点。其中，牲畜屠宰企业投资增长幅度为12%，同比下降约8个百分点；禽类屠宰企业投资增长幅度为17.37%，同比增加2.07个百分点；肉制品及副产品加工企业投资增长幅度为18.16%，同比下降2.14个百分点。

4、区域分布

全国规模以上屠宰及肉类加工企业资产6245.7亿元。按资产比重大小排序，区域分布情况如表3所示。同比，华东地区占比增加0.17个百分点；华中地区占比增加0.27个百分点；东北地区下降0.24个百分点；华北地区下降0.27个百分点；西南地区占比增加0.03个百分点；西北地区增加0.04个百分点。

表3 2014年全国肉类工业企业区域分布概览

地区	肉类工业资产在全国所占比重%
华东地区	37.47
华中地区	23.97
东北地区	13.66
华北地区	12.63
西南地区	9.63
西北地区	2.64
全国总计	100

数据来源：国家统计局

图4 2014年全国肉类工业区域分布

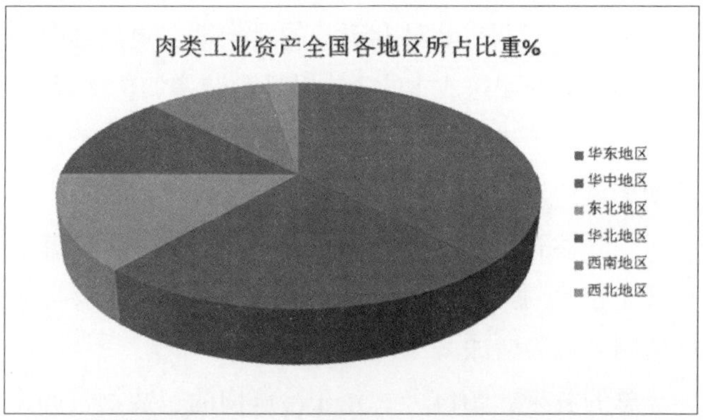

华东地区肉类工业企业资产占比最高的是山东省（21.39%—同比下降0.31个百分点），其次为江苏省（4.71%—同比下降0.09个百分点）；华中地区肉类工业企业资产占比最高的是河南省（16%—同比增加0.2个百分点），其次为湖北省（2.49%—同比下降0.01个百分点）；东北地区肉类工业企业资产占比最高的是辽宁省（7.12%—同比下降0.18个百分点）；华北地区肉类工业企业资产占比最高的是北京市（3.52%—同比下降0.08个百分点），其次为内蒙古（3.29%—同比下降0.31个百分点）；西南地区肉类工业企业资产占比最高的是四川省（7.13%—同比下降0.07个百分点），其次为重庆市（1.5%，同比持平）；西北地区肉类工业企业资产占比最高的是陕西省（0.9%），其次为新疆区（0.7），同比持平。

总的看来，2014年，我国肉类工业区域分布变化的主要特点，一是华东及中西部占比上升，东北、华北占比下降；二是产业布局更趋均匀化，2013年名列前茅的肉类工业重点产区占比普遍有所下降。

5、行业集中度

同2011年相比，肉类行业大型企业占比上升，中小企业占比下降，产业集中度有了明显提高。其中：

大型企业增加了101家，其主营业务收入增加了2094亿元，增幅98.8%，在行业内占比由2011年的22.7%提高到2014年的32.7%，提升了10个百分点。

中型企业增加了239家，其主营业务收入增加了834亿元，增幅31.4%，在行业内占比由2011年的29.9%下降到2014年的28.4%，下降了1.5个百分点。

小型企业增加了169家，其主营业务收入增加了604亿元，增幅13.5%，在行业内占比由2011年的47.3%下降到2014年的38.8%，下降了8.5个百分点。

图5 全国规模以上企业市场占有比例

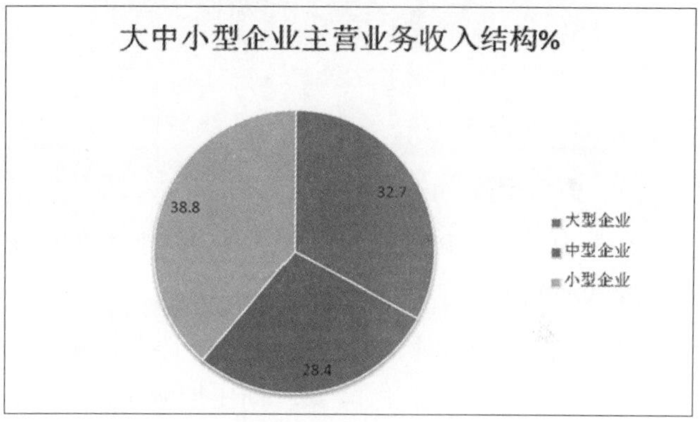

6、进出口

2014年，肉类出口93.5万吨，同比增加3.8万吨，同比增幅4.2%；肉类进口244.2万吨，同比减少12万吨，同比降幅4.7%。肉类进出口贸易逆差150.7万吨，同比减少15.8万吨，同比降幅9.5%，肉类进出口贸易逆差快速扩大的势头得到控制。参见表4。

分品种看，我国猪肉出口37.1万吨，进口137.8万吨，贸易逆差100.7万吨；牛肉出口2.8万吨，进口31.6万吨，贸易逆差28.8万吨；羊肉出口0.45万吨，进口27万吨，贸易逆差26.55万吨；禽肉出口51.4万吨，进口47.1万吨，贸易顺差4.3万吨；其他肉类食品出口0.64万吨，进口0.54万吨，贸易顺差0.1万吨。猪肉进出口贸易逆差占总量的66.8%，同比增加3.7个百分点。

表4 2010—2014肉类进出口贸易逆差概览

单位：万吨、%

	肉类出口	肉类进口	进出口贸易逆差	逆差增减%
2010	88.4	154.9	66.5	-
2011	89.4	190.5	101.1	52.0
2012	88.4	207.9	119.5	18.3
2013	89.8	256.3	166.5	39.3
2014	93.5	244.2	150.7	-9.5

数据来源：国家海关总署

图6 2010—2014年我国主要肉类产品进出口贸易逆差的变化

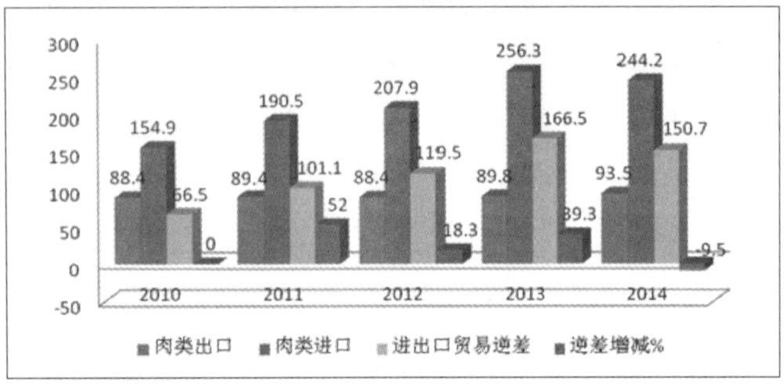

7、重点行业

按照有关国家标准规定，屠宰及肉类加工业共分为三个重点行业：

（1）牲畜屠宰业。全国有规模以上牲畜屠宰企业1339家，同比增加了14家，同比增幅1%。牲畜屠宰企业占行业内企业总数35.3%，同比下降0.6个百分点。其主营业务即通常所说的“红肉”（猪肉、牛肉、羊肉等）销售收入5352.92亿元，同比增加了396.49亿元，同比增幅8.26%；占肉类行业主营业务收入12874.01亿元的41.6%。

（2）禽类屠宰业。全国有规模以上禽类屠宰企业849家，同比减少12家，同比降幅1.4%。禽类屠宰企业占行业内企业总数22.4%，同比下降0.9个百分点。其主营业务即通常所说的“白肉”（鸡肉、鸭肉、鹅肉等）销售收入3295.96亿元，同比增加193.16亿元，同比增幅6.26%；占肉类行业主营业务收入总额的25.6%。

（3）肉制品及副产品加工业。全国有规模以上肉制品及副产品加工企业1598家，同比增加了91家，同比增幅6%。肉制品及副产品加工企业占行业内企业总数42.2%，同比增加1.4个百分点。其主营业务收入4225.13亿元，同比增加271.15亿元，同比增幅6.8%；占肉类行业主营业务收入总额32.8%。

8、包装与装备

（1）包装

随着我国肉类消费的不断增长，肉类食品生产和流通中对包装材料和包装产品的需求不断增加。主要表现在以下几个方面：

——用于超市零售的冷鲜分割肉高阻氧托盘及收缩盖膜增加。

——比气调包装具有更长的货架期、更高的配送效率和更低的配送成本的真空贴体包装增加。

——用于进出口及长途运输的工业－大冷鲜肉包装增加。

——具有更强便利性功能（例如，更便于打开、更便于重复封口、更便于加热调理、更便于保存等）的肉制品包装增加。

总的看来，2014年，用于冷鲜肉的包装物料同比增长约2%；用于肉制品的包装物料同比增长约7%。

（2）装备

随着肉类生产的发展和产业集中度的提高，2014年，我国屠宰及肉类加工机械与装备的水平有了进一步提升。主要表现在：

——先进生产工艺和加工技术装备的应用正在由东部发达地区加速向中西部地区扩展。

——很多国产设备已经接近国外先进水平，能够满足肉类大规模加工、工业化生产的需要。一些关键技术设备已经实现了质的突破，达到了国际领先水平。大型企业开始更多地选用国产设备。

——国产肉类加工机械与装备已经呈现出专业化、系列化、标准化、安全节能等特点，可基本满足各类用户不同层次、多样化的需求。

——除生产技术和工艺、产品性能和质量的提高外，国产肉类加工机械与装备在采购和应用成本以及售后服务等方面，超越了众多的国际品牌，开始吸引许多欧美客户，出口明显扩大。

【d. 行业面临的问题】

1、政策和市场

2014 年国家对肉类产业的政策主要集中在促进生产发展、提倡合理消费、保障质量安全和调整产业结构方面。从市场上看，一方面可以使肉类食品供给基本适应城乡市场的消费需求；另一方面，由于肉类食品质量安全保障水平不高，影响了供求平衡；由于肉食产品结构调整进展缓慢，不能适应消费需求结构的升级。

2、采取的主要政策措施包括：

（1）努力增加生产，反对食品浪费

针对 2011 年以来消费需求增加、肉类供不应求、价格上涨较快、贸易逆差扩大的形势，2014 年国务院及各相关行政主管部门采取了一系列措施，努力增加生产，提倡合理消费，适度控制进口，取得了明显成效。

在提倡合理消费方面，2014 年，采取的主要措施：一是国务院发布了《中国食物与营养发展纲要 (2014-2020 年)》，提出适当减少肉类消费，由现在的人均 60 公斤以上减至 29 公斤。二是中办、国办印发了《关于厉行节约反对食品浪费的意见》，要求各地认真贯彻实施，减少包括肉类在内的食品浪费。由于厉行节约，减少了不必要的浪费，肉类食品的产销压力得到一定程度的缓解，市场价格也逐步企稳。

（2）推进体制改革，加强质量监管

针对分段多头管理、职责不清、管理低效的弊端，2014 年，各级政府在推进肉类行业管理体制改革，加强肉类食品质量安全监管方面采取了一系列有效措施。主要包括：

——《食品安全法 (修订草案)》向公众公开征求意见；将《生猪屠宰管理条例》修订为《畜禽屠宰管理条例》。

——继续深入推进食品安全监管“三合一”和生猪屠宰管理体制改革。政府有关部门正式委托中国肉类协会开展“肉类食品安全风险信息收集及行业预警交流”、“肉类加工业监测预警分析”等项工作，推动了肉类行业食品安全管理平台和政府 - 协会 - 企业合作共治机制的建设。

——加强肉类食品安全监管，分期分批开展监督抽检。

——继续深入推进肉类食品企业诚信体系建设和质量安全追溯系统建设。

上述措施使我国肉类食品合格率在 2014 年期间有了明显提高，从上半年的 95.62% 提高到下半年的 97.32%，提高了 1.7 个百分点。

（3）实施发展规划，加快结构调整

针对我国肉类食品生产结构与消费需求结构不相适应的问题，2014 年，各级政府贯彻实施相关发展规划和产业政策，在促进肉类产品结构调整方面取得了新的进展：

——贯彻实施《全国牛羊肉生产发展规划（2013——2020）》，2014 年，牛羊肉在肉类总产量中的占比增加 0.1 个百分点，达到 12.8%，计 1117 万吨。

——贯彻国家相关产业结构调整及技术改造政策，使 2014 年冷鲜肉在肉类总产量中的占比增加 1.9 个百分点，达到 17% 左右，约 1480 万吨；肉制品在肉类总产量中的占比增加 0.5 个百分点，达到 16.5%，约 1437 万吨。

3、我国肉类行业面临的突出问题是，

（1）质量安全影响供求平衡

从长期看，我国人口、资源、环境等因素对肉类产业发展的制约将逐渐加大。特别是在城镇化过程中，随着农村人口向城镇转移，肉类消费需求总量将进一步增加。如何保持肉类生产的稳步增长，保障肉类食品供求平衡和价格稳定，仍是我国肉类产业面临的首要任务。

在数量型向质量效益型转变的过程中，必须清醒地认识到，2014 年，上海福喜“过期肉”事件、江西大量病害猪流入 11 省市等类似案例的发生，都说明肉类食品安全风险不仅威胁着公众的身体健康，而且影响着人民群众的消费信心，影响着肉食产业的稳步增长。根据国家监督抽检的结果，2014 年我国市场上有不到 5% 的不合格肉及肉制品。按照肉类生产总量测算，不合格肉品的数量大约在 230—380 万吨之间。减掉这些不合格肉品，我国肉类总产量只有 8300—8400 多万吨，还

没有实现“十二五”发展规划的目标。这也是“十二五”以来肉类进出口贸易逆差不断扩大的原因之一。

（2）人为因素是导致产品不合格的主因

根据对国家监督抽检结果的分析，导致不合格肉品的原因：有 50% 左右是由于微生物指标不合格；有 23% 左右是由于食品添加剂指标不合格；有 15% 左右是由于蛋白质、淀粉等质量指标不合格；还有 12% 是由于重金属、瘦肉精及其他安全性指标不合格。也就是说，肉类产品不合格的主要原因，是加工过程中的人为因素造成的。

上述各类问题产品，涉及全国 29 个省、直辖市、自治区的 274 家企业，占 4334 家被抽检企业的 6.3%。另外，还有约 6.5% 的不合格产品是由无企业标识的主体生产的。加上 H7N9、口蹄疫等疫情对畜禽养殖业发展的影响，肉类产业在加强企业主体责任、提高质量安全保障水平方面的任务还相当艰巨。

（3）结构调整进展缓慢

由于我国居民对健康、营养、方便食品消费需求的增加，目前肉类产品结构与需求结构的变化还不相适应。主要表现在：牛羊肉还需依靠增加进口来平衡供求、稳定价格；热鲜肉和“冻转鲜”的比例还占 2/3 左右，肉品总体质量不高；肉制品的比例偏低、品种也不够丰富，与城乡居民多元化、优质化、便捷化的需求不相适应。

结构调整进展缓慢的重要方面，是提高屠宰产业集中度难度较大。自 2013 年国家将生猪屠宰管理职能由商务部转交农业部以来，屠宰行业管理问题再次成为行业关注的热点。据不完全统计，目前全国共有屠宰企业 19000 多家，其中生猪屠宰企业 14000 多家。从 2014 年行业运行的情况看，规模以上屠宰及肉类加工业实现利润同比下降 4.5%。其中，牲畜屠宰实现利润 256.8 亿元，同比下降 7.68%；禽类屠宰实现利润 134.54 亿元，同比下降 2.31%；肉制品及副产品加工实现利润 252.29 亿元，同比增长 1.67%——行业利润下降主要原因是屠宰业利润下降、亏损企业较多。目前，规模以上企业在行业内占比过低，仅占 10% 左右。约占行业 90% 的小微屠宰企业与规模以上屠宰企业争抢有限的畜禽原料，使规模以上企业先进产能闲置，平均利用率只有 30% 左右，造成热鲜肉比重居高不下、同质化低水平恶性竞争，使大中型企业资产利润率降低。如何加快淘汰落后产能、提高产业集中度和先进产能利用率，是肉类产业结构调整面临的艰巨任务。

4、科技创新

在改革中不断增强科技创新能力，推动发展方式转变，是关系到肉类产业发展全局的重大战略问题。2014 年，我国肉类加工业的科技创新仍处于战略性调整期，在许多方面取得了新的进展，但在总体上与产业升级的要求还有很大差距，诸多深层问题亟待解决。

（1）科技创新的研发体系建设问题

随着肉类行业管理职能的转换，以及国家科技体制改革的深化，肉类食品企业科技创新环境发生了重大变化。从研发体系建设看，通过开展科企合作，企业、科研单位和大专院校的优势得到进一步整合，以企业为主导、产学研一体的技术创新推广联盟在科技成果转化方面的作用有所增强；许多企业加大了研发投入在销售收入中所占的比重，进一步加强技术集成基地建设，完善技术创新的基础设施条件；许多地方加强了对肉类加工科技创新项目的政策支持，加快培育科企合作的创新主体，取得了可喜的进展。但是，从肉类产业的科技创新体制来看，过去那种单打独斗、各自为战、互不沟通的状况并没有明显转变，在有效配置科技资源，开展联合创新、协同创新，实现产业链创新的衔接配合方面还有许多工作要做。

（2）科技创新的技术开发与应用问题

2014 年在技术和装备方面，通过开展科企对接、技术成果推介、举办论坛和新技术装备展示等活动，加快了对原有设备技术的改造，机电一体化技术、自动化控制技术、节能减排技术、清洁生产技术、综合利用技术等得到了推广应用；通过科研攻关，在重大关键技术领域也取得了新的突破。例如，在肉类食品异物检测技术方面，成功研制了金属检测机、X-RAY 异物检测机、工业视觉控制、动态重量称重称等产品，申请了多项国家发明专利和实用新型专利。但是，总的来看，如何从肉类产业现代化和经济社会发展的全局出发，确定基础前沿研究和重大共性关键技术(产品)开发及应用的重点，加强重大项目谋划，仍然是我国肉类行业发展中尚未解决的问题。

（3）强化企业在科技创新中的主体地位问题

从2014年的产品和营销看，许多企业不仅开发了更适合消费需求的新产品，而且在营销方式上采用了更适应用户需求的新手段。目前，市场供应的肉类食品种类更加丰富，肉制品进一步向多元化、优质化、功能化发展。同时，随着我国电子商务的蓬勃发展及网络购物环境的不断改善，越来越多的居民开始网上购物，肉类食品的营销方式不断创新，涌现出“平台化营销”、“基地＋传统B2C+故事性营销”、“本地化+O2O”等众多网络营销模式；肉类食品传统供应链与互联网的融合明显加快。但是，必须看到，肉类行业在如何优化机制，构建“产学研推用”有机结合的创新体系，进一步强化企业在科技创新中的主体地位方面并没有明显进展，需在今后着力解决。

【e.发展趋势】

2015年全国肉类总产量将比上年有所下降，与此相适应，以猪肉为主的肉类食品价格将有较大幅度上升。受此影响，规模以上企业数量、主营业务收入、利润总额和投资将继续增加。主要的困难和问题将表现为：

1、牲畜屠宰亏损企业增加

预计2015年全国规模以上牲畜屠宰行业亏损企业和亏损额都将比上年增加。造成亏损增加的重要原因之一，是成本费用加大。2015年牲畜屠宰企业主营业务成本、销售费用、管理费用、财务费用都呈上升趋势。应收账款的增加，也将影响企业的资金周转和效益提高。

从生猪屠宰的情况看，据农业部畜禽屠宰管理办公室统计，2015年第一季度我国规模以上生猪定点屠宰企业屠宰量为5665.99万头，同比减少161.91万头，降幅2.8%。分月看，生猪屠宰量也是下降趋势：2月比1月减少389.08万头，降幅17.7%；3月比2月又减少150.96万头，降幅8.4%。一季度病害猪无害化处理量16.57万头，比上年同期减少2.45万头，降幅12.9%。这一方面是由于生猪减产的影响，另一方面说明生猪屠宰的集中度在下降。

需要强调的是，2015年规模企业生猪屠宰量和病害猪无害化处理量下降的一个重要原因，是近两年来病害肉、劣质肉、走私肉上市增加，挤占了健康优质猪肉的市场，影响了消费者的信心。

近几年来，随着人民生活水平的提高，对肉类的消费需求明显扩大。一些不法厂商经营国家明令禁止上市的病害肉、假劣肉、走私肉，案件在各地媒体多有披露。这些病害肉、劣质肉、走私肉的上市，不仅危及消费者的健康安全，而且严重影响了规范经营企业健康优质产品的销售，影响了规范经营企业经济效益的提升。

2、禽类屠宰企业亏损依然严重

2015年，我国禽类屠宰行业亏损将有所缓解，亏损企业和亏损额同比将有所下降。但是，必须看到，2015年1—4月禽类屠宰业亏损总额高达8.58亿元，是牲畜屠宰业亏损额的1.5倍。亏损企业数量多达107家，占规模以上禽类屠宰企业的12.6%，亏损情况依然严重。

从整个行业看，造成亏损的主要原因仍然是市场销售不畅。1—4月，由于市场销售不畅带来的资金困难，使禽类屠宰业财务费用同比增长了6.79%，比牲畜屠宰业高6.57个百分点；利息支出8.24亿元，同比上升了5.69%，比牲畜屠宰业高约11个百分点。虽然在此期间各地对禽类屠宰企业采取了一些减免税的扶持政策，主营业务税金及附加同比下降了9.36%，但禽业不景气的状况短期内还难以扭转。

3、肉制品加工企业产品质量有待提高

2015年上半年，国家食药监总局公布了最新的肉及肉制品监督抽查结果。通过对5667批次产品的抽检，发现有160批次的肉制品不合格，不合格率2.68%。本次抽查共涉及企业2635家，其中不合格企业153家，占5.8%。另外，还有7个产品未标示生产主体。肉类产品不合格的主要原因，是加工过程中的人为因素造成的。肉制品加工企业在加强主体社会责任、提高质量安全保障水平方面还面临着相当艰巨的任务。

4、大中城市肉食加工企业“煤改气”、节能减排压力凸显

随着大中城市对企业环境治理、节能减排要求的不断提高，“煤改气”已是限时完成的硬任务。从烧煤改成烧天然气（石油气），能源成本上升3倍。企业必须将“煤改气”与节能减排改造同时进行，才能控制住能源成本的过快增长。这是肉食加工企业必须应对的一个严峻挑战。

总的看来，2015年肉类行业发展形势不容乐观。随着农业部《关于做好2015年畜禽屠宰行业管理工作的通知》和《关于做好2015年农产品加工业重点工作的通知》各项措施的进一步贯彻落实，通过行业内外的共同努力，2015年肉类行业将继续保持稳增态势，规模以上企业数量、主营业务收入、利润总额和投资将继续增加；牲畜屠宰的产业集中度逐步提高，亏损企业增加的局面开始得到扭转；禽类屠宰企业亏损额进一步减少，逐步走出效益低迷的困局；肉制品及副产品加工企业的产品质量进一步提高，市场竞争力进一步增强。

【f. 政策建议】

1、抓紧出台《畜禽屠宰管理条例》，加快淘汰落后产能

在全面完成屠宰管理职能转变、制定《畜禽屠宰管理条例》的基础上，尽快启动制定《畜禽屠宰法》的工作。通过依法加强屠宰行业管理，加快淘汰落后产能，改变“我国”小微屠宰企业过多、现代化屠宰企业产能利用率过低的现状。

小微企业过多，与目前行业管理规则、标准不清有关。建议在立法过程中明确淘汰落后产能的规则和标准，为依托规模以上企业促进产业现代化提供依据、创造条件。

2、严厉打击病害肉、注水肉、劣质肉、走私肉上市

规模以上企业生猪屠宰量及病害肉无害化处理量下降，意味着市场上病害肉、注水肉、劣质肉、走私肉的增加。只有严厉打击病害肉、注水肉、劣质肉、走私肉上市，才能增加安全、健康、优质肉类的供应，保障人民健康安全。为了满足国内市场对肉类日益增长的需求，一方面要提升肉类贸易开放度，通过扩大贸易推进世界产业结构调整，实现全球资源再平衡；另一方面要切实加强进口贸易管理，严厉打击肉类走私，防止低价未经检疫检验肉品对我国畜禽养殖和屠宰加工业的冲击。建议加大监管力度，严惩非法经营者，同时要完善病死畜禽无害化处理制度，落实政府有关无害化处理的政策措施。

通过修订标准或制定法规，给“母猪肉”一个合法可行的出路。长久以来，母猪肉一直被用来加工“肉松”等干制品。自从在“生鲜肉”国标中被禁后就基本转入地下，进入“病害、劣质肉”的序列。事实说明，“母猪肉”光靠禁是管不住的，给它一个合法可行的出路才是办法。

3、加大对肉类加工业提档升级的政策扶持

针对肉类产业目前资产负债率上升，成本费用加大，税负有所加重的现状，为了发展规模化、标准化、现代化的肉类加工业，建议扩大中央和地方财政支持发展肉类加工的规模，明确涉农资金用于肉类加工业提档升级的比例；银行等金融机构放贷向肉类加工业提档升级倾斜；扩大进项税额核定扣除办法试点行业范围，扩大屠宰加工所得税优惠范围。

4、加强质量安全管理，维护产销稳定

屠宰及肉类加工环节检测检验费用很大。为提高整体经济效益，要切实从源头保障肉类食品安全。建议一方面从源头加强畜禽质量安全监管力度；另一方面强化企业质量安全保障系统，对病死猪、禽的无害化处理给予适当财政补贴，使畜禽屠宰企业有更多财力用于产业转型升级，维护产销稳定发展。

5、出台扶持政策，促进节能减排

节能减排改造是肉食加工企业转型升级的重要内容，也是“煤改气”所必需的配套工程。肉类行业中已有企业先期完成了此项改造工程，在行业内推广其成功经验的同时，建议政府加大政策扶持力度，帮助企业采取节能减排的先进技术。

高观

2.3 水产品加工

【a. 概况】

1、主要经济指标

（1）水产品生产持续向好，加工产量、产值持续增长

2014 年，全国水产品总产量为 6461.5 万吨，同比增长 4.7%，超额完成了食品工业“十二五”发展规划（2011–2015 年）及全国渔业发展“十二五”规划（2011–2015 年）中关于水产品总产量的设定目标。在国际市场中，我国水产品产量连续 26 年居世界首位。其中，海水产品产量 3296.2 万吨，占我国水产品总产量的 51.0%，同比增长 5.0%；淡水产品产量 3165.3 万吨，占我国水产品产量总产量的 49.0%，同比增长 4.4%。

全国水产品加工业实现总产值 3712.7 亿元，同比增长 8.1%，加工产值占全国渔业经济总产值 17.8%。加工品总量为 2053.2 万吨，同比增长 5.1%。其中，海水加工产品 1678.6 万吨，同比增长 5.5 %；淡水加工产品为 374.52 万吨，同比增长 3.2%。

（2）产品结构进一步升级，高附加值的加工品比例提升

2014 年，用于加工的水产品总量为 2192.4 万吨，水产品加工率为 33.9%。其中，海水产品加工比例 49.9%，同比下降 0.6%；淡水产品加工比例为 17.3%，同比增长 5.3%，加工比例仍落后于发达国家。

在加工产品中，水产冷冻品为 1317.1 万吨，同比增长 7.1%；鱼糜制品为 151.8 万吨，同比增长 14.4%；干腌制品为 155.1 万吨，同比减少 1.8%。藻类加工制品为 108.7 万吨，同比增长 9.8%；罐制品为 40.0 万吨，同比增长 6.7%，详见图 1。冷冻、冰鲜等初级加工品仍是我国水产品加工主要品种，甚至有增加的趋势，这是由我国国民喜食鲜活水产品的消费习惯决定的；得益于淡水鱼糜加工技术日益完善，以鱼糜制品为代表的高附加值的加工品比例提升并保持有较大发展潜力。

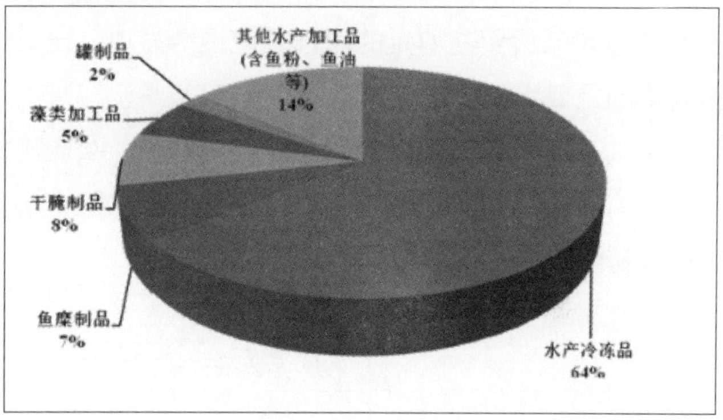

数据来源：《中国渔业统计年鉴》

图1 我国水产加工品统计（按类别分）

2、行业发展分析

（1）国内水产品价格较为平稳，国际水产品价格随市场竞争变化

据全国 80 家水产品批发市场成交价格统计，2014 年水产品批发市场综合平均价格 21.70 元 /kg，同比上涨 3.54%。其中海水产品综合平均价格 39.39 元 /kg，同比上涨 3.81%；淡水产品综合平均价格 14.96 元 /kg，同比上涨 2.76%。一部分高档水产品和大宗淡水鱼价格下降，其中海参下降 20.4%，大宗淡水鱼中鲫鱼价格降幅最大，下降 5.7%。原料成本、加工成本、供需关系等均直接影响水产品价格，总体来讲，国内

水产品价格比较蔬菜、肉类价格涨幅不大，水产品对于稳定和降低食品消费价格起到了积极作用，这也进一步说明国内市场水产品供给的充足。

水产品出口价格随国际市场对水产品需求变化。以我国主要出口水产品品种罗非鱼为例，2014 年出口量降额涨，一方面与国际市场对该产品的需求相关，另一方面，东南亚国家同构产品如越南 Pangasius 价格提升等因素减缓了对我国出口罗非鱼竞争的压力，出现罗非鱼产品价格上涨的情况。

（2）出口市场总体向好，国内市场新模式运行

我国不断推广健康养殖模式，加强质量安全监管工作力度，水产品品质和质量安全水平均不断提高。同时，作为负责任渔业大国积极配合相关国家和国际组织开展水产品合法性认证，加工产品国际市场竞争力增强。我国大力推进一带一路及实施自贸区战略，一些多边和双边贸易协定的积极效应逐渐显现，出口市场格局呈现积极变化，市场多元化程度进一步提高。2014 年，对美国、韩国、东盟、香港、台湾、欧盟出口额均有所上涨，其中对台湾地区、韩国、东盟市场出口保持较强的增长态势，详见表 1。

表1 主要出口市场统计

（单位：万吨，亿美元，%）

出口市场	数量	同比增减	金额	同比增减
日本	66.20	3.90	38.00	-2.81
美国	58.27	2.16	33.93	6.18
东盟	52.64	7.73	27.15	14.16
中国香港	23.15	-2.02	25.22	5.85
欧盟	55.37	-1.01	23.66	3.79
韩国	50.26	20.82	16.89	19.93
中国台湾	13.68	8.79	15.64	24.78

数据来源：《中国渔业统计年鉴》

我国巨大的、富有强劲潜力的消费市场为各国制造了新机遇，进口水产品消费市场持续发酵。国内市场呈现出新常态，高档水产品市场份额下降，如鱼翅的消费量下降 70%，许多经营者选择退出市场。消费市场更趋于理性，大众消费、节约型消费成为市场主导。个性化、互动性、价值型、便捷型消费的新要求促使加工企业从过去单纯出口向内生增长和外延扩张并举方向转变，积极应对多变的市场行情，以客户为导向，加强产品自主研发，围绕自有资源主品，增加互联网＋思维，探索线上交易、线下体验等商业模式，与京东、天猫等电商巨头，与顺丰等优质渠道展开合作，加快全球化战略的实现。

（3）投资海外把控资源，完善国内产业链

一方面继续投资国内水产品生产基地，建立规模化、标准化、现代化的产业基地，确保稳定优质的加工原料供应，投资推进水产品网络电商交易平台，推进新营销方式发展，促进市场繁荣；投资海上冷藏运输加工船，提高海上第一线渔获物原料冷冻保鲜水产品鲜度；投资建设冷藏加工物流基地及配套附属服务设施，培育水产品专业物流组织，提高了冷冻加工品的流通效率，做好物流保障方向的产业链延伸。另一方面深化国际渔业合作交流，建立双边及多边渔业合作关系，注重与北美、日本、朝鲜、澳新等区域的资源企业签署战略合作协议，建设有效的、常态的、持续的全球海产资源供应基地，达成资源互补。

（4）产业加速集聚，传统特色加工区域出现变化

水产加工区域集中的态势发展明显。山东、福建、浙江、辽宁、江苏、广东、湖北、广西、海南和江西等 10 省（自治区）的加工量之和占全国加工总量的 97.4%，同比增长 0.3%，详见图 2。湖北、江西、安徽和湖南四省加工量之和占内陆省份加工总量的 95%，其中湖北省占内陆省份加工总量的 55.1%。

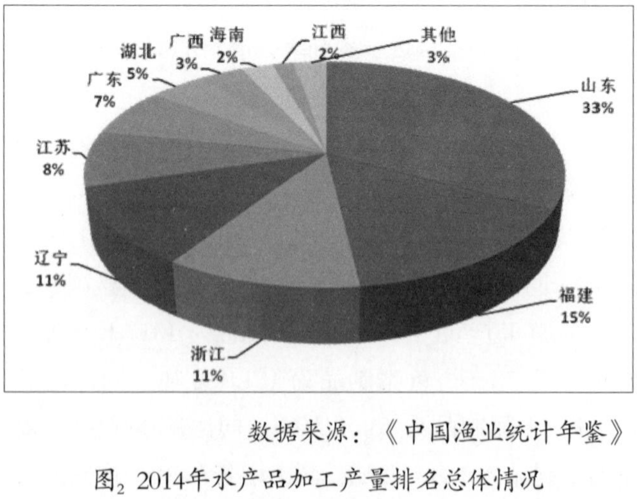

数据来源：《中国渔业统计年鉴》

图2 2014年水产品加工产量排名总体情况

2014 年，传统加工区域正在悄然发生一些变化，随着劳动力成本的不断增加，来进料加工呈现萎缩态势，山东、辽宁借助传统优势，不断加强技术创新和品牌创建，开拓国内高档水产品市场，其中山东省在海洋高端保健品上不断实现新突破，竞争优势逐渐显现。浙江大力发展海上冷链与加工、鲟鱼系列产品开发，在培育品牌、探索电子商务等新型流通方式等方面取得较好效果。福建省充分利用中国东盟自贸区和一带一路战略的实施，出口发展迅猛。湖北、江西、湖南等省淡水鱼类精深加工特色优势正在形成。此外山东、浙江新转接泰国部分金枪鱼、鲣鱼产品加工生产线，区域集聚力量也逐渐显现。

（5）产业集中度提高，集群广泛普遍

我国正处于城镇化进程加快期，随着消费结构升级、收入较快增长，一些新的增长拉动因素正在形成，行业发展进入良性且更加健康的增长轨道，产业资源优势势必向龙头企业集中，这有利于拥有品牌影响力和营销能力的企业可持续发展，行业集中度进一步提高。

2014 年，我国从事水产品加工的企业有 9663 家，比 2013 年减少了 111 家，但生产能力和产值还在增加。规模以上水产品加工企业 2749 家，占水产加工企业总数的 28.4%。部分国家级龙头企业、上市公司及合资公司进一步改变单一资源结构、市场结构和业务结构，有效提升企业对资源、市场的应变能力及价格两端的把控能力，企业逐步实现从生产商到品牌商的转变，从供应商到全球海产运营商的转变。

（6）进出口增速逐步企稳回升

据海关数据统计，2014 年我国水产品进出口总量 844.43 万吨，进出口总额 308.84 亿美元，同比分别增长 3.87％和 6.86％，创历史新高。其中，出口量 416.33 万吨、出口额 216.98 亿美元，同比分别增长 5.16％和 7.08％；进口量 428.10 万吨、进口额 91.86 亿美元，同比分别增长 2.65％和 6.34％。贸易顺差 125.13 亿美元，同比增长 7.66%。2014 年，水产品出口额占农产品出口总额的 30.15%，连续第 25 年位居我国农产品出口额首位。

水产品一般贸易保持平稳较快增长，出口量 284.70 万吨、出口额 160.49 亿美元，同比分别增长 7.93％和 9.36％，占水产品出口总额比重达到 73.97%。墨鱼鱿鱼及章鱼、对虾、贝类、罗非鱼、鳗鱼、蟹类等产品出口额占我国一般贸易出口总额的 66.8%，详见图 3。来进料加工贸易出口量 118.7 万吨、出口额 54.6 亿美元，同比分别增长 1.4%和 1.9%，但来进料加工出口额占出口总额的比重持续下降，2014 年的比重仅为 25.2%，同比下降 1.2%，较 2008 年下降 12%。

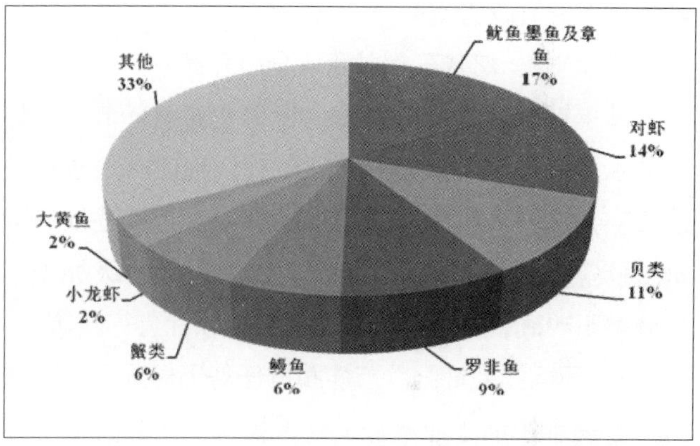

数据来源：农业部渔业渔政管理局

图$_3$ 我国水产品一般贸易主要出口品种统计

（7）加大加工机械设备研发资金投入，自动化程度有所提升

随着国家科技专项和各地科研专项的投入以及企业在设备方面的投入，通过产学研的联合，在水产加工前处理技术装备研究，大宗淡水鱼加工装备研究，南极磷虾船上加工装备研究，船上冷冻保鲜加工装备研究，贝类、蟹类保活流通与初加工设备研究方面有所突破，一些设备产品投入使用，并成功实现产业化。

【b. 行业面临的问题】

1、发展方式比较粗放，企业经营压力较大

水产加工业整体“小、散、低”的状况尚无较大的改观，仍以粗放经营为主，行业内恶性竞争，部分地区产能过剩，产业集约化程度低，综合利用与精深加工比例不高等问题依然存在，如何进行产品结构调

整、产业转型升级有待进一步探索。受国际市场需求疲软、原料价格涨、用水用电用工成本高、资金利息高、税赋压力大和用地紧张、配套设施不完善及企业管理滞后等多重挤压，水产加工企业经营压力大，特别是专门从事来进料加工的企业受到较大影响。

2、水产加工装备自动化程度不高

我国水产品加工机械在自动化程度、设备稳定性方面与国外产品相比仍存在一定差距，部分高端加工设备仍依赖进口。在采用先进的新兴水产品工程单元优化配置，组成高效的、经济合理的生产作业线方面，缺乏对加工企业的有效指导。渔船卫生设施改造及冷藏物流设备有改善空间。

3、产业、财政等相关政策有待完善

过去对水产扶持政策重点集中在养殖环节，具体支持水产品加工业的政策相对较少，且已有的政策缺乏落实措施，还需加强在引导品牌建设、引进社会资金融资等方面的政策支持。另外，水产品初级加工定义分类不明确，企业难以享受包括税收优惠等政策。

4、环境约束增强，节能减排任务仍然艰巨

虽然水产加工业增加了环保投入，在节能减排方面有了长足进步，但仍未达到理想水平。建设生态文明社会的目标对水产品加工业提出了向生态化和集约化的绿色发展方式转变的要求，面临巨大的资源与环境压力，节能减排任务艰巨。

5、服务体系不健全，行业服务能力薄弱

专业化服务机构不足，缺乏对专职人员的指导和配套资金投入，服务功能同质化、针对性不够强，难于与企业有效沟通对接。

【c. 发展趋势】

在国内外市场需求增长和消费升级，国家一带一路战略构想的提出的背景下，预计水产品加工业将稳步发展。加工商越来越多地与国外公司相关联，超市连锁店和大型零售商控制下国际分销渠道的市场需求格局成为限定加工产品的重要因素。随着年轻一代对水产加工品的需求以及市场准入的导向，更多的加工产品、高附加值产品休闲产品、方便加工品、在市场中呈现并广泛流通。随着人们对营养保健的进一步认知，海洋生物提取保健品、海洋药品市场空间潜力巨大。加工业转型升级势在必行，水产品精深加工及综合利用程度提升。

随着中澳、中韩等自由贸易协定实质性谈判的结束，以及中冰，中瑞自由贸易协定的相继实施，我国将与超过20个国家和地区建立自贸关系，我国水产品加工业将加大在全球的布局。随着中国－东盟海产品交易所落户福州，广东、福建、天津自贸区的正式挂牌等势必会对水产品进出口的发展起到推波助澜的作用，预计近年内水产加工品贸易仍将保持良好的发展势头。互联网模式将渗透水产加工业发展，“互联网＋水产”带动产业升级，电商将给水产加工企业带来多维未来。

【d. 政策建议】

1、鼓励订单式水产加工业，加大政策支持

鼓励水产品加工企业与渔船、养殖场采取订单合作模式，进行按需生产，达到防止原料价格波动过大以及更好地促进一二三产联动发展的目的。建议把水产品加工业作为战略性支柱产业和新的经济增长点列入议事议程，明确水产品精深加工及加工副产物综合利用的主攻方向。配合国务院落实减轻企业负担的各项规定，如水产品初加工用电按照农用电办理，初加工产品列入“绿色通道”等。

2、对接资本市场培育龙头企业，提升国际影响力

推动水产加工业与资本市场对接，加强上市融资服务和指导培训，通过兼并、收购、重组等商业模式，引导水产加工行业骨干和优势水产企业做大做强。以品牌建设为转型升级的重要抓手，支持企业跨行业、跨地区、跨国界的经营策略，鼓励其在激烈的国际国内市场竞争中占据主动，构建自主创新的产品和品牌，提升国际影响力。

3、提高加工机械化、自动化的研发投入

借力《中国制造2025》的发布，提高水产加工业机械化、自动化程度，缓解劳动力转移、劳动力成本提升等压力。建议水产机械设备向机电一体化方向发

展，利用微电子技术对生产过程进行检测和监督。建议将水产品加工机械、自动化技改纳入农机购置补贴范畴。

4、扶持加工业环保设施投入，提高市场准入标准

严格生态环境评价，提高资源集约节约利用和综合开发水平，建立符合生态文明，环保达标为基础的市场准入制度。加快淘汰落后、高能耗、高污染的加工企业，同时对水产品加工企业废水处理等节能减排措施给予补贴，大力推进水产加工业的绿色发展、循环发展、低碳发展。

5、完善行业协会管理机制，加大对协会的支持力度

在政府转变职能改革过程中，积极探索行业协会管理机制，依靠法律保障、行政推动和财政支持等手段促进行业协会发展。充分发挥行业协会桥梁纽带作用，强化新闻宣传和舆论导向，营造促进产业发展的良好环境。引导协会在产业内规范水产品市场秩序，应对国际贸易纠纷沟通、谈判，发挥自主管理、自律、自我监督的作用。

中国水产流通与加工协会

2.4 淀粉糖及淀粉制品制造

【a. 概况】

由于淀粉糖生产成本高涨、产能增长过快、食糖价格低迷、市场疲软等诸多因素的影响，2014年我国淀粉糖行业运行延续2013年淀粉糖产量的下降继续走低，全国淀粉糖总产量1198万吨，同比下降2.2%，其中固体糖450万吨，同比增长4.4%，麦芽糊精产量增加；液体糖748万吨，同比下降5.8%。行业内的利润率及开工率等指标均处于历史低位。

2014年，糖醇总产量增加为161万吨，同比增长2.55%。中山梨糖醇130万吨，木糖醇6万吨，麦芽糖醇12万吨，甘露醇10万吨，其他2万吨。产品中甘露醇增长较快。

根据海关统计数据，全年淀粉糖相关产品出口量115.6万吨，同比下降6.35%，出口额7.92亿美元，同比下降3.93%，进口量36.8万吨，同比增长5.86%，进口额3.96亿美元，同比增长6.45%。

多元醇相关产品出口量21.89万吨，同比增长2.41%，出口额3.9亿美元，同比增长7.52%，进口量38.08万吨，同比增长9.61%，进口额5.2亿美元，同比增长6.81%。

【b. 淀粉产量】

2014年，各类淀粉总产量合计2128.3万吨，同比下降7.7%，其中玉米淀粉产量2006万吨，减少190万吨，下降8.6%；木薯淀粉产量48.6万吨，增加1.4万吨，增长2.9%；马铃薯淀粉产量43.4万吨，增加8.9万吨，增长25.5%；甘薯淀粉产量25.8万吨，增加2.1万吨，增长9.1%；

从玉米淀粉生产规模统计，2014年，玉米淀粉产量在30万吨以上的企业有19家，玉米淀粉产量合计1619.6万吨，占淀粉总产量的80.7%，产业集中度相对较高。从地域分布看，主要集中在黑龙江、吉林、辽宁、山东、河北5个省，2014年5个省区的玉米淀粉产量1618万吨，占玉米淀粉总产量的80.6，同比下降6.1%，尤其吉林、辽宁最为明显，主要原因是大成公司、北大荒（原万顺达）因资金等问题部分停产，同时山东淀粉企业受阶段性玉米断货影响，8、9月份产量出现较大幅度的下降，9月份开工率一度下降到20%。2014年玉米淀粉产量为1618万吨，同比下降14.5%。

表$_1$ 2014年各类淀粉产量表

序号	产品	2013年			2014年			同期比	
		厂家数量	总产量（吨）	占比（%）	厂家数量	总产量（吨）	占比（%）	差异	进步（%）
1	玉米淀粉	55	21960854	95.26	58	20064220	94.27	-1896634	-8.64
2	木薯淀粉	63	472205	2.05	73	486078	2.28	13873	2094
3	马铃薯淀粉	89	345403	1.50	102	433612	2.04	88209	25.54
4	甘薯淀粉	25	236612	1.03	23	258189	1.21	21576	9.12
5	小麦淀粉及其他	1	37940	0.16	2	41051	0.19	3111	8.20
	总淀粉产量合计	233	23053014	100.00	258	21283150	100.00	-1769864	-7.68

表$_2$ 2014年16个省份及地区玉米淀粉产量

序号	省份	2013年			2014年		
		厂家数量	淀粉产量（吨）	占比（%）	厂家数量	淀粉产量（吨）	占比（%）
1	山东省	20	11363661	51.8	19	9664636	48.2
2	吉林省	6	4258801	19.4	7	3578265	17.8

序号	省份	2013年			2014年		
		厂家数量	淀粉产量（吨）	占比（%）	厂家数量	淀粉产量（吨）	占比（%）
3	河北省	10	2624047	11.9	8	2150349	10.7
4	河南省	7	1319690	6.0	7	1283192	6.4
5	陕西省	2	982441	4.5	3	1189913	5.9
6	黑龙江省	2	617659	2.8	3	617830	3.1
7	内蒙古自治区	2	228638	1.0	2	90015	0.4
8	新疆自治区	1	106637	0.5	1	101305	0.5
9	辽宁省	1	55197	0.3	2	172900	0.9
10	江苏省	2	335000	1.5	2	360000	1.8
11	甘肃省	1	45269	0.2	2	97671	0.5
12	山西省	1	23814	0.1	0	0	0
13	湖北省	0	0	0	0	0	0
15	宁夏回族自治区	0	0	0	1	630142	3.1
16	四川省	0	0	0	1	128000	0.6
	总计	55	21960854	100.0	58	20064220	100.0

表$_3$ 2014年10万吨以上玉米淀粉省份产量表

地区	2013年		2014年	
	厂家	产量（吨）	厂家	产量（吨）
山东省	15	11086553.6	14	10027815
吉林省	3	2766714.6	4	2101471
河北省	10	2687729.4	7	2060349
北京市	1	1977037.5	1	1999528
河南省	7	1319690.3	5	1009074
陕西省	2	982441.0	2	1016913
辽宁省	1	416543.0	0	0.0
江苏省	1	285000.0	1	310000
新疆维吾尔自治区	1	106637.0	1	101305
天津市			1	175692
宁夏回族自治区	0	0	1	630142
合计	41	21628346	36	19432290

表$_4$ 2010年—2014年我国玉米产量万吨

2010年	2011年	2012年	2013年	2014年
16300	19175	20812	21800	21567

表$_5$ 2010年—2014年我国淀粉产量 万吨

产品	2010年	2011年	2012年	2013年	2014年
玉米淀粉	1902	2082	2122	2196.09	2006
木薯淀粉	35.38	90	68	47.22	48.6
马铃薯淀粉	22.75	57	38.48	34.54	43.4
其他淀粉	13.48	15	23.56	27.04	25.8
总淀粉	1973.7	2245	2252	2304.89	2128.3

表$_6$ 2002年-2014年玉米淀粉产能、产量数据

年份	淀粉产能（万吨）	淀粉产量（万吨）	产能增长率%	产量增长率%
2002	785	550	22.08%	19.57%
2003	921	640	17.32%	16.36%
2004	1232	860	33.77%	34.37%
2005	1461	1020	18.59%	18.60%
2006	1800	1206	23.20%	18.23%
2007	2239	1530	24.39%	26.86%
2008	2346	1685	4.78%	10.13%
2009	2587	1725	10.27%	2.37%
2010	2712	1902	4.83%	10.26%
2011	2847	2082	4.98%	9.46%
2012	3025	2122	6.25%	1.92%
2013	3050	2196	0.83%	3.48%
2014	3100	2006	1.64%	-7.10%

【c. 变性淀粉产量】

2014年，变性淀粉总量为142.4万吨，同比减少22.7万吨，同比下降13.7%。变性淀粉生产企业呈现规模化，年产3万吨以上的企业17家，生产的变性淀粉占全国变性淀粉的总产量的75%以上，单个企业年产变性淀粉的最大量由最初的5000吨扩大到10万吨以上，逐步实现变性淀粉规模化、集约化生产。

表$_7$ 2014年变性淀粉各品种产量表

序号	品名	产量（吨）	序号	品名	产量（吨）
1	糊精	33322	12	复合变性淀粉	186910
2	可溶性淀粉	200	13	双变性淀粉	18976
3	酸变性淀粉	25971	14	接枝淀粉	.805
4	予糊化淀粉	92020	15	蜡质玉米变性淀粉	15875
5	氧化淀粉	323256	16	疏水变性淀粉	571
6	磷酸酯淀粉	77081	17	特种变性淀粉	22933
7	醋酸酯淀粉	145333	18	涂布专用变性淀粉	66051
8	羟丙基淀粉	20078	19	两性淀粉	21570
9	交联淀粉	45622	20	层间喷淋用变性淀粉	64975
10	阳离子淀粉	189854	21	降解淀粉	12640
11	羟甲基淀粉	6390	22	其他品种	53321

表$_8$ 2014年19个省、市、地区变性淀粉产量

序号	省份	2013年			2014年		
		厂家数量	变性淀粉产量（吨）	占比（%）	厂家数量	变性淀粉产量（吨）	占比（%）
1	山东省	8	554607	33.58	8	367037	25.78

序号	省份	2013年			2014年		
		厂家数量	变性淀粉产量（吨）	占比（%）	厂家数量	变性淀粉产量（吨）	占比（%）
2	广西壮族自治区	5	257133	15.57	9	277862	19.52
3	浙江省	3	229633	13.90	3	219585	15.42
4	广东省	5	146683	8.88	6	174662	12.27
5	吉林省	2	110500	6.69	2	40376	2.84
6	河南省	2	110000	6.66	2	100612	7.07
7	江苏省	4	88251	5.34	4	84241	5.92
8	江西省	3	79372	4.81	2	61960	4.35
9	甘肃省	2	38810	2.35	1	42900	3.01
10	上海市	1	24813	1.50	1	23494	1.65
11	天津市	1	8068	0.49	2	14136	0.99
12	黑龙江省	1	2356	0.14	1	1700	0.12
13	青海省	1	1250	0.08	1	1140	0.08
14	海南省	0	0	0	1	6000	0.42
15	山西省	0	0	0	0	0	0
16	湖北省	0	0	0	0	0	0
17	陕西省	0	0	0	0	0	0
18	河北省	0	0	0	0	0	0
19	福建省	0	0	0	1	8050	0.57
	合计	38	1651476	100.00	44	1423755	100.00

【d. 淀粉糖产量】

2014年，全国淀粉糖总产量1198万吨，同比下降2.2%，其中固体糖450万吨，同比增长4.4%，麦芽糊精产量增加；液体糖748万吨，同比下降5.8%。

表$_9$ 2014年淀粉糖产品产量表

种　类	品　种	产量（万吨）
液体糖（748万吨）	麦芽糖浆	300
	葡萄糖浆	204
	果葡糖浆	244
固体糖（450万吨）	结晶葡萄糖	340
	麦芽糊精	105
	其他	5
合计		1198

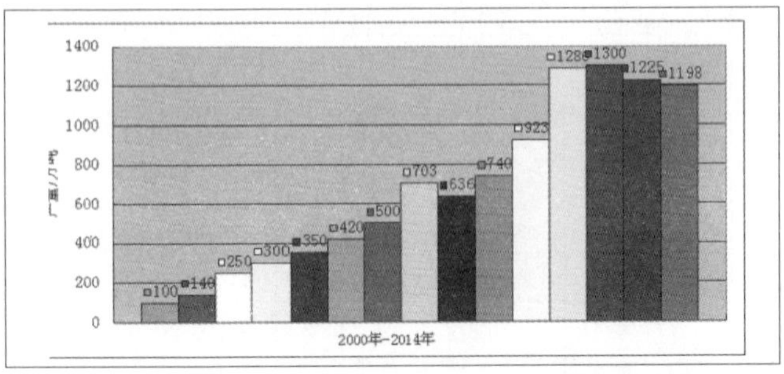

图$_1$ 2000年—2014年淀粉糖产量

由于淀粉糖生产成本高涨、产能增长过快、食糖价格低迷、市场疲软等诸多因素影响下，2014年我国淀粉糖行业运行延续2013年淀粉糖产量的下降继续走低，全国淀粉糖总产量1198万吨，同比下降2.2%，其中固体糖450万吨，同比增长4.4%，麦芽糊精产量增加；液体糖748万吨，同比下降5.8%。行业内的利润率及开工率等指标均处于历史低位。

【e. 多元醇产量情况】

2014年，我国多元醇行业运行基本平稳产量略微上升，据统计（生物化工醇未列入统计范围），糖醇总产量161万吨，同比增长2.55%。其中山梨糖醇130万吨，木糖醇6万吨，麦芽糖醇12万吨，甘露醇10万吨，其他2万吨。产品中甘露醇增长较快。

表$_{10}$ 2014年多元醇产品产量表

种类	产品	产量（万吨）
多元醇	山梨醇	130
	木糖醇	6
	麦芽糖醇	12
	甘露醇	10
	其他	2
总计		161

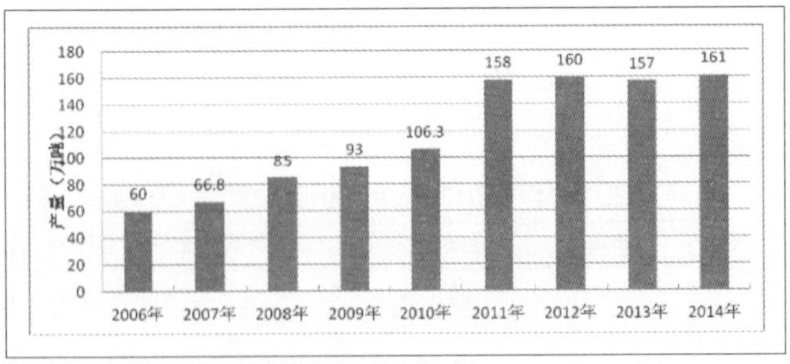

图$_1$ 2006-2014年多元醇产品产量

2011年至2014年，多元醇达到稳定发展阶段，

2013 年国内 Vc 市场不明朗，导致山梨醇产品的市场疲软，加之玉米原料上涨，企业综合成本上升，企业压力增加，产量下降；2014 年，山梨糖醇仍然维持稳定发展，甘露糖醇发展较快，产量翻了一番。目前企业为增加盈利和持续发展，都在积极开发下游产品和拓展产品应用领域，同时注重品牌和服务以及管理质量的提升，在节能减排、环保方面投入更大的关注，依靠科技寻求企业的再度发展。

在未来的行业发展中，企业可根据所在区域的市场需求、区域环境优势等情况，通过优化自身的产品结构，加强环保治理措施、降低产品生产成本，提高产品综合收率，使企业向资源节约型、环境友好型方向发展。

【f. 进出口情况】

1、淀粉糖产品出口下降，进口上升

表11 2008-2014年淀粉糖产品进出口量、进出口额

单位：吨，万美元

	出口量	出口额	进口量	进口额
2008年	822746	60408	166395	15438
2009年	763761	44612	182620	15538
2010年	959060	61827	245025	22981
2011年	1062897	76029	283455	31426
2012年	1050200	73019	323479	34172
2013年	1234178	82435	347556	37220
2014年	1155822	79193	367927	39622

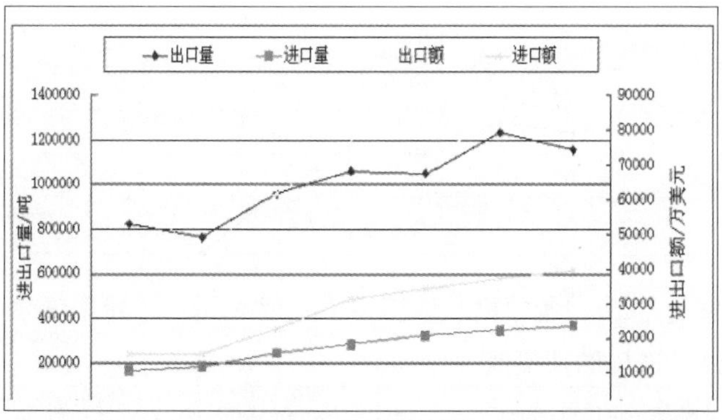

图2 2008-2014年淀粉糖产品进出口量、进出口额趋势图

根据海关统计数据，2014 年全年淀粉糖相关产品出口量 115.6 万吨，较 2013 年下降 6.35%，出口额 7.92 亿美元，较 2013 年下降 3.93%，进口量 36.8 万吨，同比上升 5.86%，进口额 3.96 亿美元，同比上升 6.45%。

2、淀粉糖中主要产品进出口情况

表12 2005年--2014年我国糊精及其他改性淀粉进出口情况

年份	进口量（吨）	出口量（吨）
2005	199810	74885
2006	196180	124368
2007	192376	185685
2008	143954	216544
2009	160872	117522
2010	210374	101733
2011	238089	105595

表12显示：进口量呈上升趋势，2014 年比“十五”末期增长 60%。比“十二五”末期增长 52%，，出口量同样呈上升趋势，2014 年比“十五”末期增长 62%。比“十二五”末期增长 19%。

表13 2005年—2014年我国葡萄糖及葡萄糖浆进出口情况（果糖＜20%）

年份	进口量（吨）	出口量（吨）
2005		107803
2006		167246
2007		293615
2008		372415
2009		414648
2010	946	519506
2011	1109	558782
2012	1626	495616
2013	1427	538365
2014	637	468625

表13数据显示：进口量下降，出口量基本上呈上升趋势。

年份	进口量（吨）	出口量（吨）
2005	199810	74885
2006	196180	124368
2007	192376	185685
2008	143954	216544
2009	160872	117522
2010	210374	101733
2011	238089	105595

表14　2005—2014年我国葡萄糖及糖浆进出口情况（20%≤果糖＜50%，转化糖除外）

年份	进口量（吨）	出口量（吨）
2005		16774
2006		11642
2007		7919
2008		10917
2009		28600
2010	17656	11581
2011	20900	14649
2012	9938	8847
2013	1054	14872
2014	1494	8185

表14数据显示：进口量呈下降趋势且大幅度减少，出口量呈上升趋势。

表15　2005年—2014年我国果糖及果糖浆进出口情况（果糖＞50%，转化糖除外）

年份	进口量（吨）	出口量（吨）
2005		17410
2006		19047
2007		24815
2008		23617
2009		34406
2010	2394	72872
2011	3777	56174
2012	3947	89322
2013	3371	186271
2014	3658	162324

表15数据显示：进口量基本稳定在一个水平，出口量增幅较大，呈上升趋势。

表16　2005年—2014年我国化学纯果糖进出口情况

年份	进口量（吨）	出口量（吨）
2005	1561	6725
2006	2491	25757
2007	3377	13676
2008	4399	95
2009	1935	1010
2010	2110	2527
2011	2031	6500
2012	1676	15767
2013	2020	13148
2014	1710	15249

表15 数据显示：进口量在一个水平上，出口量大起大落，近两年有所增加。从出口的三种糖浆数据中看出，我国淀粉糖出口以葡萄糖及糖浆（果糖＜20%）为主，每年的增长率都在两位数，占3种糖浆出口总量的85%以上；其次是果糖及果糖浆（含果糖＞＞50%，转化糖除外），是3种糖浆出口量增长幅度最大的品种，2013年比2005年增长了10倍；葡萄糖及糖浆的出口量呈波浪形，上下波动较大，是3种糖浆中出口量最少的品种，只占3种糖浆出口总量3.5%。因此企业在品种上要有选择性的出口。糊精及其他改性淀粉的进口量呈上升趋势，2014年比“十五”末期增长60%。比“十二五”末期增长52%，，出口量同样呈增长趋势，2014年比“十五”末期增长62%。比“十二五”末期增长19%。因此，高品质的糊精及改性淀粉市场仍有一定的发展空间。化学纯果糖的出口量大起大落没有规律性，从2009年开始出口量呈增长趋势，应该说出口还是有优势的。

3、淀粉糖中主要产品进口国别情况

（只列进口量出前五位）（单位：千克、美元）

表17　2014年葡萄糖及糖浆（20%≤果糖＜50%，转化糖除外）进口国别量值

序号	国别	进口量	进口额
1	越南	1, 220, 600	311, 253
2	泰国	90, 288	93, 900
3	日本	80, 592	143, 242
4	法国	72, 750	62, 484
5	荷兰	24, 000	21, 360
	前五位总计	1, 488, 230	632, 239
	2014年全年总计	1, 493, 856	653, 522
	占全年进口量比例（%）	99.6	96.7

表18　2014年果糖及果糖浆（果糖＞50%，转化糖除外）进口国别量值

排序	国别	进口量	进口额
1	韩国	1, 502, 598	2, 859, 477
2	美国	1, 124, 994	1, 737, 335
3	以色列	588, 950	820, 664
4	台澎金马关税区	149, 987	258, 543
5	荷兰	81, 417	262, 773

前五位总计	3, 447, 946	5, 938, 792
2014年全年总计	3, 658, 103	6, 647, 178
占全年进口量比例（%）	94.2	89.3

2014 年，我国主要进口淀粉糖国别变化不大，主要以原料便宜、运输成本低的临近国家为主，如越南、韩国等，2011 年开始从美国、法国等美洲、欧洲国家的进口量增加较多。

4、淀粉糖中主要产品出口国别情况

（只列进口量出前五位）（单位：千克、美元）

表$_{19}$ 2014年葡萄糖及糖浆（20%≤果糖＜50%，转化糖除外）出口国别量值

排序	国别	出口量	出口额
1	印度	3, 379, 700	4, 155, 988
2	泰国	2, 545, 080	1, 227, 982
3	沙特阿拉伯	792, 800	399, 082
4	土耳其	631, 040	1, 044, 508
5	香港	241, 265	473, 397
前五位总计		7, 589, 885	7, 300, 957
2014年全年总计		8, 184, 729	7, 625, 145
占全年出口量比例（%）		92.7	95.7

表$_{20}$ 2014年果糖及果糖浆

（果糖＞50%，转化糖除外）出口国别量值

排序	国别	出口量	出口额
1	菲律宾	77, 971, 880	35, 069, 409
2	越南	41, 552, 770	20, 316, 737
3	印度尼西亚	19, 769, 450	8, 669, 113
4	印度	9, 070, 095	8, 825, 682
5	伊朗	3, 080, 800	1, 801, 400
前五位总计		151, 444, 995	74, 682, 341
2014年全年总计		162, 323, 850	83, 932, 515
占全年出口量比例（%）		93.3	89.0

2014 年出口国别与 2013 年相比，出口到泰国的葡萄糖及糖浆（20%≤果糖＜50%，转化糖除外）量减少 3 倍多，出口到美国的量减少到 1 千克；果糖及果糖浆（果糖＞50%，转化糖除外）的出口国别中前 3 位顺序没有变化，但是出口到菲律宾的量减少近一倍。

【g. 多元醇产品进出口情况】

1、出口量小幅增长、进口量增长幅度较大

表$_{21}$ 2008–2014年多元醇产品进出口量、进出口额

单位：吨，万美元

	出口量	同比%	出口额	同比%	进口量	同比%	进口额	同比%
2008年	268123	–	44109.6	–	258082	–	42093.4	–
2009年	198100	-26.12	24143.9	-45.26	335075	29.83	36902.0	-12.33
2010年	241411	21.86	36678.9	51.92	362842	8.29	49782.8	34.91
2011年	240019	-0.58	50532.7	37.77	322211	-11.20	53146.9	6.76
2012年	224419	-6.50	39923.6	-20.99	344618	6.95	50982.5	-4.07
2013年	213803	-4.73	36410.3	-8.80	318397	-7.61	48970.1	-3.95
2014年	218946	2.41	39149.1	7.52	380822	19.61	52306.4	6.81

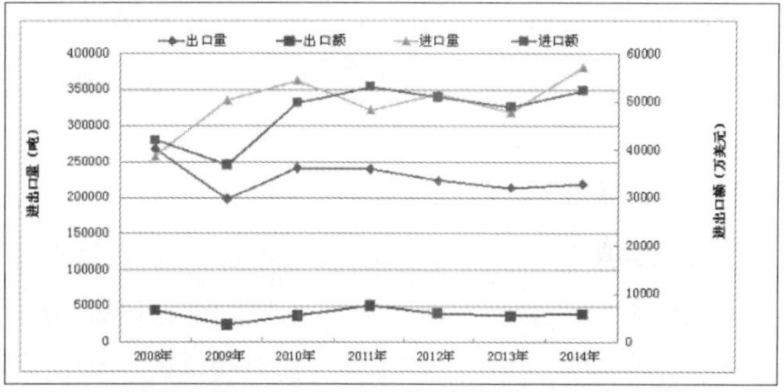

图$_2$ 2008–2014年多元醇产品进出口量、进出口额曲线图

根据海关 2014 年的进出口统计数据，多元醇相关产品出口量 21.89 万吨，同比增长 2.41%，出口额 3.9 亿美元，同比增长 7.52%，进口量 38.08 万吨，同比增长 19.61%，进口额 5.2 亿美元，同比增长 6.81%。

从以上数据统计看出，多元醇相关产品出口复苏，终止了连续 3 年下滑的态势，出口量小幅增长，并且出口平均价格也有所提升；进口量大幅下降，但平均进口价格降低。从一定层面反映了国内外需求回升，市场向好发展。

2、主要糖醇产品进出口情况

表$_{22}$ 2012–2014年主要糖醇产品进出口数据

单位：吨，万美元

产品	年份	出口量	同比%	出口额	同比%	进口量	同比%	进口额	同比%
甘露糖醇	2012年	7050	–	1756.5	–	396	–	172.1	–
	2013年	8812	24.99	2282.4	29.94	298	-24.75	188.0	9.24
	2014年	7948	-9.80	1988.2	-12.89	248	-16.78	151.4	-19.47
山梨醇	2012年	34065	–	2630	–	2187	–	233.5	–
	2013年	29611	-13.08	2189	-16.77	3745	71.24	463.2	98.37
	2014年	29363	-0.84	2218.1	1.33	3706	-1.04	392.5	-15.26
丙三醇（甘油）	2012年	4874	–	387.4	–	130801	–	9722.6	–
	2013年	5006	2.71	463.6	19.67	98562	-24.65	8669.5	-10.83
	2014年	3549	-29.11	314.0	-32.27	164197	66.59	12382.9	42.83

产品	年份	出口量	同比%	出口额	同比%	进口量	同比%	进口额	同比%
木糖醇	2012年	11523	-	4081.9	-	615	-	155.8	-
	2013年	15997	38.83	5063.5	24.05	437	-28.94	124.1	-20.35
	2014年	21866	36.69	6540.6	29.17	4	-99.08	3.7	-97.02

由上表看出，甘露糖醇2014年的进出口量均下降，进口跌幅大于出口，进口量逐年下降，进口价格也在下滑，2014年的出口平均价格下降，国内甘露醇产量大幅提升，竞争也日益激烈；山梨醇的进出口量同比基本持平，略有降低，出口平均价格提升，山梨醇进口价格下降幅度较大，反映出生产成本上升和国际竞争力提高。2015年山梨醇、甘露糖醇出口退税由9%提高到13%，对出口企业能起到一定的鼓励作用，一定程度上将加大国际市场的开拓。

丙三醇（甘油）进口量最大，同比增幅66.59%，但平均价格并未提升反而下降，出口同比下降29%，需要引起注意；木糖醇2014年进口量仅4吨，出口量保持增长态势，同比增长36.69%，出口平均价格下降。

3、山梨醇产品进出口国别情况（只列出前五位）（单位：千克、美元）

表$_{23}$ 2014年山梨醇进口国别量值

排序	国别	进口量	进口额
1	法国	2,293,252	1,922,854
2	泰国	669,607	712,547
3	德国	261,574	591,832
4	美国	235,212	311,547
5	印度尼西亚	136,756	120,531
前五位总计		3,702,390	4,567,588
2014全年进口总计		3,706,062	3,937,672
占全年进口量比例（%）		97	93

2014年，我国山梨醇进口国共15个国家，其中前5位的总和占了全年进口量的97%，进口国别集中，以欧美国家为主。同比泰国挤进了前五位跃居第2位，日本跌出前5位。

表$_{24}$ 2014年山梨醇出口国别量值

排序	国别	出口量	出口额
1	日本	11,618,730	8,230,868
2	台澎金马关税区	3,182,435	2,362,412
3	韩国	3,063,560	2,682,358
4	俄罗斯联邦	2,341,700	1,827,695
5	印度尼西亚	1,969,500	1,066,509
6	泰国	1,346,350	1,240,628
7	马来西亚	1,117,977	626,033
8	越南	628,275	681,821
9	菲律宾	568,725	331,029
10	哥伦比亚	476,400	299,564
前五位总计		26,313,652	19,348,917
2014全年出口总计		29,363,411	22,180,899
占全年出口量比例（%）		89.6	87.2

我国山梨醇出口国前10位的总和占了全年出口量的89.6%，出口国别相对集中，并以与我国临近的国家为主。出口国别总数70个，同比前4位国别没变，印度尼西亚取代马来西亚进了第5位。

【h. 淀粉进出口情况】

表$_{25}$ 2014年各类淀粉进出口情况

项目	进口情况				出口情况			
	2013年总量（吨）	同比（%）	2013年价格（美元）	同比（%）	2013年总量（吨）	同比（%）	2013年价格（美元）	同比（%）
玉米淀粉	1532	44.32	898.81	–10.31	96993	–8.91	523.20	1.23
木薯淀粉	1420335	27.12	471.45	4.50	1248	53.93	792.66	–196.02
马铃薯淀粉	36690	–1.81	790.83	2.19	3568	–46.98	978.21	–3.07
小麦淀粉	658	–19.30	701.45	9.36	6083	4.83	627.44	7.80
未列名淀粉	12041	5.65	727.48	–1.50	34108	–5.09	1319.54	1.33

表$_{26}$ 淀粉进出口同比情况比较

项目	进口情况				出口情况			
	2014年总量（吨）	同比（%）	2014年价格（美元）	同比（%）	2014年总量（吨）	同比（%）	2013年价格（美元）	同比（%）
玉米淀粉	1688	10.18	971.19	8.05	56444	-41.80	534.81	2.20
木薯淀粉	1906248,	34.21	438.31	-7.03	2113	69.31	812.68	2.53
马铃薯淀粉	30157	-17.80	873.05	10.40	2555	-28.39	1105.19	12.98
小麦淀粉	875	32.98	588.54	-16.10	5130	-15.67	612.44	-2.39
未列名淀粉	10159	-15.63	626.08	-13.94	35180	3.14	1265.07	-4.13

玉米淀粉进口量同比增长10.18%，价格同比增长8.05%；木薯淀粉进口量同比增长34.21%，价格同比下降7.03%；马铃薯淀粉进口量同比下降17.80%，价格

同比增长10.40%；小麦淀粉进口量同比增长32.98%，价格同比下降16.10%。未列名淀粉进口量同比下降15.63%，价格同比下降13.94%。玉米淀粉出口量同比下降41.%，价格同比增长2.2%；木薯淀粉出口量同比增长69.31%，价格同比增长2.53%；马铃薯淀粉出口量同比下降28.39%，价格同比增长12.98%。小麦淀粉出口量同比下降15.67%，价格同比下降2.39%。未列名淀粉出口量同比增长3.14%，价格同比下降4.13%。

2014年，出口下降幅度最大的是玉米淀粉，木薯淀粉出口增长幅度最大。

【i. 淀粉糖（醇）面临的问题】

1、大宗淀粉糖产品供求矛盾日益突出，产品结构不合理问题日渐凸显

大宗淀粉糖产品比例过高，部分产品结构性过剩，市场出现激烈的价格竞争，导致企业利润空间被大大压缩。这一问题集中体现在结晶葡萄糖、果葡糖浆等产品上。究其原因：主要是一些产品技术门槛相对较低，导致盲目跟风和模仿，重复建设，同质化严重。产能过剩，既是市场竞争的结果，也是淀粉糖产业由成长期进入成熟期的一种必然表现。同时，产能过剩也暴露出行业供给能力适应和满足市场需求的变化能力不足，加快供给能力升级迫在眉睫。

2、企业成本上涨，企业出现亏损

由于玉米原料价格上涨迅速（从年初的平均2300元/吨涨至现在的2800元/吨），导致绝大部分企业出现亏损。淀粉糖行业已有2家规模较大的企业出现了资金链断裂，由此，也加快了淀粉糖行业内部的企业重组。

表27 目前淀粉糖（醇）行业主要产品成本、价格

	成本价格	国内销售价格（元）	出口销售价格（美元）
葡萄糖及糖浆	3700	3800	600
果糖及果糖浆	3600	3350	560
甘露糖醇	14000	16000	2350
山梨醇	3500	3500	510

从上表可以看出，目前果葡糖浆在国内市场是低于成本价格销售；山梨醇基本是成本价格销售；只有葡萄糖、甘露糖醇等略有盈利。

3、发展速度较大幅度下降

2014年全国淀粉糖总产量1198万吨，同下降2.2%，出现了较大的回落。行业更是出现了负增长，这是近年来的最低点。这一现象的发生，除了受市场因素、食糖价格因素、产业政策因素等影响外，更深层次的原因是伴随我国经济进入增速放缓的发展转型期后，淀粉糖产业也随之进入了增长的重要转型期，因此不太可能再出现过去高速增长时代的回归。因此，必须改变超高速发展的思维方式，以适应增速放缓这个外部环境的变化，把精力放在转方式、调结构和产业升级上来，把立足点放在加快数量主导型向质量效益型转变上。

4、蔗糖价格对淀粉糖的影响

2012年以来，国际蔗糖价格与国内蔗糖的价格差巨大，大量的蔗糖进口到国内，促使国内蔗糖价格走低，加之目前新的榨季开始，新糖大量上市，蔗糖市场价格持续走低，目前已经跌破4800元/吨大关，低于蔗糖生产成本价格，很大程度上抑制了对果葡糖浆和淀粉糖的市场需求。

5、下游行业需求减弱，市场持续疲软

由于国家对食品安全治理的要求越来越严格，一些中小食品企业忙于整改整顿，开工率降低，有些不达标的甚至关闭，在一定程度上减少了对淀粉糖产品的需求；加之化工、造纸和纺织等行业由于宏观经济环境低迷、环境治理政策愈加的严格以及行业产能过剩，使得行业需求不振，影响了对相关产品的需求。

6、产品应用领域开发不足，缺乏相关配套服务体系

虽然我国淀粉糖产能产量已居国际前列，但是产品应用领域开发不足，市场开拓力不够，在已有应用范围去进行残酷的激烈竞争甚至是竞相压价的恶性竞争，损害行业利益，不利于行业的健康发展。目前，淀粉糖行业大部分生产销售企业对产品的应用开发力度不够，缺乏为客户提供应用配方及相关技术支持的服务体系，从而失去很大的潜在市场。

7、环保政策升级，企业发展压力变大

从淀粉糖行业的情况来看，行业产能正向具有规模优势、技术优势和品牌优势的企业集中。但是，目

前上规模的淀粉糖企业只占少数，大部分企业规模仍没有达到合理的经济规模。随着国家对环境保护、资源能源消耗的要求越来越高，越来越严格，环保投入将持续增加，业内企业尤其是中小企业面临的压力加大。同时，随着环保压力的不断增加，新项目的环保审批手续越来越严格，在一定程度上延缓了企业的发展速度。环保政策的升级，将加速行业洗牌进程，对淘汰落后产能、缓解产能过剩矛盾、优化产业结构、促进行业健康发展起到推动作用。

8、淀粉糖行业局面复杂，未来发展不容乐观。

国家政策层面，目前已实行的优惠政策具有地域限制或者受惠企业局限，大部分的企业并没有受到国家层面的扶持；行业内部局面比较复杂，外资、内资、国企、私企等层面的市场竞争和利益冲突，以及产能和市场的矛盾，国内淀粉糖企业未来发展或将重新洗牌，经历结构性调整的阵痛。面对出口形势的变化，我们应该警惕，我国淀粉糖生产成本高涨，一些对转基因产品并不限制的国家或将转移进口对象，选择糖浆价格相对较低的国家的产品进口，将导致我国淀粉糖国际市场的丢失，虽然我国淀粉糖出口量仅占全年产量的近十分之一，但对于出口产品的企业来说是其盈利的主要部分，国际市场丢失将会对企业带来很大影响。

8、国外大型淀粉糖公司进入中国

嘉吉、ADM、罗盖特、法国 Tereos Syral、韩国三养健能等大型跨国淀粉糖公司纷纷进入中国，加剧了市场竞争。

因此，行业要有充分的思想准备，不要幻想过去高速增长的时代会再次到来，要适应目前外部环境的变化，在生产要素成本不断增加、行业利润降低，部分产品产能过剩、市场竞争激烈的情况下，深入挖掘企业内部潜力，重质量、降消耗、精细化管理；拓宽产品应用领域，配套产品应用体系与配方技术支持服务，与下游客户建立技术产品研发合作机制，开发有针对性的特色产品，寻求新的增长点。同时也希望国家在玉米加工政策方面、税收政策方面能够给予更多的优惠和扶持，使行业能够走出目前的阴霾，迎来希望和曙光。

【j. 发展方向】

1、转变经营观念，积极开拓产品应用领域

企业要想积极的开拓产品应用领域，必须由生产型变为经营型，经营型企业的核心指导思想是如何帮客户挣钱， 在新的产品应用领域，首先进行小试，成功后进行中试。在特殊情况下，可以先提供产品，成功后再付款。

2、技术销售

在淀粉糖行业，明确提出技术销售，行业内建立研发中心，组织下游应用领域：例如；糖果、饮料、糕点等专家团队，指导下游企业生产，提供下游企业配方等技术支持。

3、生产方式的转化

实施柔性化生产；可口可乐等饮料厂对 F55 需求淡旺季比较明显,即使加大储存能力也很难平衡生产，因此要对 F55 生产线进行适当改造，实施耦合联产，例如：低聚异麦芽糖与 F55 联产；结晶葡萄糖与麦芽糖浆联产

4、企业延伸配套产业链

嘉吉漯河果糖厂的相邻处即建一家配套的可口可乐公司仅仅液体果葡糖浆运费一项可节约上千万元。

新加坡超级公司是一家生产咖啡的跨国公司，在无锡设有一家子公司生产植脂未来配套咖啡销售。生产植脂末的主原料之一为麦芽糊精，每年外购 8 万吨，仅仅液体麦芽糊精运费一项可达上千万元。

【k. 应用新技术、新装备提高市场竞争力】

1、MVR 技术：

（1）适合于低浓蒸发；

（2）适用于没有二次蒸汽的物料蒸发。特点：A 耗电高 ,B 不耗

蒸汽蒸发 1 吨水的效益：40.0–20.7=19.3 元

2、液化蒸发一体化技术

其液化蒸发一体化技术优点主要表现在以下两个方面：

（1）蒸汽单耗降低

液化蒸发一体化技术，是兆光研究院的专利技术，采用液化蒸发

一体化技术，吨糖蒸汽单耗下降 0.25t, 吨糖成本下降 50.0 元 (每

1 吨蒸汽 200 元)。

（2）液化效果提高

将液化闪蒸产生的二次蒸汽引入蒸发器，不仅仅节约了蒸汽，同时由于闪蒸技术的应用又大大提高了液化液质量（如果配合诺维信的 975 糖化酶，糖液 Dx 值≥ 97.5%, 可以大大提高结晶总收率）。

3、颗粒炭柱脱色技术

颗粒碳脱色特点：

（1）由于颗粒炭采用深层过滤脱色，脱色效果好；

（2）由于是循环热再生处理，环保好；

（3）运行费用低；

（4）易自动化。

4、膜过滤技术：膜过滤技术优势 有效提高产品质量：色度、纯度、透明度、澄清度

5、色谱分离技术

进口色谱与国产色谱的对比

色谱分离设备过去全部进口，现在国产化，有以下特点：

（1）投资：降低 30%；

（2）效果：a 水耗：降低 30%、b 配电负荷：降低 40% ；

（3）服务：24 小时到达。

色谱分离的优势：

（1）结晶葡萄糖与麦芽糖联产；ⅱ异麦芽低聚糖与 F55 联产；

ⅲ色谱代替膜用于低聚木糖生产；ⅳ色谱代替膜用于菊粉生产；

ⅴ色谱用于木糖母液回收木糖；

6、基于模拟移动床的满室床离交技术

上流式离交（满式床）特点：

（1）由于是下进上出逆流进料（与进酸碱再生流向相反），床层

疏松，并且离交最终出料与再生最彻底的树脂相接触，因此离交效果好；

（2） 由于离交效果好，料液处理量大 30% ~ 40%，污水排放及用水量减少 30% ~ 40%；

7、自动化技术

全自控现代化工厂建设的意义

（1）质量可追踪性

（2）劳动力成本上升

（3）兼并重组的前提

【Ⅰ. 主要工作】

1 月 15 日，协会召开了“木糖、木糖醇生产企业座谈会”。

3 月 26 日，“木糖、木糖醇行业环保核查启动会”在京召开。

4 月 29 日，应嘉吉投资（中国）有限公司邀请，协会派员赴嘉吉天津工厂调研访问。

6 月 5 日，组织召开中国生物发酵产业协会淀粉糖分会、多元醇分会一届三次理事会会议。

7 月 18 日，专家组共核查走访了全国 24 家木糖、木糖醇企业。

8 月 4–6 日，组织调研小组赴河北石家庄附近部分淀粉糖、醇企业开展调研。

8 月 11 日，专家组在北京对核查情况进行了总结，对核查的 24 家企业进行了评审。

9月3日,在禹城市召开了“木糖醇重点企业座谈会”。

9 月 22—25 日，分会组织调研小组赴山东部分淀粉糖企业开展调研。

9 月 26 日，淀粉糖分会、多元醇分会联合中国淀粉工业协会糖醇专业委员会、中国合成树脂供销协会离子交换树脂分会在山东淄博市共同主办了“离交精制分离新技术研讨会”。

10 月 13 日 , 在北京召开了木糖、木糖醇行业环保核查总结会

12 月 3 日组织召开“2014 淀粉糖、多元醇产业技术应用与发展论坛。

12 月 4 日，淀粉糖分会赴上海中粮融氏生物科技有限公司调研。

12 月 5 日，应嘉吉投资（中国）有限公司淀粉及淀粉糖事业部邀请,协会派员访问了嘉吉公司上海总部。

余淑敏

2.5 豆制品制造

【a. 概况】

1、食品大豆的消费量

近几年，全国用于食品工业的大豆量基本维持在1100万吨左右，其中用于传统豆制品加工的大豆约占50%左右，约为600万吨，用于其他食品加工的约占20%左右；直接食用的约占30%左右。

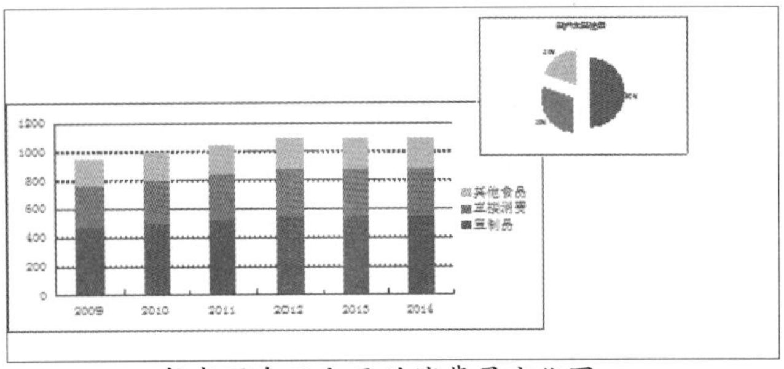

2009～2014年我国食品大豆的消费量变化图

2、豆制品企业状况

根据国家食品药品监督管理总局数据查询统计，2014年，全国取得食品生产许可证的豆制品企业数量约为4634家，同比增加了13.9%。各地区豆制品企业分布如下表（不包括港澳台）：

地区	企业数量/个	地区	企业数量/个	地区	企业数量/个
北京	55	安徽	178	四川	279
天津	43	福建	153	贵州	78
河北	66	江西	107	云南	191
山西	82	山东	227	西藏	0
内蒙古	27	河南	368	陕西	98
辽宁	180	湖北	176	甘肃	26
吉林	97	湖南	453	青海	7
黑龙江	189	广东	409	宁夏	6
上海	90	广西	114	新疆	46
江苏	214	海南	29	合计	4634
浙江	326	重庆	320		

2009-2014年，取得生产许可证企业数量情况如下表（不包括港澳台）：

年份	2009	2010	2011	2012	2013	2014
获证企业（家）	3283	3589	3882	4058	4069	4634

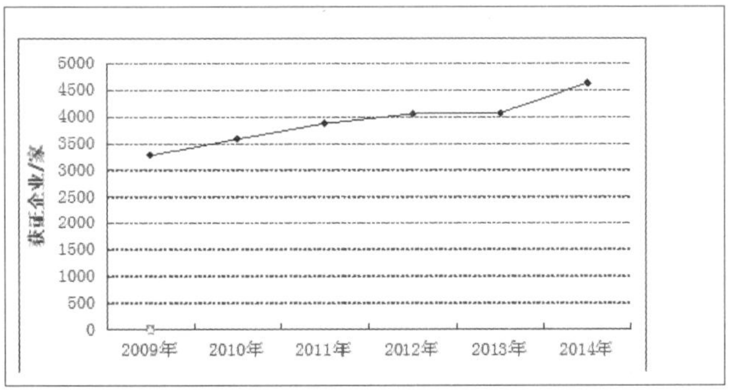

取得食品生产许可证企业数量变化图

3、规模企业状况

2006-2014年行业50强企业销售额及投豆量情况表

年份	销售额/亿元	投豆量/万吨	出口额/万美元	上亿元企业/家	上十亿元企业/家
2006	37.81	33.99	1851	8	0
2007	43.94	50.27	1818	14	1
2008	56.51	67.66	642	18	1
2009	74.23	84.83	≤1000	24	2
2010	102.98	97.53	≤1000	27	2
2011	131.95	106.04	2036.69	29	2
2012	155.58	106.00	4706.66	38	3
2013	161.03	106.40	5322.8	33	5
2014	157.03	96.02	3834.796	33	4

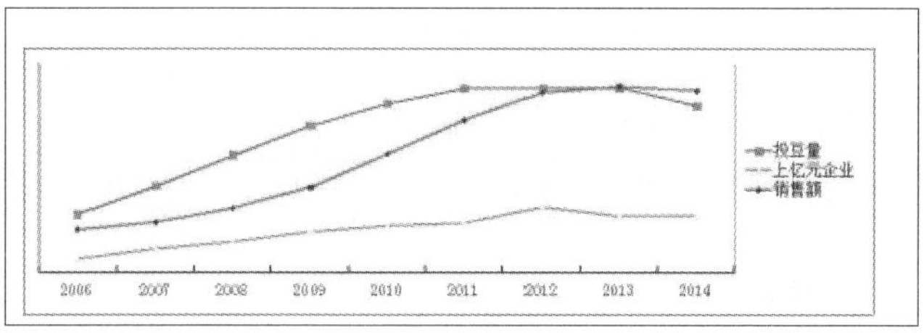

2006–2014年行业50强企业变化图

根据我会统计，2014 年，前 50 强豆制品企业的销售额合计：57.03 亿元，同比下降 2.48%；2014 年，前 50 强耗用大豆量合计 96.02 万吨，同比下降 9.75%。

2014 年豆制品行业（规模企业前 50 强）销售额及投豆量均有下降，其原因分析：

（1）受国内经济及消费乏力的大环境影响；

（2）俄罗斯受制裁卢布贬值，腐竹企业深受影响，甚至停工。

（3）我国豆制品行业企业大部分为中小型企业，面临当前中小企业的普遍问题转型升级、融资困难等

（4）豆制品企业属于人工密集型企业，当前人员流动大、招工困难，人工及原材料及管理成本提高

（5）国内对于转基因原料和转基因产品的标示政策模糊，致使企业无所适从，导致市场的混乱，影响产品的消费量。

在 50 强企业中，四川、安徽、江苏等地的豆制品规模企业相对集中。按照产品品类来看，以生产豆腐、豆浆、豆腐干为主要产品的综合类企业共 23 家，占到 50 强企业的近一半，同时这些企业表现出较平稳的发展；以生产休闲豆腐干为主的企业有 12 家；以生产豆浆（含液态豆浆和豆浆粉）为主的企业有 9 家。

豆制品行业从迅速发展到发展步伐渐缓、渐稳，这是行业在结构调整和发展换挡过程中的必然现象。

2014 年，各级食药监部门的抽检结果显示，豆制品产品的合格率不断提高，企业在保证质量安全的基础上，更加注重产品品质，部分企业将关注度投向中高端市场，豆制品行业正从数量增长向质量提升的转变。

销售渠道不断扩展，针对不同的产品定位和消费人群，正逐步实现大型卖场、农贸市场、专营店与电商之间的优势互补。

机遇与挑战豆制品市场的潜力得到了前所未有的关注，原有豆制品企业扩建新建厂房，其他行业的企业投资转向豆制品生产，都促进了行业的发展。然而，产品同质化及企业跟风现象严重。中小企业在创新理念、经营管理、渠道拓展等方面需要提升。

【b. 规模企业主要产品状况】

1、豆腐等生鲜大豆食品

	2011年	2012年	2013年	2014年
投豆量	16.72万吨	23.40万吨	31.05万吨	31.76万吨

2014 年，规模企业用于豆腐的投豆量为 31.76 万吨，同比下降 2.3%，变化不大；豆腐等生鲜产品是我国百姓餐桌上的必需品，总体消费量保持稳定并略有增长；规模企业的研发和深加工能力不断加大，新品不断丰富，产品附加值提升；如河北高碑店豆豆、马鞍山黄池食品、深圳福荫、淮南碗碗香豆业、宁夏天人和豆制品等企业在 2014 年都保持了不错的增长。豆腐生产企业分布广泛，南方企业发展优于北方。

对于豆腐等生鲜豆制品生产企业来说，今后将采取异地化建厂模式来完成市场布局的可能性及大，即以中心工厂为依托，合理确定消费半径，做好物流配送，实现较长时间内的集中营销，缩短产品与消费者的距离。如祖名豆制品已先后在杭州、扬州及安吉建立了生产基地，并在当地市场取得了良好的市场份额。

产品多元化研发亟待加强，如日本的豆腐等生鲜豆制品花样繁多，依据不同消费人群开发的各式包装十分丰富，值得借鉴。

2、豆浆类产品

项　目	豆浆类产品（总）		液态豆浆		固态豆浆粉	
	投豆量/万吨	增长率	投豆量/万吨	增长率	投豆量/万吨	增长率
2011	29.22	—	11.23	—	17.99	—
2012	31.80	9%	13.90	24%	17.89	-1%
2013	32.61	2.55%	14.23	2.37%	18.38	2.74%
2014	30.09	-7.73%	7.79	-4.5%	22.30	21.33%

2014 年，规模企业用于豆浆的投豆量为 30.09 万吨，同比下降 7.73%。其中：豆浆粉的投豆量 2014 年

为22.30万吨，同比增加21.33%；液态豆浆行业的投豆量为7.79万吨，同比下降45%。

由于消费者对奶制品的消费信心指数下降，以及人们对大豆食品营养价值的不断认识，使得豆浆行业市场前景十分乐观。

3、液态豆浆方面

自2012年有了大幅增长后，近两年增长幅度变小，2014年出现负增长，究其原因，可能与是消费环境、缺乏适合消费者口味的高品质产品以及营销渠道建设不完善等因素有关。液态豆浆行业面临着产品升级与分类管理的挑战。祖名豆制品、马鞍山黄池食品、永和豆浆、北大荒豆制品等企业已开发出高品质的豆浆产品，如祖名豆乳近两年来在口味和包装上不断推新，目前对于这些企业而言，亟待建立并完善营销渠道。未来液态豆浆及豆浆制品需要重点关注和新产品的研发；早餐豆浆等品类的细分也需要重点关注。

4、豆浆粉行业

豆浆粉行业的发展已趋于稳定2014年再次实现了较大幅度的增长。在口味及包装上，豆浆粉产品也更加多元化。由于看好豆浆市场的潜力，部分粮油加工企业和奶粉生产企业，依托其原料优势和工艺技术优势，纷纷转型建立了豆浆粉生产线，并取得了良好的成绩，如九三集团、益海嘉里、黑牛等。一些豆浆粉企业也开始将目光转向了液态豆浆，如永和食品等。

5、豆腐干产品

	2011年	2012年	2013年	2014年
投豆量	18.65万吨	20.33万吨	24.82万吨	24.02
增长率	--	9%	22.08%	-3.22%

2014年，规模企业用于豆腐干类产品的投豆量为24.02万吨，同比下降3.2%。

休闲豆腐干的产品类型和消费概念已形成，近几年来消费增速明显，2014年，增长步伐放缓。全国生产休闲豆干类产品企业众多，参差不齐。50强企业中，以生产休闲豆干为主的占到1/3以上。产品口味翻新较快，如Q豆腐、鱼豆腐等新品种不断涌现。在渠道建设上，除实体大卖场外，近两年电商渠道发展较快。产品同质化问题依然严峻，包材气密性等方面仍需改进，新产品开发在口感、品质上有待加强。

6、腐竹

腐竹产业由于受出口影响，2014年，产销量明显减少。该行业需突破：选育、种植、开发腐竹专用大豆腐竹类产品的新品研发市场还要进一步开拓和深耕；消除腐竹中吊白块等非法添加的不良影响

7、膨化豆制品

膨化豆制品是近几年增长速度较快的行业，部分生产区域已形成了从种植、加工到销售的完整产业链。

各地对校园周边五角食品的严查整治，使得定位于农村及低端市场的即食膨化豆制品发展出现低迷。

部分豆腐干生产企业正对此类产品尝试更新，产品品质和包装正得到提升。

吴月芳 李旻怡

太阳 大海 荣成人

WELCOME TO RONGCHENG

荣成 RONG CHENG 太阳 大海 荣成人

荣成拥有现代海水养殖、海参、海带产业技术创新战略联盟；荣成海参、荣成鲍鱼、荣成裙带菜、荣成海胆、荣成魁蚶、荣成牡蛎等是全国农产品地理标志产品；有海洋珍品、冷冻调理食品、海藻食品、海产罐头食品、即食海洋食品等十大类产品；在此基础上今后重点发展现代生物医药和保健品、鱿鱼产品、金枪鱼加工、冷链物流及海洋食品电子商务服务业等十大类重点产业项目。

蓬勃发展的庆安绿色食品产业

美丽富饶的“中国绿色食品之乡”——庆安，依托优越的生态环境，开辟了一条食品工业的新途径——绿色食品工业。使传统平凡的食品工业登上了时代高峰，树立了健康安全新理念。

良好的生态环境衍生出绿色食品加工业

庆安县地处我国北疆的黑龙江省中部，位于松嫩平原和小兴安岭余脉的交汇地带,距哈尔滨170公里,有铁路和高速公路相通， 全县幅员5469平方公里，其中山林面积2389平方公里,森林覆盖率65%，水面面积36万平方公里。全县辖14个乡镇和12个城镇社区，全县人口41.2万。庆安境内有九条河流，水资源总量达12.7 亿立方米,其中河川经流9.1亿立方米，地下水资源3.6亿立方米，素有“七山一水二分田”、“塞北小江南”之美誉。庆安县三面环山,中部为呼兰河冲击平原，天然的U字地形,形成了一个开口盆地，由于特殊的地理位置,给这里造就了一个独特的生态环境，是典型的寒温带大陆性季风气候,非常有利于一年一熟的作物生长，特别是适宜北方寒地优质水稻的生长。境内山多林密,空气清新，流经全境九条河流中有七条发源于庆安，庆安位于九河上游,近水无工业和生活污染,水质清澈。庆安开发仅百余年,境内大气、水源、土壤、天然植被都保持在原自然状态,符合绿色食品生态环境标准。经国家绿色食品质量监督检测测试中心监测 ,七项土壤指标、四项大气指标、十一项灌溉用水和加工用水指标均符合国家绿色食品生产标准。多年来,庆安县委、县政府十分重视保护和改善全县的自然环境，先后被国家定为“国家级生态示范区”和“绿色食品A级水稻生产基地”以及 “全国农业生产先进县”“中国绿色名县”，被授予“中国绿色食品之乡”称号,被国家列为“国家级生态保护功能区”和全国四个“三绿工程”示范县之一。庆安大米、大豆、蔬菜、酒类等几十种产品已被中国绿色食品发展中心批准使用绿色食品标识。

在庆安的诸多绿色食品产品中，尤以大米为独特，它有别于全国其它地区的大米。庆安大米的外观属长粒型。粒的长宽比为 1:2.5左右；呈玻璃体透明或半透明状。无腹白和心白。糊化温度低,胶稠度大于70(其它地区的米60左右)。庆安大米的营养丰富。直链淀粉含量小于17%(其它地区在19%以上,而直链淀粉过高会导致米饭发硬)，蛋白含量8.4-8.5%(其它地区的在5.5-6%以下)，赖氨酸等8种人体必须氨基酸、碳水化合物、A、B、C、E 等多种维生素和锌、硒、锶、镁、锗、铁等有益微量元素均优于其它地区的大米，无有害物质含量。庆安大米的食味最佳。庆安大米由于蛋白含量较高,直链淀粉适中,维生素和微量元素丰富,所以饭粒完整、洁白、油光发亮 ,软而有弹性,不黏结,微甜、清香适口,冷后不硬不回生。

庆安大米以它洁白光亮的外观、良好的营养成分和可口的食味特点，深受国内外消费者青睐。庆安150万亩绿色食品和有机食品水稻基地所产的83万吨优质大米，除农民自食外，已遍销除台湾以外的全国各地,远销日本、韩国、俄罗斯、保加利亚、匈牙利、南非、乌兹别克斯坦、吉尔吉斯斯坦、马尔代夫、叙利亚、哈萨克斯坦等国家。

除了大米加工业之外，绿色食品蔬菜、酒、调味品和绿色林产食品的加工业也迅速发展起来。

“五业”并举促进了庆安绿色食品工业的大发展

庆安利用得天独厚的自然资源，确立了健康安全的经营理念，大力发展了绿色食品加工业。县委、县政府把绿色食品加工分为米、菜、酒、调味品、林产食品等五大群体，构成了庆安食品工业发展的框架。从建基地、强龙头、拓市场、育品牌，实行县领导包抓产业一条龙工作制度，促进了食品工业的提档升级。几年来，绿色食品工业的蓬勃发展，给农民带来了收入，给企业带来了效益，给消费者带来了健康。庆安已有绿色食品大米和有机大米加工厂六十五家，全部采用布勒和佐竹的先进大米加工设备，产品有免淘洗的真空小包装大米和胚芽米以及糙米，在营养米方面，开发出了富硒大米、富锌大米、富铬大米和富钙大米，统一使用《庆安大米》商标和地理保护标志。以绿色食品大米为原料的酿酒厂五家。源升河酒业、祥盛酒业等企业的大米白酒好喝不上头，供不应求。

从事绿色食品大豆加工的恒大粮油集团的大豆加工项目已正式投产。日加工绿色食品大豆1000吨，年产非转基因优质大豆油42500吨，副产品深加工195000吨。

木耳、蘑菇、猴头及林蛙的加工已形成规模，产品销往全国各大超市，绿色食品蔬菜的贮运、加工业正快速崛起。

为了给绿色食品加工业创造一个良好的生产环境，庆安辟建了绿色食品加工园区，占地面积10万平方米，计划入驻项目200个，截止到2015年10月末，已有友联味业、弘鑫味业、鸿笙食品公司、金曲食品公司等70家企业入驻。其中食品龙头企业45家，园区定位于“黑龙江健康食品工业园区”。前不久，该园区被农业部确定为国家级农产品加工业示范基地，在全国59家国家级农产品加工业示范基地中，庆安县是黑龙江省唯一的一家。

目前，庆安县绿色食品加工企业达356家，从业人员9656人，食品工业总产值13.2亿元，销售收入12.5亿元，利润达5100万元，税金2800万元。

一切为了人民，一切为了健康。为了保证绿色食品的产品质量，做强庆安绿色食品品牌，县委、县政府组织专业部门从田间生产到企业加工，环环进行严格检查把关，使产品质量不断提高，庆安大米曾摆上中南海的餐桌，其它绿色食品的知名度也誉满全国，被中国食品工业协会授予全国食品工业强县称号。

广东省产业集群升级转型示范区
广东省食品专业镇
中国特色食品名镇
——东莞·道滘

东莞市道滘镇食品发展概况及特点

道滘镇是“中国特色食品名镇”、“美食名镇”、“食品专业镇”，位于东莞市西部、穗深经济走廊中部、东江南支流下游河网地带、东莞水乡特色发展经济区的核心区域。全镇总面积54平方公里，下辖13个村、1个社区，常住人口约14万，道滘具有得天独厚的地理区位优势，交通四通八达，距离广州仅33公里，距离深圳不过93公里，莞惠城际轨道、市轨道交通R1线、广深高速、沿江高速、水乡大道、港口大道等重要交通线路汇聚于此，尽享广深“一小时生活圈”之便利。近年来，在东莞市委、市政府的正确领导下，在中国食品工业协会、广东省食品行业协会、东莞市商务局的大力支持下，道滘镇充分发挥食品产业发展基础优势，紧紧围绕打造“食品工业名镇”的发展目标，大力培育本土食品企业，积极引进一批跨境电商进口食品企业，逐步构建了传统美食与进口食品联动发展的新型食品产业发展生态圈，并呈现以下特点：

（一）大力培育传统食品产业，支撑优势得到进一步厚实。道滘镇紧紧围绕“产业支撑、龙头引领、壮大规模、辐射带动”的工作思路，通过招大引强、亲商扶商、完善链条等措施，不断提升食品产业规模、层次及竞争力，一批食品企业迅速发展壮大并成为行业龙头，涌现出“五芳斋”、“silang”、“东鹏”、“金鳌”、“佳佳美”、“翠竹”等知名品牌。目前，道滘镇规上食品生产及配套企业约200家，其中东鹏维他命饮料有限公司2015年产值达到8亿元，五芳斋集团华南食品生产基地2015年产值达到1.2亿元，并在其带动下，被誉为“天下第一粽”的道滘粽，已从过去的节日食品转变为批量生产的日常食品，全镇9家粽子企业已进入工厂生产阶段，年产值达2亿元。另外，重大项目建设是加快转型升级的重要载体，是实现高水平崛起的战略举措。道滘思朗公司食品项目和道滘佳佳美食品有限公司增资扩产项目分别于2013年10月和2014年9月动工建设，建成投产后，上述两个项目年产值预计达到6.5亿元，

（二）聚力发展进口食品产业，后发优势得到进一步形成。为更好地促进食品产业创新发展，道滘镇依托传统食品产业发展优势，顺利促成东莞市跨境电商进口食品产业协会落户道滘。该协会主要由电商、贸易商、传统零售商、综合服务商等50多家企业组成，协会成立标志着东莞市跨境电商进口食品产业从松散式走向抱团式发展，进入组织化、规范化发展的新阶段。当前，道滘镇以进口食品、保健品和化妆品为突破口和切入点，充分利用产业协会行业资源力量，积极实施物联网+的产业计划、美食节+的营销计划、产业链+的对接计划、外商汇+的开放计划、监管链+的创新计划，努力构建一条线上线下相连接的产业链条和搭建一个线上线下相融合的进口平台，促进道滘食品和跨境电商产业的发展壮大。目前，通过与东信集团、聚冠集团等电商企业进行高效对接，成功推动东莞市进口食品O2O展销中心、跨境抢购TM进口商品免税批发直购中心等电商项目落户道滘，道滘镇电商发展的全产业链条、全生态系统正加速形成。

（三）着力完善公共服务体系，基础优势得到进一步巩固。为推动食品产业实现可持续发展，道滘镇致力于提升食品企业服务质量，不断巩固产业发展基础。第一，充分发挥东莞市跨境电商进口食品产业协会、道滘镇食品协会连接政府与会员企业的桥梁纽带作用，积极帮助企业制定行业标准、整合行业资源、用足优惠政策、反映行业诉求、解决经营难题，同时配合进口食品企业产业协会积极对接海关监管标准，建立监管体系，优化监管服务，争取监管便利化，为进口食品企业提供全新的发展平台和广阔的发展空间。第二，以《道滘镇食品产业发展规划》为总体纲领，加强与广东省食品行业协会沟通联系，深入探讨打造集公共检测与质量管理，公共开发与技术创新，展贸物流与品牌建设，公共教育培训，公共信息平台和市场融资于一体的公共服务体系，为全镇乃至周边地区的食品企业提供便捷服务，促进企业技术创新，提高企业竞争力，增强企业发展后劲。第三，锐意改革，推动行政部门转变服务理念，创新服务方式，提高行政办事效能，积极推广集群注册、商务托管、多证联办、工业项目直接落地等创新，投资环境不断改善，营商环境不断优化。

定兴 中国休闲食品之都

河北定兴金台经济开发区（省级）位于北京西南89公里（距北京六里桥），地处京津保核心地带，总规划面积12.5平方公里，目前已累计开发6平方公里，开发区区位优势明显，1.5小时可实现上天入海，交通便捷通畅，京广高铁、京港澳高速等5条国家干线纵贯全境，基础设施完备，达到“九通一平”。

开发区作为京津冀协同发展重要节点、京津产业梯次转移的承接基地、各类企业进驻京津拓展华北市场的桥头堡，先后吸引了来自4个国家15个省市的企业入驻，形成了以喜之郎、西麦燕麦、马大姐等为代表的食品加工业；以长城内燃机、恒天大迪汽车等为代表的汽车及零部件业；以华建、金地等为代表的装备制造业和以天浩制药为代表的生物医药业等四大主导产业。开发区积极完善食品加工产业链条，充分利用农业大县的资源优势，自主打造中国北方休闲食品之都。

一、休闲食品产业试点成效显著

开发区区域品牌建设初见成效，被国家工信部确定为“全国产业集群区域品牌建设·休闲食品产业试点地区”，园区内食品加工产业聚集了喜之郎、西麦、五合窖、马大姐、海南椰果、裕康食品、荣达畜禽等众多企业，食品配套产业链企业有海虹纸塑、雅合、京工万达、浩天非织造布、越辉仓储、金凯利包装等几十家企业，囊括了休闲食品、酒类、调味品类、饮料类、蔬菜水果加工、烘焙食品、保健食品、冷冻食品、干果类、糖类、餐橱设备、传输设备、纸制材料、塑料材料、复合材料等食品类、原料类、设备类和包装类四大品类若干分类，辐射带动作用较为明显，其产品涵盖了果冻、海苔、奶茶、燕麦、白酒、糖果、椰果颗粒、酱菜、纸杯、纸碗、包装袋、包装箱、厨房设备及冷酷仓储等产品，生产经营范围较广，上下游产业链较为完善。

二、食品产业集约化水平不断提升

园区内食品加工企业不断提高技术水平，整合资源，扩大生产范围，综合利用集约化水平不断提升。主要表现在：龙头企业喜之郎公司不断加大研发力度，产品种类日趋完善，在生产和销售“喜之郎”、“水晶之恋”、“CICI”、“美好时光”、“优乐美”、“美能多”等多个知名品牌的基础上，新增“开心时间”巧克杯、巧脆卷、麦片糖、巧克力豆、棒棒糖等散装系列新品生产线，提升了市场占有的综合竞争力。西麦公司自2012年10月份投产以来，生产能力不断提升，分别新上了麦晶片、猴头菇燕麦片等生产线，并为园区企业喜之郎公司生产的燕麦巧克脆提供原材料麦晶片的供应，实现了食品产业链的健康循环。五合窖公司由原来的生产变为生产包装仓储于一体的生产经营模式，既提高了产能、节约了成本，又实现了集约化发展。

三、食品产业招商成果显著提高

开发区不断加大对产业链上下游企业的引进。积极鼓励西麦加快与美国斯马克的合作，推进马大姐食品和北方食品基地项目建设进度，不断跟进中华老字号企业的入驻；推进美亚斯磷脂、温氏干果项目落户开工建设，进一步壮大园区食品产业规模。抓好喜之郎休闲食品产业园建设，推进总投资150亿元的喜之郎产业园项目的开工建设。做强园区食品研发基地建设，利用美亚斯磷脂技术，在园区建立国家磷脂研究院和健康食品科研中心，打造高附加值产品，并实现园区保健食品的生产。

开发区不断“引凤还巢”，成功引进北京康贝尔、中保安顺、北京温氏食品有限责任公司进口坚果深加工、北京宏伟隆盛厨房设备、北京京工万达等30多家企业，今年，成功引进北京美亚斯磷脂技术有限公司、北京赛德丽科技股份有限公司智能化设备等8个项目。

四、开发区投资服务环境不断优化

开发区投资环境持续优化，招商引资成效明显。坚定不移地实施“开放兴县”战略，将对接京津作为主攻方向，将引进战略合作者作为扩大开放的重要发力点，吸引各类企业到定兴投资置业，使一批大项目、好项目相继落户定兴。着力改善“两个环境”，叫响“厂内事情厂长办，厂外事情县长办”口号，推行全程保姆式服务，由责任单位全程领办、代办相关手续，实施收费备案年初公示、涉企罚款县长审批等制度，为企业发展营造了公平公正的投资环境。

金台经济开发区将不断深入开展“大众创业、万众创新”活动，加快食品产业聚集发展，在新形势下，构建众创空间，成立大众创业万众创新服务中心，为小微企业成长、科技成果转化、大学生创业、外来企业入驻提供服务平台，提高园区休闲食品产业科技竞争力。

联系方式：0312-6829993；传真：0312-6923106；
邮　　箱：ZSJ6829993@163.com

广东韶关曲江经济开发区

位条件优越

广东韶关曲江经济开发区创建于2001年，2006年经国家发改委核准为省级经济开发区。园区地处珠三角“2小时交通圈”内，距广州白云国际机场仅1小时车程，距武广高铁韶关站仅8分钟车程，距京广铁路马坝站7公里；园区内设有广乐高速出口、韶关港口码头，京港澳高速、广乐高速、韶赣高速在境内互通，转瞬即达；省道253线横穿东西，水陆交通便利，区位条件优越。

产业特色分明

园区总体规划面积10平方公里，主导产业为食品饮料、电子电器、金属加工业等，是目前粤北地区规划面积最大的工业园区之一。新规划的食品专业区，面积约8000亩，规划建设集中检测、集中冷链物流、集中技术服务设施等。园区布局合理，功能齐全。

基础设施完善

园区按中心城市的配备标准进行市政建设，各项基础设施日趋完善，具备集中供水、供电、供气、供热，区内道路的绿化、亮化和治安视频监控、通讯等设施完善。园区生产、生活用水全部来自于曲江苍村水库水源地，水质良好，适合发展食品饮料产业。园区污水处理厂（首期）日处理污水量可达1.5万吨，园区内配有11万伏和22万伏2个变电站。

综合服务优质

园区开发建设至今，共引进项目近百宗，建成投产60多宗。开发区设立服务机构，实行“一站式审批、一条龙服务、一个窗口对外”的服务体制和办事程序。园区有专职保安队，治安状况良好。食品产业初具规模，目前已集聚了娃哈哈、康师傅、王老吉、星河生物、金光食品等十多家食品企业。发展前景广阔，2014年，园区实现工业总产值超100亿元，现已成为粤北地区最具吸引力和投资价值的工业园区之一。

落实省发展战略 共建曲江（广东）食品专业园签约仪式

潢川县食品

一、基本县情

潢川县位于河南省东南部，辖17个乡镇、4个办事处和1个国营农场，总人口88万人，面积1666平方公里。先后被评为全国生态建设示范县、全国农业产业化示范基地县、全国粮食生产先进县、全国生猪调出大县、全国科技进步先进县、国家级无公害农产品标志推广与监管示范县、全省对外开放重点县、省财政直管县。

潢川历史文化光辉灿烂。潢川古为黄国，是战国四君子之一黄歇故里，中华黄姓发源地。汉置弋阳郡，北齐置定城，唐、宋、元、明为光州，清代升为直隶州，民国二年设潢川行政公署。1949年解放后，设潢川专署，1952年并至信阳。潢川历史上一直是淮河上游区域性政治、经济、文化、商贸中心。全国重点文物保护单位黄国故城遗址、团中央五七干校旧址、三义观内铁旗杆等景点闻名遐迩。

潢川区位优势十分独特。“一个中心，三个枢纽”逐步形成。一个中心，就是区域性中心城市正在形成。国务院把潢川列为大别山扶贫片区重点建设的区域性中心城市来发展，河南省把潢川作为6个中等城市之一来建设，信阳市把潢川作为副中心城市来培育。三个枢纽：一是交通枢纽。312、106两条国道，大广、沪陕两条高速，京九、宁西两条铁路在我县形成三个“十”字交叉，使潢川成为全国44个枢纽城市中唯一的一个县级城市。二是商贸物流枢纽。潢川历来有“小苏州”、“小上海”、“小汉口”之称，商贸物流辐射周边地区。三是电力能源枢纽。拥有500千伏、220千伏等各类变电站16座，西气东输两条支线交汇潢川，中石油、中石化、中储粮、中储棉在潢川设有直属库，能为产业发展提供充沛的物质能源需求。

潢川发展环境宜居宜业。生态环境优美，气候宜人，是中国著名的花木之乡，素有“江南北国，北国江南”之美誉。城市建成区面积达到40平方公里，城镇化率达到44.3%，水、电、路、气、通信网络等基础和公共设施配套完善，在城东和城西分别建有两个产业集聚区，产业承载能力较强。近年来，潢川对客商实行联审联批、零阻碍、零打扰服务，对项目建设实行“六位一体”责任制，潢川人民开放、包容、诚信，全县上下营造了“尊商、富商、亲商、安商”的氛围。

潢川县域经济发展势头强劲。2014年，生产总值完成198亿元，增长8.8%；二三产业占生产总值的比重为70%。规模工业实现增加值47.2亿元，增长12%；全社会固定资产投资完成175亿元，增长19%；公共财政预算收入完成4.87亿元，增长14.1%；社会消费品零售总额

工业发展情况

完成74.8亿元，增长13.9%。农业产业化响誉全国，食品加工、生物医药医疗器械、纺织服装、机械装备、商贸物流五大主导产业初具规模。经济社会实现快速发展。目前，正在全力创建国家级经济开发区。

二、潢川食品工业发展现状和主要做法

近年来，潢川县充分依托农产品资源优势，率先推行“龙头企业+基地+农户”的模式，大力发展食品工业，2014年，该县食品工业企业发展到785家，占全县工业企业的74%；其中规模以上食品工业企业发展到72家，占全县规模工业的60%；食品工业总产值162亿元，占全部工业的65%，出口创汇6300万美元，占全部工业的78%，形成了畜禽、水产、粮油、糯米粉、饮品五大食品产业集群竞相发展的格局，辐射带动农户8.3万多户，从业人员达24.9万人。主要做法是：

（一）坚持调优结构，提升食品工业集群发展水平。一是优化行业内部结构。以产业图谱为引导，大力推进特色产业的延链补链和强链，不断完善产业体系。华英鸭业形成了集种鸭孵化、养殖、饲料生产、屠宰加工、熟食制品、羽绒加工于一体的产业链，下一步还将研发用鸭血提取血红素、生产蛋白粉，用鸭粪生产生物复合肥等项目。生猪产业形成了从种猪繁育、饲料生产、疫病防控、商品猪出口到生猪屠宰加工的产业链。水产业形成了从生态养殖、精深加工到出口创汇的产业链。粮食加工形成了精制米、水磨糯米粉加工、抗性淀粉、糯米蛋白、多肽、激素原料和稻壳发电的生产链条，目前正在向食品加工终端产品和附属产品延伸，实现了真正意义的产业集群化经营。二是做强龙头企业。目前，我县各类食品加工类农业产业化龙头企业97家，其中国家级2家，省级11家，市级24家。华英鸭业、黄国裕丰米业两大产业化集群受省政府命名表彰。华英集团推动主业做大，打造行业旗舰，连续上马六期工程，成功实现了股票在A股上市，是继双汇、三全之后第三支在A股市场成功上市的河南农业股，也是全国肉鸭行业第一家上市企业。黄国粮业已成为中国乃至世界规模最大的水磨糯米粉生产龙头企业，是全国“农业产业化龙头企业”、“河南省首发上市重点后备企业”，公司产品水磨糯米粉是“思念”、“三全”、“科迪”等国内知名速冻食品企业生产原料的主要供应商和战略合作伙伴，去年牵头成立了国家“稻米精深加工产业技术创新战略联盟”。三是建立种养基地。在鸭产业上，华英集团投资1个多亿，建成标准化养殖小区698个，高标准建设无疫病特定区。在生猪产业上，投资5000万元的中

金鑫养猪场已全部建成投产。在糯米粉产业上，黄国粮业等龙头企业通过订单等形式，联结农户发展种植基地20万亩。在水产业上，引进中川水产投资2亿元，带动10万亩小龙虾养殖基地建设。

（二）坚持以质取胜，创响食品工业品牌。一是保障产品质量安全。严格遵循《食品安全法》相关规定，建立以企业自检、行业自律、政府监管相结合的检验监督体系，确保食品安全。严把种植养殖源头质量关，积极发展无污染、安全优质的无公害食品。工商、质监、卫生、食品药品等部门相互联动，建立从原料生产、加工、流通、消费等环节全程的质量监控体系，有效保障了食品安全。二是发挥科技创新引领作用。积极引导企业依靠技术进步，加强核心技术研发，大力开发新产品，从而不断提高企业核心竞争力。截止2013年，我县已有黄国粮业、明业食品、华英集团三家企业获省科技示范企业称号。明业公司与河南省食品工业科学研究院合作上马具有国际先进水平的“抗性淀粉、糯米粉、特色主食产业化项目”将于2015年建成投产。黄国粮业先后主持制定了白糯米粉河南省地方标准和全国行业标准。华英集团建立中国鸭业研究所，多年来一直在华英鸭养殖加工上不断研发和保持了多项行业领先技术，使华英集团始终保持了世界鸭王的地位。三是打响驰名品牌。目前我县食品工业产品拥有2个中国名牌，3个省名牌，6个省优产品，7个无公害品牌，拥有无公害生产基地50余个。华英产品先后成为“中国名牌”、“无公害农产品”和“中国名牌农产品”，“华英”商标也被国家工商总局认定为中国驰名商标。黄国粮业公司的“黄国”牌大米、糯米粉先后荣获河南省“优质产品”、“名牌”产品和“著名商标”称号，双双通过了河南省“无公害农产品”认证和农业部绿色食品委员会的“绿色食品”认证。

（三）坚持集聚发展，筑牢食品工业发展载体。在城西部高起点规划了16.1平方公里的潢川县产业集聚区，截至2013年底，已建成面积8.25平方公里，优先发展食品加工业。现已入驻主导产业及关联产业88家，实现主营业务收入120亿元，增长22.2%，其中主导产业实现主营业务收入98.6亿元，占集聚区规模以上工业实现主营业务收入的93.6%，吸纳从业人员18560人。在城东部规划了12.9平方公里的潢川经济开发区产业集聚区，已建成面积5.0平方公里，发展了以粮食加工流通为主的现代食品工业集群，2014年实现主营业务收入48.86亿元，增长28.4%，其中主导产业实现主营业务收入40.06亿元，占集聚区规模以上工业实现主营业务收入的83%，吸纳从业人员8331人，两个产业集聚区已成为我县食品工业发展的强大引擎。

（四）坚持营造环境，增强食品工业发展保障。一是提供政策支持。制定出台了《潢川县食品工业十二五规划》、《关于加快新型工业化进程 推动县域经济转型升级的意见》，鼓励和引导食品企业向扩张型、外向型、科技型和集团化方向发展。二是提供优质服务。全面落实项目联审联批、打捆收费、“零阻碍”和“零打扰”服务，大力开展“企业服务年”、“项目落实年”活动，认真开展涉企“四乱”整治，优化了项目建设、企业生产经营环境。组建了外商投诉中心，依法维护企业合法权益。三是提供要素保障。强化资金、电力、土地等要素保障，大力推进银企对接，发展新的金融产品，近3年来，共为我县食品企业融资10.8亿元。加快土地储备中心建设，最大限度地利用土地增减挂钩和人地挂钩政策，积极向上争取更多土地指标，确保食品工业项目落地。潢川拥有500千伏、220千伏等各类变电站16座，享受河南省电价优惠政策，是豫东南的电力枢纽，工业用电的瓶颈制约得以解决。

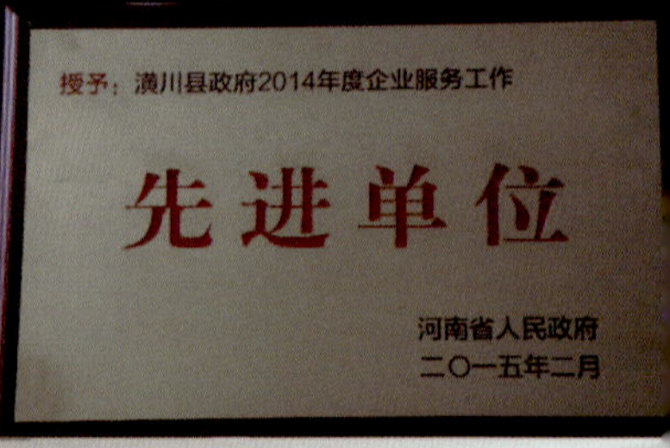

县内代表企业

来自沂蒙山的绿色食品基地

——山东省沂水县

沂水县位于鲁中南地区、沂蒙山腹地，总面积2434.8平方公里，在全省县级区划面积中列第二位，辖18个乡镇（街道），1个经济开发区，1040个行政村，113.2万口人。沂水县历史悠久。秦代即在此置县，隋开皇16年（公元596年）定名为沂水县。沂水有光荣的革命传统，是“红嫂”的故乡、沂蒙精神发祥地之一。食品产业是沂水县传统的支柱产业，起源于上世纪80年代，经过三十余年的发展，全县食品产业逐步壮大，成为支撑地方经济发展的主导产业。目前，全县获证食品企业已发展到240余家，其中规模以上工业企业达到86户。固定资产达到60余亿元，从业人员5万余人。年加工各类食品400余万吨，主要有玉米淀粉及淀粉糖、饼干、糖果、方便食品、休闲食品等，畅销全国各地并远销30多个国家和地区。2014年，全县食品产业完成产值近300亿元。

沂水县先后被评为“中国食品城”、“全国食品工业强县”、“中国优质饼干加工示范基地”、“全国食品安全示范县”、“国家火炬计划功能性生物糖特色生产基地”、“山东省新型工业化示范基地（焙烤食品和淀粉糖）”、“省级产业集群（沂水县食品产业集群）”。鼎福、乐福记商标被认定为“中国驰名商标”，大仓、沂蒙山、一品庄园、隆大等13个商标被认定为 “山东省著名商标”；拥有国家级企业技术中心1户，省级企业技术中心3户，市级企业技术中心5户;拥有博士后科研工作站2个；明富食品公司、现代农业公司、御膳房食品公司等8户企业被评为“2012—2013年度全国食品工业优秀龙头食品企业”。鲁洲食品集团在玉米蛋白粉改性制备食用蛋白粉的研究、树脂酸化及连续糖化技术在葡萄糖浆生产中的应用，隆科特酶制剂公司在酶选育技术，沂蒙山酒业公司在芝麻香、浓香型白酒酿造工艺方面拥有较先进的核心技术。鲁洲食品集团参与和主持制定了食用葡萄糖、低聚异麦芽糖、果葡糖浆、麦芽糖、麦芽糊精、葡萄糖浆等24项国家行业标准；隆科特酶制剂公司先后参与制定了11项酶制剂国家标准、一项酶制剂企业生产规范。

中国（三水）国际水都饮料食品基地

基地概况

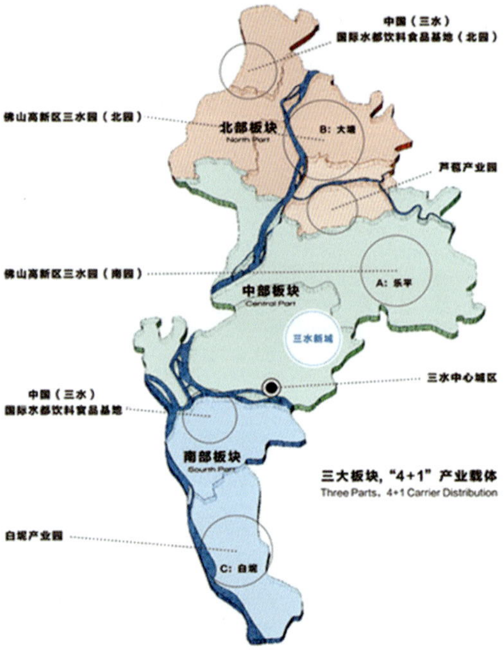

广东三水，三江（西江、北江、绥江）汇流，因水而生，因水而荣。从上世纪 80 年代开始，“魔水”健力宝就成为三水的代名词，同期还创造了强力啤酒等行业领军品牌，饮料食品产业初具规模。2008 年，三水以百威啤酒投产为契机，启动建设饮料食品专业园区。近年来，我们着力打造国际级载体，着力引入国际级知名企业，着力拓展国际级服务，最大限度挖掘三水水资源价值，做强水经济，不断擦亮“国际级绿色产业基地”品牌。

园区企业

基地首期开发 1.2 万亩，经过近年扩容提质，总规划面积达到 2.3 万亩。基地瞄准国际国内知名饮料食品企业，先后引入百威、红牛、杨协成、可口可乐、亨氏、三全、石湾酒厂、巴克斯酒业等 37 家饮料食品优质项目及配套企业，项目总投资约 100 亿元，预计全部投产后总产值超 320 亿元，税收超 30 亿元，产能超 500 万吨。基地先后获得广东省产业集群升级示范区、省市共建循环经济产业基地等称号。2014 年，基地实现产值 209 亿元，增长 19%；税收 20.3 亿元，增长 8%。

竞争优势

生态和水资源优势

生态是三水的名片，三水三江汇流，水域占全区总面积的三分之一。基地最大限度挖掘三水水资源价值，坚持高起点规划、高标准建设、高效能管理，遵循功能分区、项目分类、清洁能源、总量控制、生态绿化五大原则，将绿色理念融入开发建设。引入西江活水，积极改善生态系统和生态功能，实施水环境综合治理，并大手笔投入建设中心湖公园和公共绿地。

区位优势

地处广佛肇地理核心，是珠三角通往粤西、粤西北和我国大西南地区的咽喉要冲，基地可辐射华南地区和西南地区。距离三水港、贵广（南广）高铁三水南站、二广高速、西二环高速、广昆高速、广明高速等交通节点均仅需15分钟车程。

全产业链配套优势

大力培育引进饮料装备、金属制罐、塑料容器等与饮料产业关联度较高的上下游企业，目前基地有配套企业20多家，除早期引入的波尔制罐、奥瑞金制罐、世龙制罐、兆荣啤酒花等一批制罐、包装配套项目，近年还引入华侨糖厂以及中国500强港中旅物流项目等多个仓储物流项目。根据集约化、专业化的发展方向，生活污水处理厂、工业污水处理厂已建成运营；推广集中供热、供气，实行热电联供，并开展分布式光伏发电应用试点。利用新加坡品牌物流企业吉宝物流的丰富资源，将三水港（3000吨级）打造成最主要的综合物流基地之一，为基地企业提供专业化的物流服务。同时不断加快公共服务平台建设，加强与高等院校合作，依托在建的省级饮料食品添加剂产品检验站，为进驻基地的企业提供设计、检测等关键、共性技术支撑。

基地注重引导龙头企业在三水设立总部或销售中心、研发中心，提升基地在产业链和价值链中的地位和作用，推动产业链向高端延伸。例如：百威公司2009年投产运营，2010年纳税1.6亿元，2011年7月该公司在三水设立销售分公司后，2014年纳税达到7.61亿元。

政府服务优势

坚持把构建国际化营商环境作为提升基地综合竞争力的重要举措。充分利用国际知名企业集中入驻的机遇，倒逼管理服务提升，加快引入国际通用的行业规范、管理标准和营商规则。优化“协调机构＋实体公司”管理模式，按照“精简、统一、效能”的原则，建立产业服务中心，为企业提供“一站式”服务。逐步进行市场化转型，引入更多市场主体、社会资本参与基地决策和运营管理，提升投资运营效率，真正发挥市场在基地资源配置中的决定性作用。充分发挥饮料食品协会、商会等社会组织作用，通过政府购买服务、职能转移等方式，提升企业服务精准度，为基地企业提供高品质、专业化服务。

山东诸城市食品行业

诸城地处山东半岛东南部，东临青岛，南靠日照，西接临沂，是潍坊市下辖的县级市，总面积 2183 平方公里，辖 13 处镇街、1 个省级经济开发区，常住人口 109.5 万，被誉为“中国龙城·舜帝故里”。2014 年，完成地区生产总值 705.4 亿元，实现财政总收入 83 亿元。县域经济基本竞争力列全国百强县（市）第 30 位。先后被认定为全国食品工业强市、全国食品工业产业集群示范区、山东省高端食品安全示范基地，是全国最大的禽类屠宰设备制造基地及肉鸡淀粉生产基地。

得利斯高档肉制品——帕珞斯火腿

诸城食品工业发展迅速优势突出。市委、市政府把食品产业作为全市三大支柱产业之一，落实转调创策略，保持食品产业的健康快速稳定发展。到 2015 年 10 月底，全市规模以上食品企业发展到 105 家，从业人员 3.8 万人，全行业实现主营业务收入 478.6 亿元、利税 31.4 亿元、利润 21.6 亿元，分别占全市工业总量的 23.9%、17.9% 和 17.4%。形成了肉食品、粮油、蔬菜、茶叶等 4 大系列，分割肉、冷却肉、低温肉制品、调理食品、糕点、罐头、饮料酒、豆制品、淀粉、调味品、保鲜蔬菜、烟草等 20 多个大类 400 多个品种的食品工业体系。

惠发牛丸

（一）农业基础条件好，原材料供应充足。改革开放以来，诸城先后创造了农村经济大合唱、贸工农一体化、农业产业化、农业标准化等影响全国的“农”字号“诸城经验”。近年来，又围绕加快农业产业化发展，探索出“龙头企业 + 农民专业合作社 + 农户”和“农民专业合作社 + 农户”等产业化经营新模式。目前，全市拥有国家级农业标准化示范区 9 个，国家级畜禽标准化示范场 5 个。年产小麦 40 万吨、玉米 50 万吨、花生 6.5 万吨，各类蔬菜瓜果 130 万吨，出栏生猪 250 万头、家禽 7300 万只。先后被评为全国粮食生产先进县、全国农业标准化示范区和“生猪调出大县”。

佳士博万吨智能冷库

（二）骨干企业快速成长，支撑带动作用突出。诸城外贸、得利斯集团、山东惠发、山东佳士博、密州酒业等一批骨干龙头企业相继出现并不断成长壮大，成为带动整个行业平稳健康发展的中坚力量。目前全市拥有潍坊市级以上食品龙头企业 110 家，其中国家级 3 家，省级 9 家。2014 年 12 家省级以上龙头企业共实现主营业务收入 352.6 亿元，占整个行业的 64.6%，其中诸城外贸、得利斯集团主营业务收入均超过 100 亿元。

（三）创新能力不断增强，品牌建设效果显著。坚持把创新

密州酒业超然藏酒洞

外贸公司院景图

作为第一推动力，积极开展产学研合作，加快各类创新平台建设。全行业拥有潍坊市级以上研发机构 13 家，博士后科研工作站 1 家，院士工作站 2 家，省级重点实验室 1 家，国家级企业技术中心 1 家、工程技术中心 2 家，产业技术创新战略联盟 2 个。市里组织成立了诸城科技创新创业园，已有香港理工大学、中国机械工程学会、浙江大学、北方技术交易市场等高等院校、科研团队入驻，成为企业创新驱动的重要支撑。同时，深入实施品牌战略，加强标准化建设，全行业参与制修订国标、行标 22 个，创建省级以上品牌 26 件，其中国家级 8 件。

（四）营销模式不断创新，市场开拓卓有成效。各企业不断加大宣传投入，充分利用电视、广播、网络、平面、终端等传播媒介，开展全方位、立体式宣传，效果明显。得利斯牌低温肉制品国内市场占有率达 9%，同行业第一，连续十六年摘得“全国市场同类产品销量第一名”的桂冠。惠发公司生产的肉丸产品占全国市场的 30% 左右，成为全国最大的速冻肉丸生产基地之一。佳士博公司研制的功能性肉制品，销售网络涵盖了国内主要城市，拥有 200 多家直销商、300 多家经销代理商、10000 多家营业网点。

惠发总部

佳士博公司全景

（五）行业监管日趋科学，安全体系建设不断完善。实行食品加工生产分类监管，严格执行生产加工标准，并与企业签定了质量安全承诺书。拥有省级资质的质量检测中心 4 家，13 处镇街也分别建立了食品安全速测中心，初步构建起以市级检测检验机构为主体、镇街速测中心和企业自属实验室为补充的食品安全检验检测体系。经国家及省相关部门监督抽查，我市的食品合格率保持在 97% 以上，高出全省平均水平 9.5 个百分点。全市共有 162 家企业获得了 QS 证书，得利斯集团检测中心通过国家 CNAS 认定，成为国家级实验室。

（六）关联产业同步发展，配套体系逐步成熟。随着食品产业的发展壮大，食品机械、冷链物流等配套关联产业迅速膨胀。食品机械行业在发展中逐步形成了食品包装设备、杀菌设备和屠宰设备 3 大优势产业，产品涵盖真空包装机、杀菌设备、屠宰流水线、风淋室等，其中小康机械的全自动真空包装机市场占有率全国第一。目前全市拥有食品机械制造企业 200 多家，其中规模以上企业 28 家，成为全国最大的食品机械生产基地、杀菌锅制造基地和禽类屠宰设备制造基地。冷链物流业快速兴起，山东惠发、山东佳士博、山东杨春等企业先后建设了一批跨区域冷链物流配送中心，全市年冷链物流配送额 300 亿元。

2015 中食协年会

隆尧县百日招商集中签约

隆尧·东方食品城

——中国北方知名食品专业制造基地

东方食品城位于隆尧县东南部莲子镇镇域内，成立于2003年11月，规划面积20平方公里，目前建成区7平方公里，人口5万余人。东方食品城的发展是与中国方便食品知名企业今麦郎公司同步兴起的，始发于1994年春天。历经二十一年的艰苦创业，成功地走出了一条“以龙头企业带动主导产业，以主导产业拉动相关产业，以相关产业激活区域经济，以区域经济促进小城镇建设”的发展路子。东方食品城食品行业迅速崛起、跨越发展，取得了非凡业绩和辉煌成就；也使得隆尧的食品产业蓬勃发展，成为全国食品工业强县；东方食品城被国家农业部评为“国家农业产业化示范基地”，是河北省政府核定的首批省级工业集聚区，2014年3月被批准为省级经济开发区。2014年东方食品城完成主营业务收入176.6亿元，上缴税金2.36亿元，占全县财政收入的32.3%。

东方食品城区位优势独特，交通快捷便利。这里位于中原经济区和京津冀经济圈的交汇处，距北京、天津、郑州、太原、济南、石家庄均在400公里以内，周围有3亿人口的庞大消费市场；对外交通一小时到石家庄机场、邯郸机场，十分钟即可上邢衡高速进入全程高速，东西连接青银高速、邢汾高速，南北通向京港澳高速，是承东启西、沟通南北的重要通道，是经略中原、辐射全国的理想立足点。

东方食品城产业特色鲜明，配套优势明显。伴随着今麦郎公司的崛起，历经二十一年的艰苦创业，东方食品城从无到有、从小到大，始终坚持发展食品产业的指导思想不动摇、不错位，现已拥有各类食品加工及配套企业80余家，形成了以方便面、饮品为主导，兼有面粉、

东方食品城规划

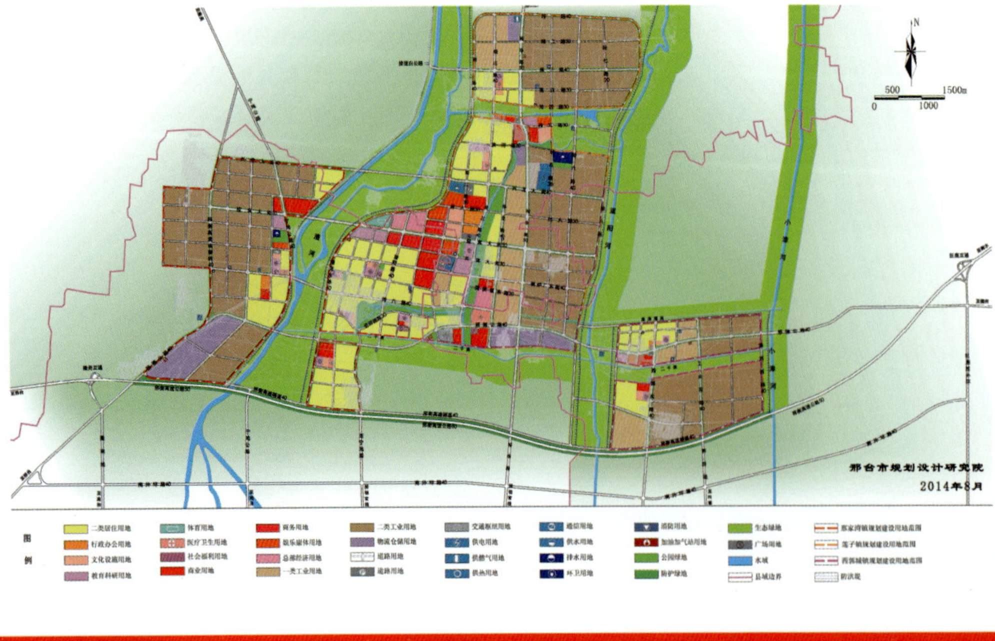

挂面、粉丝、泡菜、卤蛋、饼干、奶茶、食品馅料等系列产品，和与之相配套的调味品、添加剂、食品容器、彩印包装等系列食品产业集群；先后吸引来台湾统一、香港远东集团、杭州南大集团、江苏申乾公司、广东嘉士利、北京保吉安、北京万容公司等十几家国内外知名企业前来合资合作或投资落户；拥有中国名牌产品2个、中国驰名商标3件，省名牌产品7个、省著名商标18件；东方食品城已经成为中国北方知名的食品专业制造基地。此外，这里30公里半径内人口约150万人，园区内劳动力4万人，其中熟练技术工人2万人，一般工人工资在2500元左右；周边有多所职业技术院校，可为企业定向培养专业技术人才；园区内政府投资6000万元建有中小企业孵化器，共有8个标准厂房和8栋职工宿舍楼，可容纳3000名员工入住，专门服务于外来投资企业；毗邻县邢家湾机械制造工业园区，可以非常方便快捷地为入驻企业提供机械维修保养服务；另有今麦郎、庚浩2家专业物流公司，今麦郎每生产出一种新产品，一周内即可覆盖全国市场。

东方食品城基础设施完善，服务功能齐全。历经二十一年的发展，特别是近几年在省、市、县的大力支持下，园区基础设施建设突飞猛进，已经建成五纵十横的路网格局，每家企业都是双向临路；日处理2万吨的污水处理厂已建成投运，地下雨水、污水管线全部建成，污水管线连通污水处理厂；日供水4万吨的南水北调水厂正在建设；日处理150吨的垃圾填埋场已经完工；日供汽4000吨的热电厂主管网已实现全覆盖；日供气30万立方米的管道天然气已进入园区；有3座3.5万变电站和1座11万变电站向园区供电，电力供应十分保障。园区基础设施建设已经达到省级开发区"十通一平"的标准。与此同时，东方食品城坚持以产为基、以业兴城、产城互动，医院、学校、金融、商业、住宅和食品产业研究院、食品药品检测中心等公共服务、生活服务设施建设齐头并进，绿化、亮化、美化、生态水系建设同步跟进，为产业集聚、城市发展提供了新平台，增加了新优势，一个宜居、宜业、生态、休闲产业新城正在快速兴起。

东方食品城投资政策优惠，发展前景广阔。东方食品城的发展一直得到各级领导的关注和支持。2013年，为进一步放大食品产业优势、做大做强园区经济，邢台市委、市政府借鉴京津冀协同发展模式，把东方食品城周边的两个县的两个镇，一并划入了园区规划，实行"三镇融合"发展战略，并一步一步上升到省级战略层面，给东方食品城的发展带来了难得的机遇和活力。仅2014年，就招引和新建了厚朴中央厨房、远东食品配料、万容食品容器、金码食品馅料等11个投资超亿元的项目。"三镇融合"被列为邢台市"一号工程"，除享受省级开发区优惠政策外，还享受河北省经济发达镇改革试点镇优惠政策。在项目用地上，实行土地规模、土地指标单列，每年安排1500亩土地指标保证建设用地。在资金支持上，2014年河北省政府拨付了3000万元的专项支持资金用于园区基础设施建设。在政策支持上，制订了"地价为每亩7万元，与亩均税收挂勾，给予返还支持，直至零地价"的土地优惠政策，和"税收地方留成部分'两免三减半'"的税收优惠政策，对重大项目实行"一事一议、特事特办"，以及"建设零干扰、服务全承办、发展有保障"的系列服务措施，保证让每一位客商在食品城投资安心、放心、舒心。

东方食品城的发展正处于一个重要的机遇期，"京津冀"协同发展、"三镇融合"战略对东方食品城的带动是全方位的、多层次的，是难得的机遇。东方食品城决心牢牢抓住这一机遇，进一步发挥自身优势，强化资源整合，在规模扩张中提升产业档次、在不断创新中增强竞争实力，全力打造"中国食品城"，努力把东方食品城建设成为中国北方知名的食品专业制造基地、食品科研开发中心、食品贸易展销中心，在振兴中国食品工业、促进人类科学饮食、健康进步这一伟大事业中做出新的更大的贡献。

知名食品及配套企业

今麦郎　统一企业　华龙　嘉士利　遠東

Nanda EP TECHNOLOGY　甲家　金源　通泰合和　VARY万容

洋浦　华众　华盛　华统　申乾包装 ShenQian Package

临颍——中国休闲食品产业基地

临颍县位于河南省中部，全县辖9镇6乡，367个行政村，人口75万，面积821平方公里，是全国食品工业强县、全国食品安全示范县，也是中食协命名全国唯一的“休闲食品产业基地”。作为河南省对外开放重点县、经济管理扩权县，享有计划直接上报、项目直接申报、用地直接报批等扩权政策。

历史悠久文化璀璨。西汉初年置县，迄今已有2000多年的历史，建成了闻名中外的国家4A景区——“红色亿元村”南街村景区、河南省首家对台文化交流基地——陈星聚纪念馆，国家准4A景区——小商桥景区。

区位优越交通便利。位于河南省中部，地处许昌、漯河、郑州等中原城市群节点，京港澳高速、京广铁路、京广高铁、连霍高速、兰南高速、107国道等交通大动脉承东启西、连南贯北，距新郑国际机场60公里，距连云港口岸400公里，距河南周边六省省会城市济南、石家庄、太原、西安、合肥、武汉均在4小时车程之内，辐射周边3亿多人的消费市场。

主导产业特色鲜明。多年来，借助农产品和农副产品资源优势，培育形成了一个规模较大、种类齐全、名企荟萃、链条完整的食品产业。

规模较大。全县食品企业达到116家，休闲食品日产量在全国县区中达到5个第一。即，休闲食品日产2600多吨，全国第一；烘焙类产品日产1000多吨，全国第一；果冻类产品日产500多吨，全国第一；糖果类产品日产400多吨，全国第一；膨化食品日产500多吨，全国第一。

种类齐全。休闲食品产品涵盖烘焙、膨化、果冻果脯、功能饮料、糖果巧克力、肉干肉脯、油炸食品、熟制豆制品等8大类1000多个品种。

名企荟萃。临颍培育引进了一批如美国嘉吉、华冠养元（六个核桃）、上好佳、福建嘉美、盼盼、雅客、亲亲、恒安、雨润、喜盈盈、南街村集团、中大生物等知名企业，区内中国驰名商标达到17个，省级著名商标达到23个。

链条完整。产业从原料基地、面制品加工、休闲食品生产、食品天然色素提取到休闲食品研发、检测、包装、营销、物流，构筑了完善的产业链条，形成了产业集聚效应。建成了河南省唯一的膨化食品质量监督检验中心，建成院士和博士后科研工作站3个、省级工程技术研究中心7个，正在建设国家级食品研发中心2个。

发展平台坚实广阔。临颍产业集聚区属省级经济技术开发区，规划面积23.72平方公里，目前已累计完成各类投入232亿元，入驻项目128个，建成投产88个，被评为全省“十快”、“十先”产业集聚区。以此为平台，围绕休闲食品产业发展，专门制定的《临颍县休闲食品产业发展规划》，致力打造“名企荟萃中国休闲食品产业基地”，计划用三年时间，培育引进中国驰名商标企业达到50个以上，建成中部最具影响力休闲食品产业基地，年产值超过500亿元。

★临颍县位于河南省中部，道路交通便利，区位优势明显。京广高铁、京港澳高速、京广铁路、G107连南贯北，S329承东启西。

★距新郑国际机场60公里，距河南周边六省省会城市济南、石家庄、太原、西安、合肥、武汉均在5小时车程之内，辐射周边4亿人口的消费市场。

2.6 焙烤食品制造

【a. 概况】

据国家统计局统计及行业测算，2014 年，国内焙烤食品糖制品行业主要产品（含糕点 / 面包、饼干、糖果巧克力、冷冻饮品、方便面和蜜饯）产量合计为 3045.62 万吨，同比增长 9.05%；主营业务收入为 6359.75 亿元，同比增长 7.39%；利润总额为 510.23 亿元，同比增长 0.06%；利税总额为 769.97 亿元，同比增长 1.85%；出口交货值为 171.16 亿元，同比增长 7.35%。

据行业统计，焙烤食品糖制品行业通过食品生产许可（即 QS）的企业有 35839 家（含糕点 18218 家，饼干 1918 家，糖果巧克力 5387 家，果冻 533 家，蜜饯 3457 家，方便食品 3029 家，冷冻饮品 1233 家，膨化食品 2064 家）。

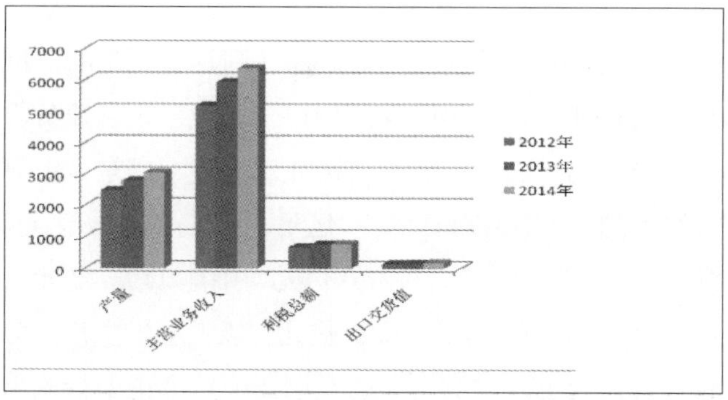

图$_1$ 2012—2014年焙烤食品糖制品行业经济运行分析

数据来源：国家统计局规模以上企业数据统计（即年主营业务收入 2000 万元及以上工业法人企业）。

【b. 主要经济指标】

1、主营业务收入

2014 年，焙烤食品糖制品行业规模以上企业主营业务收入为 6359.75 亿元，同比增长 7.39%，其中糖果巧克力业 1185.58 亿元，同比增长 8.68%；糕点面包业 899.44 亿元，同比增长 11.04%；饼干业 1527.23 亿元，同比增长 9.83%；冷冻饮品业 393.37 亿元，同比增长 0.16%；蜜饯业 528.44 亿元，同比增长 15.71%；方便面 1825.69 亿元，同比增长 5.29%。

2、利税

2014 年，焙烤食品糖制品行业规模以上企业实现利税 769.97 亿元，同比增长 1.85%，其中糖果巧克力业实现利税 173.85 亿元，同比下降 1.53%；糕点面包业实现利税 117.06 亿元，同比增长 10.62%；饼干业实现利税 177.06 亿元，同比增长 5.66%；冷冻饮品业实现利税 40.09 亿元，同比下降 5.98%；蜜饯业实现利税 60.18 亿元，同比增长 14.06%；方便面实现利税 201.73 亿元，同比下降 4.24%。

表$_1$ 焙烤食品糖制品行业2014年经济运行情况

行业		焙烤食品糖制品	糖果巧克力	糕点面包	饼干	冷冻饮品	蜜饯	方便面
产量	累计	3045.62	362.41	(321)	(764)	308.57	(264)	1025.64
(万吨)	同比%	9.05	13.84	---	---	-0.66	---	-1.55
主营业务收入	累计	6359.75	1185.58	899.44	1527.23	393.37	528.44	1825.69
(亿元)	同比%	7.39	8.68	11.04	9.83	0.16	15.71	5.29
利润总额(亿元)	累计	510.23	115.33	82.42	120.30	22.35	41.92	127.91
	同比%	0.06	-2.40	9.88	6.82	-9.24	12.79	-8.29

行业		焙烤食品糖制品	糖果巧克力	糕点面包	饼干	冷冻饮品	蜜饯	方便面
利税总额(亿元)	累计	769.97	173.85	117.06	177.06	40.09	60.18	201.73
	同比%	1.85	-1.53	10.62	5.66	-5.98	14.06	-4.24
销售税金(亿元)	累计	39.67	8.54	6.47	9.43	2.87	3.02	9.34
	同比%	6.61	6.69	26.01	-5.67	-5.96	13.53	13.23
出口交货值(亿元)	累计	171.16	65.04	8.78	23.24	2.63	53.65	17.82
	同比%	7.35	9.58	-27.47	-5.40	-0.35	32.06	-17.10

数据来源：国家统计局规模以上企业数据统计 (即年主营业务收入2000万元及以上工业法人企业)。

3、括号内数字是行业测算数据。

总的来看，2014 年，焙烤食品糖制品行业依然处在良性发展的轨道上，全行业主要产品产量和主营业务收入都保持了较好的增长，但同比增长速度有所放缓，显现了行业经过多年的发展，有序竞争的产业结构已经逐步成熟和稳定，产品花色品种日益丰富，行业整体实力不断增强，已经能够较好地满足国内消费需求，为可持续发展奠定了基础。

【c. 行业发展分析】

1、价格

焙烤食品糖制品行业产品价格主要受原材料、流通成本及人工成本的影响。2014 年，行业产品价格同比基本持平，但由于经营成本的不断增加，利润同比增速大幅下降。

2、市场

随着人民生活水平不断提高和生活节奏的加快，糕点、面包、方便面、巧克力、糖果、冰淇淋、蜜饯等食品已成为人们日常消费中不可或缺的组成部分。电子商务的兴起和发展，使得产品销售模式发生改变，行业中的饼店业已经逐渐从传统的店面销售模式向“店面＋网络”的线上线下的销售模式转变，并出现了“无店面＋网络”的电子商务经营模式。电子商务销售模式的最大优点是能够直接面向每一位顾客，大大减少了流通成本，使更多的资金投入到品质控制、产品开发、服务质量、品牌推广等环节，例如廿一客集团，以“21cake”为品牌，采用互联网销售、中央工厂订单生产、冷链物流配送体系的电子商务营销模式，先后在北京、上海、杭州、广州建立了总面积 47000 平方米的中央工厂，拓展了 8 大城市的蛋糕配送市场，2014 年企业营业额已超过 3 亿元。

3、投资

焙烤食品糖制品行业是市场化程度较高的行业，外资和港澳台资企业、国有、集体、民营、股份制等多种体制企业共同发展的格局已经形成。行业属于劳动密集型产业，门槛相对较低，中小型企业数量居多，从取得食品生产许可（即 QS）的企业数量来看，2014 年同比增长 20% 左右，说明市场投资对焙烤食品糖制品行业保持了相当的热度。焙烤食品糖制品行业中外资的国际品牌企业在中国占有中高端市场较大的份额，并呈扩大的趋势。例如，国际食品行业巨头雀巢公司，近年来逐一收购了中国的“五羊牌”雪糕、“徐福记”等企业大份额的股权。

4、区域分布

焙烤食品糖制品行业产品具有保质期短以及地方区域特色等特点，因此，企业分布广泛，遍布全国，没有明显的区域集中特征。形成了大中型企业根据市场需求，分区域扩建的分公司，与当地中小型企业并存的产业格局，既满足了新鲜供给和就近消费的需求，又降低了运输成本，搞活了区域经济，这样的产业布局符合行业快速消费的特点，有利于长远可持续发展。

一些具有较长保质期的产品，则具有一定的区域集中的特征。如，2014 年国内饼干行业从主营业务收入上看河南、山东、湖北、河北、福建、广东、上海位居前列，其中河南省 275.6 亿元、山东省 157.7 亿元、湖北 150.9 亿元、河北 127.0 亿元、福建 119.5 亿元、广东 104.2 亿元、上海 102.2 亿元。以上七省主营业务收入合计为 1037.2 亿元，占全国规模以上饼干行业主营业务收入总额的 67.9 %。

5、行业集中度

（1）糕点、面包和饼干等焙烤食品

焙烤食品的行业集中度不高，基本情况是规模以上大型企业占据一二线城市的中高端市场，占有较大市场份额。中小型企业的中低端产品通过批发流通渠道销往中小城镇和农村市场，覆盖全国各地。总体看，无论从产销量还是市场占有率来看，还远达不到少数大型企业高度占有市场的地步。

（2）果冻

全国果冻行业经过 30 多年的发展，目前已形成以喜之郎、蜡笔小新、亲亲等一批具有一定规模的骨干企业为主，以中小企业为辅的行业格局。这些大型企业注重经营理念的创新，在产品研发、加工技术和生产装备水平等方面不断提升。目前获得生产许可证的果冻企业数为 533 家，果冻行业中骨干企业的产量和销售额约占果冻总量的 60% 以上，市场集中度较高。

（3）蜜饯

蜜饯产品生产企业的地域性较强，有些产区的产品只在本地区和周边地区销售，市场集中度较低。但技术工艺的提升、新产品的开发，促进行业发展较快，充满活力。近两年蜜饯行业的主营业务收入增长率在焙烤食品糖制品行业中一直处于领先地位，尤其是出口交货值，2014 年实现了较大幅度的增长。从市场消费来看，梅子系列的蜜饯产品购买频率最高，也是产品最丰富的品类。

（4）糖果

全国糖果品牌集中度较高，生产企业主要集中在福建省、广东省和上海市，全国各地的销售分布比较均匀。

（5）巧克力

巧克力产品基本上是外资品牌为主，占据绝对的中高端市场份额，国内巧克力生产企业主要以生产代可可脂巧克力产品为主，与大型外资企业相比不具有竞争力。

（6）膨化食品

一线城市销售的膨化食品基本以外资品牌为主，市场占有率达到 70% 以上，二、三线城市，特别是批发市场，销售的产品以地域品牌居多。

（7）冷冻饮品

冷冻饮品行业经过多年的发展，已经基本形成了以伊利、蒙牛等国内大型企业以及和路雪、雀巢等外资企业为龙头，遍布各地的中小型企业产品为辅的行业格局，行业集中度较高。

6、进出口

近年来，进口食品销售在我国呈连年上升趋势，产品也从中高端消费逐渐向大众消费靠拢，焙烤食品糖制品也同样受到了进口同类产品的冲击。

在出口方面，我国焙烤食品糖制品行业的国际贸易状况一直不是很理想，出口量值始终不大。2014 年，除糖果巧克力与蜜饯行业出口交货值有较好的增长外，其他行业的出口都有一定程度的缩水。

7、重点行业

近年来，在国家加强食品安全管理的政策方针指导下，在相关政府部门的监督指导下，业内的食品安全理念和意识不断增强，而且经过多年的积累和发展，业内许多骨干企业的生产设备、检测水平和生产环境都有了较大改善，规范化管理意识逐步增强，为保证产品质量奠定了良好基础，使得产品质量稳步提高，为消费者提供安全、优质的产品已成为行业的共识。

（1）糕点面包业

糕点面包行业是焙烤食品行业的重点行业，其特点是生产厂家数量多，遍布全国各地，其中大多数是中小型企业，产业集中度不高。行业以工业化工厂和饼店（面包坊）两种生产经营模式为主。糕点工厂是传统生产经营模式，而饼店业是改革开放后发展起来的经营模式，现已成为我国焙烤食品行业的重要组成部分，经营形式也逐步由前店后厂的生产作坊转变为由中央工厂统一配送，门店售卖的连锁型企业。

2014 年，全国规模以上糕点面包生产企业的总产量约为 320 万吨（行业测算数据）；主营业务收入 899.44 亿元，同比增长 11.04%；利润总额 82.42 亿元，同比增长 9.88%；行业通过食品生产许可（即 QS）的企业数 18218 家。

在国际贸易方面进出口量值很小，与整个行业规模和增速相比，几乎微不足道，对行业整体运行趋势的影响也不大。2014 年全行业出口交货值 8.78 亿元，同比下降了27.47%。

总体看，我国糕点面包行业经过多年的积累，已经奠定了较为坚实的基础，形成稳中向上的发展格局。

（2）饼干业

2014年，全国规模以上饼干生产企业的总产量约为760万吨（行业测算数据）；主营业务收入1527.23亿元，同比增长9.83%；利润总额120.3亿元，同比增长6.82%；行业通过食品生产许可（即QS）的企业数1918家。

全国饼干的主产区主要集中在河南、山东、湖北、河北、福建、广东、上海等7个省市，以上七省占全国规模以上饼干行业主营业务收入总额近70%的份额。饼干行业进出口量值始终不大，全行业出口交货值23.24亿元，同比下降了5.4%。

饼干行业的主要特点是外资和港台企业占据中高端市场的主导地位，领跑行业；内资企业发展不乏亮点，竞争实力逐步增强。外资和港台企业例如亿滋食品（上海）管理有限公司、康师傅控股集团，东莞徐记食品有限公司、好丽友食品有限公司等一些企业的产销量和市场占有率逐年增长，而且占据着国内饼干行业的高端市场，他们依托自身的雄厚实力和多年打造出来的品牌优势，不断加大投入力度，以占有更多的市场份额。国内的民营企业例如福建达利食品集团有限公司、东莞锦泰食品有限公司、北京美丹食品有限公司等都已经具备了持续发展的实力和基础。但我们也应看到内资企业与国外跨国公司相比，在人才引进和使用、企业管理、新品开发和市场营销等诸多方面还存在较大差距，若想实现超越和突破，仍需不断努力，任重道远。

8、包装与装备

（1）包装

行业内大型包装生产企业的综合实力逐渐增强，生产经营逐步走向专业化和大型化。骨干企业在引进国外先进生产设备的同时，对原有设备进行了技术改造和升级。目前，无论从包装生产企业的生产环境、装备水平以及管理能力等方面都有了较大提高。在保证食品安全、保鲜、保质的同时，也使得焙烤食品糖制品行业的包装实现了专业化、多元化的格局，许多新颖、独具特色的包装层出不穷。这也在一定程度上促进了行业的提升和发展。

（2）装备

经过多年的积累和发展，行业内的骨干企业近年来在技术、设备的引进和对现有企业基础设施的改造等方面都投入了相当大的热情和力度，其整体装备水平都有了较大提高。行业的生产设施、装备水准和技术水平的整体情况可分为三个层次：龙头企业、大中型骨干企业、行业中小企业。

行业龙头企业：主要包括一些大型外资或合资、港澳台资企业以及国内大型企业，这些企业的生产设备、技术水平与国际同行业水平相当，代表了行业中最先进的设备和技术水准，这些企业数量虽然不是很多，但他们的产能较大，高端市场占有率较高，市场份额较高。

行业大中型骨干企业：生产设施和装备仅次于少数龙头企业的是占比例较大的大中型内资企业，它们的生产环境已经得到了较大改善，装备水平是国产设备或部分进口设备，其设备技术水平应用在产品生产上，基本可以满足目前的消费需求，是目前行业装备水准的主流。与国际水准的外资企业相比，生产设施等硬件差距不是很大，主要是人员素质和技术管理水平差距较大，有待于逐步提高。

行业中小企业：行业中一些规模以下的中小型企业，特别是小型企业，其生产设备水平较差，人员素质偏低，主要市场在偏远地区的中小城镇和农村，市场份额较小。随着行业的发展，预计这些企业将在不远的将来或被淘汰，或被兼并，经过改造整合，得以提升和发展。

【d.行业面临的问题】

1、月饼行业及相关产业持续下滑，挑战与机遇并存。

2014年，月饼市场需求继续缩减，产品价格与前一年基本持平。2014年全国月饼产量同比下降10%以上，销售额同比下降 20% 左右。

总体看，月饼行业团购明显减少；价格实惠，更为消费者接受；品牌消费更加明显；产品包装更趋理性，包装简约实用，礼盒数量减少，礼盒装潢设计突出了文化元素；传统经典月饼依然是主流，特色创新月饼比往年更丰富添彩；更加注重营养健康，回归食品属性；销售渠道更加多样，顾客选择购买非常便捷。

从长远发展的角度看，节日礼品市场会趋于平稳，企业面对的机遇和挑战并存，这也会极大的促进企业转型升级，练好内功，更加注重品牌培育，抓好管理，提高产品质量。我们坚信，月饼这一具有深厚文化底蕴的经典传统食品具有很强的生命力和发展潜力，眼前的困难是暂时的，这些只会推动和促进行业的进步和理性，也是行业发展和成熟的过程。一个符合市场规律、可持续发展的月饼行业定会重新展现在我们面前。

2、食品安全形势依然严峻，行业规范和管理工作依然任重道远。

2014 年，随着国家进一步强化了食品安全的日常监管，焙烤食品糖制品行业对于食品安全的重视程度和风险意识都有了空前的提高。但是，由于行业内中小型企业居多，专业技术人员相对缺乏，人员综合素质较低，工厂设施和生产环境相对较差，生产设备和检测水平较为落后，因此，在原料控制，生产管理等诸多方面都存在一定漏洞，食品添加剂的使用不当以及非法添加等问题也时有发生。尽管行业的进步是明显的，但食品安全形势依然严峻，行业规范和管理工作依然任重道远。

3、众多中小企业实力不足，品牌消费和品牌培育的矛盾凸显。

在全国焙烤食品糖制品行业，中小型企业所占行业企业总数 90% 以上。行业里为数众多的小型企业，规模不经济，资源利用不合理，技术和管理水平不高，产品质量得不到可靠保证，人才相对缺乏，农产品价格及原辅料、交通、能源价格上涨，生产成本持续增加，小型食品企业获利艰难。另外，小企业信用等级低，信贷困难，普遍存在资金不足问题，严重制约企业技术创新的步伐。

随着品牌消费的理念越来越深入人心，大型跨国企业对中国市场的关注度和投入力度越来越大，市场占有率也日渐增加，而对于近年来崛起的大批民营企业来说，品牌培育的难度和艰辛可想而知，品牌消费和品牌培育的矛盾是整个行业进步和发展的“瓶颈”之一。

【e. 发展趋势】

全国焙烤食品糖制品行业的发展将紧密结合消费者需求的个性化、全面化以及消费内容的科学性和文化性，积极引领和创造消费，引导健康消费和经营模式的创新。

品牌国际化程度、产业链控制的水平、专用装备与生产线的自主化能力、自主创新的深度依然是行业综合实力的重要标志，加快焙烤食品糖制品行业科学、健康、有序的发展，是满足、丰富、提高我国人民物质文化生活需求、增强国际食品市场竞争力的重要体现。追求高附加值和高成长是我国焙烤食品糖制品行业未来发展的主要方向。

总之，在可预见的未来，我国焙烤食品糖制品行业还将进一步发展壮大，在设备、技术、管理水平、从业人员素质以及自主创新能力等各个方面，将逐步缩小与发达国家的差距，在国际消费品市场上，也将具有一定的竞争实力。

中国焙烤食品糖制品工业协会

2.7 方便面

【a. 概况】

2014 年，在中国大陆经济增长整体放缓的大背景下，方便面行业产销量加剧下滑，既体现了行业内部深层次的矛盾，也揭示出方便面市场外部环境的进一步恶化。始于 2013 年的量价齐跌，演变为 2014 年的放量下行，让行业的悲观情绪弥漫。中国的方便面行业可以说已经走到了一个关乎生死的关键时期，自 2011 年开始连续四年的持续下滑，使行业步入了最为艰难的发展阶段。2015 年，行业是否能够止跌企稳并形成反弹，是摆在全行业面前生死的挑战。

【b. 主要经济指标】

1、产量

根据国家统计局的统计，2014 年，全国方便面产量同比下降 1.55%。主要企业看，22 家主要方便面生产企业（部分企业停产未报送数据，实际统计企业数同比减少 6 家）总产量 396.35 亿份，同比下降 10.60%；总销售额 526.46 亿元，同比下降 7.94%。生产线看，全国方便面企业共有 775 条生产线，同比增加 36 条线，生产能力的提升和产量的下降形成鲜明对比。

2014年全国方便面月度产量及同比

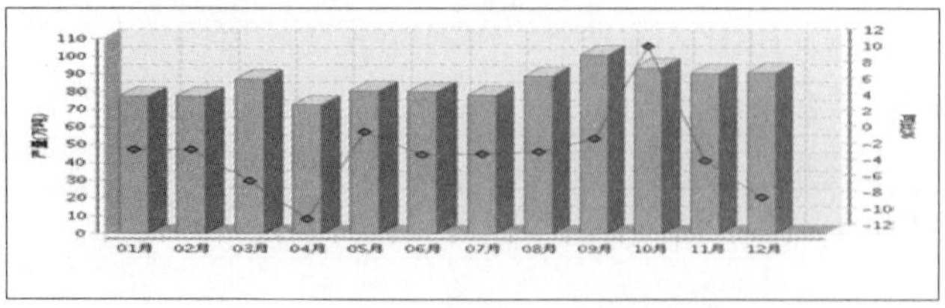

（资料来源：国家统计局）

1997–2014 年主要方便面生产企业产销走势图

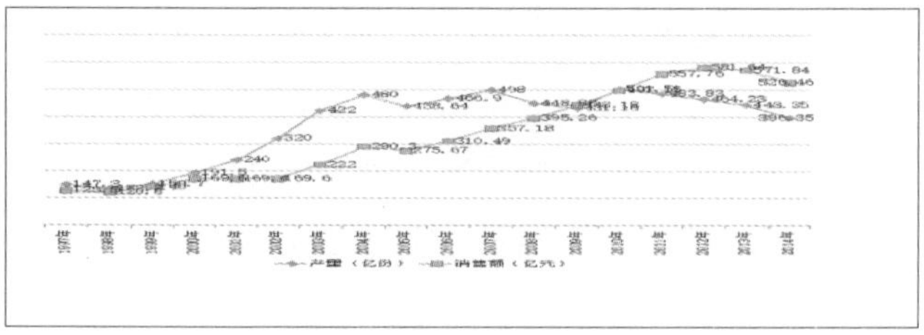

（资料来源：中国食品科学技术学会面制品分会）

2014年方便面前10家企业产量分布图

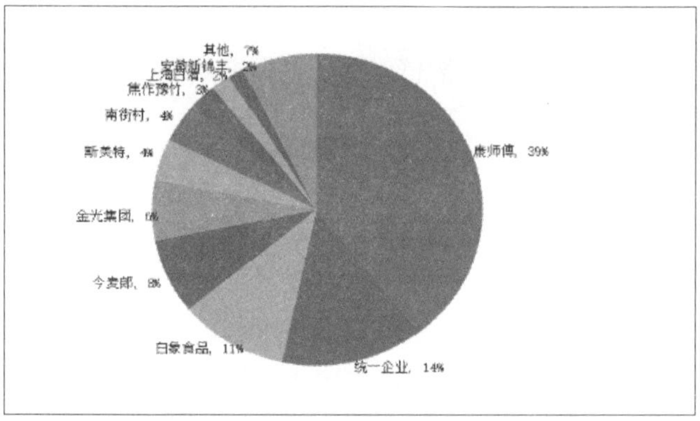

（资料来源：中国食品科学技术学会面制品分会）

2、主营业务收入

2014 年，全国方便面及其他方便食品制造行业累计完成主营业务收入 1,825.69 亿元，同比增加 78.23 亿元，同比增长 4.48%。

3、利税

2014 年，全国方便面及其他方便食品制造行业累计完成利润总额 127.91 亿元，年利税总额 137.25 亿元，同比下降 7.3%。

【c. 行业发展分析】

1、市场

2014 年，方便面市场持续衰退，销售额和销售量分别下降.7%和7%。市场竞争表现为全国一线品牌与区域性龙头企业共同发展的格局，包括康师傅、统一企业在内的前10家企业市场占有率超过90%。其中，康师傅占据50%的市场份额，居于绝对主导地位。

2014年方便面前10家企业销售额分布图

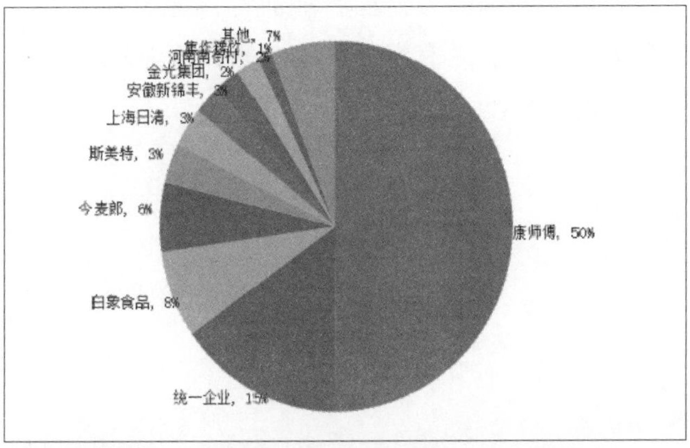

（资料来源：中国食品科学技术学会面制品分会）

2、资产

2014年，全国方便面及其他方便食品制造行业资产总计1,081.90亿元，同比增加96.66亿元，同增长9.81%；其中，流动资产平均余额为502.34亿元，同比增加17.81亿元，同比增长3.68%。

3、价格

2014年，以面粉、棕榈油为代表的大宗原物料持续稳定在低价位。但这样的优势也加剧了内部的厮杀，从而形成了在品类竞争中的进退失据，让行业失去了地利，更让行业的领军者尽失人和。据统计，2014年方便面的平均价格仅略微增长3.1%。

1997-2014年方便面平均价格走势图

（单位：元/份）

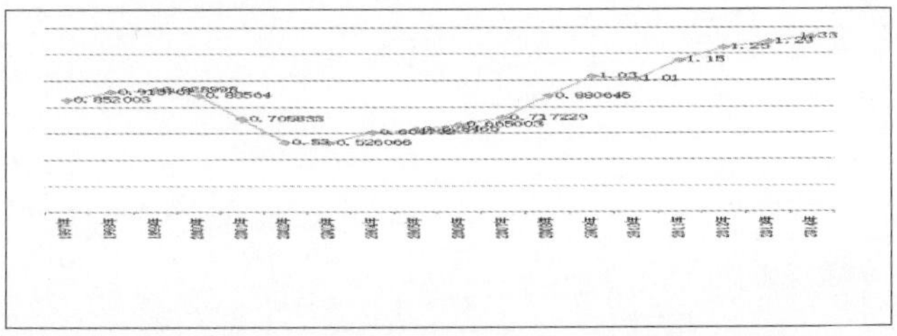

（资料来源：中国食品科学技术学会面制品分会）

4、结构

伴随行业整体的衰退，容器面和袋装面的产销量均呈现下降态势。尽管在平均价格上有小幅提升，但对于数量上的快速萎缩而言只能是杯水车薪。容器面的平均价格较去年微涨了2.04%，而袋装面的平均价格更是只有1%的浮动。在销量上，袋装面延续了前两年的趋势，而容器面也一改前两年的稳健增长态势调头向下。

作为中高端产品的代表，容器面自2011年以来一直有着不错的增长态势，销售额年平均增幅在16.64%，但在2014年却是以2.24%的跌幅收尾。这样的成绩一方面是大环境下经济下行压力所致，另一方面，也显现出容器面作为方便面产品在城市消费中的主体，其市场正逐渐被其他品类的产品所挤占。消费者可选择的产品越来越多，而方便面在营养健康上的认知误区让更多的人开始选择其他代餐食品。

【d.发展趋势】

2014年对于方便面行业来说是灰暗的，但是在一片雾霾之下，行业也并非一无是处，仍然有一些亮点，显现了行业的发展趋势。

1、生产线梳理逐渐到位

2013-2014年期间，行业领军企业纷纷完成了产能扩张和对生产设备的更新与升级改造。新增的生产线主要来自于康师傅和统一，而刚刚低调庆祝过20年周年庆的今麦郎，也凭借与国内设备企业的合作，完成了对生产线速度和稳定性的改造，使国内方便面企业的有效生产速率达到了380份/分钟以上。

2、创新步伐加快

2014年7月份开始，方便面企业纷纷加大创新产品推出力度，如康师傅的煮面、脆宽趣、爱鲜大餐，统一的革面、冠军榜，中粮的私房五谷面等等。尽管在市场中的成绩不尽相同，但是至少给消息者更多、更健康、更新鲜的选择。而爱鲜大餐、冠军榜和新款的汤达人都在市场取得不俗的业绩，使企业在寒冬中感受到一股暖意和底气。

3、价值提升渐成共识

在创新产品上所取得的成功，也让行业更加坚定了进一步提升方便面行业价值的信心。相比农心、日清在产品高端所占据的价值优势，国内方便面企业仍然有进一步提升的空间。而如果在品类之间进行比较的话，方便面的价值更需要回归到消费者认为合理的区间，让人们觉得方便面里用的是好原料，是真材实料。只有跳出价格战，引领行业向上走，让消费者重新认识方便面，才能让行业发展起来。

2015 年，中国经济仍面临巨大的经济下行压力。4 月份，制造业采购经理人指数 (PMI) 终值降至 48.9，为 2014 年 4 月以来的最低值；新业务指数下滑速度为一年之最，且产出停滞；用工进一步缩减，采购进一步降低。上述数据表明，制造业近期扩张乏力。外部环境的压力需要靠重塑行业内生动力来化解，对于中国的方便面行业而言，这既是压力，也是动力。行业只有真正团结起来，才能够在困境中完成筑底反弹。

2.8 速冻食品

【a. 概况】

作为方便食品制造业的一部分，速冻食品工业得到快速发展。随着市场规模的扩大，冷链环境的改善，标准的不断完善，速冻食品质量也逐步提升，新品层出不穷，满足了消费者方便的生活需求。2014 年，受食品工业整体趋冷的影响，速冻食品行业逐步从规模扩张的高速增长期，进入到了以自主创新和转型升级为驱动的中速增长时期。其中，最重要的转型就是逐渐从以“价格战”为主的终端竞争，转向以诚信与创新为内涵的品牌竞争、以产业链安全为主的价值竞争。

【b. 主要经济指标】

1、产量

2014 年，全国累计生产速冻米面食品 528.3 万吨，同比下降 7.8%，首次出现负增长。分地区看，河南是速冻米面食品生产大省，2014 年产量占全国总产量的比达到 66.5%，占比远远领先于河北、湖南等主产区。

2006–2014年速冻米面食品产量变化趋势

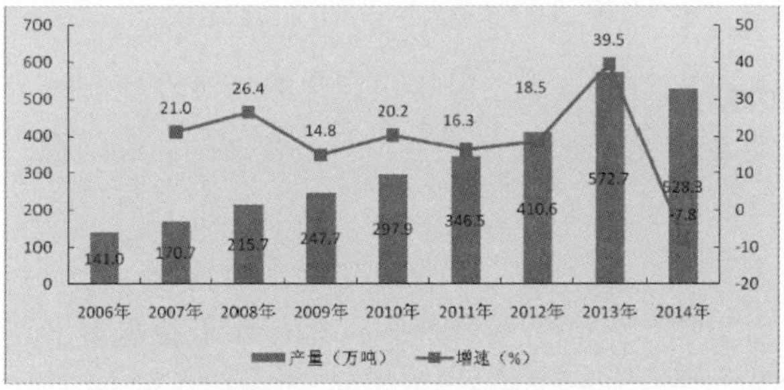

（资料来源：国家统计局）

2、主营业务收入

2014 年，全国 369 家规模以上速冻食品加工企业主营业务收入共 782.28 亿元，同比增长 20.39%。

3、利税

2014 年，全国规模以上速冻食品加工企业利税共 62.65 亿元，同比增长 14.33%。其中，企业主营业务税金及附加 4.76 亿元，同比增长 40.83%；企业利润总额 57.89 亿元，同比增长 12.58%。

【c. 行业发展分析】

1、市场

中国速冻食品企业创新的市场需求空间很大，较易形成差异化格局，市场仍处于充分竞争期，三全、思念、湾仔码头三大品牌呈三足鼎立之势。2014 年，最大的企业三全食品年营业收入达 40.94 亿元，同比增长 13.63%；净利润 0.8 亿元，同比下降 32.2%。可见，速冻食品行业在经历多年的快速发展之后进入调整期，即便如上市公司一样的大企业，在保住营业收入增加的背景下，付出的是其利润率的大幅缩水，由此折射出市场竞争的激烈程度。

2、资产

2014 年全 国规模以上速冻食品加工企业资产总计 508.22 亿元，同比增长 23.33%。其中：流动资产总计 257.15 亿元，同比增长 20.68%。

3、价格

速冻食品行业处于充分竞争的市场环境中，企业替代性强，竞争激烈，价格变化相对平缓。虽然近年很多企业不堪商超的压力，向餐饮、业务用方向转型，但由于对食品安全产业链的重视，及原料成本上升，也使产品的总成本攀升。2014 年主营业务收入利润率为 7.40%，相比上年同期下降 6.44%。

4、结构

2014年，冷冻米面食品市场增速明显放缓，保持原有产品销售额的增长愈加艰难。据中国食品科学技术学会了解，冷冻食品在商超的整体增速不足7%，大企业增速也在下跌。但全行业与餐饮业的对接及业务用市场的量成为主要增长点。

【d.行业面临的问题】

1、政策层面

（1）标准和监管仍需完善

GB29921-2013《食品安全国家标准食品中致病菌限量》于2014年7月1日实施以来，对于生制速冻面米食品中的致病菌没有限量的要求，即生制速冻面米制品目前没有微生物指标限量的要求，监管部门不再对该项内容进行监管。这更需要企业加强自律、加强过程的控制。依据即将出台的《食品安全国家标准速冻食品生产卫生规范》，要注重加强从源头到百姓餐桌的全过程管理。同时，作为需要冷链支撑的特殊食品，也要加大对商超环节冷链的监管，这样才能确保为消费者提供卫生、安全的产品，并且推动速冻面米食品行业的健康发展。

（2）原料基地建设需要加强

速冻食品行业涉及农产品和原料种类繁多，易出现安全隐患。目前绝大多数加工企业没有配套的原料生产基地，大多由农民个体种植，很难实现对每批原料的安全控制和质量控制，给产品品质的稳定和安全控制带来很大风险。因此，应在政策上引导生产企业从源头抓起，把小、散、乱的农业变成专业合作社及规模化、专业化农场，便于指导、控制，以实现可追溯。

2、市场情况

市场层面涉及的问题很多，就目前看亟待需要解决的是互联网+时代的食品安全监管问题。随着互联网的高速发展和电子商务的广泛应用，网络经济快速发展。网购食品因其时尚而又便捷的消费方式，备受消费者的追捧，网络食品市场成为行业的一个新兴增长点。由于网购不是面对面的经销模式，消费者无法对食品进行真实鉴别，对于自制食品的质量问题，消费者无法了解其生产环境、生产环节和生产人员的健康状况以及食品安全认证情况。网购食品也变成了“碰运气”、“撞机会”，食品质量无法得到切实保证。速冻食品由于其特殊的储存条件，在运输、邮寄过程中，需要低温保藏，但很多快递公司一方面没有低温的硬件设施支撑，另一方面也没有低温储藏运输的知识，导致低温产品暴露在常温、甚至高温的环境中，易引起产品的变质，使网购低温产品的安全风险加大。这就要求生产及销售企业建立出厂、邮寄、配送等物流系统的冷链及监管体系，确保产品处于全冷链的系统下。

3、创新层面

（1）行业突破性新技术亟待开展

新型术研究滞后、现有新型速冻技术应用不足、新型专业冷冻技术应用缓慢，是目前行业普遍存在的问题。需要开展真液态冻结技术、空预冷技术、电位水减菌技术，以及深度冻结技术、裸冻技术等新型冻结技术的应用推广，提高行业新型技术的应用水平，缩短同国际先进水平的差距，实现突破性新型冻结技术、先进冻结技术在行业中的应用。

（2）产品品质需全面提升

随着机械化在行业的推广应用，主要产品的工业化问题凸显，如:饺子品质存在一定缺陷，“家庭厨房”品质缺失。这就需要开展原料物性、物料加工适应性、降脂去油腻研究、品质评价体系等新型技术的研究和应用，使产品的色泽、口感、组织状态、风味与“家庭厨房”产品一致性达90%以上。另外，产品质量波动和缺陷严重制约着行业的发展，迫切需要开展品质稳定控制技术的工程化应用推广，开展原料组分标准化重组技术、质构特性控制技术、水分重结晶控制技术、抗裂和冷冻防粘技术、风味稳定化的酶活性控制技术等行业共性技术研究，解决制约行业发展的瓶颈问题，稳定产品品质，促进产业升级。

（3）行业机械化、自动化水平亟待提高

由于起步较晚，我国速冻食品行业装备水平参差不齐，大多数企业仍处于手工作业、半机械化作业阶段，工人劳动强度大、产品质量稳定性难以保证。虽然部分大型企业主要产品已经完成了由手工作业向机械化作业的装备升级，但全生产链条的自动化生产还处于空白阶段，还需要人工将生产过程的部分环节连接起来。个性化或极具中国传统风格的产品，仍是全手工或半机械加工。而量大面广的中小型速冻企业，机械化水平更低。无论与发达国家相比或是与国内同行业相比，我国速冻食品中小企业的设备机械化、大型龙头企业的设备自动化问题亟待解决。

（4）行业能耗水平有待降低

速冻食品行业是一个高能耗产业，目前大多采用平板和双螺旋速冻机，加工多为一段式速冻，工艺单一，冷冻时间长，能源浪费严重，每吨的能耗是欧美、日本等国家的2.5倍。新型冷冻技术的研发、引进、应用和推广严重滞后，速冻装置柔性风场设计、进出口防跑冷装置、冻结区分段和压缩机变频分组供应等技术在我国尚处于开发阶段。随着国内相关机械加工新型技术的应用、电气化控制水平的提高、能源回收技术的应用，国内已开展了冷凝压力自动调控技术、裸冻技术的研究及应用，为速冻面米及调制食品的节能降耗提供了技术基础。

【e. 发展趋势】

1、市场潜力巨大

在发达国家，速冻食品已成为食品产业的重要组成，美国人均占有量60kg，花色品种3100多个；欧洲人均占有量30kg，花色品种2500多个；日本人均占有量20kg，花色品种3500多个。而我国人均消费量不足10Kg，花色品种仅600多个，远低于发达国家水平。尤其在业务市场方面，日本已达79%，我国占比还不足30%。上述数据表明，尽管速冻食品行业增速有所放缓，但市场潜力巨大。市场方面，家庭以外的业务和集团消费的比例在增加，学校、单位、配送及快餐业的集团消费比例将越来越大。产品方面，行业的快速持续发展离不开创新，产品的营养与健康、多样化、方便化、精致化、文化元素的融合等已成为未来方便食品开发的主流方向和创新特点。

2、多元化开发成主要发展方向

在新型产品开发方面，国外速冻食品种类繁多，产品种类和类型覆盖社会需求的各个层面，不仅能满足家庭消费零售市场的需要，也能满足团体或商务业务市场的需要。伴随业务市场的需要，速冻传统特色产品、速冻非发酵面团、速冻微波食品等将成为未来的发展方向。

3、厨房工程进一步社会化

随着生活节奏加快，家庭规模缩小，人们迫切希望能够从繁重的厨房工作中解放出来，鱼香肉丝、东坡肉等速冻调理套菜，速冻蔬菜、小包装净菜，微波冷鲜食品等受到消费者的青睐，速冻食品的加工也将向更精更细的方向发展。速冻食品的方便、省时、经济节能、保持食物原有风味和营养等诸多优点，使工业食品能很好地融入到百姓的日常生活中。

【f. 政策建议】

1、加强冷链食品安全监管

配合相关食品安全国家标准的执行，将商超在内的销售环节纳入冷链的常态化监管中，强化从生产到销售的全过程食品安全管理，确保产品在适宜的温度下，达到食品安全标准，规范行业的发展。加强对互联网+时代冷链食品安全的管理，强化对速冻食品、冷鲜食品等在运输过程中需全程冷链配送产品的安全监管，消除行业潜在的安全隐患。

2、提高行业装备自动化水平

提高行业的装备制造能力和自动化水平，支撑行业发展方式转变和产业结构调整升级，提高集成创新和引进消化吸收再创新的能力。在自动化成套设备的引进和自动化装备等重大科技攻关项目方面，配套支持资金并加大立项数量及经费支持力度，引导行业自动化水平的提升。

3、推动行业技术进步和产业升级

加快出台鼓励和支持企业开发“专、特、新”产品，改善生产条件，提高技术水平，实现技术进步和产业结构升级的奖励和扶持政策。支持企业实施品牌战略建设，加快中华特色名优食品的产品开发、工业化生产和技术进步和技术改造，振兴“中华老字号”传统产品。

中国食品科学技术学会

2.9 乳制品制造

【a. 概况】

1、生鲜乳生产情况

2014年，全国生鲜乳产量出现恢复性增长，全年奶类产量3841.2万吨，同比增长5.3%。其中，牛奶产量3724.6万吨，同比增长5.5%；其他奶类产量116.6万吨，同比下降1.3%。

牛奶产量前5位省区为内蒙古、黑龙江、河北、河南和山东，其中内蒙古产量788.0万吨，占全国的21.2%。从牛奶生产增长情况看，传统奶业大省产量全部重新恢复了增长。其中，宁夏增长幅度最大，产量135.7万吨，同比增长30.2%；另外，还有山西、青海、安徽等3省区同比增长在10%以上；新疆、辽宁、西藏、黑龙江、云南、河北、江西等7省区增长在5%以上；广东、北京、海南、浙江、重庆等5省市产量有所减少。其他奶类生产方面，陕西、河南、山东、内蒙古、河北、新疆等省区产量较高，其中陕西产量47.6万吨，同比增长0.3%，占全国的40.8%。奶类、牛奶产量前5位省区情况分别见表$_1$、表$_2$

表$_1$ 2014年全国奶类总产量前5位省区情况

单位：万吨

地区	产量	同比增长（%）	占全国比例（%）
全国总计	3841.2	5.3	100.0
内 蒙 古	797.1	2.4	20.8
黑 龙 江	560.1	7.2	14.6
河北	496.1	6.5	12.9
河南	342.4	4.1	8.9
山东	289.6	3.0	7.5

资料来源：国家统计局

表$_2$ 2014年全国牛奶产量前5位省区情况

单位：万吨

地区	产量	同比增长（%）	占全国比例（%）
全国总计	3724.6	5.5	100.0
内 蒙 古	788.0	2.7	21.2
黑 龙 江	556.6	7.4	14.9
河北	487.8	6.5	13.1
河南	332.0	4.9	8.9
山东	279.6	3.0	7.5

资料来源：国家统计局

2、乳制品工业概况

2014年，乳制品行业继续保持平稳增长，但增长速度有所放缓，根据国家统计局月报数据，全国规模以上乳制品企业有631家，其中内资企业533家，占比为84.5%；港澳台商投资企业16家，占比为2.5%；外商投资企业82家，占比为13.0%。

全行业累计流动资产净值平均余额1237.0亿元，同比增长10.8%，资产合计2321.2亿元，同比增长12.5%。其中不同类型企业资产合计分别为：内资企业1482.1亿元，同比增长16.4%，占全行业的63.8%；港澳台商投资企业115.5亿元，同比增长28.7%，占全行业的5.0%；外商投资企业723.6亿元，同比增长3.3%，占全行业的31.2%。

全国乳制品企业负债合计1241.3亿元，同比增长10.9%，资产负债率53.5%，同比下降0.8个百分点。其中内资企业负债764.9亿元，同比增长15.9%，负债率51.6%，同比增加0.2个百分点；港澳台商投资企业负债51.5亿元，同比增长48.2%，负债率44.6%，同比增加5.6个百分点；外商投资企业负债424.9亿元，同比基本持平，负债率58.7%，同比下降3.2个百分点。

全国规模以上企业实现主营业务收入3297.7亿元，同比增长18.1%。其中内资企业1950.7亿元，同比增长10.3%，占全行业的59.2%；港澳台商投资企业96.7亿元，同比下降0.4%，占全行业的2.9%；外商投资企业1250.3亿元，同比增长34.7%，占全行业的37.9%。全国规模以上企业主营业务收入及前5位省区情况见表3

表3 2014年全国乳制品企业主营业务收入前5位省区情况

单位：亿元

地区	主营业务收入	同比增长（%）	占全国比例（%）
全国总计	3297.7	18.1	100.0
内蒙古	632.9	81.5	19.2
黑龙江	373.1	11.9	11.3
山　东	304.9	15.5	9.2
河　北	259.2	14.6	7.9
陕　西	161.1	4.0	4.9

资料来源：国家统计局月报数

全行业利税总额为330.4亿元，同比增长13.5%，增速同比增加2个百分点；其中利润225.3亿元，同比增长25.6%，增速同比提高13个百分点；税金105.1亿元，同比下降7.6%，利润占利税的比重为68.2%。其中：内资企业利税总额为202.1亿元，同比增长15.4%，其中利润139.6亿元，同比增长19.0%，税金62.5亿元，同比增长3.2%，利润占利税总额的比重为69.1%；港澳台商投资企业利税总额为17.6亿元，同比增长10.0%，其中利润10.0亿元，同比增长26.1%，税金7.6亿元，同比下降6.2%，利润占利税总额的比重为56.7%；外商投资企业利税总额为110.7亿元，同比增长10.9%，其中利润75.7亿元，同比增长40.1%，税金35.0亿元，同比下降22.5%，利润占利税总额的比重为68.4%。

全行业销售收入利润率为6.8%，同比增加0.5个百分点；其中内资企业7.2%，同比增加0.7个百分点；港澳台商投资企业10.3%，同比提高2.6个百分点；外商投资企业6.1%，同比持平。

全行业亏损企业100家，企业亏损率为15.9%。其中内资企业81家，占内资企业总数的15.2%；港澳台商投资企业4家，占港澳台商投资企业总数的25.0%；外商投资企业15家，占外商投资企业总数的18.3%。

全国乳制品产量2651.8万吨，同比下降1.2%；其中，液体乳产量2400.1万吨，同比下降0.9%；乳粉产量150.8万吨，同比下降6.4%。乳制品产量前五位省区乳制品产量1227.7万吨，占全国的46.3%，占比同比下降1.2个百分点。液体乳产量前5位省区液体乳产量1133.8万吨，占全国的47.2%，占比同比1.2个百分点。乳粉产量前5位省区合计生产乳粉110.4万吨，占全国的73.2%，占比同比增加0.1个百分点。全国规模以上企业乳制品、液体乳、乳粉产量及产量前五位省区情况分别见表4、表5、表6。

表4 2014年全国乳制品产量前5位省区情况

单位：万吨

地区	产量	同比增长（%）	占全国比例（%）
全国总计	2651.8	-1.2	100.0
河　北	328.9	4.9	12.4
内蒙古	269.8	-8.5	10.2
河　南	220.8	15.5	8.3
山　东	212.8	-20.6	8.0
黑龙江	195.4	-9.0	7.4

资料来源：国家统计局月报数

表5 2014年全国液体乳产量前5位省区情况

单位：万吨

地区	产量	同比增长（%）	占全国比例（%）
全国总计	2400.1	-0.9	100.0
河　北	323.1	4.5	13.5
内蒙古	246.5	-8.0	10.3
河　南	220.2	15.4	9.2
山　东	203.0	-21.7	8.5
黑龙江	141.1	-6.1	5.9

资料来源：国家统计局月报数

表6 2014年全国乳粉产量前5位省区情况

单位：万吨

地区	产量	同比增长（%）	占全国比例（%）
全国总计	150.8	-6.4	100.0
黑龙江	54.3	-15.6	36.0
陕　西	24.0	16.2	15.9
内蒙古	21.8	-13.7	14.5
浙　江	5.9	9.1	3.9
河　北	4.4	24.8	2.9

资料来源：国家统计局月报数

3、产品结构

2014年，据中国乳制品工业协会对95家会员单位（销售收入占全行业的86.1%）的统计，在乳粉类产品中，全脂乳粉占29.5%，全脂加糖乳粉占4.0%，脱脂乳粉占1.2%，婴幼儿配方乳粉占51.3%，中老年乳粉占5.7%，调味乳粉占2.2%，其他乳粉占6.1%。

根据中国乳制品工业协会统计数据，全国奶油类产品产量约6万吨；干酪类产量约2.6万吨，其中原干酪约占37.3%，再制干酪约占62.7%；炼乳产量约17万吨，其中甜炼乳约占81.6%，无糖炼乳约占18.4%。

根据中国乳制品工业协会统计数据，全国液体乳产品构成为：巴氏杀菌鲜乳约占10.0%，灭菌纯乳约占40.6%，调制乳约占28.1%，发酵乳约占21.3%。

【b. 行业集中度及大型骨干企业情况】

2014年，行业集中度进一步提高，大型企业盈利能力得到大幅提升。根据国家统计局月报数据，全国共有大型企业（指从业人数≥1000人，并且销售收入≥40000万元的工业企业）47家，占行业全部规模以上企业数的7.4%，其全年共实现主营业务收入1380.7亿元，同比增长20.4%，占行业的41.9%，同比增加0.9个百分点；利润总额96.3亿元，同比增长38.5%，占行业的42.7%，同比增加5.1个百分点。

根据中国乳制品工业协会的统计数据，乳制品产量前十位企业产量合计1290.1万吨，占全国规模以上企业乳制品产量的48.6%；液体乳产量前10位的企业产量合计1245.5万吨，占全国规模以上企业液体乳产量的51.9%（企业情况见表7）；乳粉产量前10位的企业产量合计66.7万吨，占全国规模以上企业乳粉产量的44.2%（企业情况见表8）。

表7 2014年国内液体乳产量位居前列的企业

单位：万吨

单位名称	液体乳产量
内蒙古伊利实业集团股份有限公司	422.6
内蒙古蒙牛乳业（集团）股份有限公司	375.1
光明乳业股份有限公司	113.0
旺旺控股有限公司	97.4
维维集团	59.0
西安银桥生物科技有限责任公司	42.3
北京三元食品股份有限公司	36.6
石家庄君乐宝乳业有限公司	34.2
新希望乳业控股有限公司	33.1
黑龙江省完达山乳业股份有限公司	32.2

资料来源：中国乳制品工业协会

表8 2014年国内乳粉产量位居前列的企业

单位：万吨

单位名称	乳粉产量
北京双娃乳业有限公司	13.7
内蒙古伊利实业集团股份有限公司	8.6
雀巢（中国）有限公司	8.5
黑龙江省完达山乳业股份有限公司	7.6
黑龙江飞鹤乳业有限公司	5.7
明一国际营养品集团有限公司	5.6
贝因美婴童食品股份有限公司	5.1
西安银桥生物科技有限责任公司	4.1
美赞臣营养品（中国）有限公司	4.1
哈尔滨太子乳品工业有限公司	3.6

资料来源：中国乳制品工业协会

【c. 价格】

1、生鲜乳收购

2014年，国内奶源供应形势发生了巨大变化，从年初的奶源紧张、价格居高不下，到5、6月份奶源供应形势出现缓和，奶价开始下降，10月份以后，在主产区的一些地方开始出现交奶难的情况，到年底多地出现倒奶、卖牛现象。乳业再次成为社会关注的热点。

据农业部对内蒙古、河北等10个奶牛主产省（区）[河北、山西、内蒙古、辽宁、黑龙江、山东、河南、陕西、宁夏、新疆。2013 年 10 省（区）生鲜乳产量占全国的 82.6%。] 生鲜乳平均价格的调查数据，2014 年 3 月平均价格 4.23 元 / 千克，6 月为 4.08 元 / 千克，9 月为 3.92 元 / 千克，12 月为 3.79 元 / 千克。2014 年 12 月全国主产区生鲜乳平均价格同比下降了 8.0%。

表$_9$ 2014年农业部监测10个主产省生鲜乳月平均价格情况

单位：元/千克

月份	1月	2月	3月	4月	5月	6月
月平均价格	4.23	4.26	4.23	4.21	4.16	4.08
月份	7月	8月	9月	10月	11月	12月
月平均价格	4.00	3.95	3.92	3.90	3.84	3.79

数据来源：农业部监测数据

2、乳制品价格

2014 年，受原料乳价格高位运行及企业产品结构调整的影响，乳制品平均价格持续增长，但在第四季度开始出现回落。根据国家统计局的调查数据，2014 年 12 月，乳制品价格环比降低 0.4%，全年乳制品平均价格同比增长 8.5%，远高于食品 3.1% 的增长幅度。

【d. 乳制品进出口】

1、进口

乳制品进口继续维持高速增长。全年共计进口乳制品 205.18 万吨，货值 84.88 亿美元，同比分别增长 12.30% 和 18.77%，进口乳制品货值已占到国内行业主营业务收入的 16.2%。

从进口来源看，新西兰仍然是我国进口乳制品的主要来源地，全年共从新西兰进口乳制品 90.4 万吨，同比增长 8.9%，占我国进口乳制品总量的 44.0%；其次是美国、德国和法国，我国分别进口了 34.8 万吨、18.8 万吨和 14.8 万吨的乳制品；以上 4 国合计占到我国进口乳制品总量的 77.4%。

进口乳制品中，乳粉、乳清粉、液体乳、婴幼儿配方乳粉、乳糖进口量较大，详见表 10。其中，乳粉中全脂乳粉 67.00 万吨，同比增长 8.46%，金额 33.09 亿美元，同比增长 26.53%；脱脂乳粉 25.25 万吨，同比增长 7.45%，金额 11.24 亿美元，同比增长 17.24%。

表$_{10}$ 2014年全国乳制品进口情况

商品名称	数量（万吨）	同比增长（%）	金额（亿美元）	同比增长（%）
进口合计	205.18	12.30	84.88	18.77
液体乳	32.02	73.49	4.08	74.09
乳粉	92.34	8.07	44.38	23.79
炼乳	0.92	-0.85	0.21	2.81
酸乳	0.87	-15.13	0.37	-9.06
乳清	40.47	-6.76	7.89	-7.26
奶油	8.04	53.74	3.78	67.17
干酪	6.60	39.43	3.42	48.18
乳糖	8.49	1.57	1.26	-13.22
婴幼儿零售食品	12.31	0.28	15.66	5.98
酪蛋白	1.55	23.26	1.83	32.09
白蛋白	1.59	-1.57	2.00	1.15

注：1.数据来源：中国海关； 2.液体乳数据不含发酵乳； 3.乳粉数据不含零售包装婴幼儿配方乳粉。

从进口来源看，液体乳主要来源于德国、新西兰、澳大利亚和法国，进口量分别为 12.6 万吨、4.5 万吨、4.3 万吨和 3.9 万吨，4 国合计占我国进口液体乳总量的 78.7%；乳粉主要来源于新西兰、美国、澳大利亚和法国，进口量分别为 72.8 万吨、5.0 万吨、3.3 万吨和 1.8 万吨，4 国合计占我国进口乳粉总量的 89.7%；乳清粉主要来自于美国、法国、德国和荷兰等国，进口量分别为 20.9 万吨、6.4 万吨、2.2 万吨和 2.2 万吨，4 国合计占我国进口乳清粉总量的 78.5%；乳糖主要来自于美国，进口量为 6.3 万吨，占我国进口乳糖总量的 74.0%；婴幼儿配方乳粉主要来自荷兰、爱尔兰、法国、丹麦和新西兰，分别进口 3.4 万吨、1.7 万吨、1.6 万吨、1.2 万吨和 1.0 万吨，5 国合计占我国进口婴幼儿配方乳粉总量的 73.2%。

进口价格：2014 年，由于世界乳制品主要消费市场消费能力不足，全球乳制品贸易逐渐呈现供大于求的状态，国际乳制品价格持续走低。2014 年 12 月，乳粉的平均进口价格为 3191 美元 / 吨，每吨同比下降 1774 美元，同比下降 35.73%。

2、出口

在进口大幅增长的同时，我国乳制品出口缓慢增长。全年出口乳制品 4.19 万吨，货值 0.92 亿美元，同比分别增长 7.89% 和 13.30%。

我国乳制品出口主要是保持香港澳门地区的产品供应，共向香港澳门地区出口乳制品 2.99 万吨，占总出口量的 71.33%。

出口产品中，液体乳、乳粉、奶油、炼乳是出口的主要产品。（详见表 11）

表11 2014年全国乳制品出口情况

商品名称	数量（万吨）	同比增长（%）	金额（亿美元）	同比增长（%）
出口合计	4.19	7.89	0.92	13.30
液体乳	2.57	-0.88	0.26	9.45
乳粉	0.81	144.87	0.32	98.73
炼乳	0.24	-46.76	0.06	-34.39
酸乳	0.06	14.16	0.01	21.28
乳清	0.01	-93.25	0.00	-98.20
奶油	0.28	244.56	0.09	225.47
干酪	0.01	18.36	0.01	27.88
乳糖	0.08	141.18	0.03	27.50
婴幼儿零售食品	0.07	51.66	0.07	131.15
酪蛋白	0.06	-67.75	0.06	-60.84
白蛋白	0.0001	-99.50	0.01	-61.95

注：1.数据来源：中国海关；2.液体乳数据不含发酵乳；3.乳粉数据不含零售包装婴幼儿配方乳粉。

2014 年 1 ~ 12 月份，全国进出口乳制品（包括乳糖、零售包装婴幼儿配方乳粉、酪蛋白、白蛋白）数量逆差 200.99 万吨，货值逆差 83.96 亿美元，分别比上年度增长 12.39% 和 18.83%。

【e. 产品质量】

2014 年，乳制品质量安全仍保持了稳定向好的状况，据国家食药总局公布的一次国家监督抽检和两个阶段食品安全监督抽检结果，共抽检各种乳制品（不含婴幼儿配方乳粉）8009 批次样品，覆盖了几乎所有的乳制品生产企业，合格率达到 99.2%。发现的 68 个批次不合格样品的项目为：酸度不合格 21 批次；大肠菌群超标 19 批次；酵母超标 13 批次；菌落总数超标 9 批次；蛋白质不合格 6 批次；霉菌超标 4 批次；非脂乳固体不合格 4 批次；脂肪不合格 2 批次；违法添加食品添加剂安赛蜜 1 批次。在不合格项目中，属于质量指标的 33 个，占 42.3%；属于卫生安全指标的 57.7%。

2014 年，国家监督抽检和国家食品药品监督管理总局专项抽检共检验婴幼儿配方乳粉样品 4263 批次，覆盖国内全部 100 家生产企业的产品和部分进口产品，检出不合格的 48 批次样品，整体合格率为 98.9%。不合格样品主要涉及产品卫生和营养素指标不符合食品安全国家标准，以及营养素指标与标签明示的含量不符。其中有企业检出黄曲霉毒素 M1 超标、阪崎肠杆菌、菌落总数超标和硝酸盐超标；另外，检出维生素 C、亚油酸与 α－亚麻酸比值、氯、锰、硒、铁、钙等营养素指标不符合食品安全国家标准，钠、锰、氯、维生素 C、铜、铁、锌、维生素 B1、泛酸、牛磺酸等营养素指标与标签明示含量不符。涉事企业对所有不合格产品都及时停止销售并进行了召回，对问题原因进行彻底追查，企业也依据问题严重程度分别受到吊销生产许可证或进行停产整改的处理。

【f. 婴幼儿配方乳粉重新进行生产许可】

2014 年，根据《国务院办公厅转发食品药品监管总局等部门关于进一步加强婴幼儿配方乳粉质量安全工作意见的通知》（国办发〔2013〕57 号）要求，国家食品药品监督管理总局部署各地按照《婴幼儿配方乳粉生产许可审查细则（2013 版）》，开展了婴幼儿配方乳粉生产许可审查和再审核工作。这次重新审核严格了准入条件，对产品配方、产品研发、质量管理等设定了更加严格的要求，要求婴幼儿配方乳粉生产企业，都要建立从原辅料的采购、使用到产品销售全过程的记录制度，建立完善的追溯体系，通过这些手段提升保障婴幼儿配方乳粉质量安全的能力。

截至 2014 年 11 月 28 日，通过国家食品药品监督管理总局公布的信息，全国共有 92 家婴幼儿配方乳粉生产企业获得了生产许可证。

【g. 乳制品行业国内收购、投资及合资合作情况】

受国内消费形势影响，国内乳制品投资趋缓，企业重点进行自有奶源建设和推进企业“走出去”发展战略；同时，国际乳制品巨头也在对中国乳业进行布局，通过与中国成熟企业的合资合作，谋求在中国的快速

发展。具体情况见表12

表12 2014年乳制品行业部分国内外收购、投资及合资合作事件

日期	主要事件
1月14日	飞鹤乳业宣布全面收购吉林艾培特。吉林艾倍特乳业有限公司始建于2008年4月，加工项目坐落在吉林镇赉工业集中区，具有日处理1000吨生鲜乳的加工能力。
2月19日	飞鹤乳业宣布以控股形式与羊奶粉龙头企业关山乳业达成战略合作初步意向，飞鹤乳业斥资3亿元收购关山乳业70%股权。
2月25日	伊利股份公告称与荷兰瓦赫宁根大学及研究中心在荷兰合作成立研发中心，共同致力于拓展全球食品领域的合作成果。
3月4日	三元股份发布公告，公司将以非公开发行股票方式募集资金，用于扩大乳粉产能。拟以6.53元/股的价格，向北京首都农业集团有限公司、上海平闰投资管理有限公司及上海复星创泓股权投资基金合伙企业发行不超过6.13亿股。拟募集资金总额不超过40亿元。本次发行完成后，北京企业（食品）有限公司将持有公司21.82%的股份，不再为公司控股股东；同时为北京企业（食品）有限公司大股东的首农集团直接持有公司35.79%的股份，相当于直接和间接控制公司57.61%的股份，成为公司控股股东。
4月9日	光明乳业与澳洲PACTUM乳业集团（PDG）签订产品代加工协议，光明乳业委托PDG在澳大利亚生产光明优+澳洲原盒进口纯牛奶。
5月22日	光明食品集团与英国私募股权投资公司Apax Partner旗下基金就收购以色列最大食品公司Tnuva 56%股权事宜达成初步收购协议，预计交易价格为86亿谢克尔（折合约25亿美元，约153亿人民币）。
7月25日	贝因美公告称，公司全资子公司宜昌贝因美拟投资5.5亿元实施宜昌贝因美婴童食品产业园一期项目，包括3万吨婴幼儿配方奶粉技改项目（湿法）及区域物流仓储配套项目；天津贝因美拟投资5.85亿元，拟建年产15万吨儿童配方奶项目和区域配送中心（RDC）。
8月22日	新希望乳业与澳大利亚自由食品集团（Freedom Foods）旗下Pactum乳业集团达成战略供应协议，Pactum预定于2015年初开始向新希望乳业供应产品。
8月27日	新西兰恒天然合作集团有限公司和贝因美婴童食品股份有限公司正式签约达成战略合作，携手打造全球伙伴关系，恒天然香港公司将以约36.81亿元要约收购贝因美婴童食品股份有限公司20%已发行股份，之后双方将成立合资公司，收购恒天然位于澳大利亚的达润工厂。
9月28日	河北三元工业园项目在新乐市经济开发区正式奠基。该项目由北京三元食品公司独资兴建，占地873亩，投资16亿元。该项目将整合北京三元公司所辖石家庄乳品二厂、乳品三厂、乳品六厂等企业，日处理鲜奶1000吨，生产百余种乳制品，形成年产奶粉4万吨、各类液奶25万吨的综合乳制品研发生产基地和物流中心。
10月8日	荷兰皇家菲仕兰有限公司和辉山乳业正式宣布成立合资公司，荷兰皇家菲仕兰将以7亿元人民币获得辉山乳业位于沈阳的秀水工厂50%的股份。
10月18日	武威荣华集团投资10.8亿元，年加工30万吨白奶、1.5万吨婴幼儿奶粉（湿法）项目开工建设。
11月12日	伊利股份与美国最大牛奶公司DFA（（Dairy Farmers of America））正式签约，双方共同出资在美国堪萨斯州建设奶粉生产样板工厂，预计年产8万吨，产品不仅会供应中国市场，也会供应全球其他市场。
11月13日	伊利集团与意大利最大乳品生产商斯嘉达公司（Sterilgarda Alimenti S.P.A .）宣布正式达成战略合作，合作内容涉及奶源、生产及技术等多个方面。

【h. 行业年度会议】

8月22-24日，中国乳制品工业协会第二十次年会暨第十四次乳品技术精品展示会在上海光大会展中心隆重召开。会议以“聚焦全球乳业创新发展”为主题，来自中外乳业及相关行业的企业家、专家、经济学家以及参展商和代表约4000人参加了盛会。工信部党组成员、总工程师朱宏任、国家食药总局食监一司司长马纯良、工业和信息化部消费品司司长王黎明出席了大会开幕式；朱宏任和马纯良在开幕式上讲话。上海市政府副秘书长、市国资委党委书记、主任徐逸波代表市政府向大会致辞，澳大利亚驻华大使孙芳安女士、以色列大使马腾先生以及法国驻沪总领事卢力捷先生也应邀出席了大会并致贺辞。

中国乳制品工业协会名誉理事长宋昆冈在《新形势下的中国乳业》的报告中指出，近几年来，乳制品行业以产品质量与安全为重心的整顿提升取得了显著成绩，但生产发展与奶源基地建设滞后的矛盾，产品结构与消费市场的矛盾渐渐显现出来，开始影响到了行业持续稳定发展。主要表现在四个方面：一是奶源紧张，价格趋高；二是国内生产和市场消费受国际市场的影响越来越明显；三是高成本高价格已成为制约行业发展的突出矛盾；四是乳制品生产增速放缓。他对乳业发展新思路提出要着手做好以下四方面工作：第一，做好奶源基地建设工作；第二，加速产品结构调整的步伐；第三，加快走出去发展的步伐；第四，实施低成本战略，让乳制品回归大众化的基本生活品的本位。

同期举办的第十四次乳品技术精品展示会吸引了200多家国内外知名企业参加展出，其中内资企业177家，外资企业47家，展出面积1.5万平方米，展出展位600多个。本次展会吸引了许多外国相关行业参展，来自法国、美国、英国、澳大利亚、新西兰、爱尔兰、芬兰、日本等十几个国家地区参展团出席精品展示专业交流会。

岳增君

2.10 罐头食品制造

【a. 概况】

2014年从总体上看，虽然受到原辅材料和生产成本上升等不利因素影响，但全行业在提高产品质量、保障食品安全的基础上，调整结构稳步发展，依然保持稳步向上发展态势。在出口方面，市场延续去年的量跌价增的局面，产品附加值增高导致平均价格上升，国内产品发展不断转型升级，在国际市场上逐渐由以前的质量低下的低端产品转变为产品附加值稍高、有知名度的中上品质产品。内销市场经过近几年的不断努力，有了长足的进步，一扫以往单纯依赖出口的局面，内销量已经远远超过了出口，国内市场虽然增速放缓，但依然保持一定增长势头。

【b. 主要经济指标】

1、主营业务收入

根据对规模以上846家罐头企业统计的数字显示，2014年，全国罐头产量为1171.89万吨，同比增长12.1%；主营业务收入为1631.70亿元，同比增长8.54%。

2、利税

2014年我国罐头行业完成利税总额为154.1亿元，同比增长9.86%。罐头行业整体经济效益增幅同比有所下降，主营业务收入和利税总额增幅同比均低。从走势上看，行业增长现已企稳，比例基本保持协调，企业亏损面同比基本持平。罐头行业企业整体效益增势同比有所放缓。

表1 2013–2014年我国罐头行业规模以上企业主要经济指标

指标	2013年	2014年	同比增长（%）
产量（万吨）	971.52	1171.89	12.1
主营业务收入（亿元）	1503.01	1631.70	8.54
利税（亿元）	140.43	154.10	9.86

数据来源：国家统计局

【c. 行业发展分析】

1、价格

根据国家统计局数据计算，2014年罐头行业平均价格为1393.2元/吨，同比下降了3.1%。罐头产品平均价格的下降，一方面是因为2013年大部分罐头产品原料收购价格过高，如2013年黄桃和橘子的原料价格最高到每斤1.5元，而2014年黄桃的原料价格持续稳定在每斤1.0元左右，橘子原料为1.2元左右。另一方面是由于针对国内劳动力成本的增加，罐头企业在近年来加大了企业机械化和连续化的投入，从而节省了人工成本的支出，对机械化和连续化的投入已经初现功效。成本的降低有利于保障企业的效益，将更有利于提高产品竞争力和企业实力。

2、市场

全国罐头销售分国外和国内两个市场，2014年，罐头出口市场延续了2013年的出口量略有下降但出口额却有所增长的局面，主要是因为产品品质提升、国际番茄价格回暖和人民币汇率波动导致。纵观行业内出口量较大的品种，番茄酱罐头的出口量为86.7万吨，蘑菇罐头出口量为26.6万吨，柑橘罐头出口31.5万吨，桃罐头出口16.4万吨，相较去年均略有增减但幅度不大，由此可见，我国罐头出口市场相对稳定，已经进入企稳阶段。

罐头产品在国内市场方面延续了2013年的产销两旺态势。其中八宝粥罐头依然为内销中的最大类，产量高达165万吨，几乎全部内销，占罐头内销总量的约五分之一。另外水果类罐头在内销市场上，依托其良好的口感风味，部分企业打破传统，根据市场需求，在产品外包装和原材料上进行大胆改进创新，从而吸引新的消费群体，并且提升了企业的品牌价值。

3、投资

2014年，全行业总体新增投资不多，仅个别企业在机械化改造和新品包装创新方面有所投入，行业总体产能变化不大。主要由于行业门槛低，中小企业居多，业内竞争激烈导致利润率低下和绝大多数产品已经产能过剩，因此企业对投资意向不大。

但行业一直倡议加强企业联合，共同发展。企业间合作的形式很多，可以从产品OEM加工或技术合作开始，逐步深入到品牌、市场和资本，直至组建联合体，实现大集团、大市场、大运作的新模式。

4、区域分布

罐头行业分布主要依托原料优势和当地饮食习惯，产业分布已趋向明朗化。例如，我国水产品类罐头的产区以广东、福建、浙江、辽宁等沿海地区为主；柑橘罐头以浙江、湖南、湖北等地为主产区；肉类罐头以上海、福建、四川为主产区；黄、白桃罐头以河北、山东、安徽和大连为主产区；蘑菇、芦笋罐头以福建、山东为主产区；番茄酱以新疆和内蒙古为主产区；竹笋罐头以浙江、福建、江西为主产区。八宝粥主产区是浙江、福建和山东等。

全国罐头产量最高地区为福建省，福建省的罐头产量比排列第2的湖北省和第3的山东省高出一倍有余。福建地区罐头产品各类原料极其丰富，为行业提供了稳定、可靠的原料供应基地。目前福建漳州已形成了罐头行业较大的产业集群区，2014年，全市罐头生产总量达107.8万吨，占全国总产量的9.2%；其中出口38.5万吨，占全国总出口量的13.4%。漳州市罐头食品行业的持续、稳定、健康发展，不仅使漳州罐头食品加工业的工艺技术和设备在全国同行业中处于领先地位，而且人才济济，同时还拥有一批具有国际先进水平的马口铁空罐制造商和专业的商标印刷、机械设备制造和零件配套等供应商，形成了比较完整的产业链。

山东平邑县地方镇是水果罐头产业集群区，当地依托丰富的果品资源，发展壮大水果罐头产业，目前，该镇罐头加工及相关配套企业达100家左右，年加工各类水果罐头76万吨，创产值70亿元以上。

新疆地区由于日照时间长，昼夜温差大，当地气候条件非常适合种植番茄，因此我国番茄酱罐头主要集中在新疆地区。

表2 2014年全国罐头10大生产省份（自治区）及产量

地区	生产量（万吨）	与上年同比增长（%）
福建	269.5	11.1
湖北	128.4	0
山东	106.3	3.8
湖南	98.7	11
浙江	61.7	-7.9
安徽	59.2	23.6
新疆	49.5	27.5
河北	49.3	23.2
广西	46.8	-14
四川	36	-0.1

数据来源：国家统计局

5、行业集中度

由于罐头行业起步较早，且技术含量低导致行业入行门槛偏低，又由于罐头行业平均利润率低，导致企业很难做大做强，因此罐头行业总体以中小企业居多，行业集中度不高。以柑橘罐头为例，行业加工柑橘罐头前十家企业加工总量约占行业40%；番茄酱加工主要集中在新疆和内蒙古地区，由于加工规模量大，行业集中度略有提高，行业前五家企业加工总量约占行业70%。近年来，由于国家对食品安全监管力度加大，使得地方一些作坊式、不规范小罐头企业遭到淘汰，使得行业集中度有所提高。八宝粥罐头是业内加工集中度最高的类别，主要集中在杭州娃哈哈集团和厦门银鹭食品集团，产量占市场的三分之二以上。

6、进出口

（1）出口

据国家海关数据显示，我国罐头出口总量为288.3万吨，同比下降3.5%，出口金额为52.5亿美元，同比增长6.5%。近年来，我国罐头出口连续三年表现为出口量略有下降而出口金额增长，该迹象表明，我国出口罐头的平均吨价处于持续增长态势，2014年罐头出口的平均吨价达到1821美元/吨，同比罐头出口平均吨价增长7.3%。罐头出口平均吨价上升的主要原因在于国际市场番茄酱价格的回暖和人民币升值导致。

2014年，我国罐头出口到全球165个国家和地区，出口市场的基本格局并没有发生实质性变化，欧盟、日本、美国、俄罗斯仍是中国罐头的最大出口市场。从国别出口量来看，中国罐头对其出口量超过10万吨的国家有5个，分别是日本、美国、俄罗斯、尼日利亚和德国，对这5个国家的出口量之和占2014年中国罐头出口总量的40%左右。

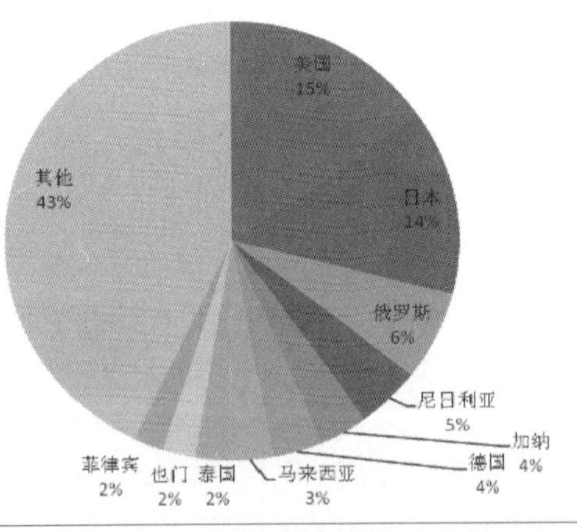

图1 2014年罐头出口165个国家和地区所占比重

（2）进口

2014年，罐头进口量为8.63万吨，同比增长3.55%。进口额为1.35亿美元，同比增长5.66%。

国内进口水果罐头的品种主要是大桶番茄酱罐头、黄桃罐头和菠萝罐头。进口黄桃罐头，主要来自南非，由于南非产黄桃罐头品质优良，颜色均匀，受到国内烘焙业和连锁快餐业的青睐，2014年我国黄桃罐头的进口量达到12455.65吨，同比略有下降，同比下降1.28%，进口额1961.17万美元，同比增长20.74%。进口菠萝罐头的数量也较大，2014年进口量达到15932.34吨，同比增长4.78%，进口额增长15.68%。可见，国内进口水果罐头平稳增长，并且趋于选择高品质的产品。进口海产品罐头主要是金枪鱼罐头，2014年的进口量为2690.88吨，进口额为1291.89万美元。进口金枪鱼罐头在国内市场占主导地位。

7、重点行业

（1）八宝粥罐头行业

八宝粥罐头是行业中最大的品种，而且产品几乎全部内销。据中国罐头工业协会统计，2014年全国的总产量达到165万吨，同比增长10%，增长速度高于整个罐头行业，销售收入达到105亿元。行业内主要生产企业是杭州娃哈哈集团和厦门银鹭食品集团，两家的生产量占八宝粥市场份额的三分之二。八宝粥罐头生产的连续化和机械化程度高，能一年四季生产，所以产能较大，能形成规模效益。

（2）番茄酱罐头行业

根据海关统计数字，2014年全国番茄行业出口总量88.84万吨，出口额9.57亿美元，其中大桶番茄酱（>5kg）出口量45.97万吨，同比增长-14.8%，累计平均单价1040美元/吨，同比增长14.5%；小包装番茄酱（≦5kg）出口量42.87万吨，同比增长-2.9%，累计平均单价1117美元/吨，同比增长2.3%。根据数字分析，2014年番茄酱出口量大幅下降，其中大桶番茄酱出口量下降尤为明显，而番茄酱价格却明显提升，番茄酱行业一扫连续3年的价格倒挂，企业开始出现盈利。而目前行业和市场面临的主要问题是：国内低质量番茄酱产品较多，严重影响国产番茄酱在国际市场上的声誉，导致产品的国际竞争力严重下降。企业应当严格控制产品质量管理，不应因小失大，自毁产品国际声誉，努力加强行业自律和规范，把行业和市场引入正常良性轨道。

（3）桃罐头行业

我国桃罐头分国际和国内两个市场。从国际市场看，我国桃罐头加工竞争对手主要是南非、美国、希腊、阿根廷等六、七个国家。不过市场基本稳定，全球主要生产国的总加工量大体保持在每年 110 万吨左右的规模。2014 年，我国桃罐头出口 16.42 万吨，比 2013 年增长 3.1%，主要出口国家依次是美国、日本、俄罗斯、墨西哥和加拿大，其中对日出口中白桃罐头占较大比例。在桃罐头国际贸易中，我国与希腊、南非等国家形成此消彼长、互补共存的关系，我国出口产品有相当一部分是 3 公斤大罐，供应集团消费或者用作食品工业原料。对于我国桃罐头出口而言，主要是成本的不断上升，削弱了产品竞争力，此外在产品质量上与国外同类产品存在一定差距。所以，对待 2015 年的出口市场，相关企业一定要谨慎操作，坚持以销定产。

近年来，国内桃罐头市场有较快发展，成为畅销的罐头品种。据不完全统计，目前国内生产桃罐头企业多达三百家，全年总量近 60 万吨。但是随着竞争加剧，市场增长空间进一步缩小，以及卖价的不断攀升，国内市场增速放缓。

（4）柑橘罐头行业

我国的柑橘罐头产量占世界总贸易量的 70% 以上，2014 年我国柑橘罐头出口量为 31.49 万吨，同比下降 3.8%，出口额为 3.32 亿美元，同比下降 5.4%，主要出口美国、日本和欧盟。虽然出口量、出口额额均有下降，但降幅不大，下降的主要原因在于近年来欧盟持续对我国产柑橘罐头实施反倾销，导致国际竞争力下降。

近年来柑橘罐头国内市场发展较好，销售规模稳中有升。企业近年来重视柑橘罐头的连续化、机械化生产，使得产品成本有所下降，保证了企业效益。在产品方面，柑橘罐头产品在包装、口感方面不断改善，在稳定既有消费群体的条件下，努力开发新品及扩展新的消费群体，从而促进内销市场不断扩大。

（5）食用菌罐头行业

2014 年食用菌罐头总产量约为 50 万吨，主要集中在福建、四川和山东等省份。在出口方面，2014 年我国食用菌罐头总出口量为 26.6 万吨，同比 2013 年下降 4.3%，下降原因在于我国依然没有摆脱受到美国蘑菇罐头多年的反倾销和多菌灵事件的阴影，造成中国出口美国的食用菌罐头受阻，出口出现负增长。食用菌罐头在国内市场上销售主要针对快餐连锁和星级酒店，销售近年来一直比较平稳。

（6）午餐肉罐头行业

我国午餐肉生产企业主要集中在上海、四川和重庆等地，2014 年总产量约为 14 万吨。午餐肉罐头三分之一用于出口，主要出口东南亚国家和中国香港地区，三分之二用于内销。根据地区饮食习惯， 费量较大。2014 年猪肉原料价格稳定，午餐肉销售情况良好。

（7）包装与设备

罐头产品在包装上也呈现出多种多样并且在不断创新，但主要分

为硬（马口铁、玻璃、铝等金属）和软（高阻隔塑料等）两种包装形式。以往的罐头产品在包装上最常用的为玻璃和马口铁这两种硬包装，标签主要是采用粘贴在罐体上面。近年来，企业在各自产品玻璃瓶外形上进行创新，采用富有各自企业个性的玻璃瓶外包装。在金属包装方面，由于近年来印铁技术的不断提升，罐头金属罐也逐渐由粘贴标签改变为印铁包装，外包装趋于精美和高档次化。在软包装方面，由于软包装具有多种硬包装材料所不具备的多种优势，如易于运输、外观精美、原料占体积小、价格便宜等，导致近年来采用软包装的罐头产品不断增多，已经逐渐形成规模。

随着国内人工成本的不断攀升，企业对机械化、连续化设备越来越重视。罐头行业装备发展态势十分明显，高新技术得到逐步地推广与应用，随着市场的需求和企业研发能力的增强，高新机械设备在罐头加工业中得到了较为广泛的应用。特别是随着先进设备的引进和消化以及罐头加工产品的出口，对产品的质量和加工技术水平要求较高，推动了高新技术的广泛引进和应用研究。如：低温连续杀菌技术和连续化去囊衣技术在酸性罐头（橘子罐头）中得到了广泛应用；

引进了电脑控制的新型杀菌技术（板栗小包装罐头产品）；水果罐头实罐工艺中的自动称量技术；包装方面EVOH材料已经广泛应用于罐头生产；自动灌装机和自动剥皮机应用也越来越广。

【d.行业面临的问题】

1、政策与市场

（1）国内大部分消费者对罐头产品缺乏了解，长期以来对其营养和安全性方面存在着很大误区

罐头食品采用罐藏工艺，得以使食物获得较长的保质期。而目前国内某些媒体对罐头工艺不了解，误以为罐头食品具有较长的保质期是因为使用了大量的食品防腐剂所造成的，并且对其进行大肆报道，哗众取宠以博得吸人眼球的效果。普通消费者信以为真，对罐头产品产生了很深的误解。而实际上罐头食品可长期保存主要依赖于真空、密封和杀菌。食品装入罐中以后，经过排气、密封、杀菌等过程后，容器完全密封，处于无氧环境，达到商业无菌，微生物（细菌）没有生长、繁殖的条件，所以食品不会腐败，根本不需要添加任何防腐剂。

在营养方面，罐头食品的质量由于在预置的加工中得到了控制并保持了新鲜度，因而实际上大多数罐头食品要比通常分销渠道中储运的新鲜农产品还要新鲜。罐头食品的原料在收获、运输到加工的全过程耽搁的时间很短，有的产品从采摘到完成加工甚至短于2小时，这使得罐头食品能保持较高的营养价值。

总之，罐头食品在加工工艺中采用成熟的罐藏工艺技术不仅使产品能够获得较长的保质期，并且能够锁住新鲜原料的营养，是一种安全、方便、健康、美味，并且有着较高营养价值的产品。

（2）行业入行门槛低，业内无序竞争较为严重

我国罐头行业起步较早，技术较为成熟，行业入行技术门槛偏低，在某些罐头原料丰富的地区，小型罐头企业如雨后春笋多如牛毛，但普遍规模不大，行业集中度偏低。行业无序竞争严重，分散、同质化的问题没有解决，企业之间缺少交流合作，习惯于以低价竞争，导致企业效益低下，行业困难加大。我国虽已经是罐头出口数量最多的国家，但价格始终处于低位，行业难以持续发展。

（3）市场诸多因素，导致成本不断提升

我国罐头产品约三分之一用于出口，因此直接受制于人民币汇率的影响。近年来由于人民币不断升值，汇率升高，导致国内罐头产品出口成本增加。另外罐头产品属于农副产品加工，需要大量人工劳动力，近年来国内人工成本不断增加，导致罐头企业成本不断提升。

（4）作为传统产品，对新生消费群体吸引力较小

罐头一直以来作为传统消费食品，部分消费者对罐头的消费是作为一种怀旧，更由于近年来大部分罐头产品在包装上鲜有变化，依然采用传统包装材料和形状，导致罐头产品很难对80、90后新生消费群体产生兴趣。针对此种情况，国内部分企业仿照英国、日本等国的罐头吧餐厅，将罐头产品陈列于酒吧等消费场所，通过对罐头产品的集中组织，有效陈列，用于向来往人群展示和宣传罐头产品。其目的在于宣传改变传统罐头在公众心中的形象，力图让更多的80、90后新生消费群体认识罐头，了解罐头产品 。

2、科技创新

（1）产品总体创新力、品牌力力度不够，国内市场竞争力低下

多年来罐头产品基本以老产品、老包装为主，缺少新品种，更缺少具有影响力的“主打新品”。普遍缺少对自身产品进行品牌培养，导致国内市场对新生消费群体的吸引力度不够，虽然产品物美价廉，但难以开拓新兴消费群体。不过近年来随着国际市场的饱和，企业不断重视国内市场，对产品的创新力和品牌力也逐步进行改善，已取得部分成果，加大创新和进行品牌培养已成为促进产业发展的关键因素。

（2）罐头加工用水果原料种植品种有待进一步改良升级

水果罐头产品的优良与否主要在于原料的品质，原料的好坏直接影响着最终产品。由于农产品改良需要投入大量的人力、物力、财力，并且需要很长的时间，

品种改良困难重重。以国内黄桃种植为例，目前我国黄桃罐头加工所使用桃原料与南非、希腊等国相比品种落后很多，黄桃原料品质无法与其相比，导致我国产桃罐头产品品质不如外国，国际竞争力不足。

【e. 发展趋势】

纵观近年来行业发展现状，结合行业数据来看，我国罐头产品近年来出口量已经稳定，国际市场趋于饱和，其中水果罐头的出口量约占全球市场的1/6，蘑菇罐头占世界贸易量的65%，芦笋罐头占据世界贸易量的70%。此外由于人民币汇率不断攀升、出口难度不断加大，导致国际市场很难再有大的发展。反观国内市场，由于国内经济水平不断提升，民众各方面需求不断升高，导致民众对健康、美味的食品将更加青睐，罐头产品采用安全性高的罐藏工艺技术，并富含营养，今后在国内市场上必将大有作为。因此，在市场方面，企业今后将逐渐将重点从国外市场转移到发展、培育国内市场上。

根据近几年的发展趋势，罐头企业在产品方面已逐渐开始进行创新，其中包括对产品的外包装、口感等，以追求改变以往罐头包装千篇一律、俗气等缺点。随着包装技术的不断发展，罐头产品在包装上也必将变得更加精美和夺人眼球。另外企业会进一步重视产品品牌的培养和宣传，在今后的罐头市场上，我国必将有更多的国内、甚至于国际化的罐头产品大品牌出现。罐头行业也将加快机械化、连续化的技术改造，提高生产效率，发展规模化、现代化的种植，建立自己的产业基地等等。总之，罐头行业还将进一步发展壮大，行业集中度将进一步提升，企业机械化水平、产品附加值和知名度增高，行业将持续健康、平稳发展。

【f. 政策建议】

1、扶植原料种植，支持原料基地建设

加强罐头用果蔬种植研究，鼓励适合加工用新品开发，开展系统性的良种培养研究，形成早、中、晚熟的全覆盖品种系列，延长原料收购期。同时从政策、资金和项目等方面给予种植科技创新和企业农业基地建设的大力支持，从根本上解决原料的安全性和有效供给。

2、制定严格环保标准和行业准入条件，淘汰落后产能

制定严格的环保标准和行业准入条件，推进企业的技术改造和提升，积极推进节能减排，在行业内推行冷却水循环使用的节水新技术，淘汰污染严重的小作坊式企业，以还能规范行业生产，改善行业同质化严重、低价竞争的局面，提高产品附加值，提高行业集中度，维护罐头行业的可持续发展。

3、推广宣传罐头食品作为国民家中常备防灾物品

在向公众普及抗震减灾等相关知识的同时，鼓励国民在日常生活中多给家中贮备一些罐头食品作为应急食品，以备不时之需，将灾难可能带来的损失进一步降低。

中国罐头工业协会

2.11 调味品

【a. 概况】

2014年，调味品行业处于行业不断细分、市场不断集中的高速成长阶段，细分行业中的龙头公司不断扩张，新产品层出不穷，消费者需求不断提升，消费量稳步增长，持续受到资本市场的青睐，产业内部的结构调整和产业集中度发生了明显的变化。

【b. 主要经济指标】

据国家统计局统计，2014年，调味品和发酵制品制造主营业务收入2649.10亿元，同比增长14%；利润总额225.50亿元，同比增长14.6%。根据行业品牌100强统计，调味品行业生产产量平均增长率为10.48%，各重点分支产业中，除酱腌菜出现产量下滑，其他产业均呈现了不同程度的增长，其中增长较快的依次为蚝油、腐乳、食醋、酱类等产业。

表$_1$ 2014年调味品、发酵制品经济效益

	企业数（个）	主营业务收入（亿元）	同比增长（%）	利润总额（亿元）	同比增长（%）
调味品、发酵制品制造总计	1088	2649.10	14.00	225.50	14.60
味精制造	79	440.80	23.60	31.60	38.60
酱油、食醋及类似制品制造	396	903.50	11.00	100.60	12.20
其他调味品、发酵制品制造	613	1304.70	13.10	93.30	10.70

资料来源：国家统计局

表$_2$ 2014年调味品行业重点分支产业产量及增长率

	企业数（个）	2014年产量（吨）	同比增减（%）
酱油	28	3255217	3.46
食醋	28	1272869	16.59
酱类	29	732342	14.21
复合调味料（不含鸡精、鸡粉）	22	234402	11.67
鸡精（鸡粉）	16	332120	10.28
酱腌菜	9	191084	-3.01
火锅调味料	7	114950	12.27
香辛料和香辛料调味品	8	129209	13.80
调味料酒	12	188474	13.83
蚝油	7	399967	24.28
腐乳	10	111388	19.38

资料来源：2014年度中国调味品品牌企业100强统计

【c. 行业发展分析】

1、价格

由于，消费者需求档次的提升，调味品的消费档次也不断提升。再加上企业提升品牌形象和缓解制造成本、人工成本、运输成本和经营成本的压力的需要，促使调味品价格水平的提升。同时大众餐饮对降低成本的需要以及强势品牌对提高市场占有率的需要也促成企业开发中低档的产品，降低调味品的价格。因此调味品价格会向高价和低价两个方向发展。

2、市场

（1）行业竞争不断加剧

大企业以产品品牌和企业效益为发展侧重点，中小企业面临更多的压力，采取跟随策略，行业优胜劣汰也将加速。国有企业加大改制力度，各种形式的配

套改革取得成效。一些民营企业定位明确、市场意识强烈，发展速度很快。跨国食品集团凭借雄厚的资本实力、先进的经营理念和经营手段，占据了一些细分子行业的龙头地位，显示出强大的生命力和竞争态势，同时促进了国内调味品生产技术和管理水平的提高。各种所有制企业纷纷抢占位置和市场，行业竞争不断加剧。

（2）渠道变革加剧

调味品销售渠道包括家庭消费、餐饮行业和食品加工业，各细分渠道在运营上存在着巨大的差异，每种渠道对品牌、品种、品质、配送、服务的要求也不一样，同时覆盖渠道所需要的帐期资金要求和营运成本存在明显的差异。尤其是电商在调味品领域的发展，必将成为调味品行业企业全渠道体系中的一个重要的渠道类型。因此，也为各类规模的调味品企业创造了生存空间。

3、投资

由于调味品行业品牌建立比较困难，资本倾向于通过收购来进入调味品行业，可以减少相对较长的摸索过程。同时由于调味品行业的稳定性、持续盈利能力、抗风险能力也被资本市场关注和了解，因此调味品行业近年来频繁受到资本市场青睐。比如目前已有近16家调味品企业成功上市，鲁花向酱油类、食醋类发展，金龙鱼也在寻求调味品市场机会以及巴菲特收购亨氏寻求风险投资或价值投资等。

4、区域分布

受中国饮食文化影响，全国各地饮食习惯差异明显，形成了“南甜北咸，东酸西辣”的饮食格局，因此调味品具有明显的地域性，由于调味品行业呈现出“诸侯割据，区域为王”的业态，许多品牌只能覆盖到各自的区域市场，行业缺乏强势的全国性的统一品牌，因此调味品行业是为数不多未完成整合的行业。目前，中国的区域调味品品牌，已经形成特色的有粤系调味品、川系调味品和沪系调味品等。部分地方区域品牌通过占领大的品类、通过大路产品进行产品上的创新、在营销方式上创新，以及在产品包装上的方便性，或产品给消费者所带来的方便性，利用新的利益点来取得突破，拓展全国市场。

5、行业集中度

调味品目前的品牌集中度比较5年前有了很大提升，并且产品大类的集中度提升空间还比较大，我国酱油、食醋行业集中度提高是长期趋势。调味品品牌将会形成全国一线品牌和区域性品牌两大阵营，由于资本聚合力量的加大以及消费者品牌意识的提高，品牌集中度提升是行业大趋势，鸡精、腐乳、酱油和蚝油行业集中趋势较为明显。从世界范围来看，鸡精、酱油类产品已经形成品牌集中。目前市场竞争由不饱和竞争，到行业集中度提高，行业中大企业开始主导市场，如海天、美味鲜和恒顺等，从产品、渠道、价格和市场方面加剧竞争，促使中小企业加速退出市场，很多销售额在5000万元以下的企业，只能退回二线市场，或是考虑退出行业，或是已经面临被淘汰的局面，促使地级市场竞争加剧。

6、重点行业

（1）酱油

酱油产业是调味品行业的第一大产业，产业产销量和企业规模均居调味品行业首位，产业发展潜力大，产业结构的调整还将带动产业平均利润率的增加，尤其是规模企业的利润率增加更加明显，因此，酱油产业近年来备受资本市场的关注和青睐。海天、加加的成功上市，带动了酱油企业上市的热潮，也吸引了更多资本对酱油产业的关注。同时证券市场的改革，也为酱油企业上市提供了更多的平台和渠道。可以看出，随着国家政策、食品安全和消费升级三个方面的影响将引导消费向大品牌集中，优秀酱油企业有望凭借产品和渠道优势，分享行业快速增长并抢占市场份额。另外酱油企业也需要通过优化内部管理降低管理费用，改进生产技术以降低生产费用，增加产量以获得规模经济，提高售价转出部分成本压力等措施，化解原辅料价格上涨等方面的不利影响，作为中国调味品产业中品类最大的酱油行业，必将带动整个调味品行业向着更加健康的方向发展。

根据中国调味品协会对著名品牌企业100强统计得知，2014年，百强企业（28家）酱油总产量达到325.5万吨，平均增长率为3.46%。产品产量上，前三名的企业为佛山市海天调味食品股份有限公司、广东美味鲜调味食品有限公司、李锦记（新会）食品有限公司，产量分别为1304578吨、721327吨和258318吨；产量增长前三名的企业为鹤山市东古调味食品有限公司、北京老才臣食品有限公司和东莞市永益食品有限公司，产量增长率分别为65.4%、30%和17.06%；9家企业出现了负增长。

图1 2014年酱油产量

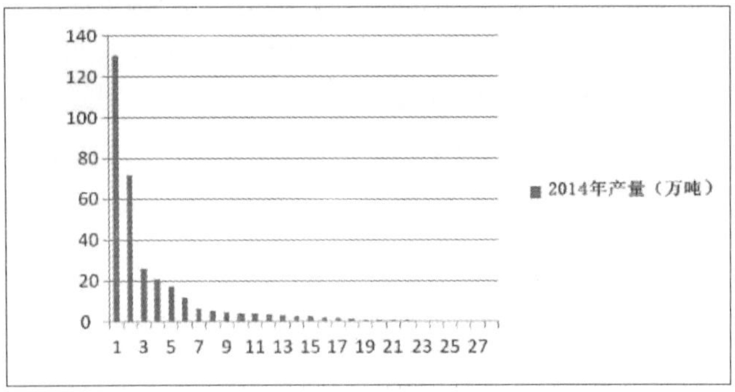

分析：

1、2014年度酱油产量在10万吨以上的企业有6家，占总数（28家）的21%。

2、2014年度酱油产量在5–10万吨的企业有2家，占总数（28家）的7%。

3、2014年度酱油产量在1–5万吨的企业有10家，占总数（28家）的36%。

4、2014年度酱油产量在1万吨以下的企业有10家，占总数（28家）的36%。

资料来源：2014年度中国调味品品牌企业100强统计

图2 同比增减

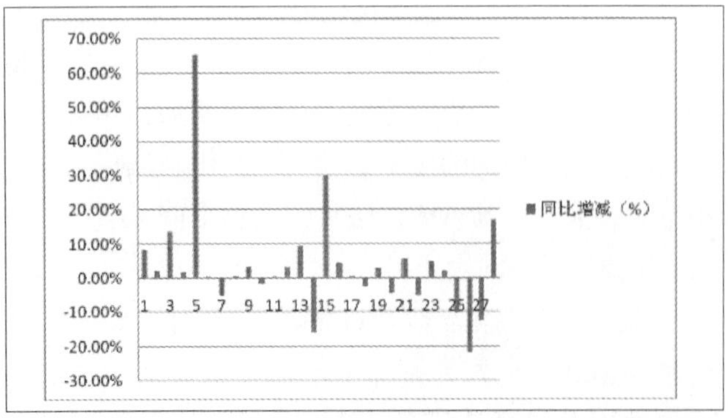

资料来源：2014年度中国调味品品牌企业100强统计

（2）食醋

由于我国各地区对食醋的风味要求不尽相同，食醋行业存在着明显的地域分布特点，主要集中在江苏、山西、山东、四川等地，全国性的大型食醋企业基本没有形成。从竞争格局来看，我国食醋行业可以分为两个层次，一是各区域性强势品牌，以山西、福建、江浙、四川的四大名醋为主，代表性产品有恒顺香醋，山西水塔老陈醋、保宁醋、永春老醋等，这类企业产品均具地方特色，或集各特色之所长，产品质量上乘，在销售网络上已突破了单一的地区限制；二是小规模工厂或家庭作坊，这类企业销售覆盖半径较小，产品质量一般、价格低廉。随着食醋的各种功能不断被挖掘，近年来，各种食醋新产品层出不穷，如果醋、保健醋等，食醋产品功能化、多元化趋势愈加明显。通过在食醋生产中加入其他新原料并对食醋功能的进一步挖掘，可以为食醋生产企业带来更大的利润空间。

2014年百强企业（28家）食醋总产量达到127.2万吨，平均增长率为16.59%。产品产量上，前三名的企业为江苏恒顺集团有限公司、山西水塔醋业股份有限公司和四川保宁醋有限公司，产量分别为269100吨、255600吨和91080吨；其中，湖州老恒和酿造有限公司293.77%、太原市宁化府益源庆醋业有限公司28.71%和北京老才臣食品有限公司21.95%位列食醋产量增长率前三位；2家企业出现了负增长。

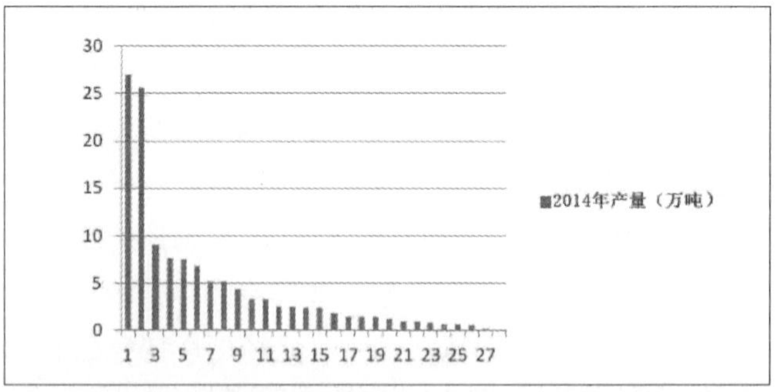

分析：

1、2014年度食醋产量在10万吨以上的企业有2家，占总数（28家）的7%；

2、2014年度食醋产量在5–10万吨的企业有6家，占总数（28家）的21%；

3、2014 年度食醋产量在 1–5 万吨的企业有 12 家，占总数（28 家）的 43%；

4、2014 年度食醋产量在 1 万吨以下的企业有 8 家，占总数（28 家）的 29%；

资料来源：2014 年度中国调味品品牌企业 100 强统计

图4 同比增减

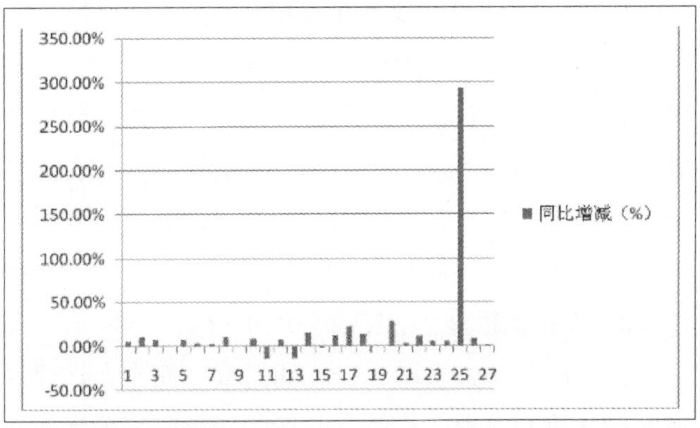

资料来源：2014年度中国调味品品牌企业100强统计

8、产品质量

2014 年，调味品质量安全呈现了整体向好的趋势，根据国家食品药品监督管理总局监督抽检结果显示，调味品整体合格率较高。在不合格项目上，占比最大的是品质指标不合格，主要项目是酱油的氨基酸肽氮、食醋的总酸指标等。在调味品领域，我国食品安全风险监测体系近年主要针对黄曲霉素 B1、微生物指标和非食用物质进行了监测，整体在可控范围内。调味品食品安全标准体系建设有序开展，其中《水产调味品》、《酿造酱》已经发布实施，《酱油》、《食醋》、《复合调味料》、《酱腌菜》、《酱油生产卫生规范》和《食醋生产卫生规范》正在制修订过程中。

9、设备与包装

调味品机械自动化是必然的发展趋势，目前在调味品机械行业中，整体实力较强的仍为德国、意大利和日本的生产线。随着新产品的开发、新技术的引进以及国内自主研发投入的加大，新型的机械设备和全自动包装设备开发水平提升，我国调味品机械行业在国际市场上的整体竞争力有所提高。

由于社会各界高度关注食品安全问题，符合食品安全标准的包装材料、包装技术成为发展趋势。另外随着网络渠道等新兴销售渠道的涌现，传统的玻璃瓶并不适合物流运输，企业的产品定位需要适应新的销售渠道。从包装材料来说，薄型、轻量化、耐挤压的包装将部分取代易碎的玻璃包装。这一方面可以节约运输成本，减少用量，另一方面，减少物流中的货损情况。产品定位的进一步细分，包装也需要符合定位人群的需求。如针对儿童市场的产品包装，李锦记的儿童专用番茄沙司。一些非常有设计感的铝塑复合包装调味酱、设计精美的高档礼盒，吸引了年轻时尚一代消费者的关注。为了方便消费者的反复使用，很多玻璃瓶包装在瓶盖方面做了改进，改用了塑胶瓶盖；芥末、沙拉酱类制品也在涌现方便使用的软管包装。方便使用，满足使用需求的产品包装成为趋势。

【d. 行业面临的问题】

1、生产设备和工艺技术水平的提高比较迟缓，科技研究相对滞后，科研人才流失比较严重，我国调味品生产和工艺水平总体上与国际水平存在着差距。

2、近两年，中国调味品产业受国内经济下滑趋势和国内政策因素的影响，产业整体的增长速度尽管下降幅度不大，但是产业内部的结构调整和产业集中度有了明显的变化或正在发生变化。一些定位不突出的中小品牌企业，以供应高端餐饮业为主的调味品企业，以及产品线过于集中于高端而忽视大众消费的调味品企业的产销量均出现了明显的下滑，利润率也受到了一定程度的影响。

3、市场上依然存在假冒伪劣现象。部分著名品牌调味品深受假冒之苦。假冒侵权产品直接冲击了调味品市场，坑害消费者，破坏著名品牌调味品生产企业的正常生产秩序。随着国家食品安全工作力度加大，假冒伪劣产品有向农村转移的趋势，市场监管的任务日益繁重。

【e. 发展趋势】

1、餐饮业恢复性增长利好，新业态新趋势出现促进调味品应用调味品在餐饮行业应用广泛，越来越多的企业和厨师认识到高质量的调味品是产品质量的根本保证,发展餐饮行业,离不开积极研发使用新型调味品。今年1-6月，全国餐饮收入14996亿元，同比增长11.5%，比去年同期加快1.4个百分点。限额以上餐饮消费收入3949亿元，同比增长6.3%，比去年同期加快3.4个百分点。餐饮市场继续保持强劲增长势头。

餐饮业在广泛应用调味品方面有五个新特点。第一，烹调环节对复合型调味品有较高需求；第二，越来越多企业和厨师在开发新菜菜单时，已细化到某类调味品的某品牌、某系列；第三，厨房应用中常用统一配汁的办法以保证本店风味特色，一些餐饮企业也将自有品牌调味品推向市场，在这一领域，调味品行业和餐饮行业有合作共赢的机会；第四，餐饮企业大量使用上游厂商加工过的原料以减轻厨房加工环节的用房及人工压力，因此部分调味料使用将上移；第五，餐饮业的外延服务增加，比如厨师上门服务的私厨平台如“爱大厨”等浮出水面，这将为调味料的定制生产提出新课题。

2、高新技术的应用将不断提升行业的整体水平

调味品生产中越来越多的应用生物工程领域的高新技术，比如发酵菌种的基因工程处理、复合多菌种发酵技术、风味物质的分离提取、生物酶解技术、固定化酵母技术、膜技术、萃取技术、微胶囊技术等，大大提升了调味品品质和产品科技含量。

3、产业转型升级的速度越来越快

调味品产业的转型升级不仅仅体现在产品的包装、行业的细分和营销渠道变革等方面，更主要体现在保留传统工艺的基础上引入现代化和标准化的生产体系，建立起新的生产质量标准，因此调味品质量保障体系的升级是实现产业升级的重要方面。

【f.政策建议】

1、加大传统产业技术改造和转型升级的支持力度

相关政府部门应出台相关措施，引导企业通过对自主创新成果的转化，开发对产业结构调整和优化升级有带动作用的新技术和新产品，支持企业在食品安全保障体系的建设，自主创新能力建设等方面开展技术改造，促进调味品行业技术升级换代。

2、加强对行业协会的领导和支持

行业协会作为政府和企业的桥梁和纽带，在建立行业自律机制、规范行业自律行为、提高行业素质、维护行业利益、打击侵权行为、制订行业基础标准和技术标准方面的作用越来越明显。中国调味品协会作为全国调味品行业的一级协会，在加强行业管理、开展行业自律和国际交流、制订标准、引导消费等方面做了大量工作。国家有关部门应进一步促进行业协会作用的发挥，保护企业的合法权益，加大对协会工作的支持，落实协会的各项工作职能，协调解决协会存在的实际问题，使协会在加强行业管理和为企业服务方面做得更好。

李慧丽

2.12 发酵制品制造

【a. 概况】

发酵工业是我国生物产业的重要行业，近年来产业发展迅速，产业结构不断优化，企业竞争力不断增强，产业正朝着多品种、个性化、专一化和高附加值方向发展。产业快速发展的同时也面临诸多挑战，2014 年以来，受宏观经济整体放缓的影响，我国发酵行业运行持续走低，行业利润显著下滑，节能减排任务更加艰巨，提质增效、科技创新、结构调整等问题依然严峻。

【b. 主要经济指标】

1、产量小幅下降

2014 年，我国发酵行业主要产品产量 2420 万吨，同比下降0.4%，产值约2800亿元，同比基本持平。其中，有机酸、酶制剂、酵母、功能发酵制品、多元醇产量小幅增长，氨基酸、淀粉糖产量出现负增长（见表$_1$）。

表$_1$ 2014年发酵行业主要产品产量

序号	分类	产量（万吨）	同比增长（%）
1	氨基酸	372	-7
2	有机酸	214	9.7
3	淀粉糖	1198	-2.2
4	多元醇	161	2.6
5	酶制剂	115	4.5
6	酵母	30.8	5
7	功能发酵制品	330	6.5
合计		2420	-0.4

2、出口小幅增长

2014 年，发酵行业主要产品出口量 333 万吨，同比增长 1.5%。由表 2 可见，赖氨酸及其盐、酶制剂、葡萄糖酸钠的出口量增长幅度较大，酵母、柠檬酸、多元醇增长幅度较小。而淀粉糖、味精和乳酸出口量呈现不同程度的下降（见表$_2$）。

表$_2$ 2014年发酵行业主要产品出口量

序号	分类	出口量（万吨）	同比增长（%）
1	味精	39	-4.9
2	赖氨酸	25.6	34.0
3	柠檬酸	93.3	4.4
4	乳酸	4.3	-2.2
5	葡萄糖酸钠	13.2	15.3
6	淀粉糖	115.6	-6.3
7	多元醇	21.9	2.4
8	酵母	11.8	6.7
9	酶制剂	8.7	17.4
10	总计	333	1.5

【c. 行业发展分析】

1、价格

（1）玉米

2014 年，玉米市场供不应求，优质粮源偏少，玉米原料价格一路上升。第三季度玉米价格快速上升，8 月份山东等地的玉米价格最高涨至约 2800 元 / 吨。9 月上旬，市场价格进入下行通道，但整体仍维持高位。11 月份开始，新粮上市价格有所回落，但由于国家启动新一轮托市政策，玉米价格仍在2300元左右的高位。

（2）氨基酸

赖氨酸的产能过剩以及动物饲料市场不景气导致赖氨酸产品价格大幅下跌，2014 年初，98% 赖氨酸报价从 8.3–8.8 元 /kg 降至 6.8 元 /kg 左右，部分公司甚至暂停营运限制产量。小品种氨基酸方面，小品种氨基酸产能继续扩大，但由于市场容量有限，竞争加剧，产品价格下降幅度较大，利润空间被压缩。

（3）有机酸

2014年，柠檬酸出口价格创下2010年以来的新低，全年除了5、6两个月高于2013年外，其他各月基本都处于近几年的最低位。葡萄糖酸产品出口价格一直波动较大，葡萄糖酸和乳酸价格基本是在近年来的最低位徘徊，葡萄糖酸价格更是出现了5个月跌破800美元/吨的低价。

（4）淀粉糖

2014年，国内玉米终端消费持续低迷，深加工企业开工率保持低位。玉米淀粉的价格在2400–2800元/吨之间震荡，8–9月达到高点；麦芽糖价格维持在2600–2700元/吨左右，糊精价格在3800–4000元/吨左右，结晶葡萄糖和F55果葡糖浆价格分别为3500元/吨和3300元/吨左右。

（5）酶制剂

2014年，酶制剂行业运行平稳，价格相对稳定。酸性蛋白酶、中性蛋白酶价格同比c.有所下降，价格分别为1.8万元/吨和1.2万元/吨；糖化酶（10万IU）、纤维素酶（10万IU）、高温淀粉酶（4万IU）以及植酸酶（5000 IU）的价格分别为7000元/吨、1.1万元/吨、1.6元/吨和4000元/吨。脂肪酶和木聚糖酶价格优势明显，是利润空间较大的产品。

2、行业集中度

“十二五”以来，味精和柠檬酸行业淘汰落后产能效果明显，行业兼并重组活跃，行业集中度进一步提升。两大行业中年产值达到100亿元以上的企业集团4家。各行业集中度情况见表3

表3 我国生物发酵产业集中度情况

行业	企业个数	集中度	产能占比（%）
味精	10	前3	80
赖氨酸	10	前6	85
柠檬酸	8	前6	97
淀粉糖	35	前9	63
酵母	13	前3	73

3、进出口

2014年12月31日，财政部调整了部分产品的出口退税，提高了玉米淀粉、乙醇、赖氨酸、苏氨酸（其他氨基醇酚、氨基酸酚及其他含氧基氨基化合物）、色氨酸（其他仅含氮杂原子的杂环化合物）、味精、葡糖酸及其盐和酯、乳酸及其盐和酯、山梨醇、甘露糖醇等玉米深加工产品的出口退税，调整后的税率均为13%。这一政策的出台对以玉米深加工产品出口的企业来讲是非常有利的。

（1）氨基酸

2014年，我国氨基酸类产品出口量81.9万吨、出口额15.2亿美元，同比增长11.4 %和3.68%。其中，谷氨酸及其盐类全年出口39万吨、出口额为4.9亿美元，出口量同比下降为4.9%，同比出口额下降4.7%。赖氨酸及其盐类出口25.6万吨、出口额为3.26亿美元，出口量同比增长34%，价格同比增长6.5%。其他氨基酸全年出口17.35万吨、出口额为7.12亿美元，出口量同比增长28.9%，价格同比增长9.5%。

（2）有机酸

2014年，柠檬酸产品进口量1764吨，同比增长4.01%；进口额887万美元，同比增长1.72%。柠檬酸产品出口量为93.3万吨，出口额84043万美元。柠檬酸产品出口前十家企业占比为90%，且保持相对稳定。

2014年，乳酸及其盐和酯进口量8115吨，同比增长36.48%；进口额2121万美元，同比增长18.23%。乳酸产品进口量、进口额连续两年大幅增长，对国内市场已经形成压力。乳酸及其盐和酯出口量43223吨，同比下降1.35%；出口额5383万美元，同比下降2.02%。自2011年以来，乳酸出口量和出口价格持续走低，国际市场份额在不断流失。

2014年，葡萄糖酸及其盐和酯进口量1009吨，同比下降1.05%；进口额316万美元，同比下降2.67%。葡萄糖酸及其盐和酯出口量13.15万吨，同比增长15.39%；出口额10900万美元，同比增长8.93%。葡萄糖酸产品出口价格一直波动较大，2014年价格基本在近年来的低位徘徊。

（3）淀粉糖

2014年，淀粉糖产品出口量115.6万吨，出口额7.92亿美元，分别同比下降6.35%和3.93%；进口量36.8万吨，进口额3.96亿美元，同比增长5.86%和6.45%。我国淀粉糖出口以葡萄糖及糖浆（果糖 < 20%）为主，同比，4大类产品的出口量和出口额呈现负增长。

（4）多元醇

2014年，多元醇相关产品出口量21.89万吨，出口额3.9亿美元，分别同比增长2.41%和7.52%，进口量38.08万吨，进口额5.2亿美元，分别同比增长19.61%和6.81%。山梨醇的进出口量与2013年同期略有降低，出口平均价格提升明显，但是进口价格下跌幅度较大。甘露糖醇进出口量同比有所下降，进出口价格持续下滑。

（5）酶制剂

2014年，酶制剂产品进口量和进口额分别同比增长17%和16.9%，增长同比高。产品出口量和出口额分别增长17.4%和16.0%。

（6）酵母

2014年，酵母产品进口量和进口额分别同比增长14.7 %和9.5%。其中，非活性酵母的进口量增长42.6%，活性酵母进口量减少15.8%；活性酵母进口价格略有下降，非活性酵母进口价格持续提升。酵母出口量和出口额分别同比增长6.7%和7.7%。

【d. 主要问题】

1、产业结构亟待完善

大宗生物发酵产品所占比重依然偏高，高附加值产品数量少、品质低，产能结构性过剩严重。随着原辅材料，能源价格的逐年上涨，加之产品市场竞争激烈，以大宗发酵产品为主的生产企业效益下滑，严重影响了产业的发展。优化产业结构是生物发酵产业亟待解决的难题。

2、技术水平有待提升

目前我国发酵工业的技术水平与国外仍有很大差距。尽管近年来研发投入比例明显增加，但与国外企业相比仍显不足，导致我们的关键技术和装备创新能力相对较弱，新兴产品比例较低。企业缺乏对新兴产品创新的动力，新产品产业化能力较弱，新产品市场和品牌培育仍然不足。

3、要素资源约束加大

一方面，生物发酵产品生产的主要原料玉米受国家政策影响价格一直居高不下，导致企业生产成本持续增加，利润空间不断被挤压。而随着国家对环境保护、资源能源消耗的要求越来越严格，环保投入持续增加。这些生产要素的双重作用，使得企业发展压力不断增加。另一方面，随着国家环保政策的升级，淘汰落后产能工作的不断推进，将加快行业的淘汰落后，加速行业洗牌。

4、产业融资能力不足

目前，新兴资本市场对生物发酵产业关注度持续增加，投资公司和资本市场投资意向明显，但在投资方向与产业发展方向之间存在较大的信息不对，资本市场对产业缺乏有效的认识和深度了解，而生产企业在资本市场的显现度不够，从而影响产业在资本市场的融资力度。因此融资主体和投资主体的科技－金融互动意识、运行模式亟待改变。

【e. 发展趋势】

在生物发酵产业“十二五”发展的基础上，产业结构调整取得明显成效，产能结构性过剩得到有效缓解。未来，产品发展的重点是大宗发酵产品所占比重将持续下降，高附加值的产品比重持续上升，由发酵产品衍生出的新产品也不断增多。产品趋向于多样性、小品种、高附加值、规模适中、利益最大化，从现有传统产品向衍生产品延伸发展，产品形式可根据用户需求进行个性化定制。技术发展重点主要是提高生产效率，提升原料利用率、糖酸转化率、分离提取收率等；加快节能技术、节水技术、清洁生产技术、环保治理技术等清洁生产技术的推广和应用；加快装备向高效、方便、智能化和集成化方向发展；加强与互联网经济的融合发展，提升产业内涵，壮大新经济。

【f. 政策建议】

1、完善产业扶持政策

（1）适当提高部分劳动密集型和高技术含量、高附加值商品的出口退税率和进出口信贷优惠；二是在WTO规则框架下，建立和完善生物发酵产业救助机制和产业安全预警机制，组织企业进行反倾销、反补贴，提高行业技术壁垒；三是提高行业准入门槛，严格执行并提高新建项目最低产能的要求；三是严格开展环保核查，加快淘汰落后和环保未达标产能。

2、完善标准体系建设

（1）积极采用ISO系列和国际通行认可的认证和标准，进一步健全发酵行业标准化体系；二是

（2）加快修订和完善重点产品标准，提升产品技术含量；

（3）加快检测方法、生产规范、清洁生产等标准的制修订工作。

3、提高自主创新能力

（1）以重大项目和重点行业的关键技术和产品开发为突破口，组织实施一批产业化示范工程，建设一批产业技术基础示范服务平台，实现关键技术和产品的产业化突破，提升产业链整体创新水平；

（2）借鉴欧美国家在生物技术领域的成功经验，鼓励发展一批创新型主体（公司）。聚集多学科人才，按公司运行模式进行技术创新和产品开发，培育创新型企业，鼓励此类企业通过技术转让、提供技术服务或与大企业联合开发产品，发展新型创新主体，提高行业创新能力。

4、加快技术改造

（1）设立技术改造专项资金，支持企业技术改造、实施“两化融合”以及技术创新；（2）推进行业装备的国产化进程，提高装备数控化水平；（3）大力支持产业链菌种库建设及其功能改造等研发平台，全面深化行业体制机制改革，推动相关技术研发的外包服务，提升行业的原始创新和集成创新水平。

5、强化人才队伍建设

（1）注重创新团队和青年人才的培养，大力引进海外高层次创新人才，建立一支创新能力强、掌握国内外技术市场发展的中青年工程技术和管理人才的队伍；

（2）引导和支持企业依托海内外大专院校、科研院所设立人才培养基地，推进校企校地合作，建立人才联合培养机制；（3）大力开展股权、期权等激励工作，完善人才激励机制。

中国生物发酵产业协会

2.13 发酵制品（酶制剂）工业

【a. 概况】

2014 年，全国酶制剂行业平稳增长。根据分会的统计调查及估算，酶制剂产量约为 115 万（标）吨，同比增长 4.5%。产品方面，根据现有统计数据，国内酶制剂企业所生产的酶制剂主要品种有：糖化酶、植酸酶、淀粉酶、蛋白酶、纤维素酶、木聚糖酶、甘露聚糖酶、谷氨酰胺转氨酶、β－葡聚糖酶、半乳糖苷酶、果胶酶、β－淀粉酶、真菌淀粉酶、脂肪酶、凝乳酶、葡萄糖氧化酶、普鲁兰酶、过氧化氢酶、乳糖酶、角质酶、饲用复合酶、纺织复合酶、啤酒复合酶等。产品品种又有所增加。进出口方面，2014 年酶制剂产品进口量同比继续呈现增长态势，同比增长 17%。进口额同比增长 16.9%，双双增幅同比高。2014 年酶制剂产品出口量同比有所增长，同比增长 17.4%，出口额增长 16.0% ，扭转了近几年出口持续下降的趋势。

表$_1$ 2013、2014年酶制剂产品进出口比较

进口量（吨）		进口额（万美元）		出口量（吨）		出口额（万美元）	
2013	2014	2013	2014	2013	2014	2013	2014
12460	14578	19917	23278	73756	86594	29014	33670
同比增长：17%		同比增长：16.9%		同比增长：17.4%		同比增长：16.0%	

比较近年来酶制剂的出口情况，由图 1 及表 2 可以看出，在持续了几年酶制剂产品出口量保持增长的态势后，从 2011 年开始出现出口量下降，但 2014 年形势趋好，恢复了较快增长。出口额多年来一直保持平稳增长。

图$_1$ 2004-2014年酶制剂产品出口情况变化趋势

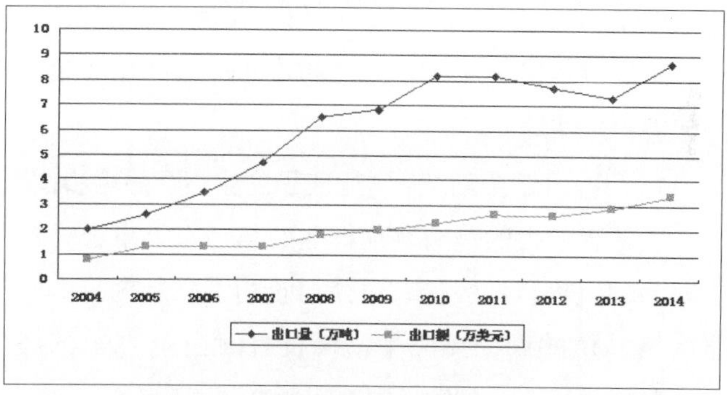

表$_2$ 2004-2014年酶制剂产品出口量及出口额情况对比

年份	出口		年增长率（%）	
	总量（万吨）	金额（亿美元）	总量（%）	金额（%）
2004	2.0	0.8	54	57
2005	2.6	1.3	35	70
2006	3.5	1.3	32	-2
2007	4.7	1.3	35	1
2008	6.5	1.8	38	43
2009	6.8	2.0	4	11
2010	8.2	2.3	21	15
2011	8.2	2.6	0.2	13.8
2012	7.7	2.6	-6.5	-1.6
2013	7.3	2.9	-4.2	11.3
2014	8.6	3.3	17.4	16.0

价格方面，同比，酸性蛋白酶、中性蛋白酶价格有所下降；其余基本维持价格不变。脂肪酶、木聚糖酶等仍是利润空间比较大的产品。

【b. 行业发展特点】

1、业规模持续扩大，新建、扩建一批新的生产基

地，总发酵容积达 2.5 万立方米。

2、酶制剂企业更加重视技术创新和知识产权保护，纷纷加大 R&D 投入，行业排名前 5 位的企业都拥有了自己的研发团队和研发实验室。

其中，青岛蔚蓝集团成为酶制剂行业第一家拥有国家认定企业技术中心资质的企业。技术创新使得国内企业有了自己的技术储备，拥有了自主知识产权的发明专利，新的产品开始投放市场。

3、新的应用市场逐步拓展，洗涤工业用酶、造纸工业用酶、皮革工业用酶、石油开采用酶等加大产业化步伐。

此外以关键酶为依托，延伸生产终端产品的趋势得到进一步拓展。

4、行业开始重新洗牌，加快了企业资产重组步伐。

最具影响力的是酶制剂行业的第一家上市公司广东溢多利生物科技股份有限公司收购了酶制剂行业产能居第二位的湖南鸿鹰生物科技有限公司 75% 的股权。酶制剂行业目前发展中的问题主要表现在：

（1）品种单一的问题仍然比较普遍，同质化严重，特别是大宗酶制剂产品更加突出，缺少新的高端酶制剂品种，导致企业间的不正当竞争，行业整体利益受损。

（2）复合酶制剂发展相对滞后。复合酶制剂是未来发展的重要方向，其附加值也更高。由于复合酶的开发必须要有强的应用研究为基础，而国内大部分酶制剂企业在这一方面尚缺乏技术实力。

（3）缺少精制酶。由于我国提取和后制备等技术、工艺和装备水平相对落后，酶制剂产品依然以粗酶为主，缺少精制酶，剂型也比较单一，使其应用受到很大限制。

【c. 行业活动】

7 月 15–16 日在江苏无锡共同举办了“第四届全国酶制剂研究开发应用技术研讨会”。

10 月 14 日，召开分会理事会。中国生物发酵产业协会酶制剂分会理事会暨中国食品科学技术学会酶制剂分会理事会联席会发展，杜绝恶性竞争，维护正常的市场秩序。

积极推动产品标准化工作。分会积极开展酶制剂行业的标准化工作，参加了《工业用酶制剂活力测定技术导则》国家标准和《角质酶》行业标准的编制工作。

开展企业调研。为及时了解我国酶制剂生产企业现状，2014 年走访了武汉新华扬、湖南鸿鹰翔、津市新型发酵、青岛蔚蓝、甘肃乙征等 5 家酶制剂企业。

李晓燕

2.14 生物发酵（氨基酸）工业

【a. 概况】

2014 年，全国氨基酸行业与前两年相比可以说是维持平缓发展，在大宗主导产品和其他小品种氨基酸当前供需没有明显变化的情况下，维持以往状况。但行业仍然被生产成本增高、产品价格低廉、技术指标提升缓慢、节能减排压力巨大、能源消耗和污染治理等重重问题所困扰，加上受大的经济环境的不利影响，整体经济效益仍不乐观，发展中仍遇到不小的阻力。

2014 年，全国氨基酸主产品产量为 372 万吨左右，同比下降 7%。谷氨酸、赖氨酸产量呈现出阶段性负增长。个别小品种氨基酸产品产量略有增长，其他产品在市场需求没有急剧扩大的情况下增幅不大，在氨基酸总产量中仍不占主导。

全国的氨基酸发酵主要产能从原来的山东、河南等中部地区继续向北部转移，基本定局在玉米产量丰富、能源价格较低、运输方便的新疆、内蒙古、黑龙江等省份，这些地区的氨基酸产量约占全国总产量的 70%，山东的产能仅剩不到 20%。行业集中度仍在增强，特别是这些生产基地已经不再是过去的单一生产味精的工厂，都在向成规模、多品种、生产研发为一体的综合型氨基酸制造企业方面发展。

【b. 主产品生产情况】

1、谷氨酸（味精）

（1）产量

据行业调查统计，2014 年全国味精总产量为 225 万吨，比去年下降 2.17%。随着 2014 年下半年产品价格的回升，企业的生产情况和经济收益略有好转。

（2）集中度

2014 年全国谷氨酸发酵生产企业仅存不到 10 家，正常生产的大中型企业有 6–7 家，有 2 家中型企业停产转产。

（3）生产工艺和技术指标水平

目前，谷氨酸发酵有 40% 采用了高性能的温敏菌种发酵的工艺技术，使谷氨酸产酸率和转化率明显提高。指标较高的企业平均产酸率可达到 20g/dl 以上，糖酸转化率也可提高到近 70% 以上。这些指标的提升，降低了产品粮耗、能耗和水耗，减少了 COD 的产生，很好地起到了节能降耗的作用。但是，目前还有较大一部分产能对此项技术不习惯接受而仍使用亚适量发酵的传统方法生产。另外，传统的等电离交提取味精工艺被列入淘汰落后之后，新型浓缩连续等电提取技术逐步替代老的等电–离交工艺，降低了各项消耗，提高了产品质量，减少了废水产生和排放，效果也很明显。在此方面，行业整体还有进一步提升的空间。

（4）主要原材料和能源消耗水平

通过行业全面推行清洁生产和味精环保核查，味精行业的各种资源消耗逐年降低；目前味精原料玉米的平均消耗为 2.1 吨/吨产品；综合能耗平均接近 1 吨标煤/吨产品上下；水耗绝大部分可以达到 20 吨/吨产品以下。由此可见，推行清洁生产、开展循环经济的影响和潜力是巨大的。

2、赖氨酸

（1）产能和产量

2014 年，全国赖氨酸出现阶段性减产，国内最大的赖氨酸生产企业由于内部调整，产量减少一大半。虽然其他企业有新上项目投产，但总产量仍同比明显下降。据行业统计：全国赖氨酸产量约为122万吨，同比下降23.7%。由于，前两年赖氨酸盲目扩产，形成产能过剩，库存量较大，再加下游养殖业持续低迷状态不佳，销售十分困难，价格也一直低位徘徊，甚至低于成本底线，全行业经济效益下滑，企业只能压减产量。但不可忽视全国总产能规模已超过200万吨，如不尽快采取控制措施进行调整，不仅企业经营会非常艰难，对行业持续稳定的发展也十分不利。

据了解，国生产的赖氨酸，大部分都是70%左右的盐酸盐，占总产量的多一半，与纯度较高的赖氨酸相比在生产工艺和环保处理上相对简单，只能以饲料添加剂形式出售，没有高端产品的价值优势，由此可见，产品质量和制造技术有急待进一步提升。

（2）集中度

2014年，我国赖氨酸生产企业有10家左右，有6家中大型企业产量超过10万吨，这一部分产能约占全国总产能的85%以上。近两年，赖氨酸生产企业逐渐在向中大型发展，随着这些变化和调整，市场格局也会发生一定变化，我们还需要及时关注赖氨酸行业的发展动向。

3、苏氨酸

2014年，我国苏氨酸产量达20万吨，比去年增长1倍多，前两年一直都没有超过10万吨。今年苏氨酸发展势头较快，生产企业以此来弥补赖氨酸的低迷状态，目前的生产企业有6–7家，市场竞争还没有十分激烈。此时，更应提醒企业，不能盲目释放产能，应根据市场及时调整产品结构，防止一哄而上陷入恶性竞争的漩涡。

4、其他氨基酸

我国目前发酵法生产的小品种氨基酸有十多种，总产量约在5万吨左右，还有部分产品用酶法和提取法生产。2014年氨基酸个别产品如：苏氨酸、色氨酸、精氨酸等产量都有不同程度的增长。

【c. 产品进出口情况】

2014年，我国氨基酸类产品总出口量为81.9万吨、出口额为15.2亿美元，出口量同比增长11.4%，出口额同比增长3.68%。其中：

谷氨酸及其盐类全年出口39万吨、出口额为4.9亿美元，出口量同比下降为4.9%，出口额同比下降4.7%。

赖氨酸及其盐类全年出口25.6万吨、出口额为3.26亿美元，出口量同比增长34%，出口额同比增长6.5%。

其他氨基酸等全年出口17.35万吨、出口额为7.12亿美元，出口量同比增长28.9%，出口额同比增长9.5%。

从以上出口情况看，个别产品国际市场竞争在加剧，产品仍需提高国际竞争力。

【d. 行业存在的主要问题】

1、大宗产品产能过剩，市场低迷产量下降，行业面临巨大挑战。

氨基酸大宗产品情况目前代表着整个行业的主流，在经过高速发展时期之后，大宗产品在国内市场趋于饱和，连续几年的市场低迷和产量下降，打击着生产者的信心，在经济发展的必然规律面前，迫使在行业中坚持的人们必须开动脑筋，跳出过去高速增长的发展格局，重新思考发展方向。

2、产品高成本、低价格、产业价值亟待提升

原材料价格居高不下，而且玉米价格一跃而起，在这种原料价格起伏不定的情况下，企业的生产成本也会随之波动，给企业经营带来不小的麻烦，加上人工费用、资源、环境、能源等要求不断增加，企业只能高成本运营。然而在价格效益上，大宗产品却成了最廉价的加工原料，经济价值越来越低，这对行业发展十分不利。现有产品需要有一个从量变到质变的转变，体现出生物制造的技术含量和产品真正的价值所在。

3、小品种氨基酸开发不足，产品竞争力有待提升

我国生产的小品种氨基酸已经有十多种，产量相对很低，产品大都用于食品、饲料、保健品添加剂等方面，对于要求较高的医药用氨基酸，虽然有很大需求，但是还缺乏自主生产能力。这方面我们还要不断进取

和提高，争取及早成为世界氨基酸产业强国。

【e. 应对措施及工作重点】

针对以上问题和行业面临的诸多矛盾和挑战，氨基酸行业首先应控制大宗产品的过度生产，按照国家产业政策，以更有效的方式坚持淘汰落后，限制资源的浪费，实现节能减排，稳定行业现状。

今后的工作重点是：

1、改变发展模式。转变思想，改变过去依靠高投入、高能耗、低成本单纯追求数量的增长方式，在稳定大宗产品生产的前提下，依靠科技进步和创新、加快产品和产业链高档化进程，开发产品的新功能、拓展其应用领域，集中精力转方式、调结构，全面提升产业素质和整体水平。以满足市场需求的变化，使氨基酸产业尽快迈上新台阶。

2、推行绿色制造。在节能减排淘汰落后方面，过去几年做了许多工作，特别通过味精环保核查，大幅度降低了能耗和水耗，减少了污染物的排放，收到明显效果。但是离生态文明的建设、绿色制造还有一定的距离，今后环保核查工作还要向赖氨酸行业拓展，整体提升行业清洁生产水平。通过认真贯彻资源节约型、环境友好型的发展战略，大力推进绿色低碳化的循环发展和清洁生产之路。

3、深入技术创新。更多的了解和把握氨基酸的核心技术，这对氨基酸行业发展尤为重要。目前，氨基酸高端化的产品还不能满足国民需要，技术指标还没有达到国际领先水平，在优化产品结构，延伸产业链、扩大应用领域等方面还存在着许多不足，这些都是今后行业重点解决的问题。

总之，在当前高端高附加值的氨基酸产品没能形成主导的情况下，氨基酸行业在短时间内很难全面摆脱困难局面，需要经过一段时期的调整和良性发展，才能步入新的发展阶段。在当前危机与机遇并存的情况下，作为国家支持的战略性新兴产业的一部分，大家一定坚定信心，积极思考，想办法、迎挑战，为实现我国氨基酸产业强国梦做出贡献。

【f. 行业活动】

1、为企业提供技术及政策支持，在必要时为企业开具相关证明或协助企业完成国家有关部门调查工作。

2、关注行业经济效益，多次参与行业市场经济分析会议。

3、关注国际交流，与 IGTC 交流味精行业研究成果。

4、开展行业健康营养宣传，配合相关媒体进行宣传片的制作。

5、开展行业调研，关注行业发展动向。向企业了解生产和市场情况，并以调查表形式对行业经济技术指标进行摸底。

6、召开行业座谈会，了解企业经济运行共性与个性问题，充分听取企业意见，积极寻找解决行业问题的应对办法。

7、召开统计交流会，主要针对氨基酸行业如何进行统计，及统计表细化，落实统计人员等。

8、9 月召开氨基酸、有机酸产业高峰论坛，此次会议到会 200 余人，论文 60 余篇，评选出 10 篇优秀论文，此次会议在行业中取得了良好的反响。

9、配合协会召开常务理事扩大会、组织氨基酸重点企业座谈讨论会、及时沟通行业情况关注行业发展动向。

10、参与 12 月在上海召开的生物发酵展览会和行业大会，积极配合招展工作。

11、协助环保部开展申报味精行业环保核查相关事宜。

12、编写《味精行业氨氮减排绩效分析及总氮减排潜力研究》，氨氮是“十二五”减排新的约束性指标，味精行业是发酵行业中产量较大的行业，也是氨氮产排相对较高的行业。此项目主要分析现阶段味精行业氨氮产生和减排现状及相关技术情况，并对未来的发展趋势进行预测，为保护水环境治理，促进社会经济可持续发展提供科学依据。

田玉兰

2.15 有机酸工业

【a. 概况】

1、柠檬酸、葡萄糖酸产量增长，乳酸产量下降

（1）柠檬酸

柠檬酸总产量约为129万吨，同比增长6.61%。其中无水酸总产量为56.5万吨，增长7.62%；一水酸48.9万吨，增长6.54%。柠檬酸行业是生产集中度较高的行业，产量排名前六位企业的总产量占到全国的98%以上。

（2）乳酸

乳酸总产量为12.2万吨，同比下降9.63%。产量排名前两位的企业是河南金丹乳酸有限公司、安徽中粮生化格拉特乳酸有限公司，其总产量占全国的85%以上。

（3）葡萄糖酸

葡萄糖酸产量达到70万吨，应该已经到顶。随着酶工程技术等生物技术的进步，以及生产技术水平的不断提高，我国葡萄糖酸近年发展迅猛。现在中国房地产等建筑行业的热潮衰退，低等级的葡萄糖酸系列产品已经出现了过剩，但是还有很多生产厂家正在筹建、在建、新建，应高度注意风险。

（4）其他小品种有机酸

其他小品种有机酸在国内已成规模发酵生产的品种还有衣康酸。近年来衣康酸产量变化不大，2014年，国内衣康酸总产量为3万吨左右，几年来产量基本持平。

2、技术指标持续向好，消耗指标继续进步

随着柠檬酸企业大型化与集约化程度、生产技术水平及节能减排的不断提高，使得各项生产技术指标连年持续得到进步。2014年，柠檬酸行业的平均产酸率为15.73%，增长0.21%；行业平均发酵周期为61.59h；2014年行业平均总收率为89.79%，增长0.43%。

柠檬酸行业平均成品粮耗为1.781吨/吨，同比基本持平；柠檬酸行业平均汽耗为3.15吨/吨，同比节约4.55%；柠檬酸行业平均耗电763.0度/吨，同比节电3.84%；柠檬酸行业平均水耗17.88吨/吨，同比节水5.84%。

3、柠檬酸、葡萄糖酸出口增长，乳酸出口减少、进口增长过快引起注意

柠檬酸产品总进口量1764吨，同比增长4.01%；进口额887万美元，同比1.72%。其中：柠檬酸进口量829吨，进口额404万美元；柠檬酸盐及酯进口量936吨；进口额483万美元。

柠檬酸产品出口量为93.3万吨，出口额84043万美元。出口量同比增长4.41%，出口额同比基本持平。其中，柠檬酸出口79.9万吨，出口额70430万美元；柠檬酸盐和酯出口13.4万吨，出口额13613万美元。全年柠檬酸出口价格呈现馒头形，两头低中间高。

乳酸及其盐和酯进口量8115吨，同比增长36.48%；进口额2121万美元，同比增长18.23%。乳酸产品进口量、进口额连续两年大幅增长，对国内市场已经形成压力。

乳酸及其盐和酯出口量43223吨，同比下降1.35%；出口额5383万美元，同比下降2.02%。从2011年以来乳酸出口量、出口价格持续走低，国际市场份额在不断流失。

葡萄糖酸及其盐和酯进口量 1009 吨，同比下降 1.05%；进口额 316 万美元，同比下降 2.67%。

葡萄糖酸及其盐和酯出口量 13.15 万吨，同比增长 15.39%；出口额 10900 万美元，同比增长 8.93%。葡萄糖酸产品出口价格一直波动较大，但 2014 年价格基本是在近年来的低位徘徊。

4、柠檬酸、葡萄糖酸、乳酸出口价格在低位徘徊

（1）柠檬酸

柠檬酸行业特点是产能过剩导致行业集中化进一步增强，小企业的生存空间进一步减小。进入 2014 年，柠檬酸企业继续减少，柠檬酸盐企业变化不大，柠檬酸酯发展较快。

现在生产的柠檬酸企业共有九家，东部地区集中六家企业，规模较大，开工也存在不足。西部地区两家，中部一家。西部和中部地区企业规模较小，处于停停打打半生产状态，开工率较低。2014 年 12 月份柠檬酸出口价格 824 美元是 2010 年 1 月以来的最低，2014 年除 5、6 两个月高于 2013 年，其他各月基本都处于近几年的同期最低位，行业困境进一步加深。柠檬酸盐 8 月份有点好转，原因是某柠檬酸盐大厂出现了重金属超标质量问题，但好景不长，该厂质量问题得到迅速处理，价格急速回落，12 月份出现了近年来的最低点 948 美元。

柠檬酸酯出现预热现象，雷蒙在不断扩产，无锡在雷蒙之外又出现两家，其他地区也新出现三家，柠檬酸酯已形成快速发展之势。但是生产柠檬酸酯消耗柠檬酸占柠檬酸总产量的比例毕竟很小，一段时间内柠檬酸整体需求增长有限。

图$_1$ 柠檬酸近年出口价格变化曲线

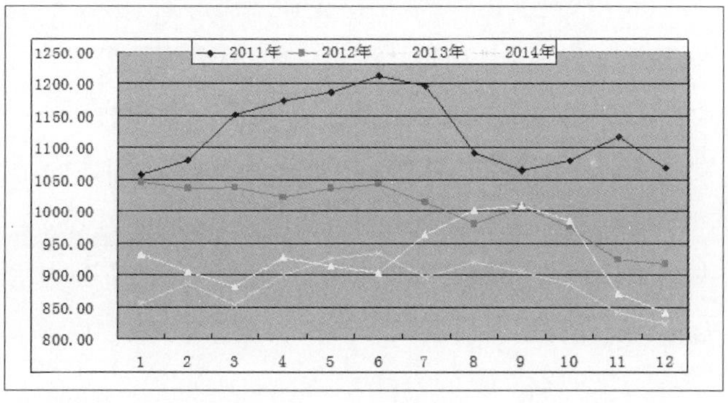

图$_2$ 柠檬酸盐近年出口价格变化曲线

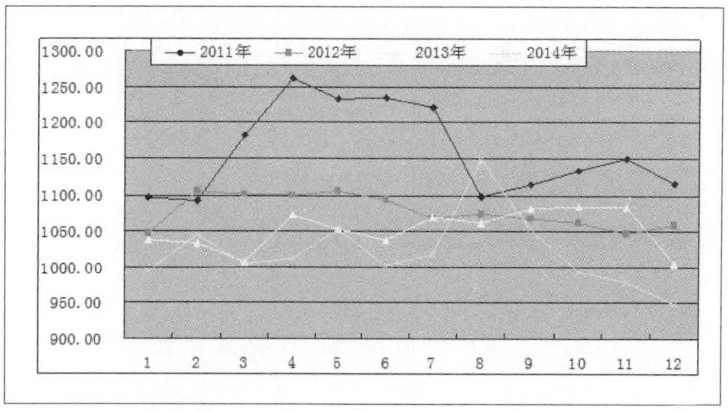

（2）葡糖糖酸

葡萄糖酸作为一个新兴行业，市场需求大，我国已成为全球最重要的葡萄糖酸钠生产国和出口国，随着酶工程技术等生物技术的进步，以及生产技术水平的不断提高，我国葡萄糖酸发展迅猛，特别是在 2012、2013 两年葡萄糖酸发展过于太快，现在出现了产能过剩，估计过剩超过 20%。葡萄糖酸产品出口价格一直波动较大，但 2014 年价格基本是在近年来的最低位徘徊，特别是出现了 5 个月都破纪录的在 800 美元 / 吨以下。

尽管目前葡萄糖酸的产能过剩不是很严重，未来随着房地产、土建工程的下滑，葡萄糖酸的需求会大幅减少，到时我们会发现葡糖糖酸特别是低质的产品过剩幅度已经非常大，甚至超出柠檬酸过剩幅度。因此建议那些在上或准备上葡萄糖酸的企业，切莫继续低水平扩张。

图$_3$ 葡萄糖酸产品近年出口价格变化曲线

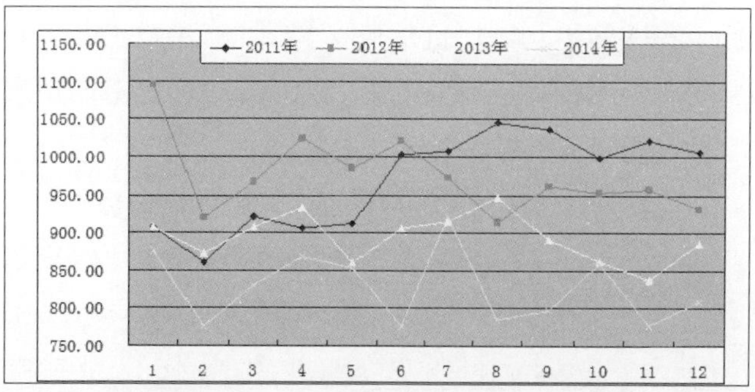

（3）乳酸

2014 年，乳酸行业出口比例占到总产量的 35%，对出口市场的依赖依然很强。出口量的降幅是在 2012

年同比下降了15%基础上、2013年下降2.33%，2014年继续下降1.35%，同时由于普拉克进军泰国后，对东亚乳酸市场影响力进一步加大，2013年乳酸进口同比增长13.52%，2014年又增长36.48%。对国内乳酸行业形成了挤压。受到内外共同的挤压，乳酸形势很不乐观。2011年以来乳酸出口价格持续走低，从2013年5月份开始乳酸出口价格一直在低位徘徊。

图$_4$ 乳酸产品近年出口价格变化曲线

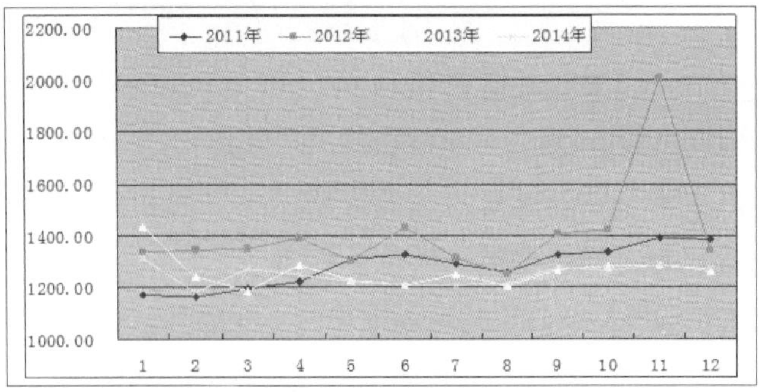

5、柠檬酸出口目的地国家和地区有所改变，部分国家的出口值得警惕

2014年，柠檬酸出口突出特点是前10国家变化不大下降，前10国家出口价格低于出口其他国家出口价格，而美国、欧盟国家出口价格远远高于其他国家价格。美国、欧盟国家出口尚有利润，出口其他国家目前处于亏损状态，特别是出口土耳其、印度、墨西哥、俄罗斯、印尼、南非等国家，然而目前这些国家的出口量均排在前列，特别是印度已经连续五年排在第1位。特别提醒各企业警惕的是今年以来出口俄罗斯、土耳其的柠檬酸价格在前10国家中价格最低，远低于我国的平均出口价格和成本，注意不要引起不必要的贸易摩擦。还有值得关注的是韩国和巴基斯坦出口量不断上升，进入了第12、13名。见表$_1$

表$_1$ 2014年我国柠檬酸出口国家的出口量排名前十位国家

单位：千克、美元

1.	印度	68, 241, 315	52, 306, 837	766. 50
2.	土耳其	49, 014, 000	37, 033, 910	755. 58
3.	日本	39, 473, 346	41, 157, 360	1042. 66
4.	墨西哥	36, 638, 100	30, 761, 920	839. 62
5.	印度尼西亚	36, 235, 250	28, 629, 302	790. 10
6.	俄罗斯联邦	30, 704, 000	22, 879, 223	745. 15
7.	德国	28, 339, 500	28, 457, 406	1004. 16
8.	荷兰	26, 703, 000	30, 275, 589	1133. 79
9.	阿根廷	21, 351, 100	18, 812, 987	881. 12
10.	南非	20, 666, 150	16, 649, 022	805. 62
出口前十国家和地区总量		357, 365, 761	306, 963, 556	858. 96
我国出口总量		799, 153, 476	704, 231, 962	881. 22
前十国家占比		44. 72%	43. 59%	

2014年，柠檬酸盐及酯出口突出特点是前10国家出口量下降，出口额下降幅度更大，俄罗斯、墨西哥顶替印度、意大利进入了前10出口国家；同时提醒各企业警惕的是今年以来出口俄罗斯、墨西哥的柠檬酸盐出口量增长过快，价格降低很快，不要引起不必要的贸易摩擦。见表$_2$

表$_2$ 2014年我国柠檬酸盐及酯出口国家的出口额排名前十位国家

单位：千克、美元

1.	日本	10, 651, 039	11, 385, 610	1068. 97
2.	荷兰	9, 821, 900	10, 802, 816	1099. 87
3.	泰国	9, 696, 360	7, 857, 421	810. 35
4.	德国	9, 034, 860	12, 328, 732	1364. 57
5.	印度尼西亚	6, 163, 010	5, 625, 632	912. 81
6.	西班牙	5, 153, 250	5, 231, 069	1015. 10
7.	比利时	5, 064, 450	4, 979, 930	983. 31
8.	巴西	4, 479, 200	7, 392, 273	1650. 36
9.	墨西哥	4, 260, 500	3, 248, 197	762. 40
10.	俄罗斯联邦	4, 194, 625	3, 314, 170	790. 10
出口前十国家和地区总量		68, 519, 194	72, 165, 850	1053. 22
我国出口总量		134, 032, 046	136, 178, 373	1016. 01
前十国家占比		51. 12%	52. 99%	

6、柠檬酸出口企业理性回归，生产企业作主导

柠檬酸产品前10家出口企业比例占到90%，保持在较高水平，并且稳定。出口前10企业中发酵生产企业占了六席，还有几家较小发酵生产企业没有进入。发酵生产企业整体出口比例稳步升高，已经把控了出口市场，发酵生产企业自主出口所占比例超过85%，占据了出口主动权，下一步生产企业应该更好地加强合作，处理好出口目的国和价格，继续减少转口贸易。

【b. 存在问题】

现阶段有机酸行业存在的主要矛盾和国家经济发展的主要矛盾是一致的。在全国过度的追求 GDP 情况下，追求一夜暴富的思潮下，造成 GDP 发展过快，经济过热，有机酸行业经过前几年的快速发展，出现了过热和低水平盲目扩张。现在由高速进入低速不可避免，我们还想着追求高速发展已经不可能了。在速度由过快转为低速情况下，出现刹车，这就是经济学家们所说的硬着陆或软着陆，可是我们头脑不冷静，到现在还没有清醒地认识到问题的严重性，出现刹车不及、碰撞已经肯定了，有机酸行业出现产能过剩。柠檬酸、乳酸发展时间长，比较透明，就不作分析。葡萄糖酸如果考虑未来建筑行业审批、市场趋向收紧，产能过剩会很严重，但是高品质的葡萄糖酸还只有少数几家企业生产，建议不做低水平扩张。

根据马克思主义理论，市场价格取决于市场供应量和需求之间的对比关系。我们这些产品在目前或两三年之内的短期可以说市场不会产生较大增长点，换句话说在两三年之内需求没有或基本没有变化。因此价格定位决定权就是：产能控制是根本，存量控制是关键。也就是说有机酸行业如果不采取措施，在两三年之内困境会越来越明显，越来越深入。

【c. 行业发展建议】

现阶段有机酸的主要产品产能过剩严重已成事实，面对行业存在的问题，协会积极研讨、调研，也采取过一系列措施，都因为这样那样的问题而流产。现在我把一点思路提出来供大家参考。我的思路可以归纳为：深入挖潜、战略转型、拓展应用、产能转移、淘汰落后。

1、规模扩张转向技术进步，科技创新、深化挖潜寻求竞争优势。

深入挖潜，重质量，降消耗，在保证质量的前提下，从生产、人员、采购、销售到后勤服务各个方面，都能够精打细算，精细化管理，清洁生产，深入挖潜，在同比行业中具有比较优势，做到人无我有、人有我精，从而做到大家都在赔钱时，我们能够做到不赔或者盈利，实现一枝独秀。

2、解放思想，转型中寻求更多发展点

我国的生物基材料在研发和产业化应用方面与国际先进水平还有一定的差距，国内目前生物法技术相对落后，应该加快研究步伐和生产。近年来国外在有机酸行业中，新产品的研发及生产是值得我们注意和发展的。譬如丁二酸、柠檬酸酯、乳酸乙酯。日本应用转基因微生物制造琥珀酸，成本降低到每千克 1 美元以下。普拉克已经开始进军丁二酸，在西班牙上一条 5 万吨生产线。还有其他生物发酵产品，例如新型原料药、蛋氨酸等，还有很多产品市场需大于供的，或由于市场价格高昂走不进百姓需求。为市场提供价格低廉、功能多样的更多的生物基材料、发酵产品就是最好的发展点。

3、拓宽应用领域，促进推广应用。

针对当前我国柠檬酸、乳酸严重依赖出口，内需消费不足的问题，柠檬酸出口比例大于 80%、乳酸大于 40% 的现状，企业应该从扩大内需市场等多方面下功夫。有机酸的应用十分广泛，柠檬酸盐及酯、乳酸盐及酯应用领域开发远远不够，企业应该加强柠檬酸、乳酸衍生产品开发以及产品应用领域的开发，改变目前单纯向客户提供产品的方式为向用户提供技术咨询和服务方式，从而扩大产品应用领域。随着有机酸下游行业对质量要求的不断升级以及食品、饮料、洗涤、医药等最终消费者个性化需求趋势的不断增强，有机酸行业必须不断开发高质量、个性化、功能性的新产品才能适应和满足不断升级的市场需求。

4、走出去，突破贸易壁垒，站在全球的高度上和国外市场竞争。

有机酸行业国内产能过剩，国外还有很多需求点，只是由于贸易壁垒造成我们出口受阻，现在我们走出去，带上我们的优势，菌种、技术、优秀的工人、技术人员，利用国外的廉价原料（玉米）、辅料、先进的设备，再选择好建设国家的税收、土地、环保和市场优势等等。到他们的大后方去开辟战场，把国内的产能搬到国外去，直接打破贸易壁垒，占据市场优势，这样会取得预想不到的成果。这个前提是我们具有技术优势，人才优势。柠檬酸行业已经具备这样的优势，现在已经有几个企业走出去了，在泰国已经建厂的有中粮、丰原、宁朗，日照金禾也要到国外准备建厂。但我希望后发的企业要从他们身上找出成功和失败的经验，做足后发优势，争取更高的站位。

5、团结起来，淘汰落后，夺回主动。

市场需求还是有的，只是我们的产能、产量超过了市场需求，并由此形成了存量，或者压货。我们因此失去了市场主动权，低价销售已经使得柠檬酸企业全面亏损。但是从长远看，也仅仅是今天我们把明天的需求生产出来了。如果我们看清这些，我们从现在开始紧密地团结起来，用环保提升门槛，限制新增产能，淘汰落后产能，从而保障供需紧平衡，我们就会逐步消耗存量，最终赢回市场主动权。

【d. 柠檬酸分会工作】

9 月 18–20 日，有机酸分会和氨基酸分会在四川省成都市组织召开了“氨基酸、有机酸产业高峰论坛”。

12 月 4 日，在上海组织召开了“第二届发酵行业节能环保论坛”，主要围绕行业面对的环保治理、节能减排、清洁生产、综合利用等问题开展研讨和交流。

冯志合

2.16 营养与保健食品制造

【a. 概况】

2014 年，我国保健食品业健康快速发展，已迎来升级发展的关键时期。我国并无明确的营养食品定义和相关法规，只有“健食品”的定义和相关的管理法规，所以本篇的相关数据只涉及保健食品内容。

1、主要经济指标

保健食品尚未纳入国家行业统计目录，所以，统计渠道不完善，行业数据短缺。据测算，2014 年，全国保健食品年产值约为 3900 亿元，通过 GMP 认证的保健食品企业达到 2200 余家。

2、行业发展分析

全国已审批保健食品 15022 个，其中国产保健食品 14293 个，进口保健食品 729 个。其中 2014 年共有 1313 个保健食品通过审批，包括国产保健食品 1303 个，进口保健食品 10 个。我国保健食品主要有以下特点：一是国产品种多，进口产品少；二是审批的保健食品功能分布不均衡，多为增加免疫力、缓解体力疲劳、辅助降血糖、减肥等少数功能；三是剂型多样，但以胶囊、口服液和片剂为主，以传统食品形态的产品较少；四是产品成分多数为药食两用的中药。目前该种趋势正逐渐缓解，未来中国市场保健食品的发展中，产品功能将逐步分散，产品结构趋向合理。

保健食品销售渠道正向多元化发展，特别是网络电商平台、微信等电子商务渠道的快速发展，为保健食品行业的监管带来了新的挑战。而成品出口几乎为零的现状，也为中国保健食品生产企业的发展提供了广阔空间。

3、企业规模及区域分布

经过 20 多年的发展，保健食品产业已具一定规模，根据我协会的调查数据显示，投资总额在 1 亿元以上的大型企业占 1.5%，投资总额在 5,000 万元至 1 亿元的中型企业占 38.2%，投资在 100 万元至 5000 万元的企业占 6.7%，投资在 10 万元至 100 万元的小型企业占 41.9%，投资不足 10 万元的作坊式企业占 12.5%。（见图 1）

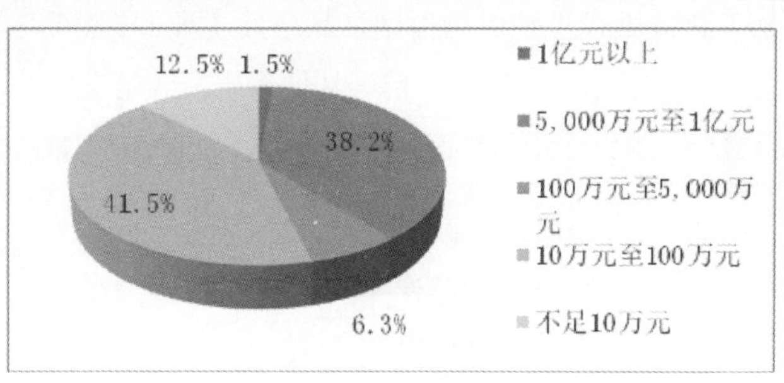

图1 我国保健食品企业规模分布

（来源：中国保健食品协会）

从区域分布看，我国保健食品企业区域布局不尽合理，产地过度集中，分布状况具有南多北少、东多西少的特点，主要集中在北京、广东、山东、浙江、上海等经济发达地区，新疆、西藏、青海等中西部地区企业较少。

参与调查的企业中，72.5%集中在北京、广东、山东、浙江、上海等经济发达地区。宁夏、西藏、青海、新疆等经济不发达地区的产品仅占 1.5%。（见图 2）

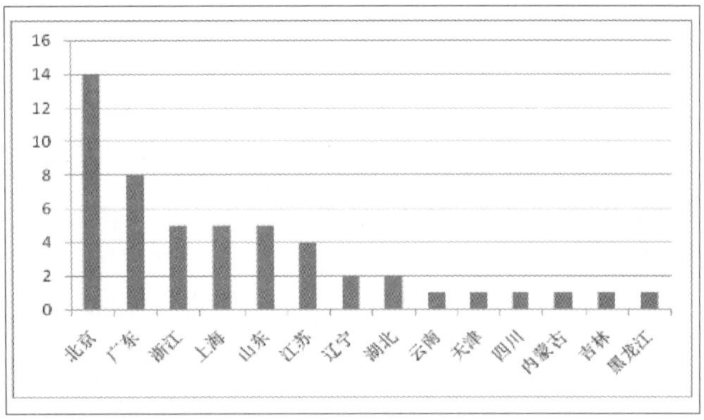

图$_2$ 我国保健食品企业区域分布

（来源：中国保健协会）

这种地区分布上的不平衡基本与各地区的综合经济发展水平相适应，经济发达地区对健康类产品的关注程度和市场需求量自然要比不发达地区高。

4、保健食品企业销售模式

传统商业渠道依然是保健食品销售的主要途径，但是随着电子商务的普及和电子商务平台的快速发展，电子商务模式也正成为保健食品企业主要的销售模式之一。电视购物、直销、会销等其他销售模式情况相当。（数据百分比为该渠道在所有参与调查企业中的比重）。

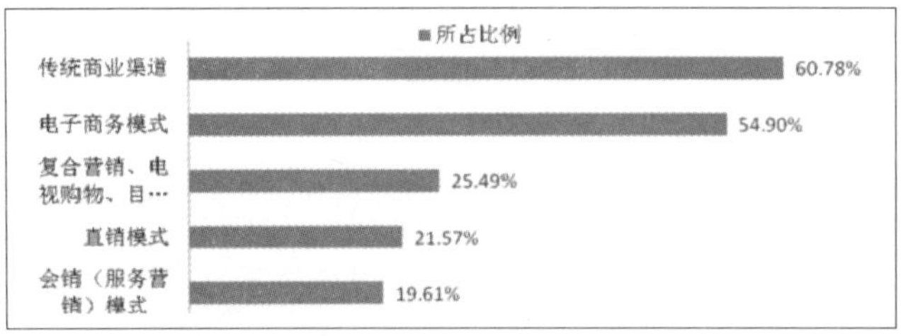

图$_3$ 保健食品企业销售渠道情况（来源：中国保健协会）

网购已经成为我国居民日常消费的重要方式。据中国互联网络信息中心 CNNIC 统计，截至 2013 年 12 月，中国网民规模达 6.18 亿，全年新增网民 5358 万人。互联网成为保健食品行业发展最迅速的新兴渠道。保健类产品特别是保健食品，是现阶段网上零售市场增长最快的细分品类之一。网上销售保健食品主要有以下几种模式：保健食品 B2C 模式（此种模式又分为：综合类 B2C 网站的保健食品专业频道、保健食品专业 B2C 网站、保健食品企业自建销售网站）；保健食品 C2C 模式；保健食品 O2O 模式。

5、进出口状况

（1）进口

近几年，国外保健食品在中国市场上的销量持续增长。截至到 2014 年底，我国共批准进口保健食品 729 个，其主要来自美国，其次为中国香港和日本。进除全球营养保健食品巨头安利公司外，宝洁、强生、康宝莱、辉瑞等也积极进入中国营养保健食品市场。大量进口保健食品的涌入的确给国内保健食品市场带来了种类更丰富、产品线更全面的优质产品。

（2）出口

近几年，我国保健食品外贸呈现出进出口两旺的态势。2011 年我国保健食品出口同比增长 115%。经过 2010 ~ 2011 年的大幅增长后，2012 年我国保健食品出口额为 2.13 亿美元，同比增长 3.47%；2013 年出口额为 2.48 亿美元，同比增长 16.17%，基本属于平稳增长。2013 年我国有 327 家企业从事保健品出口。其中，民营企业是推动保健品出口的主要力量，出口家数为 240 家，出口金额为 1.48 亿美元，同比增长 17.12%，占比高达 59.69%；“三资”企业出口家数为 34 家，出口额为 8315.61 万美元，出口金额占比 33.56%；国有企业出口金额为 1672.92 万美元，占比 6.75%。

我国出口的保健食品主要是鱼油、卵磷脂、蜂王浆等保健食品原料，保健食品成品较少。

我国保健食品出口主力省份为广东、浙江、山东和河南。其中，广东省保健食品出口以鱼油和鱼肝油为主，浙江省以出口王浆产品和蜂蜡为主，山东省以出口鱼油和卵磷脂为主，而河南省则以出口蜂蜡和蜂花粉为主。

【b. 基本监管情况】

2014 年，国家食品药品监管总局汇总通报了 3 期违法保健食品广告情况。在 3 期违法广告汇总期间，各省（区、市）食品药品监督管理部门以发布《违法广告公告》方式，通报并移送同级工商行政管理部门查处保健食品违法广告共计 25706 条次。11 个保健食品广告因严重篡改审批内容进行违法宣传被撤销和收回广告批准文号。总局对 6 个违法情节严重保健食品广告进行了汇总通报。

自2014年8月底国务院食品安全办、食品药品监管总局、工商总局联合部署启动农村食品市场“四打击四规范”专项整治行动以来，各级食品安全办、食品药品监管及工商等部门一边抓机构改革、一边抓监管工作，积极响应、周密部署、密切配合，围绕“四打击四规范”行动的工作目标和各项任务加大执法力度，严厉查处各类食品生产经营违法行为，专项整治行动取得了初步成效，产生了良好的社会效果。截至10月中旬，全国共依法取缔无证经营户6256户，吊销食品生产经营许可证453户，吊销营业执照167户，捣毁制售假冒伪劣食品窝点517个，查扣侵权仿冒食品7.61万公斤，查扣劣质食品153.95万公斤，查处各类食品违法案件1.67万件，其中移送司法机关处理案件222件。

【c.行业面临的问题】

1、政策与市场

2013年，保健食品由新成立的国家食品药品监督管理总局全程监管，但部门变化以及法律法规的不明确，导致监管基础相对薄弱，监管体系不健全，其中重要的法律法规体系、标准体系、风险控制体系、技术支撑体系等亟待健全完善。

发改委产业目录、统计项目目录没有列保健食品产业，政策支持缺乏。与国外和国内其他企业相比，保健食品产业发展得到的政策支持较少，竞争上处于不平等的境地。国家对不同类型的国有企业有一系列的扶持政策，这些政策涉及税收、土地、信贷、贴息、各部委的有关配套支持资金等等。但是，国内保健食品企业，绝大部分是民营企业，基本上享受不到这些优惠的政策，处于不平等竞争地位。

与国外发达国家相比，我国居民生活习惯中存在重医疗、轻保健的意识。与一些保健产业成熟的国家相比，企业资产和销售规模较小。产品老化，产品及功能雷同，适用人群类似，新产品缺乏，低水平重复，缺乏技术资金投入，造成企业恶性竞争。少数企业，以概念造势，粗制滥造，夸大宣传，违规经营，被政府通报和媒体曝光，使消费者产生“信任危机”，给产业发展带来不利影响。

2、生产经营中存在的问题

虚假申报、无证生产、套号生产、非法添加、夸大功效、虚假宣传等是保健食品生产经营中存在的突出问题。

主要体现在：

（1）非法添加违禁物品现象严重，如减肥、降血压、缓解体力疲劳等功能产品加入药物。

（2）违法违规生产经营，不按批准的配方、生产工艺生产，委托加工不规范，套用、冒用批准文号，一个批准文号用于多个产品。

（3）夸大宣传，擅自增加功能，扩大适用人群，变更食用量，故意混淆药品与食品的区别。

（4）假冒产品、鱼目混珠，如普通食品冒充保健食品。

（5）行业委托加工盛行，目前没有专门的管理规定来制约委托加工行为，因此存在着不少的监管漏洞，证照过期、不全，地址擅自变更等问题依旧存在，在保证产品质量方面，委托双方各自所负责任不够明确或难以界定落实，多方或多重委托后产品质量安全就更加难以保证，异地委托加工现象就更严重。

【d.发展趋势】

1、机遇与竞争并存

根据已经发布的《食品工业“十二五”发展规划》和《关于促进健康服务业发展的若干意见》，国家将“营养与保健食品制造业”列为我国重点发展行业。规划指出，到2015年中国营养与保健食品产值达到1万亿元，年均增长20%，并形成10家以上产品销售收入在100亿元以上企业。到2020年，健康服务业总规模要达到8万亿元以上，在巨大的产业机遇下，中国保健产业已迎来升级发展的关键时期。

2014年发改委、国土资源部、住建部等10部委联合下发的《关于加快推进健康与养老服务工程建设的通知》，2014年发布《中国食物与营养发展纲要（2014－2020年）》，均对营养与保健食品行业发展形成利好。

随着新修订的《食品安全法》的发布和《互联网食品药品经营监督管理办法(征求意见稿)》的发布，未来部分保健食品的审批将逐步向备案制过渡，保健食品入市流程将逐渐简化，此外，国家将加大对保健食品的监管,非法生产销售的小企业将面临清理风险，而更多大公司加入到保健食品行业中，我国的保健食品市场竞争也将空前激烈。

2、药企加速进入保健食品领域

由于国家对健康产业的支持，不少上市药企除了经营药品主业外，均不同程度地试水保健食品领域。受药品价格管控、新药研发资金巨大等诸多因素的影响，药企转战“非药”市场将加速。目前，我国A股医药类上市公司共有140余家，其中披露保健食品业务收入的有14家。数据显示，保健食品销售收入最多的是哈药股份，共计13.5亿元；保健食品收入占比最高的是江中药业，占比15.03%；获批保健食品最多的是海王生物，共87个产品。

3、保健食品销售渠道向多元化方向发展

保健食品销售渠道正向多元化发展，特别是网络电商平台、微信等电子商务渠道的快速发展，为中国保健食品生产企业的发展提供了广阔空间。2014年在保健食品企业销售渠道统计中，保健食品在药店渠道中占市场的比例为20%，而电子商务模式已经达到54.9%。

【e. 政策建议】

1、推进我国保健食品独特资源优势和传统优势生产的产业化。

鼓励企业建立我国保健食品独特资源优势原料和食药两用中药材原料基地，发挥其带动作用，推进大宗独特资源优势原料和食药两用中药材原料生产的规模化和产业化。提高企业核心竞争力，培育和保护知名品牌。对拥有区域性和全国性知名商标的企业要给予必要支持和保护，做好商标保护和宣传，提高产品竞争力。进一步扩大开放，鼓励和支持中国企业参与国际竞争，争创国际保健食品知名品牌。

2、在技术、金融政策上给予支持。

把保健产业列入国家技术支持范围,在产品试制、传统保健技术创新、知识产权保护、专利快速申请和认证等方面给予支持；在研发费用上给予支持，鼓励企业提高研发能力，增强产品的核心技术，促进技术创新；发展和引进风险投资，鼓励风险投资投入保健产业领域；鼓励保健产业在A股市场，特别是创业板市场上市融资，建造具有国际竞争力的企业。

完善促进保健产业发展的法律法规和标准体系。

加快制定与完善《保健食品注册与备案管理办法》、《保健食品原料目录和功能目录管理办法》、《保健食品原料目录名单》等配套的法律法规。

中国保健协会

2.17 盐加工

【a. 概况】

2014 年，盐行业经受国内经济下滑考验，经过中盐协会的努力，各级盐业公司正确对待改革，转变观念，开展食盐专营体制下市场化运作。

我国盐行业资产总额 1646.21 亿元，总销售收入 847.16 亿元，非盐业务收入 334.04 亿元，利润总额 53.74 亿元。全行业从业人员 193789 人，共有注册登记制盐企业 282 家，批发企业共 2090 家。

全国原盐产能 10970 万吨，同比增长 2%；可以看出，从 2009 年到 2014 年我国原盐产能呈增长趋势，但 2014 年产能同比增速下降了 5 个百分点。

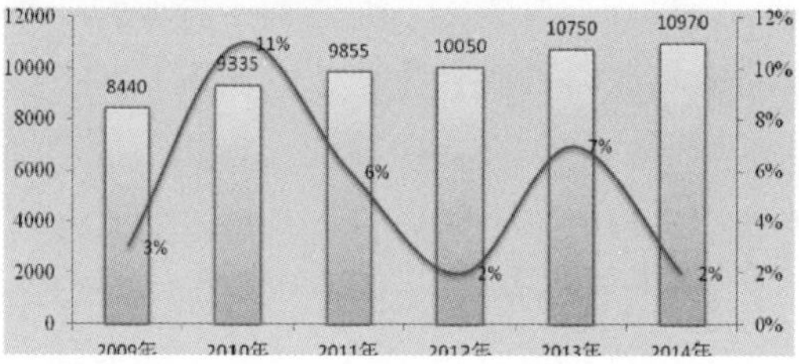

全国原盐产量 9210 万吨，同比增长 7.09%。其中：海盐产量 3220 万吨，同比增长 17.73%，占全部产量的 35%；井矿盐产量 4890 万吨，同比增长 5.32%，占全部产量的 53%；湖盐产量 1100 万吨，同比下降 3.25%，占全部产量的 12%。

原盐库存 2326 万吨，同比增加 39.28%，其中：海盐库存量 1417 万吨，同比增长 44.89%，增长幅度较大；井矿盐库存量 156 万吨，同比库存增长 69.56%；湖盐库存 753 万吨，同比增长 25.50%；

我国共消费原盐 9690 万吨，同比增长 8.27%。主要原因是两碱工业盐用量的增加，两碱工业盐用量同比增长 8.5%。消费量中用作两碱工业盐消费量约为 8063 万吨，占全部消费量的 83%，用作食盐消费量 1048 万吨，占 11%，小工业盐 437 万吨，出口 142 万吨。

【b. 协会工作】

依据 QB/T2828-2006《碘盐标志生产企业管理规范》和 QB/T2827-2006《碘盐标志技术条件》以及相关的实施细则，中盐协会应对生产碘盐标志的企业生产环境、企业资质、生产设备、生产能力等进行监督，对碘盐标志质量、防伪技术、试验方法、检验规则、安全措施、包装、运输、贮存等情况进行监测。

1 月，《中国企业社会责任报告白皮书》发布会在北京隆重举办。

1 月，内蒙古兰太股份有限公司药业分公司在知名搜索引擎——互动百科成功获得“盐藻”年度词王总冠名，首次开启网络推广盐藻概念。

2 月 18 日，中国盐业股份有限公司揭牌仪式在中盐大厦隆重举行。

3 月份，中盐新干公司生产的中盐牌、粤盐牌、桂山牌低钠盐以及桂山牌加碘精制盐通过农业部中国绿色食品发展中心的严格审核，被认定为绿色食品 A 级产品，获得绿色食品标志使用权。

3 月，中国盐业协会作为碘盐证明商标注册人，依照《商标法》规定，委托国家盐产品质量监督检验中心和国家轻工业井矿盐质量监督检测中心对全国食盐质量和标签标识进行抽查。

4 月 2 日，组织召开了全国盐业产销座谈会。

8 月，轻盐集团盐硝总产量达 30.42 万吨，首次突破 30 万吨大关。

10 月 29 日，中盐协会在北京召开第七届会员代表大会暨七届一次理事会。

11 月 5 日，港华金坛储气库项目（地面工程）举行开工仪式，这是国内城镇燃气第一个大规模盐穴储气项目，建成后将为华东地区提供有力的能源保障。

11 月 13 日，中国社科院发布 2014 年企业社会责任蓝皮书，中盐再次荣登食品饮料行业第 1 名。

2.18 食品及饲料添加剂制造

【a. 概况】

纵观2014年国际经济形势，大部分国家和地区面临复苏缓慢、增长乏力的大环境，我国经济则在此情况下不仅要保持复杂国际经济环境下的稳定增长态势，而且国内许多行业都面临着转型和升级，我国经济已从改革开放初期的高速增长转变成现今的中高速增长。在国内外这种大的经济形势下，我国食品添加剂和配料工业延续了前两年的态势，也和大多数食品行业一样，由高速增长进入了平稳发展、稳中有升的阶段。

【b. 主要经济指标】

1、主营业务收入

2014年，食品添加剂和配料行业主要品种的总产量达947万吨，同比增长7%左右；销售额约935亿元，同比增长7.5%左右；从主要数据看，行业总体上仍呈现平稳发展、稳中略升的态势，而且国内外食品市场对食品添加剂产品的需求没有明显的变化。

2、利税

由于食品添加剂品种繁多，利税难以统计。总体来看全行业总利税率在15%左右，大宗产品竞争更加激烈，利润水平低，小品种产品利润水平高一些。

【c. 行业发展分析】

食品添加剂和配料工业是食品工业的重要组成部分，随着现代食品工业的发展，食品添加剂已经进入了保证食品安全规范发展的时代。食品添加剂也是食品工业创新的基础，食品添加剂行业与食品工业一直保持着相互促进和相辅相成的关系。我国食品添加剂行业是食品工业中与国际法规和标准接轨最直接最完全的行业，我国现在是国际食品添加剂法典委员会（CCFA）的主席国，与国际发达国家一样，我国也制订了一系列较为完善的食品添加剂生产、使用和管理的法规和标准。

我国已批准使用的食品添加剂品种共2600余种，几乎涵盖所有的加工食品。食品添加剂中主要的常用品种在国内都有生产，且大多数产量都居世界前列，产品除满足国内市场外，许多产品出口也较多，有些产品在国际市场上占主导地位。2013-2014年间，行业企业整体数量没有发生大的变化，行业的产量和销售额却都有增长，说明行业企业的规模和实力在不断增长。近年来，行业企业通过扩大产能、技术改造和技术升级、在原料基地附近设立分厂等方式使得产能和销售额都有明显增长。同时，通过兼并、重组等方式扩大企业规模或组成企业集团，壮大企业实力。目前行业内已经上市的公司近10家，例如：保龄宝、龙力、晨光、爱普、百润、阜丰、金禾等，还有一批行业企业正在积极运作上市。

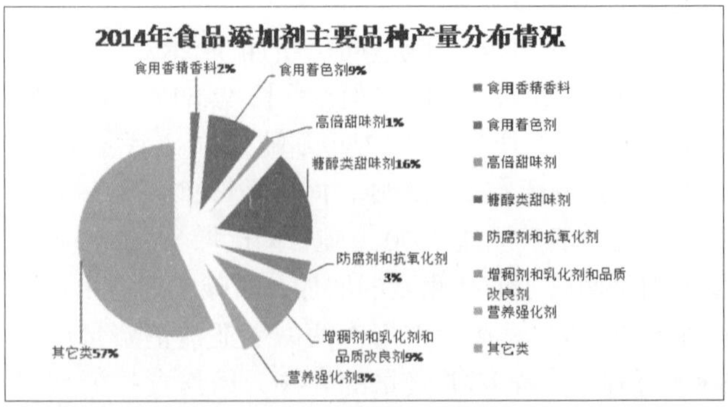

注：此表中“其他类”主要包括味精、柠檬酸及盐、

酶制剂等发酵制品。数据来源：中国食品添加剂和配料协会

1、价格

由于食品添加剂品种较多，产品价格没有系统统计，总体产品价格平稳，2014年主要产品价格波动不大，但整体出现下滑的趋势。以着色产品为例：主要品种全年价格总体保持在上一年水平；有些高端天然色素产品藻蓝、姜黄、红曲黄等产销量大幅增长；价格有所上升。但行业中的一些大宗产品，如：辣椒红目前由于产能严重过剩，价格大幅下降；而万寿菊浸膏等产品经过几年的培育，价格又有从低谷复苏的迹象。

2、市场

从国内市场来看，市场容量有所增加，但竞争更加激烈，随着国家监管越来越严，食品生产企业使用食品添加剂也越来越规范，同时有效打击了“非食用物质”的违法添加，对食品添加剂的市场也给予了有效净化，规范、促进了食品添加剂行业的发展。

国际市场较上一年有好转但仍不乐观，2014年行业出口额增长了2.8%，较2013年1.1%的增长略有提高，但是增长缓慢，由于竞争激烈，一些产品还经常受到国外反倾销的威胁。行业正努力转型，由传统的欧、美等市场向新兴市场拓展。

3、投资

食品添加剂是市场化较早的行业，投资多以民营或外资为主，在食品添加剂行业快速发展过程中，行业竞争也十分激烈。食品添加剂的企业一般都较小，投资不大，当一个产品市场好的时候很容易吸引资本进入，企业价格战的情况时有发生，一些出口产品竞争更加白热化，个别产品市场前景还不明确，很多企业就已蜂拥而上，整个产业都没有利润。但是经过多年的市场竞争和国家以及行业的积极引导，加强行业自律，很多产品的发展已趋于平稳，产业结构较以前已有明显改观。

2014年，全行业新增投资不多，只是个别行业和个别企业在技术改造和科研开发上有些投入，新增产能不大。一方面市场变化不大，绝大多数产品产能已经过剩，市场竞争激烈，产能没有扩大的空间。另一方面，从国家政策上对食品添加剂行业限制增加，新品种审批放缓，现有产品的扩大使用范围和扩大使用量也非常困难，企业投资愿望不足。虽然从产量、产值上看，食品添加剂行业在食品工业中所占的比例为2%左右，但其在食品工业发展中的作用是不容忽视的。食品添加剂行业品种繁多，单一产品的产量不大，所以生产企业也就以中小企业为主，企业的规模小，比较分散，企业发展基础不强，在融资能力和贷款等资金方面遇到了许多困难。由于资金短缺，企业很难开展技术改造，产业升级困难，大多徘徊在低水平竞争上。新产品开发更是力不从心，当市场好的时候扩大生产也不容易。所以资金短缺的问题是行业遇到的普遍问题，一直制约着行业的发展。

4、区域分布

我国食品添加剂工业是改革开放后首先由东部沿海城市迅速发展起来的，在很长一段时期内，仅有少数几个省份较发达、活跃。而大多数中西部省区都很少有食品添加剂产业的发展。近几年，除广东、上海、浙江、山东、江苏、北京、天津等省市外，一些中西部地区充分发挥各自资源优势，和国家扶持政策或地域优势，开发出了一些性价比较高的食品添加剂产品，规模和数量都有明显上升。同时能源和原料的影响，一些耗能大、原料成本比重大的产品也逐步向中西部转移，许多产品已经形成了区域优势。

5、行业集中度分析

我国是食品添加剂生产大国，很多产品产量和出口量都居世界前列。大多数主要产品都已经过了充分市场竞争，产业集中度较高。主要行业如防腐剂、抗氧化剂、甜味剂、增稠剂、乳化剂、酶制剂，还有一些列入食品添加剂名单的发酵制品如味精、柠檬酸、乳酸等生产集中度都已经很高，以上行业前5家企业的产量都超过行业的80%。近年来，国家对食品添加剂行业监管力度加大，一些小型不规范的企业遭到淘汰，使得行业集中度进一步提高。但也有个别行业生

产集中度虽然较高，但企业数量仍然较多，产业集中度还有很大提升空间。如辣椒红色素行业，我国辣椒红年出口量已占全球市场的 60%，而龙头企业河北晨光生物科技有限公司一家企业占全国出口量的 50% 以上，产业集中度已经较高，但国内目前生产辣椒红的企业还有近 70 家。这使得行业竞争非常激烈，产品价格一路下降，21 世纪初产品价格在 40 万元 / 吨左右，目前同等质量规格的产品只能卖到 15 万元 / 吨，行业只能依靠出口退税维持发展。

6、进出口

我国食品添加剂不仅满足了国内的生产需要，许多产品出口到国际市场，从数量来看，我国是世界食品添加剂的主要生产国和供应国之一，在国际市场上占有举足轻重的地位。

由于 2014 年大部分国家和地区面临经济复苏缓慢、增长乏力的大环境，以及国内出口产品退税政策调整等因素的影响，食品添加剂和配料产品的出口增长放缓。根据协会对行业骨干企业数据的统计分析，2014 年食品添加剂和配料行业主要品种出口约 37 亿美元，同比增长约 2.8%。但从主要数据看，行业总体上仍呈现平稳发展、稳中略升的态势。

我国大多数食品添加剂产品在国际市场上占有主导地位，特别是一些大宗产品的生产量和国际贸易量均居世界前列，但以较成熟的产品居多，高端产品和新产品不多。

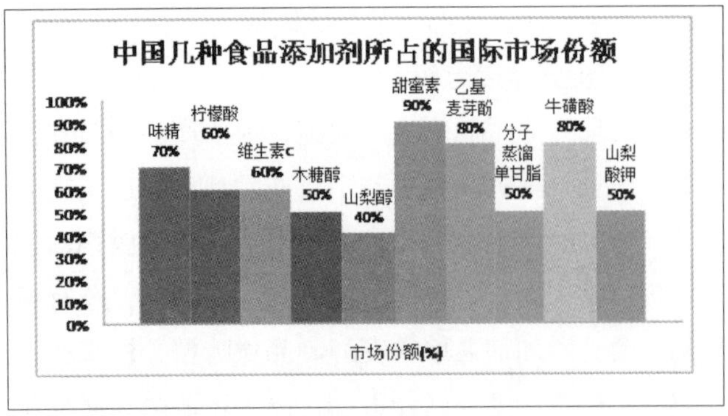

数据来源：中国食品添加剂和配料协会

我国进口产品中多以高端产品为主，其中香料、香精产品进口占食品添加剂总进口量的 50%，营养强化剂进口 1.5 亿美元。

7、重点行业

（1）着色剂

2014 年，食用着色剂行业产销总量达 81 万吨，同比增长约 1%，销售额 55.8 亿元，同比增长 4.6%。2014 年出口量达到 9400 吨，与 2013 年持平，出口创汇 3 亿美元，同比减少 5%。食用着色剂的三大类产品为天然着色剂、合成着色剂和焦糖色。其中，天然着色剂销售量 2.4 万吨，同比持平。焦糖色产量 77 万吨，销售额 23 亿元；合成着色剂 4900 吨，同比增长 2%，销售额 2.1 亿元，同比增长 4%。高端天然色素产品藻蓝、姜黄、红曲黄等产销量大幅增长；行业中的一些大宗产品，如：辣椒红目前由于产能严重过剩，生产企业多数处于亏损状态；而万寿菊浸膏等产品经过几年的培育，有从低谷复苏的迹象。

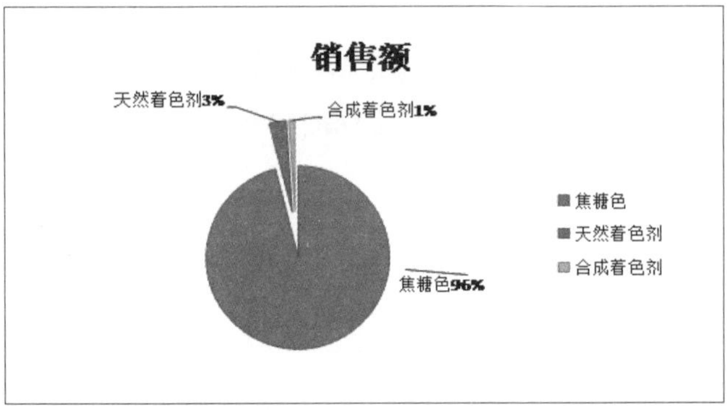

数据来源：中国食品添加剂和配料协会

（2）甜味剂

糖醇类产品：经过几年的发展和整合，2014 年功能糖类产品以骨干企业为主导的、高集中度的行业特点越来越显著，行业已形成一个良性发展的循环。但因原材料价格上涨达到 15%—20%，而产品价格较去年同期却下降 2%–5%，企业利润空间收窄。2014 年，行业功能糖类产品销量同比增长约 7.2%，销售额与去年基本持平。低聚果糖、低聚半乳糖产品市场需求继续扩大，果葡糖浆、低聚异麦芽糖产品因原料用工成本上升，利润下降。木糖醇产量去年达 60000 吨，木糖醇销量 55000 吨，同比增长 12%，销售额同比增长 8%，麦芽糖醇、赤藓糖醇销量同比增长 7%，销售额同比增长7%。

高倍甜味剂产品：2014年高倍甜味剂产品和往年相同，产品出口所占比重较大，少部分供应国内市场。高倍甜味剂产品产量总体有所提高，达到12.2万吨（不含复配），同比增长约3%。糖精（钠）全年销售量约2.5万吨，销售价格总体平稳。甜蜜素国内的生产约在5万吨左右，去年甜蜜素产品原料受国际石油价格影响变化相对较小，销售价格总体稳定，但受市场消费量下降等因素的影响，产销量同比有所下滑。安赛蜜全年产量约为13000吨，产销量和销售价格有所下降；出口继续受到国际金融危机大环境的影响，没有明显改善，企业效益下滑。阿斯巴甜产量约为1.2万吨，90%–95%的产品出口，但销售价格明显走低。三氯蔗糖则继续受益于知识产权诉讼胜利的影响，出口增加，产量也在上升，但价格延续前几年的走势继续下滑，目前已到30万元–40万元/吨左右，值得庆幸的是2014年该领域大量投资建厂的情况开始趋缓或停止。甜菊糖产量约3500吨，销售量和出口量比2013年略有上升。

（3）食用香精香料

2014年，食用香精香料行业整体上发展比较平稳，市场需求比较稳定。食用香精价格有所上涨，企业效益略有上升，销售量和销售额比2013年增长约8%。食用香料麦芽酚、甲/乙基麦芽酚，以及杂环类食用香料销售量和销售额均有增长，估算全年销售量同比增加8%，销售额同比增长6%。咸味香精的生产和销售形势发展比较好，产销量和销售额同比增长估计超过10%。

（4）防腐剂和抗氧化剂

2014年，防腐剂和抗氧化剂主要产品产量和销售额与2013年相比略有增长。其中苯甲酸和苯甲酸钠产销约6万吨，同比增长12%，受原材料价格持续下降影响，成品价格也有所下降，销售收入同比下降，增长大约在9%，但销售利润有所增长；山梨酸和山梨酸钾销售额同比增长8%，销量同比持平。双乙酸钠全年预计销售量2500吨，同比增长7%，出口量占销售总量的80%。

生物防腐剂乳酸链球菌素全年销量估算为650吨，近几年价格一路下滑，2014年再达历史新低，销售量和销售额下降均超过10%。

抗氧化剂异VC钠2014年的产销比2013年略有上升，产销同比增长6%，销售额同比增长4%，产品价格下跌20%左右，市场竞争激烈，出口下降。抗氧化剂TBHQ近两年受到印度低质廉价产品的严重冲击，大部分企业处于半停产状态，出现重度萎缩。我国最大的TBHQ生产企业广州泰邦食品科技有限公司于2013年6月向商务部申请反倾销诉讼，2014年4月30日商务部公告初裁认定进口自印度的TBHQ产品存在倾销，幅度为37.6%–56.9%。从公告日起开始对印度进口产品征收保证金。目前，印度产品和国内高端产品的价格接近，而国内产品质量占优，在市场竞争中处于优势地位。这给以泰邦为龙头的国内TBHQ生产企业带来了新的转机和发展契机。

（5）增稠剂、乳化剂和品质改良剂

增稠剂和乳化剂产品在2014年发展较平稳，乳化剂销售额和销量估算同比增长6%–7%。其中：单甘酯产量6万吨左右。司盘、吐温类产量共计7200吨。蔗糖酯产量约4800吨，蔗糖酯由于GB2760–2011修订后使用范围扩大，市场需求量呈逐年递增的趋势。卡拉胶2014年运行状态良好，生产、销售、出口均呈上升趋势，销售量和销售额比2013年增长7%，价格受原材料变动有所起伏，企业效益同比持平。目前卡拉胶行业正步入整合阶段，欧美产量进一步减少，海藻原料产地印尼的产品越来越有竞争力；国内卡拉胶行业的集中度进一步提高。行业面临的主要问题是生产原料全部依靠进口，一旦出现加税和禁运，势必给行业的生产经营带来严重影响。黄原胶目前的产能过剩，产量远远大于市场需求，同时受瓜尔豆胶价格下降的影响，黄原胶价格略有下降，销量同比增长8%，销售额同比增长5%。

复合膨松剂（泡打粉）2014年的销量为42500吨，同比下降5%，行业整体发展平稳。由于受国家卫计委等五部委发布《关于调整含铝食品添加剂使用规定的公告》（2014 年第 8 号）的影响（公告于 2014 年 5 月 14 日批准，5 月 22 日在网上公布，7 月 1 日实施，从发布到实施，给予行业的缓冲期较短），对整个泡打粉行业及上游供应商明矾行业的冲击相当大，造成许多产品滞销压货，给生产和经营带来一定的困难。目前，行业企业正积极调配资源，加大“无铝”泡打粉的生产和推广力度，尽力减少因法规变化给产品生产和经营带来的负面影响。

（6）营养强化剂

整个行业 2014 年的形势也是稳中有升，预计复配营养强化剂销售额和销量比 2013 年增长约 8%。

【c. 行业面临的问题】

1、政策与市场

从政策上看，在 2014 年《食品安全法》修订成稿和国家食品安全监管体系逐渐理顺的大环境下，对食品添加剂生产和经营的监督管理更加科学化和理性化，在一定程度上摆脱了前几年全社会包括政府监管部门对食品添加剂的不正确认识，食品安全形势整体趋好，食品添加剂生产企业的生产经营基本回复正常轨道。我国通过几十年的探索已经初步建立了一套完整的食品添加剂法规、标准和管理体系，但现行的法规和管理体系在运行过程中还有一些需要改进的地方。主要有以下几个方面：

（1）按照食品添加剂生产许可管理要求，食品添加剂生产企业获得生产许可的必要条件之一是该产品必须有国家的质量规格标准，这一要求在实际执行中遇到了许多问题。多年来，食品添加剂产品一直是按照相关标准组织生产，尚未制定国家或行业标准的产品，按照备案的企业标准生产，这样的生产方式并未出现食品添加剂安全和质量上的突出问题，至今也不是所有的食品添加剂品种都有国家或行业标准。因此，依据国家或行业标准发放生产许可证给食品添加剂生产和经营造成较大影响。

（2）按照食品添加剂生产许可管理要求，每个品种都必须获证。食品添加剂产品种类繁多，食品用香料、复配食品添加剂等都按照一个产品申领一个许可证的方式，将极大增加生产企业办证的负担，也由于这些产品生产过程、原料等相似而浪费监管资源。纵观世界各国，大多数国家对食品添加剂生产的监管采用控制生产条件、环境等方式保证产品的安全和质量，很少采用每个产品都发许可证的方式。

（3）食品添加剂相关的法规标准不完善。到现在为止，食品添加剂在食品添加剂中如何使用，在食品配料中如何使用没有明确的规定或标准，造成实际生产中无法可依，无标可循，给这些产品的生产经营和监管造成很大困惑，是亟待解决的问题。

2、科技创新

技术创新对于食品添加剂行业至关重要，尤其是食品产业战略转型对科技创新提出了更高的并且多样化的需求，但是目前我国关于食品科技创新的整体理念尚未形成或没有被接受，尚未对食品产业进行系统布局研究，而往往只是局限在某一环节。与国际同行相比，国内企业科研投入偏低，行业总体创新不够，企业发展后劲不足。另外，由于我国对食品添加剂的认识偏差，近年来食品添加剂使用范围和使用量的扩大很难得到批准，而新产品的开发放缓，这也给企业的科技创新造成很大影响，企业创新动力不足。在未来应建立良好的运作机制，构建稳固的产学研合作平台，充分发挥企业在科技创新中的主体地位作用，建立以企业为主体、市场为导向、面向生产的技术创新体系，开展共性关键技术和前沿技术攻关，推动相关产业实现重大技术突破，形成核心技术标准，支撑和引领产业技术创新，促进食品添加剂产业增长方式的转变。同时搭建好资源共享与信息交流平台，实现相关产业与标准、管理、监督等职能部门的良好沟通。

【d. 发展趋势】

纵观这几年国内外的经济发展的趋势，2015 年全球经济将继续处于调整，国内经济下行的压力仍然很大。面对经济增速下滑带来的需求下降、产业结构调整、行业竞争进一步加剧等问题，行业也逐步进入经济新常态下转变思维、增强素质、创新发展的模式。食品添加剂和配料行业与 2014 年同期相比预计会保持一个平稳发展、稳中略升的态势。

根据对行业骨干企业所报数据的分析，预计2015年，我国食品添加剂和配料行业总产量可达900万吨，预计增长5%；销售额可突破1000亿元，同比增长4%；出口约40亿美元左右，基本与去年同期持平。全行业总体运行将基本保持平稳。

【e. 政策建议】

1、借鉴国外的管理经验，理顺和完善对食品添加剂生产经营的管理

在《食品安全法》修订以及出台新的《食品添加剂监督管理办法》基础上，改变目前对每一个食品添加剂产品都必须发放生产许可证的方式，借鉴国外的管理经验，对食品添加剂的生产采用备案制管理，只要企业生产条件、环境条件等满足要求，就可生产国家允许使用的食品添加剂产品。

2、加强对食品添加剂生产过程的监管，在行业内推广GMP、HACCP等管理方法

根据食品添加剂生产经营现状，制定相应的过程管理法规、标准和办法，进一步规范生产中的各个环节，改变事先严控企业生产许可发放，事后仅仅以产品检验结果定论的传统管理方式。与此同时，在行业企业中鼓励推广GMP、HACCP等行之有效的管理体系和方法，将产品生产的安全隐患控制在整个生产过程中。

3、继续加强和完善食品添加剂相关标准的制（修）订工作。

（1）允许制定食品添加剂企业标准并能够备案。

（2）加快制定食品添加剂中使用食品添加剂的相关标准或管理办法，解决包括制剂类产品在内的一批产品的生产许可问题。

（3）加快研究食品配料中使用食品添加剂的问题，使食品配料中使用食品添加剂的情况能够规范并得到解决。

中国食品添加剂和配料协会

2.19 酒的制造

【a. 概况】

2014年，酿酒行业增速放缓，市场不稳定因素增加。行业产量、销售收入和利税的增幅均呈下滑态势。但行业质量安全、结构调整、转型升级等方面取得积极成效。

全国酿酒行业规模以上企业共2602家，同比增加67家；完成酿酒总产量7528.27万千升，同比增长0.87%；全年完成销售收入8778.05亿元，同比增长5.85%；实现利税总额1806.99亿元，同比下降5.00%；其中利润总额976.17亿元，同比下降7.44%。

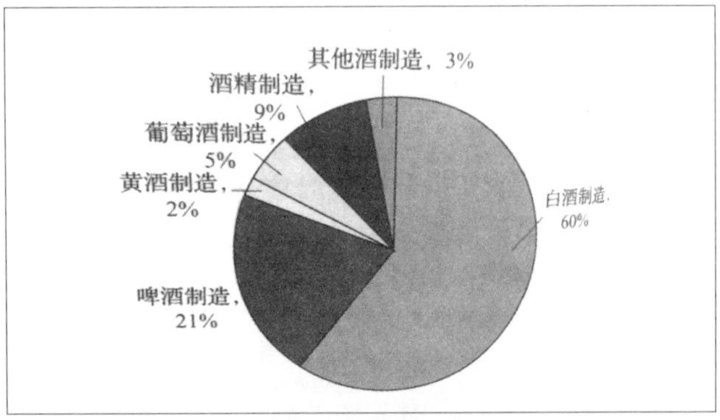

图$_1$ 2014年酿酒行业企业数量分布情况
（数据来源：国家统计局）

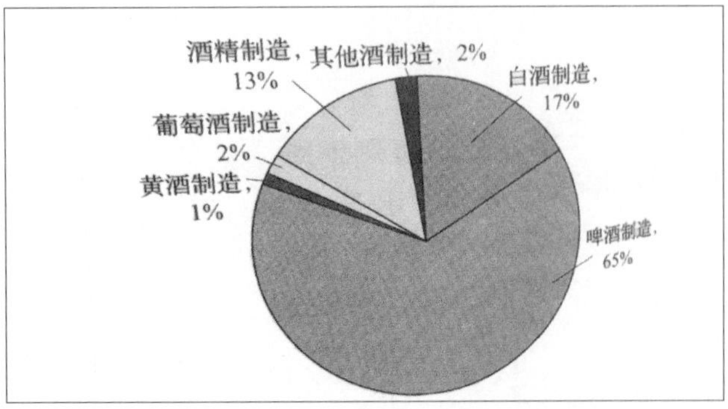

图$_2$ 2014年酿酒行业产品产量分布情况
（数据来源：国家统计局）

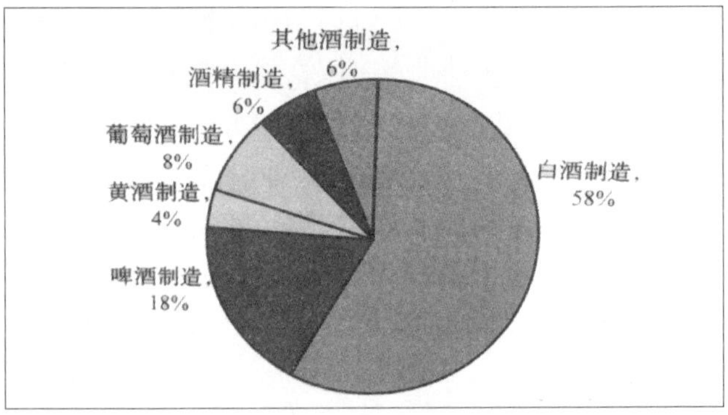

图$_3$ 2014年酿酒行业销售收入分布情况
（数据来源：国家统计局）

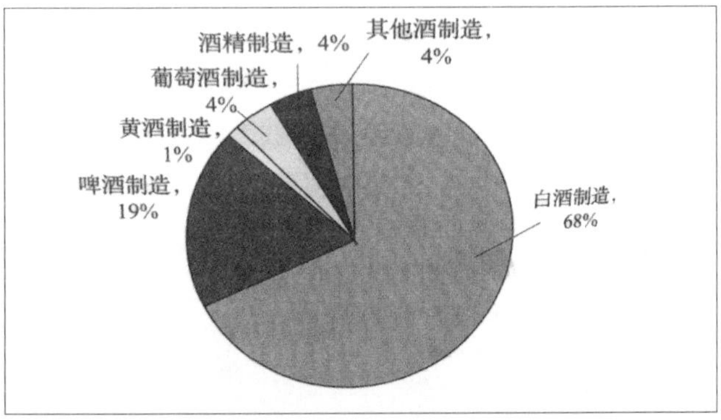

图$_4$ 2014年酿酒行业利税总额分布情况
（数据来源：国家统计局）

【b. 主要经济指标】

1、产品产量

2014年，酿酒行业完成总产量7528.27万千升，同比增长0.87%；其中，饮料酒产量6543.99万千升，同比下降0.08%；发酵酒精产量984.28万千升，同比增长7.69%。主要产品中，白酒完成总产量1257.13万千升，同比增长2.05%；啤酒完成总产量4921.85万千升，同比下降0.96%；葡萄酒完成总产量116.10

万千升，同比增长 2.11%。

2、主营业务收入

2014 年，酿酒行业累计完成销售收入 8778.05 亿元，同比增长 5.85%。其中，白酒行业完成销售收入 5258.89 亿元，同比增长 5.69%；啤酒行业完成销售收入 1886.24 亿元，同比增长 5.10%；葡萄酒行业完成销售收入 420.57 亿元，同比增长 3.91%；黄酒行业完成销售收入 158.56 亿元，同比增长 3.24%；其他酒行业完成销售收入 272.33 亿元，同比增长 17.03%；发酵酒精行业完成销售收入 781.45 亿元，同比增长 6.84%。

3、利税

2014 年，酿酒行业完成利税总额 1806.99 亿元，同比下降 5.00%。其中，完成利润总额 976.17 亿元，同比下降 7.44%；上缴税金总额 830.81 亿元，同比下降 1.97%。分行业看，白酒行业完成利税总额 1224.54 亿元，同比下降 9.26%；啤酒行业完成利税总额 346.49 亿元，同比增长 4.97%；葡萄酒行业完成利税总额 73.48 亿元，同比增长 3.56%；黄酒行业完成利税总额 26.92 亿元，同比下降 4.39%；其他酒行业完成利税总额 57.28 亿元，同比增长 18.44%；发酵酒精行业完成利税总额 78.28 亿元，同比增长 4.24%。

表$_1$ 2014年我国酿酒企业分酒种产品产量及同比情况

指标 酒种	总产量/万千升	增速/%
发酵酒精（折96度）	984.28	7.69
饮料酒	6543.99	-0.08
其中：白酒（折65度）	1257.13	2.75
啤酒	4921.85	-0.96
葡萄酒	116.10	2.11

（数据来源：国家统计局）

表$_2$ 2014年我国酿酒行业销售收入变化情况

指标 酒种	销售收入/亿元	增速/%	利税总额/亿元	增速/%
发酵酒精制造业	781.45	6.84	78.28	4.24
白酒制造业	5258.89	5.69	1224.54	-9.26
啤酒制造业	1886.24	5.10	346.49	4.97
黄酒制造业	158.56	3.24	26.92	-4.39
葡萄酒制造业	420.57	3.91	73.48	3.56
其他酒制造业	272.33	17.03	57.28	18.44
合计	8778.05	5.85	1806.99	-5.00

（数据来源：国家统计局）

【c. 行业发展分析】

对于酿酒行业来讲，2013 年以来，酿酒产量、销售收入和利税增幅持续下滑的局面在 2014 年成为常态，酿酒产量增速自 2013 年 2 季度开始低于 GDP 增速，酒业销售收入增速自 2013 年二季度开始低于社会消费品零售总额增速，酒类产品消费价格指数也连续 8 个季度低于居民消费价格指数，从 2014 年一季度开始低于零。以上情况说明酿酒行业自 2012 年以来增速放缓、整体进入调整期的局面在一段时间内将持续。

表$_3$ 2014年酿酒行业主要经济效益指标增速变化情况

（单位：%）

时间 指标	1–3月	1–6月	1–9月	1–12月
产品产量	0.87	3.33	6.17	6.42
产品销售收入	5.85	5.24	6.93	2.08
利润总额	-7.44	-9.38	-8.08	-7.64
税金总额	-1.97	-2.01	-0.02	-6.09
企业亏损面	12.57	13.31	13.48	16.26
亏损额	6.21	6.47	-11.25	-6.18
资产负债率	44.65	45.75	46.26	46.76
进出口总额	7.39	5.88	2.62	-2.43
其中：出口额	43.61	50.79	60.13	62.54
进口额	-0.12	-2.13	-6.33	-10.52

（数据来源：国家统计局）

1、价格

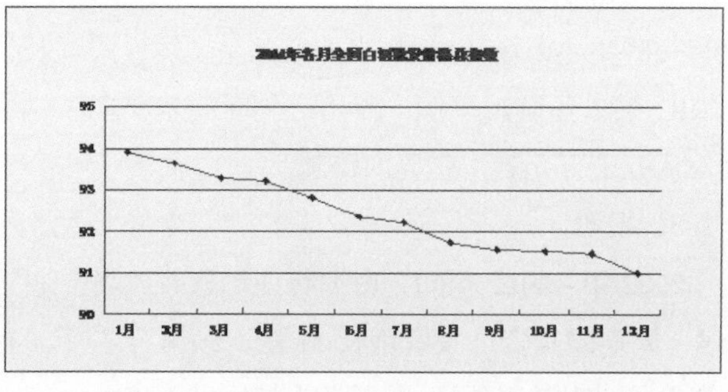

图$_5$ 2014年全国白酒批发价格定基总指数变化趋势图
（数据来源：中国白酒商品批发价格指数办公室）

在本轮行业调整的过程中，价格作为市场资源配置的风向标，发挥着重要的导向作用。从产品价格指数不断下跌中可见一斑。2014年居民消费价格指数同比上涨2.0%，其中酒类产品消费价格指数同比下降1.8%。以白酒行业为例，2014年，白酒行业产量仍然保持惯性增长（全年增长2.75%），但是自从白酒消费政策发生变化后，众多名酒企业在市场选择下正式宣布官方降价，如2014年5月五粮液宣布下调核心产品普五出厂价至609元/瓶；2014年7月泸州老窖宣布下调53度国窖1573经典装市场零售价格至779元/瓶；贵州茅台批发价格相对坚挺，全年累计跌幅也达到了12.86%。据协会统计，全国白酒价格各项指数已经连续两年多持续下跌，2014年全国名酒批发价格全年累计下跌5.98%，且跌幅呈现扩大趋势。

2、市场

在消费总量减少、消费结构发生变化的背景下，2014年，全年饮料酒产销量出现小幅下降。根据国家统计局数据，粮油食品、饮料烟酒等消费品零售总额17111亿元，同比增长11.1%；同期全国社会消费品零售总额262394亿元，同比增长12.0%；2013年同期这两个指标的增速分别为13.9%和13.1%。可见反映在市场上，酒类消费增速低于全国社会消费品零售总额增速，同时低于2013年同期水平。作为市场资源配置的风向标，产品价格发挥着重要的导向作用，从产品价格指数不断下跌变化趋势中同样可以看出2014年酒类市场景气度欠佳。但是，在市场激烈的竞争中，部分地方酒迎合市场需求，通过亲民的价格也实现了产品的逆市上扬，如北京的牛栏山和红星二锅头酒；更有一些关注市场、贴近需求的产品呈现爆发式增长，如RIO果味预调鸡尾酒，仅用三年时间就实现了销售收入从五千万元到十亿元的跨越。

3、投资

2002年–2012年间，白酒行业销售收入增长将近8倍，同期固定资产投资增长11倍。2014年各个子行业资产增速均有不同程度下降（具体见下表），行业资产负债率也由2013年初接近50%滑落至2014年末的不足45%。值得关注的是，大中小型企业资产增速水平2014年均有所下滑，但小型企业的资产增速显著高于大中型企业。

表4 2014年重点行业投资增速变化情况

（单位：%）

子行业 时间	酒精	白酒	啤酒	黄酒	葡萄酒	其他酒
1-3月	7.94	11.96	7.09	10.21	7.50	19.49
1-6月	9.46	13.91	8.00	13.89	9.19	25.24
1-9月	14.05	10.81	8.30	14.20	9.16	27.00
1-12月	15.34	8.90	8.27	11.45	4.98	17.92

（数据来源：国家统计局）

表5 2014年不同规模企业投资增速变化情况

（单位：%）

企业规模 时间	大型企业	中型企业	小型企业
1-3月	8.28	11.31	15.86
1-6月	9.71	10.17	22.11
1-9月	7.94	11.70	19.14
1-12月	7.37	9.93	14.73

（数据来源：国家统计局）

4、区域分布

我国酿酒产量最大的五个地区包括：四川、山东、河南、广东、江苏五省，2014年这五个省区酿酒总产量占全国酿酒总产量的比重达到43.17%，利润合计占到全国酿酒行业利润总额的45.98%。2014年，5省酿酒行业合计实现利润448.88亿元，同比下降13.44%。其中，白酒生产大省四川省和江苏省，2014年实现利润分别为188.80亿元和107.45亿元，同比分别下降27.20%和5.67%；山东省白酒、啤酒、葡萄酒产销量均保持行业领先地位，2014年实现利润84.94亿元，同比微增0.02%，其中白酒、啤酒、葡萄酒行业利润分别为26.82亿元、24.54亿元、30.29亿元，同比增速分别为–1.52%、10.75%、–5.11%；河南省的白酒、啤酒、和葡萄酒行业发展相对均衡，2014年该省酿酒行业实现利润50.81亿元，同比增长2.57%；广东省啤酒产业十分发达，2014年该省酿酒行业实现利润16.88亿元，其中啤酒利润占到72%；同比增长55.23%，其中啤酒产量增长70.59%。

表6 2014年重点省市酿酒行业利润指标完成情况

指标 省市	酿酒总产量		利润总额	
	实际值/万千升	同比/%	实际值/万千升	同比/%
全国	7528.27	0.87	976.17	-7.44
四川省	613.10	1.56	188.80	-27.20
江苏省	447.69	3.75	107.45	-5.67
山东省	952.49	6.21	84.94	0.02
河南省	764.84	0.02	50.81	2.57
广东省	471.82	-5.19	16.88	55.23

（数据来源：国家统计局）

5、行业集中度

多年来，由于行业准入门槛低、科技含量相对较小，我国酿酒行业整体表现为企业数量众多、单体规模偏小，仅啤酒行业在国际化、市场化、集约化进程中，逐渐形成以华润雪花、青岛啤酒、百威英博、燕京啤酒、嘉士伯五大集团为首的市场格局，行业集中程度较高，2014年五大集团合计产量3477.80万千升，占啤酒总产量的70.70%，行业集中度较2008年提高了29.40个百分点，集约化程度接近产业成熟期的边缘，基本达到世界发达国家的啤酒业集中度水平。但是，以白酒行业为主的酿酒行业整体集中度并不高。长期以来，全国有数万个白酒品牌，上万家各型白酒生产厂，上千家规模以上白酒企业，市场竞争结构非常离散，2014年，规模以上白酒企业数量再创历史新高，达到1498家，而前五大集团市场占有率仅为15.93%。葡萄酒、黄酒、其他酒等行业的集中度也处在较低的水平。但是，从近年来发展情况看，行业总体朝着规模化、集团化的趋势发展，以大型企业为例，2011年大型企业占行业数量比重仅1.12%，资产规模占行业比重32.70%，至2014年，大型企业数量比重升至4.15%，资产规模比重升至57.66%。

表7 2011年-2013年大型企业规模比重变化情况

（单位：%）

时间 指标	2011年	2012年	2013年	2014年
数量规模	1.12	1.90	2.05	4.15
资产规模	32.70	39.21	40.37	57.66

（数据来源：国家统计局）

6、进出口

2014年，酒类商品进出口贸易出现回暖，特别是饮料酒出口贸易总额全年保持了43.61%的增长势头，进口饮料酒贸易总额的负增长势头呈现逐季收窄的趋势。根据海关总署数据，2014年我国饮料酒及发酵酒精进出口贸易总额37.54亿美元，同比增长7.39%，其中出口贸易总额8.76亿元，同比增长41.88%，进口贸易总额28.78亿元，同比增长0.64%。进口酒中，葡萄酒2014年进口量同比微增0.57%，上年同期为负5.14%；啤酒2014年进口量同比增长85.54%，上年同期为65.62%。

表8 2014年饮料酒及酒精产品进出口情况

指标 商品名称	出口			进口		
	出口额/万美元	增速/%	上年同期/%	进口额/万美元	增速/%	上年同期/%
白酒	32743	28.68	-26.72	4261	-19.97	9.19
啤酒	17705	8.61	15.58	40357	74.21	60.66
葡萄酒	13023	250.81	-50.89	143545	-3.75	-1.91
黄酒	2510	2.57	-9.29	46	-57.79	2.31
其他饮料酒	17915	83.50	11.18	97562	-9.75	-12.88
酒精	3666	-9.37	-12.39	2018	1316.17	-86.42
合计	87562	41.88	-14.86	287790	0.64	-3.58

（数据来源：海关总署）

说明：

（1）其他饮料酒包括：葡萄汽酒、味美思、蒸馏葡酒制得的烈性酒、威士忌酒、朗姆酒及蒸馏已发酵的甘蔗制得的酒、杜松子酒、伏特加酒、利口酒及柯迪尔酒、龙舌兰酒、浓度小于80%的未改性乙醇；其他酒精饮料以及中药酒等11种。

（2）酒精包括：未改性乙醇，按容量计酒精浓度≥80%、任何浓度的改性乙醇及其他酒精等2种。

7、重点行业

综合来看，2014年，酿酒行业增长速度继续放缓，调整力度进一步深化：占行业体量最大、市场调整力度最大的白酒行业，随着消费结构的变化，行业价格体系开始进行自我调整和重塑，全年产量、销售收入保持低速增长，利润仍为负增长。2014年啤酒行业产销量首次出现负增长，结束了连续24年增长势头，除市场消费需求趋于饱和这个主因外，低价亲民白酒、预调酒等酒类的跨界影响，政策法规的持续影响，啤酒销售旺季气温偏低等都是导致产销量负增的原因。葡萄酒行业2013年整体负增长的局面在2014年得以缓解，全年产量、销售和利润实现转负为正，但行业资产增速趋缓，规模扩张趋势收窄。黄酒行业在深度调整期行业整体利润比上年略有下降，但产量和销售仍然保持增长。各项指标表现最为靓丽的仍为其他酒行业，2014年销售、利润分别保持了17.03%和19.97%的两位数增长水平。预调鸡尾酒、配制酒、“小酒”在市场上异军突起。以往定位于夜店酒吧销售的预调酒，如今在很多商超都有售卖。这些新兴产品多数具有酒精度低、口味众多、饮用方便、包装时尚的特点，容易受到年轻消费群体的喜爱。以往没有受到厂商重视的“小酒”产品，由于容量小、形象新颖、营销革新等因素，在中低端产品中也表现抢眼。发酵酒精行业经过多年努力，于2014年12月1日起取消了实行多年的消费税政策，为行业发展注入强心剂和新活力。

8、包装与装备

我国酿酒产业既有白酒、黄酒等中国特色传统产业，也有啤酒、葡萄酒等外来现代酒产业。啤酒行业是中国酿酒工业中最年轻、发展最快的行业，目前，我国啤酒装备制造业已建立起了比较完整的装备制造体系，装备水平也基本与世界持平。葡萄酒行业的装备也已取得了较大的进步，关键设备已经基本实现国产。作为我国传统产业，目前，大部分白酒企业的生产工艺技术装备相对落后，多数工序环节仍采用传统的手工或半机械化生产方式，行业整体机械化水平较低，且在提高产品质量稳定性、产品优质率、节约能耗、降低成本等方面的技术问题难以解决。与整个食品工业相比，我国白酒行业工艺技术装备严重落后。

近年来，全行业已经开始面临劳动力成本不断攀升，土地资源日益紧张，生产环境、食品安全要求更加严格等局面，中国传统白酒、黄酒改变生产方式已成为产业可持续发展的重要课题，改造升级、走新型工业化和机械化道路已势在必行。

协会为推动白酒产业转型升级，产业结构及产品结构调整，技术与装备水平进步，近年来，开展了多项工作：中国白酒“169”计划，对白酒健康成分、香味物质等进行研究，20家行业企业参与探索和研究，取得积极成效；中国白酒“158”计划，从制曲机械化、发酵工艺机械化、蒸馏工业机械化、调酒计算机集成制造技术和灌装、包装、成品库智能管理五个领域提高白酒行业机械装备水平；中国白酒“3C”计划，以“品质诚实、服务诚心、产业诚信”为主旨，推动白酒产业健康、持久发展，加快白酒产业结构调整。

协会希望通过酿酒产业一系列项目的开展，在能源综合利用、循环经济、农业深加工、环境保护等方面推动产业结构和产品结构调整，加快产业升级，使整个酿酒产业取得长足的进步和创新的发展。

【d. 行业面临的问题】

2012年以前，酿酒产业高速增长，经济效益持续提升。之后由于多种因素的叠加作用，行业结束了以往超高速增长态势，进入到理性调整发展期。与此同时，近十年的高速增长过程中，积累的大量生产、流通、消费等方面的问题和矛盾也在这个阶段集中显现出来。全行业进入到微利时代。面对新常态下的酿酒行业，在政策、市场和创新方面行业仍要继续和深入关注如下几点：

1、政策调整需强化市场调节能力

我国酿酒产业发展环境长期以来受政策约束较大，尤其是白酒行业，自90年代至今在《产业结构调整指导目录》多个版本中一直被列为限制发展类行业。白酒生产企业在项目立项、土地供给、技改扩能、许可证办理、环境评价、税收、贷款等许多方面受严格限制，对白酒产业优化和行业发展产生一定制约。在自由竞争的环境下，市场根据供需关系自身可以产生良性的发展轨迹，但对酿酒产业的一些政策限制了市场自动调节能力，进而影响了产业发展。2014 年底，《外商投资产业指导目录（2015 年修订）》征求意见，相比 2011 年的版本，这份目录进一步放宽了外资准入，取消了名优白酒和黄酒的外商投资限制。此次政策调整意味着一些优势的产业资本、投资资本、外商资本可以进入白酒企业。长期来看，有利于行业持续稳定和国际化。

2、市场监管机制不完善弱化行业管理作用

从市场准入看，目前涉及酒类生产流通的主要法律是《食品安全法》和《产品质量法》，虽然针对酒类流通和食品安全问题，商务部等部门先后颁发了《酒类商品批发经营管理规范》、《酒类商品零售经营管理规范》、《酒类流通管理办法》《酒类流通随附单制度》等部门规章，但大多属于推荐性标准，强制力相对较弱。全国有十余个省市区出台了地方性酒类管理法规，但各地立法缺乏统一衔接。随着酒类市场消费形势的不断变化，十分缺乏适应酒类生产流通特点的专门性法律法规。标准方面，现行的涉及酒类产品、标识、原料及贮存、运输等国家标准数十个，但主要集中在产品标准，对于检测、流通等方面的标准较少。立法和标准的滞后，导致对酒类商品的监管存在困难，对大量作坊式制假贩假者很难起到有效管理。

3、业态革新势在必行

传统酒类市场销售依靠经销商地区代理制的根系销售网络，从省级、地市级、县级等一层层向下流通，规模逐层递减。传统经销企业和营销模式对产业维持稳定的销售渠道、良好的市场秩序和价格体系起到了重要的作用。但自身也存在一些问题，比如流通环节过多，销售链过长，铺货成本过高。铺货过大、市场存货过多的特点也导致在行业调整期难以及时应对，造成损失。

行业一致认为，酒类业态的调整势在必行。一方面是连锁经营模式将发生突破。连锁经营模式压缩了酒类流通环节，开创专业购买场所，更直接面对消费者，给流通市场带来积极作用。但多数的酒水连锁只注重或者只做到了店面形象的统一，而并没有形成品牌、产品、价格、管理、配送、服务等系统性运作；以往团购的盈利模式，也导致主题、品牌格局不清晰等问题。未来行业的发展可以借鉴电器连锁专卖的业态模式，趋向规模化发展，利用现代信息技术，推行一站式供应链管理，依托线下体验发展线上交易，不断降低流通成本、提高流通效率。另一方面是新型流通业态将加速发展。在今年李克强总理作的政府工作报告中，反复提及了互联网的作用，提出要“把以互联网为载体、线上线下互动的新兴消费搞得红红火火，让亿万群众的消费潜力成为拉动经济增长的强劲动力”。电子商务拥有全新的销售网络和运营模式，代表了新的业态革命，在家电、服装、小商品等行业带来了革命性的变化。事实上，“互联网 +”的形式已经与酒产业融合了一段时期，只是酒产品的特有属性，如包装、物流、随机消费的模式和传统销售方式、定价体系，尚不能与互联网完美契合，电子商务目前还未成为酿酒产业一条稳定、重要的销售渠道。据统计，2014 年酒类互联网销售额仅占我国酒类产品销售额的 1.04%。但是，“互联网 +”必将成为未来酒业发展不可忽视的重要途径，探寻互联网与酿酒产业完美结合方法是当前产业革新难点但也是势在必行之事。

【e. 发展趋势】

2014 年，酿酒产业开始转好，利税恢复正增长，为 2015 年打下良好的开端，可以说这是 2012 年行业进入深度调整期后全行业主动适应新常态、认识并实践创新思维取得的成绩。但如同宏观经济一样，酿酒产业仍然处于困难与挑战相交织的阶段。我们认为，在中国经济发展新常态的背景下，酒类产业已经由快速增长转入平稳发展。充分认识行业面临的新形势，主动适应市场变化新格局，是保障行业发展的必然选择。相信随着消费需求的逐步稳定、消费水平的不断升级，借着“一带一路”和互联网 + 等相关政策措施落实和不断深入，国企混改步伐的加快、并购整合拉开序幕，酿酒行业发展定将注入新的活力，行业将呈现产业转型升级，结构深度优化，质量显著提升，经济增长趋缓，价格体系下沉，市场回归理性的态势。

【f. 政策建议】

1、规范行业准入条件，优化产业结构调整

规范行业准入条件，强化节能、环保、土地、安全等指标约束，出台有利于行业利用存量、用好增量的政策措施，引导行业消化库存，解决行业过剩危机，优化产业结构调整。

2、支持传统行业技术改造及装备升级

加快运用高新技术和先进适用技术改造提升传统产业，促进信息化和工业化深度融合，重点对产业升级带动作用大的重点项目给予政策倾斜。出台鼓励措施，支持酿酒行业在提高自主创新能力、促进节能减排、提高产品质量、改善安全生产条件、保障酒业食品安全等方面开展的技术改造项目。

3、积极践行社会责任，推动行业健康发展

行业社会责任现已成为行业健康、可持续发展的重要推动力，协会及业内企业近年越来越重视社会责任的践行。青岛啤酒、茅台集团等业内大型集团每年都发布企业社会责任报告，协会每年均针对其报告进行点评，但发布企业占比很小。建议针对酿酒行业企业社会责任报告制定相关发布政策，规定符合相应标准的企业均应每年发布社会责任报告，以推动整个酿酒行业健康发展。

4、理性饮酒推进政策化，行业引导规范化

国家相关政令法规的持续推动，使得理性饮酒推进不断深化。出台相关政策法规，以便于行业引导更加规范、合理、有效，有利于将理性饮酒推广及酒类知识普及社会化、透明化，有利于推动酿酒产业健康发展，有利于科学引导消费者健康消费。

5、调整酿酒行业税收政策，引导产业健康发展

近年，协会积极关注酿酒产业税收调整和变化，并为维护行业竞争环境，引导产业健康发展，积极推动酿酒产业税制改革，通过努力，2014 年 11 月，相关部门取消了酒精消费税，解决了酒精行业多年来税负不公平竞争现象，使行业走向良性发展。现今，随着市场环境和消费环境的变化，建议对白酒和啤酒等税收政策进行研究并给予调整，以推动行业的有序、合理、良性竞争，促进行业健康发展。

6、充分发挥行业协会作用，完善行业治理模式

充分发挥行业协会的桥梁、服务、规划、标准制定及市场预警等功能，建立和完善政府与市场、企业的沟通机制。以食品安全、行业和区域发展为出发点，加强舆论引导，倡导科学消费理念，澄清社会误解，促进行业健康发展。

中国酒业协会

2.20 啤酒制造

【a. 概况】

2014 年，中国啤酒工业发展与中国经济总体发展趋势一致，同步进入发展的新常态，产销量增长速度出现微量下调，产业升级和结构调整成为主旋律。

受中国经济总体发展的影响，中国啤酒业从下半年开始啤酒产量出现负增长，一直延续至年底并累及全年啤酒产量累计增长率出现负值，一些经济指标也出现较大波动，上升或下滑，表明在 2014 年中国啤酒已处于调整期。

全国啤酒累计产量 4921.85 千升，同比增长 -0.96%。易拉罐产量为 671.42 万千升，同比增长 49.11%。中高档啤酒产品，特色啤酒产品比例进一步增加。

中国啤酒产量继续位居世界首位。人均啤酒占有量约 35.2 升 / 年，同比稍有下降，但是，比世界平均水平（约 33 升 / 年）高。随着中国整体经济结构的调整向好，居民可支配收入和生活水平的不断提高，作为大众消费为主市场的啤酒工业发展质量会越来越好。产销量会因各种因素出现波动，但是总的发展趋势上会继续平稳低速增长。

【b. 主要经济指标分析】

1、全国各省市自治区产量和增长率排序

表$_1$　全国各省市自治区啤酒产量和增长率排序

序号	单位	排序		产量 [万千升/年]		2014年	
		产量	增长率	2014年	2013年 [调整值]	增长率 [%]	占全国产量 [%]
1	山东	1	3	740.57	683.45	8.36	15.05
2	广东	2	21	433.29	460.26	-5.86	8.80
3	河南	3	14	404.28	408.52	-1.04	8.21
4	辽宁	5	11	272.07	266.85	1.96	5.53
5	浙江	4	25	267.46	288.59	-7.32	5.43
6	四川	7	20	227.75	239.72	-4.99	4.63
7	湖北	6	13	223.88	224.95	-0.48	4.55
8	黑龙江	9	23	203.66	218.95	-6.98	4.14
9	江苏	8	19	203.25	211.66	-3.97	4.13
10	广西	11	9	190.14	185.12	2.71	3.86
11	福建	10	28	182.13	199.26	-8.60	3.70
12	河北	14	5	165.70	155.45	6.59	3.37
13	北京	12	22	156.60	168.34	-6.93	3.18
14	吉林	15	17	144.19	148.49	-2.98	2.93
15	安徽	13	31	135.52	158.71	-17.00	2.75
16	江西	16	6	130.99	123.37	6.18	2.66
17	内蒙古	17	15	109.37	124.15	-1.35	2.22
18	云南	19	8	100.39	95.96	4.62	2.04
19	陕西	18	12	95.99	86.29	1.12	1.95
20	贵州	23	1	78.63	53.70	46.14	1.60
21	湖南	21	16	76.80	78.75	-2.47	1.56
22	重庆	20	30	73.72	82.70	-10.86	1.50
23	甘肃	22	18	65.97	68.18	-3.24	1.34
24	上海	25	2	61.07	52.04	17.35	1.24
25	新疆	24	29	46.18	51.67	-10.63	0.94
26	山西	26	26	42.15	45.68	-7.72	0.86
27	宁夏	28	4	27.68	25.90	6.89	0.56
28	天津	27	7	27.54	26.17	5.24	0.56
29	西藏	29	27	15.85	17.30	-8.35	0.32
30	青海	30	10	11.89	11.61	2.42	0.24
31	海南	31	24	7.14	7.68	-7.08	0.15
	全国			4921.85	4969.47	-0.96	

从表$_1$可见：

（1）山东啤酒产量740.57万千升/年，占全国产量的8.36%，继续保持中国啤酒行业产量头名位置。全国超过200万千升/年的省份有9个，依次是山东、广东、河南、辽宁、浙江、四川、湖北、黑龙江和江苏，同比减少1个省。

（2）比全国啤酒累计下降0.96%高的有13个省、区，贵州居首位，其后依次是上海、山东、宁夏、河北、江西、天津、云南、广西、青海、辽宁、陕西、湖北。

（3）全国有19个省出现下降，其中下降超过10%的有3个省（安徽、重庆、新疆）。

（4）产量超200万千升/年的9个省份中，只有山东、辽宁、湖北3省产量增长率高于全国累计增长率–0.96。除山东省外，其余省份增长速度都出现不同程度下降。

（5）往年表现强劲的中西部多个省份啤酒产量也出现下降，说明全国经济增速下调的情况下，这些地区发展速度同样受到影响，啤酒产量增速也出现调整，但西部地区总体表现还是好于其他地区（见表$_2$）。

2、全国各大区啤酒产量和增长率排序

表$_2$　全国各大区啤酒产量和增长率排序

序号	大区名称	排序		产量［万千升/年］		2014年	
		产量	增长率	2014年	2013年［调整值］	增长率[%]	占全国产量［%］
1	华东：沪、苏、浙、皖、闽、赣、鲁	1	3	1720.99	1717.08	0.23	34.97
2	中南：豫、鄂、湘、粤、桂、琼[海南]	2	4	1335.53	1365.28	-2.18	27.13
3	东北：辽、吉、黑	3	5	619.92	634.29	-2.27	12.60
4	华北：京、津、冀、晋、蒙	4	6	501.36	519.79	-3.55	10.19
5	西南：渝、蜀、黔、滇、藏	5	2	496.34	489.38	1.42	10.08
6	西北：陕、甘、宁、青、新	6	1	247.71	243.65	1.67	5.03
	全国			4921.85	4969.47	-0.96	

从表$_2$可见：

(1) 华东地区啤酒产量1720.99万千升/年，占全国产量34.97%，仍居全国首位，但增长不快。

(2) 西北地区增长率最高为1.67%，其后西南地区增长1.42%，华东地区增长0.23%，均超过全国累计增长率–0.96%；其余大区中南、东北和华北地区低于全国累计增长率。

(3) 西北地区啤酒产量增长率连续两年位居全国各地区首位。但总量和占全国产量的比例均偏低，这与区域人口密度和经济发展程度有关。

3、全国啤酒产量20万千升以上啤酒企业

全国啤酒产量20万千升以上啤酒集团企业共15家，其合计产量占全国产量的79.24%，其中雪花啤酒达到1184.39万千升/年，居全国首位。排序见表$_3$

表$_3$　全国啤酒产量20万千升以上啤酒集团[企业]

序号	所在地区	企业名称	产量（kl）		2014年	
			2014年	2013年	增长率（%）	占全国产量[%]
1	北京市	华润雪花啤酒〔中国〕投资有限公司	11843927	11709863	1.14	24.06
2	山东省	青岛啤酒股份有限公司	7617043	7832706	-2.75	15.48
3	上海市	百威英博啤酒投资〔中国〕有限公司	7114648	6721589	5.85	14.46
4	北京市	北京燕京啤酒集团有限公司	5309895	5712324	-7.04	10.79
5	广东省	广州嘉士伯咨询管理有限公司	2520751	2472587	1.95	5.12
6	河南省	金星啤酒集团有限公司	1909862	1951076	-2.11	3.88
7	广东省	广州珠江啤酒集团有限公司	1171576	1124425	4.19	2.38
8	重庆市	重庆啤酒股份有限公司	1071617	1219180	-12.10	2.18
9	河北省	蓝贝酒业集团有限公司	448828	417763	7.44	0.91
10	云南省	云南澜沧江酒业集团有限公司	442781	398976	10.98	0.90
11	上海市	三得利〔中国〕投资有限公司	421011	454321	-7.33	0.86
12	新疆区	新疆乌苏啤酒有限责任公司	303801	359795	-15.56	0.62
13	甘肃省	黄河嘉酿集团公司	240131	290519	-17.34	0.49
14	宁夏回族自治区	宁夏西夏嘉酿啤酒有限公司	209771	186023	12.77	0.43
15	浙江省	杭州千岛湖啤酒有限公司	200281	193959	3.26	0.41
	合计		39000603	38989589		

序号	所在地区	企业名称	产量（kl）		2014年	
			2014年	2013年	增长率（%）	占全国产量[%]
	全国		49218500	49694700		
	合计/全国［%］		79.24	78.46		

从表3可知：

（1）正增长的有7家，宁夏西夏嘉酿增长率12.77%居首位，其后依次是云南澜沧江、蓝贝集团、百威英博（中国）、广州珠江、杭州千岛湖、雪花啤酒；有8家出现负增长。

（2）20万千升/年企业15家的产量占全国产量的79.24%。

4、全国啤酒工业情况

表$_4$ 全国啤酒工业主要经济指标及其增长率

序号	指标名称		经济指标		同比增长率[%]	备注
			2014年	2013年[调整值]		
1	全国啤酒产量	[万千升]	4921.85	4969.47	-0.96	
2	啤酒现价产值	[亿元]	1387.65	1325.61	4.68	
3	工业增加值	[亿元]	541.78	514.96	5.21	
4	销售净收入	[亿元]	1439.69	1399.01	2.91	
5	成本费用总额	[亿元]	1204.48	1198.26	0.52	
6	税利总额	[亿元]	348.50	336.42	3.59	
6.1	税金总额	[亿元]	251.43	236.50	6.31	
6.2	利润总额	[亿元]	97.07	99.92	-2.85	
7	千升啤酒平均销售净收入	[元]	2925.10	2815.21	3.90	
8	千升啤酒平均税利	[元]	708.07	676.98	4.59	
8.1	千升啤酒平均税金	[元]	510.85	475.91	7.34	
8.2	千升啤酒平均利润	[元]	197.22	201.07	-1.91	
9	千升啤酒平均成本	[元]	2447.21	2411.24	1.49	

从表$_4$可知：

（1）全国啤酒产量同比下降0.96%，产量净减少47.6万千升。受其影响，利润总额下降2.85%。

（2）销售净收入增加2.91%，千升啤酒平均销售净收入增加3.90%，千升啤酒利润下降1.91%。表明①中国啤酒还未完全摆脱低价竞争局面，啤酒价格还未达到合理价位；②中国啤酒产品结构仍需继续调整，增加中高档啤酒比例，增加产品的附加值。

（3）税金总额和千升啤酒平均税金分别同比增长6.31%和7.34%，表明在2014年，中国啤酒结构调整已见效果，中高档酒的比例增加，酒的平均价格增长，带动税收增加。

（4）千升啤酒平均成本增长1.49%，是近几年来最低的，这是归于①中国经济正处于调整期，产能过剩矛盾突出，工业产品出厂价格持续下降；②能源价格下调，原辅材料价格平稳或上升缓慢；③啤酒企业通过自身努力，引进新技术，提高机械化和自动化，加强管理等措施，降低消耗，提高了工作效率。

5、销售净收入3亿元以上啤酒集团和独立企业

表$_5$ 销售净收入3亿元以上啤酒集团和独立企业

序号	啤酒企业名称	销售净收入[万元]	销量[千升]	平均销售净收入[元/千升]
1	青岛啤酒股份有限公司	2859926	9153624	3124
2	华润雪花啤酒〔中国〕投资有限公司	2732963	11841643	2308
3	百威英博啤酒投资〔中国〕有限公司	2011036	7114648	2827
4	北京燕京啤酒集团有限公司	1803156	5321138	3389
5	金星啤酒集团有限公司	463354	1871665	2476
6	广州珠江啤酒集团有限公司	357051	1167462	3058
7	重庆啤酒股份有限公司	308341	1047602	2943
8	蓝贝酒业集团有限公司	162235	428960	3782
9	云南澜沧江酒业集团有限公司	122483	442756	2766
10	新疆乌苏啤酒有限责任公司	104657	304446	3438
11	黄河嘉酿集团公司	70300	269329	2610
12	宁夏西夏嘉酿啤酒有限公司	57867	212649	2721
13	昆明华狮啤酒有限公司	45144	132486	3407
14	杭州千岛湖啤酒有限公司	39936	200153	1995
15	西藏天地绿色饮品发展有限公司	32727	75230	4350
16	辽宁天湖啤酒有限公司	32004	123369	2594
17	喜力酿酒（海南）有限公司	31791	77226	4117

序号	啤酒企业名称	销售净收入[万元]	销 量[千升]	平均销售净收入[元/千升]
	合计	11234971	39784386	
	全国	14396943	49218500	
	合计/全国 [%]	78.04	80.83	

从表$_5$中可见：

（1）全国啤酒销售净收入超过3亿元的啤酒集团[企业]17家，合计销量：39784386千升/年，占全国产量49218500千升/年的80.83%；销售净收入11234971万元/年，占全国销售净收入14396943万元的78.04%。

（2）百威英博没有报送此数据，所以是估算数值，仅供参考。

6、利税总额超过亿元的啤酒集团企业

表$_6$ 利税总额超过亿元的啤酒集团[企业]

序号	企业名称	销量[千升]	利税总额[万元]	税金总额[万元]	利润总额[万元]	备注
1	青岛啤酒股份有限公司	9153624	730514	462214	268300	盈利最高
2	华润雪花啤酒〔中国〕投资有限公司	11841643	712554	553262	159292	
3	百威英博啤酒投资〔中国〕有限公司	7114648	498596	430613	67983	
4	北京燕京啤酒集团有限公司	5321138	362718	245823	116895	
5	金星啤酒集团有限公司	1871665	122550	99621	22929	
6	广州珠江啤酒集团有限公司	1167462	69588	59063	10525	
7	重庆啤酒股份有限公司	1047602	55288	52785	2503	
8	新疆乌苏啤酒有限责任公司	304446	35773	21881	13892	
9	云南澜沧江酒业集团有限公司	442756	23527	4395	19132	
10	西藏天地绿色饮品发展有限公司	75230	22256	9025	13231	
11	蓝贝酒业集团有限公司	428960	21940	18029	3911	
12	宁夏西夏嘉酿啤酒有限公司	212649	20697	8820	11877	
13	黄河嘉酿集团公司	269329	19651	11743	7908	
14	昆明华狮啤酒有限公司	132486	13925	5920	8005	
15	辽宁天湖啤酒有限公司	123369	12789	6599	6190	
16	杭州千岛湖啤酒有限公司	200153	11781	7555	4226	
17	本溪啤酒有限责任公司	94512	11264	5602	5662	
	合计	39801672	2745411	2002950	742461	
	全国	49218500	3485000	2514300	970700	
	合计/全国 [%]	80.87	78.78	79.66	76.49	

从表$_6$中可见：

（1）2014年啤酒利税总额超过1亿元的啤酒集团[企业]全国共有17家，合计销量39801672千升/年，占全国产量49218500千升/年的80.87%；合计利税总额2745411万元/年，占全国利税总额3485000万元/年的78.78%，其中：税金总额合计2002950万元/年，占全国税金总额2514300万元/年的79.66%；利润总额合计742461万元/年，占全国利润总额970700万元/年的76.49%。

（2）百威英博没有报送此数据，所以是估算数值，仅供参考。

7、增加值超过15万元/人.年的啤酒企业

表$_7$全员劳动生产率[增加值]超过15万元/人.年的啤酒集团[企业]

序号	企 业 名 称	全员劳动生产率[增加值][元/人.年]	备注
1	昆明华狮啤酒有限公司	442175	
2	宁夏西夏嘉酿啤酒有限公司	400259	
3	百威英博啤酒投资〔中国〕有限公司	381505	
4	云南大理啤酒有限公司	369672	
5	麒麟啤酒〔珠海〕有限公司	365123	
6	本溪啤酒有限责任公司	279085	
7	华润雪花啤酒〔中国〕投资有限公司	275451	
8	喜力酿酒（海南）有限公司	265074	

序号	企 业 名 称	全员劳动生产率[增加值][元/人.年]	备注
9	广州珠江啤酒集团有限公司	258121	
10	云南澜沧江酒业集团有限公司	229532	
11	广东蓝带集团北京蓝宝酒业有限公司	223908	
12	杭州千岛湖啤酒有限公司	222821	
13	辽宁天湖啤酒有限公司	214554	
14	兰州黄河嘉酿啤酒有限公司	206733	
15	金星啤酒集团有限公司	204767	
16	重庆啤酒股份有限公司	198907	

从表$_7$可知：

（1）全员劳动生产率[增加值]超过15万元/人.年的企业有16家。昆明华狮啤酒有限公司居全国首位。其后有宁夏西夏嘉酿啤酒有限公司等4家集团[企业]的全员劳动生产率[增加值]均超过30万元/人.年。

（2）百威英博没有报送此数据，所以是估算数值，仅供参考。

【c. 主要技术指标比较】

根据啤酒企业报表，主要技术指标就是原辅材料消耗指标和能耗指标。

啤酒种类繁多，在统计时规定以110P啤酒的酒损、粮耗和能耗指标作为考核的标准，因此，需要做大量的查定、统计和换算工作，才能得到110P啤酒的平均技术指标。当前，除了大中型企业之外，还有相当多的企业，由于种种原因还处在较高的消耗水平，特别是能耗指标，不少企业达不到国家约束性指标的要求，甚至差距很大。

中国大中型啤酒集团的消耗指标居国内领先或先进水平，有的指标达到世界先进水平。为推动整个行业发展循环经济和低碳经济，搞好节能减排，清洁生产，保护环境，提高效益等方面的工作。

表$_8$ 全国啤酒大中型啤酒集团的主要消耗指标[以110P啤酒为准]

指标名称	产量[4kl/a]	酒损[%]	粮 耗[kg/kl]	水耗[m3/kl]	电耗[kWh/kl]	煤耗[kg标煤/kl]	综合能耗[kg标煤/kl]
雪花	11843927	3.34	147.71	3.56	51.11	40.11	47.31
青岛	7617043	2.71	154.08	4.12	62.55	42.65	51.40
英博	7114648	2.32	136.23	3.05	71.53	32.19	41.24
燕京	5309895	3.15	154.48	4.57	70.95	49.01	58.39
金星	1909862	4.10	150.60	6.63	68.40	71.75	81.85
珠江	1171576	4.55	154.10	4.62	89.84	31.86	43.93
重庆	1071617	3.45	145.65	4.31	71.33	50.25	60.13

从表$_8$中可以看到：

列出的不同企业的各项主要消耗指标，在国内同行中均属领先或较先进水平，有些指标在国际上也属先进或较先进的水平。

在表中有些项中的最高值和最低值之间的差距还是比较大的，相差最大的接近一倍或超过一倍。如千升啤酒水的消耗，消耗最低的企业仅为3.05m^3，而最高的达6.63 m^3，相差3.58 m^3，超过了一倍，煤则同样，千升啤酒消耗最高的是71.75kg标煤，最低31.86kg标煤，相差39.89kg标煤，也超过了一倍。再如综合能耗，千升啤酒消耗最高为81.85 kg标煤，最低41.24kg标煤，相差40.61kg标煤，接近一倍。这说明即使在这些年产超过100万千升的啤酒集团企业，因各种情况不同，在主要消耗指标上也存在差距，有些相对是比较大的。

分析造成这些差距的原因，大致可归纳为：

1、企业整体管理水平。

企业各项管理制度（人力资源和薪酬管理、技术管理、生产计划管理、设备与计量管理等）先进、严谨、有效是保证完成和超额完成各项消耗指标的基础。同时良好的企业文化和工作氛围也是必不可缺的条件。

2、企业的装备水平。

企业装备水平先进，设备维护保养到位，可有效降低停机和生产事故，杜绝跑、冒、滴、漏，减少各项消耗。同时企业单套、单体设备能力大小也和各项消耗紧密相关，能力大相对各项消耗就低，所以一般产销量大的工厂更容易降低消耗。

3、企业技术水平。

在啤酒行业已有许多先进的和成熟的技术与装备，如糖化热能回收技术、高浓稀释技术、糖浆使用技术、啤酒高温瞬间杀菌技术等都可降低各项消耗。

在通用装备和技术方面同样，如选用高效锅炉、热能暂贮技术、氨直冷技术、变频器的使用、先进的保温材料和技术的选用等，也可有效降低各项消耗。

另外先进准确的计量和统计技术可促进各项消耗工作的科学管理，达到降低消耗的目标。

4、原材料的采购质量。

原材料的质量直接影响到各项消耗。如大麦芽、大米（或玉米淀粉）的质量不仅直接影响到啤酒生产的粮耗，而且也间接影响到其他的消耗。啤酒瓶的质量（含回收瓶）直接影响啤酒包装的酒损、产量、人力费用和各项消耗。其他的如硅藻土、包材以及设备的零配件等也不同程度的影响着各项消耗指标。

5、企业的产品品种。

不同的品种，因口味特点不同，配料和工艺也不相同，最终各项消耗也不同。易拉罐装啤酒消耗低于瓶装啤酒。同样是瓶装啤酒，使用一次性瓶的消耗低于重复回收瓶。

6、企业生产计划。

企业各项消耗和生产计划的科学性紧密相关。特别是因品种和销量原因，单次产量安排偏低，不仅会造成各项消耗高，同样会造成人力资源的浪费。这种情况在小型企业（含大型集团内的小企业）和销售淡季表现比较突出，但在一些大型企业内也同样存在这一问题。

7、千升啤酒耗粮的一些特殊影响因素。

千升啤酒耗粮同上述的原因有关外，还和企业的产品配料、质量观念、产品特色和品种有关。在这种情况下致使千升啤酒粮耗升高是合理的，企业不应因噎废食，为了降低耗粮而丢失质量，丢失产品的特点。这时企业应更注意糖化原料利用率或糖化混合浸出率的收得率。

造成啤酒生产中各项消耗高的原因因厂、因地、因环境都不一样，各企业应根据自己的实际现状去分析，去制定切实可行的降低各项消耗的措施，提高本企业的效率，也同时节约了资源，保护了环境。

注：为搞好技术指标的计算和统计工作，首先要过细做查定工作，各种浓度啤酒均要折算成11P°啤酒；算出能耗总量，再求得千升啤酒的综合能耗。

【d. 品牌与创新】

在经济发展进入新常态下，从市场竞争特点看，过去主要是数量扩张和价格竞争，现在正在逐步转向质量型，差异化为主的竞争，统一全国市场，提高资源配置效率是经济发展的内生性要求，必须深化开放，加大形成统一透明，有序规范的市场环境。

在统一透明，有序规范的市场环境下，在琳琅满目的商品中，能够吸引消费者眼球的就是质量过硬，口碑良好的产品 -- 品牌产品。所以在新常态下，企业要转变观念，加强结构调整，就是加强品牌建设。通过不断创新，提高产品质量，提高产品特色，提高产品服务，提高产品竞争力。

1、品牌建设水平全面提升

2014 年，啤酒企业，特别是一些大型集团公司，如华润雪花、青岛啤酒、百威英博、燕京啤酒和嘉士伯等啤酒巨头加强了产品结构调整，加快科研和新品研发，提高了品牌的知名度和竞争力，同时为了适应市场需求，精耕区域市场，加强了对子品牌的培育提升。如百威英博旗下的哈尔滨啤酒，一个具有一定历史内涵的区域品牌，连续两届赞助世界足球杯赛，在国内影响力迅速扩大。归属青岛的银麦啤酒，地处山东并不富裕的沂蒙地区，在 2014 年产销量达到 84 万千升。福建省燕京惠泉啤酒经过近几年的结构调整，在 2014 年表现出了强劲的上升势头。还有嘉士伯的宁夏西夏嘉酿啤酒有限公司，2014 年，产量增加了 12.77%，增长幅度居全国之首。

中国啤酒在品牌建设的又一个亮点是，在一线品牌继续成长的同时，二线品牌和区域品牌也取得了长远的发展。广州珠江啤酒、河北蓝贝酒业有限公司、云南澜沧江酒业集团、杭州千岛湖啤酒有限公司、辽宁天湖啤酒有限公司等的啤酒产量逆势上涨。品牌声誉和竞争力上升。

2、通过加大环保、社会公益和文化事业的投入，促进品牌建设

中国啤酒企业在品牌建设中狠练内功，提高产品质量和服务，加大广告投入，扩大宣传的同时，积极参与环保、社会公益和文化事业活动，展现企业的社会责任，扩大企业影响力，提高企业和品牌的亲和力。如百威英博开展推广“理性饮酒”，“爱的代驾”活动，体现了一个企业的社会责任；燕京啤酒不断加大环保投入，为祖国的蓝天绿水做贡献；雪花啤酒坚持多年的“雪花勇闯天涯”、“匠心营造.雪花纯生中国古建筑摄影集大赛”，在与消费者一起体验大自然和中国原生文化的同时，也让雪花登顶了行业之巅；青岛啤酒在体育和音乐两个领域深耕细作，唱响中国的同时，唱响了青啤百年的品位；还有千岛湖啤酒、澜沧江啤酒等充分利用当地的天然景色，积极参与保护、开发当地的人文景观，提高了社会的知名度和品牌的影响力。

啤酒企业积极参与各种救灾、扶贫、捐助贫困地区学生等社会公益活动，如珠江啤酒在当地遭受台风时，积极捐款救助和开展赈灾活动；重庆啤酒集团宜宾公司8年如一，赞助小学贫困学子等，既很好履行了企业社会责任，又促进了本身的发展、品牌的建设。

3、中国啤酒民族品牌价值继续提升

在2014年中国啤酒的各全国性品牌，区域品牌价值有了进一步提升，其中知名度最高的是青岛啤酒、雪花啤酒和燕京啤酒。品牌价值名列前茅，详见表9。

表9 全国啤酒三大品牌价值　　（单位：亿元）

项目 品牌	品牌价值		增长率[%]	备　注
	2013年	2014年		
青岛啤酒	805.85	950.16	17.91	中国名牌，持续创新
雪花啤酒	735.36	875.82	19.10	中国名牌，持续创新
燕京啤酒	502.65	660.76	31.46	中国名牌，持续创新

从表9可知：中国啤酒三大民族品牌的价值逐年显著提升。其中：

2014年，青岛啤酒品牌价值大幅上升为950.16亿元的品牌价值，再次蝉联中国啤酒第一品牌；其后雪花啤酒单一品牌价值上升到875.82亿元居第二位；燕京啤酒[1+3]品牌价值上升为660.76亿元，居第三位。

在我们看到中国啤酒品牌建设取得成绩时，还应看到中国啤酒品牌建设之路同中国其他产业一样，还有许多路要走，许多工作要做。在目前，中国啤酒还未完全摆脱以价取胜的局面，产品设计模仿性强，同质化，差异小，缺乏特点和个性，这在中小企业中更为普遍，这也是一些中小企业经营困难，发展慢的主要原因。

在国际上，虽然近几年有了很大的发展，特别是一线品牌。像青岛啤酒等，但与国际大品牌相比，我们还需继续努力。我们啤酒的出口量，品牌声誉在国际啤酒市场上的影响力还不大。

中国啤酒企业要充分认识到做强品牌的深远意义，综观世界上的经济强国，同样也是品牌强国。为了使企业不断发展壮大，为了使中国由“啤酒生产大国向啤酒强国”发展，就要以品牌建设为主线，扎扎实实地做下去。

【e.产业结构趋向合理，扩张整合趋势持续减缓】

2014年，中国啤酒行业的扩张整合仍在继续，但延续了2012年以来的发展趋势——理性、减速。这主要是由于：

1、中国啤酒行业经过多年的持续兼并整合，产业结构日趋成熟。

已形成了以华润雪花、青岛啤酒、百威英博、燕京啤酒和嘉士伯啤酒五大集团，金星啤酒、珠江啤酒、三得利啤酒、蓝贝酒业、云南澜沧江啤酒、杭州千岛湖啤酒等为代表的大中型啤酒集团、公司及众多中小型啤酒企业的较合理的格局。在2014年五大集团啤酒产销量合计3596.96万千升，占全国总产量的73.08%。产量超过20万千升的十五家企业产量合计3900.06万千升，占全国产量的79.24%，接近了80%。无论是五大集团，还是全国产量超过20万千升

的15家集团企业的年产量占全国年总啤酒产量的比例已较高，上升的空间已不大，上升的速度也不会太快。

2、中国经济进入新常态。

依赖简单数量型增长的经济模式已难以为继，对于啤酒行业也是同样，过去主要依赖投资并购，追求规模外延式扩张的经济模式。在新的形势下，啤酒行业需要寻找新的增长点，调整结构、创新、环保、提升企业发展的质量，保持企业持续发展的动力，而不是简单的低盈利水平下的扩产增量。

3、啤酒行业兼并整合。

啤酒行业经过多年的兼并整合，可供兼并收购的优质资产已经不多，并购的成本不断增高。一般的兼并收购已不能使收购企业达到局部市场快速扩张和形成新的利润增长点的目的。以后的兼并整合可能更多地在中型以上的企业间进行。

4、兼并整合数量减少，质量和影响力提高。

中国啤酒行业收购兼并的活动不多，与2013年相似，也是在年初，百威英博收购了吉林省四平金士百啤酒和江苏大富豪啤酒，两个在行业内规模和影响力相对较大的企业。另外是青岛啤酒收购淄博兰莎啤酒55%的股权，继续扩大和巩固在山东省霸主的地位。还有嘉士伯成功收购重啤集团东部资产，增加在中国啤酒市场的份额和竞争实力。

5、建新厂和老厂搬迁成为规模扩张和提高装备水平的重头戏。

2014年，啤酒行业完成并投产项目13个，在建项目12个，共新增产能315万千升（详见表10）。2014年新增产能高于2013年（213万千升），稍低于2012年（440万千升）。

通过比较，2014年新增产能虽略高于2013年，但投产项目数比2013年少5个，也是近年来最低的。这说明：

（1）随着产销量增速降低，各企业把重点放在了结构调整，内部挖潜和整合现有产能，使充分发挥效益。减慢了新增产能方面的投资，也就是投资更趋合理，更趋理性。

（2）随着企业产销量的增大，运输条件的不断改善和人力成本等的快速上升，从制造成本和综合效益考虑，各企业新厂设计的规模普遍增加，过去那种10万千升起步的状况逐渐消失，50‾100万千升级的规模设计渐成常规。

（3）搬迁企业增加。随着城市化的发展和产销量的增加，许多80-90年代建的啤酒厂在原址因扰民、交通和城市规划发展之间的矛盾，环境保护等问题，无法正常生产或无法进一步扩大产能时，在政府和企业均有强烈意愿和在互利的情况下搬入统一规划的工业园区或远郊区。在搬迁建厂时，企业会根据当前的形势和未来发展趋势建设新厂。

表$_{10}$　2014年全国啤酒行业主要建设项目统计表①

类型企业	并购（个）	新建工厂（个）		改扩建或搬迁（个）		合计（个）		当年约新增产能（万KL）
		在建	投产	在建	投产	在建	投产	
华润雪花		1		1	1	2	1	40
青岛啤酒	1		1	3	2	3	3	110
百威英博	2	2	1		3	2	4	295
燕京啤酒								
嘉士伯	1	1	1			1	1	50
其　他		3	2			3	2	30
全国合计	4	7	5	5	8	12	13	315

①本表为不完全统计，且未包括协议投资、意向投资项目和后期建设项目；

②该企业当年新增产能中包括被并购企业的产能；

③全国合计新增产能中不包括被并购企业的产能。

【f. 中国啤酒持续稳健发展前景】

1、中央“坚持稳中求进”的经济发展总基调和巨大的消费市场是中国啤酒持续稳健发展的基础。

中国经济进入发展的新常态，发展速度减缓，经济下行压力增大，世界形势多变，经济复苏缓慢等因素都为啤酒业的发展造成了重重困难。但是我们应该看到光明，看到发展的前途。在2015年的中央经济工作会议上提出了“坚持稳中求进”的工作总基调，坚持以提高经济发展质量和效益为中心，主动适应经济发展新常态，保持经济运行在合理区间，通过调整结构，抓改革攻坚，突出创新驱动，促进经济平稳和社会和谐稳定的中心思想为中国啤酒持续稳定发展提供了基础保证。因为只有经济平稳发展，社会和谐稳定，人民的收入才会稳定增长，才会无后顾之忧，消费水平才会不断提高，作为大众化的快消品 -- 啤酒才会有稳定向上的市场。

中国有 14 亿人口，保守估计 50% 的人口是啤酒的潜在消费者，我们就有 7 亿人口的消费市场。中国人均啤酒占有量虽略高于世界平均水平，但与一些经济发达国家和啤酒消费大国相比，还有很大差距。在国内经济发达地区与欠发达地区，城镇与农村之间的消费差距也很大。今后随着经济发展，惠民政策的不断落实和城镇化进程的继续，啤酒消费量会相应提高。

中央反腐倡廉的深入和力度及严格控制酒驾从表面看，在一定的程度上减少了啤酒的消费量。但从长远看，从深层次进行分析，这两项工作有利于我国经济长期健康公平发展，有利于社会安静和和谐稳定，能够促进啤酒工业的发展和啤酒消费增长。

2、时代的需求和企业的意愿是中国啤酒持续稳健发展的驱动力

在新的经济形势下，改变发展模式，进行做优增量并存的深度调整，走资源节约型，环保型的发展之路是历史赋予企业的使命，是时代对企业的召唤。

中国啤酒从商品供应单一，短缺的计划经济时代已进入了供大于求的市场经济时代，同时也进入了中国人口红利减少，生产因素成本上升，环保要求不断增高的时代。依靠数量型的粗放式增长的发展模式和仅以价格杠杆作为市场竞争手段已难以维持中国啤酒的持续增长成为啤酒业的共鸣。适应市场变化的规律，顺应时代发展的需求，集中精力、财力提升企业的发展质量已成为现今啤酒业发展的核心。

中国啤酒各企业正在认识新常态，适应新常态，争做新常态的引领者。中国啤酒发展的明天会更好。

【g. 中国啤酒工业发展中需要面对的工作和问题】

1、挖掘市场潜力，通过产品创新提高竞争力是各企业应考虑的首要问题

在中国经济发展进入新常态，从消费需求看，模仿型排浪式消费逐渐消失，多样化消费渐成主流。

近年来，特别是 2014 年进口啤酒的快速增加，也说明了这一点。虽然有跟风，有盲从的因素，但也主要反映了中国消费市场求变、多样化的发展，消费者在消费中更加成熟，更加追求质量，追求新的变化，新的享受。

天下大事比作于细，古今事业心成于实。各啤酒企业要深入生活，深入市场，调查研究市场的需求和变化，研究消费者的心理需求和变化，通过产品和服务的创新、差异化去适应，引导消费需求的发展，去挖掘市场的潜力。

2、发展啤酒电子商务，步入互联网时代

2014 年，较早步入互联网，开启电子商务的企业，像青岛啤酒、雪花啤酒、珠江啤酒等都已取得不错的业绩，但从总体上来分析，啤酒行业整体在互联网上的作为与白酒和葡萄酒等行业相比，还有一定的差距。啤酒企业进入互联网，开展电子商务是顺应大势的明智之举，是顺应未来销售渠道发展的必然选择。各啤酒企业要根据本身经营的现状和未来的发展，主动加强对互联网、对电商的关注和调研，进入电商渠道或为未来进入做好准备。

（1）啤酒企业主要领导和决策者应重视和熟知互联网和电子商务的发展状况，关注相关行业和企业在电子商务运作中的情况、经验和不足。要重视这方面专业人员的培养和招聘，做好本企业的电子商务或为进入电子商务打好基础。

（2）在产品设计、研制、生产中考虑开展电子商务的需求，使之逐渐适应互联网的商业模式。

（3）处理好线上电子商务和线下传统营销体系的有机融合，达到线上、线下优势互补。切记不可顾此失彼。

（4）充分发挥互联网时代的优势，使市场信息采集、市场调研、产品研制、产品生产和产品销售等有机融为一体，为啤酒业的发展开辟一个新天地。

3、加大投资、加快速度，做好节能减排，保护环境

进入 2015 年后，中央及各级政府治污减排，保护环境，发展循环经济的各项法规、条例、实施细则陆续出台，在环境保护方面的管理力度越来越大，工作越来越细。

从啤酒行业的整体状况看，近年来通过大量工作，已取得很大成绩，特别是一些大中型集团、企业和效益好的中小型企业，但对一些中小型、效益差的企业形势仍然严峻，仍然有大量工作要做，要有大量资金需要投入，主要表现在以下方面：

（1）历史欠账。中国现有啤酒企业大部分始建于上世纪 80、90 年代，由于历史原因，一些人为原因和经营效益问题，部分企业至今治污设备欠缺，或不达标、或年久失修达不到运行标准。一些高耗能、高排放的落后装备因资金等原因得不到更新淘汰。在目前大环境下，这些欠账是必须解决，已别无选择。这将是对部分企业的严峻考验。

（2）处于国家或地区政治、经济中心区域的企业，包括一些重点名胜风景区、自然保护区和水等资源区的企业将承受更严格的环保要求，甚至搬迁，这将可能升高企业的经营成本，影响到企业整体的经营活动。

（3）随着节能降耗技术的发展，治污减排标准的提高，政府和相关机构会加强对高能耗、高排放、高污染装备的认定工作和强制退出速度。

企业应认真学习，面对节能减排，环境保护的新形势、新要求，研究国家和当地政府有关治污减排、环境保护的法律法规，各项实施细则及中长期计划。应做到一是高度重视，充分认识环保工作的重要性和迫切性，把环境保护工作纳入到企业的年度工作计划和企业的中长期发展规划中。要自觉接受政府、社会的监督，要积极参与当地政府开展的环保工作，在做好企业环保，贡献人类的同时，提高企业的社会形象，促进企业的长期健康发展；二是企业在新建、扩建和老厂改造及每年的设备大修中自觉选用高效节能设备，对不符合环保要求的高耗低效设备进行有计划的淘汰。要投入资金，有计划的引入高效、低排放、低污染的新技术，使企业在节能环保方面逐渐步入良性循环；三是要加强对治污工作的投入，要充分发挥综合利用，象中水的利用，污水处理中沼气的应用，废碱液循环的利用等技术，提高治污能力，降低治污成本。

协会会努力做好企业与政府的桥梁作用，帮助企业获得政府在政策、技术、税收等方面的支持。同时协会主办的《中国啤酒》杂志上开辟了“节能降耗与环保”专栏，推广节能降耗与环保方面的新技术和经验，为企业做好工作提供有益的信息。

（4）啤酒生产用大麦仍是企业关注的重点

2014 年，我国进口大麦共计 541.4 万吨，其中约 60% 左右用于啤酒酿造。进口大麦仍然是中国啤酒大麦的主要来源，国产大麦依旧处于低迷状态。进口啤麦受国外货源充足，原油价格大幅下调致海运费用降低及中澳自贸协定中去消 3% 的农产品关税的条款生效等因素影响，全年平均进口单价比 2013 年降低 16.6%，约在 290 美元 /T。

大麦属农产品，极易受气候变化的影响。特别是由于环境影响，异常气候现象频发，使世界大麦市场更易出现波动。在国产大麦短期内不可出现作为的情况下，企业应关注全球气候变化和农产品市场行情走势，在可能的条件下，适时购入大麦原料，这对大中型集团公司意义更大。

李亚丽

2.21 饮料制造

【a. 概况】

1、主要经济指标

（1）主要产品产量

2014 年，饮料行业规模以上生产企业数量为 1823 家，全国饮料行业总产量为 16677 万吨，同比增长 11.72%。其中碳酸饮料类产量同比增长 5.41%；果汁和蔬菜汁类产量同比下降 1.32%；包装饮用水类产量同比增长 17.52%；“非三大”饮料产量同比增长 12.66%(见图 1)。

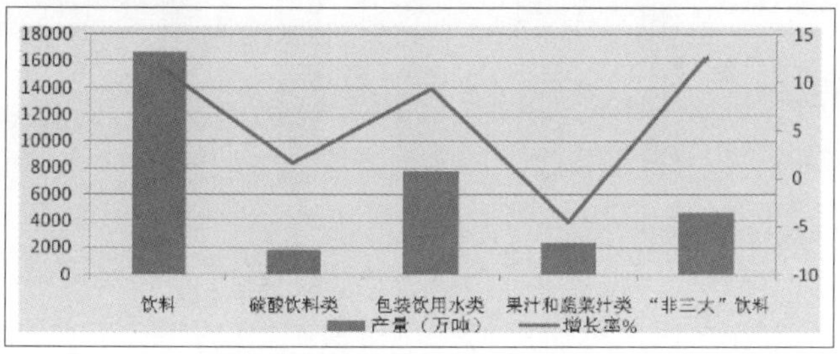

图1 饮料分品种产量情况

（2）主营业务收入

2014 年，饮料行业主营业务收入 5785 亿元，同比上增长 9.61%。其中碳酸饮料主营业务收入同比增长 2.69%；果蔬汁类主营业务收入同比增长 8.52%；包装饮用水主营业务收入同比增长 11.64%；蛋白饮料主营业务收入同比增长 16.09%；固体饮料主营业务收入同比增长 2.25%；其他饮料主营业务收入比上年同期增长 11.99%。

（3）利税

2014 年，饮料行业全行业实现利税 709 亿元，同比上增长 6.30%。其中碳酸饮料利税同比增长 2.67%；果蔬汁类利税同比增长 30.77%；包装饮用水利税同增长 10.37%；蛋白饮料利税同比增长 1.83%；固体饮料利税同比下降 1.92%；其他饮料利税同比下降 8.87%。

2、行业发展分析

（1）市场

饮料产品替代性强、竞争白热化，使多数企业即使在生产成本持续攀升的情况下，仍保持相对稳定的销售价格，以守住已有的市场份额。过去 10 年，饮料产品的平均出厂价格几乎没有变化，2005–2014 年间，年均增长 0.33%。2014 年，饮料行业主营业务成本上涨 10.72%，而 2014 年饮料平均出厂价格为 3.47 元 /kg，同比下降 1.7%。

2014 年，饮料消费增长趋缓，但是作为重要的低价易耗消费品，消费者对饮料的选择仍然是随时随地，消费需求总体较好。饮料行业产成品库存总值 168 亿元，同比增长 13.51%，约占饮料总产量的 2.5%–3%。由此可以看出，我国饮料行业的市场供需关系比较稳定，是相对可控的。

（2）投资

从国家统计局数据和市场实际情况来看，2014 年，饮料行业投资增长速度放缓。全国规模以上饮料生产企业资产合计同比增长 12.64%。其中包装饮用水的资产累计增长最多，为 24.96%；蛋白饮料增长速度其次，为 15.24%；果蔬汁类饮料增长速度为 10.53%；固体饮料增长速度为 5.76%；碳酸饮料下降 2.02%；其他饮料增长速度为 16.73%。

（3）分区域情况

东、西部地区经济发展的变化在饮料业表现出相同的态势。2014 年，东部 11 个省区市的饮料总产量占 45%，比重同比下降 1 个百分点。中部 8 省区市的饮料总产量比重为 29%，同比持平；西部 12 省区市的饮料总量比重为 26%，比重同比提高 1 个百分点。从饮料各品类的地区分布来看，包装饮用水类和果蔬汁类饮料的地区分布比较平均，而碳酸饮料和其他饮料产品在东部地区的比重更高，在西部地区的比重较低（图 $_2$）。（东部地区：北京、天津、河北、辽宁、上海、江苏、浙江、福建、山东、广东、海南；中部地区：山西、吉林、黑龙江、安徽、江西、河南、湖北、湖南；西部地区：内蒙古、广西、重庆、四川、贵州、云南、西藏、陕西、甘肃、青海、宁夏、新疆）

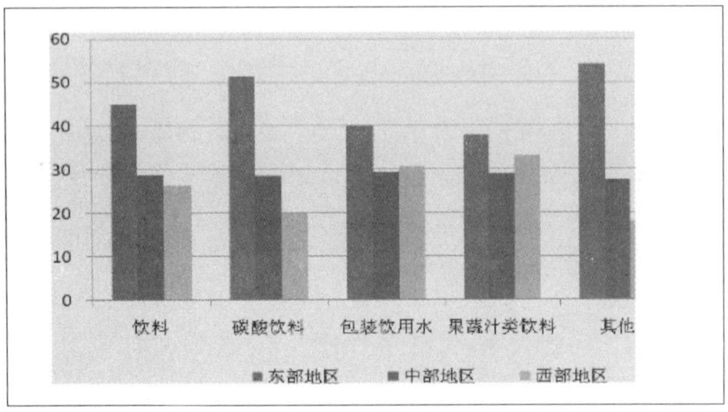

图$_2$ 2014年饮料及主要品类产品的地区分布

饮料生产的布局遵循消费中心布局和资源中心布局的原则。根据资源分布情况，以水果、蔬菜及其他农产品为直接生产原料的饮料企业多建立在原料产区，包装饮用水企业建立在矿泉水水源地附近。因此，饮料发展呈现区域化特点。

例如，西藏自治区天然水资源丰富，水质优良，开发利用价值高，发展天然饮用水产业前景广阔。西藏自治区天然饮用水产业发展势头良好，产业格局初步形成，产品内涵日趋丰富，品牌效应逐步显现，在拉动经济发展、改善民生、促进就业和社会稳定等方面发挥了重要作用。工业和信息化部消费品工业司、西藏自治区工业和信息化厅共同编制《西藏自治区天然饮用水 产业发展规划》，规划期为 2015–2025 年。

（4）行业集中度分析

行业和企业的发展是相辅相成的，近年来，饮料企业的生产规模不断扩大。2014 年，饮料行业规模以上生产企业数量为 1823 家，同比增加 8%。其中碳酸饮料企业 171 家，占全行业比重为 9.4%，同比下降 0.9 个百分点；果蔬汁企业 527 家，占全行业比重为 28.9%，同比增加 0.1 个百分点；包装饮用水企业 570 家，占全行业比重为 31.3%，同比持平。

（5）进出口

饮料行业中，最重要的进出口产品是浓缩果蔬汁。其中，浓缩苹果汁是出口量最大的品类；浓缩橙汁是最重要的进口果蔬汁品类。

2014 年，浓缩水果汁出口量为 52 万吨，同比下降 22.4%；其中浓缩苹果汁出口量为 46 万吨，同比下降 23.8%，出口量达到近五年来最低值（图 $_3$）。

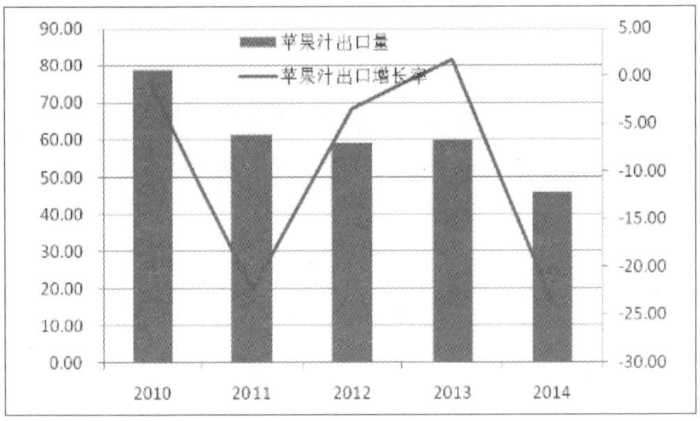

图$_3$ 近五年浓缩苹果汁出口情况

2014 年，浓缩水果汁进口量为 12 万吨，同比增长 12.2%；其中冷冻橙汁进口量为 5 万吨，占浓缩水果汁进口量的 44%，近五年来，冷冻橙汁在浓缩水果汁进口总量中的占比持续下降（图 $_4$）。

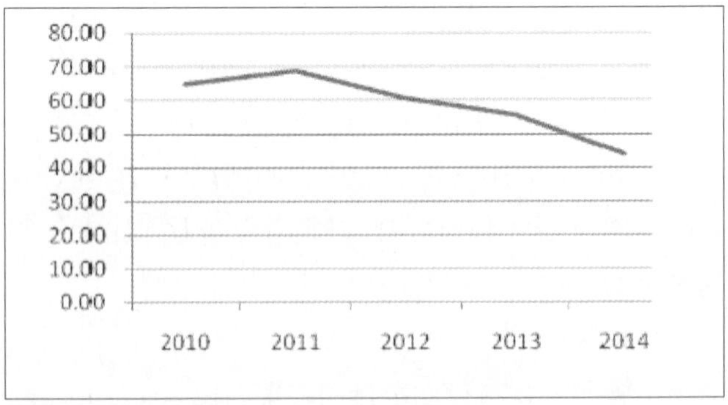

图$_4$ 近五年冷冻橙汁在浓缩水果汁进口总量中的占比

（6）重点品类

2014年，各饮料品种产量所占比重情况，包装饮用水类的比重继续加大，占到46.9%，同比增加2.3个百分点；碳酸饮料类比重为10.9%，同比下降0.6个百分点；果汁和蔬菜汁类比重为14.3%，同比减少1.9个百分点；“非三大”饮料比重为28.0%，同比增加0.3百分点（见图5）。饮料产品结构相对保持稳定。

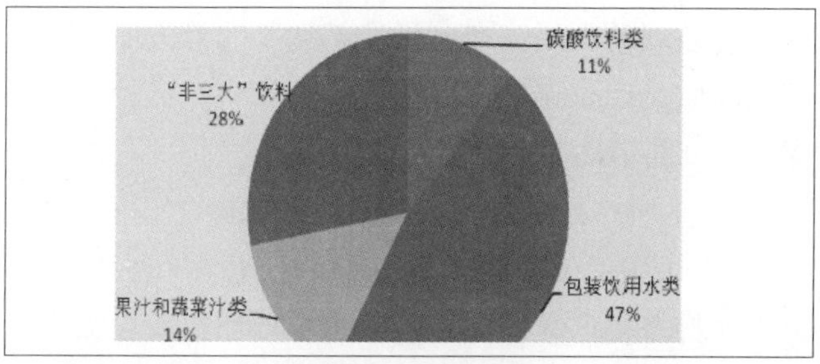

图$_5$ 品种结构情况

其中，包装饮用水产量增长率持续高于饮料行业增长，总产量已经接近饮料产量的一半。

2014年，果蔬汁类饮料产量呈现负增长，在饮料产量中的比重呈下滑趋势。

（7）包装与装备

我国饮料行业装备水平达到国际先进水平。膜技术、超高温瞬时杀菌技术、生物洁净技术、分离技术、酶技术、带蒸汽压缩的多效蒸发装置和芳香回收系统、可进行果肉颗粒灌装的灌装技术、冷冻干燥、超细粉碎、超洁净灌装、热灌装、无菌灌装技术、高速灌装、吹灌旋一体机和罐装饮料连续杀菌装备等等都已得到广泛应用，玻璃瓶、纸塑复合包装、金属罐的制造及灌装技术已迈向国际水平，中国饮料行业技术水平已稳步进入国际先进行列。

饮料作为快速消费品，在充分竞争的市场环境下，对于规模化大生产具有迫切需求，因此，饮料行业对于高效、自动化生产装备有很旺盛的需要。2014年，随着互联网和其他服务联网的系统在行业中的应用，打造饮料生产智能化的工业4.0概念正逐步被企业接受。

信息化和自动化的“两化融合”理念得到应用，智能工厂的模式开始出现。智能工厂的控制系统就是企业充分利用互联网、区域网等领域内的各种技术，建设一个信息化平台，通过信息互联互通、员工互相协同的模式，实现工厂的智能管理。对从原材料接收到灌装的整体生产进行控制的流程，这一革新将有效地帮助企业更高效、更有序地运作。机器人装箱、运输、码垛、提货，生产要素配置电脑程序控制，自动化仓储等都在饮料工厂中得到了一定的应用。

中央工厂模式开始被企业尝试。这一模式将进一步提高科技成果的转化速度，整合和高效利用资源，提高整体控制能力，对于标准化生产控制和检测具有重要作用。

（8）可持续发展

近年来，可持续发展战略受到了企业和社会的广泛重视并取得了良好的效果。2010年，中国饮料工业协会对外发布了第一份中国饮料行业可持续发展报告。为了展现2010年以来饮料行业在可持续发展方面的做法和绩效，体现饮料行业创造价值的空间，继续引导和深化全行业的可持续发展，中国饮料工业协会从2013开始继续着手第二份“行业可持续发展报告”的编写工作。

与协会2010年发布的可持续发展报告相衔接，《2014中国饮料行业可持续发展报告》增加了对“可持续发展”概念的解读，充分阐述了饮料行业在国民经济中的定位、责任与目标，对行业在可持续发展各方面遇到的问题和挑战及努力方向进行了总结和归纳，报告中列举企业优秀事例320个，涉及企业135家。

《报告》于2014年12月在中国饮料工业协会年会上正式发布。对于行业可持续发展起到了很好的引领作用。

【b. 行业面临的问题】

1、政策

水资源管理有待进一步完善饮料是重要的涉水行业，水是饮料产

品的重要原料。然而目前有关水资源税费管理方面仍然存在诸多问题限制饮料行业发展，需要进一步完善。

2013年1月7日，国家发改委、财政部、水利部联合印发了《关于水资源费征收标准有关问题的通知》（发改价格[2013]29号）。根据通知精神，到2015年底（“十二五”末）以前，水资源费平均征收标准

将有一定程度的提高，并且要求各地规范水资源费标准分类，特别是要针对特种行业调整水资源费。据了解，目前各省市对包装饮用水等饮料用水的分类尺度差异较大，特别是对天然矿泉水，有地方将饮料用水列为特种行业，有地方将其按照工业领域进行分类。将饮料用水列为特种行业存在其不合理性，这一问题至今仍然没有得到解决。

多年来，对矿泉水产品征收的矿产资源性税费一直存在“一水多征、重复征收、各地收费项目和收费标准不一”的问题，给矿泉水生产企业造成了经济压力，阻碍了矿泉水发展。

2、市场

（1）阶段性产能过剩 过度竞争时有发生

经过二十多年的高速发展，饮料行业已经成为备受关注的投资领域。近几年来，随着国家经济放缓的“新常态”出现，饮料行业增长速度已经大幅下降，然而表现依然比较突出。由于前几年企业对市场的良好预期和“抢占地盘”的思维，以及全球金融危机为企业提供了低成本扩张的机会，饮料行业产能增长迅速，造成目前全行业产能阶段性过剩。阶段性过剩在市场上表现为，虽然原材料价格大幅上涨，但重产量、拼价格、牺牲效益依然成为广泛使用的竞争手段，有的产品售价接近或甚至低于生产成本。

（2）网络谣言频出 给行业和企业造成极大困扰和经济损失

2014年以来，以微信、微博等自媒体平台为依托的网络谣言频出，恶意炮制、散播谣言，诋毁饮料企业和产品，造成了消费者的恐慌和社会对食品安全的信任度下降，严重影响中国饮料行业、食品行业的正常运行。

（3）不当的社会舆论给饮料行业带来压力

近年来，缺乏科学依据的片面言论被媒体广泛传播，对糖的健康性一味地进行负面宣传，甚至针对性地对含糖的饮料提出片面的健康质疑。这种不当的社会舆论给饮料行业带来的负面影响和发展压力。

（4）浓缩苹果汁出口下降 内需不足

浓缩苹果汁是我国饮料行业最重要的出口产品，同时也是主要依赖国际市场的产品。在全球经济危机之后，经历了三年的平稳发展，然而在2014年浓缩苹果汁出口进一步下跌，已经达到近十年的最低水平。与此同时，我国浓缩苹果汁的内需严重不足，浓缩苹果汁行业困难重重。

3、创新

（1）产品创新不足 对市场驱动能力不够

尽管在市场上饮料产品类型已经非常丰富，已经有11大类、65小类，然后在产品创新方面仍然不够，不足以适应现在消费者求新的消费需求，主要表现在产品包装创新不足、产品研发新意不够等方面，市场产品同质化现象突出，高附加值的饮料产品较少。依靠产品创新带动市场发展的能力不足。

（2）农产品原料仍然具有一定的制约作用

我国饮料产品类型丰富，其中果蔬汁、蛋白饮料、植物饮料等类产品以农产品作为主要原料。果蔬汁原料品种专有化问题一直未能得到解决；农产品价格波动很大，加工用农产品价格受鲜食农产品价格影响大，对饮料生产的稳定性带来更多不确定性，在一定程度上制约了相关产品的发展；仍然存在农药残留风险，基于加工用农产品的农残控制研究相对较少，农产品种植过程中依然存在滥用农药的情况，这些都对原料涉农饮料产品带来挑战。

（3）果汁产品真实性检测能力有待提高

为了保护消费者利益，提高行业门槛，保障饮料产品的真实可靠，饮料行业在保障食品安全的同时，也在努力开展饮料产品真实性检测技术的研究和探索，目前已经将多种饮料产品的真实性检测研究成果通过产品标准的方式进行应用。然而，对于有实际应用价值的果汁真实性检测技术尚处于研究探索阶段。

【c. 发展趋势】

当前，世界经济正处于深度调整之中，复苏动力不足。我国经济下行压力还在加大，发展中深层次矛盾凸显，2015年面临的困难可能比2014年还要大。同时，我国发展仍处于可以大有作为的重要战略机遇期，有巨大的潜力、韧性和回旋余地。

2015年1–6月，全国饮料行业总产量为8734.54万吨，比上年同期增长4.45%。其中碳酸饮料类产量876.84万吨，比上年同期增长0.03%；果汁和蔬菜汁类产量1162.82万吨，比上年同期增长–1.59%；

包装饮用水类产量4215.12万吨，比上年同期增长10.08%；“非三大”饮料产量2479.76万吨，比上年同期增长0.19%。2015年，饮料产量增长将继续维持在适度地水平，与潜在的经济增长率相适应，专家指出这是符合可持续性发展规律的。

饮料行业需要正视国家经济新常态和饮料增速放缓的新常态，通过不断优化产业结构、坚持科技创新、积极开拓新兴市场努力保持经营效益的持续增长。当前饮料市场依然很活跃，消费者对于包装饮用水、非复原果汁（NFC果汁）、100%果汁、果汁含量较高的果汁饮料、植物蛋白饮料、包括谷物饮料在内的植物饮料等产品具有很大的需求，饮料行业的发展空间仍很大。

创新是2015年中国经济的主旋律，同时也是饮料行业未来一段时间的主旋律，从产品创新、原料创新、包装创新、设备创新、管理创新、模式创新等方面，全面提升饮料行业的整体竞争力，“工业4.0”、“中国制造2025”概念的新一轮科技革命和产业革命同样会在饮料行业中呈现，智能化应用将更广泛地运用于饮料行业的各个领域。

【d.政策建议】

1、继续加大对原料涉农企业的支持力度

农产品价格上涨是提高农民收入的重要手段，是国家的“三农”大政，饮料企业加工农产品原料又不得随成本上升而涨价，为保护涉农饮料企业的积极性和发展后劲，国家应建立对涉农饮料企业农产品原料价格上涨的补贴机制。

农产品原料的采购是原料涉农产品生产的关键关节之一，在协调农产品原料供应方面给予政策支持，方便企业进行原料采购，将为企业解决原料供应商的后顾之忧。此外，加大对企业流动资金贷款的扶持、原料涨价补贴等方面给予政策支持、继续探索加工用农产品种植基地、加大对加工用农产品农残控制的研究、探索饮料行业与国家“三农”政策的内在规律等，都将进一步促进饮料行业发展，带动“三农”发展。

2、调整包装饮用水产品征税政策

（1）按照地下水管理方式对矿泉水进行管理

矿泉水是从地下深处自然涌出的或经钻井采集的，是理化成分、流量、水温等动态指标在天然周期波动范围内相对稳定的一类地下水。之所以以“矿”命名，只是因为含有微量的矿物质组分。矿泉水不同于其他固体矿产，是可再生资源，在合理的开采条件下可以永续利用不断再生。将矿泉水与其他固体矿产采取相同的管理方式不尽可取。

我国矿泉水蕴藏丰富，种类繁多，目前开发量很小，大部分尚未开发，如果不对它开发利用，也将在循环中定量排泄，矿泉水行业方兴未艾，需要政府的扶持和大力支持，才能使矿泉水资源充分开发利用，避免矿泉水资源的浪费。

因此，建议参照地下水的资源性税费管理方式对矿泉水进行管理。

（2）将饮料用水按照工业用水进行分类

饮料行业是我国食品工业的重要组成部门，水是饮料行业的重要原料之一，饮料取水包括城镇公共供水、地表水和地下水（矿泉水等）。无论从行业管理还是产品分类划分，饮料行业和产品均在工业范畴。因此，建议在水资源费收取用标准分类方面，有必要从国家层面，将饮料行业用水分类统一归为工业领域，与其他食品行业等同对待，并合理考虑对饮料行业水资源费的调整幅度。

3、正面宣传引导，加大科普宣传力度

网络谣言导致社会对食品安全的信任度下降，引发消费者的恐慌，严重威胁社会的稳定，严重影响中国饮料行业、食品行业的正常运行。建议中国食品饮料行业的所有参与方，合力开展和加强食品饮料生产、质量、安全等的科普工作，正面宣传和引导消费者树立消费信心，建议行业、企业积极组织行业专家进行应对，建议企业加强自律，继续为消费者生产安全、健康、质量好的饮料产品。

4、充分发挥行业组织的作用

十八届三中全会指出，适合由社会组织提供的公共服务和解决的事项，交由行业组织承担，并明确将重点培养和优先发展行业协会商会等类社会组织。建议行业协会充分发挥规范行业发展、引导行业自律的作用，通过与行业专家、企业共同协作的方式，促进行业的可持续健康发展。

中国饮料工业协会

2.22 精制茶加工

【a. 概况】

1、生产

2014 年，虽然我国茶叶生产在遭遇前一年长江中下游茶区严重伏旱、2014 早春东部茶区持续低温阴雨等不利因素的影响，但由于各地及时加强茶园管理，因此全国茶叶各项生产指标仍然达到历史最高点。至此，中国茶产业继续保持着 19 年的增产增收记录。

（1）茶园面积低幅增加。据 18 个产茶省（区、市）农业部门上报汇总，茶园面积 4112 万亩，同比增加 202.8 万亩，同比增长 5.19%。其中采摘面积 3162 万亩，同比增加 244 万亩，同比增长 8.36%。

	各产茶区茶园面积（万亩）				各产茶区可采摘茶园面积（万亩）			
地区	2014年	2013年	增减数	增减(%)	2014年	2013年	增减数	增减(%)
合计	4112. 9	3910. 1	202. 8	5. 19	3162. 1	2918. 1	244. 0	8. 36
江苏	51. 3	50. 9	0. 4	0. 79	43. 7	42. 3	1. 4	3. 31
浙江	280. 9	275. 0	5. 9	2. 15	259. 0	248. 0	11. 0	4. 44
安徽	235. 0	232. 9	2. 1	0. 90	203. 0	202. 5	0. 5	0. 25
福建	355. 0	348. 4	6. 6	1. 89	315. 0	308. 6	6. 4	2. 07
江西	125. 8	108. 9	16. 9	15. 52	90. 4	78. 6	11. 8	15. 01
山东	51. 4	46. 8	4. 6	9. 83	38. 1	35. 7	2. 4	6. 72
河南	230. 0	220. 0	10. 0	4. 55	147. 0	126. 6	20. 4	16. 11
湖北	438. 6	414. 5	24. 1	5. 81	63. 0	295. 0	45. 6	15. 46
湖南	178. 3	173. 2	5. 1	2. 94	104. 0	136. 6	4. 3	3. 15
广东	68. 0	66. 4	1. 6	2. 41	63. 0	61. 2	1. 8	2. 94
广西	112. 0	108. 3	3. 7	3. 42	104. 0	98. 6	5. 4	5. 48
海南	0. 9	0. 9	0. 0	0. 00	0. 8	0. 8	0. 0	0. 00
重庆	65. 6	63. 6	2. 0	3. 14	42. 9	43. 0	-0. 1	-0. 23
四川	455. 0	426. 1	28. 9	6. 78	349. 3	319. 2	30. 1	9. 43
贵州	662. 2	611. 2	51. 0	8. 34	350. 4	293. 2	57. 2	19. 51
云南	595. 0	586. 0	9. 0	1. 54	538. 0	510. 0	28. 0	5. 49
陕西	192. 4	162. 0	30. 4	18. 77	125. 2	108. 0	17. 2	15. 93
甘肃	15. 5	15. 0	0. 5	3. 33	10. 8	10. 2	0. 6	5. 88

（数据来源：农业部）

（2）茶叶产量中幅增加。干毛茶总产量 209.2 万吨，同比增加 19.5 万吨，同比增长 10.33%。其中，除河南、海南略有减产，其他 16 省（区、市）全部增产，增产较多的贵州增加 4.7 万吨，云南、福建各增加 2.5 万吨，四川、陕西各增加 1.7 万吨，湖北、浙江分别增加 1.6 万吨、1.1 万吨。

干毛茶总产量(吨)

地区	2013年	2014年	增减	增减(%)
合计	1978156. 6	2158364. 6	180208. 0	9. 1
江苏	13590. 0	13928. 0	338. 0	2. 5
浙江	168600. 0	183570. 0	14970. 0	8. 9
安徽	100924. 0	109000. 0	8076. 0	8. 0
福建	346989. 0	355000. 0	8011. 0	2. 3
江西	43704. 0	46661. 9	2957. 9	6. 8
山东	18968. 4	20042. 5	1074. 1	5. 7
河南	58000. 0	54929. 5	-3070. 5	-5. 3
湖北	171915. 7	187864. 5	15948. 8	9. 3
湖南	146031. 0	161280. 0	15249. 0	10. 4
广东	69753. 0	75472. 0	5719. 0	8. 2
广西	53900. 0	70200. 0	16300. 0	30. 2
海南	568. 7	481. 8	-86. 9	-18. 0
重庆	28514. 8	29380. 4	865. 6	3. 0
四川	219923. 0	236119. 0	16196. 0	7. 4
贵州	182380. 0	218065. 0	35685. 0	19. 6
云南	309845. 0	333703. 0	23858. 0	7. 7
陕西	43500. 0	61472. 0	17972. 0	41. 3
甘肃	1050. 0	1195. 0	145. 0	13. 8

（数据来源：农业部）

（3）茶叶产值大幅增加。由于，产量增加较多，加之价格继续上涨，干毛茶总产值1349亿元，同比增加216亿元，同比增长19.07%。除海南减少1734万元，其他17省（区、市）均增加，增加较多的贵州增加55.9亿元、增长52.98%，陕西、云南分别增加27.3亿元、26.5亿元，福建、浙江、四川、湖北也都增加14亿–20亿元之间。

各产茶区干毛茶总产值（万元）

地区	2014年	2013年	增减数	增减%
合计	13490637	11330386	2160251	19.07
江苏	224679	223301	1378	0.62
浙江	1500000	1313000	187000	14.24
安徽	760400	697900	62500	8.96
福建	2000000	1800000	200000	11.11
江西	398159	331746	66414	20.02
山东	401468	363058	38410	10.58
河南	927748	892700	35048	3.93
湖北	1069744	927325	142419	15.36
湖南	617241	535529	81712	15.26
广东	301900	265030	36870	13.91
广西	277920	244125	33795	13.84
海南	5817	7551	-1734	-22.97
重庆	130480	126437	4043	3.20
四川	1300000	1130000	170000	15.04
贵州	1615150	1055800	559350	52.98
云南	1110975	845884	265091	31.34
陕西	832356	559000	273356	48.90
甘肃	16600	12000	4600	38.33

（数据来源：农业部）

（4）六大茶类普遍增产。六大茶类增产较多的依次是，绿茶同比增产8.16万吨，达到133.26万吨，同比增长6.52%，主要是贵州和陕西分别增产3.6万吨、1.37万吨；黑茶增产5.84万吨，达到28.04万吨，增长26.33%，主要是云南、湖北、湖南分别增产1.84万吨、1.24万吨、1.03万吨；红茶增产3.81万吨，达到21.53万吨，增长21.55%，主要是福建增产1.1万吨；乌龙茶增产1.26万吨，达到24.54万吨，增长5.45%，主要是福建增产1万吨；白茶增产4106吨，达到15708吨，增长35.39%，主要是福建增产3899吨；黄茶增产884吨，达到3109吨，增长39.73%，主要是安徽和湖南分别增产450吨、319吨。

	2014年	2013年	增减数	增减比例（%）
绿茶产量（吨）	1332624	1251015	81609	6.52
红茶产量（吨）	215310	177138	38172	21.55
乌龙茶产量（吨）	245483	232806	12677	5.45
黑茶产量（吨）	280472	222023	58449	26.33
白茶产量（吨）	15708	11602	4106	35.39
黄茶产量（吨）	3109	2225	884	39.73

（数据来源：农业部）

（5）生产水平和效益双提高。全国茶叶单产水平在连续3年下降的基础上开始止降回升。按茶园面积计算，平均亩产50.88公斤，同比提高4.89%；按采摘面积计算，平均亩产66.18公斤，同比提高1.81%。与此同时，茶叶生产效益也大幅度提高。按茶园面积计算，全国平均亩产值3280元，增13.2%；按采摘面积计算，亩产值4266元，增9.88%。

（6）茶叶质量及其安全水平明显提高。无公害茶园面积2638万亩，同比增加141万亩，增5.68%；有机茶茶园面积239万亩，增加18.6万亩，增8.41%；优质高产的无性系茶树良种面积2449万亩，增加290万亩，增13.46%，占茶园总面积的比重由上年55.2%上升到59.5%。

2、销售

内销

2014年，内销市场的巨大消费能力依然是拉动中国茶叶经济发展的最主要因素。主要有以下特点：

（1）销售量额保持平稳。据我会调查分析：在我国六大茶类中，绿茶因保健功能突出，消费认知广泛，消费稳定增长。黑茶、红茶等发酵类茶由于口感更易被消费者接受，加之商家便于储存且有利可图而大加推广，因此占比继续上升。产地集中的白茶，在产地政府、行业组织与骨干企业的力推下，吸引越来越多的消费者关注，市场份额持续突破。作为前期市场的主流茶类，以铁观音为首的乌龙茶一直被消费者所喜爱，虽然目前铁观音在一线市场遇冷，但其他乌龙茶类未受影响，同时二三线城市正在兴起乌龙茶热。作为极小品种的黄茶，处于市场培育阶段，销量稳定增长。

在价格方面，根据各省所报数据汇总分析估算，目前全国茶叶零售均价大体在150–200元/公斤，高端礼品茶均价在600–1000元/公斤，全国茶叶总销售额大体应在3000亿元。其中，全国名优茶与大宗茶销量占比估计分别在43%和57%；销售额占比中，名优茶约占66%，大宗茶占34%。

2003–2014年我国茶叶内销量 单位：万吨

2004	2005	2006	2007	2008	2009	2010	2011	2012	2013	2014
52.5	64.8	74.1	87.6	90	100	110	118	130	153.2	179.1*

（数据来源：中国茶叶流通协会）

（2）产品结构调整放缓。

由于宏观经济下行和互联网经济发展的双重挤压，加之茶叶产品板块已经完成一个轮转周期，因此2014年茶叶产品结构调整较前几年明显减缓。从品种分布看，黑茶、白茶仍为消费热点；绿茶、红茶保持平稳发展；乌龙茶类出现分化，特别是在福建省内呈北强南弱之势；黄茶类继续上升，但基数过小，不足以对市场造成影响。从量价配合看，受经济新常态影响，高端茶持续回调，中档茶继续增多，低档茶仍在减少，橄榄型的市场价格体系进一步稳固。从品质包装看，传统名优茶的销量正在减少，以大宗茶为基础的网络新品牌销量上升，产品包装更趋亲民、简约、个性化。

（3）渠道建设喜忧参半。

目前，茶叶销售渠道主要有三种，即：以团购、批发为主，兼顾零散终端消费者的批发市场；以面向终端消费者为主的连锁专卖店和商超；以天猫、京东为首的，依托互联网、物联网所构成的网络购物平台。2014年，互联网购物平台快速挤压式扩张，既为茶产业开拓了一个新的销售渠道，但也对传统渠道形成了挤压。其中，首当其冲是批发市场，广东、广西、上海、山西等地批发市场先后出现了一些风波，其他的连锁经营店铺也受到了不同程度的冲击。

（4）消费人群逐步转化。

在2014年我会所做的系列分茶类调查中，消费群体最大、也是最重要的变化是：越来越多的年轻人加入饮茶行列。其主要原因：首先是中国步入老龄化社会的速度加快，新的消费主力自然转移；其次是以年轻群体为主导的互联网经济迅猛发展；第三是中国政治经济的发展，特别是国际大国地位的塑造，使民族自豪感高涨而带动具有文化特点的茶叶销售；第四是紧张的生活节奏迫使人们对自身健康日益重视，对饮茶保健的理念也越来越认同。但我们也应充分认识到新生消费群具有传统文化观念的较为单薄、消费认知的明显不足、人口总量绝对值小、关注度转移迅速等特点，并加以适当的消费引导。

（5）茶品收藏值得关注。

由于黑茶、白茶具有经陈放适口性更好、功效更佳且具收藏价值的特点，因此目前全国茶叶消费中有一大批产品被用于收藏。据广东省茶协报告：2014年，仅东莞一地就号称存茶30万吨以上，据此推算，广东全省存茶量可能在50万–60万吨。2014年的茶叶生产也证实了这一点——黑茶、白茶产量增幅高居首席与次席，可以想见，有大量新茶被收购入库进行陈化，其中既有厂家，也有商家、茶叶爱好者及投机者。在茶叶品种上，收藏热从云南普洱茶开始，先向其他地区的黑茶扩散，而后向白茶扩散，甚至向个别并不适合陈放的茶类蔓延。在地域分布上，也形成了由南至北的形势。应当说，茶叶收藏固然是一种价值，但如果掺杂了过多的投机成分，势必走向误区；同时，作为农产品，过量的存储一旦释放必然对市场秩序造成严重挤压。2014年，南方藏茶者已经陆续开展“普洱北行”等活动，向市场释放了“放仓”信号，值得市场予以关注。

出口

据我国海关统计，2014年，我国茶叶出口30.1万吨，同比下降7.5%，出口金额12.7亿美元，同比增长2.1%。主要特点是：

（1）绿茶出口保持绝对优势，各种茶类出口数量均有不同程度下降。绿茶、红茶和乌龙茶量减价增：我国绿茶出口在茶叶贸易中发挥支撑作用，占出口总量80%以上。绿茶出口24.9万吨，金额9.5亿美元。

（2）各茶类出口价格全面上涨。近年来我国茶叶成本持续上升及品质明显改善，出口价格逐年上涨。绿茶同比上涨8.4%，红茶33.8%，乌龙茶12.7%，普洱茶20.5%，花茶1.3%。

（3）出口市场相对集中，出口产品结构仍以大宗散装原料茶为主。2014年我国茶叶出口至126个国家和地区。茶叶出口超过万吨的国家和地区共有11个：摩洛哥、多哥、乌兹别克斯坦、美国、阿尔及利亚、日本等，占我出口总量的66.5%。摩洛哥长期稳居首位，占我国茶叶出口总量近20 %。

（4）多个主销市场出现下降。主要原因：一是茶叶出口价格涨幅较大，抑制了市场需求，贸易量下降；二是部分非洲国家疾病疫情和政局动荡影响了茶叶贸易，对非洲出口下降4.2 %；三是欧盟、日本等茶叶农残检测标准严苛、检测方法多变——2014年，我输欧、日茶叶因农残检测超标被通报33次，其中欧盟30次，日本2次；四是俄罗斯经济形势复杂，加之西方制裁使卢布大幅贬值，茶叶消费不振；五是乌兹别克斯坦茶叶贸易周期长、回款慢，企业经营风险大，茶叶出口萎缩。

总体来看，中国茶叶出口贸易格局继续保持稳定。一是出口市场仍以欠发达国家和地区为主：2014年我国茶叶出口至125个国家和地区，其中70%为欠发达国家和地区。二是出口产品结构仍以大宗散装原料茶为主。受我国茶叶企业实力水平限制，只能向国际市场输出多为散装、贴牌的、低附加值的大宗茶，企业利润微薄，市场开发积极性弱，不愿意投入更多。此外，消费习惯、茶功能用途、对茶的认知程度等也是重要影响因素。因此，中国茶叶在国际市场上的推广需要循序渐进且大有可为。其中，南美就是新兴的大市场，值得深入开发。目前中国与南美国家关系稳定，贸易合作紧密，经济往来密切，拓展南美市场正逢其时。

2014年我国茶叶出口海关统计分国别和地区前20位

单位：美元、千克

序号	国别（地区）	出口量	出口额	数量同比%	金额同比%
01	摩洛哥	58, 996, 243	211, 522, 630	-3. 59	-0. 02
02	多哥	16, 892, 530,	75, 434, 307,	38. 59	50. 01
03	乌兹别克斯坦	16, 387, 677	38, 008, 572	-30. 01	-28. 07
04	美国	15, 302, 842	83, 244, 168	-30. 69	-8. 24
05	阿尔及利亚	15, 010, 213	56, 190, 108	12. 38	15. 22
06	日本	14, 550, 002	60, 638, 630	-17. 1	-9. 47
07	毛里塔尼亚	14, 096, 595	61, 791, 989	-22. 5	-16. 32
08	俄罗斯联邦	13, 933, 247	48, 971, 881	3. 01	-6. 96
09	塞内加尔	13, 332, 028	59, 766, 269	30. 46	33. 81
10	德国	12, 542, 484	48, 532, 108	24	15. 41
11	香港	10, 237, 925	110, 939, 865	4. 9	33. 52
12	喀麦隆	7, 099, 706	7, 007, 881	-18. 35	-42. 53
13	巴基斯坦	6, 352, 549	14, 443, 078	-0. 18	46. 07
14	马里	5, 277, 973	24, 416, 100	-30. 29	-21. 66
15	贝宁	5, 062, 943	9, 515, 190	-4. 26	-22. 72
16	冈比亚	4, 438, 959	17, 974, 700	-37. 91	-33. 9
17	加纳	4, 248, 411	18, 332, 978	-26. 43	-16. 02
18	阿富汗	4, 130, 975	10, 032, 326	98. 64	82. 36
19	尼日亚	3, 495, 960	14, 468, 192	-8. 3	-4. 28
20	利比亚	3, 273, 786	10, 975, 588	-26. 51	-6. 72

（数据来源：中国食品土畜进出口商会）

【b.2015年我国茶叶形势分析及预测】

1、生产

2015年春，各地天气状况良好，早春茶采摘时间普遍比去年提前5–10天。自2015年春节开始至3月中下旬，云南、四川、广西、浙江、湖南、重庆、贵州、湖北、广东、福建、江苏、安徽、河南等地先后进入春茶采摘期。在2–3月份的早春茶采摘期内，全国气象状况普遍温暖、平稳，主要产茶区未遭遇“倒春寒”、“霜冻”、“干旱”等极端气候；虽然安徽局部茶区出现了小范围“倒春寒”天气，但势力较弱，并未对茶叶生长造成明显影响。3月中下旬，全国主要茶区降水量偏多，并出现持续阴雨天气，但仅推迟了这些茶区的采摘步伐，并未影响到茶树正常生长。受降雨影响，3月底至4月初全国各主要茶区温度起伏波动大，局部地区甚至形成小范围天气灾害，对总产量并未有太大影响。进入4月中旬后，各地天气状况恢复正常，气温回升明显，茶芽萌发加快，再次推动了春茶开采的步伐。总体看，春茶长势好于去年同期。在此良好条件下，全国春茶生产情况总体呈现出“三高两平”的特点，即：质量高、产量高、成本高、价格平、销量平。

（1）质量高。去冬今春，全国各主要茶产区无异常恶劣天气情况发生，整体状况保持平稳，日照充足、气温稳升、降水均匀。茶树在冬天生长较好，入春之后，茶芽早生快发，茶树长势良好，茶多酚、氨基酸等内含物含量相比往年有所提高。同时，无性系良种茶园面积扩大、茶叶加工工艺改进，因此今年春茶质量明显提高。据各省茶协普遍反映：与去年相比，2015年春茶品质明显提升，色泽好、香气浓、滋味佳、内涵物质丰富。

（2）产量高。由于春茶大范围在3月初陆续开采，开采时间比去年提前了7–10天，比常年早3天左右，为拉长春茶采摘期、提高春茶产量提供了条件；加之天气状况好、茶芽成长旺盛；同时茶园面积仍在继续扩大——2015年新增茶园142万亩（增加较多的有4个省，其中贵州、陕西分别增加36万亩、24万亩，浙江、湖南各增加13万亩），达到4252万亩，因此各地春茶产量普遍增产。据对18个产茶省（区、市）了解，2015年全国春茶干毛茶总产量首次突破百万吨，达到104.5万吨，同比增加11.5万吨、增12.4%。

（3）成本高。由于各地春茶采制多以制作名优茶为主，原料要求细嫩(乌龙茶除外)，采摘机械化难度高，故为劳动密集型的人工采摘，且时间短而集中，劳动力季节性紧张已成常态，尽管去年以来国内CPI增速明显趋缓，但涨势未改，因此人工成本依然居高不下，均较去年提高了5%¯10%。相较于采工的紧缺，制茶工人却并未出现大规模的用工荒，这主要受益于茶叶制作过程中的机械化程度大幅提高。在人工成本上涨的同时，各地反映农资成本也较去年上涨了5%¯10%。据湖北反映，施肥、加工等用工工资达到90–110元/天，比去年同期提高15%以上，春茶鲜叶采茶成本在40元/公斤以上，较去年上升10%左右。同时，茶叶生产资料如化肥、燃料等价格也不断攀升，茶叶生产成本与去年同期相比增长15%左右。

（4）价格平。作为全年茶叶价格的标杆，春茶价格历来呈现出先扬后抑的态势。2015年春茶采制初期适逢春节，尽管人工成本较高，但由于各地开采量少，且节日市场购买力旺盛，因此茶叶成交价格一度走高。中后期，随着春茶开采量的增大，干毛茶成交价格逐步回调，总体看维持在去年同期水平。2015年高端礼品茶价格继续理性回落，比去年下降了10%左右。但中低档茶叶量增价涨，比去年同期上涨15%左右，带动整个茶叶价格稳中有升。今年全国春茶平均单价89.33元/公斤，同比提高6.05元/公斤，提高7.26%。其中，单价最高的还是浙江，全省平均134.69元/公斤，同比提高14.85元/公斤，提高12.39%。由于全国春茶干毛茶总产量增加12.47%，单价提高7.26%，因此总产值达到了934.3亿元，同比增加159.7亿元，增长20.63%。

（5）销量平。干毛茶价格的稳中有升是销量平稳的映像。据各省普遍反映：2015年春茶上市后，由于销售趋势不明朗，茶商对干毛茶采购游移不定，市场中观望气氛浓重。总体来看，大宗茶有所上涨，中档茶销售稳定，高档茶继续回调，销售量与去年基本持平。

2015年全国各省春茶生产情况

省份	开采时间	产量	质量	价格	工薪酬
江苏	提前10天	↓8%	=	↑8%	↑5%
浙江	提前7天	↑	=	↑	↑
安徽	略微提前	=	=	↑	↑15%
福建	基本一致	↓	↑	↓5%	↑5%
江西	略微提前	↑10%	↑	↑10%	↑15%
山东	基本一致	↑5%	↑	↓5%	↑5%
河南	提前7天	↑6%	=	↓2%	↑12%
湖北	提前10天	↓10%	↑	↓3%	↑10%
湖南	略微提前	↑	=	=	↑5%
广东	略微提前	↑5%	=	↓10%	=
广西	提前15天	↑30%	=	↑5%	=
海南	基本持平	=	↑	↑	=

省份	开采时间	产量	质量	价格	工薪酬
重庆	提前10天	=	↑	↓5%	↑5%
四川	提前7天	↑10%	=	=	↑5%
贵州	提前7天	↑40%	=	↑	↑20%
云南	提前5天	↑5%	↑	↓10%	↑5%

2、销售

内销

在2015年春季对北京、广州、上海、济南、山西、辽宁等销区市场的调查显示：中档茶叶是当前春茶市场的主流产品；名优绿茶依然主导市场，但消费有待提振；茶叶消费群体购买积极性普遍下降。具体如下：

（1）品质、价格、销量：由于2015年春茶茶芽内质好，加之企业较以往更注重生产质量，因此春茶品质较往年有所提高。在价格方面，继续受国家政策及经济环境影响，高档春茶价格未明显回调但销量显著下降；中档春茶价格与销量略有上升；低档春茶量价与往年相比出现小幅上涨，增幅在10%左右。

（2）产品结构：高档茶所占的比重明显减少，价格在400元/公斤以内的中档茶成为今年春茶的主流。从春茶品种看，江浙一带的绿茶仍然是早春茶市场中的明星产品。值得一提的是，由于这几年的不断开发和挖掘，白茶销售持续向好，但受限于国家政策及经济环境影响，商家仍然不敢大批量进货。

（3）消费群体组成和购买积极性：2015年春茶销售继续呈现以大众消费为主体的消费格局。但受制于经济形势，茶叶消费群体购买积极性普遍下降，客流量比去年同期有所减少。

（4）销区针对宏观环境采取的应对措施：目前，多数茶商对当前市场环境持观望态度。在此形势下，很大比例的茶商开始收缩自己的投资成本，调整经营思路，以少进多销为策略；另有部分茶商逐步探索销售模式的变革与提升，由传统转为电商，由传统的单一销售转为知识普及、茶品定制等的综合服务，积极利用互联网、微信等时尚营销方式实现经营效益最大化。同时，商家积极调整自己的产品结构，有针对性地推出了适销对路的茶叶产品。

出口

据海关统计，2015年1–6月，我国茶叶出口15万吨，金额约6.2亿美元，平均单价4104美元/吨，同比分别下降0.2%、0.3%和0.1%。

红茶出口微降；乌龙茶和普洱茶主销市场需求持续低迷，出口量继续大幅下滑；绿茶出口同比略升；花茶出口同比也出现上升，但仍处于近几年的较低水平。具体情况是：绿茶出口12.6万吨，金额4.65亿美元，同比分别上升1.7%和0.2%，均价3690美元/吨，同比下降1.4%；红茶出口1.35万吨，同比下降0.4%，金额7520万美元，均价5561美元/吨，同比分别上升13.3%和13.8%；乌龙茶出口6518万吨，金额约3770万美元，同比分别下降26.2%和19.3%，均价5784美元/吨，同比上升9.4%；花茶出口2753吨，金额约2346万美元，均价8520美元/吨，同比分别上升12.7%、22.1%和8.3%；普洱茶出口1474吨，金额1549万美元，均价10508美元/吨，同比分别下降18.0%、31.6%和16.6%。

在茶叶出口市场中，位居前五名的是摩洛哥、乌兹别克斯坦、美国、阿尔及利亚和塞内加尔。其中，乌兹别克斯坦库存消化较多购买需求较大，进口10526吨，同比上升6%；美国市场回暖，需求逐步恢复，进口8522吨，同比上升32%；阿尔及利亚需求稳定，呈波浪式增长趋势，进口7109吨，同比上升6%；塞内加尔市场发展迅猛，进口6952吨，同比上升17%。进口下降的国家包括：摩洛哥、多哥和德国进口分别为2.1万吨、6252吨、5394吨，同比分别下降6%、7%、7%，仍略高于同期出口均量；日本、俄罗斯和毛里塔尼亚市场低迷，进口持续下行，分别为6351吨、6342吨、5394吨，分别下降24%、8%、26%。

表$_{1-1}$ 2015年1–6月我国茶叶出口海关统计分国别和地区前10位

单位：美元、千克

	国别（地区）	出口量	出口额	均价	数量同比%	金额同比%	均价同比%
1	摩洛哥	31350940	110956752	3.539	-6.1	-7.8	-1.8
2	乌兹别克斯坦	10526902	21694361	2.061	16.1	8.3	-6.8

	国别（地区）	出口量	出口额	均价	数量同比%	金额同比%	均价同比%
3	美国	8522266	41826265	4.908	32.1	20.9	-8.5
4	阿尔及利亚	7109428	25188367	3.543	6.4	-4.7	-10.4
5	塞内加尔	6952359	31636090	4.550	17.0	17.6	0.5
6	日本	6351970	27637086	4.351	-24.4	-16.2	10.8
7	俄罗斯联邦	6342028	18554867	2.926	-8.4	-22.4	-15.2
8	多哥	6252476	27965441	4.473	-6.9	-4.1	3.0
9	毛里塔尼亚	5394280	23779140	4.408	-25.7	-23.9	2.5
10	德国	5242650	19868162	3.790	-7.0	1.3	8.9

（数据来源：中国食品土畜进出口商会）

表1-2 2015年1-6月我国绿茶出口海关统计分国别和地区前10位

单位：美元、千克

	国别（地区）	出口量	出口额	均价	数量同比%	金额同比%	均价同比%
1	摩洛哥	31130168	110204335	3.540	-6.3	-8.0	-1.8
2	乌兹别克斯坦	10522032	21658969	2.058	16.2	8.4	-6.7
3	阿尔及利亚	7101428	25175200	3.545	6.5	-4.7	-10.4
4	塞内加尔	6875535	31060525	4.518	17.3	17.9	0.5
5	多哥	6252476	27965441	4.473	-6.8	-4.1	2.9
6	毛里塔尼亚	5394280	23779140	4.408	-25.7	-23.9	2.5
7	俄罗斯联邦	4999300	13061181	2.613	-10.7	-28.3	-19.7
8	加纳	4309432	19646894	4.559	119.1	138.3	8.8
9	德国	3779107	13516910	3.577	-0.1	7.0	7.1
10	美国	3244326	14061197	4.334	29.9	7.9	-16.9

（数据来源：中国食品土畜进出口商会）

表1-3 2015年1-6我国红茶出口海关统计分国别和地区前10位

单位：美元、千克

	国别（地区）	出口量	出口额	均价	数量同比%	金额同比%	均价同比%
1	美国	4726076	17472282	3.697	36.7	32.1	-3.4
2	香港	1629745	15707771	9.638	-3.7	-5.6	-1.9
3	缅甸	1154510	7481941	6.481	72.4	59.8	-7.3
4	德国	1133939	4172844	3.680	-24.7	-15.7	11.9
5	澳大利亚	824824	9952195	12.066	27.9	38.5	8.3
6	俄罗斯联邦	798334	3534056	4.427	-15.5	2.7	21.6
7	蒙古	663474	742006	1.118	10.7	3.4	-6.6
8	巴基斯坦	423150	313196	0.740	-75.5	-78.2	-11.2
9	日本	374374	3045822	8.136	2.8	47.5	43.5
10	泰国	333262	1076416	3.230	15.9	-49.3	-56.3

（数据来源：中国食品土畜进出口商会）

表1-4 2015年1-6月我国乌龙茶出口海关统计分国别和地区前10位

单位：美元、千克

	国别（地区）	出口量	出口额	均价	数量同比%	金额同比%	均价同比%
1	日本	4421950	17449048	3.946	-27.9	-26.0	2.6
2	香港	652040	5084369	7.798	-51.3	-40.7	21.8
3	俄罗斯联邦	243973	873506	3.580	90.5	-12.2	-53.9
4	美国	211919	4585283	21.637	2.6	-3.3	-5.7
5	越南	201965	3799347	18.812	-20.7	487.8	641.4
6	印度	152858	372895	2.439	-19.6	-38.4	-23.3
7	泰国	117594	454780	3.867	182.4	237.0	19.4
8	马来西亚	114126	1461936	12.810	-13.7	-56.0	-49.0
9	斯里兰卡	103375	466414	4.512	16.2	-0.7	-14.5
10	新加坡	95261	485923	8.101	-22.8	-14.9	-2.7

（数据来源：中国食品土畜进出口商会）

表1-5 2015年1-6月我国花茶出口海关统计分国别和地区前10位

单位：美元、千克

	国别（地区）	出口量	出口额	均价	数量同比%	金额同比%	均价同比%
1	日本	650792	4703824	7.228	8.1	12.7	4.3
2	美国	321756	5470998	17.004	16.1	60.2	38.1
3	俄罗斯联邦	286323	997526	3.484	24.5	0.2	-19.5
4	香港	281503	3157183	11.215	-14.2	-10.3	4.6
5	摩洛哥	213660	698925	3.271	29.1	27.8	-1.0
6	德国	144229	1165376	8.080	8.1	12.4	4.0
7	马来西亚	116987	1461801	12.495	66.2	183.0	70.3
8	新加坡	81157	454755	5.603	-24.2	-31.3	-9.5
9	塞内加尔	76824	575565	7.492	-3.7	3.4	7.3
10	英国	72059	465509	6.460	28.7	16.9	-9.2

（数据来源：中国食品土畜进出口商会）

表1-6 2015年1-6月我国普洱茶出口海关统计分国别和地区前10位

单位：美元、千克

	国别（地区）	出口量	出口额	均价	数量同比%	金额同比%	均价同比%
1	香港	386943	7243842	18.721	-24.4	-30.8	-8.5
2	日本	261533	942947	3.605	23.4	15.4	-6.5
3	马来西亚	254281	2592219	10.194	-7.2	-7.4	-0.2
4	德国	165669	763706	4.610	1.7	28.0	25.8
5	台湾	81069	1250142	15.421	-64.4	-63.1	3.8
6	新加坡	48572	295874	6.091	-23.1	-20.9	2.8
7	西班牙	44515	105822	2.377	-10.2	-25.3	-16.9
8	波兰	38710	198056	5.116	-0.2	-0.5	-0.3
9	澳门	32347	247612	7.655	-44.0	-53.2	-16.5
10	法国	31416	760019	24.192	-.34	13.5	17.5

（数据来源：中国食品土畜进出口商会）

【c.2015 年全年茶叶产销形势预测】

1、由于各地春茶产量普增，或致 2015 年全国茶叶总产量继续增加，预计干毛茶总产量可能在 220-230 万吨之间；干毛茶总产值有望突破 1500 亿元。

2、在成本继续上升的内因带动与资本市场上涨的外因刺激下，2015 年茶叶销售将呈量稳价增的态势，市场价格两端的产品销量继续减少，中端产品量价齐增，但城乡市场消化力仍显不足。

3、品牌电商化与电商品牌化已成融合趋势，但品牌附加值与购买效率最大化的矛盾将导致产品向两极化发展，2015 年或成众多茶叶抉择今后发展方向的关键之年。

4、茶叶消费群体的年轻化趋势更加明显，80 后、90 后渐成消费主力，但由于综合因素制约，虽可维持茶价稳定，但恐难补 2015 年增量。

5、由于线上既无法充分满足味觉、嗅觉等感官体验，又存在品质难以把控等症结，因此 O2O 将继续快速发展，茶叶消费将呈回归态势，实体店将现复苏迹象。

6、随着以股市为首的金融市场的蓬勃发展，越来越多的茶企将登陆新三板，并期许借此登陆创业板或中小板，金融资本对茶行业的主导力量将在 2015 年不断加强。

7、出口量缓慢回升，出口单价停止持续增长，出口金额暂缓显著增长；进口量有所增加。

梅宇

2.23 休闲食品

《中国休闲食品行业发展状况》报告

一、休闲食品是时代发展的必然产物

20 世纪 80 年代，我国社会经济发展能力不足，居民消费水平有限，人们是为解决“温饱”而奋斗，食品生产只是满足人们的这一基本需求。

伴随着国家的改革开放，经济的腾飞，人们生活水平日益提高，根据国家统计局统计数据显示，“十一五”期间，也就是 2006 年至 2011 年，我国居民家庭可支配收入逐年平稳上升，其中城镇居民可支配收入从 2006 年 11760 元增至 2011 年 21810 元，增长幅度为 85.46%；农村居民人均纯收入从 2006 年 3587 元增至 2011 年 6977 元，增长幅度为 91.72%（见图 1）。“有钱、有闲、有健康”逐步成为人们正常生活的常态，在这个大背景下，休闲食品应运而生。所以说，休闲食品是现代社会经济发展、居民消费水平、食品工业发展水平达到一定阶段之后的必然产物。

广义来讲，休闲食品是指人们在正餐以外食用的食品，可提升食用者愉悦度和幸福感，具有安全、健康、美味、方便等特征的非主食类食品。经过近十年食品工业的快速发展（平均每年 20%–30% 的发展速度），休闲食品行业已逐步呈现出“品种国际化、口味多样化、产品营养化、质量标准化、包装个性化、生产产业化”的特征。

二、休闲食品行业发展现状

按照目前国民经济统计分类标准，食品工业分为 4 大类（农副食品加工业，食品制造业，酒、饮料和精致茶制造业，烟草制品业）、21 中类、56 小类，休闲食品不在国家统计分类的范畴内，没有严格的统计数据来表述行业状况。但从休闲食品的生产原料、加工工艺、包装形式、消费行为的角度来考虑，休闲食品行业主要集中分布在：食品制造业中的焙烤食品制造；糖果、巧克力及蜜饯制造；方便食品制造；罐头食品制造以及农副食品加工业中的肉制品及副产品加工；蔬菜、水果和坚果加工；酱卤腌肉制品、鱼糜制品及水产品干腌制加工等。

统计数据显示，2006 年至 2011 年我国休闲食品行业规模逐年上升趋势明显，所在行业产值规模从 3892.8 亿元增至 2011 年 12437.1 亿元，增长幅度为 219.5%，行业整体规模强劲上升。

三、休闲食品行业发展特点

休闲食品行业的发展与食品先进技术加工手段应用、整体装备水平的提升以及地域农业资源的有效利用等紧密相连。经过近几年的发展，行业生产集中度进一步提高，产品品类逐步形成，已经兴起了诸如福建糖果、焙烤食品、安徽坚果食品、湖南湖北的辣味食品、河南速冻食品等优秀的休闲食品企业，涌现出一大批优秀品牌，引领着中国休闲食品的发展潮流。

表1 2006—2011年休闲食品所在行业产值规模

单位：亿元

	2006年	2007年	2008年	2009年	2010年	2011年
焙烤食品制造	451.5	597.0	812.6	1012.0	1276.0	1652.9
糖果、巧克力及蜜饯制造	319.1	424.0	553.6	675.6	898.1	1095.9
方便食品制造	792.3	972.9	1310.7	1590.2	1911.1	2560.0
肉制品及副产品加工	1205.2	1507.4	2095.1	2365.2	2888.2	3235.3
蔬菜、水果和坚果加工	920.0	1239.1	1764.7	2144.2	2784.2	3351.3
鱼糜制品及水产品干腌制加工	204.7	238.3	268.5	328.7	439.4	541.7
合计	3892.8	4978.7	6805.2	8115.9	10197.0	12437.1

（一）食品工业技术装备水平发展，促进了休闲食品行业发展

随着食品工业生产技术不断创新，先进技术装备水平的应用，使新产品不断涌现，逐步形成品类。

例如，膨化类休闲食品，在双螺杆挤压膨化技术为代表的一批先进装备不断创新下，已发展形成以马铃薯为原料的薯片、薯条，以米、面为原料的雪米饼、米花糖、虾条、锅巴，以各式豆类为原料的膨化调味食品和膨化玉米片等。主要代表品牌有：盼盼、达利、亲亲、乐事、好丽友、旺旺、上好佳等。估算市场规模300多亿元。

焙烤类休闲食品采用现代食品加工技术改造传统食品，取得长足的进步，产品除了西式的小蛋糕、软华夫、软曲奇、小面包、饼干等，还进一步开发出中式的小麻花、驴打滚等具有地域特色的传统糕饼，种类繁多。主要代表品牌有：盼盼、福马、北京稻香村、宫颐府、天津桂顺斋、三辉麦风、徐福记、台尚、康师傅、好丽友、思朗、麦奇、卡夫、达能、纳贝斯克等等。2011年产值规模约1400多亿元，同比增长27%以上，是休闲食品行业发展的支柱之一。

（二）物质资源的丰富，为休闲食品的发展提供新亮点

物质资源的丰富，一批新的产品应运而生，成为休闲食品发展新的亮点。

例如糖果类休闲食品，在物资匮乏的年代，吃糖是一种奢侈，随着制糖业的发展，物质资源的丰富，糖果新产品的开发不断创新（夹心糖果、充气糖果等），市场上的产品琳琅满目，除了有传统的硬糖、奶糖、酥糖，还有各式软糖、夹心糖、果冻和各式巧克力及其制品等，而功能型糖果的出现是传统糖果品牌向高端产品品类的延伸，是消费者对糖果产品高层次、多层次需求的一种必然结果。2011年糖果业产值规模近1000亿元，同比增长22%以上，市场发展稳定增长。主要代表品牌有：雅客、金丝猴、喔喔、马大姐、徐福记、德芙、吉百利、妙可可、蜡笔小新、喜之郎、大白兔等。

还有水产类休闲食品（即海洋食品）依托丰富的海洋资源是近两年来发展的新兴市场，有着强大的发展潜力。产品既有传统的鱼干、鱼片、鱼松、鱼脯、海苔也有即食调理高档珍稀水产品，主要代表品牌有：好当家、泰祥、海之宝、獐子岛等。

（三）应用现代食品技加工手段，促进企业不断创新、不断发展

随着微胶囊包埋技术、冷冻干燥技术、生物提取技术等现代食品技术在食品配料中应用，使得食品配料在改善休闲食品风味、口感、品质，增加产品营养化、功能化等方面得以顺利实现，企业可以不断开发生产独特的创新产品，提高产品市场价值。

例如，微胶囊包埋技术使食品配料的风味性、稳定性大幅提高，在肉禽类休闲食品企业中的生产应用，可开发出更贴近原汁原味的高品质产品。目前，肉禽类休闲食品市场规模估1000多亿元。主要代表品牌有：双汇、雨润、牛头、绝味、棒棒娃、绿盛、老四川、有友、大牧场、张飞牛肉、美珍香等。

（四）行业投融资活跃，持续发展能力增强

2011年全国食品工业完成固定资产投资9836.62亿元，全年同比增长37.5%，高出全国平均增长速度13.7个百分点。其中，农副食品加工业占53.2%；食品制造业占24.3%；酒、饮料和精制茶制造业占19.4%；烟草制品业占2.8%；采盐业占0.5%。

从资金来源看，国家预算内资金占完成投资0.6%，国内贷款占7.3%，利用外资占2.2%，企业自筹资金占 87.2%。在食品工业固定资产投资额中，自筹资金一直是最主要的部分，近几年保持在 80% 以上。

有关数据显示，2006 年至今我国休闲食品行业共发生 37 笔融资案例，累计融资 39.08 亿元，仅 2011 年就有 13 笔交易发生，融资规模达 20.03 亿元，为近 6 年融资规模之首（见图 2）。其中，2008 年中信资本作为财务投资者 5.1 亿元收购冠生园 45% 股权并拟推动其上市的交易也成为近 6 年来中国休闲食品行业融资规模最大的一起案例。

图$_2$ 休闲食品行业企业融资趋势图

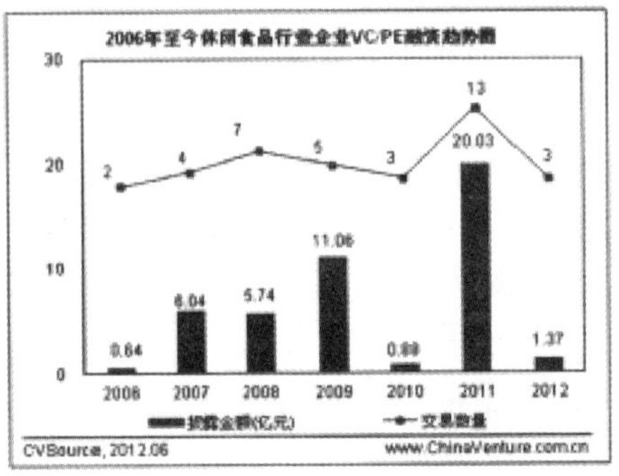

投融资的活跃，使得休闲食品行业持续发展能力大幅增强。

四、休闲食品行业发展前景

（一）休闲食品行业发展势头良好

休闲食品产业链条中关注休闲食品行业发展的包括上游的原辅料企业、中游的生产加工企业、下游的渠道企业关注的角度越来越多样化，地域资源开发利用。

（二）满足消费者营养、健康、时尚的特殊需求，拉动经济消费

休闲食品是典型快消品行业，具有消费群体广泛、重复购买率高，产品物美价廉、周转速度快，产品生命周期短等特点。休闲食品消费已由传统膨化食品单一品类品种为主导的消费模式，逐渐向营养型、享受型、价值型、功能型、健康型方向的转化，“休闲的就是时尚的”已成为共识，更为重要的是，随着我国本土高端消费群体的形成，国民消费能力的提升对高端休闲食品需求的拉动效果十分明显，休闲食品之营养健康时尚得以满足更多消费者的特殊要求。

（三）搭建平台、创新引领，推动休闲食品产业健康持续发展

在我国从温饱型社会向小康型社会的过渡中，食品工业是受益最大的工业行业之一。当前，党的十八大胜利召开，标示着我国向全面建成小康社会大步迈进，食品工业的地位也得到进一步巩固和加强。2012 年我国 1–9 月份食品工业总产值突破 6.4 万亿元，同比增长 21.6%，其中，食品制造业完成 1.1 万亿元，增长 20.3%；农副食品加工业完成工业总产值 3.7 万亿元，同比增长 23.4%。这些都说明我们的行业正处于高速发展的黄金时期。

中国食品工业协会作为全国综合性的食品行业管理组织，一直在积极推动食品产业发展，督促食品企业自律、落实食品安全承诺，提升食品安全水平。对食品休闲企业发展我们同样认真关注，积极支持。在新的经济形式下，休闲食品企业要紧紧依靠食品工业发展的先进技术，不断创新，积极拓展市场，推出新的产品、形成新的门类，同时，要强化食品安全意识，保障休闲食品质量安全，走出一条可持续发展的道路。

2014 年中国传统特色小品类休闲食品行业发展现状及趋势研究

休闲食品俗称“零食”，行业内并没有统一的定义，统计部门也没有将其纳入食品行业独立的子行业进行统计。一般来说，休闲食品是指人们在闲暇、休息时所吃的非主食类食品，如干果、膨化食品、糖果、肉制食品等。休闲食品在流通产品属性上，归属于快速消费品。

休闲食品，一般可以分为如下 10 大类：（1）谷物休闲食品（烘焙类、膨化类、油炸类）；（2）糖果巧克力；（3）坚果炒货；（4）熟制休闲豆制品；（5）休闲素食蔬果（含干制蔬果和湿制蔬果）；（6）肉干肉脯；（7）果冻；（8）果脯蜜饯；（9）西式甜点派；（10）其它。

相对于西式食品如巧克力、果冻、西式甜点派等而言，坚果炒货、果脯蜜饯、休闲素食蔬果等休闲食品具有中国传统特色。过去，膨化食品、糖果、烘焙食品等休闲食品，素来为行业研究机构关注研究较多；但对近年来增长很快的中国传统特色小品类休闲食品研究关注较少，中国食品工业协会组织相关力量研究中国传统特色小品类休闲食品，填补该项空白。

所以，本报告所称“中国传统特色小品类休闲食品”，不含膨化休闲食品、烘焙休闲食品、油炸类休闲食品及糖果、薯片等。仅限于：（1）坚果炒货；（2）熟制休闲豆制品；（3）休闲素食蔬果（含干制蔬果和湿制蔬果）；（4）肉干肉脯；（5）果脯蜜饯；（6）其他。

为便于表述，本报告所称的“小品类休闲食品”，即为“中国传统特色小品类休闲食品”的简称。相对应的，“小品类休闲食品行业”，即为“中国传统特色小品类休闲食品小品类行业”的简称。

一、小品类休闲食品行业发展基本情况

（一）小品类休闲食品行业发展情况

2004-2014 年间，小品类休闲食品行业获得了快速发展。全行业产能从 2004 年的 248.18 万吨增长到 2014 年的 897.07 万吨，净增长 648.89 万吨，年复合增长率 13.71%；全行业产量从 2004 年的 193.58 万吨增长到 2014 年的 645.89 万吨，净增长 452.31 万多吨，年复合增长率 12.81%；全行业产值 2004 年的约 540.08 亿元增长到 2014 年的约 3875.32 亿元，净增长约 3335.24 亿元，年复合增长率 21.78%。见图 1

图1 2004-2014年小品类休闲食品行业基本经济指标

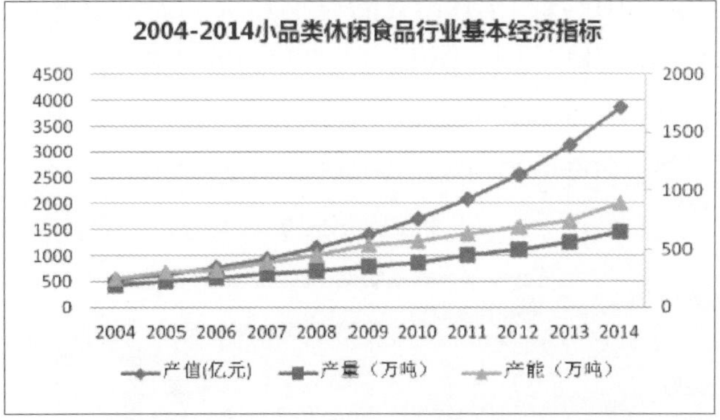

资料来源：中国食品工业协会

小品类休闲食品行业企业平均毛利率一直稳定在 30-40% 的水平，个别达到 50%。近年来，随着企业产品的系列化开发，特别是重点企业产品系列朝中高端和功能化发展，平均价格有了很大的提高，从以前每千克 20-40 元增长到现在每千克 40-80 元。销售渠道也开始扩展到现代大型连锁零售终端，支撑了价格

提升后的消费条件。这些因素的出现使小品类休闲食品行业的平均利润率稳定上升。

（二）子行业基本情况

小品类休闲食品包括（1）坚果炒货；（2）熟制休闲豆制品；（3）休闲素食蔬果（含干制蔬果和湿制蔬果）；（4）肉干肉脯；（5）果脯蜜饯等。

1、果脯蜜饯

果脯是用新鲜水果去皮去核后，切成片形或块状，经糖泡制、烘干而成的半干状态的果品。蜜饯是用蜜、浓糖浆等浸渍后制成的果品。果脯包括：桃脯、李脯、苹果脯、梨脯等等；蜜饯包括：杨梅、话梅、西梅、橄榄、应子等等。一般说来，北方则以干态制品为主，南方以湿态制品居上，所以我国历来有“北果脯、南蜜饯”之说，俗称“北脯南蜜”。果脯蜜饯行业的产值，占小品类休闲食品行业的32%左右。

统计资料显示，2014年果脯蜜饯行业年产值高达1220.80亿元，其产值占小品类休闲食品整个行业的32%。从时间周期来看，全国果脯蜜饯行业年产值从2004年的170.14亿元，增长到2014年的1220.80亿元，10年间净增长1050.66亿元，年均复合增长率为21.78%，基本上与小品类休闲食品行业保持一致的增长率，但远远超出休闲食品行业16.70%的年均复合增长率，体现出果脯蜜饯行业良好的发展势头。从年度比较看，同比增长率基本上都在21%以上。见图2

图2 2004–2014年中国果脯蜜饯行业发展情况

（单位：亿元）

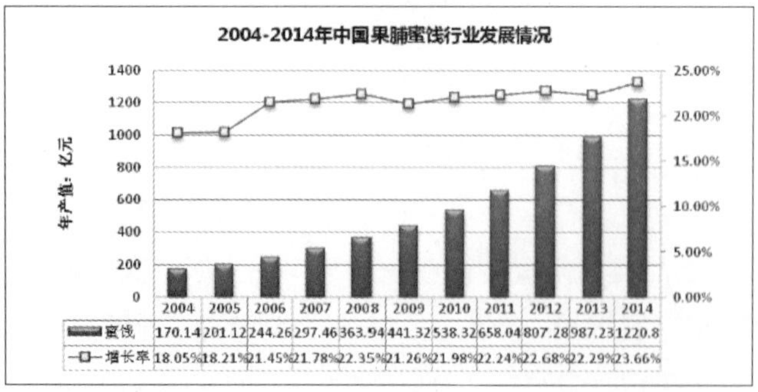

资料来源：中国食品工业协会

2、坚果炒货

坚果，是闭果的一个分类，果皮坚硬，内含1粒种子。炒货是指植物果实经过晾晒，烘干，油炸等加工方法制成的供人们闲暇时食用的一类休闲食品，如瓜子、蚕豆、花生、核桃、栗子、豆类等。

从坚果炒货行业总体市场特征来看，坚果炒货市场容量巨大。统计资料显示，2014年坚果炒货行业年产值高达863.93亿元，其产值占小品类休闲食品整个行业的22.29%。从时间周期来看，全国坚果炒货行业年产值从2004年的185.92亿元，增长到2014年的863.93亿元，10年间净增长678.01亿元，年均复合增长为16.60%，较低于小品类休闲食品行业21.78%的年均复合增长率，也略低于休闲食品行业年均复合增长16.70%的增长率，体现出坚果炒货行业比较稳健的发展态势。从年度比较看，同比增长率基本上都在14%–19%之间，略低于其它行业的小品类休闲食品。见图3

图3 2004–2014年中国坚果炒货行业发展情况

（单位：亿元）

资料来源：中国食品工业协会

3、肉干肉脯

肉干肉脯类休闲食品，简称“休闲肉制品”，是以畜禽瘦肉（多半为猪肉、牛肉）为原料加工而成的休闲食品，包括肉干和肉脯。畜禽瘦肉经修割、预煮切丁（片、条），调味、复煮、收汤、干燥等先熟加工再成型干燥，或先成型干燥再经熟加工制成熟的肉干制品；肉脯主要是畜禽瘦肉经腌制、烘烤的片状肉制品。

统计资料显示，2014年肉干肉脯行业年产值高达452.89亿元，其产值占小品类休闲食品整个行业的11.69%。从时间周期来看，全国肉干肉脯行业年产值从2004年的77.63亿元，增长到2014年的452.89亿元，

10 年间净增长 375.26 亿元，年均复合增长为 19.29%，较低于小品类休闲食品行业 21.78% 的年均复合增长率，但略高于于休闲食品行业年均复合增长 16.70% 的增长率，体现出肉干肉脯行业比较稳健的发展态势。从年度比较看，同比增长率基本上都在 15%–22% 之间，略低于其它行业的小品类休闲食品。见图 4

图4 2004–2014年中国肉干肉脯行业发展情况（单位：亿元）

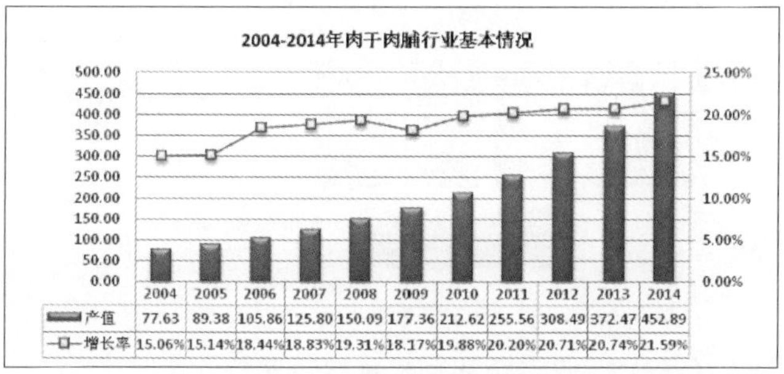

资料来源：中国食品工业协会

4、熟制休闲豆制品

统计资料显示，2014 年熟制休闲豆制品行业年产值 462.04 亿元，其产值占小品类休闲食品整个行业的 11.92%。从时间周期来看，全国熟制休闲豆制品行业年产值从 2004 年的 58.90 亿元，增长到 2014 年的 462.04 亿元，10 年间净增长 403.14 亿元，年均复合增长为 22.87%，高于小品类休闲食品行业 21.78% 的年均复合增长率，更远远高于休闲食品行业年均复合增长 16.70% 的增长率，体现出熟制休闲豆制品行业比较稳健的发展态势。从年度比较看，同比增长率基本上都在 22%–25% 之间，高于其他行业的小品类休闲食品。见图 5

图5 2004–2014年中国熟制休闲豆制品行业发展情况

资料来源：中国食品工业协会

5、休闲素食蔬果

目前，国内休闲素食蔬果按照制法分为两大类：湿制蔬果和干制蔬果。2014 年，休闲素食蔬果行业年产值 779.53 亿元，其产值占小品类休闲食品整个行业的 20.12%。从 2004 年到 2014 年的 10 年间，全国休闲素食蔬果行业年产值从 2004 年的 50.82 亿元，增长到 2014 年的 779.53 亿元，10 年间净增长 728.71 亿元，年均复合增长为 31.40%，在小品类休闲食品行业中，这属于增长最快的行业，体现出蓝海产业的特征。年均 31.40% 的复合增长率，远远高于小品类休闲食品行业 21.78% 的年均复合增长率，更远远高于休闲食品行业年均复合增长 16.70% 的增长率。从年度比较看，同比增长率基本上都在 26%–41% 之间，高于其它行业的小品类休闲食品。见图 6

图6 2004–2014年中国休闲素食蔬果行业发展情况

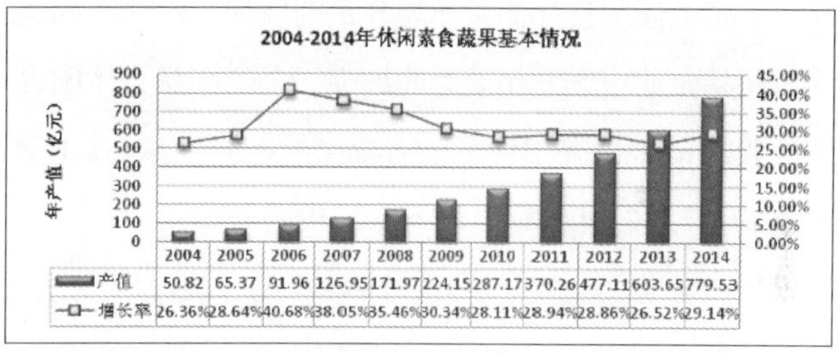

资料来源：中国食品工业协会

二、小品类休闲食品行业集中度趋势

数据显示，小品类休闲食品行业属于分散竞争型行业，与一般垄断竞争行业不同，产业集中度呈下降趋势。

2004 年，小品类休闲食品行业前五名总销售额约 20.46 亿元，全行业销售额 638.43 亿元，行业集中率指数 CR5 为 3.20%；按前十名计算，2004 年小品类休闲食品行业前十名总销售额约 30.77 亿元，行业集中度率指数 CR10 为 4.82%。

这个数据发展到 2014 年，行业前五名总销售额增长到 46.90 亿元，全行业销售额增长到 3875.32 亿元，行业集中率指数 CR5 降低到 1.21%；全行业前十名总销售额 70.55 亿元，行业集中率指数 CR10 降低到 1.82%，见表 1

表1 2004–2014 年行业集中率指数变化情况

CRX 年份	2004	2005	2006	2007	2008	2009	2010	2011	2012	2013	2014
CR5	3.20%	2.98%	2.76%	2.58%	2.37%	2.21%	1.93%	1.68%	1.42%	1.36%	1.21%
CR10	4.82%	4.46%	4.31%	3.99%	3.67%	3.32%	2.95%	2.56%	2.18%	2.02%	1.82%

数据来源：中国食品工业协会

三、小品类休闲食品产业经济分析

（一）小品类休闲食品行业经济发展指标

1、小品类休闲食品行业的产量及增长情况

小品类休闲食品行业总体产量迅速增长，从 2004 年到 2014 年，全国小品类休闲食品产量从 193.58 万吨增长到 645.89 万吨，净增长 452.31 万吨，年复合增长率 12.81%。

2、小品类休闲食品行业的产值及增长情况

随着小品类休闲食品行业总体产能、产量的迅速扩张，小品类休闲食品消费市场容量的增加，以及小品类休闲食品企业市场开拓能力的加强，全国小品类休闲食品行业的销售情况出现了较大幅度的增长。从 2004 年到 2014 年，全国小品类休闲食品市场产值从约 540.08 亿元增长到约 3875.32 亿元，净增长约 3335.24 亿元，复合增长率 21.78%。2004–2014 年间，同比增长率基本都保持在 21% 以上，远远高于我国 GDP 的增长率，体现出小品类休闲食品市场蓬勃的成长性。见图7

图7 小品类休闲食品行业产值及增长率情况

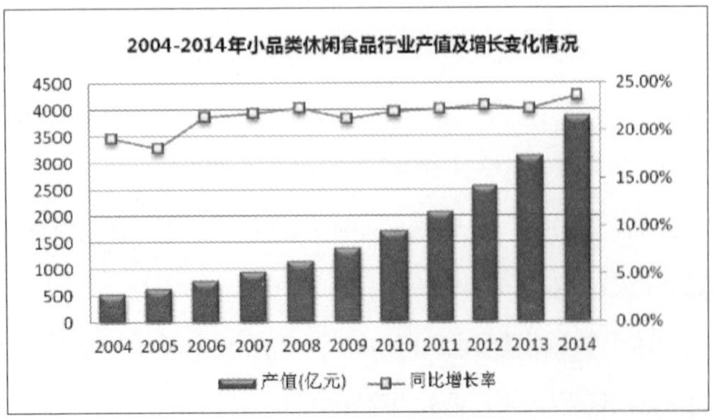

资料来源：中国食品工业协会

（二）小品类休闲食品行业在国民经济中的地位

在国民经济行业分类中，小品类休闲食品行业所涉及的相关产品加工，属于农副产品加工业（C1300），主要涉及到水产品加工业业（C1360）、蔬菜、水果和坚果加工业（C1370）、其它农副产品加工业（C1390）、以及屠宰及肉类加工业（C1350）中的肉制品及副产品加工业（C1352）。见图8

图8 小食品行业企业国民经济产业分布图

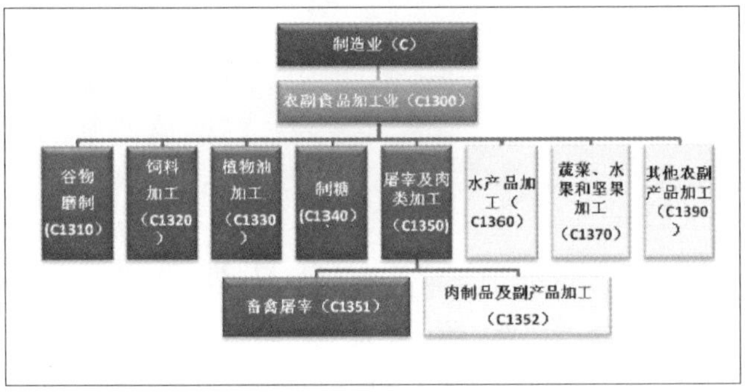

（三）行业平均利润水平变动趋势

国内市场小品类休闲食品仍以传统低档产品为主，中、高档产品比重不到总量的 30–40%，很多小品类休闲食品企业都在努力使自己的产品结构多元化、系列化。目前低档小品类休闲食品毛利不足 20%，中档小品类休闲食品的毛利一般在 30% 左右，高档小品类休闲食品的毛利一般在 30% 到 50%，个别甚至达到 60% 以上。呈现出具有高科技含量和高附加值的小品类休闲食品高端产品的毛利丰厚并且逐步向上的趋势，而低科技普通产品的毛利止步不前乃至于走低的趋势. 见图9

图9 行业平均利润水平变动趋势一览图

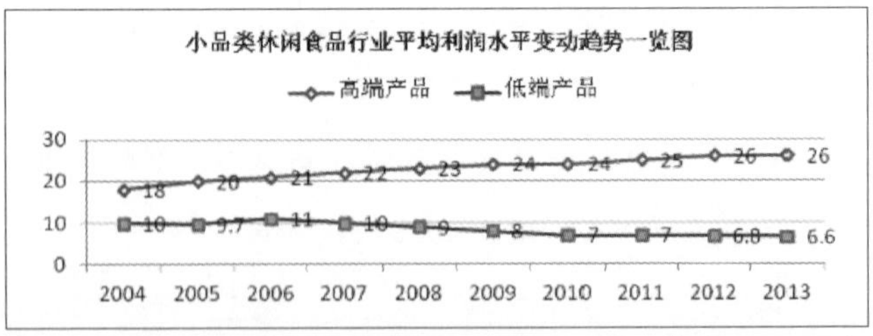

数据来源：中国食品工业协会

四、行业重点企业

（一）重点小品类休闲食品排名情况

1、重点小品类休闲食品企业销量综合排名情况

图10 2013年重点小品类休闲食品企业销量综合排名

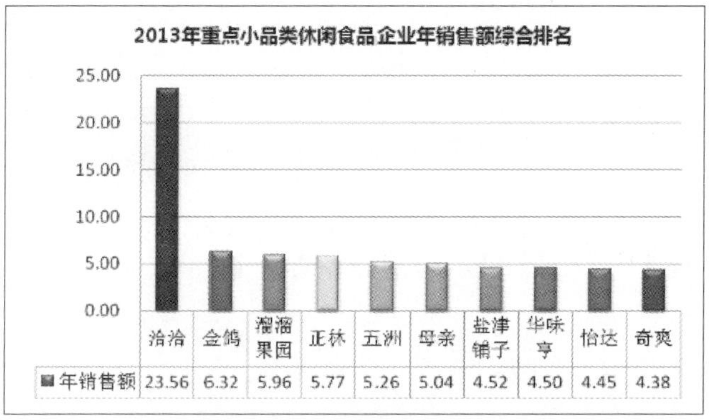

	洽洽	金鸽	溜溜果园	正林	五洲	母亲	盐津铺子	华味亨	怡达	奇爽
年销售额	23.56	6.32	5.96	5.77	5.26	5.04	4.52	4.50	4.45	4.38

数据来源：中国食品工业协会

2、单项排名情况

（1）2013年重点企业果脯蜜饯销售排名

图11 2013年果脯蜜饯重点企业排名情况

（注：好想你原枣未计入）

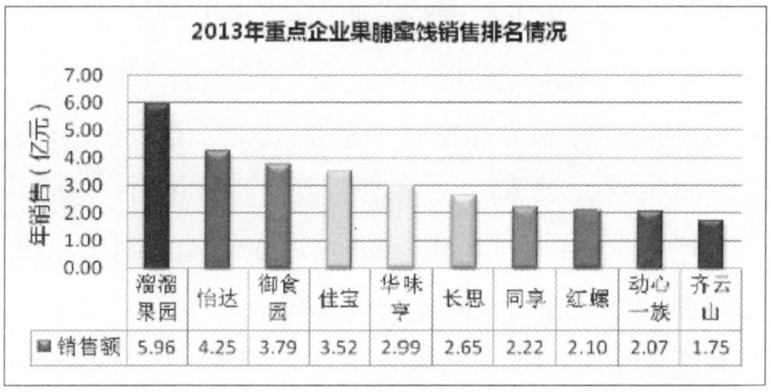

	溜溜果园	怡达	御食园	佳宝	华味亨	长思	同享	红螺	动心一族	齐云山
销售额	5.96	4.25	3.79	3.52	2.99	2.65	2.22	2.10	2.07	1.75

数据来源：中国食品工业协会

（2）2013年重点企业坚果炒货销售排名

图12 2013年重点企业坚果炒货销售排名情况

（注：洽洽薯片未计入）

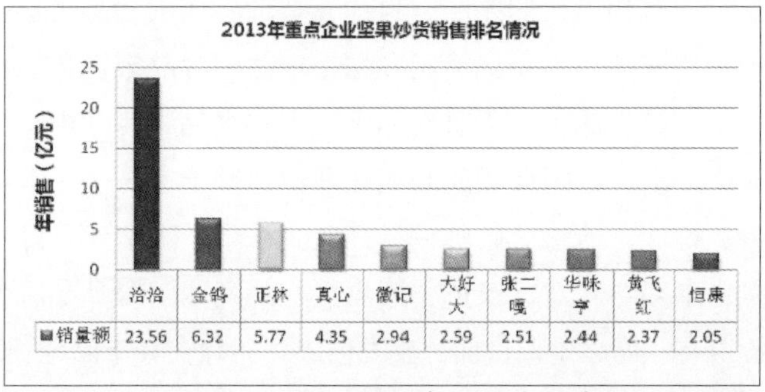

	洽洽	金鸽	正林	真心	徽记	大好大	张二嘎	华味亨	黄飞红	恒康
销量额	23.56	6.32	5.77	4.35	2.94	2.59	2.51	2.44	2.37	2.05

数据来源：中国食品工业协会

（3）2013年重点企业肉干肉脯行业销售排名

图13 2013年肉脯肉干重点企业排名情况

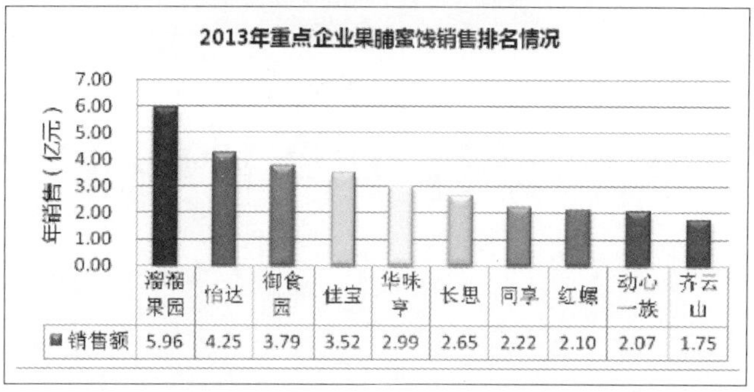

	溜溜果园	怡达	御食园	佳宝	华味亨	长思	同享	红螺	动心一族	齐云山
销售额	5.96	4.25	3.79	3.52	2.99	2.65	2.22	2.10	2.07	1.75

数据来源：中国食品工业协会

（4）2013年重点企业熟制豆制品销售排名

图14 2013年重点企业熟制休闲豆制品销售排名情况

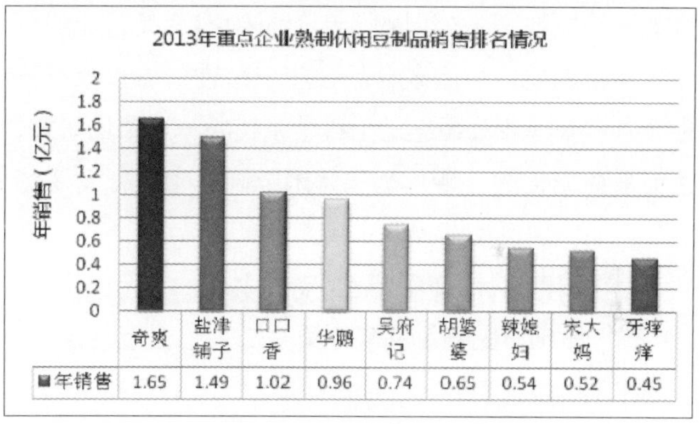

	奇爽	盐津铺子	口口香	华鹏	吴府记	胡婆婆	辣媳妇	宋大妈	牙痒痒
年销售	1.65	1.49	1.02	0.96	0.74	0.65	0.54	0.52	0.45

数据来源：中国食品工业协会

（5）2013年重点企业休闲素食蔬果销售排名

图15 2013年重点企业休闲素食蔬果排名情况

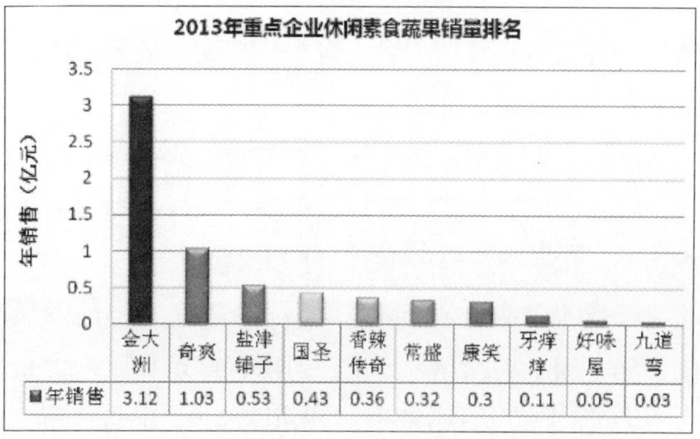

	金大洲	奇爽	盐津铺子	国圣	香辣传奇	常盛	康美	牙痒痒	好味屋	九道弯
年销售	3.12	1.03	0.53	0.43	0.36	0.32	0.3	0.11	0.05	0.03

数据来源：中国食品工业协会

国内休闲肉制品现状与展望

北京鸿宝食品原料贸易公司　姜晓东

自20世纪90年代以来，在国内食品工业中逐步形成了一类新型食品—休闲食品，目前已成为我国21世纪食品工业的重点发展方向之一。休闲食品符合人们生活质量不断提高的需求，是社会生活日益丰富充实的必然产物。作为国内骨干食品配料供应商，北京鸿宝食品原料贸易公司致力于促进国内食品行业的可持续健康发展，与诸多食品企业一起进行着孜孜不倦的努力。为此，我公司立足于科学系统的产业市场研究，近年来在膨化类、薯片类和休闲肉制品领域开发了诸多新产品，现已逐渐投入市场。

一、我国休闲食品现状与趋势

1、休闲食品的定义与分类

休闲食品（Leisure Food）属于快速消费品，是在人们闲暇、休息时所吃的食品，包括各种小食品、具有民族传统及异域特色的小吃食品、部分旅游食品等。休闲食品广义上讲，属于零食，是能使消费者感到轻松、休闲、快乐和享受的食品。休闲产品主要有四种消费特征：风味型、营养型、享受型、特产型。其消费者涵盖全部人群：儿童零食、青少年享受、成年人消遣及老年人暇趣等。

休闲食品通常可按原料、加工制作的特点进行分类，包括谷物膨化类、油炸果仁类、油炸薯类、油炸谷物类、食糖类、肉禽鱼类、干制果蔬类等。

若按国内地域区分则呈现出如下特色：福建以膨化食品、肉干类及糖果为主；河南麻辣条及速冻食品为主；安徽以炒货食品为主；四川以凤爪、牛肉制品、豆制品为主；东北以坚果和薯类食品为主；陕西内蒙古以锅巴馍片、风干牛肉为主，湖南以辣味小食品为主；新疆以葡萄干类干果食品为主；浙江的米果膨化产品及乡巴佬鸡类产品并延伸至华北东北等鸡肉产地。

2、我国休闲食品现状

国内休闲食品在市场E的销售量呈上升趋势，每年平均以20%以上的增幅快速增长，自21世纪以来，休闲食品呈现出有更快的发展速度。据汉鼎咨询数据，2009年我同休闲食品制造业创造工业产值4364.54亿元，同比增长27.53%；实现销售收入4304.03亿元，同比增长31.39%；实现利润117.71亿元，同比增长52.87%。休闲食品企业注册已高达10多万家以上。而据近年市场调查，休闲食品在主要超市、重点商场食品经营比重中已占到10%以上，名列第一，销售额已占到5%以上，名列第三，仅次于冷冻食品和保健滋补品。

新世纪以来，中国休闲食品市场发展迅速。但是国内休闲食品市场还远未成熟，同欧美发达国家相比，无论市场规模、产品档次、品种规格、消费水平等方面都还有相当大的差距。目前，全世界休闲食品市场年销售额超过500亿美元并在全球休闲食品市场称霸的主要是立体脆、乐事和品客三大知名品牌。在中国市场，生产休闲食品的知名企业也达数十家之多，其中上好佳、恰恰、康师傅、旺旺、乐事、卡迪娜、品客、牛头、有友、双鱼、品品等一系列休闲食品品牌各占有一席之地。目前，我国休闲食品存在如下问题：其一，同质化现象严重，市场价格混乱；其二，食品安全管理堪忧，非法添加和非法添加物问题层出不穷；

其三，除几大合资企业外，诸多厂家技术力量及装备薄弱，缺乏产品创新和品牌意识；其四，行业集中度低，而中高端休闲食品市场大都被外资垄断。

3、 我国休闲食品未来趋势

（1）未来市场整体发展趋势

与国外相比，目前国内人均消费量仍远低于发达国家每年人均消费 3.2kg 的水平，尤其同世界休闲食品消费大国美国相比，中美两国人均消费差距约为 150 倍。随着国民经济的快速发展和居民消费水平的提高，消费者对于休闲食品数量和品质的需求不断增长，未来发展空间巨人。其中，膨化食品类、薯片类、肉制品类等为代表的休闲食品尤其前景良好。

（2） 未来休闲食品市场格局

休闲食品销售市场呈现出由沿海向周边及中西部地区发展，由城市向乡村扩大趋势。随着人们生活水平的不断提高，从前以温饱型和方便型为主体的休闲食品消费格局，逐渐向风味型、营养型、享受型甚至功能型的方向转化。正如饮食的境界，逐次由“果腹”、“饕餮”、“养生”、“解馋”等境界向上提升。在人们的生活水平早已超越吃饱阶段的需求时，休闲食品将向吃好和吃出健康的目标靠拢，将休闲食品升级为吃出品味和吃出文化。

有一种说法是“休闲娱乐不分家，休闲的就是时尚的”。休闲食品的时尚性对生产企业是机遇亦是挑战。时尚性意味着艺术性、时效性和消遣性。有调查表明，51.9% 的受访者认为口味时尚是食品之所以时尚的首要元素；其次，品牌形象的时尚性对缔造时尚食品也颇具影响力；再者食品的健康营养状况也是人们比较关注的时尚要素。调查显示，少年儿童和青年人中的女性消费者是休闲食品的主体购买者；高中、中专及大专学历、18 ~ 24 岁的年轻女性是引领时尚食品消费的主流群体。

（3）未来休闲食品创新方向

未来，开发健康和功能性食品将是休闲食品市场的大趋势，低热量、低脂肪、低糖的休闲食品是今后新品开发的主流方向。在西方发达国家，一些提高人体免疫力、预防疾病和降低脂肪的休闲食品普遍受到欢迎。同时，休闲食品必将求新求变，不断符合人们的日常生活和饮食习惯，具有便捷性和良好的适口性，如带汤汁的、便于咀嚼、利于下咽和消化的特色口感风味新产品在休闲食品市场将不断涌现。

同时，儿童、青少年、老年、女性、白领等休闲食品市场将被不断深入细分。挖掘地域美食和吸取异域美味元素将是休闲食品创新的核心主题。

（4）休闲食品行业发展趋势

休闲食品行业将深入整合，一些优势品牌企业必将占据垄断地位，形成企业优势和地域优势，休闲食品市场将日益规范，新的休闲食品商业模式将层出不穷。

把地域性的区位资源差异化优势和特色做成具有广泛接受度的流通产品将是诸多国内地域特色产品甚至包括一些传统特色产品得以保留、延承和发展的方向。此外，企业间的强强合作和优势互补及销售渠道的深入拓展挖掘同样是大势所趋。

二、我国休闲肉制品行业现状与存在问题

1、 国内休闲肉制品行业现状

休闲肉制品，具有丰富的营养和独特的风味口感，其包装分量小，内容物规格一般为 10 ~ 100 克，大都便于携带保存，佐餐方便，已经成为居家和旅游必备的休闲美食。其作为中高端休闲食品，美味营养，已越来越受到广大消费者的青睐；同时作为具有较高附加值的特色高端肉制品，也日益受到当前生产毛利日趋下降的传统肉制品加工企业的重视。

我国传统休闲肉制品以肉干肉松系列、乡巴佬系列、休闲软包装（牛肉、海鲜鱼类、猪肉类、禽类、兔肉、蛋类等）系列等为主要产品形态。肉干系列、休闲软包装系列产品国内知名品牌诸如双鱼、牛头牌，棒棒娃、黄金香、鼎鼎、老四川、有友、绿盛、海湾、北洋、张飞牛肉、乡巴佬系列等，其中不少企业为中华百年老字号。近年来，以有友为代表的重庆泡椒凤爪系列、以成都品品为代表的牛蹄筋系列、以母亲牛肉、科尔沁、内蒙古大牧场为代表的风干牛肉类系列产品、以雨润、

双汇、金锣为代表的高低温休闲肉灌制品诸如“活力棒”、“台烤小香肠”“摩天轮”等等新产品层出不穷。北京鸿宝公司运用最新产品膏状肉味香精49801（非动物源）开发出源自哈尔滨干肠工艺的系列牛肉风干棒产品（老北京酱香风味、西域孜然风味、美式BBQ风味、川渝麻辣风味等多种特色风味产品）。作为国内低温肉制品骨干企业，山东得利斯集团近年也迈入肉松肉干休闲肉制品加工领域。

以周黑鸭、绝味鸭脖、久久鸭等酱卤肉制品连锁店为代表的酱卤休闲肉制品，也可以视为一类特色中式休闲肉制品，以美味、健康、快捷的特点备受青少年和白领消费阶层钟爱。

此外，快餐与休闲也从不分家。广义上进一步讲，诸如凤翔、大用、六和、福喜、铭基等速冻调理企业生产的Snack快餐小食品，也无疑是休闲肉制品的组成之一。从肯德基、麦当劳、必胜客等西式快餐厅及KTV店里销售的创意无限的油炸或烧烤小食品，直至街头巷尾沿街叫卖的肉串、烤制台烤肠和油煎烧烤肠等等，都可称为地道的休闲肉制品。当民企生产的低廉烤香肠畅销城乡时，肯德基借鉴北京烤鸭的技术推出的“老北京鸡肉卷”以及吸取四川灯影牛肉精华创新开发的嫩牛五方等产品则创造出了地道的差异化，实现了高附加值。

外军的军用食品中，时常可以看到很多小包装肉制品，也可称之军用休闲肉制品，高蛋白，美味可口，易保存。也许这是我军军用食品发展的一个未来方向。

2、国内休闲肉制品存在问题

目前，国内休闲肉制品存在的问题很多，已经开始严重制约行业和企业的发展。具体有以下几点：

（1）食品安全问题，原料的质量和药物残留问题，非法添加和非法添加物问题，食品安全监管问题，食品添加剂科普问题，都需要国家和整个社会每一份子积极投入到治理整顿工作中去。认真树立食品产业道德观念，完善食品法制管理机制和方法，依法执法，加强食品法规标准审核，群策群力，从我做起。

（2）市场产品和渠道同质化严重。同质化就意味着低利润恶性竞争，所谓“山寨战山寨，一代不如一代”，肉松中掺入多少大豆蛋白才是尽头。一味模仿并不是长久之计，只有不断创新才是出路。走差异化道路，搞品牌建设，产品创新，工艺创新，营销模式创新，营销渠道创新，细分市场，精确定位，不断提高附加值。

（3）休闲肉制品质量控制不够稳定。由于行业门槛较低，众多厂家生产设备和流程较简单，缺乏品质管理体系，产品品质无法维持稳定性。目前，休闲肉制品多为区域产品，目前没有统一的行业标准，正规厂家不得不扛着高成本与小品牌展开不公平的市场竞争。强势品牌的缺失，使得引导市场竞争步入正轨的步伐日趋缓慢，恶性竞争和原料飞涨是企业减少产品重量或是添加替代物质降低成本行为的主要产生根源。所以，加强行业监管，减少地方保护行为是产业发展必由之路。

三、我国休闲肉制品的创新与发展

国内休闲肉制品行业只有在创新中才能得到稳定持续的发展。开拓一个地域乃至全国的休闲肉制品市场，如何能够以一种系统的全局的思维，着眼于区域市场、地域饮食文化和消费者的口味需求变化，同时着手于切实满足中国不同地域消费者的肉制品风味诉求及不同经济文化阶层消费者的个性化消费需求，运用科学分析工具，树立差异化思维，对市场进行细分，将产品精确定位，树立起一种大研发全局意识，将是今后企业新产品开发创新时应考虑的重点问题，也为新产品开发提供了源源不断的风味和结构设计思路。

总之，我国传统食品和特有的传统饮食嗜好仍将是食品消费的主题。来自东西方不同的饮食文化和特色将在交流、碰撞和融合中发展，西方特色饮食的不断涌入，和而不同，必将在国内市场中一起彰显特色，迸发出无限活力。所谓“中国之味，非常之道。”兼容并蓄，博采众长应该成为是国内食品企业发展的大思路。

4、国内未来休闲肉制品的发展趋势

休闲肉制品有三大发展趋势：一是肉制品在特色化、时尚化基础上，向健康化（低热量、低脂肪、低糖）、功能化（如降血脂，维生素强化，无糖功能）、情感化（融入情感文化品位）的方向发展；二是肉制品品牌化趋势加强，面向城市的产品档次向中高端发展；三是消费对象由儿童逐渐向更多人群发展，市场进一步细分，年轻时尚的青年群体特别是女性群体将成为休闲肉制品消费的主流。

休闲肉制品最终将细分成为儿童休闲食品（强调童心童趣），老人休闲食品（强调功能保健），情侣休闲食品（强调情感乐趣），家庭休闲食品（强调营养健康），旅游休闲食品（强调地域特色），白领休闲食品（强调时尚品位），餐饮酒店连锁休闲食品（强调美观美味），礼品休闲食品（强调品牌文化），军用休闲食品（强调方便实用）等，市场差异化日益明显。

未来，休闲肉制品的营销渠道除各型超市、便利店、食杂店、百货商场等传统渠道外，还将进入电子商务、交通枢纽商业区、休闲网吧、商务会馆、品牌连锁专卖店、旅游娱乐景点、酒吧 KTV、酒店快餐连锁等渠道。

总之，随着中国经济的快速发展和国民生活水平的提高，未来的休闲肉制品产业正方兴未艾，不远的将来，随着国内食品工业的飞速健康发展，相信我们将迎来一个崭新的休闲时代，在休闲身心的每一刻，享受健康美味的休闲肉制品，品味这幸福快乐的生活。

休闲方便食品的研究与探讨

四川光友薯业有限公司　邹光友

1、休闲方便食品的种类

休闲方便食品是快速消费品的一类，是人们在闲暇、休息时所吃的食品或者是不需要在厨房进行加工即可食用的成品以及能够节省加工过程和时间的半成品。随着经济的发展和消费水平的提高，消费者对于休闲方便食品数量和品质的需求不断增长，休闲方便食品正在逐渐升格成为百姓日常的必需消费品，越来越多地进入人们的生活，休闲方便食品琳琅满目，主要可分为以下几种：

（1）干的或粉状方便休闲食品：这些食品比如方便粉丝、方便米线、方便面、方便米饭、方便饮料或调料等通过加水泡或开水冲调可立即食用。

四川光友薯业生产的光友无明矾方便粉丝主要是用红薯及其淀粉精制而成，并精选地道的花椒、辣椒、醋等原料，制成了四川酸辣粉、麻辣烫、酸辣牛肉、红烧牛肉、香辣肥肠等十余种独特口味。粉丝外观晶莹剔透，口感柔软爽滑有劲道，滋味可口、香气宜人，沸水冲泡即食，有不同包装、不同规格的产品，为广大消费者提供了安全、营养、快捷、健康的美食。

（2）速冻食品：是把各种食物事先烹调好，然后放入容器中迅速冷冻，稍经加热后就可食用。

（3）即食食品：如各种糕点、饼干、面包等，这类食品通常买来后就可食用，而且各具特色。

（4）罐头食品：这种食品较好地保持了食品的原有风味，体积小，重量轻，卫生方便，只是价格偏高。

（5）方便菜肴：是指将菜品经过工艺改进批量生产，之后定量包装、速冻的方便菜品，水浴加热开袋即食。它继承了传统烹饪工艺的色香味，满足了快节奏生活对美味的需求。

2、方便休闲食品的新兴原料—紫薯全粉

（1）紫薯全粉助推了休闲方便食品的发展

休闲方便食品加工企业，选择特色的原料是产品成功的一半。四川光友薯业有限公司开发出具有个性化的紫薯全粉，是加工休闲方便食品的新兴原料，可加工膨化紫薯片，色泽鲜艳、酥脆、香甜可口；也可加工紫薯奶茶，紫色亮丽，香甜宜人。紫薯全粉的应用，从色、香、味、健康等方面助推休闲方便食品的发展。

（2）紫薯全粉提高休闲方便食品品位

紫薯全粉主要用于食品行业制作各种休闲方便食品如紫薯片、紫薯粉丝、紫薯奶茶、紫薯羹、紫薯糊、紫薯饼干、紫薯咖啡、紫薯饮料等。紫薯全粉的运输、储藏都很简单，而且方便进一步加工成其他食品，保证了原料的供应。在休闲方便食品加工中应用紫薯全粉特性，使休闲方便食品在感官、美味和安全上得到更显著提升，达到消费者对休闲方便食品美味、营养、健康、视觉享受的追求。

表$_1$　紫薯全粉营养成分表

项目	花青素（mg/kg，以矢车菊素计）	总黄酮（mg/kg）	总蛋白（%）	总糖（%）	β-胡萝卜素	总膳食纤维（%）
结果	1590	158.26	1.79	61.17	微量	9.75

首先，紫薯全粉富含天然色素—花青素。

花青素是一种强有力的人体抗氧化剂，它能够保护人体免受一种叫作自由基的有害物质的损伤，它的基本结构单元是2-苯基苯并吡喃型阳离子，即花色基

元。自然条件下游离状态的花青素极少见，主要以糖苷形式存在，颜色从红到蓝。这些花青素主要包含矢车菊素、飞燕草素、芍药花素等。其水溶性、脂溶性均良好，在弱酸、弱碱条件下均溶解且稳定，在食品加工的高温、高压下，在零下20℃均稳定。

据国内外众多科学家研究发现，紫薯花青素对人体具有抗衰老、抗癌、降血糖、降血脂、降血压等多种功效，被誉为继水、蛋白质、脂肪、碳水化合物、维生素、矿物质之后的第七大必需营养素。

紫薯花青素同其他天然色素一样无毒无副作用，安全性能高，着色色调自然，更接近天然物质的颜色，添加至各种食品中，色泽自然艳丽，着色稳定，保质期长。作为多种复合薯片、饼干、奶茶等的主料或配料，提供产品鲜艳的紫色及紫薯的风味，提高产品档次，成为吸引消费者的独特买点。

第二，紫薯具有多种保健功能。

紫薯又叫黑薯，薯肉呈紫色至深紫色，它除了含有普通红薯的营养成分如蛋白质、膳食纤维、矿物质外，还富含硒元素和花青素。据《本草纲目》记载，红薯有"补虚乏，益气力，健脾胃，强肾阴"的功效，能使人"长寿少疾"，而且达到预防心脑血管疾病，糖尿病，能防治结肠癌和乳腺癌等疾病的功效。

紫薯含有丰富的花青素、蛋白质、膳食纤维、矿物质、硒元素等，因此常吃紫薯食品具有润肠、通便、改善睡眠、增强皮肤弹性、增强身体活力等多种功效。用紫薯全粉生产的产品，不但能带给消费者强烈的感官冲击，而且迎合了消费者安全、健康的食品消费观念。

第三，紫薯全粉可提高休闲方便食品的感官质量指标

用紫薯全粉作为主料或辅料加工休闲方便食品，能强化产品的体香、尾香，为产品提供良好的紫薯风味，用于紫薯膨化薯片、饼干等产品中，搭配适当的香料，使产品的滋味更加真实、体香饱满、尾香悠长。

直接以紫薯全粉为原料，经超微粉碎、造粒等工艺制作成冲调饮品如紫薯奶茶，口感好，色泽诱人，营养丰富，方便快捷。

光友紫薯全粉选择优质紫薯作为原料加工而成，为粉末状产品，质地均匀、洁净，紫色自然亮丽，保留了紫薯的营养成分：花青素、硒、蛋白质、维生素及膳食纤维等。可直接开水冲调、水煮为紫薯羹，更可做紫薯馒头、煎饼、面包、蛋糕、手工面等健康食品！光友紫薯粉丝、全薯粉丝通过创新工艺将紫薯、红薯或其全粉直接加工成粉丝，口感柔软劲道滑爽、薯香宜人，保留了紫薯、红薯中的花青素、膳食纤维、维生素、矿物质等多种营养成分，经常食用可起到促进抗癌、通便、养颜等保健功能，为都市现代人群的健康美食。

休闲蔬菜制品味道发展趋势

斯　波

蔬菜制品随着盐渍酱菜不断过渡到休闲小菜，越来越成为休闲趋势，满足了广大消费者的需要，尤其是在香辣金针菇的引领下不断发展为休闲美食。我国农产品比较丰富，但是农产品精深加工环节薄弱，成为农村生产的大量农产品不能正常利用于高附加值的食品加工，也就成为当下迫于解决的问题。最为明显的三个产品是香辣金针菇、香辣菜、香菇酱，这三个产品在2012年产值均过亿，从一个小小的蔬菜制品看到一个产业的发展趋势，从而实现产业精深加工的发展趋势。

一、休闲蔬菜制品产业发展趋势

休闲蔬菜制品单品竞争激烈化。休闲蔬菜制品生产技术含量低，生产比较容易，再加上标准比较老化，导致生产企业跟风比较普遍。以金针菇为例，国内生产企业1200多家，可是真正做香辣金针菇产品到3000万年产值以上的企业不到20家，尤其是一些小企业不断恶性竞争，导致利润极低，食品原料的安全都得不到保证的前提下有些企业还在生产，这给这个行业带来了极坏的影响。在以肉类消费在下降而蔬菜制品在不断增长的情形下，香菇酱、香辣菜、风味豆豉都是存在单品竞争激烈化，真正消费者认可的单品价格和品质始终是市场的主导、主宰着整个行业的发展。

基地加工产业一体化。休闲蔬菜的快速发展推动蔬菜种植基地和加工产业一体化，如萝卜种植基地与老鸭汤生产企业的合作堪称典范。辣椒种植基地和辣椒制品生产企业也是一体化，这样的形式在不断形成。

产品可追溯规范化。从原料到加工过程完全可以实现可追溯规范化，让消费者放心食用，对自己所食用的原料及其如何深加工过程了解程度加深，增强消费者的食用信心。

产品不断实现附加值提高，增加农产品的附加值和规模化种植。蔬菜制品附加值大大提高成为蔬菜制品被消费者不断接受的结果，诸如香菇酱、香辣菜等都是不断提高附加值的蔬菜制品。

蔬菜制品实现农业规模化经营。蔬菜制品实现年产值数亿的品牌诞生，实现更多的农业规模化经营。

研发安全健康美味的蔬菜制品满足消费需求。如何实现安全健康美味的蔬菜制品，这是未来的发展趋势，诸如食品加工过程的安全在不添加防腐剂的条件下，采用无菌生产技术、超高压杀菌技术、天然食品原料防腐技术、改善加工工艺抑菌技术等，实现安全健康美味的消费需求，这与未来食品发展的趋势是一致的。

二、休闲蔬菜制品辣味发展趋势

香辣为主的流行趋势。长时间流行的香辣味主体市场需求，以不添加辣椒、花椒实物而具有麻辣风味特征，这也是现在很多香辣味的蔬菜呈现的现状。也有极少数川味辣椒调味形成的香辣系列蔬菜制品，以辣味为主麻味次之，这也是香辣菜系列产品的特点，风味始终围绕香辣成为蔬菜系列的产品特征。有效利用香辣系列原料，如何实现香辣持久是关键。

麻辣可口的特点。麻辣可口改变了传统的麻味重的川味，以清香的麻辣或者是厚重的麻味出奇制胜。麻味不能让消费者讨厌才是出路，麻而自然，辣而有味。

山椒特色不断呈现。以鸡肉香味、山椒香味、特有辣味、泡酸菜酸味、蔬菜味结合成为山椒特色，为诸多蔬菜制品风味化形成鲜明的一派。山椒味的好坏在于消费者的熟悉程度，尤其是清香的山椒风味是消费者的首选。

酸辣点缀风味。在辣味的同时采用少许酸味来点缀，成为一些蔬菜制品调味修饰，也是一些香辣金针菇调味应用不能直接用于香辣竹笋的原因。有诸多蔬菜制品的调味均要做适当的调整才能使风味比较完美，不是说一个配方调什么蔬菜制品都可以，调味杏鲍菇和牛肝菌就有很大区别。

辣香结合成就品牌。辣味奇特、香味自然成为蔬菜制品品牌留给消费者最好的记忆，也是香与辣有机结合成为消费者接受的前提。如厨房炒菜油炸辣椒的香味在蔬菜制品中的体现和辣椒辣味的结合，再如辣椒烤焦的煳味和辣椒辣味的结合，再如泡辣椒的辣味和香味的结合，这些都是成就极少数品牌的典范。

爆辣型湘渝风味。爆辣的体现在于辣味的强烈，真正将湘味传统发挥到休闲蔬菜制品之中，尤其是传统剁椒鱼头的爆辣味是休闲蔬菜开发的典型例子。同时也可以应用重庆火锅的爆辣特点在调味休闲蔬菜制品之中。

复合辣味持久不衰。将辣味原料的有机利用，辣味持久，留香时间久，风味自然，这就是一些香辣味持久不衰的原因。

三、休闲蔬菜制品多样化发展趋势

成都乐客食品技术开发有限公司经过长达十多年调味技术研究，目前成功研制香辣菜、金针菇、香菇酱、酸菜丝、藕片、蘑菇干、香菇肉片、酸辣土豆片、山椒竹笋、泡椒花生、香辣甜菊菜、麻辣马齿苋、山椒牛蒡、香辣甜瓜丝、酸萝卜老鸭汤、麻辣黄花菜、麻辣黄瓜、香辣菜丝、香辣萝卜干、麻辣胡豆、香辣魔芋丝、香辣杏鲍菇、麻辣蕨菜、香辣豆芽、山椒笋片、山椒莴笋、麻辣青菜、香辣牛肝菌、香辣海带丝、酱香芥菜、土豆泥、辣椒丝、风味豆豉、辣椒酱等等，在不断实现科学、合理、安全、健康、美味的调味过程中，不断实现蔬菜制品休闲化，在市场上不断取得进展。

金针菇风味多样化。主要以香辣为主的金针菇可以实现泡椒、牛肉、鸡肉、麻辣、烧烤、青椒、微辣、特辣、酸辣等系列化风味，呈现系列香味产品。

土豆休闲化。土豆片成为香辣、泡椒、山椒、烧烤、麻辣等风味，其次是土豆泥风味化系列产品，这些都是土豆产品休闲化的趋势。

藕片休闲化。藕片也是山椒、香辣居多，同时也可以开发诸多品种的风味化藕片，这会是市场上的一大亮点。

海带丝休闲化。目前市场上畅销的是香辣和山椒味的海带丝，其他烧烤、麻辣、藤椒等风味期待开发之中。同时海带丝还可以开发成为干式休闲吃法诸如麻辣、烧烤、牛肉、香辣等风味化食品。

还有许多食物可以做成泡椒、牛肉、鸡肉、麻辣、烧烤、青椒、微辣、特辣、酸辣等系列化风味，如萝卜干、蕨菜、大头菜风味化、牛蒡、甜瓜丝、马齿苋休闲化、竹笋、莴笋、雪菜、胡豆、豌豆、豆芽、橄榄菜、甜菊菜、银杏、香菇、蘑菇、核桃花、牛肝菌、刺耳芽、椿芽、杏鲍菇、青菜。

四、少而精的蔬菜制品发展趋势

随着工业化不断增长，小量化的休闲菜即将不断出现，数量方面不断减少乃至10g、20g、30g的规格以及出现相应规格生产配套的设备设施。在10g金针菇带动下不断出现小包装，莴笋、竹笋、胡豆等等都实现了小包装，这成为未来的蔬菜制品发展的特点。采用拉伸膜包装机实现真空包装连续化成为未来的小包装发展趋势，生产效率将不断提高，减少人力成本。较大的蔬菜制品包装将不断减少，重点将会是30g—35g，再就是60g—80g，而100g、150g除了适应中式快餐标准化需求外，将在往少量化发展。生产自动化将不断提高，多个环节将实现自动化发展趋势，便于生产管理和农业产业化规范化发展。

在蔬菜制品不断丰富的情况下，更多的休闲蔬菜是社会发展的规律，也是快速发展的社会现实，在未来会有更多的休闲蔬菜走进我们的生活，会让我们吃到更多的休闲蔬菜。

休闲食品产业发展的几点建议

休闲食品（Leisure Food）其实也是快速消费品的一类，是在人们闲暇、娱乐、休息时所吃的食品，特点：风味鲜美、热值低、无饱腹感、清淡爽口、常见有：干果、膨化、肉类、糖果等，随着人们生活水平的不断提高，原来以温饱型为主体的休闲食品消费格局，逐渐顺应时代需求转型为时尚食品，“休闲的就是时尚的”已成为人们对食品时尚性的共识，休闲食品往往引领时尚潮流。

对于休闲食品目前还没有统一、规范的分类，可按原料、加工制作特点进行分类：蜜饯、肉干、肉脯、肉松、干果、炒货、糖果、巧克力、果冻、鱼丝、鱼干、膨化、糕点、饼干。

按消费需求细分，也可分为基本型、营养型、价值型、享受型、功能型等

一、目前休闲食品概况

进入一个高速发展期，整个行业进入激烈竞争阶段，主要体现在三个方面：

1、同质化现象严重

企业数量多但参差不齐，成规模的不多，产品包装无新意、口味固守以前，没有大的突破和改良，产品研发后劲不足，由于准入门槛低，大部分产品前期固定投入不高，产品五花八门但没有太多本质区别，一旦有新品，跟风而上，进而导致恶性竞争；

2、多品类细分并存

新的产品类别不断涌现；比如：糖果行业就已经从过去硬糖、奶糖一统天下发展为功能糖、凝胶糖、巧克力等多个细分品类共存，竞争格局呈现多品类并存的局面；这种市场的不断细分，就给休闲食品企业带来挑战；

3、成本上升利润减少。

原材料油、糖、面粉、鸡蛋全面涨价，成本压力使许多中小企业无利可图而在竞争中被淘汰，食品安全问题频发，部分中小企业追求利润、追逐短期利益，不惜一切，忽视自身对食品安全的自检，大部分企业只顾眼前利益，没有企业自身文化、形象建设。

所以，产品的差异化和不断创新是休闲食品永葆持续发展的法宝。

二、建议

在现代食品安全体系中，行业协会具有举足轻重的地位，并将发挥无法替代的作用。但目前我国的行业协会作用还谈不上系统性，专业针对性不强，宣传也跟不上，希望能够在这方面多做一些工作。

1、提供双向的信息服务。行业协会作为政府与食品生产经营企业以外的“第三部门”，是沟通政府、企业和市场的桥梁与纽带，也是实现行业自律，规范行业行为，开展行业服务，保障公平竞争的社会组织。希望协会将有关信息和政策、法规以最少的环节和最直接的渠道传递给相关从业企业，并将企业的意见与建议及时汇集整理后反馈给政府有关部门；

2、参与相关政策法规制定工作，提高技术法规的可行性。国际上各类行业协会在食品安全中都发挥重要的作用，很多国家食品安全标准都是从行业标准中而来的。各国对标准的制定和监督执行工作十分重视，但是，目前我国行业标准体系还不够完善，很多标准由生产、流通、使用、监督部门各自制定，缺乏统一的国家标准及行业标准，且技术要求不一样，可操作

性较差。在实际执行过程中，各监管部门对标准的理解有偏差。

3、代表行业利益参与解决食品安全事件。在企业利益、行业利益与国家利益、公众利益发生矛盾时，作为第三方，行业协会承担维护大多数企业的利益，与政府和公众进行沟通，以争取政府和公众的理解和支持的职责；可建立协会第三方检测机构，对有争议的提供公正的检测。

4、提供培训、技术交流等专业性行业服务。希望多组织学习国家食品安全监管的法律法规及政策规定，加强在行业宣传、普及食品安全知识的力度，提高经营者的法律意识和法制观念，诚信经营、优质服务，共筑食品安全防线。

5、建议要加大对食品安全监管部门的问责力度，从法律法规的角度加强对食品安全监管部门处置力度。不能每次出了食品安全问题都把责任推到生产经营者身上，防止管理部门利用食品安全监管中的各种权利为个人谋取私利。

第三部分

地方分述

包括东部（9个）直辖市、省，中部（6个）省，西部（9个）自治区、省、直辖市，东北部（3个)省，台湾地区

3.1 北京市

2014 年，面对国际金融危机的冲击和国内经济增长环境的新变化，全市上下努力推动稳增长、促改革、调结构、惠民生，全市经济运行总体保持平稳，调结构、转方式取得积极进展，经济增长质量和效益稳步提高。

【a. 概况】

1、产业发展

在新状态下北京食品工业保持了持续、稳定、健康发展的态势，在保障供应、食品安全、繁荣市场、带动就业、保持稳定和带动相关产业发展上起到了重要作用。呈现以下特点：一是，

(1) 北京食品工业主营业务收入略有增长，完成主营业务收入 1142.07 亿元（含烟草制品业），同比增长 2.85%, 实现利润 46.19 亿元同比增长 (–4.78)%, 呈现了近 10 年来，经济效益首次负增长势态；

(2) 大行业发展有增有减。其中，酒、饮料和精制茶略有下降，其他行业都略有提升。农副食品加工业实现主营业务收入 423.45 亿元，同比增长 4.35%；食品加工业完成主营业务收入 443.69 亿元、同比增长 3.23%；酒、饮料和精制茶制造业完成 226.01 亿元，同比增长 (–0.85%；烟草制品业完成 48.92 亿元、同比增长 4.22%。（见表一）；

(3) 重点产品经济状况良好，被统计的 17 个重点产品主营业务收入达 916.14 亿元，占北京食品工业主营业务总收入的 80.21%，（见表二）。

2、食品价格：

北京全年居民消费价格同比增长 1.8%，涨幅同比下降 1.7 百分点。其中，食品价格增长 3.2%。

居民消费价格涨跌幅度

单位：%

指　　标	2014年	2013年
食品	3.2	4.7
其中：肉禽及其制品	−0.1	6.7
蛋	9.5	3.7
水产品	6.1	3.4
菜	−3.7	9.6
干鲜瓜果	11.7	5.7
液体乳及乳制品	8.8	6.2
烟酒及用品	−0.3	0.1

3、市场消费

北京全年实现社会消费品零售总额 9098.1 亿元，同比增长 8.6%。其中吃类商品 1737.7 亿元，增长 3.1%。

2014年社会消费品零售总额

指　　标	零售额（亿元）	比上年增长（%）
社会消费品零售总额	9098.1	8.6
按商品用途分		
吃类商品	1737.7	3.1

【b. 协会工作】

北京食品协会在市经信委、市社团办的领导下、在会员单位的大力支持下，坚持“服务”宗旨，认真履行行业协会职能，努力做好协会工作，为促进首都食品行业发展做出新贡献。

1、发挥协会作用，做好服务政府工作，

(1) 做好行业统计调查工作。

(2) 参与京津冀一体化发展。

(3) 促进行业节能降耗。

(4）推进食品安全标准管理。5、

(5) 谋划“十三五”行业发展。

2、开展多项活动，促进产业发展

(1) 加强食品品牌建设。

(2) 促进行业技术交流。

(3) 组织食品安全论坛活动。

(4) 承办北京“食博会”。

(5) 组团参加上海展会。

(6) 组织行业职业技能竞赛。

3、秉承服务宗旨，助力会员企业发展。

加强行业信息服务。

加强诚信体系建设。

办好专题应用推广。

组织科技奖项评选。

参与工业发展基金项目验收。

参加会员企业活动。

4、加强自身建设，提升协会服务水平。

加强协会自身建设。

加强协会之间交流。

履行行业组织社会责任。

【c. 主要经济指标】

1、2014年(1–12)北京食品工业和四个板块经济状况

行业名称	地区名称	(本年本月止累计)出口交货值(亿元)	出口交货值累计增长(%)	企业单位数累计值(个)	本年本月止累计亏损企业单位数(个)	(本年本月止累计)资产总计(亿元)
总计	北京市	27.57		301	84	1177.12
农副食品加工业	北京市	10.33	6.91	137	38	385.70
食品制造业	北京市	14.57	-0.98	121	33	328.35
酒、饮料和精制茶制造业	北京市	1.41	-24.65	43	13	429.67
烟草制品业	北京市	1.26	8.18	0	0	33.40

2、2014年(1–12)北京食品工业和四个板块经济状况

行业名称	地区名称	资产总计累计增长(%)	(本年本月止累计)负债合计(亿元)	(本年本月止累计)利润总额(亿元)	(本年本月止累计)主营业务收入(千元)	产品销售收入_累计增长(%)
总计	北京市		618.79	46.19	1142.07	
农副食品加工业	北京市	13.36	225.44	16.06	423.45	3.10
食品制造业	北京市	7.08	206.54	18.34	443.69	9.01
酒、饮料和精制茶制造业	北京市	12.65	181.30	7.94	226.01	-0.89
烟草制品业	北京市	-6.60	5.51	3.85	48.92	4.22

3、2014年北京市食品工业重点产品经济状况

行业名称	地区名称	(本年本月止累计)出口交货值(千元)	出口交货值累计增长(%)	企业单位数累计值(个)	本年本月止累计亏损企业单位数(个)
谷物磨制	北京市	0		10	6
饲料加工	北京市	41003	42.70847835	52	10
植物油加工	北京市	0		0	0
制糖业	北京市	0		0	1
水产品加工	北京市	0		0	1
蔬菜、水果和坚果加工	北京市	311936	17.84466247	17	5
其他农副食品加工	北京市	222865	3.481018536	12	2
焙烤食品制造	北京市	109666	-31.59555888	35	14
糖果、巧克力及蜜饯制造	北京市	441914	3.782699674	9	1
方便食品制造	北京市	391907	3.939774885	17	4
乳制品制造	北京市	0		9	4
罐头食品制造	北京市	57568	22.81697352	0	0
调味品、发酵制品制造	北京市	7622	-15.98324515	15	2
其他食品制造	北京市	448097	-0.87248723	34	8
酒的制造	北京市	139779	26.71701055	17	5
饮料制造	北京市	1363	-98.23030681	26	8
卷烟制造	北京市	125501	8.181191277	0	0

4、2014年北京市食品工业重点产品经济状况

行业名称	地区名称	(本年本月止累计)资产总计(千元)	资产总计累计增长(%)	(本年本月止累计)负债合计(千元)
谷物磨制	北京市	2360238	-6.811215798	1920484
饲料加工	北京市	9846662	24.76597815	3921564
植物油加工	北京市	769665	72.1568338	524915
制糖业	北京市	165636	-9.732690264	161516
水产品加工	北京市	176047	-0.006247941	33563
蔬菜、水果和坚果加工	北京市	2217251	2.125085152	847769
其他农副食品加工	北京市	1561827	1.069174047	808297
焙烤食品制造	北京市	4885727	-0.366376933	2674891
糖果、巧克力及蜜饯制造	北京市	6117395	8.400102209	3960129
方便食品制造	北京市	2207442	-0.084279936	1671538

行业名称	地区名称	(本年本月止累计)资产总计(千元)	资产总计累计增长(%)	(本年本月止累计)负债合计(千元)
乳制品制造	北京市	8231853	10.23842968	5312475
罐头食品制造	北京市	152649	13.93076785	50991
调味品、发酵制品制造	北京市	1848299	8.80878948	1215470
其他食品制造	北京市	9391330	9.115310533	5768992
酒的制造	北京市	26136340	20.0109779	8936615
饮料制造	北京市	16830191	2.849101669	9193192
卷烟制造	北京市	3340299	-6.602526427	550524

5、2014年北京市食品工业重点产品经济状况

行业名称	地区名称	(本年本月止累计)利润总额(千元)	(本年本月止累计)主营业务收入(千元)	产品销售收入_累计增长(%)
谷物磨制	北京市	-47199	3979440	9.585480029
饲料加工	北京市	1018511	8349107	-0.638646466
植物油加工	北京市	25115	1915829	40.2466101
制糖业	北京市	-5881	925863	-12.46259491
水产品加工	北京市	-92	84066	-32.1419058
蔬菜、水果和坚果加工	北京市	49726	2278682	-1.878604441
其他农副食品加工	北京市	55785	2219585	0.834905577
焙烤食品制造	北京市	106802	6028415	-1.626157155
糖果、巧克力及蜜饯制造	北京市	850804	10177908	5.522512226
方便食品制造	北京市	86865	2357382	4.443004051
乳制品制造	北京市	-95219	11580441	17.82802383
罐头食品制造	北京市	21206	242364	10.80256932
调味品、发酵制品制造	北京市	75623	1771144	12.31873351
其他食品制造	北京市	788406	12210869	10.53188939
酒的制造	北京市	652764	7045668	-4.790933551
饮料制造	北京市	140749	15555086	0.981806496
卷烟制造	北京市	384899	4891722	4.22004377

周以秋

3.2 天津市

【a. 概况】

2014 年，天津食品工业紧紧抓住结构调整和转变经济发展方式两条主线，加快转型升级，坚持创新发展，积极克服原材辅料涨价、用工成本升高、市场竞争加剧等因素影响，通过共同努力，全行业继续保持了较快稳定增长，经济运行呈现六个特点：

1、产业结构调整力度加大，食品制造业增长加快。

2014 年，规模以上食品工业实现工业总产值 2489 亿元，同比增长 12.6%；实现主营业务收入 2322 亿元，同比增长 10.8%；实现利税 309 亿元，同比增长 2.8%。其中利润 204 亿元，同比增长 2.8%。其中农副食品加工业实现主营业务收入 840 亿元，同比增长 6.8%，占规模以上食品工业的 36.2%；食品制造业实现主营业务收入 1243 亿元，同比增长 16.1%，占规模以上食品工业的 53.5%；酒、饮料和精制茶制造业实现主营业务收入 188 亿元，同比下降 0.5%，占规模以上食品工业的 8.1%；烟草制造业实现主营业务收入 51 亿元，同比增长 4.4%，占规模以上食品工业的 2.2%。全行业产业结构调整的明显效果是食品制造业的增幅高、所占比例加大，主营业务收入同比增速高出全行业 5.3 个百分点。

2、重点行业拉动效应提升，保持全国领先。

保健食品行业实现主营业务收入 701 亿元，同比增长 27.6%，实现利税 153.6 亿元，同比增长 18.86%，占全行业的 49.7%，总量全国第一；食用植物油加工业实现主营业务收入 586.5 亿元，同比增长 7.45%；方便面及其他方便食品制造行业实现主营业务收入 295.3 亿元，同比增长 1.15%，总量全国第二；屠宰及肉制品加工行业实现主营业务收入 101.6 亿元，同比增长 17.93%；冷食饮料行业实现主营业务收入 178.21 亿元；重点行业主营业务收入之和，占全市规模以上食品工业的 80.22%，同比持平。近期，中国企业联合会和中国企业家协会发布的“2014 中国 500 强企业榜单”中，天津一轻集团（控股）有限公司和天狮集团有限公司入围。

3、经济运行成本低于全市工业水平。

规模以上食品工业每百元主营业务收入成本 81.45 元，比全市工业低 4.86 元。其中食品制造业每百元主营业务收入成本为 74.3 元，比全行业低 7.15 元，比全市工业低 12.01 元；食品制造业主营业务收入利润率高出全行业 6.22 个百分点；实现利税占全行业 80%，比上年所占比例提高 4 个百分点。

4、大项目好项目紧锣密鼓实施，进一步积蓄发展后劲。

全市食品工业计划及在建项目 288 个，同比增加 12 个；计划总投资 377.13 亿元，同比增加 29.36 亿元；实际完成投资 239.5 亿元。其中超 10 亿元的 4 个：天狮生命科学有限公司的“天狮健康产业园”项目计划总投资 17.78 亿元，2014 年完成投资 12.39 亿元；艾地盟生物科技天津有限公司的“天津临港经济区艾地盟百万吨食品配料”项目计划投资 18.82 亿元，2014 年完成 5.89 亿元；玖玖爱食品有限公司的“10 万吨非油炸方便面”项目计划投资 12 亿元，2014 年完成 4.08 亿元；金天源食品科技（天津）有限公司的“金光集团天津粮油加工”项目计划投资 12.23 亿元，2014 年完成 4.6 亿元。

5、食品工业对全市工业的贡献越来越明显。

规模以上食品工业完成主营业务收入占全市规模以上工业的 8.21%，同比有所提高；主营业务收入增速比全市规模以上工业高 5.5 个百分点；主营业务收入占规模以上轻工业的 69.37%，同比基本持平；食品工业对全市工业增长贡献率为 16.03%，同比提高了

10.43 个百分点。

6、主营业务收入再登四个直辖市榜首。

从四个直辖市全年实现主营业务收入看，北京为1142 亿元；天津为 2322 亿元；上海为 2186 亿元；重庆为 1267 亿元，天津位居第 1 位，上海第 2，天津是北京的两倍，是重庆的 1.8 倍。

【b. 协会工作】

1 月 12 日，天津食协在天津宝迪农业科技股份有限公司召开“天津市食品工业协会第六届十一次理事长工作会议”。

1 月 15–21 日，天津食协、市食安办共同组织开展了“迎新春食品安全质量走基层”活动。

1 月 24 日，天津食协在国展中心组织召开了“第九次专业协会和专业委员会工作会议。

3 月 18 日，在津利华大酒店召开“天津市食品行业工作会议”。

3 月 19 日，天津食协、市食安办在市华泰森淼生物工程技术有限公司的超高压主题餐厅联合举办了“超高压食品科技日”活动。

4 月 6–15 日，由天津食协组织的“天津市食品行业澳新考察团”一行 14 人赴澳大利亚、新西兰进行合作洽谈及市场考察。

4 月 17–18 日，在安徽淮北召开了“部分省市食品协会合作及东盟食品市场开发研讨会”。

5 月 9 日，应澳大利亚国际商会麦克果先生的邀请，天津食协派员前往澳大利亚国际商会，与该会就双方合作事宜达成共识。

5 月 23–25 日，在烟台召开了“第二十二届部分省市食品协会协作会议”。

6 月 6 日，在昆明召开了“中国东盟食品行业合作委员会第一次会议”。

7 月 9 日，由天津食协主办，天津焙烤食品协会协办、天津英鹏食品配料公司承办的“2014 年饮料、乳品及焙烤行业新产品交流会”召开。

7 月 15 日，天津食协在天津长芦汉沽盐场有限责任公司召开“六届十二次理事长工作会议”。

9 月 25 日，天津食协应邀参加由天津市场监管委、市食安办和天津日报联合举办的“2014 天津市食品安全论坛”。

11 月 5 日，天津食协、市食安办和国展中心共同举办“天津市首期食品科技面对面”活动，向消费者展示了八项食品科技成果，此会为“2013 中国·天津（环渤海）国际食品交易会”的一个会中会。

11 月 6–10 日，在天津国展中心，由天津食协和天津国展中心承办的“2014 中国—天津（环渤海）国际食品交易会”隆重召开。

11 月 15 日，天津食协组织了啤酒专家组，对天津现代职业技术学院开发的“啤酒酿造工培训包”项目通过了中期验收，

12 月 19 日，根据市工信委要求，天津食协会同有关部门对各区县、滨海新区各功能区、重点行业、专业协会开展了调研，通过座谈和走访重点企业，编制出《天津市食品工业发展三年行动计划》，通过了专家评审。

【c. 食品工业动态】

1、抓调整，行业整体发展质量显著提高

2、抓渠道，境内外合作交流有了新突破

3、抓平台，大市场建设又上新台阶

4、抓配套，行业合作有明显起色

5、抓诚信，食品安全水平进一步提升

6、抓瓶颈，融资工作有了新路径

7、抓队伍，人才建设工作有新进展

8、抓创新，信息工作更加务实有效

9、抓素质，协会自身建设出现了新面貌

【d. 主要经济指标】

1、2014年天津市食品工业主要经济指标（规模以上）–1

单位：万元、%、人

序号	行业名称	企业数	总产值	增幅	主营业务收入	增幅	利税合计	增幅
	食品工业合计	308	24893535	12.6	23219041	10.8	3087749	2.8
一	农副食品加工业	155	9813010	12.2	8400103	6.8	184495	-44.0
二	食品制造业	113	12941769	16.3	12431960	16.1	2472088	9.9
三	饮料制造业	39	1632503	-5.8	1876335	-0.5	75162	-0.2
四	烟草制品业	1	506252	0.9	510643	4.4	356004	1.6

2014年天津市食品工业主要经济指标（规模以上）-2

	行业名称	利润	增幅	税金	增幅	从业人员
	食品工业合计	2038629	2.8	1049119	2.8	98316
一	农副食品加工业	105494	-43.9	79001	-44.0	26803
二	食品制造业	1863830	7.7	608258	17.0	57109
三	饮料制造业	-2722	-79.9	77883	-12.4	13512
四	烟草制品业	72027	-9.0	283977	4.7	892

2、2014年食品行业进出口完成情况

单位：万美元

名称	2014年出口	同比	2013年进口	同比	2013年进出口	同比	同比
食品	62525	-26.53%	404902	2.70%	467427	2.55%	7.66%

3、天津市1-11月主要食品产量

产品名称	计量单位	1-11月产量	同比增长(%)
原盐	万吨	163.85	5.87
小麦粉	万吨	22.64	-36.39
大米	万吨	4.54	28.08
精制食用植物油	万吨	680.38	24.06
成品糖	万吨	10.38	9.02
鲜、冷藏肉	万吨	23.48	-22.88
冷冻水产品	万吨	3.33	17.33
糖果	万吨	0.35	-14.49
速冻米面食品	万吨	4.87	22.58
方便面	万吨	34.44	-0.04
乳制品	万吨	70.87	21.52
其中：液体乳	万吨	29.21	2.95
罐头	万吨	4.12	-27.93
酱油	万吨	3.21	10.46
冷冻饮品	万吨	9.71	-8.26
食品添加剂	万吨	10.90	8.23
饮料酒	万千升	30.68	4.57
其中：白酒(折65度，商品量)	万千升	2.24	3.51
啤酒	万千升	26.71	5.65
葡萄酒	万千升	1.73	-8.68
软饮料	万吨	493.89	8.21
其中：碳酸饮料类(汽水)	万吨	71.05	1.81
包装饮用水类	万吨	234.31	38.28
果汁和蔬菜汁饮料类	万吨	158.23	-13.12
精制茶	万吨		
卷烟	万支	2160000.00	1.77

【e.先进企业】

2014年天津食协以企业年主营业务收入、利润指标及品牌效应为依据，排出了“2014年天津市食品工业50强企业”，其呈现四个特点：

1、总量保稳定持续增长，入围门槛再次提高

2014年，天津市食品工业50强企业实现主营业务收入2025.3亿元，同比增长13.4%，比全行业高2.7个百分点，占全行业的87.2%。实现利润188.4亿元，占全行业的92.4%。

“十二五”以来50强企业总量保持稳定持续增长，2014年实现主营业务收入是2010年50强企业的2.79倍。入围门槛由2010年的2.4亿元提高到4.7亿元，提高了近一倍。天津天狮生物工程有限公司、康师傅方便面投资（中国）有限公司、嘉里粮油（天津）有限公司已连续三年蝉联50强企业前三名，其中天津天狮生物工程有限公司2014年主营业务收入已突破680亿。从企业规模看，百亿以上企业与去年相同为3家，20–100亿企业为16家，比去年增加1家，20亿以下企业为39家，比去年减少1家。20亿以下企业发展后劲明显。

2、产业集中度较高，滨海新区企业优势明显

50强企业体量较大的行业集中在保健食品、粮油、方便食品三个领域，从企业地域分布来看，有27家企业位于滨海新区，其中14家为粮油企业，凸显了新区的港口及政策优势。

3、外资、合资及民营经济仍为行业发展主力

从经济结构分布来看，50强企业中，国有及国有控股占13家，比去年减少一家；外资及合资企业占23家，比去年增加2家；民营企业占14家，比去年减少1家。从实现主营业务收入来看，民营、外资及合资经济成为行业主力，50强企业中外资及合资企业实现主营业务收入813.6亿元，民营企业为836.2亿元，分别占50强企业总量的40.2%和41.3%。

4、受主客观因素影响，效益同比增幅低于主营业务收入增幅

由于原材料涨价、加上用工成本上升等因素，50强企业实现利润比去年同期仅增长2.6%。50强企业中亏损企业为10家，比上年增加2家，亏损额为17.8亿元，是去年是1.8倍。

【f. 天津市食品工业50强企业名单】

1. 天津天狮生物工程有限公司
2. 康师傅方便面投资（中国）有限公司
3. 嘉里粮油（天津）有限公司
4. 天津市红玫瑰食品有限公司
5. 天津顶益食品有限公司
6. 天津澳斯乳业有限公司
7. 上海烟草集团有限责任公司天津卷烟厂
8. 九三集团天津大豆科技有限公司
9. 中粮佳悦（天津）有限公司
10. 京粮（天津）粮油工业有限公司
11. 邦基正大（天津）粮油有限公司
12. 天津可口可乐饮料有限公司
13. 天津宝迪农业科技股份有限公司
14. 天津龙威粮油工业有限公司
15. 康师傅饮品投资（中国）有限公司
16. 天津渤海轻工投资集团有限公司
17. 天津顶津食品有限公司
18. 中储粮油脂（天津）有限公司
19. 金天源食品科技（天津）有限公司
20. 中纺油脂（天津）有限公司
21. 中盐天津市长芦盐业有限公司
22. 康师傅（天津）饮品有限公司
23. 天津众品食业有限公司
24. 丰益油脂化学有限公司
25. 天津伊利乳业有限责任公司
26. 天津光明梦得乳品有限公司
27. 天津雀巢有限公司
28. 大成万达（天津）有限公司
29. 中粮北海粮油工业（天津）有限公司
30. 天津东方雷格工贸有限公司
31. 天津市吉亚牧业有限公司
32. 天津百事可乐饮料有限公司
33. 天津利金粮油股份有限公司
34. 天津顶园食品有限公司
35. 天津市肉类联合加工厂
36. 天津食品进出口股份有限公司
37. 天津长芦汉沽盐场有限责任公司
38. 蒙牛乳制品（天津）有限责任公司
39. 天津金土地食品有限公司
40. 天津伊利乳品有限责任公司
41. 天津娃哈哈食品有限公司
42. 天津桂发祥十八街麻花食品股份有限公司
43. 天津三和果蔬有限公司
44. 天津南侨食品有限公司
45. 邦士（天津）食品有限公司
46. 天津天狮生物发展有限公司
47. 天津海河乳业有限公司
48. 天津飞天速冻食品有限公司
49. 权健自然医学科技发展有限公司
50. 普罗旺斯食品（天津）有限公司

【g. 食品安全】

2014年天津食协根据天津市食品安全示范企业、食品安全特殊贡献企业、食品安全管理先进个人的评审条件，经企业申请，专业（行业）协会审核推荐，组织专家评审，广泛征求有关部门意见，天津市食品安全信用体系建设办公室、天津食品工业协会决定：天津市聚龙粮油有限公司等38家企业，为第七批天津市食品安全示范企业，有效期为两年；天津桂发祥十八街麻花食品股份有限公司等23家企业获得“天津市食品安全特殊贡献奖”；九三集团天津大豆科技有限公司等企业18位同志荣获“食品安全管理先进个人”称号。

1、第七批天津市食品安全示范企业（共38家）

天津市桂发祥麻花饮食集团有限公司
天津宝迪农业科技股份有限公司
天津凯涛奇食品有限公司
中法合营王朝葡萄酿酒有限公司
天津津酒集团有限公司
天津市天立独流老醋股份有限公司
天津龙威粮油工业有限公司
天津利金粮油股份有限公司
天津市聚龙粮油有限公司

北国鲜米坊（天津）食品销售连锁有限公司
九三集团天津大豆科技有限公司
天津市利民调料有限公司
天津海河乳业有限公司
天津市桂顺斋糕点有限公司
天津市桂顺斋糕点食品二厂
天津耳朵眼炸糕餐饮有限责任公司
天津正鑫商贸有限公司
天津市利好食品有限责任公司
天津市津沽粮食工业有限公司
天津市兴达和平食品有限公司
宜垦（天津）农业制品有限公司
天津市华旗食品有限公司
天津雄关饮品有限公司
天津海得润滋食品有限公司
天津市强源食品有限公司
天津春发生食品有限公司
天津春发生物科技集团有限公司
天津港保税区英鹏食品配料有限公司
天津市康宏园食品配料有限公司
天津大宇食品科技有限公司
天津光辉食品有限公司
天津市百奥生物技术有限公司
天津市福厦食品有限公司
天津市艾诗浓食品有限公司
天津一口鲜蔬菜有限公司
天津市实旺食品有限公司
天津阿正食品有限公司
天津市玉祥牧业有限公司

2、天津市食品安全特殊贡献企业（共 23 家）

天津桂发祥十八街麻花食品股份有限公司
天津宝迪农业科技股份有限公司
中法合营王朝葡萄酿酒有限公司
天津津酒集团有限公司
天津市天立独流老醋股份有限公司
九三集团天津大豆科技有限公司
天津龙威粮油工业有限公司
天津利金粮油股份有限公司
天津市聚龙粮油有限公司
天津市利民调料有限公司
天津海河乳业有限公司
天津市桂顺斋糕点有限公司
天津市桂顺斋糕点食品二厂
天津耳朵眼炸糕餐饮有限责任公司
天津正鑫商贸有限公司
天津市强源食品有限公司
天津春发生物科技集团有限公司
天津港保税区英鹏食品配料有限公司
天津市康宏园食品配料有限公司
天津雄关饮品有限公司
天津市津沽粮食工业有限公司
天津海得润滋食品有限公司
天津市百奥生物技术有限公司

3、天津市食品安全管理先进个人（共 18 个）

韩晓东天津津酒集团有限公司副总经理

张荣展天津市天立独流老醋股份有限公司副总经理

符绍辉天津宝迪农业科技股份有限公司副总

田瑞天津桂发祥十八街麻花食品股份有限公司品控部部长

包志勇九三集团天津大豆科技有限公司总经理

王方中法合营王朝葡萄酿酒有限公司质检部经理

雷文忠天津龙威粮油工业有限公司总经理

杨玉巍天津市聚龙粮油有限公司物流总监

武文起天津海河乳业有限公司技术总监

柴欣欣天津港保税区英鹏食品配料有限公司总经理

李瑞山天津市津沽粮食工业有限公司总经理

马恩池天津市桂顺斋糕点有限公司副总经理

房印健天津市桂顺斋糕点食品二厂厂长

马云天津耳朵眼炸糕餐饮有限责任公司耳朵眼食品厂厂长

巩墨峰天津海得润滋食品有限公司经理

丁万琳天津春发生物科技集团有限公司供应链中心主任

张瑞鹏天津市强源食品有限公司检验员

周立君天津市康宏园食品配料有限公司车间主管

张媛、廉长和

3.3 河北省

【a. 概况】

2014 年，河北省规模以上食品工业增加值 881.6 亿元，同比增长 4.7%，占全省规模以上工业增加值的 7.5%，同比提高 0.53 个百分点。

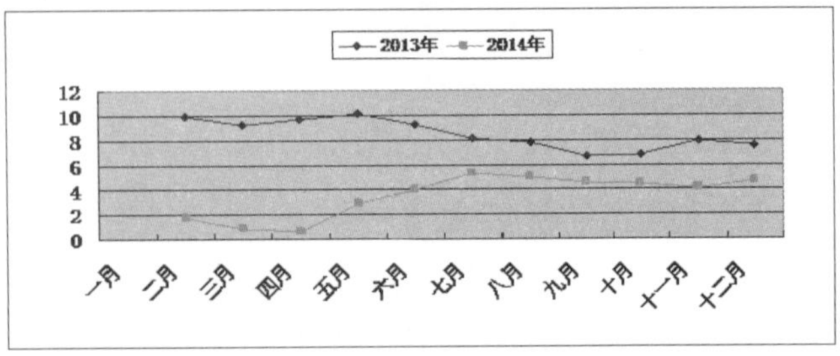

食品工业销售产值累计 3763.39 亿元，同比增长 6.2%，产销率 98.6%。

拥有规模以上食品工业企业 1198 个。实现主营业务收入 3715.71 亿元，同比增长 5.3%，占全省工业主营业务收入的 7.99%，同比提高 0.37 个百分点，在全国食品工业排第 12 位；实现利税总额 410.06 亿元，同比下降 0.26%，占全省工业利税总额的 10.35%，在全国食品工业排 15 位；实现利润总额 212.11 亿元，同比下降 2.59%，占全省工业利润总额的 8.76%。在全国食品工业排 14 位。

农副食品加工业主营业务收入 2149.45 亿元，同比增长 2.35%；利税总额 112.49 亿元，同比下降 13.33%；利润总额 81.59 亿元，同比下降 14.60%。

食品制造业主营业务收入 921.45 亿元，同比增长 11.60%；利税总额 92.49 亿元，同比增长 14.35%；利润总额 65.60 亿元，同比增长 16.95%。

酒、饮料和精制茶制造业主营业务收入 474.59 亿元，同比增长 8.13%；利税总额 88.66 亿元，同比增长 3.37%；利润总额 50.08 亿元，同比增长 3.77%。

烟草制品业主营业务收入 170.21 亿元，同比增长 3.77%；利税总额 116.43 亿元，同比增长 1.52%；利润总额 14.85 亿元，同比下降 16.89%。

河北省食品工业主要经济指标完成情况单位：亿元

行业 / 指标	资产合计		主营业务收入		利税总额		利润总额	
	累计完成	同比增长%	累计完成	同比增长%	累计完成	同比增长%	累计完成	同比增长%
食品工业总计	2066.92	6.50	3715.71	5.30	410.06	-0.26	212.11	-2.59
农副食品加工业	1005.65	5.86	2149.45	2.35	112.49	-13.33	81.59	-14.60
食品制造业	494.95	13.28	921.45	11.60	92.49	14.35	65.60	16.95
酒、饮料和精制茶制造业	445.59	0.42	474.59	8.13	88.66	3.37	50.08	3.77
烟草制品业	120.74	9.63	170.21	3.77	116.43	1.52	14.84	-16.89

【b. 主要产品产量增长放缓】

在入统的 30 种产品中，有 23 产品为正增长，占统计品种的 76.67%，冷冻水产品、冷冻饮品、软饮料中的碳酸饮料及包装饮用水类、鲜冷藏肉、饮料酒中的果酒及配制酒、乳制品中的乳粉和固体及半固体乳制品、小麦粉、发酵酒精、焙烤松脆食品、精制食用植物油等 12 种产品产量增长都在 10% 以上；糖果、成品糖、软饮料中的蛋白饮料、食品添加剂、膨化食品、大米和速冻食品中的速冻米面食品为负增长。

主要产品产量

产品名称	计量单位	本月产量	同比增长%	累计产量	累计增长%
冷冻水产品	万吨	0.35	-44.83	3.93	42.30
发酵酒精（折96度，商品量）	万千升	2.24	70.86	16.77	26.80
鲜、冷藏肉	万吨	10.57	26.75	103.11	22.58
冷冻饮品	万吨	0.10	-50.34	7.97	21.93
精制食用植物油	万吨	13.80	-0.18	169.51	20.53

产品名称	计量单位	本月产量	同比增长%	累计产量	累计增长%
焙烤松脆食品	万吨	0.37	16.27	5.04	19.25
软饮料	万吨	36.92	0.22	488.75 15.26	14.69
其中：碳酸饮料	万吨	5.29	167.34	33.68	156.22
包装饮用水类	万吨	6.09	29.82	146.63	42.86
果汁及蔬菜汁饮料	万吨	6.10	-33.75	82.04	0.49
蛋白饮料	万吨	1.60	34.39	7.43	-13.91
小麦粉	万吨	104.76	12.09	1009.78	11.17
食醋	万吨	0.19	-12.47	2.48	9.29
罐头	万吨	4.13	3.29	49.28	7.32
饮料酒	万千升	11.28	-41.20	205.43	6.64
其中：白酒（折65度，商品量）	万千升	3.07	-8.21	29.37	5.60
啤酒	万千升	7.15	-52.62	165.70	6.59
葡萄酒	万千升	0.93	60.16	6.67	2.50
果酒及配制酒	万千升	0.04	13.16	2.93	30.37
乳制品	万吨	26.84	-5.32	328.95	4.93
其中：液体乳	万吨	26.33	-5.63	323.06	4.53
固体及半固体乳制品	万吨	0.51	14.05	5.89	33.02
婴幼儿配方乳粉	万吨	0.00	0.00	-	-
乳粉	万吨	0.30	-9.71	4.39	24.79
方便面	万吨	9.58	15.48	128.04	2.53
酱油	万吨	0.40	5.75	3.85	2.22
卷烟	亿支	67.60	17.57	863.50	1.89
速冻食品	万吨	8.71	17.73	60.94	-2.49
速冻米面食品	万吨	7.32	11.21	50.44	-1.98
大米	万吨	1.15	133.91	8.56	-8.711
食品添加剂	万吨	3.32	4.85	31.29	-13.82
膨化食品	万吨	0.02	13.64	0.17	-34.55
糖果	万吨	0.64	-36.96	6.62	-35.41
成品糖	万吨	2.26	18.26	5.81	-38.65

【c. 大事记】

2 月 26 日，河北省食协在石家庄双鸽公司召开食品工业发展座谈会。省人大代表、双鸽公司董事长高秋菊介绍了河北省人大会议的政府工作报告，报告提出“大力发展食品加工业，推动农业大省向食品大省转变”决策部署的有关情况。与会者仍认为政府工作报告将对加快发展全省食品工业具有重要意义，呼吁省政府出台“关于加快食品工业发展的文件”。

3–4 月，河北省食协领导参加省政府研究室组织的加快全省由农业大省向食品工业大省转变课题的调研工作。调研报告建议省政府出台加快食品工业发展的文件。

4 月 22 日，河北省食协第五次会员代表大会在石家庄顺利召开。会议选举产生了第五届理事会理事、常务理事、副会长、秘书长、会长。

5 月，根据国务院食安办〔2014〕9 号文件“鼓励和支持食品行业协会、大中型食品企业，广泛开展面向内部职工、新闻媒体和社会公众的诚信从业、知识普及等教育实践活动”的要求。河北省食协制定并印发《河北省食品工业协会关于食品行业开展食品安全教育实践活动的意见》。

7 月 27–31 日，在衡水市老白干酒业公司，举行食品行业食品检验工职业技能大赛。

8 月 26 日，印发《河北省人民政府关于推进食品工业加快发展的意见》冀政【2014】85 号文件。明确提出: 各级各部门要高度重视食品工业，抓好重点工作，培育壮大支柱产业；加大财税、金融、投资等支持力度；实施品牌奖补政策；允许企业通过租赁方式获取农用土地使用权等等一系列扶持政策。

9 月，参加省工经联组织的《加快传统优势产业全面转型升级和优化结构研究》课题调研工作。根据河北省发改委要求，省工经联（省经团联）组织相关重点工业行业协会就本行业十三五期间，实现全面转型升级和优化结构提出总体框架思路，为全省十三五规划编制做好前期调研工作。河北省食协组织人员，认真调研，并向重点食品企业发通知要求做好企业“十三五”发展规划的编制工作。

10 月 25–26 日，省食协在石家庄兄弟伊兰食品有限公司召开会长联席会暨饮料专委会年会。省食协会长、副会长、监事会监事、市食协秘书长及饮料专委会成员等 100 多人参加会议。省发改委、工信厅、食药局、工经联领导到会指导。

11月14–17日，全省组团参加由中国食品工业协会主办、光明食品集团承办的“2014中国（上海）国际食品博览会”。

12月1日，河北省食协于2005年建立的“河北食品网站”经过改版升级于正式上线运行。

【d. 科技进步和科研成果】

2014年，河北省食品企业技术中心达到38个，新增4家：承德润隆食品有限公司、唐山圣昊农科发展有限公司、夏都葡萄酿酒有限公司、遵化康园香美克食品有限公司。

1、获中国食品工业协会科学技术奖3项

（1）大豆加工技术开发与产业化（河北高碑店豆豆食品（集团）公司）

（2）绿岭原香核桃乳生产技术（河北绿岭果业有限公司）

（3）防止北方窖池窖泥退化，提高酒质的关键技术（河北三井酒业股份公司）

2、河北省工信厅2014年第一批工业新产品新技术项目食品有3项

（1）面包高果专用糖浆（邢台平安糖业有限公司）

（2）玉米深加工副产物发酵耦联技术改造项目（秦皇岛骊骅淀粉公司）

（3）风干驴肉（河北大午农牧集团食品有限公司）

【e. 名优食品】

经过河北省质量技术监督局初审、专家评审、省政府评审委通过、社会公示，食品行业获得河北名牌产品28项，其中包装行业2项；获河北省优质产品29项；河北省经济效益性企业10家；获河北省中小企业名牌39项。向国家工商局推荐驰名商标1项；向省工商局推荐著名商标28项；

1、名优产品名单

河北省名牌产品

序号	商 标	产品名称	单 位 名 称
1	骊骅	食用玉米淀粉	秦皇岛骊骅淀粉股份有限公司
2	玉星	食用玉米淀粉	玉锋实业集团有限公司
3	健民桥	食用玉米淀粉	河北健民淀粉糖业有限公司
4	玉晶	食用玉米淀粉	张家口玉晶食品有限公司
5	味吧	烘烤食品	邯郸生泰食品股份有限公司
6	米莎贝尔	烘烤食品	石家庄市米莎贝尔饮食食品有限公司
7	保稻	烘烤食品	保定市稻香村食品工业有限公司
8	建刚	烘烤食品	河北马家麦坊食品有限公司
9	料道	酱类	河北隆邦食品工业有限公司
10	邑贡酱坊	酱类	河北太极酒业集团有限公司
11	贺老汉	酱类	河北华源辣业有限公司
12	争荣	酱类	河北争荣生物科技股份有限公司
13	傻老大	酱类	鸡泽县酿香局酱品厂
14	丝路晨光	棉籽油	晨光生物科技集团股份有限公司
15	满疆红	棉籽油	河北鼎康粮油有限公司
16	银鹤	棉籽油	邱县银雪棉业有限责任公司
17	金吉宝	鸡蛋粉	河北同和生物制品有限公司
18	香道	淀粉制品	河北香道食品有限公司
19	华光	淀粉制品	今麦郎日清食品有限公司
20	泓辉	淀粉制品	承德泓辉双合淀粉有限公司
21	西麦	燕麦片	河北西麦食品有限公司
22	康希	燕麦片	河北康希燕麦食品有限公司
23	绿蔚	小米	张家口萝川贡米有限公司
24	维乐夫	菊粉系列产品	丰宁平安高科实业有限公司
25	海琦王	火锅调料	霸州市津恺食品有限公司
26	马力	酵 母	河北马力食品有限公司
27	领成	食品包装制品	河北领成包装材料科技有限公司
28	坤阳	食品包装制品	河北坤阳塑业有限公司

2、河北省优质食品名单

序号	商标	产品名称	生产企业
1	龍强	小麦粉	唐山市丰南区龙强面业有限公司
2	金A	面粉	河北鑫盛面业有限公司
3	三伟	小麦粉	邢台县三伟面业有限公司
4、	张庄桥	挂面	邯郸市赵王面业有限责任公司
5	大嘴	谷朊粉	邯郸市誉皓实业有限公司
6	忘香	大米	河北三好农产品深加工有限公司
7	雷世	亚麻籽油	张家口市雷氏食用油有限责任公司
8	林海	亚麻籽油	张家口林海油脂有限公司
9	文挚	冰乙酸	石家庄新宇三阳实业有限公司
10	高淀	麦芽糊精	石家庄华辰淀粉糖生产有限公司
11	君诺	鸡肉分割	河北君诺食品有限公司
12		速冻肉制品	河北密州香食品有限公司
13	群辉	速冻食品	乐亭县群辉食品有限责任公司
14	圣品斋 绿缘香	速冻食品	河北颐膳食品有限公司
15	润隆	速冻食用菌	承德润隆食品有限公司
16	金惠德	速冻糯玉米	张家口金慧德食品开发有限公司
17	一品 粮芯	方便面	河北宏望食品有限公司
18	三商	酱腌菜	唐山三商食品有限公司
19	脆香居	酱腌菜	涿州市宇昊农业技术开发有限公司
20	大青沟 佳禾	酱腌菜	河北青沟佳禾食品有限公司
21	湘厨	辣椒酱	河北湘厨味业食品有限公司
22	红派司	调味酱饮	保定沃客食品有限公司
23	邢州	野生酸枣汁	河北邢州枣业有限公司
24	绿岭 庄园	核桃乳	河北绿岭庄园食品有限公司
25		纯净水	邯郸市水源供水发展有限责任公司
26	华冠霖	纯净水	邢台华冠霖饮品有限公司
27	多果 多滋	水果罐头	河北栗源食品有限公司
28	富瑞特	糖水桃罐头	深州富瑞特食品有限公司
29	恒厨	白砂糖、 绵白糖	保定市大众味业有限公司

3、河北省质量效益型先进企业名单

邯郸丛台酒业股份有限公司
河北东之星生物科技股份有限公司
河北衡水老白干酒业股份有限公司
承德神栗食品有限公司
中国长城葡萄酒有限公司
中粮华夏长城葡萄酒有限公司
承德润隆食品有限公司
秦皇岛骊骅淀粉股份有限公司
承德露美达饮料有限公司
青岛啤酒（廊坊）有限公司

4、河北省政府质量奖名单

石家庄君乐宝乳业有限公司

5、河北省政府质量奖个人奖名单

贺俊士秦皇岛骊骅淀粉股份有限公司

6、河北省中小企业名牌产品名单

石家庄洛杉奇食品公司
昌黎县永顺食品有限公司
秦皇岛市三力食品有限公司
秦皇岛天马酒业有限公司
蜜坊洋槐蜂蜜承德御蜂园蜂业有限公司
承德裕民白荞面特产有限公司
河北大名府酒业有限责任公司
河北荣珍食用菌股份有限公司
河北东方绿树食品有限公司
河北华润面粉有限公司
河北益彰食品酿造有限公司
大厂回族自治县万福肉类有限公司
抚宁县恒野蔬菜有限公司
河北顶大食品集团有限公司
河北顶大食品集团有限公司
秦皇岛鹏远淀粉有限公司
秦皇岛市北戴河集发农业综合开发股份有限公司
河北壹州食品有限公司
石家庄皇品农产品加工有限公司
河北天下一品调味食品有限公司
河北鑫合生物化工有限公司
滦南利民食品有限公司
唐山孤竹国酒业有限公司
唐山猫王工贸有限公司
唐山奇世食品有限公司
唐山山源食品有限公司
唐山尚禾谷板栗发展有限公司

唐山市施尔得肉制品有限公司

河北隆尧金源天然色素有限公司

河北洺源食品有限公司

河北腾丰食品有限公司

巨鹿县三丰银杞饮品有限公司

威县元亨油脂有限公司

河北益利葡萄酒有限公司

康保县光明粮油有限公司

张北县草原绿野食品有限公司

张北县祥云食品有限公司

张家口北燕燕麦食品开发有限公司

涿鹿县果仁食品有限责任公司

7、河北省优秀企业家名单

石克荣、高秋菊、祁建发、张中华、李淑香、万文武、张井印、任敬虎、高胜福

8、河北省明星企业名单

汇福粮油集团有限公司

河北三井酒业有限公司

唐山法立德清真食品有限公司

河北绿岭庄园食品有限公司

河北领成包装材料科技有限公司

唐山蓝猫饮品集团有限公司

承德避暑山庄企业集团有限责任公司

河北高碑店豆豆食品（集团）有限公司。

吴龙妹

3.4 上海市

【a. 概况】

2014 年，面对复杂多变的国际环境和艰巨繁重的国内发展改革稳定任务，国民经济在新常态下保持平稳运行。

上海市规模以上食品工业企业 406 家，完成总产值 2014.7 亿元，同比增长 3.1%，占全市工业 5.9%；完成主营业务收入 2186.3 亿元，同比增长 4.4%；完成出口交货值 58.9 亿元，同比增长 7.6%；实现利润 295.3 亿元，同比增长 6.0%。食品 4 个行业中，烟草制品业仍保持较快增长。

上海食品工业呈现出工业生产稳中趋缓、主营业务收入持续上扬、出口向好、赢利增长，食品安全水平进一步提高，食品各行业发展不平衡的特点。

1、生产稳中趋缓

增幅比全市工业高 2.6 个百分点，同比收窄 4.8 个百分点。

2014 年，前三季度工业产值同比增长 5.3%，第四季度开始回落加速，至全年增长 3.1%。呈现先扬后抑的特点。

食品 47 个子行业中，有 31 个产值下降，占 66%。尤其是占全行业 32.2% 的 5 个子行业：食用植物油、肉制品及副产品加工、糕点和面包、乳制品、固体饮料制造，工业总产值合计同比减少 30.4 亿元，同比下降 6.3%。其中，食用植物油子行业尤为突出，产值同比减少 12.3 亿元。主要原因是消费者对非转基因大豆油的疑虑及受中央“三公经费”限制影响等，植物油市场销售有所趋淡。

2014 年，上海高温天数显著低于往年，饮料行业的生产、销售受到影响，加之某饮料企业产品结构调整，优势品种减产较大，整个饮料行业受其影响。

增幅较大的是营养食品和啤酒制造子行业，分别同比增长 35.8%、13.8%。

上海是资源匮乏城市，劳动力成本逐年增高，部分企业出于淘汰落后产能、降低生产成本等因素，将生产重心移至外省市以致国外，也是产值下降的原因之一，未来生产外移的趋势会进一步加大。

2、主营业务收入持续上扬

2014 年，在消费品整体销售额增长放缓的背景下，上海食品工业完成主营业务收入 2186.3 亿元，同比增长 4.4%，增幅同比下降 4 个百分点；出口同比增长 5.6%；完成产销率 99.5%，产销基本平衡。

2014 年，主营业务收入完成形态是：上半年上升，下半年增势回落，全年波动幅度不大。

增幅较大的子行业有：谷物磨制、营养食品、水果和坚果加工、味精制造业，分别同比增长 51.9%、40.9%、13.3% 和 11.1%。

在市场竞争激烈的形势下，上海太太乐公司积极拓宽市场，保持多年来的经济持续发展，2014 年主营业务收入超过 40 亿元，增长 9.9%。企业采取新的营销模式提高增长点，一是在六个月内进行了六次规模较大的促销，刺激特定渠道大量进货，创出单月销售新高；二是持续开发县级以下农村市场（即 1680 市场），8 年前开始的市场部署，迄今显现成效，目前 1680 的市场销售已占太太乐销售总额近 35%，而且仍有较大上升空间。合资方雀巢公司又收购了太太乐原有 OEM 工厂——苏州合兴食品有限公司，使企业整体经济效益大幅提升，利润比上年增长 17%。

相反，受餐饮业降温和食用油市场遇冷影响，行业内大企业上海嘉里食品工业、嘉里特种油脂（上海）有限公司销售下降，利润下滑，对食用植物油子行业带来影响。

3、赢利增长

全年实现利润295.3亿元，同比增长6%，增幅同比有小幅增长，同比增长0.4个百分点。企业亏损面占23.3%，同比增加1.6个百分点。

2013年，实现利润的特点是前高后低，2014年则呈前低后高形态，一季度同比下降7.6%，上半年同比下降0.8%，1–9月开始转为增长，同比增长3.1%，全年增长5.6%。全年赢利情况向好的态势转变。

利 润 完 成亿元

	利 润		
	2014年	2013年	同比%
上海食品工业合计	63.4	68.1	93
其中：农副食品加工业	13.5	14.5	93
食品制造业	41.2	45.1	91.3
饮料、酒和精制茶制造业	8.7	8.5	102.1
烟草制品业	231.9	211.8	109.5

利润增长较大的子行业是：含乳饮料和植物蛋白饮料同比增长221.1%、饼干及其他焙烤食品同比增长49.4%、味精制造同比增长24.9%、肉制品及副产品加工同比增长17.3%、水果和坚果加工同比增长13.5%。

同比下降较大的子行业是：乳制品制造同比下降90.7%、固体饮料同比下降53.1%、食用植物油加工同比下降18.8%、酱油、食醋及其他调味品、发酵制品同比下降17.7%，以上子行业合计利润减少5亿元，同比下降33.1%。

除烟草制品业，其他3个行业利润全年仍为负增长，但降幅逐季收窄，总体向好的态势发展。

食品全行业主营业务收入利润率为13.5%，同比增加0.2个百分点。除去烟草制品业，食品工业主营业务收入利润率为5.05%，同比下降0.3个百分点。

2014年主营业务收入利润率(%)

	主营业务收入利润率%	
	2014年	2013年
食品工业总计	5.05	5.36
其中：农副食品加工业	3.29	3.04
食品制造业	5.78	6.35
饮料、酒和精制茶制造业	6.63	7.36

实现利税1077.29亿元，同比增长8.8%，利税增幅高于利润增长，主要是烟草制品业上缴税收的贡献，烟草制品业利税占上海食品工业全部利税份额的89%，同比增加1.1个百分点。

在严峻的经济形势下，企业加快转型发展，取得一定成效。光明乳业围绕“聚焦乳业，领先新鲜，做强常温，突破奶粉”的战略，坚持新鲜牛奶和新鲜酸奶创新并举，常温酸奶一枝独秀，主要是莫斯利安系列产品同比增长近3倍。华东中心工厂项目全面建成，设计日产为2600吨的乳品加工厂，日产已达到1300吨。2014年，光明乳业营业收入同比增长30%，母公司净利润同比增长39%，年度价格的适当提升，也是利润增加原因之一。

此外，为拓展市场空间，光明乳业进行了全球资源配置，与澳洲PACTUM乳业集团（PDG）签订代加工协议，委托PDG在澳大利亚生产光明优+澳洲原盒进口纯牛奶，2014年8月开始在国内上市，到年底已销售2100吨，销售收入2700万元。乳制品行业的其他大企业也完成了在原料产地新西兰加工、国内销售的经营模式，上海的食品企业正在向全球进行战略布局。

4、经济新常态下的转型发展

许多食品企业开始加快新常态下的转型发展，以“豆制品第一”著称的上海清美公司，2011年，根据市商务委要求，向早餐工程进军，走上一业为主，多元化发展道路。2014年9月，拥有8万平方米新厂房的面制品二期工程项目竣工，公司引进台湾地区、日本的先进自动化面点工艺流水线35条，面粉日加工能力50吨，包子、馒头日加工能力200万只，于2014

下半年陆续投产。工厂实行标准化、数据化管理，为确保食品安全和有效监管，所有产品实现可追溯。现在的清美公司以豆制品为主业，新增面条、馒头、包子、面包、水饺等各种面制品，开发了200多种中、西面点。清美的早餐工程每天可解决约10万市民的早餐，目前虽无赢利，但提高了企业社会效益，同时也大大提升了企业和产品的知名度，其品牌效应带动了主导产品豆制品的销售，公司还被评为上海市政府实事项目早餐工程先进单位。清美公司在新经济常态下，正从传统的豆制品企业向多元化的食品集团转型和跨越。

上海东辰粮油有限公司在降低原料采购价和控制风险方面取得了较好业绩。企业的做法：一是严控采购管理。经集团批准，对原料大豆的采购开展套保（即期货）业务，严格按公司期货领导小组的决策进行套保操作，规范档案资料管理。套保工作实施后，规避了部分现货价格波动风险，也为今后套保业务积累了经验。二是优化供应商。对供应商基本采取无保证金的合同定价模式，加强对原料品质监控，提高境外融资成本的控制能力、品质保证，降低了采购成本，此外积极开拓市场，利润大幅上升，完成企业年度利润计划765.6%。

为适应新经济常态下的消费模式，越来越多的企业已在“天猫”、“1号店”等电商平台进行网上销售，满足不同消费需求，拓展销售空间。

5、发展烘焙业，加强专业化、标准化建设

2014年上海烘焙业糕点、面包、饼干及其他焙烤食品制造销售收入164.5亿元，同比增长3.1%，占全市食品13.1%，上升空间仍较大。

据统计，我国人均年消耗糕点量约为5.09公斤，但与饮食习惯较近的韩国和香港等地相比，差距还很大，他们仅面包的人均消费量就达8公斤。随着中国城市化进程的加快及居民饮食习惯的逐步西化，国内烘焙行业市场消费潜力巨大。

随着食品安全理念的深入，消费者的品牌意识日渐增强，品牌形象越好，市场竞争力越强。因此，创建品牌，制定严格的生产加工、产品检测等标准，保证高品质的产品，是烘焙业专业化、标准化的发展趋势。

6、进一步推进产业结构调整，逐见成效

为促进食品行业加速推进产业结构调整，政府继续加强对生产不规范、不达标的企业的监管力度。2014年上海共有1543户食品生产企业获得《食品生产许可证》，发放数量较2013年又有减少，同比减少4.7%。进一步促使“小、散、弱”的企业实行“关、停、并、转”。量化分级管理结果显示，食品生产A级企业占22.9%，同比增长3.6个百分点；B级企业占59.7%，同比减少1.2个百分点；C级企业占17.4%，同比减少2.4个百分点。促进产业结构调整，淘汰劣质企业，保留优质企业，已初步见成效。

7、严抓严管，构建食品安全社会共治

本市监管部门继续深化本市食品安全监管体制改革，加强食品安全科学全程监管。坚持一手抓食品安全监管体制改革和队伍融合，完善和创新监管制度；一手抓重点领域和薄弱环节的专项整治，强化综合治理，从严监管，攻坚克难，严惩重处食品安全违法犯罪行为，督促企业落实主体责任，不断加强食品安全风险交流和宣传培训，进一步消除食品安全风险隐患。

2014年全市共监督抽查各类食品样品259116件，同比增长0.9%；合格253396件，合格率为97.8%，同比提高0.4个百分点。

社会方面，市民食品安全知晓率总体得分80.4分，较去年提高0.2分。市民对食品安全的总体认同率也较去年有上升，在一项调查中，市民认为本市食品安全状况“很安全”、“比较安全”和“一般”的，三者合计达到了96.3%，同比提高了4个百分点。在此项调查中，还反映出市民参与创建良好食品安全氛围意愿提高，对实现食品安全社会共治的局面起到积极作用。

8、开展诚信体系建设，树立食品企业诚信观念

为贯彻实施工信部关于在食品工业企业开展诚信管理体系建设的要求，受上海市经信委委托，上海市食品协会作为目前上海唯一具有诚信体系评价资质的机构，自7月起，对本市首批50家规模以上试点企业进行《食品工业企业诚信管理体系（CMS）建立及实施通用要求》（即QB/T4111-2010标准）的建立及实施咨询和评价工作。

至2014年底，本市首批50家试点企业全部完成诚信管理体系的建立工作，并有23家企业通过了第三方评价。

【b. 协会工作】

1、拓展服务功能、提升服务质量，创新服务形式。

2、继续推进品牌建设，助推食品安全质量水平提升。

3、深入企业了解诉求，发挥协会综合和专业优势，深化服务功能。

4、开展调查研究，助推企业与时俱进，适应食品业新的发展形势。

5、咨询工作继续加强，帮助企业提高管理水平。

6、发挥“食品行业诚信管理体系建设评价机构”功能，积极推进行业诚信体系建设。

7、积极参与市经信委和市商务委的中小企业服务机构平台，为企业提供服务。

8、强化统计信息服务功能，发挥综合优势。

9、制订上海特色旅游食品五年发展规划。

10、内外合作关系进一步巩固和扩大。

【c. 主要数据】

1、主要经济指标

指标	单位	食品工业合计		其中：农副食品加工业	
		2014年	同比增长%	2014年	同比增长%
工业总产值	亿元	2014.7	3.1%	343.5	0.6%
销售产值	亿元	2016.8	4.8%	351.6	3.6%
主营业务收入	亿元	2186.3	4.4%	410.2	0.6%
出口交货值	亿元	58.9	7.7%	7.7	5.5%
利润	亿元	295.2	6.0%	13.5	8.9%

指标	单位	食品制造业		饮料制造业		烟草制品业	
		2014年	同比增长%	2014年	同比增长%	2014年	同比增长%
工业总产值	亿元	615.7	-3.5%	109.5	-3.2%	946	9.8%
销售产值	亿元	621.7	-0.3%	108.9	-0.9%	934.6	9.7%
主营业务收入	亿元	712.9	0.1%	131.2	5.3%	932	9.7%
出口交货值	亿元	34.4	9.2%	6.9	-1.4%	9.9	11.2%
利润	亿元	41.1	-9.1%	8.7	-4.4%	231.9	9.4%

指标	单位	食品工业合计		其中：农副食品加工业	
		2014年	同比增长%	2014年	同比增长%
利税合计	亿元	1077.3	8.8%	17.9	5.9%
资产总计	亿元	2170.4	1.9%	257	-1.8%
企业数	个	406	-0.7%	144	5.1%
平均从业人员	人	122686	-2.5%	29056	-2.2%

指标	单位	食品制造业		饮料制造业		烟草制品业	
		2014年	同比增长%	2014年	同比增长%	2014年	同比增长%
利税合计	亿元	79.2	-8.3%	17.5	4.2%	962.7	10.7%
资产总计	亿元	666.3	11.3%	122.3	-15.9%	1124.8	0.2%
企业数	个	219	-2.7%	41	-8.9%	2	0.0%
平均从业人员	人	75242	-2.7%	14437	-2.0%	3951	-2.9%

注：（1）本文数据为规模以上食品工业企业

（2）工业总产值与同比增长率。

2、主要产品产销情况

产品名称	单位	产量	同比增长	销量	同比增长
饲料	吨	1713702	17.8%	1673914	15.4%
配合饲料	吨	896653	15.2%	885661	14.2%
混合饲料	吨	137729	-6.6%	138477	-5.9%
精制食用植物油	吨	1098479	5.4%	1058758	16.3%
乳制品	吨	537151	9.8%	536188	9.4%
罐头	吨	39995	-6.4%	40935	-5.6%
啤酒	千升	610655	24.0%	612565	23.7%
黄酒	千升	102895	-4.9%	102571	-2.7%
软饮料	吨	2852185	1.7%	2776598	1.4%
卷烟	万支	9715497	4.0%	9614738	4.9%

3、主要企业及产品：

（1）2014年上海名牌产品

品牌	产品	生产企业
太太乐	鸡精调味料、宴会酱油	上海太太乐食品有限公司
元宝	大豆油	上海嘉里食品工业有限公司
图案（元祖食品）	糕点、蛋糕、月饼	上海元祖梦果子股份有限公司
杏花楼	广式月饼，广式腌腊制品	杏花楼食品餐饮股份有限公司
上好佳	休闲食品	上好佳（中国）有限公司
石库门	黄酒	上海石库门酿酒有限公司
瀛丰五斗	大米	上海光明长江现代农业有限公司
和	黄酒	上海石库门酿酒有限公司
天喔（图案）	休闲食品（蜜饯，炒货，休闲肉制品）	天喔食品（集团）有限公司
清美	豆制品	上海清美绿色食品有限公司
昂立（图案）	保健食品	上海交大昂立股份有限公司
金枫	黄酒	上海石库门酿酒有限公司
自然之子	大米	上海跃进现代农业有限公司
金鹏	起酥油、代可可脂、人造奶油	嘉里特种油脂（上海）有限公司
红宝石	鲜奶蛋糕	红宝石食品有限公司
巴比	包子、粽子	上海中饮餐饮管理有限公司
图案（天鱼）	食醋、糟卤	上海宝鼎酿造有限公司
新雅	广式月饼	上海杏花楼（集团）股份有限公司新雅粤菜馆
鼎丰	酱油、食醋、乳腐、酱、料酒、糟卤、南乳汁、火锅调料、鲜味汁等	上海鼎丰酿造食品有限公司
正广和	饮用纯净水、蒸馏水、饮用天然矿泉水	上海正广和饮用水有限公司
上食	清真牛羊肉系列产品	上海市食品（集团）有限公司
立丰	肉干（片）、真空（畜禽/禽内脏）等	上海立丰食品有限公司
红马	饲料	上海红马饲料有限公司
农好	鸡、鸭、鱼、虾系列配合饲料	上海农好饲料有限公司
味好美	香辛调味料	上海味好美食品有限公司

品牌	产品	生产企业
爱森	猪肉食品	上海爱森肉食品有限公司
沪牌	黄酒	上海新晖酿造有限公司
图案	融氏淀粉糖	中粮融氏生物科技有限公司
谷和	黄酒	上海皇家酿酒有限公司
三添	芝麻油	上海三添食品有限公司
皇轩	葡萄酒	上海申马酿酒有限公司
佛手	味精，鸡精调味料	上海冠生园天厨调味品有限公司
唐饼家	糕点及糖果制品	上海香奈食品有限公司
森蜂园	蜂产品	上海森蜂园蜂业有限公司
锐澳	鸡尾酒	上海巴克斯酒业有限公司
汉康	豆制品	上海汉康豆类食品有限公司
华佗	酒	上海冠生园华佗酿酒有限公司
大瀛（图案）	肉鸭及其制品	上海大瀛食品有限公司
松林（图案）	猪肉产品	上海松林工贸有限公司
五丰上食	冷鲜肉	上海五丰上食食品有限公司
万有全	腌腊制品，豆制品	上海万有全（集团）有限公司
玉棠	食糖小包装系列	东方先导糖酒有限公司
一只鼎（图）	年糕	上海一只鼎食品有限公司
聪尔壮	婴幼儿配方奶粉	上海晨冠乳业有限公司
梅林	午餐肉罐头、火腿罐头、八宝饭罐头、番茄沙司	上海梅林正广和股份有限公司
玉兰（图案）	系列食用油	上海良友海狮油脂实业有限公司
融氏	植物油	上海融氏企业有限公司
三得利	啤酒	三得利啤酒（上海）有限公司
盘点美味	熟食肉制品	上海万诚食品有限公司
海狮（图案）	系列食用油	上海良友海狮油脂实业有限公司
光明	冷冻饮品	上海益民食品一厂有限公司
台尚	糕点、果冻	上海台尚食品有限公司

（2）2014 年上海市著名商标（食品）

商标名称	使用商品或服务项目	商标注册人
爱森	猪肉食品；腌肉	上海爱森肉食品有限公司
五丰上食	猪肉，猪肉食品	上海五丰上食食品公司
永辉羊园	肉	上海永辉羊业有限公司
百味林	肉，预制食品，蜜饯，精制坚果仁，加工过的开心果，花生，瓜子，坚果等	上海百味林实业有限公司
展望生命	蛋	上海展望科技有限公司
淀山湖	蛋	上海淀山湖食品有限公司
君安	蛋	上海军安特种蛋鸡场
天喔	蜜饯、肉、肉铺、加工过的坚果等	天喔食品（集团）有限公司
图案	豆制品	上海市豆制品行业协会
艺杏	豆腐、豆腐制品	上海艺杏食品有限公司
一只鼎	贝壳类动物	上海一只鼎食品有限公司
新雅大厨	速冻方便菜肴	上海杏花楼（集团）股份有限公司新雅粤菜馆
三添	食油	上海良友（集团）有限公司
台尚	食用果冻，鱼制食品，肉，甜食，糖果，巧克力，蛋糕，面包	上海台尚食品有限公司
光明	冰棒，冰淇淋，雪糕	上海益民食品一厂（集团）有限公司
百诺	巧克力，糖果	上海百诺食品有限公司
顶味	挂面	上海顶味食品有限公司
图案（老城隍庙）	止咳药梨膏	上海老城隍庙五香豆食品有限公司
图案（早早麦）	燕麦食品	上海早早麦食品有限公司
瀛丰五斗	米	上海光明长江现代农业有限公司
新雅	糕点	上海杏花楼（集团）股份有限公司新雅粤菜馆
图案（真）	糕点、黑酥糖	上海泰康食品有限公司真老大房食品分公司
玉棠	糖	上海市糖业烟酒（集团）有限公司
叙友	茶，茶叶代用品	上海黄山茶叶有限公司
联蜂	蜂蜜、食用蜂胶、非医用蜂王浆	上海沪郊蜂业联合社有限公司
唯加	调味品	上海好唯加食品有限公司
旭洋	豆制品	上海旭洋绿色食品有限公司
福新	面粉	上海良友（集团）有限公司
三牛	饼干	上海三牛食品有限公司
白狗	新鲜芦笋	上海绿笋芦笋种植专业合作社
孙桥	新鲜蔬菜	上海孙桥现代农业联合发展有限公司
city	新鲜蔬菜、新鲜的园艺草木植物、自然化、鲜水果、鲜食用菌	上海城市蔬菜产销专业合作社
田妞	新鲜蔬菜、鲜水果	上海亚太国际蔬菜有限公司
天寿	新鲜蔬菜、鲜食用菌、鲜水果	上海争议园艺有限公司
新农	猪饲料	上海新农饲料股份有限公司
珠丰	甜瓜、西瓜、鲜葡萄	上海金珠农夫实业有限公司
源耀	饲料	上海源耀生物股份有限公司
图案（红刚）	鲜扁豆	上海红刚农副产品有限公司
馥怡	鲜水果	上海市崇明县庙镇农技综合服务部
仓桥	鲜水果	上海仓桥水晶梨发展有限公司
申凤	鲜水果	上海团凤农业科技有限公司
玉之山	鲜食用菌	上海福茂食用菌有限公司
雪榕	鲜食用菌，菌种	上海雪榕生物科技股份有限公司
碧纯	无酒精饮料	上海碧纯饮用水有限公司

商标名称	使用商品或服务项目	商标注册人
雪菲力	无酒精饮料，制饮料用糖浆，饮料制剂	上海申美饮料食品有限公司
华佗	补酒、酒	上海冠生园食品有限公司
神仙	酒	上海神仙酒厂
王宝和	酒	上海王宝和酒家
金枫	黄酒	上海金枫酒业股份有限公司
双喜	卷烟	上海烟草集团有限责任公司

（3）部分食品市场占有率

序号	产品	第一名		第二名	
		品牌	占有率%	品牌	占有率%
1	食用油	金龙鱼	26.7	海狮	19.8
2	中国烟	中华	43.3	双喜	34
3	黄酒	和酒	24.2	石库门	13.8
4	啤酒	三得利	29.9	青岛	14.6
5	酱油	海天	36	欣和六月鲜	30.1
6	醋	好侍	48.2	味好美	23.3
7	包装大米	乐惠	30.5	光明米业	26.7
8	巧克力	德芙	36	费列罗	20.3
9	糖果	大白兔	13	徐福记	12
10	挂面	顶味	20.2	陈克明	16
11	膨化食品	乐事	34.6	旺旺	20.4
12	饼干	奥利奥	17.3	百奇	8.7
13	八宝粥	娃哈哈	39.9	梅林	36.6
14	肉（鱼）罐头	梅林	56.2	鹰金钱	14.7
15	冷冻副食品	五丰上食	17.8	金锣	16.3
16	冷饮	和路雪	30.9	伊利	13.4
17	奶粉	雀巢	34.9	安怡	24.5
18	国产液体奶	光明	62	蒙牛	21.1
19	瓶装水	农夫山泉	29	雀巢	18.6
20	南北货	闽龙达	24.9	禾煜	23
21	瓜子	洽洽	39.7	阿明	19.2
22	干果	天喔	26.9	百味林	18.6
23	休闲鱼（肉）制品	立丰	15	天喔	8.2
24	蜂制品	冠生园	64.8	生字	7.5
25	麻油	三添	38.9	龙溪一滴香	19
26	鸡精	太太乐	60.7	家乐	12.7
27	味精	双桥	48.5	佛手	28.6
28	调味粉	味好美	52.5	唯加	15.5
29	速冻调理品	湾仔码头	29.5	桂冠	12
30	豆奶（浆）	维他奶	49.8	清美	15.3
31	果冻布丁	喜之郎	24	台尚	15.1
32	沙琪玛	台尚	40.8	徐福记	20.8
33	冲调饮料	立顿	24.6	阿华田	14.8
34	酸奶	光明	58.3	达能	19.9
35	威化	雀巢	28.7	奥利奥	16.8
36	派	好丽友	43.7	光明	11.4
37	蜜饯	华味亨	27.8	天喔	17.7
38	婴幼儿奶粉	惠氏	24.9	美赞成	16.6
39	茶饮料	统一	29.4	康师傅	17.6
40	功能糖果	箭牌	35	荷氏	18.3

序号	产品	第三名		第四名		第五名	
		品牌	占有率%	品牌	占有率%	品牌	占有率%
1	食用油	多力	14.9	鲁花	8.2	融氏	7
2	中国烟	利群	3.2	玉溪	2.6	云烟	2.3
3	黄酒	金色年华	9.9	古越龙山	7	金枫	5.3
4	啤酒	百威	14.2	哈尔滨	9.3	雪花	8.2
5	酱油	李锦记	16.2	淘大	5.6	千禾	4.5
6	醋	家乐	7.6	唯加	2.7	王守义	2.4
7	包装大米	金龙鱼	9.1	香满园	4.8	福临门	3.9
8	巧克力	士力架	9.2	健达	9.1	好时	2.6
9	糖果	悠哈	8.5	阿尔卑斯	7.3	吉百利	6.2
10	挂面	味都	15.7	今麦郎	11.5	金龙鱼	4
11	膨化食品	上好佳	15.2	好丽友	10.6	张君雅	3.8
12	饼干	闲趣	7.6	太平	4.7	格力高	4.6
13	八宝粥	银鹭	17	亲亲	1.6	达利园	0.4
14	肉（鱼）罐头	世棒	5.2	古龙	5.1	小胖子	4.2
15	冷冻副食品	苏食	11.9	爱森	8.9	雨润	8.5
16	冷饮	梦龙	12.4	八喜	11	光明	10.7
17	奶粉	光明	14.7	伊利	11.3	荷兰乳牛	7.3
18	国产液体奶	伊利	11	现代牧业	2.9	三岛	0.9
19	瓶装水	景田百岁山	11.1	康师傅	6.4	正广和	5.6
20	南北货	好想你	7.5	豪雄	6.1	塞翁福	5.8
21	瓜子	张二嘎	7.9	天喔	7.4	华味亨	5.4

序号	产品	第三名		第四名		第五名	
		品牌	占有率%	品牌	占有率%	品牌	占有率%
22	干果	华味亨	11.2	阿明	7.5	口水娃	6
23	休闲鱼（肉）制品	新东阳	7.1	宁老大	4.7	来伊份	4.3
24	蜂制品	百酿工房	6.3	妙语	3.5	森蜂园	3
25	麻油	金龙鱼	10.6	淘大	10.6	太太乐	4.3
26	鸡精	味美思	12	佛手	8	天天旺	0.9
27	味精	太太乐	16.5	天厨	1.6	红碗	1.4
28	调味粉	太太乐	14.2	家乐	3.9	冠生园素易鲜	3.4
29	速冻调理品	三全	8.9	海霸王	8.1	龙凤	6.6
30	豆奶（浆）	旭洋	5	维维	4.7	亨生	2.9
31	果冻布丁	旺旺	8.8	徐福记	8.1	雅客	6.9
32	沙琪玛	壹格	7.8	中洋宝	4.5	光明	2
33	冲调饮料	果珍	9.7	福牌	9.4	香飘飘	9.3
34	酸奶	蒙牛	4.9	伊利	2.6	味全	2.5
35	威化	嘉顿	14.1	爱时乐	12.8	爱利地	7.3
36	派	乐天	7.7	中洋宝	3.8	福马	1.7
37	蜜饯	益民	10.6	百味林	5.8	万顺昌	5.7
38	婴幼儿奶粉	贝因美	12.7	伊利	12.1	雅培	11.1
39	茶饮料	三得利	11.2	天喔	10.4	王老吉	10.2
40	功能糖果	金嗓子喉宝	8	RIO	5.5	京都念慈庵	5.2

施伟俊

3.5 江苏省

【a. 概况】

2014年，江苏省食品工业经济运行总体健康良好，全行业发展呈现出新产品产值大幅增加、出口产品附加值高、市场需求有新变化、企业利润增长平稳的局面，行业规模继续位居全国"第一方阵"之列，保持了良好的发展态势。

1、生产总量稳步增长。

全省食品工业规模以上企业2078家，全年完成工业现价总产值突破6000亿大关，达到6656.77亿元，同比增长10.50%，食品工业总产值列山东、河南、湖北之后，居全国第4位。分行业看，采盐业完成75.32亿元，同比增长19.34%；农副食品加工业完成4232.96亿元，同比增长10.45%；食品制造业完成837.96亿元，同比增长15.33%；酒、饮料和精制茶制造业完成992.64亿元，同比增长7.70%；烟草制品业完成517.89亿元，同比增长7.86%。全省食品工业总产值占全省工业总产值份额的4.58%，是全省轻工行业的第一大产业。

2、市场需求有新变化。

全省食品工业实现销售产值6626.00亿元，同比增长9.78%。粮、油、肉、乳、蛋、糖、茶等日常生活主要食品供需平衡，产销同步上升，全年食品产销率达99.54%。全省主要食品产量居全国前10位的有：小麦粉、大米、精制植物食用油、速冻米面、乳制品、酱油、发酵酒精、白酒、啤酒、黄酒、原盐、卷烟。统计数据显示：营养食品、快捷食品、保健食品需求上升，传统的加工食品需求下降。其中：鱼糜制品、速冻食品、乳制品、保健食品、果蔬饮料、茶饮料分别同比增长23.53%、19.43%、17.62%、139.13%、23.91%、36.12%，而传统食品：方便面、罐头食品、冷冻食品、含乳饮料、白酒、啤酒分别同比下降25.18%、31.59%、9.85%、1.49%、5.21%、0.27%，

3、效益保持平稳略升。

全省规模以上食品企业实现主营业务收入6550.11亿元，同比增长10.21%；实现利税总额1180.06亿元，同比增长5.66%，其中：实现利润总额557.33亿元，同比增长2.29%，全省食品工业主营业务收入增幅高于全省规模工业2.2个百分点，利税总额、利润总额增幅分别低于全省规模工业7.47、10.5个百分点；但与全国食品工业生产规模排江苏之前的前3个省份相比，全省食品行业税收列全国第2位，利润总额列全国第3位。

4、结构调整有新进展。

全省食品工业依据产业政策和行业发展重点，加大淘汰落后产能，加快调整产业产品结构，促进了行业结构的优化。一是食品制造业产出增幅超过农副食品加工业增幅。食品制造业产出增幅15.33%，比农副食品加工业增幅高4.88个百分点，禽肉类食品增幅24.19%，比猪肉类食品增幅高出17.05个百分点。二是部分产品出口增加。从进出口的结构看，进口的主要是初级农产品和食品原料，而出口的多数是技术和劳动力密集型产品，附加值比较高。其中植物油、肉制品及副产品加工、密饯制作、果蔬汁及果蔬汁饮料制造增幅分别为135.96%、33.91%、19.56%、16.01%。三是新产品产值大幅增加。全省食品工业企业以技术创新为核心，提高研发能力，加强新产品开发，2014年，全行业完成新产品产值182.34亿元，同比增长61.12%，其中农副食品加工业、食品制造业和酒、饮料和精制茶制造业同比增长分别为37.03%、135.11%、52.61%。在细分行业中增长分别为：肉制

品及副产品加工 36.35%、水产品加工 43.42%、蔬菜加工 84.84%、烘焙食品制造 181.06%、食品添加剂制造 181.05%、果蔬汁及果蔬汁饮料制造 279.94%。2014 年食品行业新增了 6 家省级企业技术中心，全省食品工业有 1 家国家级企业技术中心，30 家省级企业技术中心。

5、食品质量安全和企业品牌建设有新推进。

全省食品工业积极稳步推进食品工业企业诚信管理体系建设工作，加强企业食品安全师培训和认证，建立保障食品安全长效机制。企业注重品牌建设，强化企业品牌意识，依靠树品牌、创名牌、讲诚信开拓市场，提升企业的竞争力。一是食品企业普遍重视产品质量安全，积极配合政府部门开展产品质量和食品安全专项整治行动，积极参加食品安全宣传周及“放心食品大家看”主题宣传日活动；随着监管部门加强市场抽检力度后，食品企业普遍更加重视产品质量安全，市场抽检合格率 99.4%。二是企业积极开展诚信管理体系建设工作，已有 43 家企业通过食品工业企业诚信管理体系建设评价并获得诚信管理体系证书。企业食品安全师培训认证工作进一步推进，全年共培训人员 56 人。截至 2014 年年底，全省累计培训 697 人，已获得国家食品安全师职业资格认证 686 人，初步建立起了全省企业食品安全管理人才队伍。三是企业品牌意识增强。强势品牌带来好处不言而喻，更高的附加值、更低的宣传依从、更低的新品推广风险，还有无形的品牌资产。截至 2014 年底，江苏食品工业已获得中国名牌产品 26 个，中国驰名商标 48 个，长三角名优食品 113 个，江苏名牌 279 个，省著名商标 513 个，品牌建设全国领先。

【b. 大事记】

1 月 17 日，在泰州市召开了江苏省白酒评委专家组工作会议，

3 月 28–29 日，在南京召开了《江苏食品－保健食品专辑》编委会会议。

3 月 19 日，组织省内白酒企业参加工信部消费品工业两化深度融合今世缘现场交流会。

3 月 31 日，组织部分食品生产企业赴上海参观“2014 第十五届中国清洁博览会”。

5 月 26 日，在南京召开了 2014 年全省食品工业诚信体系建设工作座谈会。

6 月 10–15 日，在南京农业大学组织举办了第 8 期食品安全师职业资格培训考试班。

7 月 16 日，组织部分食品企业赴上海参观“2014 第二十届上海国际加工包装展览会”。

8 月 23–25 日，在江苏洋河酒业召开了 2014 年度省白酒评委年会。

9 月 25–27 日，在无锡健特药业召开了省食协营养保健品专业委员会 2014 年度技术委员会年会。

10 月 24–26 日，由江苏省商务厅、江苏省经信委等 11 部门主办、我会参与协办的“2014 江苏国际食品主题展览会”。

11 月 13–15 日，组织部分重点餐饮企业负责人 40 人赴沪参观了“第十八届中国国际食品、饮料、酒店、餐饮、烘焙、零售设备供应及服务展览”。

12 月 12–13 日，在南京举办了 2014 年食品工业企业诚信管理体系内部核查员培训班。

12 月 19–21 日，由中国饭店协会、江苏省餐饮协会、江苏省食品工业协会、苏州市食品行业协会等 5 部门主办的“2014 中国（苏州）国际食尚博览会”在苏州国际展览中心举办。

【c. 固定资产投资】

江苏省食品工业固定资产投资总额 863.45 亿元，其中：农副食品加工业 463.65 亿元，食品制造业 230.04 亿元，酒、饮料和精制茶制造业 145.49 亿元，烟草制品业 24.27 亿元。与此同时，投资总额中新建投资为 411.79 亿元，扩建投资 180.93 亿元，改建投资 270.73 亿元。在固定资产投资中，全年施工项目为 1189 个（其中新开工 967 个），全部建成投产项目 946 个，投产率达 79.56%，其中：农副食品加工业项目 720 个（新开工 583 个），全部建成投产项目 585 个，其项目建成投产率为 81.25%；食品制造业项目 323 个（新开工 271 个），全部建成投产项目 244 个，其项目建成投产率为 75.54%；酒、饮料和精制茶制造业项目 139 个（新开工 110 个），全部建成投产项目 113 个，其项目建成投产率为 81.29%；烟草制品业项目 7 个（新

开工3个），全部建成投产项目4个，其项目投产率为57.14%。

【d. 行业管理】

江苏省食协全体同志紧紧围绕省经信委工作中心，确立优质服务意识，发挥桥梁纽带作用，积极为企业、行业、政府部门服务。按照委党组的总体要求，根据行业和企业的需求，积极探索，大胆实践，围绕产业、企业、产品三个层面，做好行业服务工作；发挥参谋和助手作用，认真完成有关部门的工作；抓住重点，引导行业发展，取得了一定的成绩。

1、发布行业信息，积极引导全省食品产业发展。

2、稳步推进食品工业企业诚信管理体系建设工作，建立保障食品安全长效机制。

3、促进产学研合作，推动全省食品产业的效能提升和高端发展。

4、抓食品安全师队伍建设，为全省食品企业专职食品安全岗位提供人才保障。

5、积极适应市场变化，引导企业积极调整产品结构。

6、积极走出去和引进来，加强与兄弟省市行业的合作交流。

7、为政府、行业、重点企业做好服务工作，增强协会的影响力。

8、加强协会自身建设，更好地发挥桥梁纽带作用。

【e. 江苏名牌产品】

为进一步贯彻落实国务院《质量发展纲要》（国发〔2012〕9号）和省政府《关于加快推进质量强省建设工作的意见》（苏政发〔2012〕91号）精神，根据《江苏省名牌管理办法》的规定，经企业自愿申报，各地初审推荐，组织专家评审，省名牌战略推进委员会审议确认，2014年度食品行业江苏名牌产品为46个（见下表）。

江苏名牌产品名单

序号	产品名称	企业名称
1	名沙牌沙琪玛	兴化名沙食品有限公司
2	西亭牌西亭脆饼	南通西亭脆饼有限公司
3	玉忠牌酿造酱油	徐州继林酱醋食品有限公司
4	苏阿姨牌速冻面米食品	苏州工业园区苏阿姨食品工业有限公司
5	谷忆家牌小磨生粥	江苏圆绿捆蹄有限公司
6	圆绿牌捆蹄、鸡糕	江苏圆绿捆蹄有限公司
7	苏垦牌大米	江苏省农垦米业集团有限公司
8	苏垦宝金玉牌大米	江苏省农垦米业集团有限公司
9	建湖大米牌大米	建湖县粮食行业协会
10	喜登门牌大米	江苏北大荒米业有限公司
11	季和牌大米	南通季和米业有限责任公司
12	陶字TAOZI牌大米	盐城市爱民米业有限公司
13	苏宏牌大米	江苏宏健粮油科技发展有限公司
14	宝康牌大米	江苏神谷米业有限公司
15	云雪牌小麦粉	江苏云雪粮油科技实业有限公司
16	永昌牌小麦粉	丹阳市永兴面粉有限公司
17	麦穗鱼牌小麦粉	江苏大湖面粉有限公司
18	金利牌食用植物油	金利油脂（苏州）有限公司
19	万穗牌食用植物油	江苏金太阳油脂有限责任公司
20	香满园牌菜籽油	益海（泰州）粮油工业有限公司
21	黄海东沙牌紫菜	盐城海瑞食品有限公司
22	悦达农园牌鸡蛋	江苏悦达农业发展有限公司
23	花果山牌风鹅	江苏花果山食品有限公司
24	三湖牌咸鸭蛋、松花蛋	高邮市三湖蛋品有限公司
25	梅兰春牌梅兰春酒	泰州市梅兰春酒厂有限公司
26	龙飞湖牌盱眙龙虾	江苏龙飞湖生态农业发展有限公司
27	仙缘牌醉黄泥螺、醉蛏鼻	南通北渔人和水产有限公司
28	老相食牌非发酵性豆制品	苏州金记食品有限公司
29	中粮牌啤酒麦芽	中粮麦芽（江阴）有限公司
30	正大牌天然肠衣	如皋市永兴肠衣有限公司
31	维维牌豆奶粉、植物蛋饮料	维维食品饮料股份有限公司
32	天山雪牌含乳饮料、液体奶	维维食品饮料股份有限公司
33	摩卡牌饮料（固体饮料、其他饮料）	摩卡食品有限公司
34	超蓝世界牌蓝莓果汁’	江苏伊云贝尔饮料股份有限公司
35	苏贝克牌苏贝克丹阳黄酒	丹阳市金丹阳酒业有限公司

序号	产品名称	企业名称
36	乾隆下江南牌60%vol乾隆江南原浆坛藏系列白酒	江苏乾天酒业有限公司
37	恒美牌酱腌菜	江苏恒通食品有限公司
38	逸华牌金针菇	江苏华绿生物科技股份有限公司
39	捺山牌绿杨春茶	仪征市绿扬春茶叶公司
40	咏萌牌洞庭山碧螺春	苏州市吴中区西山碧螺春茶厂：
41	吴村桥严景万牌绿茶	南京市溧水严景万茶场
42	天参牌水产配合饲料	淮安天参农牧水产有限公司
43	连大牌饲料	连云港正大农牧发展有限公司
44	淮大牌饲料	江苏淮阴正大有限公司
45	惠农神星牌鸭肉制品	徐州惠农鸭业有限公司（徐州窟益康肉制品有限公司）
46	德心牌酱卤肉制品、腌猪肉	南通市德心食品有限公司
47	忠意牌白条鸭	徐州忠意食品有限公司
48	随便牌系列卤制品	江苏天恩食品有限公司
49	东方雁牌红烧海门山羊肉	海门市东方雁食品有限公司

【f. 江苏省著名商标】

根据《江苏省著名商标认定和保护办法》（省政府令157号）的规定，江苏省工商行政管理局2014年度开展了江苏省著名商标认定工作，对届满三年的江苏省著名商标和新申请认定的商标进行认定，其中食品行业为173件。（见下表）

2014年度江苏省著名商标名单

序号	商标名称	商标注册人（利害关系人）	核定使用商品(服务)
1	如皋及图	江苏长寿集团股份有限公司	火腿、肉松、香肠
2	益众牌及图	泰州市益众油脂有限责任公司	食用植物油
3	金莲	镇江金莲食品有限公司	芝麻油、食用植物油
4	春绿	江苏春绿粮油有限公司	大豆油、稻米油、菜籽油
5	三凤桥	无锡市三凤桥肉庄有限责任公司	生熟肉食、汤汁备料、酱排骨等
6	夫子庙及图	南京虹园食品有限公司	加工过的坚果
7	三喜及图	无锡市三喜胶基制造有限公司	食用胶、食用用胶
8	图形	江苏美味鲜食品有限公司	加工过的肉、非活家禽、加工过的鱼等
9	民康	江苏民康油脂有限公司	食用油
10	真正老陆稿荐	无锡市真正老陆稿荐肉庄有限公司	肉、加工过的肉、熟蔬菜等
11	飞凤	太仓市飞凤食品有限公司	肉、非活家禽、生熟肉
12	明帝及图	新沂市明帝食品有限公司	猪肉食品、肉罐头
13	天日	江苏省盐城肉联厂	肉、肉冻、火腿等
14	三森	江苏三森食品有限公司	油炸丸子、板鸭、肉等
15	固城及图	南京高固食用菌科贸有限公司	冬菇、食用菌、木耳等
16	海达屋	南通海达水产食品有限公司	紫菜
17	苏香	盐城市苏香食品有限公司	豆腐制品、熟制豆、肉等
18	金成及图	常熟市金成油脂有限公司	食用油、食用菜籽油等
19	图形	江苏中宝食品有限公司	速冻菜等
20	天禾	扬州天禾食品有限公司	熟蔬菜、速冻方便菜肴、腌制蔬菜等
21	图形	徐州旺达农副产品有限公司	蔬菜罐头、腌制蔬菜、蔬菜汤料
22	重岗山	江苏纳爱丽食品有限公司	蛋、咸蛋、皮蛋
23	恒喜	大丰市佳丰油脂有限责任公司	食用菜油、食用油、食用油脂等
24	福润得	江苏雨润肉类产业集团有限公司	贝壳类动物（非活）、猪肉食品、豆腐等
25	随便	江苏天恩食品有限公司	猪肉食品、蛋等
26	图形	连云港雅玛珂紫菜有限公司	海菜、榨菜、紫菜等
27	小肥熊	南京京城糖葫芦店	糖葫芦、果肉、山楂片等
28	茅山	句容市红掌食品有艰公司	扳鸭、死家禽
29	图形	连云港恒福食品有限公司	海米、海蛰皮、紫菜等
30	船桥及图	南京石臼湖蛋业有艰公司	板鸭、蛋、皮蛋（松花蛋）等
31	图形	苏州苏太企业有限公司	肉、猪肉食品、猪肉等
32	苏花	江苏百年苏花食品有限公司	加工过的花生
33	福至及图	靖江市津津食品有限公司	猪肉食品、火腿、香肠等。

远航九江开启粤酒发展新篇章

——广东省九江酒厂有限公司

广东省九江酒厂有限公司地处素有“鱼米之乡”之称的广东省佛山市南海区九江镇，是我国豉香型白酒生产知名企业。公司有近二百年酿酒工艺历史，其生产的“远航九江”牌九江双蒸酒在海内外具有较高的知名度和美誉度。一直以来，九江酒厂秉持传承与创新的发展理念，继往开来，锐意进取，积极开启粤酒产业振兴的新篇章。

一、开启粤酒获国家地理标志保护新篇章

继2014年9月2日，国家质检总局发布“2014年第96号公告”，批准对九江双蒸酒实施地理标志产品保护后，2015年5月25日，广东省质量技术监督局正式批准发布广东省地方标准DB44/T 1604-2015《地理标志产品 九江双蒸酒》（广东省地方标准批准发布公告2015第7号），于2015年8月25日实施。作为全国首个获得国家地理标志保护的豉香型白酒产品，以及广东米酒首个获此标志保护的酒品，九江双蒸酒的历史文化、酿制技艺及产品特色得以较大程度的传承和保护，更有利于粤酒品牌的提升。

二、开启中国米酒研究与发展的新篇章

2015年9月23日，聚力远航酒向世界——中国米酒研究院揭牌仪式暨九江酒厂成立63周年庆典在广东省九江酒厂有限公司盛大举行。中国白酒业知名专家、原洋河酒厂厂长、原中国酒协白酒专家组组长梁邦昌先生，中国白酒业知名专家、原北京红星二锅头酒厂厂长高景炎先生，江南大学副校长、中国酒业协会副理事长徐岩先生，华南理工大学生物工程学院副院长、教授、博导吴振强先生，中国食品发酵研究院主任、博士王德良先生等知名专家和洋河股份副总裁朱广生先生等多位业界巨头应邀出席了盛典。

中国米酒研究院由广东省九江酒厂有限公司、江南大学、中国食品发酵研究院、华南理工大学、华南农业大学、广东省食品检验所（国家洋酒检测中心）、广东省食品监督检测中心等7家理事单位根据中国白酒市场现状以及发展机遇进行科学的分析、统筹而联合成立。

鉴于目前中国米酒存在价格低廉、生产技术因循守旧、技术标准较为混乱、中国米酒文化散落等问题，中国米酒研究院将围绕中国米酒标准体系、酿造工艺及其装备、产品的健康多元化及米酒文化传承谱新等多维度，将其研究成果与中国米酒企业的生产实践相结合，以产品的形式输送至消费者，满足其不同的需求。另外，中国米酒研究院还将充分挖掘中国米酒最接近国际蒸馏酒酒种的发展潜力，计划建立与世界蒸馏酒对接的科学的产品标准体系，为产品的国际化提供标准支持；引进国际化的工艺控制技术与先进的技术装备；确立系统化、标准化的酿制文化、饮用文化输出国际市场，从而引导世界消费。同时利用中国米酒的新文化去教育感化消费者，势必重新掀起以广东米酒为典型代表的中国米酒消费的新风尚，有效推动中国米酒走出国门的进程，加快中国米酒国际化的步伐。

中国米酒研究院的成立，是九江酒厂坚持走与中国高校、科研机构深度合作的产学研之路，并不断总结国内外市场规律及实践经验的举措，体现九江酒厂推动中国白酒产业健康、高效、持续发展和提升中国白酒产业社会形象的决心。

贵州洞藏青酒与贵州青酒集团

贵州洞藏青酒产自贵州省镇远县青溪镇。由贵州青酒集团生产。

贵州是世界著名的“喀斯特溶洞王国”。自古以来，镇远苗族先民就以洞为居，以水为邻，这种以洞为居、依靠自然、尊重自然的生产生活方式，一直延伸到了明代。

青酒洞藏坛子酒系列

在长期的生活实践中，以洞为居的镇远先民们很早就发现利用喀斯特溶洞进行酿造，使酒质更为甘甜醇美的酿酒工艺，并将这种工艺一直延续至今。明代镇远郡守鹿骢豫在他的《钩藤酒》一诗前言中就曾指出：“此酿出边陲，自古无篇什及之”。

原生态溶洞窖藏，系基酒采用土陶酒坛盛装，利用阴阳相辅相成的原理，和洞内常年 14℃—22℃的恒温，使白酒基酒自然老熟的一种酿造方法。这种独特的白酒酿造工艺，被中国专家们赞誉为“在利用天然状态下，利用恒定的湿度和温度来酿造优质原酒这一方式上，与世界优质白兰地有着异曲同工之妙”。

从上个世纪九十年代起，贵州青酒集团就在认真总结研究基础上，传承了民间古老而独特的山洞储藏酿造白酒工艺，酿造出了令人回味无穷的洞藏青酒，并投入巨资，建成了中国最大的白酒洞窖基地。青酒集团人工开挖与天然形成的窖藏山洞约 6 万平米，可年窖藏中级白酒 20000 吨。洞藏青酒也发展为中国洞藏酱香型白酒领航品牌。

由于贵州洞藏青酒的山洞酿造工艺，诞生于世界喀斯特溶洞王国和世界“返璞归真，回归自然”十大圣地之一，它不仅具有鲜明的地域特点和浓郁的民族特色，而且更具有传承和发展中国白酒工艺的独特性，因此被列为贵州省非物质文化遗产，并被推荐位申报国家级非物质文化遗产。

贵州青酒集团简介：

贵州青酒集团为 2012 贵州省百强企业之一，为贵州省仅次于茅台集团的第二大白酒生产经营企业。其前身为始建于 1955 年的贵州青溪酒厂。2000 年由贵州青溪酒厂进行产权改制成立。

贵州青酒集团早期产品 “青溪大曲”多次被评为贵州名酒。1996 年在原产品基础上开发了“青酒”系列，以全新的经营理念把青酒推向了全国知名白酒的高度。其品牌广告语“喝杯青酒，交个朋友”，以真挚朴实、音律优美的语言，将酒的交际功能和中国酒文化演绎得个性鲜明、酣畅淋漓，成为中国经典广告语之一，并被载入了高校营销学教材。贵州青酒集团也先后获得贵州省创新企业、中国驰名商标、贵州省“新八大名酒”称号。并通过 ISO9000 质量体系认证、ISO14000 环境管理体系认证等。

目前，贵州青酒集团已形成了以白酒酿造为主，兼营旅游、酒店、肉牛养殖、生物技术、房产、商贸等产业为一体的大型实业集团公司，并控股成立了贵州古城文化旅游开发股份有限公司。集团开发经营的镇远高过河风景区，已成为中国西南经典的漂流旅游休闲度假胜地之一。

镇远古城一角 _ 看图王

镇远舞阳河孔雀开屏

青酒“洞藏大典”仪式现场。

河南五谷春酒业股份有限公司

河南五谷春酒业股份有限公司是宜宾五粮液股份有限公司控股子公司，于2014年8月8日正式挂牌运营，其前身是河南淮滨乌龙酒业有限责任公司，始建于上世纪50年代初期。

公司位于河南省信阳市淮滨县产业集聚区，环境优雅、交通便利，占地面积46.2万平方米，建筑面积9.7万平方米，有自动灌装生产线9条，年生产能力3.2万千升。

企业现有员工600多人，其中有国家级、省级白酒评委、酿酒师等各类工程技术人员100多人。公司旗下的“金谷春”和“乌龙”系列白酒产品畅销全国10余个省市，拥有广阔的消费市场和健全的营销网络。

五粮液公司与五谷春酒业实现合作是在五粮液“走出去”战略下，正式进军中原，布局华中地区市场关键的一步，符合当地政府的战略发展规划，也为信阳经济社会发展创造了良好机遇。五谷春酒业的各投资方本着“优势互补、资源共享、合作共赢”的原则，共同把河南五谷春酒业打造成“华中地区白酒市场第一品牌”，短期内把五谷春酒业建设成为五粮液集团在华中地区的生产基地、物流配送基地和文化传播基地，为地方经济和社会发展做出新的更大的贡献。

地址：河南省淮滨县金谷春大道东段
联系电话：0376-7711448 0376-7711999
E-Mail：wuguchun77@163.com
公司网址：http://www.wgcjy.com/

重庆市树上鲜食品（集团）有限公司

★重庆市树上鲜食品（集团）有限公司办公大楼

重庆市树上鲜食品（集团）有限公司始创于1982年，2010年07月在重庆（万州）工商管理局注册登记，注册资本金1000万元，法人代表何兴菊，公司地址在重庆市万州区李河镇兴盛路47号，现有职工308人。2014年企业实现销售收入25000万元，税利2660万元。集团总部位于重庆市万州区，是全国规模最大的集花椒种植、研发、生产、销售为一体的花椒油专业生产企业。集团公司旗下拥有四川盐源、四川罗江、重庆万州3个生产基地和四川盐源、重庆万州2个花椒原料基地，市场营销网络覆盖全国及产品出口东南亚地区。

★第十一届中国国际农产品交易会参展金奖

企业致力于花椒油工艺技术创新和设备更新，取得丰硕成果。1993年首创"干花椒油"冷榨生产工艺，2006年研发成功"非油炸·保鲜分离法"生产工艺系重庆市科技成果，并获得两项中

★行业领先的生产设备

国发明专利，国内首创、独家拥有和独占使用，该工艺彻底颠覆了油炸法、油溶法等传统工艺和超临界CO2萃取法等现代技术，属于花椒油行业具有里程碑意义的重要技术革新，居于全国领先地位。企业投入巨资，通过研发、引进相结合，不断完善生产设备，彻底改变了花椒油行业生产设备普遍落后的现状，迄今拥有全国领先生产设备。目前，企业拥有14项自主知识产权，其中2项中国发明专利、12项中国外观设计专利，数量居同行业第一。

集团公司旗下拥有“树上鲜”、“三星树上鲜”等全国行业领导品牌，通过区县电视台、重庆卫视、央视等媒体推广，先后获得重庆市著名商标、重庆市农产品加工示范企业、重庆市农产品加工100强企业、重庆市级产化龙头企业、重庆市知识产权试点企业、重庆市守合同重信用企业、重庆市A级纳税企业、重庆市科学技术成果、上海世博会对接产品、第十一届中国国际农产品交易会参展金奖等殊荣，并被列为“中国驰名商标”培育对象。企业已通过QS认证和ISO9001:2008国际质量管理体系认证。

重庆市树上鲜食品（集团）有限公司将继续秉承“求实进取、开拓创新、永争第一”的企业精神，坚持走农业特色产业化、生产规模化、产品系列化、逐步多元化经营发展道路，高度重视市场营销和品牌建设，以弘扬民族饮食文化为己任，努力把“树上鲜”品牌打造成为“中国花椒油第一品牌”，努力把公司建成现代化大型调味食品企业集团，把最天然、最真实、最新鲜的滋味奉献给广大消费者。

★在历届全国糖酒会上受到商家热捧

★国外朋友对树上鲜花椒油的喜爱

科迪食品集团股份有限公司

一、集团公司简介

科迪食品集团股份有限公司创建于1985年，是一家以农副产品深加工为主，集工、科、农、牧、商于一体的基地型、多元化、现代化食品企业集团。公司现有员工10000余人，是全国农业产业化重点龙头企业、全国农产品加工示范企业、河南省10家粮食转化重点龙头企业、河南省百户重点工业企业、河南省重点畜牧养殖及乳品加工基地、河南省奶品安全工程技术研究中心。科迪食品工业园被省政府授予河南省首批新型工业化产业示范基地，科迪乳品产业化集群被省政府认定为河南省农业产业化集群。自创建以来一直致力于做“三农”文章，提高农业资源的附加值和市场化程度，企业快速发展，产生了显著的企业效益和社会效益，走出了一条“种、养、加结合”和“工农一体化”道路。公司农业产业化经营的路子受到了胡锦涛、李克强等党和国家领导人的充分肯定。公司现拥有科迪乳业股份有限公司、科迪速冻食品有限公司、科迪面业有限责任公司、河南中粮粮业有限公司、科迪天然深泉饮用水公司、河南科迪生物工程有限公司、科迪便民连锁超市公司等多家子公司。主导产品有乳制品、速冻食品、面制品、饮用水等五大系列2000多个品种。科迪乳业的综合实力位居河南省第一位，科迪速冻位居全国前三位，科迪面业位居河南省前二位，良种奶牛繁育及奶牛现代化养殖规模居全国前列。

二、项目情况

（一）年产40万吨液态奶项目。本项目选址为虞城县产业集聚区，项目总投资5.2亿元。该项目全部采用国际最先进的利乐无菌灌装生产线和工艺技术，其规模、自动化程度及工艺先进程度达到国内领先水平，居中国中部第一位。项目达产后年可新增产值50亿元。

（二）新建沿黄河滩区万头现代化奶牛养殖场。本项目总投资3.2亿元。全部采用国际最先进的利拉伐全新转台式挤奶厅、冷却系统、牛群管理系统等。目前，已陆续进牛2000多头，计划下半年主体工程全部完成，并达到1万头规模。

（三）年产60万吨天然饮用水项目。目前，年产60万吨天然饮用水一期30万吨工程已经投产，全部采用国际先进的吹灌旋一体化自动生产线和世界最先进的生产工艺。二期30万吨计划于近期开始安装。

三、社会效益

截止目前，通过具有企业特色的产业化经营形式带动、拉动周边30多个乡镇、约30多万农户种植芦笋、甜玉米特种蔬菜及牧草20余万亩，年使地方农民增收4亿多元；带动奶牛养殖3万余头，年使农民增加养殖收益2亿多元。

通过发展高效农业和奶牛养殖业，建立了“秸杆喂牛、牛粪还田”的产业化良性循环生态链，加速了当地农业产业结构调整，促进了粮食转化增值和对废弃秸杆的充分利用，降低了生产成本，提高了经济效益，使当地农民步入了专业化、规模化经营的轨道，增强了市场意识，实现了农业生产经营的产业化和市场化，促进了传统农业向现代农业的转变。

30年来，科迪集团累计投资一亿多元支持农民发展种植业、养殖业、特色农业，并对当地农民进行贫困救助、建希望小学、修路等。2007年投入360多万元为张楼村建一座文化大院，1998年抗洪为灾区捐助100万元，四川地震为灾区捐助100万元。

科迪食品集团股份有限公司

一、集团公司简介

科迪食品集团股份有限公司创建于1985年，是一家以农副产品深加工为主，集工、科、农、牧、商于一体的基地型、多元化、现代化食品企业集团。公司现有员工10000余人，是全国农业产业化重点龙头企业、全国农产品加工示范企业、河南省10家粮食转化重点龙头企业、河南省百户重点工业企业、河南省重点畜牧养殖及乳品加工基地、河南省奶品安全工程技术研究中心。科迪食品工业园被省政府授予河南省首批新型工业化产业示范基地，科迪乳品产业化集群被省政府认定为河南省农业产业化集群。自创建以来一直致力于做“三农”文章，提高农业资源的附加值和市场化程度，企业快速发展，产生了显著的企业效益和社会效益，走出了一条“种、养、加结合”和“工农一体化”道路。公司农业产业化经营的路子受到了胡锦涛、李克强等党和国家领导人的充分肯定。公司现拥有科迪乳业股份有限公司、科迪速冻食品有限公司、科迪面业有限责任公司、河南中粮粮业有限公司、科迪天然深泉饮用水公司、河南科迪生物工程有限公司、科迪便民连锁超市公司等多家子公司。主导产品有乳制品、速冻食品、面制品、饮用水、优质胚胎奶牛及奶牛胚胎等五大系列2000多个品种。科迪乳业的综合实力位居河南省第一位，科迪速冻位居全国前三位，科迪面业位居河南省前二位，奶牛胚胎的产业化、规模化生产位居全国前列。

二、项目情况

（一）年产40万吨液态奶项目。本项目选址为虞城县产业集聚区，项目总投资5.2亿元。该项目全部采用国际最先进的利乐无菌灌装生产线和工艺技术，其规模、自动化程度及工艺先进程度达到国内领先水平，居中国中部第一位。项目达产后年可新增产值50亿元。

（二）新建沿黄河滩区万头现代化奶牛养殖场。本项目总投资3.2亿元。全部采用国际最先进的利拉伐全新转台式挤奶厅、冷却系统、牛群管理系统等。目前，已陆续进牛2000多头，计划下半年主体工程全部完成，并达到1万头规模。

（三）年产60万吨天然饮用水项目。目前，年产60万吨天然饮用水一期30万吨工程已经投产，全部采用国际先进的吹灌旋一体化自动生产线和世界最先进的生产工艺。二期30万吨计划于近期开始安装。

三、社会效益

截止目前，通过具有企业特色的产业化经营形式带动、拉动周边30多个乡镇、约30多万农户种植芦笋、甜玉米特种蔬菜及牧草20余万亩，年使地方农民增收4亿多元；带动奶牛养殖3万余头，年使农民增加养殖收益2亿多元。

通过发展高效农业和奶牛养殖业，建立了“秸杆喂牛、牛粪还田”的产业化良性循环生态链，加速了当地农业产业结构调整，促进了粮食转化增值和对废弃秸杆的充分利用，降低了生产成本，提高了经济效益，使当地农民步入了专业化、规模化经营的轨道，增强了市场意识，实现了农业生产经营的产业化和市场化，促进了传统农业向现代农业的转变。

30年来，科迪集团累计投资一亿多元支持农民发展种植业、养殖业、特色农业，并对当地农民进行贫困救助、建希望小学、修路等。2007年又投入360多万元为张楼村建一座文化大院，1998年抗洪为灾区捐助100万元，四川地震为灾区捐助100万元。

常熟市屠宰成套设备厂有限公司
Changshu Slaughterhouse Equipment Co.Ltd

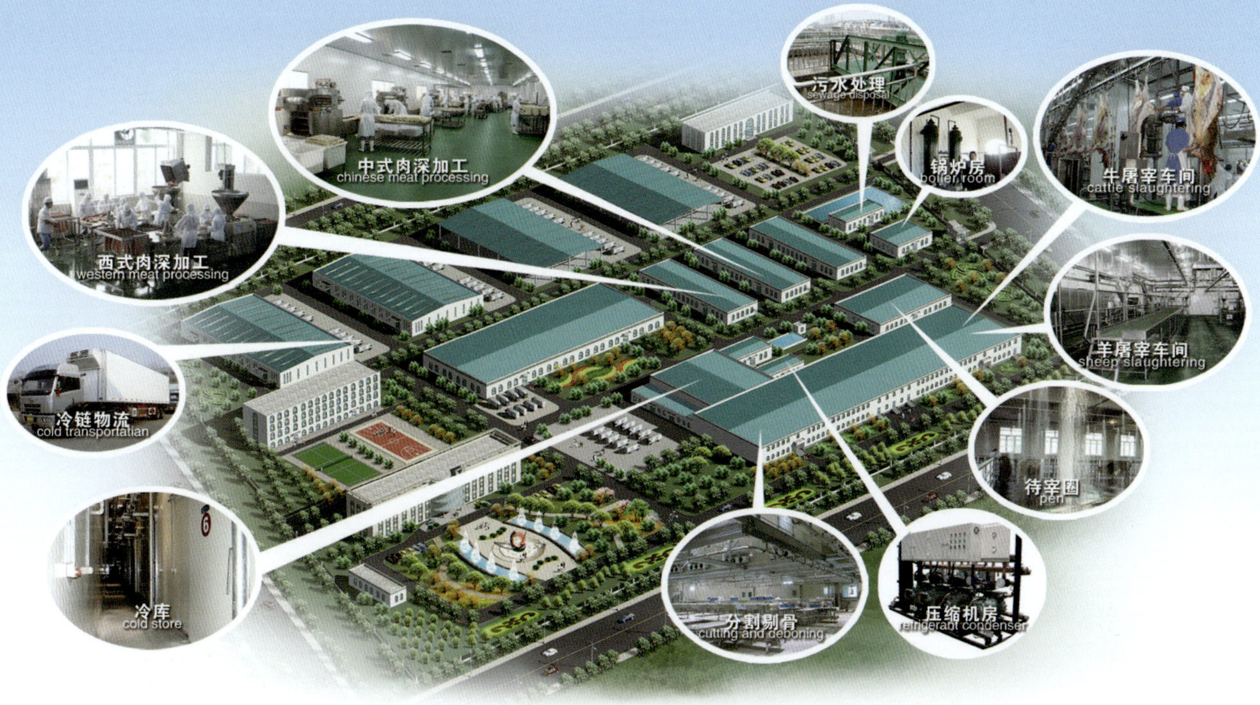

常熟市屠宰成套设备厂有限公司是国内屠宰行业领域唯一一家集研究所、制造厂、经营为一体的现代化企业。先后承担 “十一五”、“十二五” 国家支撑计划课题项目、省、市多项科研项目，被江苏省科技厅认定为“高新科技企业”。

公司主要产品：生猪、牛羊屠宰生产线设备、分割生产线设备、肉制品深加工生产线设备及辅助类设备；承揽屠宰加工工厂交钥匙工程。

牛屠宰生产线

羊屠宰生产线

猪屠宰生产线

分割剔骨生产线

肉深加工生产线设备

地址：江苏省常熟市董浜镇　Add:Changshu City, Jiang Su Province
电话 (Tel):0512-52681203/52681304/52686888　传真 (Fax):0512-52682299
网址 Websites:www.cstd.com.cn　E-mail:cstd686888@163.com　uu@cstd.com.cn

南乐县食品工业发展概况

南乐县位于河南省东北部，冀鲁豫三省交界处，总面积624 平方公里，耕地面积64.9万亩，总人口52.9万，辖5 镇7乡，322 个行政村。是造字圣人仓颉故里，唐代天文学家僧一行的故乡。2009年被命名为“中国仓颉文化之乡”。南乐县交通便利。大（大庆）广（广州）、南（南乐）林（林州）高速，106国道、341国道在县内交汇，具有四通八达、方便快捷的交通网络。加之地处三省交界，具有覆盖三省、经营四方的独特区位优势。南乐县土壤肥沃，灌溉便利，是一个平原农业县。小麦、玉米、林果、畜禽资源丰富，是全国食品工业强县、全国粮食生产先进县、全国经济林建设先进县、全国秸秆养畜十佳示范县、河南省畜牧业发展重点县。

近年来，南乐县委、县政府依托小麦、玉米、林果、畜牧等丰富的农产品资源和传统优势食品产业，把食品加工作为发展新型主导产业的着力点和突破口，强化顶层设计，突出招大引强，积极培育知名品牌，食品工业发展初具规模，形成了以冷饮制造、方便食品、农副食品、白酒酿造为主导的“四大”产业集群，以及涵盖面粉、肉制品、豆制品等15个系列、数百个品种的“六大”产业链。截至2014年底，南乐县规模以上企业119家，其中，食品加工企业55家，占46%；全县规模以上工业总产值实现336亿元，其中，食品产业工业总产值达到172亿元，占51.2%；全县规模以上工业销售收入实现280亿元，其中，食品产业销售收入达到140亿元，占50%；全县规模以上工业增加值实现74亿元，其中,食品产业增加值达到36.5亿元，占49.3%；全县工业固定资产投资总额93.5亿元，其中，食品产业固定资产投资达到45.7亿元，占48.9%。食品产业占据了南乐工业“半壁江山”，食品工业已成为我县工业经济发展的支柱产业。主要呈现以下特点：

产业集群效应明显。一是冷饮制造产业集群。依托木伦河集团，深化同建业集团、京良集团、黑牛集团等战略伙伴的全面合作，建设了“良种繁育–牛奶–冰淇淋–冷饮”产业链。木伦河集团2014年牵手河南建业足球俱乐部，2015年签约意大利米兰世博会，投资6000万资金在央视一套、各大卫视黄金时段及网络媒体投放广告，并签约中国好声音实力唱将陈冰作为品牌代言人，推出高端“悦芯思”、“甄的”产品。二是方便食品制造产业集群。立足45万亩优质小麦、30万亩优质玉米等丰富的农产品资源优势，因势利导，发展壮大了一批以帮太食品、浦鑫生物科技、金苑面业、红高粱面业、道德金等龙头企业10余家，建成了“大豆–初级加工–豆制品、营养早餐、营养冲剂”产业链，开发谷类、豆类等杂粮营养特色食品；“小麦-面粉-面制品精深加工”产业链，发展专用面粉、花色挂面、速冻、焙烤等面制食品，开发麦胚产品、小麦膳食纤维等高附加值产品；“玉米-玉米芯-淀粉、变性淀粉-糖醇”产业链，发展变性淀粉、淀粉糖、糖醇等产品。三是农副食品加工产业集群。全县拥有禾丰食品、广源食品、德信食品等从事肉禽屠宰、分割及深加工的重点企业12家；拥有东大食品、鸿翔食品等熟食制品加工企业10家，建设了“畜禽养殖-屠宰-分割-精深加工-熟食加工”产业链，成为豫北地区规模大、加工精、品牌强的肉制品加工生产基地。四是白酒产业集群。白酒酿造是我县传统优势产业之一，全县拥有傅潭酒业、九鼎酒业、新境界酒业、字圣酒业等具有白酒生产许可证的企业18家，主要生产酱香型、浓香型、清香型、芝麻香型白酒100多个品种，形成了“高粱、小麦-基酒-中高端白酒”产业链。傅潭芝麻香型白酒2014年被评为河南省优质白酒第三名。规划建设了白酒工业园，目前已有傅潭名优酒项目入驻园区，该项目总投资10.83亿元，占地440余亩，建成了亚洲最大的单体酿酒车间，年产基酒7800吨，年成品酒灌装能力达到2.5万吨，储存原酒5万吨。

品牌效应显现。大力实施品牌带动战略，全力培育食品名优产品。一是加强引进培育。成功引进全国著名商标“禾丰食品”和中国名牌“金苑面业”，培育了岳古、九鼎、道德金等11个河南著名商标、2个地理标志保护产品。二是加强科技研发。积极引导企业依靠技术进步，加强核心技术研发，强化技改升级，提高产品附加值，增强企业核心竞争力。三年来，南乐食品企业与高等院校、科研单位签订技术合作协议7项，占总量的29.2%。三是强化质量监管。设置了县长质量奖，对获得省和国家名优产品或著名（驰名）商标，分别给予物质奖励。加快推动我县从食品基础加工到食品品牌创建的转变。

带动作用明显。靠集群带动，建成高标准粮田万亩方2个、千亩方39个，面积16.672万亩。目前，面品产业集群企业总资产达到6.5亿元，年加工小麦面粉、精粉、水饺等产品共计4万吨，小麦就地加工转化率达到45%以上，面品集群年总产值预计可达20亿元。禾丰食品、广源食品、德信食品等肉食分割企业采用“公司+基地+农户”模式，互动双赢，带动了生猪、鸡鸭、獭兔的养殖和饲料加工产业的发展。同时，食品工业发展有效带动了商业贸易、货物运输、印务包装、餐饮服务等第三产业发展。

在今后的发展中，食品工业将依托中国食协，加强顶层设计，深度谋划包装，围绕现有产业链，延链补链，加快构建食品产业优势，打造南乐“百亿级”有机绿色食品制造基地。

宜游、宜业、益智、益行
——荣成海洋食品博览中心

一、项目概况

荣成市海洋食品博览中心，位于享有“中国海洋食品名城”、“中国海带之乡”、“中国优秀旅游城市”美誉的荣成市，毗邻中韩边贸城商贸区，北邻青荣城铁荣成站，东邻荣成客运中心，南邻荣乌高速公路入口，离威海机场15公里，交通方便。海洋食品博览中心于2014年10月25日建成对外开放，是全国首家集海洋旅游资源展示、海洋食品产业推介、海洋科普体验、休闲购物等功能于一体的海洋食品主体博览中心，正在申报国家4A级景区。

二、功能区划

海洋食品博览中心共四层，建筑面积36000m^2，地上三层用于海洋食品博览中心建设，共26150m^2。其中：一层建筑面积10250m^2，主要用于展示中国海洋食品名城·荣成海洋食品产业发展成果、展示生态美丽荣成滨海旅游资源；二层建筑面积9360m^2，主要用于海洋科技体验、休闲餐饮和临时会展；三层建筑面积6540m^2，作为海洋食品电子商务基地建设和综合办公使用。工程内部装修总投资8000万元。

三、分区布局

一层设置海洋食品展示馆、旅游资源展示区、旅游公共服务中心、企业特展区和海洋食品展销区。其中：海洋食品展示馆面积2800m^2，主要通过实物、标本、图文展板与多媒体展项等方式全面展示荣成市海洋资源、海洋食品产业、产品、市场、质量和海味文化的历史沿革、发展成果等内容；旅游资源展示区面积1200m^2，通过旅游资源整体沙盘、微缩景区沙盘，影像视频资料综合介绍荣成市重要旅游景区、渔家民俗旅游景点；旅游公共服务中心为国内外游客提供旅游资源信息咨询服务兼顾旅游旺季各景区综合指挥调度。企业特展区面积2300m^2，包括海参馆、海带馆两个专题馆及13家特装海洋食品企业产品展示。展销区面积1300m^2，选取“名优特”海洋产品集中展示销售，为国内外游客提供优质的休闲购物体验。

二层设置海洋主题科技馆、会展区。其中：海洋科技馆面积3400m^2，是一所集科普教育、观赏娱乐,寓知识性、趣味性、互动性为一体的综合型现代化的海洋科技馆，主要通过众多互动多媒体展项展示海洋之美、海洋起源、海洋探索、海洋利用、时空探秘及海洋梦想，介绍了海洋性气候、潮汐规律、神秘的深海世界、海洋生物侦查技术、海陆变迁等科普知识，设有裸眼3D多媒体影院系统，可一次性接纳24人观看，为观众探索海洋、认识海洋、保护海洋开启了智慧之门，是科普教育和休闲旅游的重要基地。会展区面积3000m^2，可搭建国际标准摊位180个，用于承办临时性展会,并正在规划建设以海洋趣味为特色的儿童乐园。

三层主要用于建设海洋食品电子商务基地和综合办公服务。北京恩源科技、北京天翼科技等公司已在基地设立电商服务机构，市海食委、旅游局等部门已进驻办公。拥有容纳300人的多功能厅，可承办各类论坛、说明会等综合性会议。海洋食品电子商务基地，配套服务优越，现对外招商。（陈士林 毕志明）

湖南省平江县食品产业

第一排左起：刘送保、侯震、杨代明、单杨、李庆龙、黄伟雄、刘治、胡承淼、钱志先、李赤群、夏延斌、洪志凡

第二排左起：吴仁文、邹夸东、余攀霞、张玉东、沈志勇、陈赛、吴向阳、李镇江、胡晟、刘湘平、黄伟平、黄武苏、聂灿华、曾明、吴春兰、徐望辉

PINGJIANGXIAN

一、基本县情

平江县位于湖南省东北部，地处湘、鄂、赣三省交界处，辖 27 个乡镇，地域面积 4125 平方公里，总人口 110 万人。平江县是全国著名的老区县、将军县，还是国家重点扶持县，近年来，获批国家卫生县城、省级文明县城、省级园林县城、全省平安县城、全国红色旅游先进县、国家新型工业化产业示范基地、全国农产品加工示范基地、中国最佳投资环境工业园区、中国最具发展潜力工业园区、中国面筋食品之乡、中国食品工业强县等多项荣誉，城乡环境宜居、宜业、宜游、宜商。

二、食品产业基本情况

平江依托独特的历史文化优势、生态优势、环境优势、资源优势，培育了以面筋食品、酱干、方便面、风味鱼、肉制品、炒货等休闲食品和茶油、茶叶产业体系，食品产业已成为全县的四大主导产业之首。

平江县食品产业代表性产品有“平江酱干”和“平江面筋食品（挤压糕点）”。“平江酱干”清康熙年间列为宫廷贡品，1915 年参加第十三届美国旧金山世博会，2012 年获批国家地理标志证明商标，2014 年平江制作了全世界最大的酱干被列入大世界基尼斯纪录。“平江面筋食品”起源于平江，平江人仿照酱干传统工艺，利用面粉作原料，结合现代技术，采用机械加工，通过配料搅拌、加热加压、切料成形、加佐料并搅拌等十二道工序，制成面筋食品。经过 10 多年发展，成为规模较大、品牌较响、市场颇受欢迎的新兴食品产业。目前，平江县面筋食品企业通过 QS 认证的有 119 家，年总产值近 200 亿元，占到湖南省面筋食品销售量的 67%，占到全国面筋食品销售量的 40 %。全国有面筋食品厂家 1000 余户，其中平江籍经营者占 99%。

平江县内拥有多家龙头企业，年产值过 5 亿元的企业有 4 家，过亿元企业 48 家；国家高新技术企业 1 家，省级高新技术企业 1 家，省级龙头企业 3 家，市级龙头企业 9 家。申请专利 83 件，注册商标 189 件，拥有 5 件中国驰名商标，16 件湖南省著名商标，10 个省名牌产品，11 个产品获湖南（国际）食博会、农博会金奖。目前，平江县实现了原料种植、加工、机械、包装印刷、物流、研发、检测检验等多领域协同发展的完整食品产业链条，平江绿色休闲食品知名度和国内市场占有率不断提高。2014 年 12 月，平江县制定出台了《平江县食品产业（2015-2020）升级行动计划》，力争 2020 年实现全县食品产业规模企业达到 50 家，年产值 500 亿元，进一步做大做强食品产业，将平江打造成为“中国休闲食品之都”。

汤阴县食品工业发展情况

一、汤阴县总体概况

汤阴县地处豫北平原，冀、晋、鲁三省交界，总面积646平方公里，辖1乡9镇，298个行政村，总人口49.8万。区位优越，交通便利。自古汤阴就是南北通衢要道，境内107国道、京港澳高速公路、京广铁路、京港高速铁路和晋豫鲁铁路形成“双十字”交叉，豫东北机场开始开工建设。历史悠久，人杰地灵。汤阴是联合国地名专家组命名的“千年古县”，省命名的“历史文化名城”和文化部命名的“中国剪纸艺术之乡”，境内有仰韶文化、龙山文化和殷墟文化12处，国家、省级保护单位30余处。生态宜居、活力新汤阴。汤阴县委、县政府强力推进城市建设，按照“拉大框架、完善功能、改善环境、提升品位”的工作思路，逐年扩大城市框架，城市基础设施不断健全，综合服务功能日益完善，城市品位明显提升，逐步成为一座“功能完善、特色鲜明、生态宜居、文明有序”的现代化历史名城。

汤阴县食品产业集聚区鸟瞰图

二、汤阴县食品工业发展情况

近年来，汤阴县立足实际、着眼民生，大力发展以农产品为原料的食品工业，成功实现了全县农副产品向工业产品的转化，实现了由传统农业县向食品工业强县的跨越。先后荣获“国家新型工业化示范基地”、“国家食品安全示范县”、“国家农产品加工业示范基地”、“中国食用菌行业标准化生产示范县”、“全国食用菌十大主产基地县”、“全国白色金针菇生产基地县”、“中国农业产业经济发展百强县”，以及“河南省承接产业转移示范区”、“河南省对外开放工作先进产业集聚区”、“中原十大活力产业集聚区”、“全国劳动关系和谐模范工业园区”等称号。目前，我县食品产业发展呈现出集聚程度高、产品种类全、产业链条优、食品监管严、带动效应强五大特色。

（一）集聚程度高。全县食品工业企业达159家，其中规模以上食品企业达50余家。益海嘉里、濠吉六粮方便面、川辣妹、博大面业、永达清真食品、众品食业、今麦郎面粉、今麦郎饮品、健丰饼干、丹尼斯克甜味剂等一大批国内外知名企业食品企业入驻食品产业集聚区。拥有益海嘉里“香满园”面粉、“永达”肉鸡、阳光油脂“奥利福”食用油等八大中国名牌。

（二）产品种类全。汤阴县食品产业主要包括小麦及面制品加工、油脂类加工、畜禽肉及肉制品加工、高档红酒及啤酒饮品、调味料和食品添加剂、休闲食品、高档保健品等多个领域，涉及畜禽肉制品、面粉、粮油、挂面、小杂粮、木糖醇、饼干、红酒、啤酒、饮料、脱水蔬菜、特种蛋白、谷朊粉、果酱糖浆等590多个系列产品。其中，众品食业荣获“中国肉类食品产业最具价值品牌”，“江顺”饼干、“甲家”面粉、“永达”肉鸡、“众品”冷鲜肉等产品被评为“中国名牌”，“火龙岗”小杂粮等被评为省级优质农产品。

（三）产业链条优。汤阴县紧密结合食品产业发展需求，深入研究产业的上下游产品，绘制产业链图谱，同时注重企业对上下游产业的带动作用，培育发展了小麦、玉米、肉鸡、食用菌、生猪、蔬菜、中药材、肉奶牛8条农产品加工链条。在培育过程中，汤阴县依托重点龙头企业或资源优势，强化关联，补链桥接，找准着力点进行“建链”，围绕现有产业链条的缺失环节进行“补链”，对现有8条优势产业链，从科技、金融、信息化方面提升以及品牌引领入手进行“强链”。深入挖掘现有企业潜能，推进骨干企业与省企、央企联姻，通过“战略重组”、“强强联合”，打造具有特色和优势的产业集群。

（四）食品监管严。近年来，汤阴县在食品安全上创新走出“严格监管、全程溯源、诚信保险、强化检测、改良要素”五条路径，打造了“岳飞故里、忠义之乡，放心食品、诚信汤阴”品牌，相关经验在全国食品安全论坛上进行推广。一是严格监管、全面整治。构建了“纵向到底、横向到边”的县、乡、村三级监管网络，大力开展专项整治，市场环境全省一流。二是智慧食品、防伪溯源。投资1000万元建设信息化产品质量追溯平台。推行可视化管理，打造了“透明车间”、“透明厨房”；引进博码系统，方便消费者终端查询。设立云端数据库，让汤阴产品能直接追溯源头。三是诚信保险，双向激励。建立信用档案，推行守信承诺，对守信单位实施“亿元金融培育”计划。设立200万元保险基金，将150家食品企业纳入食品安全责任险统保范围。四是检验检测，宣传教育。整合全县资源，组建了高资质检验检测中心。高标准打造宣教平台，让周易文化、岳飞文化、扁鹊文化中的“诚信”、“精忠”、“为民”精神融入产业发

汤阴县食品产业集聚区管委会

汤阴县产业集聚区展厅

展。五是改良要素，生态保障。汤阴县将“绿色有机健康”的发展理念，贯穿于食品产业原料生产、加工、仓储、物流等每个环节。积极推广无公害种植、生物施肥和生物防治技术，力争形成最适合食品产业发展的“碧水蓝天”，确保食品原料品质优良。

（五）带动效应强。产业集聚区已成为食品工业带动农产品深加工的高效工业基地。主导产业的壮大发展，对县域相关产业发展具有强大的辐射带动作用。通过产业链条的延伸，有力推动传统的种（养）—销售农业发展模式，向种（养）—深加工—商业化销售一条龙运作模式的转变，实现了农产品的大幅增值。

近年以来，汤阴县始终把招商引资作为“一举应多变，一招求多效”的战略举措，紧紧围绕健康食品、生物医药、高端制造等主导产业，更加注重选商引资，更加注重项目质量，更加注重项目落地，更加注重真抓实干，招商引资工作保持了好的趋势、好的态势和好的气势，推动全县经济社会实现了又好又快发展。

汤阴县重点食品工业企业商标汇总

汤阴县重点食品工业企业LOGO

序号	商标名称	商标注册人（利害关系人）	核定使用商品(服务)
34	大志	淮安市永顺德肉联厂	肉、猪肉、死家禽等
35	锡珍及图	无锡市堰桥镇界泾养殖场	肉、咸肉、死家禽等
36	纤手	淮安市正林炒货食品有限公司	加工过的瓜子、加工过的花生
37	玉柏及图	连云港玉柏旅游食品有限公司	人食用蚕蛹、食物蛋白、水果罐头等
38	九龙口	江苏九龙口实业有限公司	鱼（非活的）、甲壳动物（非活）、贝壳类动物（非活）等
39	老一辈	江苏大观园生态农业有限公司	猪肉食品、非活家禽、香肠等
40	李记明章及图	连云港市李记明章食品有限公司	猪肉食品、火腿、香肠等
41	欧福及图	苏州欧福蛋业有限公司	蛋、蛋白、蛋黄等
42	阿兵	盱眙阿兵龙虾餐饮服务连锁有限公司	鱼子酱、龙虾（非活）等
43	香道	江苏香道食品有限公司	蛋、肉罐头等
44	九寿堂及图	江苏九寿堂生物制品有限公司	虾（非活）、鱼（非活）、甲壳动物
45	汉戌堂及图	徐州汉戌堂食品有限公司	肉、死家禽、肉罐头
46	六口LIU KOU	南京禄口禽业发展有限公司	肉、死家禽、蛋白等
47	京海申	南通京海申水产有限公司	鱼（非活的）、鱼制食品等
48	去鑫康硕	邳州市东方养殖有限公司	肉、肉冻、猎物（非活）等
49	幸福门	江苏新海油脂有限公司	食用油脂、食用菜油、食用油等
50	项王槐	江苏福坊斋食品有限公司	银鱼（非活）、咸鸭蛋
51	老相食	苏州金记食品有限公司	豆腐、豆腐制品、牛奶制品等
52	仙缘及图	南通北渔人和水产有限公司	水产罐头、海蜇皮等
53	食香园	丹阳市正大油船有限公司	食用油等
54	口水娃及图	苏州口水娃食品有限公司	精致坚果仁、熟制豆、水果蜜饯等
55	锦隆JINLONG及图	无锡市顶顶香食品有限公司	水果罐头、蜜饯、精制坚果仁等
56	图形	苏州味知香食品有限公司	速冻方便菜肴、虾（非活）、鱼制食品等
57	东方雁及图	海门市东方雁食品有限公司	肉、死家禽等
58	天丰	江苏天车生物科技有限公司	冬菇、木耳、发菜等
59	三莘	淮安市三升食品有限公司	鸡肉、鸡翅、鸡腿等
60	鲜怡	盐城市怡美食品有限公司	甲壳动物、鱼片、鱼等
61	荷盛	金湖荷盛莲业有限公司	冷冻水果、干蔬菜、莲子等
62	大话阿福	江苏香溢商贸有限公司	榨菜、蛋、腐乳等
63	派乐滋	江苏派乐滋食品有限公司	水果片、以水果为主的零食小吃、以果蔬为主的零食小吃等
64	一风堂	连云港吉本多食品有限公司	酱菜、冷冻水果、腌制蔬菜等
65	荆谊嘉	宜兴海晟食品有限公司	肉、熟蔬菜、精致坚果等
66	bhad及图	江苏百汇农业发展有限公司	猪肉食品、肉、肉冻等
67	稷民	淮安吴城冬枣专业合作社	干枣
68	水乡巧妹子	高邮巧妹子科技养殖园	肉、肉冻、火腿等
69	绿健	徐州绿健乳业有限责任公司	牛奶、酸奶、牛奶饮辩（以牛奶为主的）等
70	黄墩湖	江苏天之香食品有限公司	食用腌黄豆、腌豆
71	惠鼎	中储粮镇江粮油有限公司	食用油脂、食用菜籽油、食用油
72	金梅牌及图	江苏省粮油食品进出口集团股份有限公司	味精、镇江香醋
73	白玫	江苏白玫糖业有限公司	白糖
74	JIANGHAI及图	南通博爱面粉有限公司	面粉、挂面
75	五洲牌	镇江市五洲山茶场	茶叶
76	九龙及图	溧阳市周城汤山茶厂	茶
77	绿叶牌及图形	扬州绿叶食品有限公司	糖果、糕点、南糖
78	虞山	常熟市虞山绿茶有限公司	茶
79	溧峰	南京溧峰集团割茶有限公司	茶
80	儂儂	张家港市依依饮料食品有限公司	咖啡饮料、巧克力饮料、加奶咖啡饮料
81	庭山及图	苏州市吴中区庭山碧螺春茶叶有限公司	茶
82	富字	富字冷冻食品有限公司	包子、烧麦、汤圆等
83	富春及图	扬州富春饮服集团有限公司	包子、春卷、糕点、面条等

序号	商标名称	商标注册人（利害关系人）	核定使用商品（服务）
84	王兴记	无锡市王兴记有限公司	小包子、馄饨等
85	贺盛及图	江苏吉祥贺盛食品有限公司	味精、调味品
86	碧绿	江苏绿州米面厂	馅饼、米、面粉（包括五谷杂粮）等
87	五亭及图形	扬州五亭食品有限公司	方便顽、速冻包子、糖等
88	WU DA NIANG及图	大娘水饺餐饮集团股份有限公司	饺子、盒饭、面条等
89	丹绿	江苏丹绿食品股份有限公司	谷类制品、麦片、玉米片
90	凯菊及图	江苏凯菊面粉有限公司	面粉、面条
91	晚晴楼及图	南京晚晴楼美食中心有限公司	春卷、粥、年糕等
92	旺盛	盐城市正林食品有限公司	面包、糖果、豆类粗粉等
93	穆桂英及图	无锡市穆桂英美食广场有限责任公司	面包、糕点等
94	惊春灵芽及图	镇江市五洲山茶场	茶、茶叶代用品
95	仪扬及图形	扬州仪扬茶社食品有限公司	春卷、豆沙、包子
96	苏垦	江苏省农垦米业集团有限公司	面粉、人食用的去壳谷物：米等
97	玉品及图	苏州市洞庭山碧螺春茶业有限公司	茶、茶叶代用品
98	昊吴村桥严景万	南京市漂水严景万茶场（普通合伙）	茶
99	碧波拼音及图	溧阳市天目湖白埂茶场	茶、茶叶代用品
100	陈士荣及图	靖江市鸿运酒楼	包子、饺子、方便米饭等
101	尚品及图	无锡尚品食品有限公司	咖啡饮料、茶、粥等
102	宝康及图形	江苏神谷米业有限公司	米
103	丹星	丹阳市江南面粉有限公司	面粉
104	淮HUAI	江苏省盐业集团有限责任公司	食品防腐盐、食物防腐盐、食盐等
105	茗鼎	江苏津如现代农业开发有限公司	茶
106	春丹	镇江春光醋业有限公司	醋、酱油
107	南山前翠	镇江市南山茶林研究所	茶、茶叶代用品
108	许建忠	盱眙许记味食发展有限公司	除香精油外的调味品、胡椒（调味品）、花椒粉等
109	远望	南京远望富硒农产品有限责任公司	茶、谷类制品、米
110	甘汁圆及图	南京甘汁园糖业有限公司	糖、冰糖、红糖等
111	稻溢	新沂市湖滨米业有限公司	米、面粉
112	玉枝及图	溧阳市天目湖玉枝特种茶果园艺场	茶、茶叶代用品
113	福标	江苏日高蜂产品有限公司	蜂蜜、食用蜂胶（蜂胶）、食用蜂胶（蜜蜂胶）等
114	龙顺及图	南通市龙顺粮油有限责任公司	米、谷物制品等
115	雪麦通及图	邳州市同源银杏保健品有限公司	茶叶代用品、非医用营养胶囊
116	射阳大米	射阳县大米协会	米
117	锦圣及图	徐州恒信酱醋厂	酱油、醋、酱菜（调味品）
118	名佳及图形	扬州名佳食品有限公司	米、面粉、谷类制品等
119	雅苏麦尔	徐州雅苏麦尔食品有限公司	食用面粉
120	岛田	江苏岛田粮油食品有限公司	谷类制品、米、玉米粉等
121	星鹰	江苏星缘粮油食品有限公司	米
122	黑猫牌	徐州市金氏黑猫食品饮料有限公司	糖果、酥糖
123	老农庄	江苏省老农庄食品有限公司	米、食用面粉、谷类制品等
124	华江及图	海安县江山米业有限公司	大米等
125	幽季苏及图	溧阳市幽香苏茶有限公司	咖啡、茶、糖等
126	田家TJS及图	溧阳市天目湖田家山茶果场	茶、茶叶代用品
127	飞波	涟水县河网飞波粮油加工厂	米、面粉等
128	美谷	泗阳县中意粮油有限公司	面粉
129	联富及图	兴化市联富食品有限公司	粥、元宵、佐科（调味品）等
130	港花及图	张家港恒丰淀粉制品有限公司	面粉、谷朊粉、生糯粉等
131	猫王	江苏甘泉山粮油食品有限公司	米、面粉、谷类制品等
132	淮安大米	淮安市粮食行业协会	米
133	富子fz	天目湖生态农业有限公司	茶叶
134	天目云露及图	溧阳市天目云露茶业有限公司	茶、茶饮料、茶叶代用品、冰茶
135	苏三牛	江苏三牛面粉有限公司	面粉、米等

序号	商标名称	商标注册人（利害关系人）	核定使用商品（服务）
136	茅山长青	句容市茶叶协会	茶、茶叶代用品
137	谷圣源GOOSOO	日兴生物科技股份有限公司	冰糖燕窝、非医用营养胶囊、螺旋藻（非医用营养品）
138	五图河五丰	江苏五图河农场有限公司	玉米粉、面粉、米等
139	临港	沭阳县高墟御珍珠米业有限公司	米、玉米粉、人食用的去壳谷物、面粉、米粉（物状）、粽子、面条、糕点用粉、谷物制品、年糕
140	白龙马及图	江苏白龙马面业有限公司	谷类制品、玉米面、面粉等
141	文游及图形	江苏富裕达粮食制品股份有限公司	饲料
142	淮大	江苏淮阴正大有限公司	动物饲料
143	天参	淮安天参农牧水产有限公司	动物饲料
144	四海	中粮东海粮油工业（张家港）有限公司	饲料、动物食品、动物催肥剂等
145	苏南SN及图	江苏苏南饲料有限公司	非医用饲料舔加剂、牲畜饲料、饲料
146	绿赛NU ScienZ	苏州帝凯维动物营养有限公司	非医用饲料添加剂、饲料
147	天成及图	江苏天成科技集团有限公司	动物饲料等
148	金康达	淮安市康达饲料有限公司	饲料等
149	百思特	淮安市康达饲料有限公司	饲料等
150	CADILA及图	无锡市卡迪拉饮料有限公司	清纯水
151	泓清山泉	江苏绿草地纯水有限公司	纯净水
152	克立林	连云港克立林实业有限公司	矿泉水（饮料）、水（饮料）、餐用矿泉水
153	大富豪	江苏大富豪酿酒科技发展有限公司	麦芽啤酒、啤酒
154	伟楼及图	江苏伟楼生物科技有限公司	植物饮料
155	摩登经典	建湖县摩登经典餐饮管理有限公司	啤酒、无酒精果汁饮料、果汁等
156	洞庭山	苏州市吴中区洞庭山天然泉水厂	水（饮料）、矿泉水（饮料）、果汁等
157	斗龙	江苏人酒业江苏有限公司	酒
158	苏洋	江苏省苏洋酿酒有限公司	酒
159	丰登及图	金坛丰登酒业有限公司	酒

序号	商标名称	商标注册人（利害关系人）	核定使用商品（服务）
160	五醍	江苏震洲五醍浆酒业有限公司	酒
161	鸳栖及图	苏州市中南酿造有限公司	酒
162	龙窑	新沂市窑湾万昌绿豆烧酒业有限公司	甜烧酒、米酒、烧酒（米或糖蜜酿造）等
163	御珍	泗阳县洋河名酒有限公司	酒（饮料）、果酒（含酒精），葡萄酒
164	汉刘邦及图形	徐州刘邦府酒厂	酒（饮料）
165	古池	江苏古楼春酒业有限公司	酒
166	珍煌	江苏河洋酿酒有限公司	酒（饮料酒）、酒精饮料（啤酒除外）
167	同里及图	苏州市新同里红酒业有限公司	黄酒、米酒、烧酒等
168	万珍	南通白蒲黄酒有限公司	黄酒、料酒、清酒等
169	海之蓝	江苏洋河酒厂股份有限公司	白酒
170	天之蓝	江苏洋河酒厂股份有限公司	白酒
171	窑湾千年吉槐	新沂市窑湾华棠绿豆烧酒业有限公司	酒（利口酒）、含酒精浓汁、酒（饮料）
172	万善	丹阳颐和食品有限公司	清酒、黄酒、果酒（含酒精）等
173	渔沟	淮安市渔沟酒厂	酒（饮料）等

【g. 长三角地区名优食品】

根据《长江三角洲地区名优食品认定办法》的认定程序，经企业自愿申请，各地区（城市）食品（工业）协会、行业主管部门初审推荐，省级食品行业协会审核，长三角名优食品评审委员会评审，长江三角洲地区（城市）食品（工业）协会联席会审议确定，江苏省2014年度被认定长三角名优食品48个（见下表）。

序号	地区	企业名称	品牌	产品名称
CSJ-J-001	南京	江苏雨润肉类产业集团有限公司	雨润	冷鲜肉
CSJ-J-002	南京	江苏省林宁国际贸易有限公司	三企	炒货食品
CSJ-J-003	南京	南京果果食品有限公司	豆果果	非发酵性豆制品
CSJ-J-004	南京	南京新润食品集团有限公司	新润	盐水鸭
CSJ-J-005	南京	南京大地冷冻食品有限公司	年蓬	速冻食品

序号	地区	企业名称	品牌	产品名称
CSJ-J-006	南京	南京赭洛山茶叶专业合作社	浦桥玉剑	绿茶
CSJ-J-007	无锡	无锡市天资乳品饮料厂	唯得	消毒鲜牛奶
CSJ-J-008	苏州	太仓肉松食品有限公司	太仓	酱卤肉制品（肉松骨头）
CSJ-J-009	苏州	苏州优尔食品有限公司	淘豆	蟹香豆瓣
CSJ-J-010	苏州	苏州味知香食品有限公司	味知香	速冻调制食品
CSJ-J-011	徐州	徐州绿健乳业有限责任公司	绿健	酸牛奶
CSJ-J-012	徐州	新沂市沙沟香油有限公司	沙沟	小磨香油
CSJ-J-013	镇江	镇江金莲食品有限公司	金莲	纯正芝麻香油
CSJ-J-014	镇江	镇江宴春酒楼有限公司	宴春	水晶肴蹄
CSJ-J-015	盐城	盐城市费氏食品有限公司	费氏	肉松
CSJ-J-016	宿迁	江苏乾天酒业有限公司	乾隆下江南	乾隆江南系列白酒
CSJ-J-017	宿迁	江苏宝宝宿迁国民生物科技有限公司	宝宝	米粉（水磨、干磨、预糊化）
CSJ-J-018	常州	常州月兔调味食品有限公司	月兔	味精
CSJ-J-019	靖江	江苏双鱼食品有限公司	双鱼	猪肉灌肠
CSJ-J-020	靖江	江苏骥洋食品有限公司	骥洋	酱卤肉制品
CSJ-J-021	靖江	靖江伊香食品有限公司	伊香	猪肉脯
CSJ-J-022	淮安	淮安快鹿牛奶有限公司	快鹿	鲜牛奶
CSJ-J-023	淮安	江苏圆绿捆蹄有限公司	圆绿	捆蹄
CSJ-J-024	淮安	江苏圆绿捆蹄有限公司	圆绿	鸡糕
CSJ-J-025	淮安	江苏林帝食品有限公司	红红琳帝	盱眙龙虾
CSJ-J-026	连云港	江苏秀收农业发展有限公司	秀收	大米
CSJ-J-027	连云港	连云港市李记明章食品有限公司	李记明章	酱卤肉制品
CSJ-J-028	南京	南京雨润食品有限公司	雨润	低温肉制品
CSJ-J-029	南京	南京卫岗乳业有限公司	卫岗	液态奶
CSJ-J-030	南京	南京桂花鸭（集团）有限公司	桂花	盐水鸭
CSJ-J-031	苏州	太仓市好滋味食品有限公司	正凰	爊鸡
CSJ-J-032	苏州	苏州市苏阿姨食品有限责任公司	苏阿姨	速冻米面食品
CSJ-J-033	苏州	苏州市好得睐美食食品有限责任公司	好得睐	速冻方便菜肴
CSJ-J-034	苏州	太仓肉松食品有限公司	太仓	肉松
CSJ-J-035	南通	南通北渔人和水产有限公司	仙缘	醉蛏鼻
CSJ-J-036	南通	启东金和食品有限公司	金和屋	烤紫菜
CSJ-J-037	南通	江苏京海禽业集团有限公司	安捷	分割鸡肉
CSJ-J-038	镇江	江苏恒顺醋业股份有限公司	恒顺	恒顺香（陈）醋
CSJ-J-039	镇江	江苏省丹阳酒厂有限公司	旦阳	封缸酒
CSJ-J-040	常州	常州红梅乳业有限公司	红梅	液态奶
CSJ-J-041	常州	江苏吉祥贺盛食品有限公司	贺盛	鸡精调味料
CSJ-J-042	扬州	扬州五丰富春食品有限公司	富春	速冻包子
CSJ-J-043	泰州	江苏双鱼食品有限公司	双鱼	猪肉脯
CSJ-J-044	淮安	江苏民康油脂有限公司	民康	食用植物油
CSJ-J-045	淮安	盱眙泗州城农业开发有限公司	盱眙龙虾	盱眙龙虾
CSJ-J-046	淮安	江苏省淮安新丰面粉有限公司	新象	小麦粉
CSJ-J-047	连云港	江苏汤沟两相和酒业有限公司	汤沟	白酒
CSJ-J-048	连云港	连云港市板浦汪恕有滴醋厂	汪	醋

【h. 主要经济数据】

1、主要食品产量（万吨、万千升）

产品名称	2014年产量	同比增长%	全国位次	产品名称	2014年产量	同比增长%	全国位次
原盐	715.39	3.44	2	酱油	72.18	6.91	4
大米	997.70	12.68	6	发酵酒精	139.81	24.13	3
小麦粉	1250.33	14.67	4	白酒	89.85	-4.05	4
食用植物油	566.03	6.62	5	啤酒	203.25	-3.97	
糖果	6.99	14.74	11	软饮料	537.76	-6.84	
速冻米面	15.79	6.71		碳酸饮料	57.76	-6.59	
方便面	36.97	2.84		卷烟（亿支）	1038.96	1.73	9
乳制品	141.95	4.14	7				

2、规模以上食品工业企业主要经济指标

（单位：亿元）

项目	农副食品加工业	食品制造业	饮料制造业	烟草制品业	合计
企业单位数(个)	1571	389	191	5	2156
流动资产合计	842.53	314.36	504.81		1661.70
应收帐款	148.96	78.95	60.80		288.71
存货	240.44	78.27	208.53		527.24
固定资产合计	657.00	202.36	319.78		1179.14
资产总计	1673.68	637.35	1005.24		3316.27
负债合计	938.07	320.52	427.15		1685.74
所有者权益合计	735.47	315.51	579.03		1630.01
主营业务收入	4190.02	861.53	970.43		6021.98
主营业务成本	3735.73	660.29	707.00		5103.02
主营业务税金及附加	20.00	5.21	23.94		49.15
利润总额	253.56	65.54	146.75		465.85
利税总额	400.56	102.78	217.72		721.06
应交增值税	126.95	31.91	47.03		205.89
从业人员年平均人数（万人）	21.72	8.84	8.30		38.86

3、国有控股食品工业企业主要经济指标

（单位：亿元）

项目	农副食品加工业	食品制造业	饮料制造业	烟草制品业	合计
企业单位数(个)	38	19	11	5	73
流动资产合计	145.77	35.37	77.1		258.24
应收帐款	18.5	8.37	18.57		45.44
存货	30.77	9.98	36.91		77.66
固定资产合计	42.61	26.11	32.27		100.99
资产合计	205.29	86.72	140.54		432.55
负债合计	141.36	55.74	70.88		267.98
所有者权益合计	63.92	30.57	69.66		164.15
主营业务收入	362.18	93.27	79.64		535.09
主营业务成本	349.10	69.33	41.29		459.72
主营业务税金及附加	0.51	0.72	8.30		9.53
利润总额	6.17	8.23	25.16		39.56
利税总额	11.25	12.68	39.56		63.49
应交增值税	4.58	3.64	6.11		14.33
从业人员年平均人数（万人）	0.83	0.92	1.01		2.76

4、私营食品工业企业主要经济指标

（单位：亿元）

项目	农副食品加工业	食品制造业	饮料制造业	合计
企业单位数(个)	1145	192	88	1425
流动资产合计	299.44	82.62	55.89	437.95
应收帐款	63.99	20.19	10.92	95.10
存货	87.37	27.88	16.95	132.20
固定资产合计	324.83	57.86	49.88	432.57
资产总计	698.98	159.85	124.66	983.49
负债合计	317.62	84.45	65.70	467.77
所有者权益合计	381.36	75.39	59.90	516.65
主营业务收入	2096.09	305.15	183.76	2585.00
主营业务成本	1841.70	262.48	151.90	2256.08
主营业务税金及附加	13.33	1.83	4.77	19.93
利润总额	137.06	20.89	15.67	173.62
利税总额	214.07	34.40	27.34	275.81
应交增值税	63.66	11.68	6.89	82.23
从业人员年平均人数（万人）	12.87	3.09	1.39	17.35

5、外商和港澳台商

（单位：亿元）

项目	农副食品加工业	食品制造业	饮料制造业	合计
企业单位数(个)	175	109	60	344
流动资产合计	355.81	150.46	81.54	587.81
应收账款	48.42	37.14	15.37	100.93
存货	95.78	29.17	23.47	148.42
固定资产合计	181.45	92.74	108.14	382.33
资产总计	582.28	309.67	214.69	1106.64
负债合计	371.09	135.68	106.58	613.35
所有者权益合计	211.05	173.08	108.11	492.24
主营业务收入	1143.67	357.89	219.68	1721.24
主营业务成本	1044.80	238.37	172.59	1455.76
主营业务税金及附加	2.66	2.31	3.49	8.46
利润总额	62.70	33.65	19.89	116.24
利税总额	98.79	49.72	31.40	179.91
应交增值税	33.36	13.74	8.01	55.11
从业人员年平均人数（万人）	4.25	3.35	1.59	9.19

6、大中型食品工业企业主要经济指标

（单位：亿元）

项目	农副食品加工业	食品制造业	饮料制造业	烟草制品业	合计
企业单位数(个)	138	69	42	5	254
流动资产合计	442.55	155.16	402.98		1000.69
应收帐款	63.36	33.24	41.25		137.85
存货	102.45	35.22	173.91		311.58
固定资产合计	296.46	113.09	216.76		626.31
资产总计	817.69	347.25	764.47		1929.41
负债合计	510.81	172.17	311.96		994.94
所有者权益合计	306.88	175.09	452.51		934.48
主营业务收入	1701.46	471.07	672.41		2844.94
主营业务成本	1527.81	328.10	459.55		2315.46
主营业务税金及附加	6.70	3.22	18.21		28.13
利润总额	98.88	41.71	123.28		263.87
利税总额	167.57	63.62	179.15		410.34
应交增值税	61.98	18.60	37.66		118.24
从业人员年平均人数（万人）	8.73	4.98	6.56		20.27

7、全省各市食品工业产值统计

单位：亿元

市别	农副产品加工业	食品制造业	酒、饮料和精制茶制造业	合计	排位
合计	4202.21	875.35	993.57	6071.13	
南京	146.04	117.65	60.81	324.50	9
无锡	14.72	61.13	34.34	110.19	12
徐州	711.00	125.55	347.49	1184.04	1
常州	29.04	42.51	10.05	81.60	13
苏州	333.12	209.82	54.15	597.09	4
南通	428.58	53.57	19.23	501.38	6
连云港	373.76	31.26	55.29	460.31	7
淮安	546.63	51.15	42.88	640.66	3
盐城	370.34	26.89	51.05	448.28	8
扬州	156.05	15.32	22.41	193.78	11
镇江	179.70	23.22	8.74	211.66	10
泰州	637.18	55.08	35.68	727.94	2
宿迁	276.05	62.20	251.45	589.70	5

另：采盐业完成工业产值75.32亿元，烟草制品业完成517.89亿元。

唐建泽

3.6 浙江省

【a. 概况】

2014年，在国内经济下行压力加大、增速放缓的形势下，全省食品工业实现了平稳健康发展。全省食品工业共有规模以上企业1331家，从业人员20.96万人。全年实现工业总产值2579.47亿元，增长水平比全省工业低2.67个百分点，位居全省工业行业第11位；位居全国第17位，同比下降一位。

1、主要产品产量稳步增长

列入统计的29种主要产品，全省有15种产品产量实现增长，7种产品产量增长10%以上，其中大米同比增长13.02%，精制食用植物油同比增长24.05%，鲜、冷藏肉同比增长15.96%，冷冻水产品同比增长11.69%，糖果同比增长13.65%，速冻食品同比增长15.29%，乳制品同比增长20.16%，食醋同比增长14.57%。小麦粉、罐头、冷冻饮品、白酒、包装饮用水等产品产量则有大幅度下降。

2、食品产销对接较稳定

全省食品工业实现销售产值2487.92亿元，全行业产销率为97.69%，同比下降0.24个百分点，比全省工业高0.35个百分点。其中农副食品加工业产销率为97.25%，同比下降0.78个百分点；食品制造业产销率为97.02%，同比下降0.42个百分点；饮料制造业产销率为97.4%，同比下降0.06个百分点；烟草制品业产销率为100.24%，同比增长1.21个百分点。

3、食品出口略有增长，增长率低于全省工业水平

2014年，食品工业完成出口交货值293.19亿元，同比增长1.51%，比全省工业低3.7个百分点。从分行业情况看，农副食品加工业增长5.13%，食品制造业增长1.84%，饮料制造业下降12.76%，烟草制品业下降1.72%。经济效益水平下滑。

全省食品工业行业实现利税总额503.21亿元，同比增长2.03%，比全省工业低4.42个百分点；其中实现利润总额134.7亿元，同比下降14.41%，比全省工业低21.46个百分点，同比低1.83个百分点。每百元资金实现利税21.66元，同比下降3.51元。从分行业看，四大行业同比都有较大幅度下降。

【b. 存在问题】

1、产业集中度偏低

2014年，全省规模以上食品企业为1331家，占食品行业企业总数约16%，虽较往年有所提升，但仍然偏低。“小而散”的产业格局导致整体技术装备水平、产品科技含量、生产效率较低，品牌效应、综合利用、经济效益较差。

2、发展速度逐渐趋缓，在全省工业行业中比重下降。

近年来，全省食品工业的发展速度一直低于全国食品工业的平均增速，且差距呈不断扩大的趋势。2014年，全省食品工业增速仅为3.75%，比全国食品工业低4.05个百分点。全省食品工业总产值为2579.47亿元，同比在全国各省市中的排位继续下滑，跌至第17位，在全省规模以上工业产值占比仅为3.89%，在全省工业行业位居第11位。

3、要素成本不断上升，粗放式生产面临挑战

随着原材料、劳动力、能源、管理销售、运输成本等的不断上升，全省食品工业发展的生产要素制约问题日益突出，许多靠低成本扩张和竞争的企业经济效益不断下滑，甚至出现亏损。同时，全省食品工业的转化增值能力较低，产品以初加工品为主，精深加

工、专用型、功能性产品占比低，资源加工转化效率低，综合利用水平不高。

4、原料基地建设滞后，产业链配套能力不强

全省大部分食品加工企业缺乏稳定的优质原料基地，食品加工与农业之间的联系尚处于简单的初级供给阶段，分散作业提供的原材料在品种、品质、规格等方面不适应加工业发展的要求，增加了企业生产经营成本和市场风险。另一方面，农产品品种的改良和品质的提高与市场消费和食品加工的有机结合不够，以市场需求为导向的食品加工制造、农产品生产与原料基地的产业链尚未形成。

【c. 浙江加强食品安全基层网络建设】

2014 年，浙江省政府出台《关于加强食品安全基层责任网络建设的意见》，全面推进食品安全工作重心下移，机构延伸至乡镇街道，覆盖到社区行政村。

《意见》提出，按照“健全机构、配备人员、明确职责、下放权力、严格考核、强化保障”的总体要求，到 2014 年 6 月，全省所有乡镇（街道），全部组建食品安全委员会及其办公室，有专（兼）职人员负责食品安全工作，初步构建网格化管理体系；到 2016 年，食品安全基层责任网络的运行机制、工作机制、保障机制等各项长效制度将初步建立，食品安全属地管理责任得到有效落实，基层食品安全突出问题得到有效解决，广大群众食品安全得到有效保障，食品安全社会共治、部门联治、基层防治的良好局面有效形成。

数据显示，截至 2014 年底，全省 1350 个乡镇（街道、开发区）已全部成立食安委和食安办，配备乡镇食安办专兼职工作人员 2234 名，配备村（社区）协管员、信息员 79317 名，建立大、中、小网格合计 108929 个。全省乡镇食安办共受理投诉举报 1500 余起，协调开展联合执法 2900 余次，开展宣传活动 6000 余次；协管员、信息员巡查食品生产经营单位 50 万余户次，发现并上报违法违规行为 1 万余起。为推进食品安全监管信息化，省内 5500 余名监管干部及协管员用上了移动监管信息平台，丽水、仙居、富阳等地还开通“食安通”、“永安通”、GIS 信息化监管平台等。浙江省已初步构建成横向到边、纵向到底、包干到人、覆盖全省的食品安全监管责任网络，为全省食品安全建起一层有力的防护网。

【d. 承办中国食品科学技术学会第十一届年会】

11 月 5–6 日，以“科研释放威力”为主题的中国食品科学技术年会在浙江省杭州市召开，来自食品产业和科技界的 920 余名代表相聚杭州，共商如何聚集起食品科技界的智慧和力量，加速科技与企业的对接，为中国食品工业创新发展提供动力。中国工程院院士、北京工商大学校长孙宝国等几十位国内外食品行业专家、学者出席本次会议。

年会期间，参会专家、学者围绕，食品工业转型、食品科技与食品产业关系、食品产业人才培养、食品科技界未来发展等话题展开了交流和探讨。另“浙江食品论坛”同步举行。

此外，论坛现场还进行了 2014 年度中国食品科学技术学会科技创新奖获颁奖。其中，浙江企业贝因美婴童食品股份有限公司“冠军宝贝系列婴幼儿配方奶粉关键技术及产业化研究”项目荣获该届年会产品创新奖一等奖；浙江省疾病防疫控制中心参与的“食品中化学污染物与真菌毒素监控技术与标准”项目获大会技术进步奖一等奖；浙江医药高等专科学校、浙江万里学院参与的“果桑产业链创新研究与应用”获大会技术进步奖二等奖。

【e. 开展全省食品安全百日严打行动】

3 月 1 日 –6 月 10 日，浙江省多部门联合开展食品安全百日严打行动，以确保百姓“舌尖上的安全”。

“百日严打”行动针对性重点打击七类行为：在食用农产品种植、养殖、收购、贮存、运输等过程中，使用禁限农药、兽药及滥用添加剂、着色剂等物质；私屠滥宰生猪、屠宰病死动物、注水及非法添加有毒有害物质等行为；滥用食品添加剂；用非食用物质和其他可能危害人体健康的物质处理食品，用非食品原料生产加工食品；以回收食品为原料生产食品；生产经营有毒有害肉及肉制品、水产品及其制品等食品安

全违法犯罪行为。

为了强化此次行动的实效性，相关监管部门一一明确了自家的“责任田”。食用农林水产品在进入批发、零售市场或生产加工前，分别由农业、林业、海洋与渔业部门负责；在此之后的环节，则按照生产经营主体分别纳入生产、流通、餐饮环节监管。其中，生猪屠宰监管职责移交农业部门。

此次行动重在严厉打击食品安全违法犯罪行为。对于在食用农产品种植、养殖、销售、运输、贮存等过程中使用禁用农药、兽药等禁用物质或者其他有毒有害物质等行为，一经发现，一律移送公安机关，依法追究负责人的刑事责任。

据统计，严打期间全省累计出动执法人员43.89万人次，行政立案1.16万起，约谈违规企业1.13万家次，公布黑名单企业283家，打掉黑窝点、黑作坊等185个，受理举报投诉3534件，奖励金额25.75万元。

【f. 食品诚信管理体系建设走在全国前列】

2011年以来，浙江省积极贯彻落实工业和信息化部有关精神，全面推进食品工业企业诚信管理体系建设，取得了较大进展。全省已有72家企业通过了食品工业企业诚信管理体系评价，通过企业数量位居全国各省市第一位，对提升全省食品安全水平具有重要意义。

浙江省通过食品工业诚信管理体系企业名单

地区	单位名称	证书编号
湖州	浙江美丽健乳业有限公司	16-ZJFIA(浙)13-0001
绍兴	浙江古越龙山绍兴酒股份有限公司	16-ZJFIA(浙)13-0002
绍兴	会稽山绍兴酒股份有限公司	16-ZJFIA(浙)13-0003
衢州	浙江明旺乳业有限公司	16-ZJFIA(浙)13-0004
绍兴	浙江塔牌绍兴酒有限公司	16-ZJFIA(浙)13-0005
衢州	衢州果胶有限公司	16-ZJFIA(浙)13-0006
宁波	宁波豆制品有限公司	16-ZJFIA(浙)13-0007
宁波	宁波阿拉酿酒有限公司	16-ZJFIA(浙)13-0008
衢州	浙江德辉食品有限公司	16-ZJFIA(浙)13-0009
湖州	湖州老恒和酿造有限公司	16-ZJFIA(浙)13-0010
温州	温州海螺调味品有限公司	16-ZJFIA(浙)13-0011
温州	浙江一鸣食品股份有限公司	16-ZJFIA(浙)13-0012
丽水	浙江五莲农牧有限公司	16-ZJFIA(浙)13-0013
宁波	宁波市陆龙兄弟海产食品有限公司	16-ZJFIA(浙)13-0014
宁波	宁波恒康食品有限公司	16-ZJFIA(浙)13-0015
温州	浙江英博雁荡山啤酒有限公司	16-ZJFIA(浙)13-0016
温州	英博双鹿啤酒集团有限公司	16-ZJFIA(浙)13-0017
湖州	湖州乾昌酒业有限责任公司	16-ZJFIA(浙)13-0018
嘉兴	浙江娃哈哈昌盛方便食品有限公司	16-ZJFIA(浙)13-0019
温州	浙江熊猫乳业集团有限公司	16-ZJFIA(浙)13-0020
湖州	香飘飘食品股份有限公司	16-ZJFIA(浙)13-0021
嘉兴	嘉兴市美丽家食品有限责任公司	16-ZJFIA(浙)13-0022
金华	浙江李子园牛奶食品有限公司	16-ZJFIA(浙)13-0023
舟山	浙江舟富食品有限公司	16-ZJFIA(浙)13-0025
金华	浙江正味食品有限公司	16-ZJFIA(浙)13-0026
绍兴	绍兴市一景乳业有限公司	16-ZJFIA(浙)13-0027
丽水	丽水市鱼跃酿造食品有限公司	16-ZJFIA(浙)14-001
湖州	乌毡帽酒业有限公司	16-ZJFIA(浙)14-002
衢州	衢州峰仔食品有限公司	16-ZJFIA(浙)14-003
衢州	浙江不老神食品有限公司	16-ZJFIA(浙)14-004
温州	温州快鹿集团公司	16-ZJFIA(浙)14-005
温州	浙江天关山酒业有限公司	16-ZJFIA(浙)14-006
海宁	浙江娃哈哈昌盛饮料集团有限公司	16-ZJFIA(浙)14-007
嘉兴	嘉兴市鸿翔食品有限公司	16-ZJFIA(浙)14-008

地区	单位名称	证书编号
温州	藤桥禽业股份有限公司	16-ZJFIA(浙)14-009
温州	温州香海食品有限公司	16-ZJFIA(浙)14-010
湖州	湖州南浔新雅农产品开发有限公司	16-ZJFIA(浙)14-011
湖州	浙江奥奇食品有限公司	16-ZJFIA(浙)14-012
杭州	祐康食品（杭州）有限公司	01-CCAI（浙）12-0001
杭州	杭州味全生技食品有限公司	01-CCAI（浙）12-0002
杭州	杭州味全食品有限公司	01-CCAI（浙）12-0003
杭州	杭州贝因美母婴营养品有限公司	01-CCAI（浙）12-0005
杭州	杭州娃哈哈饮料有限公司	01-CCAI（浙）12-0006
杭州	浙江严州府食品有限公司	01-CCAI（浙）12-0007
杭州	浙江致中和实业有限公司	01-CCAI（浙）12-0008
杭州	浙江小王子食品股份有限公司	01-CCAI（浙）12-0009
杭州	杭州千岛湖啤酒有限公司	01-CCAI（浙）12-0010
杭州	杭州五丰联合肉类有限公司	01-CCAI（浙）12-0015
杭州	浙江省杭江牛奶公司	01-CCAI（浙）12-0016
杭州	浙江菜博士食品科技有限公司	01-CCAI（浙）12-0017
杭州	富阳市杭富罐头食品有限公司	01-CCAI（浙）12-0018
杭州	杭州新希望双峰乳业有限公司	01-CCAI（浙）13-0006
杭州	农夫山泉（淳安茶园）有限公司	01-CCAI（浙）13-0003
杭州	杭州加多宝饮料有限公司	01-CCAI（浙）13-0004
杭州	杭州贝因美豆逗儿童营养食品有限公司	01-CCAI（浙）13-0005
杭州	不二家（杭州）食品有限公司	01-CCAI（浙）13-0007
杭州	杭州玫隆食品有限公司	01-CCAI（浙）13-0008
杭州	浙江五丰冷食有限公司	01-CCAI（浙）13-0009
杭州	杭州冠华王食品有限公司	01-CCAI（浙）13-0010
杭州	农夫山泉（建德）新安江饮料有限公司	01-CCAI（浙）13-0011
杭州	杭州思味王食品有限公司	01-CCAI（浙）13-0012
杭州	杭州勤耕食品科技有限公司	01-CCAI（浙）13-0013
嘉兴	浙江娃哈哈昌盛罐头食品有限公司	01-CCAI（浙）12-0011
嘉兴	浙江五芳斋实业股份有限公司	01-CCAI（浙）12-0012
嘉兴	嘉兴市真真老老食品有限公司	01-CCAI（浙）12-0013
嘉兴	浙江青莲食品股份有限公司	01-CCAI（浙）12-0014
台州	青岛啤酒（台州）有限公司	01-CCAI（浙）13-0001
台州	浙江黄罐食品股份有限公司	01-CCAI（浙）13-0002
温州	浙江省瑞安市百好乳业有限公司	005-CDIA（浙)13-0044
杭州	杭州银河食品有限公司	01-CCAI（浙）13-0014
舟山	舟山格林食品有限公司	16-ZJFIA(浙)13-0024

【g. 主要企业及产品】

2014年浙江省骨干食品企业名牌产品

产品	生产企业	品牌
饮料	杭州娃哈哈食品有限公司	娃哈哈
乳粉	杭州贝因美婴童食品有限公司	贝因美
饮料、方便面	杭州康师傅控股有限公司	康师傅
速冻食品、冷冻饮品	祐康食品集团有限公司	祐康
速冻食品、冷冻饮品	杭州五丰冷食有限公司	五丰
饮料	农夫山泉股份有限公司	农夫山泉
绍兴黄酒	浙江古越龙山绍兴酒股份有限公司	古越龙山
绍兴黄酒	会稽山绍兴酒股份有限公司	会稽山
绍兴黄酒	绍兴塔牌绍兴酒股份有限公司	塔牌
黄酒	宁波阿拉酿酒有限公司	阿拉
啤酒	华润雪花啤酒浙江有限公司	华润雪花
啤酒	杭州千岛湖啤酒有限公司	千岛湖
粽子	浙江五芳斋食品股份有限公司	五芳斋

产品	生产企业	品牌
奶茶	香飘飘食品股份有限公司	香飘飘
碳酸饮料	浙江太古可口可乐有限公司	可口可乐、雪碧
炼乳	浙江熊猫乳业集团有限公司	熊猫
炼乳	瑞安百好乳业有限公司	擒雕
调味品	湖州老恒和酿造有限公司	老恒和
调味品	杭州市食品酿造有限公司	湖羊、双鱼
调味品	温州海螺食品有限公司	一品海
豆制品	祖名豆制品股份有限公司	祖名
豆制品	杭州鸿光浪花豆制品有限公司	鸿光浪花
炒货食品	宁波恒康食品有限公司	恒康
炒货食品	浙江大好大食品有限公司	大好大
金华火腿	金字火腿股份有限公司	金字
金华火腿	浙江雪舫工贸有限公司	雪舫蒋
水产品加工	中国水产舟山海洋渔业公司	明珠
水产品加工	徐龙食品集团有限公司	徐龙
水果罐头	丰岛控股集团有限公司	TOYOSHIMA
水果罐头	浙江黄罐食品股份有限公司	桔花
水果罐头	象山南方水产食品有限公司	甬浦谊美
面粉	杭州东南面粉有限公司	牡丹
小麦粉	杭州恒天面粉集团有限公司	恒天
蜜饯	杭州华味亨食品有限公司	华味亨
蜜饯	杭州梅园食品有限公司	梅园
糕点	杭州玖隆食品有限公司	玖隆
糕点	杭州知味观食品有限公司	知味观
金华酥饼	金华市大麻子食品连锁有限公司	大麻子
酥饼	浙江德辉食品有限公司	德辉
肉制品	杭州绿盛集团有限公司	绿盛
肉制品	杭州知味食品有限公司	知味
香精香料	杭州西湖香精香料有限公司	西湖
藕粉	杭州天堂食品有限公司	天堂
五加皮酒	浙江致中和酒业有限公司	致中和
薯片	浙江小王子食品股份有限公司	小王子
榨菜	余姚市国泰实业有限公司	国泰
榨菜	宁波铜钱桥食品菜业有限公司	铜钱桥
味精	杭州西湖味精有限公司	西湖
西湖龙井茶	杭州西湖龙井茶叶有限公司	贡
方便米饭	杭州冠华王食品有限公司	冠华王
酱鸭	杭州小来大农业开发集团有限公司	小来大
天然肠衣	浦江亚太肠衣有限公司	亚太
蔬菜干制品	浙江菜篮子食品有限公司	丰蕾
蘑菇	浙江舜地食品有限公司	沃格
卤制休闲食品	温州市老李食品有限公司	老李
腐乳	绍兴咸亨食品有限公司	咸亨

表$_1$ 2014年全省食品工业分行业工业总产值

	工业总产值（亿元）	同比±%
全省工业	66501.33	6.42
全省食品工业合计	2579.47	3.75
农副食品加工业	1067.17	2.87
食品制造业	558.26	1.18
饮料制造业	509.61	-1.73
烟草制品业	444.43	17.40

表2 2014年全省食品工业主要产品产量

指标名称	计量单位	企业个数	产品产量	同比累计增长%
小麦粉	吨	9	818427	-8.46
大米	吨	39	885064.01	13.02
精制食用植物油	吨	20	464867.82	24.05
鲜、冷藏肉	吨	19	399483.03	15.96
冷冻水产品	吨	213	1276540.85	11.69
膨化食品	吨	3	24768.73	8.08
糖果	吨	13	28482.52	13.65
速冻食品	吨	16	136488.39	11.22
速冻米面食品	吨	12	111722.89	15.29
方便面	吨	10	312340.55	9.99
乳制品	吨	22	497443.83	20.16
其中：液体乳	吨	17	414359.37	22.21
固体及半固体乳制品	吨	10	83084.46	10.88
婴幼儿配方乳粉	吨	1	13916.36	0
乳粉	吨	7	58964.55	9.11
罐头	吨	54	614446.58	-9.60
味精（谷氨酸钠）	吨	3	19690.10	0.33
酱油	吨	11	183170.83	-0.94
食醋	吨	2	4966.64	14.57
鸡精	吨	2	4326	1805.73
营养、保健食品	吨	2	18885.74	-43.39
冷冻饮品	吨	6	93907.38	-12.15
食品添加剂	吨	27	436967.28	9.60
饮料酒	千升	64	3426184.60	-4.80
其中：白酒（折65度，商品量）	千升	18	18593.34	-10.02
啤酒	千升	21	2674566.79	-7.32
黄酒	千升	36	710104.42	8.29
果酒及配制酒	千升	1	75.07	-29.39
软饮料	吨	55	8599679.27	-6.08
其中：碳酸饮料类（汽水）	吨	6	566402	-6.86
包装饮用水类	吨	17	2752153.77	-17.53
果汁和蔬菜汁饮料类	吨	25	1336369.21	-0.32
蛋白饮料	吨	6	249546.78	24.83
精制茶	吨	94	345298.55	-2.72
卷烟	万支	2	9310180	0.82

表3 2014年食品工业分行业出口交货产值表

	出口交货产值（亿元）	同比±%
全省工业	12084.53	5.21
全省食品工业合计	293.19	1.51
农副食品加工业	163.15	5.13
食品制造业	91.61	1.84
饮料制造业	35.55	-12.76
烟草制品业	2.88	-1.72

表4 2014年分行业经济效益增长表

	利税总额（亿元）	同比±%	利润总额（亿元）	同比±%
全省工业	5253.34	6.45	3107.57	7.05
全省食品工业合计	503.21	2.03	134.7	-14.41
农副食品加工业	36.53	-15.53	23.45	-21.12
食品制造业	60.82	-3.87	40.33	-10.39
饮料制造业	58.10	-19.57	31.07	-26.50

	利税总额（亿元）	同比±%	利润总额（亿元）	同比±%
烟草制品业	347.76	10.59	39.85	-1.29

表5　2014年全省食品工业科技活动经费情况（亿元）

	工业科技活动经费（亿元）	同比±%
全省工业	674.85	7.13
全省食品工业合计	14.62	0.21
农副食品加工业	5.75	-0.57
食品制造业	4.55	11.32
饮料制造业	3.12	-4.91
烟草制品业	1.20	-16.66

表6　2014年全省食品工业主要经济效益指标

	单位	全省工业		食品工业	
		2014年	同比+%	2014年	同比+%
企业个数	家	38522		1331	2.23
亏损企业个数	家	5674	6.10	197	22.36
亏损企业亏损额	亿元	279.50	19.51	18.45	171.76
新产品产值	亿元	19415.35	21.56	363.72	16.78
资产合计	亿元	63190.34	6.68	2323.34	6.73
流动资产合计	亿元	36415.36	4.32	1423.41	5.70
从业人数	万人	695.11	-2.37	20.96	-4.30
销售收入	亿元	56909.24	4.5	2252.89	1.56

浙江省食品工业协会

3.7 福建省

【a. 概况】

2014年，福建省规模以上食品工业企业数2023个，同比增长4.2%，完成工业总产值（不计烟草制品业）4286.4亿元，同比增长12.8%，同比增速回落4.42个百分点；其中，农副食品加工业总产值2412.4亿元，同比增长12.8%，增速回落3.2个百分点；食品制造业工业总产值1103.7亿元，同比增长16.2%，增速上升0.3个百分点；酒、饮料和精制茶制造业总产值770.3亿元，同比增长8.5%，增速回落6.2个百分点。规模以上食品工业总产值占全省消费品工业总量的24.3%。

销售产值（不计烟草制品业）4173.2亿元，同比增长12.6%，同比增速回落4.29个百分点；其中，农副食品加工业达2350.8亿元，同比增长12.7%，增速回落3.3个百分点；食品制造业达1072.9亿元，同比增长15.9%，增速上升1个百分点；酒、饮料和精制茶制造业达749.5亿元，同比增长7.8%，增速回落6.8个百分点。

出口交货值（不计烟草制品业）651.1亿元，同比增长10.8%，同比增速上升1.3个百分点；其中，农副食品加工业达475.7亿元，同比增长10.1%，增速上升1个百分点；食品制造业达160.8亿元，同比增长14.6%，增速上升6.8个百分点；酒、饮料和精制茶制造业达14.6亿元，同比下降3.5%，增速回落20.02个百分点。

列入统计的29类主要食品中，食品产量位居全国各省市前10位的产品分别是：糖果、罐头位列第1位、冷冻水产品位列第4位；精制茶位列第5位；乳粉、果汁和蔬菜汁饮料类位列第6位；成品糖位列第8位；配合饲料位列第10位。产量增幅位于全国各省市前十位的有10类，分别是：原盐、成品糖、精制食用植物油、速冻米面食品、混合饲料均位列第2位；果汁和蔬菜汁饮料类位列第3位；食品添加剂位列第4位；精制茶和白酒位列第9位；鲜、冷藏肉位列第10位。

【b. 主要经济指标（数据）】

1、规模以上食品工业分行业产销情况

行业分类	工业总产值（亿元）	同比增长±%	销售产值（亿元）	同比增长±%	出口交货值（亿元）	同比增长±%	产销率
食品工业总计（不计烟草制品业）	4286.4	12.8	4173.2	12.6	651.1	10.8	97.36
农副食品加工业	2412.4	12.8	2350.8	12.7	475.7	10.1	97.45
食品制造业	1103.7	16.2	1072.9	15.9	160.8	14.6	97.21
酒、饮料和精制茶制造业	770.3	8.5	749.5	7.8	14.6	-3.5	97.30

2、全国及福建省食品工业分行业效益

行业分类	地区	汇总企业单位数（个）	1-12月累计产成品（万吨）	同比增长±%	1-12月累计资产总计（亿元）
食品工业总计	全国	37605	34748.74	11.54	58276.31
	福建	2023	1921.24	16.02	2361.25
采盐业	全国	129	228.80	24.55	855.08
	福建	3	1.16	-28.85	30.25
农副食品加工业	全国	23784	20479.52	9.33	30480.98
	福建	986	1207.68	21.08	1281.30
食品制造业	全国	7781	6207.89	16.50	12929.35
	福建	520	438.88	10.71	594.38

行业分类	地区	汇总企业单位数（个）	1—12月累计产成品（万吨）	同比增长±%	1—12月累计资产总计（亿元）
饮料制造业	全国	5911	7832.53	13.34	14010.90
	福建	514	273.52	4.99	455.32

行业分类	地区	同比增长±%	1—12月累计主营业务收入（亿元）	同比增长±%	1—12月累计利润总额（亿元）	同比增长±%
食品工业总计	全国	12.20	100384.81	8.00	6385.27	1.31
	福建	12.20	4159.96	11.08	256.10	5.20
采盐业	全国	13.37	357.94	0.71	19.60	-14.93
	福建	4.75	1.42	27.96	0.07	-228.68
农副食品加工业	全国	12.68	63533.18	7.01	3069.95	-0.44
	福建	14.25	2312.21	11.04	115.41	1.29
食品制造业	全国	13.60	20261.67	12.25	1692.61	9.77
	福建	8.70	1060.02	15.48	77.66	16.07
饮料制造业	全国	9.87	16232.01	6.99	1603.10	-3.10
	福建	11.79	786.31	5.74	62.96	0.50

3、福建省食品工业主要产品产量

产品名称	计量单位	12月	同比增长%	1—12月累计	同比增长%
原盐	吨	26680.93	-22.3	292410.89	28.02
小麦粉	吨	93333	-15.93	1270511	-6.68
大米	吨	160239.42	3.77	1870004.17	5.64
饲料	吨	1004704.53	6.54	10637439.98	8.18
其中:配合饲料	吨	662472.7	-2.46	7392412.31	4.54
混合饲料	吨	70078.66	4.71	870727.16	36.4
精制食用植物油	吨	168333.84	6.82	1902773.65	34.3
成品糖	吨	29734.77	143.44	89730.57	148.39
鲜、冷藏肉	吨	84562.47	11.97	896584.07	12.96
冷冻水产品	吨	125553.88	12.96	1208211.56	7.81
糖果	吨	82905.53	36.81	667005.93	11.98
速冻米面食品	吨	1983.76	-25.3	38410.26	51.37
方便面	吨	14431	-13.7	164460	-16
乳制品	吨	13812.83	-43.36	203659.54	-22.98
其中:液体乳	吨	8991.84	-53.5	159427.03	-26.97
乳粉	吨	4658.99	-1.8	42113.21	-4.38
罐头	吨	242374.67	12.85	2694774.66	7.12
酱油	吨	13657.96	11.49	143739.06	2.24
冷冻饮品	吨	418.73	5.23	10463.3	4.43
食品添加剂	吨	11647.5	23.08	112565.86	20.66
饮料酒	千升	93348.92	-13.6	2033146.68	-5.57
白酒（折65度，商品量）	千升	4743.47	0.37	44398.3	7.6
啤酒	千升	71290.75	-22.28	1821261.67	-8.6
葡萄酒	千升	0	0	95.71	-68.69
软饮料	吨	300734.55	-23.84	5361827.83	8.17
其中:碳酸饮料类（汽水）	吨	28316.68	-19.17	486649.64	6.8
包装饮用水类	吨	122331.05	-9.62	2074526.4	14.16
果汁和蔬菜汁饮料类	吨	93735	8.67	1283174.73	21.44
精制茶	吨	18060.16	1.01	208871.4	5.96

【c.食品安全监督】

为加快推进全国农产品质量安全风险评估体系建设，进一步加强农产品质量安全风险评估工作，农业部在全国范围内认定了145家技术单位为首批农业部农产品质量安全风险评估实验站。根据农质发〔2014〕3号文件，福建省水产研究所入选首批部级农产品质量安全风险评估实验站。

为落实福建省委、省政府提出的“推进食品质量安全追溯体系建设”工作要求，继续推动水产品质量安全追溯体系建设。通过推进水产健康养殖，强化质量安全监管，加强上市产品标识管理等举措，实现试点企业产品“生产有记录、信息可查询、流向可跟踪、责任可追究、产品可召回、质量有保障”的质量安全可追溯管理，福建省海洋与渔业厅出台《2014 年福建省水产品质量安全追溯体系建设工作方案》，巩固可追溯试点建设成效，规范新增追溯试点单位管理；并印发《福建省水产品中禁用药物残留快速检测工作暂行规定》并正式实施，以加强全省水产品质量安全监督管理、规范水产品中禁用药物残留快速检测工作。

根据福建省委、省政府《关于开展 2014 年为民办实事工作的通知》（闽委〔2014〕1 号）要求，为深入开展治理“餐桌污染”实施“食品放心工程”工作，进一步提高食品质量安全水平，切实保障人民群众饮食安全，福建省食品安全委员会办公室制定《2014 年全省治理“餐桌污染”实施“食品放心工程”工作方案》，按照“标本兼治、源头治理、预防为主”的原则，加强源头综合治理，强化日常监管，开展专项整治，推进长效机制建设，完成年度治理目标任务，使食品安全各环节的监管责任进一步落实，食品行业自律显著加强，农产品和食品质量安全水平有效提高，生产销售假冒伪劣和有毒有害食品的违法犯罪行为得到有效遏制，坚决防控全省较大以上食品安全事故的发生。

3 月 25–28 日，中央政治局委员、国务院副总理汪洋赴福建省调研食品药品安全，指导地方食品药品监管体制改革。他强调，要认真落实中央关于食品药品安全工作的决策部署，加快地方食品药品监管机构改革步伐，强化基层监管能力建设，推广福建省治理“餐桌污染”实践经验，确保广大人民群众“舌尖上的安全”。汪洋调研了厦门银祥集团有限公司等治理餐桌污染建设食品放心工程示范企业，详细了解食品从“农田到餐桌”全过程质量安全保障措施和追溯管理体系，对大家把食品质量安全放在首位，用道德良心做“良心产业”，严格落实生产经营管理规范，认真履行企业社会责任给予充分肯定。

福建省食品药品监督管理局制定印发了《福建省重大活动餐饮服务食品安全监督管理规范实施细则（试行）》，以规范福建省重大活动餐饮服务食品安全监督管理工作，确保餐饮服务环节食品安全，防止食品安全事故的发生。

福建省食品安全委员会办公室、省食品药品监督管理局主办，省食安委有关成员 17 个部门联合协办的福建省 2014 年“食品安全宣传周启动仪式”举行。省人大常委会陈群英副主任出席并宣布福建省 2014 年“食品安全宣传周”活动正式启动。十七个联办部门在各自展台前免费向消费者分发宣传材料、宣讲食品安全常识，开展现场咨询活动。

为共同探讨新时期福建食品行业发展对策，推动福建省食品行业的健康发展，由中共福建省委网络办、福建省食安办、省食药监局联合主办，新华网福建频道独家承办，福建省食品工业协会支持的以“责任·自律·发展·共赢”为主题的 2014 年首届食品安全高层对话隆重举办，来自政府部门、食品企业、高等院校科研机构等社会各界代表 300 余人出席。

为深入贯彻落实党的十八大、十八届三中全会和习近平总书记一系列重要讲话精神，进一步深入开展治理“餐桌污染”、建设“食品放心工程”工作，确保广大人民群众“舌尖上的安全”，按照“预防为主、风险管理、全程控制、社会共治”的原则，福建省人民政府制定《福建省建设“食品放心工程”三年行动方案（2014 – 2016）》，到 2016 年底，建立覆盖从田间到餐桌全过程的监管制度，建成较为完善的食品安全监管体系，食品生产经营者的主体责任和有关部门的监管责任得到进一步落实，主要食品质量安全状况持续稳定向好，制售假冒伪劣和有毒有害食品等违法犯罪活动得到有效遏制，公众食品安全意识进一步增强，食品安全社会共治局面初步形成，食品安全得到有效保障，食品安全总体水平显著提升。

7 月，福建省食品药品打假志愿者服务队在福州成立。首批 1000 名志愿者分别来自团省委、省妇联、省总工会、新闻媒体、食品生产企业、经营企业、餐饮企业、药品生产经营使用企业等。

9月24日，福建省食品药品监督管理局在福州召开以“共治安全，共促发展”为主题的食品生产领域推进食品安全社会共治磋商会。以探索有效落实食品生产企业主体责任、行业协会自律管理责任和政府部门监管责任，建立健全政府、企业、社会等多方合作监管的食品安全社会共治机制，提升食品安全治理能力与水平为目的，提升食品安全治理能力与水平。

11月13日，中共中央政治局委员、国务院副总理汪洋在厦门召开的治理“餐桌污染”现场会上强调要认真贯彻落实党中央、国务院关于加强食品安全工作的部署和习近平总书记、李克强总理等中央领导同志的重要指示精神，总结推广福建治理“餐桌污染”的成功经验，全面提升食品安全治理能力。

为完善福建省食品安全社会共治机制，更好地发挥食品生产龙头企业和行业协会作用，提高食品生产监管工作决策的科学性和有效性，福建省食药监管局正式组建福建省食品生产行业专家库。经福建省各设区市食品药品监管部门和有关行业协会推荐，120名来自省内大中型食品生产企业和行业协会的行业专家成为首批专家库成员。

福建省乳制品等5类产品年底可“追根溯源”。在省级层面，乳制品、肉制品、白酒、食用植物油、食品添加剂等重点食品生产企业2014年年底全部实现可追溯。

【d. 食品科技】

11月8日，受福建省科技厅委托，集美大学组织厦门大学、福建农林大学、霞浦县水产技术推广站等单位有关专家对福建省大成水产良种繁育试验中心承担的省科技厅重大专项“海水特色养殖种类高产抗逆新品种培育及示范应用”子专题“坛紫菜申福良种培育及示范应用”项目，进行2014年度现场验收。“坛紫菜申福良种培育及示范应用”项目于2012年3月开始实施，按照项目计划已完成抗逆新品种（系）选育、良种示范推广、建立技术体系等任务，项目组选育出新品种“申福2号”，2013年已通过第五届全国水产原种和良种审定委员会审定，并在农业部第2082号公告公布，成为我国第三个坛紫菜新品种。坛紫菜“申福2号”经过多年海区栽培试验示范，表现出生长速度快、生长期长、品质好、抗逆性强等特点。目前，坛紫菜“申福2号”在福建省的累计栽培面积达3万亩以上，受到了广大坛紫菜苗种繁育企业和栽培者的普遍好评和认可。

由福建省计量院承担的国家质检总局科技计划项目《食用油品中己醛萃取材料与方法研究》顺利通过验收。该项目研究成果得到验收委员会专家一致认可，并高度评价：该项目的研究内容非常有意义，与民生息息相关，非常值得推广。

福建省漳州市食品科技应用研究院于2014年11月25日举行隆重的开业典礼，他是一家民政部门登记的非企业机构，是由中国食品工业协会罐藏食品科技工作委员会应漳州市政府的要求牵头组建的食品科技应用研究公共服务平台，他的开业运营，反映了漳州市政府对发展食品产业的决心和智慧，也反映了中国食品工业协会罐藏食品科技工作委员会服务方式的转型，同时反映出食品产业对科技服务公共平台的期待和热心支持。

【e. 发展规划】

福建红曲黄酒行业经过衰退、调整，进入“十二五”以来，呈现出快速发展的势头。2013年主营收入跃居全国第3位，行业在产业规模、技术改造、节能减排、产品质量、食品安全、人才建设、经济效益等方面都取得了长足的进展。但也面临着质量保障体系不完善、基础科学研究不深入、品牌价值严重落后等问题，行业始终没有质的飞跃。面对这些突出问题和行业发展的新形势、新要求，福建省为促进产业结构调整、发展方式转变和工业转型升级，重振福建红曲黄酒辉煌，出台了《关于红曲黄酒产业发展的指导意见》。

福建提出按照“集群发展、特色发展、差异发展”的总体思路，优化产业集聚区，壮大“老字号”品牌，形成以大型骨干企业为龙头、中型企业为支撑、小（微）型企业为基础的发展新格局。坚持以市场为主体地位，发挥科技引领作用，优化产业结构，强化技术创新，推进节能减排，加强质量安全管理，树立大品牌意识，提升福建红曲黄酒行业的发展水平。

在发展方向，以传统陶缸发酵生产和现代大罐生产技术相结合，提升机械化与工业化生产水平；推进企业自主创新和产学研结合，着力技术创新；掌握产品功能因子及其量效关系，开发中高端产品和功能产品；提高资源综合利用水平，实现清洁生产、节能减排；建立黄酒质量可追溯体系，推动企业诚信体系建设，保障食品安全；强化黄酒产业联盟，创立福建红曲黄酒大品牌，推进规模化与集团化发展。

坚持市场主导与政府引导相结合。坚持保护传承与创新发展相结合。坚持行业发展与食品安全相结合。坚持节约资源和综合利用相结合。4 大基本原则。

【f. 主要任务】

1、差异发展，促进产业集约化，加快培育区域特色。

2、培育壮大行业龙头企业。

3、促进大中小微型企业协同发展。

4、鼓励建设原辅基地。

5、支持建设红曲产业园。

6、科技创新，引领产业跨越发展 建设公共创新平台。

7、选育优良红曲黄酒酿造菌株。

8、引进与创新酿造工艺技术。

9、研究功能因子和品质保持技术。

10、完善标准，推动规范化与标准化生产

11、培育品牌，促进产业可持续发展，树立和强化品牌意识。

12、加强品牌宣传。

13、节能降耗，提高资源综合利用水平

14、保障质量，建立产品可追溯体系

【g. 协会工作】

福建食协参加工信部组织召开的食品工业企业诚信管理体系评价机构工作座谈会，对《食品工业企业诚信管理体系（CMS）实施与通用要求》(QB/T4111-2010)、《食品工业企业诚信管理体系评价机构工作规则（试行）》、《2014 年食品工业体系诚信体系建设工作重点安排》等文本文件修改完善提出意见。

紧紧围绕科技是第一生产力这个主题，下大力气，福建协会取得福建省科技厅的大力支持，成立“福建省食品工业协会科技成果评审办公室”，制订了福建省食品行业科技成果评审管理办法（试行）。

组织福建省企业参加中食协开展的 2014 第七届“中国食品工业协会科学技术奖”评审。经协会初审、推荐，中食协再次审核和评价，确定中国食品工业协会科学技术奖获奖名单。

福建食协专家参与了福建省科技厅国家重大科技项目（食品部分）、省区域重大专项（食品部分）、省星火计划（食品部分）的评审工作，各类食品课题的验收评审。

受福建省商务厅委托，福建食协组织福建省企业参加了“2014 中国·天津投资贸易洽谈会暨 PECC 国际贸易投资博览会”、“福建名优特食品（北京）展销会”、“2014 中国食品博览会”、“2014 中国·上海国际食品博览会”、“第七届中国绿色食品博览会”等 5 个展会。

福建食协举办食品企业食品微生物检测技术新国标宣传贯彻暨食品生产微生物控制继续教育培训班。

7 月 5 日，福建省食品工业协会主办，益海嘉里食品营销有限公司与海峡都市报联合协办的“感恩福建——金龙鱼放心粮油进社区活动”正式启动，面向广大消费者的粮油科普正式拉开序幕。

为培养大学生的创新精神和创业意识，提高大学生的科技创新能力，使在校学生更快的适应社会，融入行业，拓宽视野，提高专业技能水平。

【h. 荣誉】

根据福建名牌产品评价程序，经省名牌产品评定工作委员会评审，福建省政府同意授予福建元成豆业有限公司多宝牌食用植物油（一级大豆油）等食品类等 273 项为“2014 年度福建名牌产品”称号，占全省名牌产品总数的 34%。

根据《福建省著名商标认定、管理和保护办法》

规定和《福建省工商局关于2014年培育、申报认定及延续认定福建省著名商标工作的通知》（闽工商标〔2014〕59号）文件精神，省工商局新认定476件福建省著名商标，延续认定920件符合条件的福建省著名商标，其中，中闽魏氏茶业股份公司“魏氏红”等164家食品企业的商标被认定为2014年福建省著名商标；厦门银鹭食品集团有限公司等16家食品企业获得2014年“中国驰名商标”称号。

福建省工商局为了推动福建省地理标志商标的使用管理工作上新水平，促进农业增效、农民增收，2014年11月5日评选公布安溪铁观音、福鼎白茶、平和琯溪蜜柚、连城红心地瓜干、建宁通心白莲、南日鲍、云霄枇杷、宁德大黄鱼、福州茉莉花茶、武夷山大红袍为福建省“十佳地理标志商标”。

2014年度中国食品工业百强企业和重点行业十强企业，福建省企业榜上有名，福建元成豆业有限公司、泉州福海粮油工业有限公司、福建圣农发展股份有限公司获得“2014年度中国农副食品加工业百强企业”；福建省晋江福源食品有限公司获得“2014年度中国食品制造业百强企业”；厦门银鹭食品有限公司获得“2014年度中国酒、饮料和精制茶制造业百强企业”；福建省晋江福源食品有限公司（焙烤食品制造业）、厦门银鹭食品有限公司（饮料制造业）获得“2014年度中国食品工业重点行业十强企业”称号。

福建食协积极引导食品工业企业增强品牌意识，发挥食品领域品牌带动作用，促进食品工业发展。经协会大力推荐，福建百联实业有限公司、厦门惠尔康食品有限公司、厦门银鹭食品集团有限公司等102家食品企业被福建省工商局评为“2012—2013年度福建省守合同重信用企业”；福建春伦茶业集团有限公司、福建天线宝宝食品股份有限公司、福建建宁孟宗笋业有限公司被福建省经信委确定为“2014年福建省工业企业品牌培育试点企业”；厦门银鹭食品有限公司、厦门太古可口可乐饮料有限公司、福建省台福食品有限公司上榜“2014中国饮料百强企业”。

在企业自愿参加的前提下，福建食协组织企业参加中国食品工业协会开展的“第四届调味品国家评委考聘”活动，经推荐，中食协聘任永春县永春老醋有限责任公司马应伦总工为“第四届中国调味品专家委员会委员”、福建尧记食品有限公司周青尧总经理为“第四届调味品国家评委”。

为贯彻落实科技部“十二·五”制造业信息化科技工程规划和“福建省制造业信息化2011–2015年行动方案”，培育一批精细化管理模式典型示范企业，推动全省行业和区域的信息化应用水平，福建省科技厅组织开展了福建省“十二五”制造业信息化科技工程（第一批）应用示范企业评估工作。经企业申请、部门推荐、专家咨询等评估程序，最后明一（福建）婴幼儿营养品有限公司、福建海壹食品饮料有限公司、泉州市伍氏企业美食有限公司3家食品企业入选福建省“十二五”制造业信息化科技工程（第一批）应用示范企业。

农业部发布第三批全国主食加工业示范企业名单，福建省5家企业，即福建省莆田市海源实业有限公司、福建岳海水产食品有限公司、福建森宝食品集团有限公司、福建天清食品有限公司、福建省国泰沙利食品有限公司获得农业部认定“100家全国主食加工业示范企业”荣誉称号。

为深入实施福建省“2014年工业质量品牌创新专项行动”，根据《福建省经济和信息化委员会关于开展2014年工业企业品牌培育试点工作的通知》（闽经信技术〔2014〕268号）要求，在企业自愿申报，地方工业和信息化主管部门、省控股（集团）公司和行业协会推荐，品牌专家评审的基础上，经研究，福建省经信委确定福建春伦茶业集团有限公司等20家企业为2014年福建省工业企业品牌培育试点企业，其中食品企业3家，分别为福建春伦茶业集团有限公司、福建天线宝宝食品股份有限公司、福建建宁孟宗笋业有限公司。

福建安井食品股份有限公司、福建八马茶业有限公司2家企业入选“工信部2014年工业品牌培育示范企业”，入选企业坚持实施品牌战略，通过对品牌培育的战略梳理，企业品牌管理体系得到有效运行，品牌竞争力不断提升，形成了具有示范价值的典型案例。下一步，省经信委将加大力度宣传推广示范企业的典型经验，开展学习交流活动，引导广大工业企业提高品牌管理水平，推动福建工业产品向福建工业品牌转变。

圣农集团在中国食品安全年会上斩获七项食品安全大奖：由海关总署、国家工商行政管理总局、国家质量监督检验检疫总局、国家粮食局和中国食品工业协会联合主办，中国食品安全报社承办的第十二届中国食品安全年会近日召开，会上圣农集团依靠独有的自繁、自养、自宰一体化全产业链模式和完善的食品安全追溯体系，牢牢掌控了生产加工各个环节的风险，一举斩获七项食品安全大奖，被评为中国食品安全年会十强企业、突出贡献单位、食品安全百家诚信示范单位、科技创新先进单位。圣农董事长被评为中国食品安全年会十大人物、食品安全普法先进工作者、科技创新优秀企业家。

为推动福建省工业企业质量信誉建设，福建省经信委下发了《关于开展2014年“福建省工业企业质量信誉承诺活动”的通知》（闽经信技术〔2014〕642号）。在企业自愿申请和有关部门推荐的基础上，经省经信委审核并公示，确定261家企业为2014年福建省工业企业质量信誉承诺企业，其中，食品类62家，占24%。

檀巧斌

3.8 山东省

【a. 概况】

2014年，山东省食品行业规模以上企业5469户，实现主营业务收入16539亿元，同比增长9.66%，实现利税1439.55亿元，同比增长6.52%，其中实现利润931.9亿元，同比增长5.7%，全年出口额121.53亿美元，同比增长3.53%，山东省食品工业主营业务收入、利税、利润、出口额4项指标均居全国第1位。

谷物加工主营业务收入1078.67亿元，同比增长7.12%；利润65.93亿元，同比增长18.9%。主营业务收入居全国第5位。

食用植物油加工主营业务收入1843.43亿元，同比增长7.08%；利润62.5亿元，同比增长8.26%。主营业务收入居全国第1位。

禽类屠宰加工主营业务收入1449.26亿元，同比增长5.84%；利润58.24亿元，同比增长0.5%。主营业务收入居全国第1位。

牲畜屠宰加工主营业务收入570.46亿元，同比增长11.87%；利润29.48亿元，同比增长1.44%。主营业务收入居全国第3位。

肉制品加工主营业务收入1031.75亿元，同比增长18.1%；利润49.96亿元，同比增长1.32%。主营业务收入居全国第1位。

水产品冷冻加工主营业务收入1511.13亿元，同比增长5.6%；利润83.21亿元，同比增长4.58%。主营业务收入居全国第1位。

蔬菜加工主营业务收入1272.25亿元，同比增长9.93%；利润87.23亿元，同比增长2.31%。主营业务收入居全国第1位。

水果和坚果加工主营业务收入544.82亿元，同比增长14.6%；利润34.96亿元，同比增长7.07%。主营业务收入居全国第1位。

乳制品加工主营业务收入304.92亿元，同比增长15.5%；利润24.37亿元，同比增长8.28%。主营业务收入居全国第3位。

白酒主营业务收入394.47亿元，同比增长5.48%；利润26.82亿元，同比下降1.5%。主营业务收入居全国第4位。

啤酒主营业务收入316.16亿元，同比增长5.8%；利润24.54亿元，同比增长10.74%。主营业务收入居全国第1位。

葡萄酒主营业务收入244.78亿元，同比增长0.11%；利润30.29亿元，同比下降5.1%。主营业务收入居全国第1位。

【b. 行业动态】

1、发展速度明显放缓。

2014年，山东省食品工业主营收入、利税、利润3大指标增长均低于同期。12个优势行业中，谷物、禽类屠宰、牲畜屠宰、肉制品、水产品、蔬菜、白酒7个行业主营收入、利润增长均低于同期，食用植物油、乳制品主营收入增长高于同期。白酒主营收入五年来首次低于两位数，利润首次出现负增长；葡萄酒主营收入、利润继2013年持续下跌。发展速度放缓的主要原因：一是全国经济发展放缓，消费不旺；二是各地严格执行中央八项规定，公款消费锐减，以及企业集团消费减少，高档白酒、葡萄酒、高档滋补食品、海珍品、节日时令食品销量明显减少，特别是集团消费取消，影响很大，导致企业效益下降。

部分优势产品产量增长明显低于全国平均水平，

与部分省差距缩小。

2014年，小麦粉产量全国同比增长4.76%，山东省仅为1.78%，产量居全国第2位（河南省第1），而小麦粉生产大省安徽省同比增长16.86%、江苏省同比增长14.67%、河北省同比增长11.17%；食用植物油产量全国同比增长6.65%，山东省同比下降5.58%，产量居全国第一位。而产量居全国第2位的天津市同比增长21.93%，居第3位的湖北省同比增长13.72%；鲜、冷藏肉全国产量同比增长4.86%，山东省同比下降1.98%，产量居全国第1位。居全国第2位的河南省同比增长6.74%，第3位的四川省同比增长2.91%；最典型的是冷冻水产品加工，无论是产量还是效益，多年来山东省居于全国首位，但今年却遭遇滑铁卢。冷冻水产品产量全国同比增长5.39%，山东省同比下降0.98%（连续三年下降），第1位广东省增长13.9%，第2位浙江省增长11.69%，第3位福建省增长7.81%。山东省在全国的排名由多年来的第1位降至第5位，广东省由2013年的第5位跃居第1位。

2、食品出口形势趋于好转。

2014年，山东省食品出口121.53亿美元，同比增长3.53%，增速同比提高了3个百分点。部分重点产品出口呈现较大增长，冻畜禽肉出口额同比增长30%、冻水产品同比增长5.08%、冷冻蔬菜同比增长12.06%、干果及坚果同比增长3%。

3、部分行业异军突起，效益明显上升。

2014年，山东省营养食品主营收入88亿元，同比增长29.32%，利润8.96亿元，同比增长16.97%；饼干主营收入157.7亿元，同比增长15.54%，利润11.8亿元，同比增长13.35%；冷冻食品主营收入56.68亿元，同比增长25.6%，利润4亿元，同比增长39.4%。还有一些小品种食品，如豆制品、蛋制品、糖果等效益都很好，主营收入、利润增长均保持了两位数增长。这表明大众消费食品、营养食品市场前景广阔。

【c. 大事记】

4月2日，召开了山东省食品工作会议和山东省食品工业协会七届三次理事会。山东省食品工作会议，主要是贯彻党的十八届三中全会和山东省经济、信息工作会议精神，通报了2013年山东省食品工业运行情况，对2014年山东省食品工作提出了总体要求。

6月，认真贯彻落实山东省人民政府2014年食品安全工作的指示精神，广泛开展食品安全科普宣传，配合山东省食品药品监督管理局组织龙头企业参加了山东省2014年食品安全宣传周暨食安山东食品企业质量诚信联盟启动仪式。

7月，根据山东省政府和山东省经信委的安排，完成了《山东省食品产业转型升级实施方案》的编制工作已由山东省人民政府批准发布。

8月7–9日，组织召开了山东省白酒评委年会。组织申报中国白酒大师、中国白酒工艺大师、中国白酒评酒大师评审工作，山东省有15名白酒行业专家获此殊荣。成立山东省食品工业协焙烤食品与糖制品分会。组织山东省企业参加山东、黑龙江、吉林三省调味品战略联盟成立大会，并参观考察了黑龙江、吉林重点企业。

5月–11月，为加大品牌建设和市场开拓力度。组织了第七届山东省食品行业十大品牌企业评价活动;组织举办了济南国际食品博览会和中国北方国际（青岛）食品添加剂及配料展览会，积极参与“好品山东”系列活动。

12月，山东省调味品专业委员会在潍坊召开了年会。组织山东食品企业参加了中国食品工业协会组织的“上海国际食品博览会”。

【d. 品牌建设和创优工作】

1、山东得利斯食品股份有限公司等18家企业的产品荣获2014年山东省名牌产品，名单如下：

2014年度山东名牌产品认定名单

认定范围	序号	行政区划	单位名称	产品名称	品牌
冷冻调理肉制品	1	潍坊市	山东得利斯食品股份有限公司	速冻调制食品	
	2	威海市	山东好当家海洋发展股份有限公司	速冻调制食品	
	3	威海市	荣成泰祥食品股份有限公司	冷冻调理肉制品	
	4	烟台市	蓬莱京鲁渔业有限公司	速冻调制食品（东道煮肉丸）、冷冻调理水产品	
	5	潍坊市	山东惠发食品股份有限公司	速冻调制食品	
	6	潍坊市	诸城外贸有限责任公司	速冻调制食品	
	7	菏泽市	山东神舟食品集团有限公司	速冻调制食品	神舟
	8	聊城市	山东凤祥股份有限公司	冷冻调理鸡肉制品	
	9	威海市	荣成波德隆食品有限公司	冷冻调理肉制品	
	10	烟台市	山东春雪食品有限公司	冷冻调理鸡肉制品	春雪
姜、蒜加工制品	11	莱芜市	山东省万兴食品有限公司	脱水蒜粒、姜粒、蒜粉	姜老大
	12	威海市	威海市宇王集团有限公司	姜汁口服液	宇王
	13	济宁市	金乡县成功果蔬制品有限公司	黑蒜	成功人
	14	济宁市	山东宏大食品股份有限公司	黑蒜	宏万年
	15	泰安市	泰安泰山亚细亚食品有限公司	即食黑大蒜制品	九洲丰园
果类制品（枣制品、板栗制品）	16	聊城市	山东东阿阿胶保健品有限公司	阿胶金丝枣	
	17	青岛市	青岛康大食品有限公司	板栗制品	康大
	18	临沂市	山东绿润食品有限公司	板栗及其制品	绿润

2、根据《山东省著名商标认定和保护办法》及有关规定，山东省共有90件山东省食品工业产品注册商标被评为山东省著名商标，具体名单如下：

山东省著名商标名单（90件）

序号	申请单位	注册商标	注册证号	认定商品或服务
1	济南普利思矿泉水有限公司	普利思	4845152	水（饮料）
2	济南超意兴餐饮有限公司	超意兴及图	1153764	快餐馆
3	济南君乐乳业食品有限公司	夏君樂	694060	冰块；冰糕；冰淇淋
4	济南舜平蔬菜果品有限公司	舜平及图	6835830	新鲜蔬菜
5	山东银鹰炊事机械有限公司	福鹰及图	7466790	和面机；馒头机；家用切菜机
6	山东汇友金核桃食品有限责任公司	汇友及图	3969080	果汁饮料（饮料）
7	济南鲁汇佳瓜果蔬菜专业合作社	鲁汇佳及拼音	7951876	西瓜
8	济阳县垛石镇蔬菜协会	垛石番茄及图	8526933	番茄
9	商河县农产品协会	商河大蒜	8323653	大蒜
10	青岛啤酒股份有限公司	青岛啤酒 奥古特	6847814	啤酒
11	青岛鲁海丰食品集团有限公司	鲁海丰及图	5473012	鱼制食品；虾（非活）
12	青岛花帝食品配料有限公司	大厨四宝及图	6636834	调味品；咖喱粉（调味品）；姜（调味品）
13	青岛康大食品有限公司	康大及图	5594926	糖炒栗子；鸡肉产品
14	裕龙集团有限公司	裕龙及图	3568469	速冻菜；泡菜、酸菜
15	青岛宝丰食品有限公司	河田	6074084	水产罐头
16	青岛鲁林脱水蔬菜有限公司	鲁林及图	6008056	脱水菜；蔬菜汤剂；干蔬菜
17	青岛涵雪饮品有限公司	涵雪及图	3120811	茶
18	青岛皇润食品有限公司	皇润及图	4225784	饼干；饼干（曲奇）；薄烤饼
19	青岛华裕庄园葡萄酒有限公司	华裕HUAYU	4168634	葡萄酒
20	胶州市里岔黑猪研究开发中心	里岔黑猪及图	8804592	活猪
21	青岛骊龙葡萄酿酒有限公司	怡龙	4678358	葡萄酒
24	青岛名崂生态茶业有限公司	名崂	6660207	茶
22	李沧区豹云峰茶行	豹云峰及图	5375619	茶；茶叶代用品

序号	申请单位	注册商标	注册证号	认定商品或服务
23	青岛冠雄工贸有限公司	金家口及图	7924299	新鲜蔬菜
24	青岛胶河源农产有限公司	胶河源及图	6608422	新鲜蔬菜
25	青岛保税区康福莱国际贸易有限公司	贝贝之星及图	6033980	速冻蔬菜
26	青岛锦记实业有限公司	奥帆AOFAN	5548494	紫菜
27	青岛洪国葡萄专业合作社	曲家庄及图	6759445	葡萄
28	山东巧媳妇食品集团有限公司	巧媳妇及图	6592172	酱油；醋；豆酱（调味品）
29	山东布莱凯特黑牛科技股份有限公司	布莱凯特BLCATTLE	7066796	肉（牛肉）
30	山东祥和乳业有限责任公司	祥和庄园及图	7495260	牛奶；牛奶制品
31	滕州市鼎盛酿造有限责任公司	鼎盛及图	309685	酱油；食醋
32	滕州市康霸冷食有限责任公司	康霸及图	1408727	冰糕；冰棍；冰淇淋
33	山东汉诺庄园酿酒有限公司	汉诺庄园及图	6831626	葡萄酒
34	山东绿洲醇食品有限公司	鹤宝及图	7825745	牛奶饮料（以牛奶为主的）
35	烟台市崆峒岛实业有限公司	崆峒岛及图	1012933	水产品（海参）
36	欧瑞传动电气股份有限公司	EURA Drives	6308805	交流变频器
37	烟台威斯诺查尔斯酒业有限公司	西夫拉姆及图	5046348	葡萄酒
38	烟台开发区天源水产有限公司	蓬莱阁及图	3717705	活鱼；海参（活的）
39	山东米特肉业有限公司	米特及图	6098732	猪肉
40	龙口市龙金花植物油有限公司	龙金花及图	4797548	食用油
41	龙口市汇源果蔬有限公司	图形	6922718	苹果
42	莱州明波水产有限公司	明波及图	6952207	活鱼；鱼卵
43	山东鲁花集团有限公司	鲁花及图	4442199	食用醋
44	山东健源食品有限公司	图形	4353311	粉丝（条）
45	烟台杏源工贸有限公司	杏源	5285977	果醋饮料（不含酒精）
46	潍坊正泓食品有限公司	正泓食品及图	6325936	蜜饯；精制坚果仁；加工过的花生
47	山东华昌食品科技有限公司	美比特及图	5660605	肉；猪肉产品；油炸丸子
48	诸城市天福食品有限公司	清福园及图	5917470	加工过的花生；加工过的瓜子；加工过的松子
49	山东菜央子盐场	雪玉春	270583	原盐
50	昌邑市大姜协会	昌邑大姜	8204416	生姜
51	高密市惠德农产品有限公司	惠和及图	5023322	鲜食用菌
52	山东春冠食品有限公司	春冠食品及图	5763840	鹅（非活的）
53	山东省兖州市兴达酒业有限公司	运河之都	4358320	白酒
54	泗水县锦川花生食品有限公司	锦川及图	6163676	加工过的花生
55	山东宏河圣齐生物工程有限公司	圣琪	3417665	酵母；调味品
56	山东肥城精制盐厂	鲁祥及图	656131	盐
57	泰安市正大油脂有限公司	鲁统	8078977	食用油
58	山东裕利蔬菜股份有限公司	伟然WEIRAN	4289399	新鲜蔬菜；食用植物根
60	山东信伟粮油实业有限公司	得味居及图	6829392	加工过的花生
61	山东凤城酒业有限公司	嬴城YINGCHENG	6233935	酒（利口酒）；果酒（含酒精）
62	山东莱芜泰顺斋食品有限公司	TAISHUNZHAI及图	6668115	香肠
63	临沂江泉肉制品有限公司	江泉及图	3603818	火腿；猪肉食品
64	山东嘉世通粮油制品有限公司	嘉世通及图	3436891	加工过的花生
65	山东世纪春食品有限公司	世纪春及图	6673799	精制坚果仁
66	临沂大源生物科技有限公司	沂蒙丽珠	4656363	米
67	临沂市家家旺食品有限公司	和派	7472051	罐装水果
68	山东蒙山龙雾茶业有限公司	蒙山龙雾及图	3032525	茶；茶叶代用品
69	山东省赛博特食品有限公司	赛博特及图	6636956	鲜水果
70	苍山县九和韭菜种植专业合作社	九和及图	7631476	新鲜蔬菜
71	临沂惟一斋酱园	惟一斋及图	987551	豆豉；酱油；食醋
72	沂南县孙祖小米种植专业合作社	孙祖及图	7338683	米（小米）
73	山东郯城酒厂	古郯	248482	酒
74	山东樱旺食品有限公司	樱旺	5788958	豆沙

序号	申请单位	注册商标	注册证号	认定商品或服务
75	山东金田生物科技有限公司	金田及图	6255059	食用葡萄糖
76	山东省恒兴油脂有限公司	鑫众及拼音	4707837	食用油；芝麻油
77	山东福洋生物科技有限公司	图形	7734096	食用淀粉
78	宁津县顺发制粉有限公司	华玉	5034534	面粉
79	德州乡盛食品有限公司	乡盛及图	4009675	肉；火腿；咸肉
80	聊城市立海冷藏有限公司	立海及图	3229199	板鸭
81	山东宴宝食品工业有限公司	宴宝	1988402	杏仁露；水果饮料
82	山东省高唐蓝山集团总公司	沙土地及图	6080966	食用油（花生油、大豆油）
83	山东香驰粮油有限公司	天下五谷	7613916	食用油
84	山东惠民龙凤面粉有限公司	惠人及图	3983672	面粉；面粉制品
85	阳信县华阳清真肉类有限公司	华阳及图	6143121	肉；牛肉清汤
86	无棣县华龙食品有限公司	华硕及图	7003912	蜜饯；干枣；加工过的花生
87	山东沾化浩华果汁有限公司	枣儿乐及图	7129195	果汁
88	山东无棣精盐厂	巨峰及图	337441	食盐
89	山东省巨野菏雪面粉有限公司	菏雪	750630	面粉
90	菏泽富仕达食品有限公司	富仕达	5838476	肉（羊肉、兔肉）

3、第七届山东省焙烤食品行业十大品牌企业名单

青岛食品股份有限公司
济南益康食品厂有限公司
青援食品有限公司
山东鼎福食品有限公司
马奇（山东）食品有限公司
山东婴儿乐股份有限公司
济南稻香园食品有限公司
山东周村烧饼有限公司
淄博万家乐食品有限公司
山东喜上笑食品有限公司

4、第七届山东省调味品行业十大品牌企业名单

山东巧媳妇食品集团有限公司
烟台欣和味达美食品有限公司
山东玉兔食品有限责任公司
济南德馨斋食品有限公司
青岛灯塔酿造有限公司
济宁玉堂酱园有限责任公司
富氏食品（中国）有限公司
淄博川鹰酿造有限责任公司
瑞福油脂股份有限公司
青岛春明调味品有限公司

5、第七届山东省肉制品行业十大品牌企业名单

（1）畜肉制品
临沂新程金锣肉制品集团有限公司
烟台市喜旺食品工业发展有限公司
得利斯集团有限公司
青岛波尼亚食品有限公司
荣成宝竹肉食品有限公司
济南黄老泰食品有限公司
淄博市博山馨香食品厂
山东淄博清梅居食品有限责任公司
(2) 禽肉制品
山东德州扒鸡股份有限公司
山东凤祥股份有限公司
青岛康大食品有限公司
兖州市绿源食品有限公司
山东仙坛食品有限公司
沂南县大庄烧鸡有限公司
巨野县承德绿色食品有限公司
荣成市可麦得食品有限公司
沂南县高来德烧鸡有限公司
淄博国梁食品有限公司
山东大海农业发展股份有限公司

6、第七届山东省速冻食品行业十大品牌企业名单

（1）速冻畜禽肉调理食品
三统万福（青岛）食品有限公司
山东新希望六和集团有限公司
山东凤祥食品发展有限公司

青岛康大食品有限公司

山东惠发食品有限公司

诸城外贸有限责任公司

青岛九联集团股份有限公司

山东佳士博食品有限公司

（2）速冻水产调理食品

1、荣成泰祥食品股份有限公司

2、蓬莱京鲁渔业有限公司

3、烟台海和食品有限公司

4、恒茂实业集团有限公司

5、荣成南光食品有限公司

（3）速冻米面食品

潍坊隆泰食品有限公司

山东朱老大食品有限公司

济南金王食品股份有限公司

7、第七届山东省海参及制品行业十大品牌企业名单

好当家集团有限公司

山东海丰水产有限公司

烟台新海水产食品有限公司

8、第七届山东省乳制品行业十大品牌企业名单

山东得益乳业股份有限公司

山东亚奥特乳业有限公司

济南佳宝乳业有限公司

山东高速生物科技有限公司

山东兴牛乳业有限公司

青岛迎春乐食品有限公司

潍坊紫鸢乳业发展有限公司

山东百慧乳业股份有限公司

济宁三强乳业有限公司

9、第七届山东省粮油制品行业十大品牌企业名单

（1）粮食制品

济南民天面粉有限责任公司

山东半球面粉有限公司

山东永明粮油食品集团有限公司

山东大仓食品股份有限公司

潍坊白浪河食品有限公司

山东佳士博食品有限公司

济宁市长城挂面有限责任公司

（2）食用植物油

山东鲁花集团有限公司

山东龙大植物油有限公司

山东省高唐蓝山集团总公司

山东三星玉米产业科技有限公司

山东香驰粮油有限公司

莱阳齐花特香纯正花生油有限公司

济南康纯食用油有限公司

10、2014 年山东省白酒感官质量金奖、银奖名单

（1）浓香型白酒

金奖

泰山牌 52%vol 五岳独尊酒泰山酒业集团股份有限公司

扳倒井牌 38%vol 扳倒井兰尊酒山东扳倒井股份有限公司

兰陵牌 39%vol 兰陵王酒山东兰陵美酒股份有限公司

天地缘牌 52%vol 天地缘洞藏酒山东天地缘酒业有限公司

孔府家牌 52%vol 孔府家得意酒曲阜孔府家酒酿造有限公司

福瑞牌 52%vol 红色经典福瑞王酒

山东福瑞酒业有限公司

花冠牌 41.8%vol 冠群芳酒花冠集团酿酒有限公司

趵突泉牌 52%vol 趵突泉特酿酒

济南趵突泉酿酒有限责任公司

禹王亭牌 45%vol 国艺品鉴酒山东大禹龙神酒业有限公司

琅琊台牌 52%vol 海派原浆青岛琅琊台酒

青岛琅琊台集团股份有限公司

蒙山牌 52%vol 蒙山老窖酒山东蒙山酿酒有限公司

孔府宴牌43%vol孔府宴封坛老酒孔府宴酒业有限公司

百脉泉牌34%vol百脉泉酒山东百脉泉酒业有限公司

彩山牌38%vol彩山特曲酒山东金彩山酒业有限公司

黄河龙牌52%vol黄河龙1922老酿坊酒

山东黄河龙集团有限公司

颐阳牌52%vol文登学酒山东颐阳酒业有限公司

温河牌36%vol绵柔温河王酒山东温河酒业有限公司

乾隆杯牌50%vol乾隆杯御贡酒

山东昌邑乾隆杯酒业有限责任公司

孔府泉牌52%vol经典孔府泉酒

曲阜市孔府酒坊酒业有限公司

尧王牌35%vol尧王醇特曲酒

山东日照尧王酒业集团有限公司

大山特牌42%vol大山特酒山东万德酒业集团有限公司

金贵牌38%vol和为贵酒山东金贵酒业有限公司

沂蒙老区牌36%vol贵人道酒山东沂蒙老区酒业有限公司

四君子牌52%vol四君子V9酒山东四君子集团有限公司

枣木杠牌52%vol枣木杠酒山东万德酒业集团有限公司

齐民思牌38%vol齐民神曲酒

寿光齐民思酒业有限责任公司

银奖

景阳冈牌38%vol景阳冈绵柔英雄酒山东景阳冈酒厂

心牌38%vol心酒山东济宁欣欣酒业有限公司

欣马牌54%vol欣马特曲酒山东欣马酒业有限公司

南阜牌52%vol南阜王酒青岛酒厂有限公司

范公牌53%vol范公二十年陈酿酒山东范公酒业有限公司

东阿王牌34%vol东阿王酒

山东东阿酒厂（有限责任公司）

石油人牌38%vol石油人喜庆酒山东石油人酒业有限公司

钢山牌42%vol金钢山活泉洞藏酒山东金钢山酒业有限公司

沂蒙山牌38%vol沂蒙山红色经典酒

山东沂蒙山酒业有限公司

洛北春牌32%vol洛北春酒山东洛北春集团有限公司

密州牌38%vol密州洞藏酒山东诸城密州酒业有限公司

孟尝君牌38%vol孟尝君富贵红酒山东孟尝君酒业有限公司

今缘春牌36%vol今缘春珍品九号酒

滕州今缘春酒业有限公司

汶阳春牌52%vol汶阳春酒山东汶阳春酒业有限公司

大成殿牌46%vol老味道酒山东成武永康酒厂

（2）芝麻香白酒

金奖

景芝牌53%vol一品景芝酒山东景芝酒业股份有限公司

国井牌52%vol国井G9酒山东扳倒井股份有限公司

水浒牌52%vol水浒108酒山东郓城水浒酒业有限公司

银奖

杨湖牌52%vol杨湖青花瓷酒山东杨湖酒业有限公司

（3）酱香型白酒

金奖

古贝元牌53%vol古贝元酒古贝春集团有限公司

云门牌53%vol云门陈酿酒

山东青州云门酒业（集团）有限公司

龙琬牌 53%vol 龙琬重酿酒山东秦池酒业有限公司

（4）兼香型白酒

金奖

红太阳牌 38%vol 红太阳复合香酒山东红太阳酒业有限公司

银奖

趵突泉牌 45%vol 趵突泉酒济南趵突泉酿酒有限责任公司

云门牌 46%vol 云门洞藏酒

山东云门酒业（集团）有限公司

（5）清香型白酒

金奖

天地缘牌 52%vol 天地缘十年洞藏酒

山东天地缘酒业有限公司

（6）其他香型白酒

金奖

景芝牌 38%vol 景芝清雅陈香酒山东景芝酒业股份有限公司

景芝牌 52%vol 景芝清雅陈香酒山东景芝酒业股份有限公司

11、2014 年山东省焙烤食品感官质量金奖、银奖名单

（1）月饼

金奖

益利思牌葡萄软月月饼济南益康食品厂有限公司

稻香园牌苏式玫瑰月饼、提浆五仁月饼

济南稻香园食品有限公司

钟鼎楼牌五仁月饼、蛋黄莲蓉月饼

山东喜上笑食品有限公司

银膳牌苏式玫瑰花月饼、红枣鲁月月饼

淄博万家乐食品有限公司

冠中华盛牌一品五仁月饼、蛋黄莲蓉月饼

济南华盛食品有限责任公司

麦田牌麦田五仁月饼、麦田蛋黄月饼

潍坊麦田食品有限公司

世纪新日牌五仁月饼、莲蓉蛋黄月饼

山东朝阳食品有限公司

沙漠绿洲牌五仁月饼滨州市绿洲食品有限公司

一大牌莲蓉蛋黄月饼济南一大食物有限责任公司

天宝宜家牌天宝五仁月饼博兴县天宝食品有限公司

赵古城牌古城大白皮月饼蒙阴古城食品有限公司

好东兴牌白莲蓉蛋黄月饼、精品五仁月饼、椒盐月饼

临清市好东兴食品有限责任公司

银奖

秋香牌浓郁枣香月饼、上等五仁月饼

山东秋香食品有限公司

婴儿乐牌蜜制五仁月饼、八宝月饼

山东婴儿乐股份有限公司

川蜜牌经典川蜜月饼济南川蜜食品有限责任公司

（2）饼干

金奖

青食牌钙奶饼干青岛食品股份有限公司

青援牌就那味桃酥饼干青援食品有限公司

鼎福牌黄金小小酥饼干山东鼎福食品有限公司

婴儿乐牌胡萝卜素饼干、牛奶加钙饼干

山东婴儿乐股份有限公司

正航牌宝贝星钙奶饼干、奶油苏打饼干、乖乖兔饼干

马奇（山东）食品有限公司

雪婷版金口福桃酥山东雪婷食品有限公司

周村牌周村烧饼山东周村烧饼有限公司

（3）中式糕点

金奖

益利思牌桃酥（蛋奶酥）济南益康食品厂有限公司

一大牌桃酥济南一大食物有限责任公司

正航牌老桃酥马奇（山东）食品有限公司

秋香牌秋香酥山东秋香食品有限公司

银奖

赵古城牌古城桃酥蒙阴县古城食品有限公司

好东兴牌绿豆糕临清市好东兴食品有限责任公司

东得利牌宫廷芝麻酥淄博东得利食品有限公司

益锦牌黄金酥山东益锦食品有限公司

（4）面包

金奖

东得利牌毛毛虫面包淄博东得利食品有限公司

爱麦粒牌手撕红豆面包聊城市天祥食品有限公司

12、2014 年山东省调味品感官质量金奖、银奖名单

（1）酱油

金奖

巧媳妇牌绿酿原汁酱油山东巧媳妇食品集团有限公司

shnho 牌（欣和）六月鲜特级酱油

烟台欣和味达美食品有限公司

德馨斋牌原汁酱油济南德馨斋食品有限公司

鲁花牌自然鲜酱香酱油山东鲁花生物科技有限公司

玉兔牌绿酿原汁酱油山东玉兔食品有限责任公司

新汶牌特级酱油新泰市新汶食品酿造有限公司

好太太牌味极鲜酱油富氏食品（中国）有限公司

灯塔牌特级酱油青岛灯塔酿造有限公司

抱犊牌枣庄辣子鸡专用酱油

枣庄市抱犊调味品有限责任公司

鸿兴源牌金标生抽酱油山东鸿兴源食品有限公司

川鹰牌芦笋酱油淄博川鹰酿造有限责任公司

银奖

春明牌味极鲜酱油青岛春明调味品有限公司

居易牌富硒酱油济南居易酿造有限公司

豆花香牌豆花香特级酱香酱油山东华王酿造有限公司

正堂牌特级酱油淄博正堂酿造有限公司

环球牌味极鲜酱油、黄豆酱油、原汁酿造酱油

德州环球酿造有限责任公司

鸿兴源牌金标老抽酱油山东鸿兴源食品有限公司

四海牌原汁酱油威海四海酿造有限公司

鼎盛牌味极鲜酱油滕州市鼎盛酿造有限责任公司

山口牌特酿酱油山东山口生物发展股份有限公司

齐鲁牌味极鲜酱油淄博齐鲁酿造有限公司

宝凤牌特级酱油淄博宝凤食品有限公司

武定府牌经典原汁酱油山东武定府酿造有限公司

滨胜牌黄豆酱油山东滨州滨胜酿造有限公司

（2）食醋

金奖

巧媳妇牌小米醋山东巧媳妇食品集团有限公司

鲁花牌黑糯米醋山东鲁花生物科技有限公司

灯塔牌灯塔米醋青岛灯塔酿造有限公司

玉兔牌黑糯米醋山东玉兔食品有限责任公司

德馨斋牌五粮米醋济南德斋馨食品有限公司

好太太牌陈香米醋富氏食品（中国）有限公司

王村牌王村醋山东华王酿造有限公司

居易牌菊花醋济南居易酿造有限公司

正堂牌博山醋淄博正堂酿造有限公司

春明牌米醋青岛春明调味品有限公司

山口牌山口伏香醋山东山口生物发展股份有限公司

齐鲁牌齐鲁高粱醋淄博齐鲁酿造有限公司

武定府牌经典原汁醋山东武定府酿造有限公司

滨胜牌五粮米醋山东滨州滨胜酿造有限公司

银奖

抱犊牌香醋枣庄市抱犊调味品有限责任公司

shnho 牌（欣和）原浆米醋（醯官醋）

济南宜和食品有限公司

环球牌五粮醋、香陈醋、米醋

德州环球酿造有限责任公司

鸿兴源牌山西老陈醋山东鸿兴源食品有限公司

鼎盛牌陈酿食醋滕州市鼎盛酿造有限责任公司

宝凤牌黑糯米醋淄博宝凤食品有限公司

（3）酱类

金奖

葱伴侣牌 6 月香豆瓣酱山东欣和食品工业有限

公司

四海牌四海豆面酱威海四海酿造有限公司

德馨斋牌精制甜面酱济南德斋馨食品有限公司

巧媳妇牌绿酿老酱（豆瓣酱）山东巧媳妇食品集团有限公司

鼎盛牌甜面酱滕州市鼎盛酿造有限责任公司

环球牌甜面酱德州环球酿造有限责任公司

春明伟业牌深海猛虾酱青岛春明调味品有限公司

银奖

荣鼎牌芝麻酱济南荣鼎香油开发营销有限公司

四海牌黄豆酱威海四海酿造有限公司

柏兰牌辣椒酱青岛柏兰集团有限公司

思顿特牌学生酱淄博一家亲食品有限公司

（4）酱菜

金奖

玉堂牌玉堂酱花生仁山东玉堂酱园有限责任公司

武定府牌酱花生仁山东武定府酿造有限公司

三斋食品牌三斋酱菜山东三斋酱菜食品有限公司

春明牌春明伟业香腐乳青岛春明调味品有限公司

惟一斋牌八宝豆豉临沂惟一斋酱园

银奖

文心牌白糖蒜莒县文心食品酿造有限公司

春明牌春明伟业海带丝青岛春明调味品有限公司

一家亲牌油辣芥丝淄博一家亲食品有限公司

鸿兴源牌老坛酸辣菜山东鸿兴源食品有限公司

武定府牌酱磨茄、酱莴笋山东武定府酿造有限公司

（5）固体调味料

金奖

鸿兴源牌鸡精山东鸿兴源食品有限公司

乐家客牌调味料乐陵市乐家客食品有限公司

紫荆花牌紫荆花鸡粉济南家家乐味精有限公司

银奖

鸿兴源牌和谐草本火锅底料山东鸿兴源食品有限公司

紫荆花牌紫荆花鸡精、排骨精济南家家乐味精有限公司

（7）香油

金奖

崔字牌小磨香油瑞福油脂股份有限公司

柏兰牌香油青岛柏兰集团有限公司

荣鼎牌小磨香油济南荣鼎香油开发营销有限公司

【e. 市场开拓】

1、1月在潍坊举办了第九届中国食品年货会

2、5月在济南举办了济南国际食品博览会

3、8月在青岛举办了中国北方国际（青岛）食品添加剂及配料展览会，

4、12月组织山东食品企业参加了中国食品工业协会组织的“上海国际食品博览会”。

【f. 科技进步和科研成果】

2014年山东省有三家企业荣获“2011-2013年度”中国食品工业协会科学技术奖

1、一等奖

山东扳倒井股份有限公司－国井白酒功能性微生物复合菌的研究

2、二等奖

（1）好当家集团有限公司－酶法制备海蜇ACE抑制肽的关键技术及应用开发

（2）荣成泰祥食品股份有限公司－鱼糜废水净化及蛋白分级等电促沉回收工艺技术

赵纪文、张锋国、信春晖等三人荣获2014全国食品工业科技创新卓越领导者及工作者。

【g. 主要经济指标（数据）】

2014年全省规模以上食品工业主要产品产量

产品名称	单位	汇总企业数（个）	本月累计	累计增幅%
原盐	吨	61	18125172.73	-6.34
小麦粉	吨	314	23942663.32	1.78
大米	吨	14	543115.53	13.68
饲料	吨	413	34683349.87	4.38
其中：配合饲料	吨	241	21904143.65	4.69

产品名称	单位	汇总企业数（个）	本月累计	累计增幅%
混合饲料	吨	103	7246092.53	6.92
精制食用植物油	吨	204	8613660.95	-5.58
成品糖	吨	1	3097.19	-13.4
鲜、冷藏肉	吨	296	9874311.06	-1.98
冷冻水产品	吨	136	1154646.26	-0.98
糖果	吨	18	334448	37.61
速冻米面食品	吨	17	49277	-29.12
方便面	吨	14	371370.16	-18.76
乳制品	吨	48	2127514.35	-20.58
其中:液体乳	吨	43	2029923.21	-21.66
乳粉	吨	6	33794.14	32.01
罐头	吨	71	1062793.41	-3.72
酱油	吨	31	808108.39	5.52

产品名称	单位	汇总企业数（个）	本月累计	累计增幅%
冷冻饮品	吨	10	145688	-23.2
食品添加剂	吨	56	1667565.25	14.94
发酵酒精(折96度，商品量)	千升	9	410317	26.09
饮料酒	千升	225	9114623.03	5.46
白酒（折65度，商品量）	千升	130	1181429.14	-9.99
啤酒	千升	42	7405649.89	8.36
葡萄酒	千升	48	392306.35	-2.4
软饮料	吨	81	6490737.57	3.31
其中:碳酸饮料类(汽水)	吨	6	603990	-1.13
包装饮用水类	吨	33	4229753.95	20.12
果汁和蔬菜汁饮料类	吨	24	723613.92	-36.57
精制茶	吨	18	2504.27	2.08

庄永辉

3.9 广东省

【a. 概况】

2014 年，在国民经济由高速增长转入中高速增长的新常态下，广东省食品工业认真贯彻落实省委、省政府决策部署，坚持稳中求进总基调，转型升级新思路，创新发展新举措，全省食品安全总体稳定、向好，生产、流通领域保持了平稳增长，整体呈现出“有效增长，结构改善，效益提高”的稳定发展态势。

全省食品工业规模以上企业实现生产总值 6620.26 亿元，占广东地区生产总值的 9.85%，约占全国食品工业总产值的 6%；实现主营业务收入 6161 亿元，同比增长 7.73%，居山东、河南、湖北、江苏、四川之后，列全国第 6 位。

1、发展特点

（1）注重经济效益，食品工业保持稳定发展。全省食品工业总产值与农业总产值之比为 1.26/1，比全国平均水平高 0.21 个百分点。食品工业实现利润总额增长率较全国平均水平高 4.8 个百分点，全国占比为 6.43%；全年上缴税金总额增长率较全国平均水平高 3.4 个百分点，全国占比为 6.34%；主营业务收入利润率比全国平均水平高 0.95 个百分点，食品工业效益规模继续扩大。在全国食品工业各省（直辖市、省治区）中，广东食品工业税收、利润总额在主营业务收入前 10 位各省区均列第 4 位。

（2）加强品牌建设，食品质量水平稳步提高。广东食品工业企业注重品牌建设，在《品牌观察》发布的 2014 年中国最有价值品牌 500 强榜单中，广东食品品牌占全国 20%，位居第 1。全省共有中国驰名商标近 50 个；全省 146 个食品类产品被认定为 2014 年广东省名牌产品（农业类），全省 140 个食品类商标被认定为 2014 年广东省著名商标。全年全省食品监督检验抽查合格率约为 95%。

（3）结构调整改善，转型升级成为行业发展引擎。全省食品工业依据产业政策和行业发展重点，加大淘汰落后产能，加快调整产业结构，促进了行业结构的优化。全省食品制造业主营业务收入占食品工业主营业务收入的 29.35%，高于全国平均水平 10.74 个百分点，排名在全国前位。全省拥有广东肇庆星湖生物科技股份有限公司、广州珠江啤酒集团有限公司、广东中烟工业有限责任公司、广东温氏食品集团有限公司等 4 家国家级企业技术中心和 38 家省级企业技术中心，企业自主创新能力有效提高。

2、工业生产

全省食品工业工业增加值 1848.79 亿元，同比增长 6.9%，比全国食品工业低 0.9 个百分点；其中农副食品加工业，食品制造业，酒、饮料和精制茶制造业，烟草制品业工业增加值分别为 496.14 亿元、703.23 亿元、307.82 亿元、341.60 亿元，同比增长 8.3%、6.7%、5.4%、6.3%。

3、市场销售

2014 年，全省实现食品工业销售产值 6400.36 亿元，同比增长 7.43%，产销率为 96.68%；内销率为 95.14%，同比增长 0.31 个百分点。其中农副食品加工业，食品制造业，酒、饮料和精制茶制造业，烟草制品业同比增长 8.1%、7.7%、9.3% 和 4.6%；全省限额以上批发零售业粮油食品、饮料烟酒类零售额 1045.34 亿元，增长 10.5%。

4、经济效益

全省食品工业实现利润总额 487.4 亿元，主营业务收入利润率为7.91%，其中农副食品加工业，食品制造业，酒、饮料和精制茶制造业，烟草制品业分别为102.62亿元、256.30亿元、83.22亿元、45.26亿元，同比增长-3.9%、11.0%、13.7%和3.1%。全省食品工业实现税金总额586.03亿元，其中农副食品加工业、食品制造业、酒、饮料和精制茶制造业、烟草制品业分别为36.44亿元、120.53亿元、74.00亿元、255.06亿元，同比增长12.1%、12.9 %、8.8%和8.8%。

5、企业规模

全省食品工业生产许可获证企业16815家，其中食品工业规模以上企业1846家，10亿元以上企业近百家。

6、食品出口

2014年，广东省规模以上食品工业出口交货值为310.80亿元，其中农副食品加工业出口交货值为209.90亿元，同比增长0.1%；食品制造业出口交货值88.21亿元，同比增长3.5%；酒、饮料和精制茶制造业出口交货值为10.73亿元，同比下降16.2%；烟草制品业出口交货值为1.96亿元，同比下降45.4%。根据广东出入境检验检疫局数据统计，截止至2014年底，全省出口食品备案企业1118家，其中首次申请广东检验检疫局出口食品备案的企业109家；通过风险排查，全年注销73家出口食品企业备案资格。

2014年广东月饼出口近1300吨，货值突破1000万美元，同比略有增长。其中中山地区出口月饼975.7吨、990.6万美元，同比分别增长25.8%和71.4%，创历史新高。“广东制造”月饼主要销往美国、加拿大、澳大利亚等19个国家和地区。其中，北美是广式月饼出口的主销地，占出口量一半以上。广东水产品出口产量48.17万吨，同比下降4.44%，占出口总量11.57%，居全国第5位；出口金额32.72亿美元，同比下降1.74%，占出口总额的15.08%，居全国第3位。湛江养殖的水产品出口量和货值均位居全国地级市首位，全年共出口水产品7016批，12.28万吨，出口货值9.88亿美元，出口量连续9年突破10万吨，出口货值同比增长1.3%，创历史最高记录。汕头辖区报检出口糖果4636批，重量68016吨，货值1.74亿美元。同比分别增长24.5%、26.4%和21.15%。糖果出口市场扩大到123个出口国家和地区。出口品种主要有抛光糖果、水果味软糖、牛奶糖、充气糖果、压片糖果、巧克力、可可制品等。

7、固定资产投资

全省食品饮料制造固定资产投资556.17亿元，农副食品加工业、食品制造业固定资产投资同比增长27.5%、55.1%。全省食品饮料制造技术改造投资增速超过30%。

重点项目开工建设进展顺利，极大地提高了全省食品工业的竞争力。如首期投资10亿元、年产能达14.5万吨的清远加多宝饮料有限公司一期工程建成投产，年灌装量1950万箱。清远厂建成投产使加多宝在广东地区的布局具有显著的竞争优势。广州珠江啤酒集团有限公司投资约6000万元在湛江建成的首条易拉罐线啤酒生产线正式投产。该项目达产后可新增易拉罐啤酒产能5万吨，新增税收约4200万。广东厨邦食品有限公司在中山火炬（阳西）产业转移工业园投资15亿元，占地1024亩的首期工程正式投产。项目建成后将成为我国最大型的调味品及相关食品的生产基地之一，同时吸引和带动一批配套企业，在中山火炬（阳西）产业转移园形成一个调味食品产业链群。雅士利国际集团有限公司自2013年投资2.2亿纽币（约11亿元人民币），在位于Waikato（新西兰北岛怀卡托）的海外生产基地抓紧建设，将于2015年全面量产，预计年产婴幼儿奶粉5万吨，投产后产能将提升60%。

土地资源、原材料缺乏和广东人过于“务实”及“小富即安”的经营理念制约广东食品工业发展。全省食品工业尚无过千亿元的粮食加工、食用植物油加工、焙烤食品制造、调味品、发酵制品制造、烟草、畜禽制品加工等行业和主营业务过300亿元的食品工业企业。

【b. 大事记】

2月11日，佛山市海天调味食品股份有限公司在上海证券交易所上市，首次公开发行A股股票。发行新股所募集约 18 亿元资金，将投入海天高明 150 万吨酱油调味品扩建工程，力争酱油及调味酱总产能达到 215 万吨。

3 月 7 日，广东省食品行业协会、广东省医药行业协会联合主办的“坚决落实习近平总书记关于确保食品药品安全重要指示动员大会暨加快产业品牌建设，推进转型升级研讨会”在广州召开。

3 月 12 日，广州王老吉药业股份有限公司在其厂区内举办记载王老吉凉茶历史、传承与发展的画册——《真实的故事》首发仪式暨王老吉科普教育基地——吉园开园典礼。

3 月 14 日，广东省民政厅、广东省预防腐败局在广州举行“百家省级社会组织食品安全诚信倡议”仪式。

3 月 15 日，省食协参加在广州英雄广场举行的以“新消法、新权益、新责任”为主题的 2014 年“3.15”国际消费者权益日暨施行《消费者权益保护法(修订)》宣传咨询活动。

3 月 17 日，省食协印发《广东省食品医药行业品牌建设实施方案的通知》，在全省食品行业强力推进实施品牌战略。

4 月 2 日，首期占地面积 1000 亩，投资 10 亿元的清远加多宝饮料有限公司一期工程正式建成投产。

4 月 16 日，广东省南方食品医药行业评估中心评价组赴广东加多宝饮料食品有限公司开展诚信体系监督评价。认为广东加多宝认真履行了诚信管理体系的要求，体系运行情况良好。

4 月 18 日，广东省食品行业协会组织召开《广东省食品医药行业企业品牌建设实施细则》制定意见征询专家座谈会。修改和完善后组织启动广东省食品医药行业企业品牌建设相关活动。

4 月 20 日，“王老吉大健康产业（雅安）生产基地封顶暨地震科普博物馆启动仪式”在雅安举行。

4 月 24–25 日，广东省南方食品医药行业评估中心评价组赴武汉加多宝饮料有限公司开展了诚信管理体系现场评价。

5 月 12–13 日，广东省南方食品医药行业评估中心组织评价组赴福建加多宝饮料有限公司开展诚信体系现场评价。

5 月 20–22 日，广东省食品行业协会、国家体育总局体育文化发展中心主办，加多宝协办的“中国凉茶文化·中国体育文化全球推广活动·巴西站”启动仪式和大型图片展在巴西举办。

5 月 30 日 –6 月 3 日，第五届中国（道滘）美食文化节暨名优食品展在东莞道滘济川广场举行。

6 月 10 日，由广东省食品安全委员会办公室等单位主办、广东省食品行业协会承办的 2014 年广东省食品安全宣传周活动启动仪式在广州天河城南广场举行。

6 月 13 日，由国家级非物质文化遗产凉茶保护单位——由广东省食品行业协会和南方报业传媒集团、广州医药集团有限公司共同主办的“广东凉茶文化遗产保护论坛暨第二届王老吉凉茶文化节启动仪式”在广州举行。

6 月 17 日，国内首家糖果研发中心——雀巢东莞研发中心正式在徐福记公司内落成。

6 月 30 日，国家工信部消费品工业司在广州召开食品医药行业诚信体系建设和乳品等产业发展座谈会。

7 月 7 日，省食协召开全省重点企业技术改造工作座谈会，帮助企业进一步开展技术改造工作。

7 月 18 日，王老吉投资 3 亿元，规划面积 300 余亩，年产值达 15 亿元的王老吉大健康产业（雅安）生产基地第一期工程正式竣工试产，

7 月 23 日，由中共广东省食品(医药)行业协会委员会、广东省食品行业协会和中共韶关市曲江区委员会、韶关市曲江区人民政府合作共建曲江(广东)食品专业园区的签约仪式在广东举行。

7 月 23 日下午，省食协组织专家对钱东镇盐焗鸡申报资料进行了严格审查。认为钱东镇已具备基本条件，同意向中国食品工业协会推荐申报“中国盐焗鸡之乡”。

8 月 20–21 日，广东省南方食品医药行业评估中心受省食协委托，组织评价组赴广州王老吉药业股份有限公司开展品牌建设评价工作。

8月25日，王老吉基因条形码技术鉴定体系成果发布会在广州举行，同时，全国首家省级凉茶工程技术研究中心也于当日成立并落户王老吉。

8月27日，中国食品工业协会授予“中国盐焗鸡之乡”新闻发布会在北京人民大会堂广东厅举行，广东省饶平县钱东镇被授予“中国盐焗鸡之乡”称号。

8月28日，广东省食品行业协会受广东省著名商标评审委员会委托，召开2014年度广东省著名商标（食品类）行业专家评价会。省食协首次委托广东省南方食品医药行业评估中心组织专家评价。

9月18日，广东省食品（饮食）文化保护与发展委员会、广东省食品（饮食）文化保护与发展专家委员会成立。

10月13日，《广东省经济和信息化委关于印发广东省工业企业技术改造指导目录（试行）的通知》（粤经信技改〔2014〕355号）。提出要发展营养健康型米面制品、杂粮制品、肉制品、水产制品、山茶油深加工及综合开发，以及传统凉茶饮料、果汁、谷物饮料、本草饮料、茶浓缩液、茶粉、植物蛋白饮料等高附加值植物饮料和精深加工制品。

10月17日，广东省食品医药行业品牌建设委员会组织专家对广东省南方食品医药行业评估中心对“王老吉”实施的现场评价情况以及现场评估报告进行评审。认为广州王老吉药业股份有限公司使用的“王老吉”品牌历史悠久，知名度高，同意认定为“食品医药行业著名品牌”和“凉茶品牌始祖”，并予以公示。

10月30日，达能、蒙牛乳业与雅士利于联合签署了一份股份认购协议。根据协议，达能将参与雅士利国际的定向增发。达能将以43.89亿港元收购雅士利国际25%股份，成为雅士利第二大股东。

10月31日，根据评审专家组意见和公示结果，广东省食品医药行业品牌建设委员会认定广州王老吉药业股份有限公司使用的“王老吉”品牌为“食品医药行业著名品牌”，“王老吉凉茶”品牌为“凉茶品牌始祖”。

11月7日，历时3年时间，总投入约5000万元的广东美味鲜调味食品有限公司厨邦酱油文化博物馆正式开馆。该馆是目前中山市企业自办博物馆中规模最大、档次最高的博物馆。

11月14–17日，广东省食协组团参加由国家商务部批准，中国食品工业协会在上海国际展览中心主办的2014中国·上海国际食品博览会。以47个展位成为各省市最大的组团单位，并举办曲江（广东）食品专业园招商推介会等活动。

11月21日，国家主席习近平在新西兰总理约翰.基的陪同下，参观了新西兰农业科技展览会雅士利国际集团有限公司新西兰展馆。习主席与新西兰总理约翰·基共同见证了雅士利在新西兰系列合作项目的签约。

12月1日，经省食协秘书处以函选形式选举，王永辉当选为广东省食品行业协会会长，刘荔琛当选为秘书长。

12月11日，由广东省食药监管局、省公安厅、东莞市人民政府联合主办的第九届石龙食品药品打假协作会议在东莞市石龙镇召开。

12月16日，由广东省食品行业协会、广东省医药行业协会联合申请成立“广东省江山食品医药行业慈善基金会”经省民政厅批准成立。张俊修任董事长。

12月26日，“2014年广东省食品行业协会年会暨产业园区建设座谈会”在广东省召开。

【c. 主要经济指标（数据）】

表1 2014年广东食品工业主要经济指标

行业	工业总产值(亿元)	同比增长(%)	主营业务收入(亿元)	同比增长(%)
农副食品加工业	3016.67	7.8	2886.97	7.2
食品制造业	1969.47	8.8	1801.82	8.2
酒、饮料和精制茶制造业	1173.35	8.4	1047.06	9.0
烟草制品业	460.77	8.2	424.94	6.7

表2 2014年广东省食品工业规模以上企业数

行业	企业数（家）
农副食品加工业	904

行业	企业数（家）
食品制造业	679
酒、饮料和精制茶制造业	252
烟草制品业	11

表$_3$ 2014年广东省食品工业分行业经济指标

行业	工业总产值（亿元）	工业增加值（现价）
农副食品加工业	3016.67	496.14.
谷物磨制	185.67	18.68
饲料加工	1146.60	178.53
植物油加工	674.08	93.77
制糖业	139.68	33.68
屠宰及肉类加工	213.67	39.36
水产品加工	453.81	80.78
蔬菜、水果和坚果加工	118.04	35.22
其他农副食品加工	85.13	16.14
食品制造业	1969.47	703.23
焙烤食品制造	151.74	35.74
糖果、巧克力及蜜饯制造	292.03	152.59
方便食品制造	176.89	39.22
乳制品制造	160.97	42.71
罐头食品制造	84.31.	21.03
调味品、发酵制品制造	369.65	105.28
其他食品制造	733.87	306.68
酒、饮料和精制茶制造业	1173.37	307.82
酒的制造	233.79	78.90
饮料制造	914.54.	222.51
精制茶加工	25.02	6.41
烟草制品业	460.77	341.60
烟叶复烤	1.85	1.60
卷烟制造	440.19	336.74
其他烟草制品制造	18.73	3.27

表$_4$ 2014年广东省居民食品类消费价格

指标	价格指数（上年=100）	同比涨跌（%）
食品	104.4	4.4
其中：粮食	102.7	2.7
油脂	95.8	-4.2
肉禽及其制品	103.3	3.3
鲜蛋	107.5	7.5
水产品	107.5	7.5
鲜菜	101.0	1.0
烟酒用及品	99.6	-0.4

【d. 主要产品产量】

在全省规模工业统计的主要食品产品中，产量同比增加或持平的约占60%。列入统计的产品中，产量居全国第1位的酱油、软饮料、碳酸饮料类（汽水）、包装饮用水、冷冻水产品在全国占比分别为42.62%、15.87%、16.91%、15.91%、20.71%；居全国第2位的啤酒占全国8.8%；居全国第3位的成品糖、糖果分别占全国8.31%、16.7%。

表$_5$ 2014年广东食品工业主要产品产量

产品名称	计量单位	产量	增长%	全国排位
小麦粉	吨	2723819.0	2.7	8
大米	吨	1282681.5	19.8	13
精制食用植物油	吨	5896370.7	5.6	4
成品糖	吨	1379941.1	-1.7	3
糖果	吨	605904.2	-0.5	3
速冻食品	吨	93102.7	-7.0	
速冻米面食品	吨	89669.7	-5.6	8
方便面	吨	516180.7	0.8	4
乳制品	吨	569983.3	-13.9	14
液体乳	吨	394420.4	14.3	18
罐头	吨	506325.4	12.3	8
酱油	吨	4001256.6	15.0	1
冷冻饮品	吨	121095.7	104.4	10
软饮料	吨	26466899.5	8.5	1
碳酸型饮料（汽水）	吨	3059981.5	-0.4	1
包装饮用水	吨	12434746.1	15.4	1
果汁和蔬菜汁类饮料	吨	1033251.4	-38.6	
蛋白饮料	吨	142535.0	34.8	

产品名称	计量单位	产量	增长%	全国排位
精制茶	吨	22417.2	-3.7	15

【e. 重点企业和名优产品】

1、重点企业

中国食品工业协会根据2014年食品工业统计年报，按照企业主营业务收入、资产规模、盈利能力等各项综合实力指标，对2014年度全国农副食品加工业、食品制造业、酒饮料和精制茶制造业三大行业进行行业统计。其中广东海大集团股份有限公司、广州植之元油脂实业有限公司、益海（广州）粮油工业有限公司、南海油脂工业（赤湾）有限公司、湛江渤海农业发展有限公司、嘉吉粮油（阳江）有限公司、阳江喜之郎果冻制造有限公司、东莞市富之源饲料蛋白开发有限公司、中储粮油脂工业东莞有限公司、中粮新沙粮油工业（东莞）有限公司进入2014年度中国农副食品加工业百强企业。

广州统一企业有限公司、美赞臣营养品（中国）有限公司、箭牌糖果（中国）有限公司、广州顶益食品有限公司、广州市合生元生物制品有限公司、佛山市海天调味食品股份有限公司、佛山市海天（高明）调味食品有限公司、无限极（中国）有限公司、李锦记新会食品有限公司、东莞徐记食品有限公司、完美（中国）有限公司、广东美味鲜调味食品有限公司进入2014年度中国食品制造业百强企业。

广州珠江啤酒股份有限公司、广东太古可口可乐有限公司、广州王老吉大健康产业有限公司、广州顶津饮品有限公司、广州顶津食品有限公司、广州娃哈哈恒枫饮料有限公司、华润怡宝食品饮料（深圳）有限公司、广东红牛维他命饮料有限公司、百威英博（佛山）啤酒有限公司、可口可乐装瓶商生产（佛山）有限公司、东莞雀巢有限公司、广东加多宝饮料食品有限公司、乐百氏（广东）食品饮料有限公司2014年度中国酒、饮料和精制茶制造业百强企业。

2014年，全省8家年主营业务收入100亿以上的食品类企业入选广东省201家大型骨干企业。

表6 广东省大型骨干企业（食品类）

序号	企业名称	主营业务收入（亿元）	行业类别
63	广东温氏食品集团股份有限公司	370	畜牧业
69	广东中烟工业股份（责任）公司	345	烟草制品
112	广东海大集团股份有限公司	220	农副食品加工
133	东凌集团有限公司	180	农副食品加工
167	无限极（中国）有限公司	131	食品制造
181	箭牌糖果（中国）有限公司	119	食品制造
183	完美（中国）有限公司	114	食品制造
184	广东烟草广州市有限公司	113	烟草制品

2014年“广东省500强企业排行榜”排名中，食品工业企业和与食品工业相关联的综合性企业共38家入榜，其中营业收入100亿元以上的有广东温氏食品集团股份有限公司（351.87亿元）、广州轻工工贸集团有限公司（280.75亿元）、广州岭南国际企业集团有限公司（121.96亿元）、广州东凌实业集团有限公司（111.82亿元）等综合性食品企业。

表7 2014年广东省500强排行榜（食品企业部分）

500强排名	公司名称
42	广东温氏食品集团股份有限公司
53	广州轻工工贸集团有限公司
91	广州岭南国际企业集团有限公司
119	广州东凌实业集团有限公司
114	佛山市海天调味食品股份有限公司
124	益海（广州）粮油工业有限公司
125	珠海华发实业股份有限公司
128	广州轻出集团股份有限公司
131	广东生益科技股份有限公司
134	健康元药业集团股份有限公司
160	深圳市天健(集团)股份有限公司
170	潮州华丰集团股份有限公司
175	雅士利国际控股有限公司
192	广州珠江啤酒集团有限公司
228	广州王老吉药业股份有限公司
230	广东省肇庆土产进出口有限公司
237	中炬高新技术实业（集团）股份有限公司

500强排名	公司名称
244	湛江国联水产开发股份有限公司
247	深圳市农产品股份有限公司
281	方大集团股份有限公司
309	汤臣倍健股份有限公司
310	广州酒家集团股份有限公司
342	广东鹰唛食品有限公司
349	广东长青(集团)股份有限公司
354	广东大华农动物保健品股份有限公司
375	广州食品企业集团有限公司
383	广东肇庆星湖生物科技股份有限公司
420	黑牛食品股份有限公司
429	深圳南顺油脂有限公司
468	龙川县育茗实业发展有限公司
473	江门甘蔗化工厂（集团）股份有限公司
479	深圳市深宝实业股份有限公司
480	广东珍奇味集团有限公司
484	广州市和兴隆食品科技有限公司

（1）凉茶饮料

根据行业统计和相关数据折算，2014年国家级非物质文化遗产——凉茶秘方和专用术语拥有企业的产量约为1400万吨，同比增长25%。国家统计局下属机构中国行业企业信息发布中心发布的数据显示，在2014年中国凉茶行业最具影响力品牌排名中，加多宝占据C–BPI排名第一的位置，品牌总得分613.0分；王老吉凉茶第二名（610.3分）；远高于401.4分的第三名。加多宝凉茶已出口全球40多个国家和地区，覆盖广度和速度都正在加快。国外销售增长294.7%（海关数据），并成功入选“2014年APEC会议官方唯一指定饮品”。王老吉获得“凉茶品牌始祖”称号和“全球历史最悠久的凉茶品牌”吉尼斯世界纪录双认证。在全球58个国家和地区开展注册工作，产品出口到全球19个国家和地区。王老吉绿盒凉茶连续22年稳居盒装凉茶领先地位。

（2）焙烤食品制造

2014年，广东省焙烤食品制造规模以上企业136家，其中糕点、面包制造和饼干及其他焙烤食品制造分别为61家和75家。

中商情报网排定华美、元朗荣华、安琪、美心Maxim's、利口福等广东品牌为2014年中国月饼十大品牌企业，其中华美居冠。广东省食品药品监监管理局针对生产、流通、餐饮三个环节共157批次月饼产品的抽检合格率达到100%，显示广东月饼质量安全总体稳定。

广东月饼企业在2014年消费环境低迷的条件下，主动适应市场的变化，调整产品的规格和价格，同时加大了二、三线市场的开发，月饼销售保持一定的增幅。东莞市华美食品有限公司月饼已成为全国性品牌，连续多年销量领先。广州酒家集团利口福食品有限公司成功出口月饼10万余盒。

（3）调味品、发酵制品制造

广东是调味品大省，调味品、发酵制品制造规模企业78家，其中味精制造4家，酱油、食醋及类似制品制造45家，其他调味品、发酵制品制造29家。酱油产量超过400万吨，生产、消费和出口总量全国第一。

佛山海天味业收入规模继续保持全国第一。产品结构发生了比较大的变化，高端酱油的占比已经达到了30%。广东美味鲜食品有限公司拥有厨帮、美味鲜两大品牌，产销量位居全国第二。鹤山市东古调味食品有限公司“东古”和东莞市永益食品有限公司“凤球唛”品牌在2014年荣膺“中国驰名商标”的称号。广东珠江桥生物科技股份有限公司“珠江桥牌”入选“2014年亚洲品牌500强”。

（4）饮料制造

广东省规模以上饮料制造企业153家，其中碳酸饮料制造17家，瓶（罐）装饮用水制造59家，果菜汁及果菜汁饮料制造23家，含乳饮料和植物蛋白饮料制造15家，固体饮料制造7家，茶饮料及其他饮料制造32家。广州王老吉大健康产业有限公司、华润怡宝食品饮料（深圳）有限公司、乐百氏（广东）食品饮料有限公司、东莞雀巢有限公司、广东红牛维他命饮料有限公司、广州顶津饮品有限公司、广州顶津食品有限公司、广东太古可口可乐有限公司、可口可乐装瓶商生产（东莞）有限公司、广东加多宝饮料食品有限公司、佛山市三水健力宝贸易有限公司、广州娃哈哈恒枫饮料有限公司、深圳百事可乐饮料有限公司、百事饮料（广州）有限公司、深圳市景田食品饮料有限公司罗浮百岁山分公司、天地壹号饮料股份有限公司进入中商情报网产业研究院发布的2014中国饮料百强企业，占比为16%。

（5）乳制品制造

伴随经济的持续增长，广东省乳制品行业取得了快速发展，乳制品加工企业数量、产品产量、产值、人均乳制品消费支出等均表现出持续增加的态势。广东乳制品制造规模以上企业27家，全年液体乳增长14.3%，远高于全国减少0.91%平均值。2014年广东生乳收购价格在5500元–6000元/吨，价格全国最高。

（6）保健食品

据统计，广东保健食品主营业务收入近400亿元，利润总额过百亿元。其中全省营养食品制造和保健食品制造规模以上企业分别为6家和28家。保健食品自主生产企业219家，委托生产企业211家。广东食用菌生产企业已达到30多家，工厂化生产已成行业趋势，成为食用菌最大消费市场和出口集散地。

（7）糖果、巧克力及蜜饯制造

广东糖果、巧克力及蜜饯制造规模以上174家，其中糖果、巧克力制造企业104家，蜜饯制作70家。广东省糖果产量占全国总产量的16.7%，居福建、湖南省后列第三。涌现出王老吉、潘高寿、箭牌等润喉糖品牌功能型糖果，其中王老吉销售收入同比增长50%。

（8）食品添加剂

全省食品及饲料添加剂制造规上企业52家，食品添加剂生产许可获证企业359家，占全国食品添加剂生产企业的十分之一。深圳波顿香料有限公司参与完成的“新型香精制备与香气品质控制关键技术及应用”获2014年度国家科学技术进步二等奖，为当年全省食品企业获得的最高奖项。

中国香精香料有限公司、广州百花香料股份有限公司、广州美益香料有限公司、广东博奇香料集团有限公司等广东企业进入2014年国内重点香精香料公司排名前10位。

（9）其他

2014年，全省啤酒产量433.29万千升，占全国总产量的8.8%。依据中国酒业协会啤酒分会统计信息中心年度行业统计数据综合实力和单一啤酒品牌产销量进行排序，珠江啤酒分别荣获十大啤酒品牌和十大畅销品牌。

广东精制植物油产量居全国第4位。广东鹰唛食品有限公司继荣获2011年度“中国食用油加工企业50强”称号后，连续3次揽得“中国食用油加工企业50强”殊荣。同时，广东鹰唛食品有限公司花生油加工规模已位居全国5强。

2、名优产品

表8 2014年中国最有价值品牌500强榜单

（广东食品企业）

品牌名称	品牌价值（亿元）	企业名称	所属行业
海天	241.31	佛山市海天调味食品股份有限公司	调味品
金龙鱼	150.53	益海嘉里粮油（深圳）有限公司	食用油
无限极	150.11	无限极（中国）有限公司	保健品
完美	144.29	完美（中国）日用品有限公司	保健品
合生元	133.28	广州市合生元生物制品有限公司	保健品
雅士利	126.26	雅士利国际集团有限公司	乳制品
喜之郎	111.28	广东喜之郎集团有限公司	休闲食品
王老吉	101.99	广州王老吉大健康产业有限公司	饮料
珠江	89.53	广州珠江啤酒股份有限公司	啤酒
汤臣倍健	89.26	汤臣倍健股份有限公司	保健品
厨邦	65.43	广东美味鲜调味食品有限公司	调味品
健力宝	62.31	广东健力宝集团有限公司料	饮料
天地壹号	50.21	天地壹号饮料股份有限公司	饮料
百年糊涂	44.81	广东百年糊涂酒业有限公司	白酒

品牌名称	品牌价值（亿元）	企业名称	所属行业
太阳神	44.25	广东太阳神集团有限公司	保健品
大印象	33.21	广东大印象（集团）有限公司	保健品

2014年，全省39家食品企业的40个商标被认定为广东省著名商标，101家企业的100个商标被延续认定为广东省著名商标。

表9 2014年认定的广东省著名商标名单（食品类）

（按商标注册用商品或服务国际分类顺序）

商标	商标注册人	认定商品或服务项目
	广东富农生物科技股份有限公司	鸡精用食品添加剂
清伙灵	深圳市味奇生物科技有限公司	婴儿食品
	广东安康实业有限公司	肉，非活家禽
	惠州市肉联厂有限公司	猪肉
	广东明基水产品有限公司	鱼（非活的），鱼制食品
展雄 ZHAN XION	饶平县展雄水产品有限公司	鱼（非活的），鱼片，鱼制食品
钱大姐	钱普荣	干贝，海参（非活），鱿鱼
	广东潮盛食品实业有限公司	腌制蔬菜
	南海油脂工业（赤湾）有限公司	食用油脂
	广东富然农科有限公司	食用油（山茶油）
	佛山南兴果仁制品有限公司	精制坚果仁，加工过的开心果
红岁	深圳市研成创意设计有限公司	茶
	梅州市运兴实业有限公司	茶，茶叶代用品
	博罗县观音阁糖业有限公司	红糖
	广东粤微食用菌技术有限公司	非医用营养粉（灵芝孢子粉），非医用营养胶囊（灵芝孢子油软胶囊）
利口福	广州酒家集团股份有限公司	月饼，小包子，饼干
	深圳富锦食品工业有限责任公司	糕点，馅饼，糖果
每日生机	广东新盟食品有限公司	饼干
	广东广之月实业有限公司	蛋糕，饼干（克力架）
诚成合	深圳市金好彩饮食管理有限公司	糕点
	深圳南海粮食工业有限公司	面粉
谷子皇	深圳市联益米业有限公司	米
鹏程	东莞市新泰粮食有限公司	米
	官超城	米粉
粤盐 YUEYAN	广东省盐业集团有限公司	食盐
	广州市名花香料有限公司	食品用香料（含醚和香精油除外），除香精油外的饮料香料，食用芳香剂
	广东温氏食品集团股份有限公司	活动物
	广东温氏食品集团股份有限公司	活家禽
四季鲜 sijixian	惠州市四季鲜绿色食品有限公司	鲜水果，新鲜蔬菜，荔枝
	深圳市昶裕隆实业有限公司	鲜土豆，玉米
兴胜农贸	惠东县兴胜农贸有限公司	鲜土豆，新鲜蔬菜
	广东蓝田农业有限公司	鲜食用菌（杏鲍菇、金针菇）
	佛山市高明区杨梅丽堂蔬菜专业合作社	新鲜蔬菜
一衣口田	广州市福田实业有限公司	新鲜蔬菜
	广东威龙经济发展有限公司	食用植物根（粉葛）
	广东画景饮料有限公司	矿泉水
	肇庆焕发生物科技有限公司	制饮料用糖浆
朝朝向上	中山市归元酒业贸易有限公司	酒（饮料）

	广东粤强酒业有限公司	烧酒
	广东省九江酒厂有限公司	米酒，含酒精液体

表$_{10}$ 2014年延续的广东省著名商标名单（食品类）

（按商标注册用商品或服务国际分类顺序）

商标	商标注册人	认定商品或服务项目
BOTON	深圳波顿香料有限公司	香料，制香料香水油，天然香原料
	郁南县永光环状糊精有限公司	β-环状糊精
	华润五丰肉类食品（深圳）有限公司	腊肠，腊肉，香肠
	广东茂记食品有限公司	腌肉（鸡类系列产品）
杜家庄	杜明海	肉（盐焗鸡肉、鸡腿、鸡爪），鸡翅（盐焗）
	广东康辉集团有限公司	凤爪，鸭胗，鸭舌
aliment	广东澳利茗航空食品有限公司	香肠（航空食品），鱼制食品（航空食品）
	广州市番禺食品有限公司	风肠，腌腊肉
	东莞市明华食品厂有限公司	腊肠，腊肉
	中山市金煌食品有限公司	香肠，腌腊肉，肉干
鼎福	何瑞萍	腌腊肉，风肠
	广东省食品进出口集团公司	冻肉，水产罐头，蘑菇罐头
创格	中山市黄圃镇创格肉类制品厂	腌腊肉
AUSTAR	湛江新昶食品有限公司	鱼（非活），虾（非活），贝壳类动物（非活）
	广东绿环水产有限公司	鱼（非活），虾（非活），贝壳类动物（非活）
	湛江巾帼水产食品有限公司	虾（非活），贝壳类动物（非活），鱼制食品
甘竹牌	广东甘竹罐头有限公司	听装（罐装）鱼，水产罐头，蔬菜罐头
欢乐家	湛江市欢乐家食品有限公司	水果罐头，果酱
	惠州市祥浩实业有限公司	蔬菜罐头，水果罐头
YUEHUA 粤花	佛山市顺德区粤花罐头食品有限公司	水产罐头，肉罐头
GRANDNESS	深圳振鹏达实业集团有限公司	罐装水果，蘑菇罐头
粤揭同心	揭西县同心食品有限公司	地瓜干（蜜饯），水果蜜饯
正丰	中山市正丰干果食品进出口有限公司	干枣，木耳，加工过的瓜子
喉宝	广东济公保健食品有限公司	果肉，话梅，蜜饯
	广东喜之郎集团有限公司	紫菜
	惠州梅菜产销有限公司	腌制蔬菜（梅菜）
美乐多 mini	广州珠江美乐多饮品（香港）有限公司	乳酸菌饮料
立高	广东立高食品有限公司	奶油（奶制品），食品用果胶
年年福	惠州市年年丰粮油有限公司	食用油脂，食用油，食用棕榈油
金鱼皇	汕头市南永油脂有限公司	食用油脂
	东源县板栗发展有限公司	糖炒栗子
	广东京明茶叶综合发展有限公司	茶
	林立人	茶（绿茶）
黄花	紫金县黄花茶业有限公司	茶（绿茶）
	乐昌市沿溪山茶场有限公司	茶叶（白毛尖）
TEABEST	广东茗皇茶业有限公司	茶（乌龙茶）
	广州双桥股份有限公司	食用葡萄糖（淀粉糖）
	广东恒福糖业集团有限公司	白砂糖，赤砂糖，冰片糖
	东莞市东糖集团有限公司	白砂糖，赤砂糖，冰片糖
	广东省丰收糖业发展有限公司	砂糖

	广东省华海糖业发展有限公司	白糖，砂糖
	汕头市茂发实业有限公司	糖果，饼干，蛋糕
	佛山市高明森和园食品有限公司	果胶（软糖）
	广东康富来药业有限公司	非医用营养胶囊，非医用营养液，非医用营养片
	广东润科生物工程有限公司	非医用营养胶囊，非医用营养液
	广东长兴生物科技股份有限公司	非医用营养液，非医用营养胶囊，非医用营养片
	刘裕俭	非医用营养粉（原木赤灵芝孢子粉）
	惠阳海天堂食品有限公司	龟苓膏
	茂名市嘉豪轩食品有限公司	面包、蛋糕
	江门市澳新食品有限公司	杏仁饼
	广东荣诚食品有限公司	糕点（潮式月饼）
	潘美连	糕点
	中山市咀香园食品有限公司	杏仁饼，糕点
	广东集味村食品有限公司	糕点，糖果
	东莞市穗丰食品有限公司	面粉，面粉制品
	东莞市太粮米业有限公司	米
	广东东方面粉有限公司	面粉
	汕头市粮丰集团有限公司	米，面粉，谷类制品
	梅州市稻丰实业有限公司	米
	广东海纳农业有限公司	谷类制品，人食用的去壳谷物，米
	肇庆市福加德面粉有限公司	食用面粉，面粉制品
	广东乡意浓农业科技有限公司	米（有机米）

	广东霸王花食品有限公司	米排粉
	广东梅县雁球食品有限公司	米粉
	深圳市昌裕实业有限公司	方便面（乌冬面）
	广东富味制果厂有限公司	膨化水果片
	开平味事达调味品有限公司	酱油，酱料
	广东珠江桥生物科技股份有限公司	酱油，酱料和其他调味品
	揭阳市港峰酱料食品有限公司	酱油
	佛山市海天调味食品股份有限公司	调味品
	广东嘉豪食品有限公司	调味品（鸡汁、青芥辣）
	东莞市永益食品有限公司	调味品，酱油
	广东佳隆食品股份有限公司	调味品
	东莞市百味佳食品有限公司	调味品（鸡粉、鸡精）
	深圳市水产公司	蚝油
	惠州市煌粮实业有限公司	米
	德庆县金福绿色家禽科技发展有限公司	活家禽
	茂名市金阳热带海珍养殖有限公司	虾（活），活鱼，甲壳动物
	广东绿卡实业有限公司	活动物（龟、鳖）
	珠海市裕禾农牧有限公司	种家禽（鸡苗）
	清远市凤燕鸡发展有限公司	活家禽（鸡），种家禽（鸡）
	广东省生宝种养有限公司	鲜水果（木瓜）
	广东省廉江水果企业集团公司	鲜果
	广州市从化华隆果菜保鲜有限公司	鲜水果，新鲜蔬菜

	郁南县富康农业发展有限公司	无核黄皮（水果）
	广东星河生物科技股份有限公司	鲜食用菌，新鲜块菌，新鲜蘑菇
湛绿 ZHAN LU	广东湛绿农业科技开发有限公司	新鲜蔬菜（辣椒）
创世纪	创世纪种业有限公司	植物种子
	广州市农业科学研究院	菜心种子，四季豆种子，豆角种子
Cestbon	华润怡宝饮料（中国）有限公司	无酒精饮料（蒸馏水）
	广东聪明人集团有限公司	果汁
飘雪	广东鼎湖山泉有限公司	蒸馏水
	英德市权祥凉茶有限公司	无酒精饮料（凉茶），茶饮料（水）
徐其修	英德市权祥凉茶有限公司	无酒精饮料（凉茶），茶饮料（水）
	广东省九江酒厂有限公司	酒
石湾	广东石湾酒厂集团有限公司	酒
	广东金凤生物科技有限公司	米酒（海狸骨睾酒）
	化州市威威酒业有限公司	酒（露酒）
	广东明珠珍珠红酒业有限公司	酒（黄酒）
	广东珠江桥生物科技股份有限公司	酒
	广东省阳春酒厂有限公司	酒

广东省农业厅表彰2014年广东省名牌产品（农业类）296个，分别为初评产品118个，到期复审产品178个，其中食品加工产品分别占17.57%和52.81%。

广东省高新技术企业协会根据《关于组织申报广东省2014年高新技术产品认定的通知》（粤高企协〔2014〕32号）的要求，经企业申报、专家评审、公示、申诉处理等程序，4585项产品被认定为广东省2014年高新技术产品，其中食品类59项，占比为1.29%。

表11　广东省2014年高新技术产品认定名单（食品类）

产品（服务）名称	申报单位
海鲜风味复合调味酱（膏）	广东汇香源生物科技股份有限公司
肉味复合调味酱（膏）	广东汇香源生物科技股份有限公司
大豆肽（膏）	广东汇香源生物科技股份有限公司
大豆肽（粉）	广东汇香源生物科技股份有限公司
广药牌灵芝孢子油软胶囊	广州白云山汉方现代药业有限公司
广药牌灵芝孢子粉胶囊	广州白云山汉方现代药业有限公司
蛋黄油	广州白云山汉方现代药业有限公司
精制蛋黄卵磷脂	广州白云山汉方现代药业有限公司
硫酸长春碱	广州白云山汉方现代药业有限公司
硫酸长春新碱	广州白云山汉方现代药业有限公司
酒石酸长春瑞滨	广州白云山汉方现代药业有限公司
甲基橙皮苷	广州白云山汉方现代药业有限公司
精制柚皮苷	广州白云山汉方现代药业有限公司
优脂能	广州市优百特饲料科技有限公司
脂益加B50	广州市优百特饲料科技有限公司
夏桑菊颗粒	广州白云山星群（药业）股份有限公司
复合果蔬压片糖果（甘蓝复合果蔬片，甜菜根复合果蔬片，葛根复合果蔬片）	广州博能生物科技有限公司
灵芝茶多酚片	广东粤微食用菌技术有限公司
粤微牌灵芝孢子油软胶囊	广东粤微食用菌技术有限公司
双茸复合提取液饮品	广东粤微食用菌技术有限公司
降血脂高纯度浓缩磷脂软胶囊	广东仙乐制药有限公司
降血脂去腥深海鱼油软胶囊	广东仙乐制药有限公司
功能型高固含量维D钙软胶囊	广东仙乐制药有限公司
功能型天然维生素E软胶囊	广东仙乐制药有限公司
新型发酵风味豆酱	佛山市海天（高明）调味食品有限公司
金针菇	广东星河生物科技股份有限公司
花生碎	东莞市绰士食品有限公司
真姬菇	广东星河生物科技股份有限公司
杏鲍菇	广东星河生物科技股份有限公司
杏仁片	东莞市绰士食品有限公司
日式酱油	广东珠江桥生物科技股份有限公司
生抽王	广东珠江桥生物科技股份有限公司
老抽王	广东珠江桥生物科技股份有限公司
蚝油	广东珠江桥生物科技股份有限公司

产品（服务）名称	申报单位
鸡粉	广东珠江桥生物科技股份有限公司
米醋	广东珠江桥生物科技股份有限公司
蒸鱼豉油	广东珠江桥生物科技股份有限公司
有机酱油	广东珠江桥生物科技股份有限公司
添丁甜醋	广东珠江桥生物科技股份有限公司
海鲜酱	广东珠江桥生物科技股份有限公司
鸡汁	广东珠江桥生物科技股份有限公司
一种口感柔和的辣椒酱	广东美味鲜调味食品有限公司
多菌种协同发酵制备的高盐稀态酱油	广东美味鲜调味食品有限公司
猪饲料用配料-酱油渣粉	广东美味鲜调味食品有限公司
采用固定化细胞发酵技术制备高盐稀态酱油	广东美味鲜调味食品有限公司
鸡汁调味料	广东嘉豪食品有限公司
鸡粉调味料	广东嘉豪食品有限公司
无蔗糖、低脂健康养生糕点	广东嘉士利食品集团有限公司
高纤高钙功能性饼干类食品	广东嘉士利食品集团有限公司
红曲黄色素	江门科隆生物技术股份有限公司
高品质红曲红	江门科隆生物技术股份有限公司
酿酒酵母细胞壁（免疫多糖）	广东江门生物技术开发中心有限公司
酵母水解物（破壁酵母）	广东江门生物技术开发中心有限公司
酵母壁（酵母多糖）	广东江门生物技术开发中心有限公司
酵母浸出物	广东江门生物技术开发中心有限公司
可吸龟苓膏（250g、253g）	江门市生和堂食品有限公司
美容胶原蛋白龟苓膏（163g、170g、215g）	江门市生和堂食品有限公司
益生元龟苓膏（40g、31g）	江门市生和堂食品有限公司
具改善皮肤功效的龟苓膏（215g）	江门市生和堂食品有限公司
菊花龟苓膏（200g、208g、202g）	江门市生和堂食品有限公司
女士口服液	无限极（中国）有限公司
儿童口服液	无限极（中国）有限公司
男士口服液	无限极（中国）有限公司
桑唐饮口服液	无限极（中国）有限公司
美姿力胶原蛋白果味饮料	无限极（中国）有限公司
扶它旺	江门市杰士植物营养有限公司
酵母粉	广东五洲药业有限公司
干酵母	广东五洲药业有限公司
食用酵母	广东五洲药业有限公司
麦角酵母粉	广东五洲药业有限公司

产品（服务）名称	申报单位
红曲黄	广东天益生物科技有限公司
维生素C片	广东南国药业有限公司
蒜味香精	潮州市顺冠生物科技有限公司
康美磷二号	广东顺大食品调料有限公司
茉莉香精	广东顺大食品调料有限公司
蜂蜜香精	广东顺大食品调料有限公司
梨香精	广东顺大食品调料有限公司
佛手糖	广东济公保健食品有限公司
天然植物香精系列	广东铭康香精香料有限公司
天然薄荷香精	广东铭康香精香料有限公司
辅助降血糖袋泡茶	广东长兴生物科技股份有限公司
辅助改善记忆软胶囊	广东长兴生物科技股份有限公司
低油营养功能化食品	福家欢食品股份有限公司
西洋参饮片	康美药业股份有限公司
康美牌西洋参胶囊	康美药业股份有限公司
顶级虾片	广东越群海洋生物研究开发有限公司
炒蒲黄	康美药业股份有限公司
康美牌菊皇茶	康美药业股份有限公司
佛手参	康美药业股份有限公司
肠道益生菌配方营养粉	广东东泰乳业有限公司
调制植脂淡奶	广东东泰乳业有限公司
L-精氨酸	广东环西生物科技股份有限公司

【f. 食品安全】

广东省人民政府办公厅印发的《2014年广东省食品安全重点工作安排的通知》显示，将以农产品、水产品、婴幼儿配方乳粉、酒类等重点品种为突破口，建设食品安全电子追溯体系。

《广东省婴幼儿配方乳粉电子追溯体系建设方案》在广东省食品药品监管局局长办公会议上讨论通过。

根据国家食品药品监督管理总局2014年工作要点、广东省食安办“三打两整治”及全省食品药品监督管理工作会议部署，全省继续深入开展打击保健食品非法生产、非法经营、非法添加和非法宣传专项行动。

广东食品内在质量合格率保持着较高合格率，全年没有出现突发性、区域性食品安全事件。由于质量保证，消费者投诉食品类同比下降了44.94%；烟、酒和饮料类同比下降39.82%。

【g. 品牌建设】

为贯彻落实习近平总书记的“要大力培育食品品牌，用品牌保证人们对产品质量的信心”的讲话精神，广东省食品行业协会在确保食品安全的前提下，实施企业品牌建设，2014年至2016年被确定为广东食品品牌建设年。计划通过三年时间，在全省食品工业领域形成一批以自主创新为支撑、具有行业主导能力和市场竞争优势的名牌企业和一大批名牌产品；并以此为依托，增创“广东粮、珠江水、岭南药”新优势。

品牌建设发展战略的主要内容是：以品牌建设为主线，在企业中建立品牌建设体系，同时或逐步建立、完善、融合商标注册与管理体系、标准化体系、诚信管理体系、管理制度体系、追溯体系、品牌评价体系、品牌自律监管体系、专业队伍体系、信息发布体系的九个体系。

广东省食品医药行业品牌建设委员会委托合格的第三方评价机构对省内食品行业相关企业建立的品牌建设体系进行评价，以保证公平、公开、公正。

品牌建设委员会将以白皮书的形式向社会公布符合品牌建设评价要求的企业品牌、产品品牌、诚信管理、行业自律与社会责任、企业家与人才等。由第三方评价机构颁发品牌评价证书。对于评价结果，省食协、省医药协将向政府有关部门进行通报，并在协会网站和其他媒体上公布企业品牌评价结果。

【h. 产业园区】

广东省食品（医药）行业协会在长期参与合作建设产业园和开展招商引资活动，特别是在党的群众路线教育实践活动中，根据行业发展和企业要求，为地方经济发展服务，并结合协会长期发展的实际，创新目前在全国唯一的建设产业园和招商引资的工作体制。

创新驱动产业集聚的新型产业园区建设模式的核心有四点：第一，协会党委和园区所在地县以上党委签订协议共同组建园区党委实施对园区的全面领导；第二，园区建设由协会和县以上地方政府签订协议：以冷链物流带动生产制造企业、原辅材料供应企业的集聚，真正形成产业链的产业凝聚；第三，地方为产业园区发展提供的各项政策保障措施由协会代表企业与地方政府协商确定，而在实施中协会不产生任何经济效益，尤其是对入园企业不增加任何负担。第四，协会与地方政府在园区共建信息和产品检验检测平台，推进入园企业依法经营，确保食品药品安全并减轻企业负担。目前这种创新模式得到越来越多地方党委、政府和企业认可，已在山东单县、广东韶关、曲江等地合作建立食品医药产业园，为产业集聚摸索出了经验。

【i. 食品科技】

1、2014年度国家、省级科学技术进步奖（广东省食品类）

深圳波顿香料有限公司参与完成的“新型香精制备与香气品质控制关键技术及应用”获2014年度国家科学技术进步二等奖。

2、2014年度国家星火计划立项项目（广东省食品类）

表12 2014年度国家星火计划立项项目（广东省食品类）

项目编号	项目名称	承担单位
2014GA780021	优质罗非鱼全产业链关键技术集成与推广	湛江恒兴水产科技有限公司
2014GA780022	清远麻鸡种质资源产业化示范与推广	广东天农食品有限公司
2014GA780028	桑资源降血糖健康食品制备技术生产示范	广东省农业科学院蚕业与农产品加工研究所
2014GA780029	高香发酵桑叶茶生产技术产业化示范	广东省农业科学院蚕业与农产品加工研究所
2014GA780031	农产品冷链物流环境监控和食用安全保障技术及示范	佛山科学技术学院
2014GA780032	黄皮采前管理与保鲜关键技术示范与推广	韩山师范学院
2014GA780033	广东猕猴桃产业提升关键技术集成与示范推广	仲恺农业工程学院
2014GA780035	利用专利技术开发鳄鱼深加工产品	中山大学
2014GA780044	酱腌菜加工关键技术产业化应用示范	广州市奥巢农业科技有限公司
2014GA780047	金针菇栽培环境参数自动监测服务平台应用示范	华南农业大学
2014GA780059	湛江生蚝加工利用关键技术与卫生安全控制	湛江师范学院

项目编号	项目名称	承担单位
2014GA780070	湛江对虾加工下脚料的综合利用	湛江师范学院
2014GA780071	以乌贼软骨为原料的甲壳素果冻的制备	
2014GA780072	菠萝蜜下脚料中类胡萝卜素提取工艺的关键技术	
2014GA780079	红鳍笛鲷腌制技术研究与推广	
2014GA780080	可冲调速溶紫薯粉产品的生产、示范与推广	
2014GA780074	卤禽肉制品的微波/超声波及蛋白酶技术的应用与示范	潮州市正一品生物科技有限公司
2014GA780076	以毛虾为原料的热反应型虾味香料的制备与应用	韩山师范学院
2014GA780087	酵母蛋白饲料的研发与产业化应用	广州格拉姆生物科技有限公司
2014GA780088	抗菌肽牛乳铁蛋白肽的研发与产业化	

表$_{13}$ 2014年度国家火炬计划立项项目（广东省食品类）

项目编号	项目名称	承担单位
2014GH021183	新型微生物发酵法年产1000吨L-缬氨酸	广东环西生物科技股份有限公司
2014GH021186	年产50吨燕麦葡聚糖	广东省食品工业研究所
2014GH041199	72000 罐/时易拉罐灌装机PGF92	广东轻工机械二厂有限公司

3、2014 年度广东省科学技术奖（食品类）

表$_{14}$ 一等奖项目

项目名称	承担单位
果汁果酒与水果提取物绿色加工技术与装备	华南理工大学、广州达桥食品设备有限公司、株洲千金药业股份有限公司、广东祯州集团有限公司、云南茅粮酒业集团有限公司、广州云星科学仪器有限公司
包装饮用水微生物污染和消毒副产物溴酸盐控制新技术	广东省微生物研究所、广东环凯微生物科技有限公司、中国饮料工业协会、华润怡宝饮料（中国）有限公司、深圳市景田食品饮料有限公司、广东鼎湖山泉有限公司、鹤山市华山泉食品饮料有限公司、珠海市清华源水处理技术开发有限公司

表$_{15}$ 二等奖项目

项目名称	承担单位
提高茶叶品质的综合技术研究与应用	华南农业大学、广东飞天马实业有限公司
特色调味品加工品质调控关键技术开发与应用	广东嘉豪食品有限公司、江南大学
中式肉制品加工新技术研发及应用	华南农业大学、南京农业大学、南京雨润食品有限公司、惠州东进农牧股份有限公司、广州皇上皇集团有限公司肉食制品厂

表$_{16}$ 三等奖项目

项目名称	承担单位
甘蔗高产高糖品种轻简低耗栽培关键技术研发与应用	广州甘蔗糖业研究所
珍稀食用菌白玉菇工厂化生产技术集成创新与示范	韶关市星河生物科技有限公司、广东省微生物研究所、中国科学院微生物研究所、广东星河生物科技股份有限公司、华南理工大学
高优多抗鲜食加工兼用型甜玉米新品种繁育高技术产业化示范工程	广东鲜美种苗发展有限公司、广东省农业良种示范推广中心、广东省开平市农业科学研究所、开平裕茂农业开发有限公司、江门市农产品质量监督检验测试中心
广东油茶养分高效管理技术	广东省林业科学研究院、广东山马农林发展有限公司、广东达一农林生态科技股份有限公司
广州食品安全检测技术服务平台构建与应用	广州质量监督检测研究院
优质果冻产品高效加工关键技术及规模化示范	阳江喜之郎果冻制造有限公司、广东技术师范学院、华南理工大学、广东喜之郎集团有限公司、南京喜之郎食品有限公司
固定化酶法生产高纯度粉状低聚果糖的研究与开发	量子高科（中国）生物股份有限公司
壳聚糖及其衍生物的性能与应用研究	广东海洋大学、湛江健力源医疗用品有限公司、廉江市台兴海洋生物科技有限公司
电子电气产品、食品接触产品中高关注物质风险评估和检测技术研究	广东出入境检验检疫局检验检疫技术中心

表$_{17}$ 广东省2014年高新技术企业名单（食品类）

企业名称	证书编号	地区
广东汇香源生物科技股份有限公司	GR201444000806	广州
广东骏丰频谱股份有限公司	GR201444000598	广州
广东粤微食用菌技术有限公司	GR201444000227	广州
广州百花香料股份有限公司	GR201444000186	广州
广州百乐食品科技发展有限公司	GR201444000146	广州
广州合诚实业有限公司	GR201444000468	广州
广州金水动物保健品有限公司	GR201444000736	广州
广州金域医学检验中心有限公司	GR201444000017	广州
广州绿萃生物科技有限公司	GR201444000687	广州
广州绿色盈康生物工程有限公司	GR201444000425	广州
广州南侨食品有限公司	GR201444001416	广州
广州市食品工业研究所有限公司	GR201444000449	广州

企业名称	证书编号	地区
广州市食为天软件科技发展有限公司	GR201444000457	广州
广州双桥股份有限公司	GR201444001226	广州
广州王老吉药业股份有限公司	GR201444000633	广州
广州珠江啤酒股份有限公司	GR201444000288	广州
广东溢多利生物科技股份有限公司	GR201444001384	珠海
广东富农生物科技股份有限公司	GR201444000095	梅州
东莞东美食品有限公司	GR201444000101	东莞
广东广益科技实业有限公司	GR201444000200	东莞
广东星河生物科技股份有限公司	GR201444001163	东莞
广东美味鲜调味食品有限公司	GR201444000336	中山
咀香园健康食品（中山）有限公司	GR201444000081	中山
台山美环健芦荟制品有限公司	GR201444001146	江门
无限极（中国）有限公司	GR201444000815	江门
湛江国联水产开发股份有限公司	GR201444000178	湛江
茂名市海名威水产科技有限公司	GR201444000249	茂名
广东省肇庆市超能实业有限公司	GR201444000889	肇庆
广东雅道生物科技有限公司	GR201444001434	肇庆
广东肇庆星湖生物科技股份有限公司	GR201444001405	肇庆
肇庆大华农生物药品有限公司	GR201444000754	肇庆
肇庆绿健农业科技有限公司	GR201444000307	肇庆
广东粤北行健康食品有限公司	GR201444001131	清远
广东铭康香精香料有限公司	GR201444000856	潮州
广东长兴生物科技股份有限公司	GR201444000964	潮州
福家欢食品股份有限公司	GR201444000384	揭阳
广东大华农动物保健品股份有限公司	GR201444001270	云浮

表18 广东省2014年通过复审高新技术企业名单（食品类）

企业名称	证书编号	地区
广州市和兴隆食品科技有限公司	GF201444000281	广州
广东宝桑园健康食品有限公司	GF201444000372	广州
广东丸美生物技术股份有限公司	GF201444000256	广州
增城华栋调味品有限公司	GF201444000361	广州
汕头市微补植物营养科技有限公司	GF201444000273	汕头
广东嘉豪食品有限公司	GF201444000078	中山
广东无穷食品有限公司	GF201444000174	潮州

广州珠江啤酒集团有限公司、广东海大集团股份有限公司、广东肇庆星湖生物科技股份有限公司、广东美味鲜调味食品有限公司、广东燕京啤酒有限公司、广东复兴食品机械有限公司、广东嘉士利食品集团有限公司、佛山市海天调味食品股份有限公司、广州双桥股份有限公司、广东温氏食品集团股份有限公司、广东无穷食品有限公司、完美（中国）有限公司、广东康辉集团有限公司、广东恒兴饲料实业股份有限公司、雅士利国际集团有限公司、广东喜之郎集团有限公司、广东长兴生物科技股份有限公司、广东真美食品集团有限公司、天地壹号饮料股份有限公司、广东省九江酒厂有限公司、汤臣倍健股份有限公司、广东粤海饲料集团有限公司、广州百花香料股份有限公司、广东铭康香精香料有限公司、广东越群海洋生物研究开发有限公司、广东省广弘食品集团有限公司、佛山市顺德甘竹罐头有限公司、广东环西生物科技股份有限公司、东莞徐记食品有限公司、广东展翠食品股份有限公司、东莞市华美食品有限公司、湛江国联水产开发股份有限公司、珠海中富实业股份有限公司、广东长乐烧酒业股份有限公司、广东溢多利生物科技股份有限公司、东莞锦泰食品有限公司、亚洲海产（湛江）有限公司、佛山顺峰山庄饮食有限公司等食品企业通过广东省经济和信息化委、广东省财政厅、广东省国家税务局、广东省地方税务局、中华人民共和国海关总署广东分署2014年广东省省级企业技术中心评价，

成为技术中心依托企业。

4、新产品开发

广州轻工工贸集团有限公司、广州珠江啤酒集团有限公司、广州王老吉药业股份有限公司、青岛啤酒（珠海）有限公司等4家企业获2014年广东省自主创新标杆企业，广州王老吉大健康产业有限公司、广州皇上皇集团有限公司肉食制品厂、广东大华农动物保健品股份有限公司、广东民大华威饼业有限公司、湛江新昶食品有限公司、广东国美水产食品有限公司、湛江珠江啤酒有限公司、广东省食品工业研究所等8家企业获2014年广东省自主创新示范企业。

中国科学院南海海洋研究所（专利号201010506223.7）“一种海洋来源Bacillus barbaricus SCSIO02429以及用它制备鱿鱼小肽”专利名称项目和广东省微生物研究所、广东环凯微生物科技有限公司200910041255.1“瓶装饮用水溴酸盐控制方法”专利名称项目获中国专利优秀奖。

广东省知识产权局发布《广东省知识产权局关于认定2014年广东省知识产权优势企业的通知》（粤知产〔2014〕198号）。其中汤臣倍健股份有限公司、广东恒兴饲料实业股份有限公司、广东大华农动物保健品股份有限公司为2014年广东省知识产权优势企业。

【j. 国际交流和市场开拓】

1、国际交流

5月20–22日，广东省食品行业协会、国家体育总局体育文化发展中心主办，加多宝协办的“中国凉茶文化·中国体育文化全球推广活动·巴西站”启动仪式和大型图片展在巴西举办。

此次“中国凉茶文化·中国体育文化全球推广活动·巴西站”得到中华人民共和国非物质文化遗产保护中心、国家体育总局体育文化发展中心、中华人民共和国文化部非物质文化遗产司、工业和信息化部消费品司、广东省文化厅、广东省商务厅、澳门特别行政区文化局等部门大力支持。

在中华人民共和国习近平主席发出“凉茶是国家级非物质文化遗产，一定要做强做大凉茶饮料”伟大号召六周年和中巴建交四十周年之际，中国凉茶文化携手体育文化来到巴西，落实习主席指示，全面弘扬中华养生文化，广泛传播凉茶知识，让中国凉茶文化成为全球饮食文化的有机组合部分。活动借中巴建交40周年和足球世界杯扩大影响，对凉茶文化、中华养生文化的全球传播形成全球宣传模块具有特殊意义。

2、市场开拓

（1）组团参加2014中国·上海国际食品博览会

由中国食品工业协会主办、光明食品（集团）有限公司承办，以“中国食尚、世界共享”为主题的2014中国·上海国际食品博览会于2014年11月14–17日在上海展览中心成功举行。

据不完全统计，广东展团主要以展示为主，仍获得合同意向订单近3亿元；广式调味品、广式腊味和广式凉果在展会受到热捧，美味鲜、永益食品、银华腊味、皇上皇、荣业食品、康辉食品和曲江雪花岩、猴采红、粤佳茶业等茶企的展位前经常是挤满了购物的人群，现场销售超过30万元。

（2）主办第五届中国（道滘）美食文化节暨名优食品展

为贯彻党的十八大关于扩大内需这一战略基点，落实广东省委、省政府“稳增长、调结构、促改革、惠民生”的工作部署，由中国食品工业协会、广东省食品行业协会主办，东莞市道滘食品协会承办的第五届中国（道滘）美食文化节暨名优食品展，在广东省商务厅、东莞市人民政府大力支持下，于5月30日至6月3日在东莞市道滘镇举行。

【k. 国家、地区、行业标准】

《2014年广东省食品安全重点工作安排》要求完善制度标准，加强规范化监管。一是加强食品安全制度建设。二是推进食品安全信息化建设。三是建立食品原产地可追溯制度和质量标识制度。四是加强食品安全标准管理。

根据《中华人民共和国食品安全法》和《食品安全地方标准管理办法》，为进一步完善全省食品安全地方标准建设，促进食品安全技术进步、自主创新和行业发展，广东省卫生和计划生育委员会下发《关于征集2014年广东省食品安全地方标准制修订计划建议的通告》(粤卫通〔2014〕2号)，在全省范围内公开征集2014年广东省食品安全地方标准制修订项目。

省卫生计生委2014年食品安全企业标准备案目录共3141项。拟定《汕头牛肉丸》等4个2014年食品安全地方标准制(修)订立项项目。

广东省食品行业协会组织全省酱油、食醋主要生产企业召开“《酱油》、《食醋》和《水产调味品》标准征求意见座谈会”，意见汇总后报广东省食药监局并呈送国家卫计委办公厅、国家食药监总局。其中对《水产调味品》标准中菌落总数指标的意见被采纳。

表19 2014年食品安全地方标准制(修)订立项项目

序号	标准名称	立项说明
1	《汕头牛肉丸》	汕头牛肉丸作为广东地方特色产品，其工艺和口味具有独特性，目前无相应产品和加工规范标准，导致行业发展和产品质量参差不齐，结合监管部门需要，建议立项。
2	《盐焗禽肉制品》	盐焗工艺属独特加工方式，无相应国家标准，与《食品安全国家标准 熟肉制品》有别，制定地方标准规范生产加工技术，有助于促进行业发展，建议立项。
3	《非预包装即食食品微生物限量》	目前国家仅规定了预包装食品的致病菌限量(《GB 29921食品安全国家标准 食品中致病菌限量》)，无非预包装即食食品微生物限量标准，在市场流通、餐饮环节出现的非预包装即食食品无标准可依，安全性难以保障。香港食物安全中心于2014年8月发布了《食品微生物含量指引(一般即食食品和指定食品)》，省内企业对于制定即食食品的微生物限量标准意愿也很强烈，根据监管需要，建议立项。
4	《预包装冷藏膳食卫生规范》	预包装冷藏餐饮食品需求日益增加，上海市已制定相关地方标准。粤菜特色菜系中预包装冷藏膳食原材料多，加工工艺差异大，成品技术合格评定复杂，为保障此类食品的安全性，建议立项。

2014年，广东省卫生和计划生育委员会对征集到的63份食品相关地方标准进行了清理，结合清理建议做好标准的制修订和废止工作，以完善全省食品安全地方标准体系。

表20 制修订和废止的63份食品相关地方标准

序号	标准号和名称	清理建议*
1	DB44/ 428-2007 荔枝酒	废止
2	DB44/ 444-2007 海马酒	废止
3	DB44/T 445-2007 水产品中溶藻弧菌检验方法	废止
4	DB44/T 446-2007 水产品中创伤弧菌检验方法	废止
5	DB44/ 190-2004 杏仁饼	修订为食品安全地方标准
6	DB44/ 426-2007 湿米粉	修订为食品安全地方标准
7	DB44/ 556-2008 凉粉	修订为食品安全地方标准
8	DB44/ 425-2007 豆制品通用技术规范	不纳入
9	DB44/ 564-2008 固液两相果蔬腌制品	不纳入
10	DB44/ 421-2007 广式腊味制品	不纳入
11	DB44/ 117-2001 海精盐	不纳入
12	DB44/ 116-2000 瓶装饮用天然净水	不纳入
13	DB44/ 554-2008 咸蛋黄	不纳入
14	DB44/T 135-2003 粉蕉	不纳入
15	DB44/T 179-2004 大红柑	不纳入
16	DB44/T 197-2012 杨梅鲜果	不纳入
17	DB44/T 211.2-2004 芡实 第2部分：速冻品	不纳入
18	DB44/T 312-2006 即食海藻	不纳入
19	DB44/T 441-2007 螺旋藻片	不纳入
20	DB44/T 462-2008 金针菇	不纳入
21	DB44/T 517-2008 广式凉果	不纳入
22	DB44/T 279-2005 甜玉米鲜苞	不纳入
23	DB44/T 501-2008 沙琪玛(萨其马)	不纳入
24	DB44/T 502-2008 蛋卷及蛋卷制品	不纳入
25	DB44/T 273-2005 客家盐焗鸡	不纳入
26	DB44/T 518-2008 潮式酥肉松	不纳入
27	DB44/T 149-2003 冻罗非鱼片	不纳入
28	DB44/T 150-2003 冻斑节对虾	不纳入
29	DB44/T 151-2003 冻南美白对虾	不纳入
30	DB44/T 241-2005 冻鱿鱼	不纳入
31	DB44/T 308-2006 冻牡蛎肉	不纳入
32	DB44/T 310-2006 冻翡翠贻贝	不纳入
33	DB44/T 313-2006 冻海水鱼片	不纳入
34	DB44/T 314-2006 冻淡水鱼鱼糜	不纳入
35	DB44/T 315-2006 冻文蛤	不纳入
36	DB44/T 473-2008 脆肉鲩鱼	不纳入
37	DB44/T 476-2008 冻鲮鱼片	不纳入

序号	标准号和名称	清理建议*
38	DB44/T 478-2008 冻去头虾	不纳入
39	DB44/T 527-2008 冻蝴蝶虾	不纳入
40	DB44/T 152-2003 干鲨鱼翅	不纳入
41	DB44/T 242-2005 即食海蜇丝	不纳入
42	DB44/T 243-2005 咸鱼	不纳入
43	DB44/T 384-2006 干鱼鳔	不纳入
44	DB44/T 386-2006 酶香咸鱼	不纳入
45	DB44/T 394-2006 冻熟虾	不纳入
46	DB44/T 395-2006 冻面包屑虾	不纳入
47	DB44/T 467-2008 墨鱼干	不纳入
48	DB44/T 469-2008 蚝豉	不纳入
49	DB44/T 474-2008 冻熟梭子蟹肉	不纳入
50	DB44/T 528-2008 冻面包蚝	不纳入
51	DB44/T 529-2008 腊鱼	不纳入

序号	标准号和名称	清理建议*
52	DB44/T 309-2006 生食金枪鱼	不纳入
53	DB44/T 477-2008 茄汁鲮鱼罐头	不纳入
54	DB44/T 471-2008 鱼露	不纳入
55	DB44/T 299-2006 大叶种绿茶	不纳入
56	DB44/T 300-2006 英德红茶	不纳入
57	DB44/T 397-2006 水产品中副溶血性弧菌快速检验方法荧光定量PCR方法	不纳入
58	DB44/T 398-2006 食品及水中霍乱弧菌的快速初筛方法及01、0139群的快速鉴定方法荧光定量PCR方法	不纳入
59	DB44/T 496-2008 灵芝中三萜类物质的测定	不纳入
60	DB44/T 519-2008 食品中甲醛的快速检测方法	不纳入
61	DB44/T 537-2008 水产品中二甲胺的测定	不纳入
62	DB44/T 538-2008 水产品中苯并（a）芘的测定——液相色谱法	不纳入
63	DB44/T 539-2008 水产品中孔雀石绿残留量的快速测定液相色谱法	不纳入

张俊修、钟华

3.10 山西省

【a. 概况】

2014年是山西食品工业发展极不平凡的一年，面对世界经济仍处在国际金融危机后的深度调整期，总体延续缓慢复苏态势。全省规模以上食品工业企业273户，完成主营业务收入701.4亿元，实现利润总额37.1亿元，完成工业总产值662.0亿元，利税83.3亿元；工业增加值完成209.6亿元，增幅比全省3%的平均水平低212.8个百分点。

1、全行业生产回落明显

从行业看酒、饮料和精制茶制造业下降明显，全省58户规模以上企业，实现主营业务收入193.7亿元，同比减少2.6个百分点，利润同比减少53个百分点，总产值同比减少17.8个百分点；从产品看白酒制造业下降明显，在主营业务收入同比基本持平的情况下，利润同比减少68.6个百分点，工业总产值同比减少20.9个百分点，利税同比减少45.7个百分点。

2、龙头企业下降明显

2014年，全省销售10亿元以上的企业有10家，完成主营业务收入364.27亿元，实现利润总额20.76亿元，完成工业总产值294.7亿元，利税57.59亿元。

3、食品制造业增速最快

食品制造业增速最快，规模以上企业完成主营业务收入123.8亿，同比增长1.8%。罐头食品制造增速最快，完成主营业务收入16.4亿元，占全省工业企业的17.6%，其中肉禽类罐头制造完成主营业务收入14亿元，利润增长同比130.3%，工业总产值同比增长33.9，利税总额同比增长91.1%。

【b. 大事记】

4月18日，山西名优特商品（广州）展销中心在广州山西大厦正式成立，是山西省商务厅、山西省政府驻广州办事处牵头打造的，是山西名优特商品展示和销售的立体化平台，由广州晋善晋美投资有限公司进行全面运营。

4月30日–5月9日，在商务部、省政府、中国常驻联合国代表团的指导下，省商务厅组织中国烹饪协会和山西烹饪餐饮饭店行业协会在美国纽约成功举办了“中国·山西美食走进联合国”系列活动。

6月23日，“2014年山西省百姓最放心食品（餐饮）品牌大型公益调查活动”启动仪式在山西日报报业集团举行。

8月1日，第三届山西茶叶茶文化博览会暨2014首届安化黑茶（山西）文化节在太原煤炭博物馆开幕。

8月6日，省政府推进2014年全省食品安全工作，认真贯彻落实《国务院办公厅关于印发2014年食品安全重点工作安排的通知》（国办发〔2014〕20号）文件内容，深入推进全省食品安全工作。

8月6日–22日，山西启动2014三晋食品安全媒体采风报道行动，来自全省十余家媒体的记者先后深入到全省11个市的15家食品生产加工企业，对食用油、小米、杂粮、陈醋等餐桌食品的原料供应、生产环节以及销售渠道进行了全方位采访调查。

8月13号，副省长张建欣在山西省平遥牛肉集团有限公司调研食品安全工作。

8月27日，为进一步加大食品药品违法行为惩戒力度，严格落实生产经营者主体责任，省食品药品监督管理局日前制定出台了《食品药品安全“黑名单”管理制度》。

11月5–6日，国家食品药品监督管理总局行政执法监督检查第四检查组一行，在驻广东省食品药品监督管理局纪检组长陈鲁峰的带领下，对全省食品药品日常监管、违法行为查处、违法案件移送、举报投诉处理、行政复议、应诉以及婴幼儿配方乳粉行政许可、假药查处等行政执法工作开展专项监督检查。

11 月 15 日，山西省委书记王儒林在，朔州市、山阴县主要领导的陪同下莅临古城乳业调研指导工作。

11 月 24 日，李小鹏省长主持召开省长办公会议，专题研究贯彻落实全国治理“餐桌污染”福建现场会精神。会议就全省贯彻落实全国治理“餐桌污染”福建现场会精神，提出了八条工作措施。

11 月 27 日，省第十二届人大常委会第十六次会议对省政府食品安全工作进行专题询问。

12 月 12 日，山西品牌中华行（海口站）活动启动仪式在海南国际会展中心举行。这是今年山西品牌中华行的第九站，也是收官之站。

12 月 26 日，经专家评审，全国农业产业化联席会议审定，山西青玉油脂有限公司荣膺农业产业化国家重点龙头企业。

【c. 先进企业和名优产品】

1、汾酒篇

3 月 28 日，“民族工业，百年荣耀”1915 年—2015 年中国酒业国际化 100 周年，汾酒、张裕荣获巴拿马甲等大奖章 100 周年暨寻迹 1915 大型系列采访活动启动仪式在成都举行。

4 月 2 日，全国政协委员、原卫生部副部长、国家食品药品监管局局长邵明立一行在吕梁市委书记高卫东的陪同下来汾酒集团参观，参观组一行受到了集团公司总经理谭忠豹、汾酒股份公司总经理韩建书、总工程师杜小威的热情接待。

5 月 19 日，汾酒集团在北京隆重举行以“荣耀百年 唱响清香”为题的汾酒荣获巴拿马万国博览会甲等大奖章 100 周年系列纪念活动启动仪式。美国驻华大使馆商务专员沈岩、法国驻中国大使馆公使石巴胡（pierre barroux）、中国国际商会秘书长林舜杰，中国酒业协会会长、食品专家王延才、著名白酒专家高景炎、国家一级演员阎维文、中央百家讲坛主讲人钱文忠、经济日报原总编艾丰、著名诗人、散文家汪国真、中国传媒大学广告学院院长黄升民等出席启动仪式并发表讲话。

11 月 23 日，“汾酒杯”2014 感动百姓山西十大乡村爱心大使名单正式揭晓，颁奖典礼将在太原举行。

2、山西老陈醋篇

2 月 28 日，国家统计局党组成员、总工程师郑京平率经济普查督查组一行到山西老陈醋集团福源昌老陈醋有限公司督察第三次经济普查工作。期间，郑京平与调查员详细核对了调查的流程和数据，并与公司经理进行了对照，充分肯定了普查工作的成绩。

9 月 29 日，太原市记协组织市级媒体记者和市（县、区）新闻中心、外宣办负责人深入紫林醋业有限公司，开展“走基层、转作风、改文风”活动。

10 月 1 日起正式实施的山西老陈醋产品质量新标准，山西老陈醋不用再标注保质期，且只有酸度为 6 度才能被称为正宗的老陈醋。

10 月 12 日，紫林逆能量亮相 2014 年秋季糖酒会，紫林饮料财富商机论坛在重庆富力凯悦大酒店隆重举行。

12 月 12 日，山西食品工业协会、汾酒集团董事长李秋喜一行在县领导陪同下莅临山西水塔醋业有限公司参观考察。水塔公司总裁郭静向各领导详细介绍了我公司的发展历程、现状及长期规划。

【d. 协会工作】

7 月 26 日，在山西经贸宾馆召开山西省食品工业协会第五届会员代表大会，会上选举产生山西省食品工业协会新一届领导机构。会长为山西杏花村汾酒集团董事长李秋喜，郭东担任常务副会长，黄永建担任协会秘书长的职务。

11 月 1 日，由山西省食品工业协会起草的《植物油单位产品综合能耗限额》山西省地方标准发布，12 月 1 日起实施。

11 月 1 日，由山西省食品工业协会和山西杏花村汾酒厂股份有限公司共同起草的《酿造白酒单位产品综合能耗限额》山西省地方标准发布，12 月 1 日起实施。

【e. 山西省通过食品工业企业诚信信息公共平台认证企业】

1、山西古城乳业集团有限公司
2、山西雅士利乳业有限公司
3、山西太谷通宝醋业有限公司
4、内蒙古蒙牛乳业（集团）山西乳业有限公司
5、蒙牛乳业（太原）有限公司
6、大同夏进乳业有限责任公司
7、山西双合成商贸有限公司
8、山西海玉食品有限公司
9、山西泽榆畜牧业开发有限公司
10、山西田森农副产品加工配送
11、太原六味斋实业有限公司
12、山西水塔醋业股份有限公司
13、北京燕京啤酒（晋中）有限公司
14、北京红星股份有限公司六曲香分公司

【f. 主要经济指标】

1、2014年山西省食品工业主要指标（分行业）

指标名称	企业单位数	主营业务收入	同比增减	利润总额	同比增减	利税总额	同比增减	工业总产值	同比增减
	个	亿元	%	亿元	%	亿元	%	亿元	%
农副食品加工业	134	340.1	-2.1	13.1	0.9	14.4	-1.3	355.3	-3.9
食品制造业	80	123.8	1.8	8.5	2.2	11.2	-0.7	136.0	7.5
酒、饮料和精制茶制造业	58	193.7	-2.6	8.0	-53.0	25.4	-39.8	126.1	-17.8
烟草制品业	1	43.7	8.2	7.5	7.0	32.2	9.5	44.5	7.1

注：本表统计口径为主营业务收入2000万及以上的工业企业。

2、2014年山西省食品工业主要效益指标（分地区）

单位：亿元

指标代码	企业单位数	主营业务收入		利润总额		工业总产值		利税总额	
		全年（亿）	增减%	全年（亿）	增减%	全年（亿）	增减%	全年（亿）	增减%
山西	273	701.4	-1.0	37.1	-18.2	662.0	-4.2	83.3	-14.7
太原	35	110.3	-1.7	10.6	2.2	108.2	-1.8	37.3	6.9
大同	9	10.8	-38.8	1.3	-2.9	10.3	-38.3	1.7	1.2
阳泉	4	4.2	38.0	0.1	-27.3	5.5	10.6	0.1	-30.8
长治	28	61.4	-30.4	3.1	-8.0	65.0	-28.3	4.2	-8.0
晋城	11	10.0	-19.6	0.2	-35.1	10.1	-20.6	0.4	-42.4
朔州	19	35.4	-13.3	1.0	-26.8	37.3	-14.9	2.0	-27.3
晋中	38	60.8	4.3	1.1	-28.1	68.0	10.7	3.3	-16.4
运城	65	148.8	20.7	11.1	3.2	169.4	12.1	12.4	3.7
忻州	16	8.3	-6.7	0.4	29.6	9.4	-7.6	0.5	22.7
临汾	12	13.6	-15.1	0.1	-91.3	21.1	12.1	0.2	-79.0
吕梁	36	237.9	4.5	8.1	-46.2	157.6	-7.6	21.1	-40.7

3、2014年主要产品产量及其增长速度

产品名称	计量单位	年产量	同比增长（%）
粮 食	万吨	1330.8	1.4
其中：玉 米	万吨	938.1	-1.8
小 麦	万吨	259.1	12.3
谷 子	万吨	38.9	5.9
豆 类	万吨	31.4	1.9
薯 类	万吨	39.1	8.6
油 料	万吨	17.3	-11.0
棉 花	万吨	2.4	-23.1
甜 菜	万吨	8.0	-64.2
蔬菜及食用菌	万吨	1271.4	6.1
水 果	万吨	770.8	8.3
其中：瓜果类	万吨	88.3	9.1
园林水果	万吨	682.5	8.2
食用坚果	万吨	12.5	46.9
其中：核 桃	万吨	12.1	90.7
饲料	万吨	258.56	-
其中：配合饲料	万吨	130.97	13.75
混合饲料	万吨	127.59	9.4
精制食用植物油	万吨	29.95	18.09
鲜、冷藏肉	万吨	52.97	6.93
速冻米面食品	万吨	1.50	8.91
方便面	万吨	4.73	-14.82
乳制品	万吨	48.08	-10.02
其中：液体乳	万吨	45.15	-8.07
罐头	万吨	1.68	4.29
饮料酒	万千升	52.14	-8.02
其中：白 酒	万千升	9.36	-10.1
啤 酒	万千升	42.15	-7.72
葡萄酒	万千升	0.63	61.66
软饮料	万吨	145.26	-1.63
卷烟	亿支	163.50	3.15

王彬

3.11 安徽省

【a. 概况】

1、生产平稳增长。

2014 年，全省规模以上食品工业企业 2240 家，全年实现工业增加值 863.8 亿元，同比增长 8.5%，比全省规模以上工业增速低 2.7 个百分点，同比回落 2.7 个百分点。其中：农副产品加工业 497 亿元，同比增长 8.7%，食品制造业 152.7 亿元，同比增长 10.9%，酒、饮料和精制茶制造业 214.1 亿元，同比增长 6.5%。

2、产品产量增加。

全省食品行业主要产品产量均保持不同程度的增长。其中，小麦粉产量 1669.6 万吨，同比增长 16.7%，产量居全国第 3 位；大米产量 1725.5 万吨，同比增长 3.4%；精制食用油 122.4 万吨，同比增长 6.2%；白酒 43.6 万千升，同比增长 4.7%；乳制品 108.2 万吨，同比增长 13.2%，产量居全国第 7 位。

3、效益稳步提升。

全省规模以上食品工业实现主营业务收入 3868.5 亿元，同比增长 10.6%，其中农副食品加工业增长 10.2%，食品制造业增长 15.7%，酒、饮料和精制茶制造业增长 7.8%。实现利润 211.4 亿元，同比增长 9.7%。

4、投资增长较快。

食品工业固定资产投资增速与全省工业增速基本持平，累计完成投资 608.7 亿元，同比增长 15.3%，其中农副食品加工业投资增势强劲，累计完成投资 312.6 亿元，增长 18.5%，食品制造业和酒、饮料和精制茶制造业投资增速为 12.2%、14.3%。

【b. 重点行业运行情况】

1、白酒行业

全省白酒行业发展速度下降，盈利水平低于全国。全省目前持白酒生产许可证企业 423 家，规上白酒企业 88 户，全年实现产量 43.6 万千升，同比增长 4.7%，居全国第 10 位；主营业务收入 217.8 亿元，同比下降 1.0%；利润 26.4 亿元，同比下降 6.2%。

2、农副食品加工业

全省农副食品加工业企业数量多，规模小，龙头企业少，企业数 1572 户，占食品工业企业数量的七成，占全省规上企业数量的一成。2014 年，全省农副食品加工业虽保持平稳增长，但增长速度明显慢于全省平均水平，实现增加值 497 亿元，同比增长 8.7%，比全省平均水平低 2.5 个百分点；实现主营业务收入 2765.5 亿元，同比增长 10.2%；利润 123.5 亿元，同比增长 13.4%。

3、食品制造业

全省食品制造业规模小，在食品行业中所占比例低，增加值约占全部食品工业的 18%，占规上工业的 1.5% 。2014 年，食品制造业企业数 359 户，实现增加值 152.7 亿元，同比增长 10.9%，比全省平均水平低 0.3 个百分点；实现主营业务收入 544.4 亿元，同比增长 15.7%；利润 27.6 亿元，同比增长 0.6%。

【c. 存在问题】

1、发展速度放缓，重点行业下滑严重。

2014 年，食品工业增加值增速明显放缓，除食品制造业增速较去年同期较快外，农副产品加工业、酒与饮料和精制茶制造业增速比去年同期出现不同程度回落。受产能过剩、供大于求、经济增速放缓和限制公款消费政策等因素作用，白酒行业利润大幅下降，导致酒、饮料和精制茶制造业增速下滑过快。

2、食品工业总量小，行业集中度较低。

全省规上食品工业企业2240户，数量居全国第10位，仅占全国食品规模以上食品工业企业数的5.9%，是食品工业第1大省山东的1/3。主营业务收入3868.5亿元，居全国第11位，占全国比例3.9%，仅相当于山东、河南同期收入的1/4和1/2。全省食品工业规模占全部规模以上工业的9%左右，企业规模偏小，行业集中度较低。

3、产业结构不合理，产品附加值低。

从行业结构看，全省食品工业各行业大类增加值所占的比重为农副食品加工业56%，食品制造业18%，酒、饮料和精制茶制造业26%，农副食品加工所占比重大，食品制造业和酒、饮料和精制茶制造业相对较小，资源粗加工多，精深加工少，附加值低，传统食品占比高，优质化、营养化、功能化食品发展较弱；从产品结构看，品种花色少、包装差、档次低，产品更新换代慢，产品结构不适应市场需求变化。

4、品牌带动能力不强，市场开拓能力有待提高。

绝大多数企业规模小，缺乏知名龙头企业和品牌。市场营销方式落后，营销网络不健全，电子商务等现代营销模式还没有得到较快应用，对品牌产品的培育、开发和宣传、推介力度不够。

季 敏

3.12 江西省

【a 概况】

1、经济运行平稳

截至2014年，江西省规模以上食品工业企业645家，同比增加44家，同比增长7.3%。全行业从业人员平均人数16.44万人，同比增长7.2%。资产超千亿，合计1103.10亿元，同比增长14.3%。江西省规模以上食品工业实现总产值2686.07亿元，同比增长18.4%，产品销售率达98.4%。完成工业增加值724.36亿元，同比增长18.7%，总量占全省规模以上工业比重的10.6%。实现主营业务收入2692.10亿元，跃居全国第16位，同比前进了一位，同比增长16.7%，比全国平均水平高8.76个百分点，增速列全国第4、中部第1。利税总额383.87亿元，同比增长18.3%，总量占全省规模以上工业的11.4%。利润总额198.44亿元，同比增长16.7%。

2、主要产品产量平稳增长

全省12种主要食品工业产品中11种实现了不同程度的增长，其中冷冻饮品8.31万吨，同比增长24.2%、精制茶6.95万吨，同比增长16.9%、大米687.07万吨，同比增长14.0%、白酒16.38万千升，同比增长13.8%、啤酒130.99万千升，同比增长6.2%、包装饮用水129.11万吨，同比增长6.1%、卷烟676.50亿支，同比增长5.9%、液体乳29.15万吨，同比增长3.9%、乳制品33.16万吨，同比增长3.1%、软饮料320.85万吨，同比增长3.0%、罐头14.72万吨，同比增长1.2%。精制食用油188.82万吨，同比下降5.1%，产业进入调整期。

3、产业集群引领行业发展

全省重点食品产业集群（基地）支撑作用凸显，全省11个食品产业基地（集群）累计实现主营业务收入867.3亿元，占全省食品工业32.2%，利税总额80.9亿元，占全省食品工业21.1%。其中4个产业集群主营业务收入过百亿：庐山区绿色食品产业集群实现主营业务收入147.3亿元，同比增长28.6%，利税总额9.2亿元，同比增长64.3%。上高绿色食品产业集群实现主营业务收入109.6亿元，同比增长32.1%，利税总额16.0亿元，同比增长31.1%。南昌县小蓝经济开发区食品饮料产业基地实现主营业务收入134.7亿元，同比增长28.6%，利税总额12.2亿元，同比增长27.1%。新建长堎绿色食品产业基地实现主营业收入118.0亿元，同比增长17.0%，利税11.0亿，同比增长24.0%。

4、固定资产投资持续增长

江西省不少食品工业企业纷纷增加固定资产投资，全省规模以上食品工业累计完成固定资产投资684.5亿元，同比增长13.4%。其中食品制造业固投高速增长，实现固定资产投资189.2亿元，同比增长47.2%。食品制造业项目主要有赣州天绿生化科技有限公司年产15000吨脐橙膨化颗粒、3000吨脐橙酵素液生产线建设项目、抚州黑五类食品有限公司年产3万吨食品深加工生产线项目等。

5、外贸出口较快增长

江西省规模以上食品工业完成出口交货值133.39亿元，同比增长18.9%。其中，农副食品加工业60.03亿元，同比增长24.8%，总量占全省食品工业的45.0%。增长最快的是水产品冷冻加工，同比增长149.6%。

6、重点项目建设进展顺利

中粮粮油工业（九江）有限公司百亿产业园项目，已进入单机调试阶段。南方黑五类食品丰城生产基地项目目前1#、2#厂房、1#、2#倒班楼、办公楼、附属用房已建设完成并投入使用，2条生产线在试投产，2条线正在安装设备。百威英博（吉水）有限公司目前已完成办公楼、宿舍楼、厂房及部分附属设施主体工程。海亮有机农业集团（江西）有限公司海亮高安有机富硒农业全产业链科技示范园项目正在进行蔬菜水果加工厂，办公楼等设施建设。江中药业股份有限公司杞浓酒项目，正在进行厂房基础建设。河北养元智汇饮品股份有限公司“六个核桃”饮料鹰潭项目正在办理环评及进场施工。

7、重点企业运行平稳向好

重点企业进一步做强做大，成为推进江西省食品工业发展的重要支撑点。其中正邦集团有限公司实现主营业务收入430.7亿元，同比增长19.6%，利税总额7.2亿元，同比增长5.8%。双胞胎（集团）股份有限公司实现主营业务收入282.0亿元，同比下降8.7%，利税总额16.0亿元，同比增长11.0%。四特酒有限责任公司实现主营业务收入31.9亿元，同比增长3.0%，利税总额13.6亿元，同比下降2.3%。中粮粮油工业（九江）有限公司主营业务收入74.6亿元，同比增长26.1%，利税6.5亿元，同比增长146.4%。南昌宝迪农业科技有限公司实现主营业务收入9.2亿元，同比增长5.0%，利税0.6亿元，同比增长36.0%。

8、南昌市主营业务收入首次突破千亿元

南昌市规模以上食品工业主营业务收入首次突破1000亿元，达1020.56亿元，同比增长17.6%，总量占全省规模以上食品工业的37.9%，在全省遥遥领先。实现利税总额179.10亿元，同比增长20.0%，利润总额64.94亿元，同比增长26.0%。九江、吉安、上饶、萍乡、鹰潭五地市分别实现主营业务收入333.8亿元、291.7亿元、155.3亿元、39.3亿元、31.4亿元，完成全年预期目标的107.7%、100.6%、100.2%、130.7%、104.7%。

【b.大事记】

4月14–15日，江西省食品工业办公室会同南昌县政府赴南京考察了江苏恒润物流发展（集团）有限公司负责建设运营的南京农副产品物流中心，并就拟在南昌投资建设的大型冷链物流项目（15万平方米城市冰箱、25万平方米食品综合体、40万平方米展示交易中心、20万平方米物流配送中心）进行了对接座谈。

6月16—21日，江西省食品工业办公室、江西省食品工业协会组织江西省40多家酿酒企业近50人赴安徽白酒企业学习考察。

7月18日，推动婴幼儿配方乳粉企业兼并重组工作座谈会在南昌市召开。

8月6–8日，江西省食品工业办公室、江西省食品工业协会派员赴深圳市调研，与深圳市食品行业协会领导座谈，了解该会的主要工作情况及会员企业情况，并邀请该会组织企业赴江西省投资洽谈。

9月2日，中国企业联合会、中国企业家协会在2014中国500强企业高峰论坛会上发布了2014中国企业500强榜单，双胞胎（集团）股份有限公司和正邦集团有限公司分别以2013年营业收入373亿元和360亿元入围，分别居310位、321位。

9月12日，江西省食品工业办公室、江西省食品工业协会协助上高县人民政府在福建省晋江市举办了2014江西·上高（福建）绿色食品产业招商推介会。

11月7–8日，江西省食品工业办公室、江西省食品工业协会派员参加由中国—东盟商务理事会在天津市举办的“2014中国—东盟食品行业合作经贸洽谈会”，并与马来西亚、老挝、文莱、印尼、新加坡等国内外食品行业协会负责人、客商对接合作项目。

【c.行业管理】

江西省食品工业办公室、江西省食品工业协会坚定不移实施工业强省战略，围绕加快食品产业转型升级这一中心任务，改革创新工作思路，积极探索破解制约行业发展的难题，较好地完成了各项工作任务。

1、做好行业调研。

完成了《关于南昌旷达生物科技有限公司有关情况的调研报告》、《加快江西食品产业发展行动方案（初稿）》和《江西食品产业发展研究报告》；组织完成了《江西省产业招商指南》和产业链图（食品部分），江西省工业和信息化委员会已汇编成册。

2、加强对省领导联点企业服务工作。

对正邦集团有限公司在建项目和服务方面予以积极帮助支持，帮助正邦集团有限公司下属江西汇和化工有限公司4000吨咪鲜胺原药项目的制剂定点升级获得了工信部原材料司的批复。推荐双胞胎（集团）股份有限公司和四特酒有限责任公司参加工信部两化融合的相关会议。定期调度三家省领导联点企业的发展情况，及时了解并反映企业面临的困难问题，推动问题尽快协调解决。

3、加强金融对接做好融资服务。

通过“比选两端、搭建平台、主动服务”，与光大银行南昌分行、北京银行南昌分行和中国进出口银行江西分行建立了政银企战略合作关系，帮助食品行业重点龙头企业和中小企业融资超8亿元。与首个国家级农业产业基金－中信逸百年农业产业基金管理公司签订了战略合作协议，旨在通过股权投资全省培育未来3–5年具备上市条件的优强企业。

4、加强行业交流促进企业发展。

6月16—21日，组织省内40多家酿酒企业近50人赴安徽迎驾贡酒股份有限公司、金种子集团有限公司、古井集团、口子酒业股份有限公司、皖酒集团、宣酒集团股份有限公司6家白酒企业学习考察。9月12日，协助上高县人民政府在福建省晋江市举办了2014江西·上高（福建）绿色食品产业招商推介会，并组织召开了赣闽两省食品产业发展座谈会。会议共签约食品项目16个，签约金额28.6亿元。福建省食品工业协会、泉州市食品行业协会、晋江市食品行业协会有关领导以及旺旺、盼盼、福马、公元等85家食品企业负责人共计130余人应邀参加会议。11月14–17日，组织江西省春丝食品有限公司、江西富龙食品有限公司、江西万载千年食品有限公司、南丰县华夏五千年生态酒庄有限公司等12家食品工业企业赴上海市参加了由中国食品工业协会主办的2014中国·上海国际食品博览会。

5、积极推进食品安全与诚信建设工作。

江西省食品工业办公室、江西省食品工业协会积极推进食品安全与食品工业企业诚信体系建设工作。组织印发了2014年江西省食品工业企业诚信体系建设工作实施方案。召开了推动婴幼儿配方乳粉企业兼并重组工作座谈会，江西美庐乳业集团有限公司、江西雄鹰乳业有限公司、江西英雄乳业销售有限公司、江西金薄金生态科技有限公司和江西阳光乳业集团有限公司等省内5家乳品企业负责人参加会议。会议传达了《国务院办公厅关于转发工业和信息化部等部门推动婴幼儿配方乳粉企业兼并重组工作方案的通知》精神，参会企业结合自身实际就行业兼并重组工作做了交流发言。围绕“尚德守法，提升食品安全治理能力”主题，在江西阳光乳业集团有限公司开展了“食品安全深度行”公众开放日活动，组织消费者代表50余人参观了企业生产车间和现代有机牧场，提升消费者对国产乳制品的信心。在国务院质量工作考核组对全省的质量工作考评中，江西省食品工业企业诚信体系建设工作获得了考核组的满分评价。

【d.政策、法规】

1月10日，江西省人民政府印发了《江西省人民政府关于工业重点产业升级发展的指导意见》（赣府发〔2014〕2号），食品产业作为六大优势产业之一被列为发展重点。

【e.科技创新】

江西省6家食品企业通过省级企业技术中心专家评审，累计通过省级企业技术中心认定的食品企业总数达到15家。第七届中国食品工业协会科学技术奖获奖名单中，全省5家食品企业获技术项目奖，3位企业负责人获个人奖。其中，四特酒有限责任公司的《提高特香型白酒特征性香味成分丙酸乙酯含量关键技术的应用》项目荣获一等奖。江西省春丝食品有限公司的《生物法直条米粉生产新工艺及自动化装备的中试》、江西思达生物技术有限公司的《新食品原料壳寡糖酶法清洁生产》项目荣获二等奖。江西东华种畜禽有限公司的《共轭亚油酸鸡蛋》、江西瑶园食品有限公司的《景德镇碱水粑工业化生产关键技术研究》项目荣获三等奖。廖昶荣获“2014 全国食品工业科技创新卓越领导者”称号，刘建文、吴生文荣获“2014 全国食品工业科技创新卓越工作者”称号。

【f. 品牌建设】

全行业现有中国驰名商标 34 个，江西名牌 36 个，江西著名商标 724 个。绿色食品总数 527 个，有机食品数量 423 个，均位居全国前列。全国绿色食品原料标准化基地 48 个，全国有机农业（德兴红花茶油）示范基地 1 个。

【g. 主要经济指标（数据）】

1、江西省规模以上食品工业产值表

单位：万元

分类	1—12月	同比增长（%）
食品工业合计	26860698	18.4
农副食品加工业	16988583	18.1
食品制造业	4885132	19.1
酒、饮料和精制茶制造业	3062674	18.2
烟草制品业	1924308	19.5

2、江西省规模以上食品工业主要经济指标

分类	单位	1—12月	同比增长（%）
企业数	个	645	7.3
主营业务收入	万元	26920958	16.7
利润总额	万元	1984364	16.7
利税总额	万元	3838729	18.3

3、江西省食品工业主要产品产量

产品名称	单位	1—12月	同比增长（%）
乳制品	吨	331630	3.1
罐头	吨	147244	1.2
白酒	千升	163810	13.8
啤酒	千升	1309888	6.2
软饮料	吨	3208525	3.0
精制茶	吨	69474	16.9
卷烟	万支	6765000	5.9
大米	吨	6870699	14.0
冷冻饮品	吨	83066	24.2
液体乳	吨	291540	3.9
包装饮用水	吨	1291067	6.1
精制食用油	吨	1888189	-5.1

陈叔然

3.13 河南省

【a. 概况】

1、主要经济指标

亿元

主营收入	同比增长（%）	利润总额	同比增长（%）	税金总额	同比增长（%）
9631. 55	12. 25	831. 36	6. 00	484. 19	3. 78

2、主要产品产量

序号	产品名称	单位	产量	同比增长（%）
1	原盐	万吨	370. 6	-8.9
2	小麦粉	万吨	5196. 8	-0.1
3	精制食用植物油	万吨	366. 8	4.2
4	速冻米面食品	万吨	351. 4	-4.0
5	鲜、冷藏肉	万吨	439. 0	6.7
6	方便面	万吨	349. 2	10.0
7	饲料	万吨	2165. 8	9.2
8	软饮料	万吨	1401. 1	11.7
9	精制茶	吨	30000	-31.4
10	乳制品	万吨	220. 8	15.5
11	味精	万吨	38. 9	0.4
12	大米	万吨	600. 5	6.9
13	发酵酒精（96%）	万千升	223. 8	-1.0
14	饮料酒	万千升	541. 0	0.5
15	白酒	万千升	107. 7	1.8
16	啤酒	万千升	404. 3	-1.0
17	卷烟	亿支	1733. 2	1.2

【b. 大事记】

3 月 2–8 日，省食协白酒技术专家委员会组成白酒技术学习考察团，分别到安徽省的古井集团、口子集团和山东省的花冠集团、国井集团、景芝集团参观学习和考察交流。

4 月，接待贵州省食品工业协会庹文升会长为团长的贵州省食品工业考察团，考察团考察了河南省宋河酒业股份有限公司等食品企业。

5 月，省食协作为承办单位之一，参与了中国（漯河）第十二届食品博览会的组织工作。

6 月 10 日，全国食品工业强县创新发展研讨会，在河南省汤阴县召开，省食协主要领导出席会议并参与了学术交流和参观考察活动。

6 月 10 日，以“尚德守法，提升食品安全治理能力”为主题的 2014 年河南省食品安全宣传周活动启动仪式在省人民大会堂隆重举行。

7 月 19 日，省食协派员参加了在湖南省邵阳市湘窖酒业中国食协白酒专业委员会组织召开的原包装贮存成品年份白酒（瓶贮年份酒）专家研讨会。

7 月 22 日，2014 中国 上海国际食品博览会筹备工作协调会，在上海市滨江欣景大酒店召开，省食协派员参加。

8 月 14–18 日，省食协在鄢陵成功举办河南省首次白酒酒体设计技术高级研讨班。河南省主要白酒骨干企业的技术精英参加了这次研讨活动。

8 月 28–30 日，由中国食品报社、河南省食品工业协会主办的《中国食品报·冷冻产业周刊》、《冷冻食品》杂志承办的第八届中国食品产业大会暨第八届中国冷冻与冷藏食品工业展览会在郑州举办。

8 月，继续开展了河南省第十二届（2014 年度）名优月饼鉴评活动。

11 月 8–10 日，由商丘市人民政府主办、商丘市食品工业协会承办的 2014 中国商丘食品博览会在商丘市举行。

11月14–17日，中国食品工业协会主办上海光明集团承办的2014中国上海国际食品博览会在上海展览中心举行。

12月26日，在仰韶酒业召开了河南省食协白酒技术专家委员会第二届第三次会议。总结回顾了白酒技术专家委员会一年来所做的工作，对2015年的工作做了安排和布置。

12月，参与了第二届中国白酒科学技术大会优秀科技成果和中国白酒大师组织申报、推荐、评审工作，全省有六位白酒技术专家和两项科技成果入选，分别是：宝丰酒业卢振营、宋河酒业李绍亮、杜康酒业张献敏三位专家荣获中国白酒大师；仰韶酒业侯建光、宝丰酒业葛少华两位专家荣获中国白酒工艺大师；禧丰酒业邢晓晰荣获中国评酒大师。宝丰酒业的“功能菌在清香型宝丰酒生产工艺中的应用研究”和仰韶酒业的“陶质材料用于白酒生产工艺技术研究及产品研制”分别荣获十大科技成果。

【c. 河南省2014年度百强百高企业】

1、百强企业　　食品类 14家

河南中烟工业有限责任公司

河南省漯河市双汇实业集团有限责任公司

河南省南街村（集团）有限公司

乐天澳的利饮料有限公司

河南省志元食品有限公司

河南大用（集团）实业有限公司

河南省北徐集团有限公司

河南省众品食业股份有限公司

周口金丝猴食品有限公司

漯河临颍亲亲食品有限公司

河南省淇县永达食业有限公司

漯河晋江福源食品工业有限公司

河南省科迪食品集团股份有限公司

新乡娃哈哈昌盛饮料有限公司

2、百高企业　　食品类 8家

郑州思念食品有限公司

郑州三全食品股份有限公司

河南杜康酒业股份有限公司

蒙牛乳业（集团）有限公司

巧巧（漯河）食品有限公司

河南黄国粮业股份有限公司

河南徐福记食品有限公司

河南懿丰油脂有限公司

【d. 中国驰名商标名单】

序号	企业名称	商标	商品/服务	类别
1	河南莲花味精股份有限公司	莲花	味精	30
2	河南双汇投资发展股份有限公司	双汇	肉制品	29
3	河南裕达食品股份有限公司	金丝猴	糖果	30
4	驻马店市王守义十三香调味品集团有限公司	王守义	调味品	30
5	河南省南街村（集团）有限公司	南街村	调味品、方便面	30
6	河南省宋河酒业股份有限公司	宋河	酒	33
7	郑州三全食品股份有限公司	三全	饺子、元宵	30
8	河南华英农业发展股份有限公司	华英	分割鸭、鸡	29
9	河南正龙食品有限公司	白象	方便面，挂面	30
10	金星啤酒集团有限公司	金星	啤酒	32
11	河南省众品食业股份有限公司	众品	冷鲜肉、肉制品	29
12	郑州思念食品有限公司	思念	饺子、元宵	30
13	河南省淇县永达食品有限公司	永达	加工过的肉、肉罐头	29
14	河南信阳五云茶叶（集团）有限公司	龙潭	茶叶	30
15	河南双汇投资发展股份有限公司	双汇	肉制品	29
16	驻马店市王守义十三香调味品集团有限公司	十三香	调味品	30
17	河南蓝天生态茶业有限公司	蓝天	茶	30
18	舒学昌/河南九华山茶业有限公司	九华山及图	茶叶	30
19	信阳市文新茶叶有限责任公司	文新WENXIN及图	茶叶	30
20	好想你枣业股份有限公司	好想你及图	加工过的枣；干枣	29
21	河南梦想食品有限公司	梦想MENGXIANG	饼干	30
22	河南皇沟酒业有限责任公司	皇沟及图	白酒	33
23	河南杜康酒业股份有限公司	杜康及图	酒	33
24	好想你枣业股份有限公司	枣博士	干枣	29
25	郑州博大面业有限公司	博大	挂面	30

序号	企业名称	商标	商品/服务	类别
26	漯河联泰食品有限公司	喜盈盈	食品	30
27	河南神人助粮油有限公司	神人助及图	面粉	30
28	河南永新面粉股份有限公司	远征及图	面粉	30
29	志元食品集团有限公司	志元	肉制品	29
30	河南华星粉业股份有限公司	宇花及图	面粉；玉米粉；糕点用粉	30
31	河南中烟工业有限责任公司	黄金叶及图	卷烟	34
32	河南斯美特食品有限公司	斯美特及图	方便面	30
33	河南天豫薯业有限公司	天豫Tianyu	淀粉；粉条	30
34	宝丰酒业有限公司	宝丰BAOFENG及图	白酒	33
35	河南仰天雪绿茶叶有限公司	仰天雪绿	茶、茶叶代用品	30
36	河南省养生殿酒业有限公司	养生殿YANGSHENGDIAN	酒	33
37	驻马店市正道油业有限公司	正道及图	食用油	29
38	河南栗子园食品饮料有限公司	栗子园	牛奶饮料、牛奶制品	29
39	河南黄国粮业股份有限公司	黄国	面粉	30
40	河南省君利酒业股份有限公司	杞国及图	酒	33
41	河南宏伟实业有限公司	永生堂Yong sheng tang	果汁	32
42	河南天香面业有限公司	麦乡及图	面粉	30
43	河南赊店老酒股份有限公司	赊店	白酒	33
44	镇平县康苑鳖业有限公司	河甲HEJIA	甲鱼	31
45	开封市天丰面业有限公司	双鱼SHUANGYU	面粉、挂面	30
46	河南新林茶业有限公司	新林玉露及图	茶	30
47	河南淮源酒业有限公司	淮源及图	酒、汽酒	33
48	鹿邑县金日食用油有限公司	李耳	食用油	29
49	河南想念食品有限公司	想念XIANGNIAN	挂面	30

【e.2014年新认定的河南省著名商标名单】

序号	商标注册人/所有人	商标	使用商品/服务	类别
1	河南天泉甜甜干果有限公司	天泉甜甜	葡萄干；精致坚果仁；加工过的松子	29
2	郑州骨里香食品有限公司	透骨香	咸肉；鱼	29
3	郑州瑞阳粮食有限公司	图形	肉；蛋	29
4	新密市家家涮食品有限公司	家家涮JIAJIASHUAN	肉；人食用蚕蛹；肉片	29
5	河南省枣都蜂产品有限公司	知音ZHIYIN及图	干枣；蜜饯	29
6	郑州广汇食品有限公司	GONWAY及图	肉	29
7	新郑市天保食品有限公司	天峰TIANFENG及图	豆腐干；豆腐丝	29
8	郑州市黄河油脂有限公司	赛纯SAICHUN及图	食和油脂；信用菜籽油；食用菜油	29
9	开封圆方健康食品有限公司	圆方YUANFANG及图	蛋；食用油	29
10	洛阳农庄食品有限公司	大唐牡丹	熟芝麻；加工过的瓜子；芝麻油	29
11	洛阳市发群调味品有限公司	丁发群	芝麻酱；食用油；花生酱	29
12	新乡市明发食品有限公司	天天喜TIANTIANXI及图	蛋；肉；香肠	29
13	新乡好运农牧股份有限公司	良信	肉	29
14	河南其乐食品有限公司	其乐QILE	豆腐制品；豆腐；食物蛋白	29
15	封丘县田园养殖场	玉玲YULING	蛋；皮蛋；鸭蛋	29
16	河南伊赛牛肉股份有限公司	伊赛YISAI及图	油炸丸子；肉；香肠	29
17	河南粤禽农牧有限公司	田中禾及图	肉	29
18	武陟县亿鑫肉食品有限责任公司	亿鑫YIXIN及图	猪肉食品；肉；香肠	29
19	河南常念油脂有限公司	常念	食用油	29
20	浚县大华牧业发展中心	大华至真及图	肉；板鸭；肉罐头	29
21	范县食用菌技术开发推广中心	一峰及图	腌制蔬菜；蘑菇罐头	29
22	河南振宇食品有限公司	我当家WODANGJIA	干食用菌；豆腐制品；腐竹	29
23	禹州市紫烨红食品有限公司	紫烨红	以果蔬为主的零食小吃	29
24	许昌双利食品有限公司	金达JINDA	腐竹；豆制品	29
25	许昌维尔康植物油有限公司	走四方ZOUSIFANG	食用油脂；食用油；花生酱	29
26	漯河花花牛乳业有限公司	康伴及图	牛奶；牛奶饮料；牛奶制品	29
27	河南三剑客奶业有限责任公司	三剑客及图	牛奶饮料；奶茶；豆奶	29
28	河南省万冠实业有限公司	盛世帆SHENGSHIFAN	奶茶；加工过的花生；加工过的瓜子	29
29	南阳市瑞丰粮油有限公司	吉祥结及图	芝麻油；信用橄榄油；食用油	29
30	河南省益力康实业有限公司	赊店及图	肉；香肠；咸肉	29
31	河南省华航食品有限公司	华航	猪肉食品；肉；火腿	29
32	民权县科农食品贸易有限公司	科农	蔬菜罐头；水果肉；蔬菜色拉	29
33	扶沟县利民民畜禽养殖有限公司	笨仔B及图	蛋；咸蛋；皮蛋	29
34	河南丰源醇植物油有限公司	身贝SHENBEI	玉米油；花生油；芝麻油	29
35	河南启明肉食品有限公司	启惠QIHUI及图	牛肉；羊肉；鸡肉	29
36	确山县金乐农业发展有限公司	金乐红旅JINLEHONGLV	食用油；干食用菌；干蔬菜	29

序号	商标注册人/所有人	商标	使用商品/服务	类别
37	河南懿丰油脂有限公司	悦生合	食用油	29
38	息县广蓝食品厂	广蓝及图	酱菜；泡菜；咸菜	29
39	滑县张存伟道口烧鸡有限公司	张存伟	烧鸡；软包烧鸡；肉	29
40	滑县道口八代中和义兴张烧鸡有限公司	八代中和BDZH	烧鸡；肉罐头	29
41	新乡鹅家庄食品有限公司	鹅家庄	腌腊肉；肉脯；火腿	29
42	河南永恒肉食品有限公司	图形	猪肉；板鸭；肉脯	29
43	郑州航天面粉有限公司	济民JIMIN及图	食用面粉；面粉	30
44	三全食品股份有限公司	果然爱	元宵	30
45	郑州博大面业有限公司	私家厨房	面粉；挂面	30
46	郑州庆文食品有限公司	浦鑫PUXIN	非医用营养液；非医用营养粉；非医用营养膏	30
47	郑州市恋味实业有限公司	美味易得	食用淀粉	30
48	开封市利园食品有限公司	杞国利园	挂面；麻花；糕点	30
49	开封市天源面业有限公司	天源及图	谷类制品；食用面粉；玉米粉	30
50	伊川县粮食局面粉厂	伊龙及图	食用面粉；挂面；方便面	30
51	洛阳豫鼎农业开发有限公司	乡下亲戚	谷类制品；米；粉丝	30
52	洛阳九九龄醋业保健品有限公司	天香牡丹	酱油；醋；调味酱	30
53	河南翰儒食品有限公司	幺口香	馒头片	30
54	洛阳中澳菊花饮品开发有限公司	中澳菊花	作咖啡代用品用的植物制剂；菊苣	30
55	洛阳市汉德食品有限公司	麦亨德及图	糕点；面包	30
56	洛阳天意面业有限公司	鼎都天意	面粉；面粉制品；挂面	30
57	洛阳维雪面业有限公司	五阳WUYANG及图	面包；面粉；挂面	30
58	偃师市永丰面粉有限公司	中原雪	面粉；米	30
59	洛阳市瑞松冷饮食品有限公司	瑞松RUISONG及图	食用冰；冰淇淋；冻酸奶	30
60	河南海丝克生物科技股份有限公司	日升月恒RISHENGYUEHENG及图	非医用营养液；非医用营养胶囊	30
61	洛阳金秋农副产品有限公司	馍饭愁	粉丝；酱菜；调味酱	30
62	河南省平顶山神鹰盐业有限责任公司	宇鹰YUYING及图	盐	30
63	河南省长鑫面粉有限公司	尚鑫XS及图	食用面粉；挂面	30
64	平顶山市山虎粮食加工有限公司	山菊SHANJU	面粉制品；挂面；面粉	30
65	平顶山市纳利亨食品有限公司	久真JUZHEN及图	调味料；调味品；佐料	30
66	原阳县八素米业有限公司	金八素BASU及图	米；米粉；方便米饭	30
67	新乡市新良粮油加工有限责任公司	新良及图	馒头；面粉；面粉制品	30

序号	商标注册人/所有人	商标	使用商品/服务	类别
68	河南笑脸食品有限公司	笑脸及图	包子；花卷；粽子	30
69	河南省和寨村农业发展有限责任公司	和寨HEZHAI	食用淀粉；粉丝；含淀粉食品	30
70	新乡市豫封面粉有限公司	豫封及图	面粉；挂面；方便面	30
71	焦作市金厨食品有限公司	阿厨	调味品；醋；酱油	30
72	焦作市儒禄盛味品厂	儒禄盛RULUSHENG	调味品；辣椒油；调味酱	30
73	焦作新区祥云芝麻糖专业合作社	和酥HESU及图	芝麻糖；麻糖片；食用糖果	30
74	河南泰丰食品有限责任公司	喜相缘	元宵；饺子	30
75	安阳市银江面业有限公司	红旗渠及图	面粉	30
76	鹤壁普乐泰生物科技有限公司	普乐泰PROTIL	调味品；调味肉汗；调味酱	30
77	浚县天龙面业有限公司	云中龙YUZHONGLONG	食用面粉；食用淀粉；谷朊粉	30
78	范县黄河生态农业开发专业合作社	洁田	豆类粗粉；玉米；米	30
79	河南省雪汇食品有限公司	老知味	冰淇淋；冰棍；冰糕	30
80	濮阳县双福米业有限公司	中银	谷类制品；米；人食用的去壳谷物	30
81	濮阳市红莲面业有限公司	红莲HONGLIAN及图	挂面	30
82	濮阳市龙冠食品有限公司	食者聪	饼干；膨化水果片、蔬菜片	30
83	三门峡市艾吉咪食品有限责任公司	艾吉咪	蛋糕；月饼；甜食	30
84	三门峡市山水方正生物科技有限公司	山水方正	非医用营养粉；非医用营养膏；非医用营养胶囊	30
85	许昌裕源实业有限公司	碧蕊BIRUI	食用淀粉；粉丝；含淀粉食品	30
86	许昌县鑫豫雪有限公司	豫雪YUXUE	面粉；挂面	30
87	长葛市怡盛蜂业有限公司	图形	糖；蜂蜜；食用蜂胶	30
88	河南鑫昊晟食业有限公司	佰味集	调味品；谷类制品；面粉制品	30
89	漯河市美馨食品有限公司	霞美XIAMEI及图	饼干；小蛋糕；虾味条	30
90	河南豪峰食品有限公司	香当当	面包；蛋糕；饼干	30
91	河南金龙面业有限公司	金龙	面粉；谷类制品；豆类粗粉	30
92	南阳弘图商贸有限公司	弘生堂	茶饮料；茶叶代用品；茶	30
93	河南省养生殿酒业有限公司	明天及图	姜油；花椒油；辣椒油	30
94	虞城县广纳利面粉有限公司	小丫XIAOYA	挂面；面粉；方便面	30
95	夏邑县瑞丰食品有限公司	倔老头及图	挂面；面粉制品	30
96	柘城县三和圆调味品有限公司	曹府三和圆	调味料；辣椒粉；调味酱	30
97	商丘金平安面业有限公司	雪梨花	面粉	30
98	柘城县如意面业有限公司	NIANNIANRUYI及图	面粉；谷类制品；面条	30

序号	商标注册人/所有人	商标	使用商品/服务	类别
99	河南省老杨家食品有限公司	逍遥老杨家	糕点；面粉；调味品	30
100	河南省大众粮油食品有限公司	众粮及图	面条；挂条；方便面	30
101	信阳市秀毫茶叶有限公司	秀毫 XIUHAOTEA 及图	茶；茶饮料；荷直代用品	30
102	商城县兄弟米业有限公司	董家谷及图	米；面粉；西米	30
103	信阳佛灵山生态茶叶有限公司	羽神峰针	茶；茶叶代用品	30
104	息县四通面业有限责任公司	包信及图	面粉；面粉制品；含淀粉食品	30
105	新县大别山旅游开发信息咨询服务有限公司	香山翠峰	茶；茶饮料；茶叶代用品	30
106	信阳市狮河区双碑茶叶有限公司	双碑及图	茶叶	30
107	潢川县豫川粮业有限公司	松荣SORU及图	米；面粉；谷类制品	30
108	济源市喜富食品有限公司	喜富及图	元宵；饺子	30
109	济源王屋山品牌文化发展有限公司	土	蜂蜜	30
110	巩义市白园食品有限公司	石磨坊 SHIMOFANG 及图	调味品	30
111	河南梦想食品有限公司	梦想及图	饼干；月饼；糕点	30
112	邓州市丰达面粉有限公司	世瑞SHIRUI	面粉	30
113	河南金晶食品有限公司	靓健LJ及图	谷类制品；玉米粉；食用面粉	30
114	河南青峰云雾茶业有限公司	QINGFENGYUNWU及图	茶；茶叶代用品	30
115	河南仰天雪绿茶叶有限公司	仰天雪绿及图	茶；茶叶代用品；茶饮料	30
116	河南顿岗米业有限公司	顿岗DG及图	米	30
117	河南绿锦农业开发有限公司	好菜篮 HAOCAILAN 及图	谷；新鲜蔬菜；食用植物根	31
118	宜阳县花果山珍品开发有限公司	李贺LIHE	谷；坚果；新鲜蔬菜	31
119	洛阳奥达特食用菌技术开发有限公司	奥达特及图	新鲜蘑菇；鲜食用菌；菌种	31
120	舞钢市九牧牧业有限责任公司	九牧	活动物	31
121	鲁山县创新农业推广中心	伏牛黑薯及图	新鲜蔬菜	31
122	安阳市山中美农副产品开发有限公司	山中美 SHANGZHONGMEI 及图	芝麻；谷；花生	31
123	鹤壁市农友种苗示范中心	鹤壁宝岛及图	水果鲜；新鲜蔬菜；植物	31
124	浚县丰黎种业有限公司	浚研	小麦；玉米；植物种子	31
125	濮阳市万丰农牧农民专业合作社	图形	花生；活动物；新鲜蔬菜	31
126	河南许农种业有限公司	万家兆丰及图	小麦；植物	31

【f. 河南省第十二届（2014 年度）名优月饼名单】

1、2014 年度（第十二届）河南十佳月饼

企业名称	获奖产品
河南红磨坊食品有限公司	牛肉松蛋黄月饼
洛阳雅香楼食品加工有限公司	广式凤梨月饼
洛阳市安德莉亚食品有限公司	金牌白莲月饼
郑州香雪儿食品有限公司	巴旦木杏仁月饼
河南三味奇食品有限责任公司	银耳红枣酥月饼
商丘市名代食品有限公司	纯正白莲蓉月饼
河南千威食品有限公司	红豆沙月饼
郑州福晶圆企业管理有限公司	玫瑰鲜花月饼
驻马店市驿城区大拇指饼屋	广式莲蓉月饼
鹤壁市祥隆食品有限公司	苏式玫瑰伍仁月饼

2、2014 年度（第十二届）河南名饼

企业名称	获奖产品
郑州西兴食品有限公司	京式老式月饼
洛阳雅香楼食品加工有限责任公司	广式椰蓉月饼
沈丘县马四清真食品厂	老月饼
郑州卡吉诺食品有限公司	炭烧蔓越莓月饼
长葛市益民艾瑞琳食品有限公司	广式豆沙月饼
河南伊莎利亚食品有限公司	凤梨月饼

企业名称	获奖产品
河南郑牛食品有限公司	秘制伍仁月饼
洛阳市安德利亚食品有限公司	苏式帝王酥月饼

3、2014年度（第十二届）河南优质月饼

企业名称	获奖产品
驻马店市驿城区大拇指饼屋	广式伍仁月饼
河南伊莎利亚食品有限公司	豆沙月饼
郑州香雪儿食品有限公司	翡翠葡萄月饼
河南郑牛食品有限公司	怀山药月饼
河南三味奇食品有限责任公司	苏式八珍月饼
河南红磨坊食品有限公司	老回味伍仁月饼
许昌市东翱食品有限公司	广式伍仁月饼
郑州百兴食品有限公司	苏式蛋黄酥月饼
沈丘县马四清真食品厂	酥仁月饼
河南千威食品有限公司	千层玫瑰酥月饼
鹤壁市祥隆食品有限公司	清香白莲蛋羹月饼

4、2014年度（第十二届）河南月饼创新奖

企业名称	获奖产品
郑州卡吉诺食品有限公司	乳酪蓝莓月饼
河南三味奇食品有限责任公司	苏式椒盐月饼
许昌市东翱食品有限公司	低糖绿茶月饼

5、2014年度（第十二届）河南省月饼制作优秀技师获奖名单

企业名称	获奖人
郑州百兴食品有限公司	张文华
洛阳雅香楼食品加工有限责任公司	王雪强
洛阳雅香楼食品加工有限责任公司	张建设
洛阳市安德利亚食品有限公司	李树磊
商丘市名代食品有限公司	刘春风
河南伊莎利亚食品有限公司	宋林奇
长葛市益民艾瑞琳食品有限公司	李会彬

万保建

3.14 湖北省

【a. 概况】

2014年，全省食品工业实现主营业收入7200亿元，实现利税总额1008亿元，主营业收入、利税均提前一年完成“十二五”发展规划目标，成为全省工业经济中总量规模首个超柒仟亿元,利税总额过千亿的支柱产业。

1、生产平稳快速增长，在工业经济中的贡献率增加

全省规模以上食品工业（含烟草）增加值同比增长12.5%，比全省食品工业增速高4.7个百分点，拉动全省工业经增长2.37个百分点，对全省工业经济增长贡献率达到21.9%。

2、经济效益稳步提升，提前一年完成“十二五”规划目标

全省2407家规模以上食品工业企业（含烟草）实现主营业收入7200亿元，同比增长12.54%，实现利税总1008亿元，同比增长8.3%；主营业务收入、利税均提前1年完成“十二五”发展规划目标，成为全省工业经济中总量规模首个超柒仟亿，利税总额过千亿的支柱产业，产业规模连续3年稳居全省各大产业之首，位居全国第3位，仅次于山东（16763亿元）、河南（9632亿元）之后，超过第四位的江苏721亿元；主营业务收入增速排在全国第6位，中部地区第1位，分别高于全国及中部地区平均增幅4.74和10.02个百分点。

2014年湖北食品工业总量全国排名

省份	主营业务收入（亿元）	同比增长%	产值排名	增速排名
山东	16763	9.68	1	14
河南	9632	12.25	2	7
湖北	7200	12.54	3	6
江苏	6479	10.12	4	11
四川	6338	8.57	5	17
广东	6161	7.73	6	19

2014年，全省食品工业实现利润408亿元，同比增长2.1%；其中：食品制造深加工行业受原料影响较小，产品附加值较高，利润同比增长18.6%，增幅同比提高12.7个百分点；烟草行业得益于产品结构调整，保持较好势头，湖北中烟中高档烟比重提高到50%以上，带动行业实现利润66.6亿元，同比增长16.2%，实现税金412亿元，同比增长19.1%，同比提高11.8个百分点。

3、固定投资快速增长，重点项目稳步推进

全省食品工业完成固定资产投资1452.25亿元，同比增长22.62%，增幅比全省工业平均水平高5.92个百分点。重点项目开工建设进展顺利。湖北中烟投资70亿元建设总部基地及雪茄烟生产基地项目中，三峡卷烟厂雪茄生产基地即将建成投产，该基地将成为全国四大雪茄生产基地之一；武汉周黑鸭食品公司投资50亿元建设集生产、体验、物流为一体的周黑鸭未来城，项目已完成一期工程投资；萧氏茶叶集团有限公司投资20亿元的茶产业高新科技工业园二期项目已经完成拆迁场平，正式开工建设，预计2016年竣工；湖北有所思食品股份有限公司年产30万吨果蔬饮料生产线建设项目、湖北土老憨生态农业开发有限公司年产2万吨鱼肉干休闲食品生产项目、生产发酵橘桔果醋及柑橘风味食品生产项目等15个投资过亿元项目竣工，极大地提高了全省食品产业的竞争力。

4、产业结构进一步优化，产业集聚更加明显

食品工业“十二五”规划全力打造的五大千亿行业，粮食加工行业 已实现主营业务收入1642亿元，饮料行业实现主营业务收入1396亿元，两个子行业提前一

年成为1000亿元产业。2014年，全省食品产业继续呈现资源集聚、集群发展态势。全省90个重点成长型产业集群中，新增了安陆食品加工产业集群，食品产业集群达21个，占全省重点产业集群总数的23.3%。仙桃市被国家轻工联合会授予“中国食品工业名城”荣誉称号，枝江酒业公司所在地枝江市被授予“长江中游浓香型白酒生产基地”称号。

5、创新驱动力度加大，转型升级步伐加快

（1）企业自主创新能力进一步提高。安琪酵母公司“高耐性酵母关键技术研究与产业化“项目获得国家科学技术进步二等奖。稻花香活力型夺得“中国白酒国家评委感官质量奖”，“稻花香白酒创新生产工艺”获国家发明专利、全国食品工业协会科学技术奖。全年，全省食品产业新增湖北采花茶叶有限公司、宜昌土老憨风味食品有限公司等10家高新技术企业，新增3家省级企业技术中心，新增2家省级工程技术中心。截至2014年，全省食品工业企业建有博士后工作站3个，国家级企业技术中心1个，省级技术中心32个。

（2）转型升级成为企业发展新引擎。枝江酒业投资1亿元对五个酿造车间全部完成酿造机械化改造，提升酿酒出产率和优级品率。关公坊酒业将姓氏文化、酒文化、瓷器及书画艺术等融为一体，推出“关公坊姓氏定制酒”。宜都土老憨公司和秭归屈姑公司加强对柑桔深加工产品研发，构建对柑桔从皮、汁、渣“吃干榨尽”式全产业链。

（3）电子商务成为新的营销方式。一些传统的食品企业通过多种形式涉足电子商务，取得好的成绩。良品铺子顺应互联网发展成立了电子商务公司，不仅在天猫、一号店等平台上售卖产品，并开通了微博、微信平台，向线上线下共赢的方向发展，目前在湖北、湖南、江西、四川四个省拥有了1200多家专卖店，其销售额已经高达14亿元。

【b.存在的主要困难和问题】

1、制约食品工业发展的矛盾凸显。

（1）转型期的环境污染问题严重，相对分散的农业与快速发展的食品工业整体上对接失衡。

（2）原材料与劳动力等资源性成本上升，食品企业面临的成本压力进一步加大，挤压了食品企业的利润空间，中小企业生存压力不断加大。

2、技术与创新亟待加强。

（1）食品企业研发投入强度仍然较低，创新能力不足；

（2）在新一轮传统食品工业化的创新中，企业发展的内生动力不强，亟须将传统技术的升级与信息化技术、机电一体化、智能化等跨领域进行交叉与融合。

3、经营与市场压力加大。

(1) 由于大多数食品企业市场营销方式落后，电子商务、连锁代理、产销直挂等现代营销模式还没有得到较快应用，营销网络不健全，信息搜集不及时，特别是对品牌的培育、开发和宣传、推介力度不够，直接进军国内外大市场渠道不畅；

(2) 商业物流及连锁经营对市场终端的控制力削弱了食品企业的议价能力，挤压了食品企业的利润空间；

(3) 消费者对食品安全问题的“信任危机”，使食品企业的品牌宣传难度加大。

【c.2015年全省食品工业发展趋势及预期】

2015年是全面深化改革之年，国民经济已由高速增长转入中高速增长的新常态，在此大背景下，全省食品工业转型升级、集约化发展步伐将明显加快；消费偏好差异引导食品产业结构调整，消费者收入水平的提高、健康安全意识的增强，促进食品需求差异化分层，对高端品牌及低端质优价廉食品的需求，将引导食品行业走差异化之路；新型食品制造技术与信息技术的广泛运用，将不断提升食品工业的两化融合水平，电子商务快速发展将使食品成为网购商品中增长最快的类别之一；传统食品与生活性服务业融合发展加快，随着人们对传统食品需求偏好的加强，传统食品产业将提速回归，并将与餐饮业实现有效对接，促使传统食品工业化进程加快。2015年预计全省食品工业仍将保持平稳较快发展，食品工业主营业务收入将突破8000亿元，实现利润450亿元左右。

彭桥玲

3.15 湖南省

【a. 概况】

湖南是农业大省，是稻作粮食的重要发祥地，杂交水稻的故乡，是全国著名的“鱼米之乡”和我国重要的商品粮生产基地。农副产品资源丰富，民间传统加工食品历史悠久，具有良好的资源禀赋。食品产业长期是湖南省重要支柱产业。

自湖南省第九次党代会以来，湖南省委、省政府高度重视食品产业发展，始终把食品产业作为重要的支柱产业来抓，出台一系列政策文件促进食品产业发展，极大地改善了食品产业发展环境，使湖南省食品产业迎来了一个发展的春天。2008 年，全省规模以上食品产业（不含烟草）实现产值过 1000 亿元，迈入 1000 亿产业行列。2009 年，食品产业成为湖南省第 2 大产业。

“十二五”期间，湖南省委、省政府继续大力改善湖南食品产业发展环境，出台相关扶持政策，加大对食品产业发展的支持力度，“十二五”成为湖南食品产业又一个发展环境最好、发展速度最快的历史时期。除烟草外，2011 年，全省规模食品工业产值突破 3000 亿元，跃居全国第 9 位，整体实力跻身全国 10 强。2013 年，全省规模食品工业实现产值 3829.1 亿元，总量居全国第八位。2014 年，全省规模食品工业实现产值 4185.5 亿元（以上产值不含烟草）。

【b. 行业发展的主要特点】

1、经济总量较快增长

全省规模食品工业（含烟草）完成主营业务收入 4774.98. 亿元，同比增长 7%；完成工业增加值 1124.31 亿元。同比下降 35%。

2、经济效益稳步提高

全省规模食品工业实现利税总额 319.98 亿元（不含烟草），同比增长 5.2%，比 2010 年增长 80.9%，其中实现利润 161.93 亿元。同比增长 1.1%，分别比 2010 年增长 128.6%。

3、企业规模不断壮大

全省规模食品企业同比增加 43 家，其中大型和中型企业增加 39 家，大中型企业占比 15.2 个百分点，形成了一批龙头骨干企业。大中型企业在工业产值、从业人员、固定资产原值合计和利税总额占比持续上升，达到 45% 左右。年产值过 10 亿元企业 43 家，唐人神集团、省茶业公司、巴陵油脂、正虹科技等 4 家企业进入全省企业 100 强。其中，唐人神集团股份有限公司实现主营业务收入突破 100 亿元，进入全国制造业企业 500 强。

4、产业体系更加完整

湖南食品产业逐步形成了 4 大类、21 个中类、56 个小类的门类齐全的食品工业体系。呈现出粮食加工、畜禽肉类加工、食用植物油加工、水产品加工、果蔬罐头加工、精制茶加工等传统行业持续健康发展，休闲食品、焙烤食品、软饮料制造业等新兴行业不断发展壮大，黑茶、湘莲、槟榔等特色食品行业多元快速发展的良好态势。

5、产品产量逐步增加

全省食品产业主要产品产量中，大米 1245.1 万吨、同比增长 3.9%；食用植物油 298.8 万吨、同比增长 6.8%；鲜冷藏肉 103 万吨、同比增长 12.2%；罐头 98.7 万吨、同比增长 11.0%；精制茶 47 万吨、下降 1.1%；白酒 21.7 万千升，同比增长 5.9%。

6、名优产品日益增多

食品企业拥有中国驰名商标114件，占全省的32.9%；省著名商标765件，占全省的33%；湖南名牌产品143个，占全省的13.3%。

7、产业集群逐渐形成

通过发挥区域资源优势，推动产业集群和企业集聚发展，湖南基本形成了长沙粮油乳茶调味品、岳阳粮油茶调味品、株洲肉乳、常德粮油水产品、湘潭肉莲、邵阳酒糖果蔬、怀化粮油果蔬、永州酒油果蔬、益阳粮茶水产品等9个食品加工产业集群。2013年全省9个食品加工产业集群区域完成主营业务收入3058.6亿元，占全省规模食品工业总量的83.1%。

8、产业发展后劲增强

全省食品行业（不含烟草）完成工业固定资产投资1092.9亿元，同比增长13.8%，占全省工业固定资产投资额的12.0%。同比下降0.1个百分点。

【c. 主要作用和地位】

1、确保全国粮食安全的重要基地

湖南省是中国重要商品粮和淡水鱼类生产基地，是保证全国粮食安全的重要省份。食品产业的发展能够带动全省粮食和淡水鱼类等产业精深加工，提高农副产品的附加值，增强农民种粮和农副业生产的信心和积极性，稳定湖南的粮食和农副产品生产。

2、多点支撑产业格局中的重要行业

食品产业是湖南工业行业门类中的第2大产业，2014年规模以上食品企业增加值1124.31亿元，占全省规模以上工业增加值的10.71%。是全省工业在极其复杂的经济形势下，保持平稳较快发展的重要支撑力量。

3、实现富余劳动力转移和解决三农问题的重要领域

食品产业主要服务农业、农村、农民，产业链条涵盖种养、加工、流通领域，是促进农村富余劳动力转移，带动解决三农问题，带领和促进农村实现共同富裕最为便捷的渠道。

【d. 行业大事记】

1、积极配合湖南省食品药品监督管理局进行诚信体系建设课题研究

根据湖南省食品药品监督管理局湘食药监函[2014]142号《湖南省食品药品监督管理局关于2014年度全省食品药品监管政策课题立项的通知》，湖南省食品行业联合会承担了15个课题中的《食品药品诚信体系建设研究》这一课题。由于我会早在2010年就全程参与了全省的食品工业企业诚信体系建设的具体实施工作，积累了大量原始材料和一手数据，对湖南省食品工业企业诚信体系建设的基本情况、存在的问题有比较深入的了解，该课题研究从研究背景和湖南省食品工业企业诚信体系建设工作的现状、对策与建议三方面进行了较为系统的研究，行文15000余字。该研究课题已于2014年10月中旬完成。

2、完成了《中国传统特色小品类休闲食品行业发展现状及趋势研究（2014）》

2014年初，根据当前休闲食品产业发展迅猛的特点，在中国食品工业协会指导下，湖南省食品行业联合会邀请相关研究机构，组织专门队伍，就《中国传统特色小品类休闲食品行业发展现状及趋势研究（2014）》这一课题进行了研究，目前研究已经完成，报告已正式发布，全报告约7万字，中国食品工业协会常务副会长刘治为该报告作序，在序言中，刘治对该项研究工作给予了高度评价。

3、积极参与组织并承办2014中国（长沙）国际食品展览会承办工作

由湖南省商务厅、湖南省经济和信息化委员会、中国食品土畜进出口商会联合主办的2014中国(长沙)国际食品展览会已于2014年9月25日至28日在长沙红星国际会展中心成功举办。湖南省食品行业联合会作为承办单位，对本次展会高度重视，先后召开理事会专门讨论、动员具体参展工作；同时，指定专门工作人员与组委会一同对接相关重点企业。这场展会共吸引了来自湖南、广东、云南、辽宁、江西、四川、江苏、新疆、宁夏等16个省、市的参展企业，来自中国台湾、中国澳门、土耳其、马来西亚、泰国、意大利、西班牙等9个国家和地区的知名企业。其中包括规模盛大的宁乡展团，以及辽宁、云南、江西等特色展览

专区。超过 50% 的观众来自于超市、批发商及经销商等。本次展会我会共有 100 多家会员企业参展，较好的展示了湖南食品行业的风采。

4、积极参与沅江芦笋产业推介

沅江芦笋产业是湖南省食品行业中的一个新型产业。沅江拥有湖南省最大的芦笋产区，芦笋种植面积 45 万亩，年产芦笋约 14 万吨。经过市场论证和沅江市委、市政府审慎研究，决定凭借沅江芦笋不可复制的资源特色，药食兼优的功能价值，引导、扶植企业进军生态健康食品领域，实现了造纸原料向生态健康食品的转型升级。

5、贯彻食品安全法律法规，办好培训班

面对湖南省食品安全的严峻形势，2014 年，湖南省食品行业联合会继续把搞好培训工作作为贯彻食品安全法律法规和抓好食品安全工作的主要手段。2014 年 8 月 21 日至 22 日，我会在长沙举办了一期食品安全培训班，全省 70 余家会员企业的 80 多名学员参加了为期 2 天的学习，学习了“我国食品安全与质量法规及标准体系现状（结合《食品生产企业安全生产监督管理暂行规定，国家安全生产监督管理总局令第 66 号）》、《食品药品行政处罚程序规定（国家食品药品监督管理总局令第 3 号）》【2014-06-01 实施】）；GB 14881-2013 食品安全国家标准、食品生产通用卫生标范；GB 2760-2011 食品安全国家标准、食品添加剂使用标准及 GB 2763-2014 食品安全国家标准、食品中农药最大残留限量；食品微生物污染及控制；GB 7718-2011 食品安全国家标准、预包装食品标签通则；食品理化检验概述等课程. 这些内容针对性、实用性都很强，学员们感到受益匪浅，希望今后多举办类似的培训班。

6、培育行业类专业协会，充分发挥它们的行业引领作用

为充分发挥湖南省主要食品子行业的示范引领作用和促进湖南食品的市场销售，经省民政厅批准，我会于 2011 年底分别成立了湖南省休闲熟食分会和湖南省食品流通行业分会。三年多来，这两个行业分会的活动开展的风生水起，为全省休闲熟食行业的发展和湖南食品的市场销售立下了汗马功劳，得到了相关政府职能部门和广大会员企业的高度肯定。为进一步发挥这两个分会的作用，我会刘送保会长积极支持这两个分会独立出来，分别成立湖南省休闲熟食协会和湖南省食品流通行业协会。2014 年底，经省民政厅批准，这两个协会正式成立并对外办公。

【e. 先进企业与名优产品】

1、50 家诚信示范企业名单

唐人神集团
湖南盈成油脂工业有限公司
湖南人人家食品有限公司
克明面业股份有限公司
湖南裕湘食品有限公司
湖南金健米业股份有限公司
大湖水殖股份有限公司
湖南顺祥水产食品有限公司
湖南绝味食品有限公司
湖南省茶业有限公司
湖南省怡清源茶业有限公司
武冈市华鹏食品有限公司
湖南玉峰食品有限公司
伟鸿食品有限公司
湖南天人谷业有限公司
湖南太子奶集团生物科技有限公司
湖南果秀食品有限公司
湖南胜景山河生物科技股份有限公司
湖南李文食品有限公司
湖南宏兴隆有限公司
湖南武陵酒有限公司
湖南银光粮油股份有限公司
湖南益阳粒粒晶粮食购销有限公司
湖南省旺辉食品有限公司
湖南惠生肉业有限公司
湖南浩天米业有限公司
湖南粒粒珍湘莲有限公司

湖南德山酒业有限公司
湖南中富植物油脂有限公司
湖南省翻天娃食品有限公司
湖南渔米之湘食品有限公司
湖南味菇坊生物科技有限公司
湖南恒惠食品有限公司
株洲好棒美食品有限公司
湖南长沙口口香实业有限公司
湖南省汇湘轩生物科技有限公司
常德广积米业有限公司
娄底市庆阳牧业食品有限公司
常德汇美食品有限公司
湖南重庆啤酒国人有限责任公司
湖南鸿冠食品有限公司
湖南蜜蜂哥哥蜂业有限公司
湖南牙痒痒休闲食品有限公司
湖南优蜜食品科技有限公司
湖南湘佳牧业股份有限公司
怀化小丫丫食品有限公司
湖南亚华乳业控股有限公司
湖南蜀中情食品有限公司
湖南天味食品配料有限公司
湖南华淳庄园酒业有限公司

2、2010 年以来获得中国驰名商标的企业名单

商标名	持有者
银光	湖南银光粮油股份有限公司
天龙及图	湖南天龙米业有限公司
开口笑	湖南湘窖酒业有限公司
澳优	澳优乳品（湖南）有限公司
古越楼台	湖南胜景山河生物科技有限公司
唰福	湖南湘鲁万福农业开发有限公司
盛湘及图	湖南盛湘粮食购销集团有限公司
亚林及图	湖南亚林食品有限公司
华鹏	湖南武冈市华鹏食品有限公司
龙及图	湖南龙牌酱业集团有限公司

商标名	持有者
宏兴隆及图	湖南宏兴隆湘莲食品有限公司
古洞春	湖南古洞春茶业有限公司
绝味	湖南绝味食品股份有限公司

商标名	持有者
湘丰及图	湖南湘丰茶业有限公司
德山及图	湖南德山酒业营销有限公司
古丈毛尖及图	古丈茶业发展研究中心
生态	湖南重庆啤酒国人有限公司
麻阳及图	麻阳苗族自治县柑橘协会
武陵	湖南武陵酒有限公司
粒粒晶及图	湖南益阳粒粒晶粮食购销有限公司
雪天及图	湖南省轻工盐业集团有限责任公司
果秀	湖南果秀食品有限公司
插旗	湖南插旗菜业有限公司
宾之郎	湖南宾之郎食品有限公司
长康	湖南省长康实业有限责任公司
华康	湖南省华康食品有限责任公司
安化黑茶及图	安化县茶叶协会
金霞	湖南金霞粮食产业有限公司
口味王	益阳市口味王槟榔有限责任公司
李文及图	湖南李文食品有限公司
山润及图	湖南山润茶油科技发展有限公司
味博士	百雄堂控股集团有限公司
湘泉及图	酒鬼酒股份有限公司
第3462848号图形	湖南浩天米业有限公司

商标名	持有者
巴陵春及图	岳阳市洞庭山茶叶有限公司
好棒美及图	株洲市好棒美食品有限公司
好味屋及图	湖南好味屋食品有限公司
金雁及图	衡阳市金雁粮食购销有限公司
精为天及图	湖南精为天粮油有限公司
兰岭及图	湖南兰岭绿态茶业有限公司
流沙河	长沙市沙龙畜牧有限公司
柳宗元及图	永州市异蛇科技实业有限公司

商标名	持有者
绿海	湖南绿海粮油有限公司
农家良道	湖南佳佳粮食购销有限公司
湘益及图	益阳茶厂有限公司
亚林及图	湖南亚林食品有限公司
盈成	湖南盈成实业有限公司
畾福	万福生科（湖南）农业开发股份有限公司
辣妹子	辣妹子食品有限公司
胖哥及图	湖南胖哥食品有限责任公司
王中华	湖南佳信佰生物技术有限公司
亮之星	湖南亮之星米业有限公司
人人家及图	湖南省人人家食品有限公司
歪脖脖	湖南惠生肉业有限公司
鑫湘汇及图	常德市汇美食品有限公司
湘雅及图	湖南广益粮油棉有限公司
广积及图	常德广积米业有限公司
济草堂	湖南济草堂金银花科技开发有限公司
金拓天及图	湖南金拓天油茶科技开发有限公司
永兴冰糖橙	永兴冰糖橙种植业协会
中富	湖南中富植物油脂有限公司
湘窖	湖南湘窖酒业有限公司
金昊及图	聚宝金昊农业高科有限公司
绿湘园及图	湖南华龙粮油集团有限公司
白沙溪	湖南省白沙溪茶厂有限责任公司
第4947158图形	口口香米业股份有限公司
渔家姑娘	湖南顺祥水产食品有限公司
飞旺	湖南省旺辉食品有限公司
道道全	湖南巴陵油脂有限公司

商标名	持有者
洞庭及图	湖南省临湘永巨茶业有限公司
角山及图	湖南角山米业有限责任公司
狗脑贡及图	湖南资兴东江狗脑贡茶业有限公司
鱼米之湘及图	湖南省鱼米之湘食品有限公司
不二家及图	湖南不二家食品有限公司
梅花及图	湖南鸿鹰祥生物工程股份有限公司
十三村	湖南十三村食品有限公司

商标名	持有者
天泽乐及图	湖南天泽农业发展有限公司
中意	津市市中意糖果有限公司
双上绿芽元丰通宝及图	澧县太青山有机食品有限公司
湘佳及图	湖南双佳农牧科技有限公司
湘怀金珠及图	湖南金珠米业有限公司
玉峰	湖南省玉峰食品实业有限公司
舜皇及图	湖南舜皇米业有限公司
美津园	湖南省美津园粮油食品有限公司
响莲及图	湖南娄底响莲实业发展有限公司
节节高	湖南盛节节高食品股份有限公司
密印寺及图	湖南沩水湘茗茶叶有限公司
万利隆及图	湖南万利隆食品有限公司
伟鸿及图	伟鸿食品有限公司
湘妹	湖南湘妹食品有限公司
武冈卤菜	武冈市特色产业开发办公室
天之衡酒业及图	湖南环球科技农业发展有限公司

3、湖南省食品行业上市公司名单

公司名称	股票代码	主营业务	上市时间
正虹科技	000702. SZ	农副食品加工业	1997年
酒鬼酒	000799. SZ	酒、饮料和精制茶制造业	1997年
金健米业	600127. SH	农副食品加工业	1998年
隆平高科	000998. SZ	农业	2000年
大湖股份	600257. SH	渔业	2000年
新五丰	600975. SH	畜牧业	2004年
澳优乳业	01717. HK	高端乳品、食品	2009年
大康牧业	002505. SZ	畜牧业	2010年
唐人神	002567. SZ	农副食品加工业	2011年
万福生科	300268. SZ	农副食品加工业	2011年
加加食品	002650. SZ	食品制造业	2012年
克明面业	002661. SZ	食品制造业	2012年
惠生国际	01340. HK	生猪养殖、屠宰及肉类食品加工及销售	2014年

涂小林

3.16 内蒙古自治区

【a. 概况】

1、总产值及销售产值情况

（1）食品工业及农副食品加工业总产值：2014年，全区共有获证食品生产企业3345家，保健食品生产企业20家，其中规模以上食品工业企业数800余家，在全部食品生产企业中所占比重为28.28%；完成工业总产值2564.1亿元，同比增长13.1%，占全区消费品工业总量的27.0%。其中，农副食品加工业1569.84亿元，同比增长10.0%；食品制造业636.51亿元，同比增长26.4%；酒、饮料和精制茶制造业357.74亿元，同比增长6.4%。

（2）食品工业及农副食品加工业销售产值：销售产值达2442.8亿元，同比增长11.8%；其中，农副食品加工业达1517.2亿元，同比增长10.4%；食品制造业达618.6亿元，同比增长18.8%；酒、饮料和精制茶制造业达306.9亿元，同比增长6.1%。

2、食用畜产品、农作物总产量及食品行业标志性产品总产量情况

（1）食用畜产品生产量。2014年，全区肉类总产量252.3万吨，同比增长3%。其中，猪肉产量达到73.3万吨，同比下降0.1%；牛肉产量达到54.5万吨，同比增长5.3%；羊肉产量达到93.3万吨，同比增长5.1%。牛奶产量788万吨，同比增长2.7%；禽蛋产量53.5万吨，同比下降2.8%。

（2）食用农作物生产量。2014年，全区粮食总产量2753万吨，同比下降0.7%；油料总产量170.3万吨，同比增长7.7%；甜菜总产量160.2万吨，同比下降11.7%；蔬菜产量1472.7万吨，同比增长3.6%；水果（含果用瓜）总产量322.3万吨，同比增长9.4%。

（3）食品行业标志性产品生产量。2014年，全区乳制品生产总量为269.8万吨，同比下降8.5%，其中，液体乳产量246.5万吨，同比下降8.0%。

在列入统计的35种主要食品中，有20种产品产量有增长，占比57.14%；其中，同比增长达到10%以上的有12种，占比34%。内蒙古自治区食品产量在全国位列前10位的有5种，分别为乳制品、液体乳、乳粉第1位、味精（谷氨酸钠）第1位、白酒第5位。

【b. 行业动态】

2014年是内蒙古自治区深化食品监管体制改革的一年，切实保障人民群众食品安全，在全区食品安全监管事业发展进程中具有里程碑意义。面对复杂的监管形势和艰巨繁重的改革发展任务，在自治区党委、政府的正确领导下，在社会各方的关心支持下，全区食品安全委员会各成员单位通力合作，认真贯彻落实党中央、国务院有关食品安全工作的决策部署和自治区"8337"发展思路，坚持底线思维、突出重点、完善制度，坚持推进改革、依法行政、严格监管，坚持源头治理、固本强基、严惩重处，坚持团结协作、奋力拼搏、攻坚克难，较好地完成了全年各项任务，守住了全年不发生区域性、系统性食品安全事件的底线，全区食品安全抽检检测总体合格率为93.84%，食品安全状况继续保持有序可控、稳中向好的态势。

进一步加强食品污染全面治理及监管体系建设，推进部分食品工业企业诚信管理体系建设和食品安全可追溯体系建设，继续将治理"餐桌污染"建设"食品放心工程"列为民办实事之一。

【c. 主要经济指标】

1、内蒙古规模以上食品工业分行业产销情况

行业分类	工业总产值（亿元）	同比增长±%	销售产值（亿元）	同比增长±%
农副食品加工业	1569.8	10.0	1517.2	10.4
食品工业总计（不计烟草制品业）	636.5	26.4	618.6	18.8
酒、饮料和调味品	357.7	6.4	306.9	6.1
合计食品工业总计	2564.1	13.1	2442.8	11.8

2、全国及内蒙古规模以上食品工业分行业效（一）

行业分类	地区	汇总企业单位数（个）	1-12月累计存货（亿元）	同比增长（%）	1-12月累计产成品（亿元）	同比增长±%	1-12月累计资产总计（亿元）	同比增长±%
食品工业总计	全国							
	内蒙古	804	200.78	21.97	88.90	19.28	1429.90	14.61
采盐业	全国							
	内蒙古	4	0.50	-0.69	0.37	2.87	6.27	14.08
农副食品加工业	全国							
	内蒙古	543	88.80	9.12	45.7	2.38	628.32	14.53
食品制造业	全国							
	内蒙古	138	70.00	59.58	35.48	62.76	534.95	17.60
酒、饮料和调味品	全国							
	内蒙古	119	41.48	6.72	7.35	-7.26	260.36	9.10

3、2014年全国及内蒙古食品工业分行业效益（二）

行业分类	地区	全年累计主营业务收入（亿元）	同比增长±%	全年累计主营业务成本（亿元）	同比增长±%
食品工业总计	全国				
	内蒙古	2635.63	21.34	2204.71	26.62
采盐业	全国				
	内蒙古	2.18	-18.26	1.35	-22.07
农副食品加工业	全国				
	内蒙古	1459.80	6.88	1256.44	10.78
食品制造业	全国				
	内蒙古	875.20	65.71	719.66	78.70
酒、饮料	全国				
	内蒙古	298.45	8.35	227.26	12.19

行业分类	地区	全年累计主营业务税金及附加（亿元）	同比增长±%	全年累计利润总额（亿元）	同比增长±%
食品工业总计	全国				
	内蒙古	20.51	6.60	184.78	8.11
采盐业	全国				
	内蒙古	0.077	33.80	-0.09	-56.02
农副食品加工业	全国				
	内蒙古	7.35	20.09	82.12	-14.12
食品制造业	全国				
	内蒙古	3.55	14.85	79.47	60.33
酒、饮料	全国				
	内蒙古	9.53	-4.44	23.28	-8.81

4、内蒙古食品工业主要产品产量

产品名称	计量单位	12月	同比增长%	全年累计	同比增长%
原盐	万吨	5.88	-8.5	193.59	-64.6
小麦粉	万吨	7.48	-7.0	82.57	9.7
大米	万吨	8.63	18.1	89.64	26.0
饲料	万吨	46.43	10.7	490.00	18.1
其中：配合饲料	万吨	15.57	0.8	144.59	5.9
混合饲料	万吨	25.38	5.4	296.51	8.3
精制食用植物油	万吨	3.36	-8.6	49.68	-33.2
成品糖	万吨	12.89	20.7	51.11	85.9
鲜、冷藏肉	万吨	14.88	40.5	175.85	-11.2
焙烤松脆食品	万吨	0.05	14.3	0.67	3.1
糖果	万吨	0.02	17.4	0.16	-6.8
味精（谷氨酸钠）	万吨	8.61	14.1	119.41	101.3
乳制品	万吨	26.76	-8.5	269.83	6.3
其中：液体乳	万吨	24.84	-8.0	246.47	8.3
固体及半固体乳制品	万吨	1.91	-7.2	23.24	-8.2
乳粉	万吨	1.75	-13.7	21.82	-13.1
罐头	万吨	0.009	-63.5	0.126	-8.3
酱油	万吨	0.61	41.9	4.06	207.3
食品添加剂	万吨	0.85	13.3	10.53	-1.5
营养、保健食品	万吨	0.021	-31.8	3.16	-97.0

产品名称	计量单位	12月	同比增长%	全年累计	同比增长%
冷冻饮品	万吨	0.028	-52.5	12.62	-84.3
食用盐	万吨	0.115	-6.3	5.92	0.0
非食用盐	万吨	0.29	22.7	10.24	-68.6
食品添加剂	万吨	0.85	13.3	10.53	-1.5
发酵酒精（折96度，商品量）	万吨	6.76	57.8	62.17	133.3
饮料酒	千升	11.80	-1.3	172.20	-7.5
白酒（折65度，商品量）	千升	5.58	-1.7	61.67	-1.3
啤酒	千升	6.07	-1.3	109.37	-13.0
黄酒	千升	0.010	14.3	0.19	-23.4
葡萄酒	千升	0.12	74.3	0.66	238.6
软饮料	万吨	30.27	6.4	456.72	23.5
其中：碳酸饮料类（汽水）	万吨	2.15	30.7	17.96	59.7
包装饮用水类	万吨	15.97	4.2	299.14	27.0
果汁和蔬菜汁饮料类	万吨	7.48	12.5	63.77	13.8
蛋白饮料	万吨	0.52	17.5	4.35	65.4

【d. 食品安全】

1、2014 年食品安全主要监管措施

（1）积极推进食品安全监管机构改革工作。一是落实自治区本级食品药品监管机构“三定”方案。二是积极推进盟市食品药品监管机构改革。三是加强全区食品药品系统监管队伍建设。四是强化食用农畜产品监管机构建设，全区 14 盟市的农牧业部门均成立了监管科和安全中心。五是推进食品药品行政审批制度改革，除婴幼儿配方乳粉外的全部 28 类食品生产许可审批权限下放盟市，完成了 7 大类 300 项行政许可、行政处罚等权力事项的梳理工作，编制了行政权力清单向社会公示。

（2）加快建立健全最严格覆盖全过程的监管制度。一是针对“鲜奶吧”等新兴业态的规范管理，在全国率先制定出台了《内蒙古自治区“鲜奶吧”乳品质量安全监督管理办法（试行）》，保证了“鲜奶吧”原料奶和成品的质量安全。二是组织专人对《内蒙古自治区食品加工小作坊和食品摊贩管理条例》、《内蒙古自治区农畜产品质量安全检验检测机构管理办法（试行）》、《内蒙古自治区农畜水产品质量安全事件应急预案》进行修订。

（3）加强食品安全监管能力建设。一是强化食品安全检验检测能力建设。呼和浩特国家级乳肉制品检验检测中心建设进入设备购置安装阶段。二是完善食用农畜产品检验检测机构布局。批准建设了 14 盟市级和 88 个旗县级农畜产品检测机构。三是加强食品安全信息化建设。继续建成了自治区食品“12331”投诉举报、农畜产品监管追溯信息等信息化平台。

（4）启动实施食品安全内蒙古建设工作。按照自治区“8337”的发展思路，全力提升我区食品安全总体水平，全面建成小康社会提供可靠的食品安全保证，经广泛调研，由自治区政府印发了《食品药品安全内蒙古建设方案》，提出到 2017 年即自治区成立 70 周年时基本建成食品安全内蒙古，并明确了今后三年建设工作的目标、任务和保障措施。

（5）有效落实地方政府和有关部门食品安全监管责任。一是强化各级食品安全协调机构建设，完善从自治区到苏木乡镇（街道办事处）四级食品安全监管网络，努力形成监管合力。二是完善食品安全工作责任体系和考核评价体系建设。三是大力开展食品安全城市和农产品质量安全县创建试点工作。

（6）切实加强食品和农畜产品长效监管机制建设。一是创新监管方法，在全区 14 个盟市全面启动了食品安全责任保险试点工作。积极推进重点环节食品安全责任保险试点工作实施，利用保险机构的社会管理职能，加强食品安全监管。先行试点的企业和单位达到 103 家。二是加强食品行业信用体系建设，积极开展食品生产企业安全主体责任审计工作。三是加快推进食品安全电子追溯体系，努力推动先行赔付和食品销售电子监管溯源等机制建立。至 2014 年底，伊利、蒙牛、科尔沁牛业和锡林郭勒羊肉产品已建成相关产品质量安全追溯体系。

（7）扎实开展食品安全专项整治工作。一是针对群众反映强烈的食品安全问题，将肉制品、乳制品、食用油、白酒、食品添加剂、儿童食品等重点品种纳

入整治范围，开展了综合治理。

2、全区 2014 年分行业工业企业主要经济指标

全区2014年分行业工业企业主要经济指标

单位：千元

指标名称	企业单位数	存货		其中：产成品	
	1—本月（个）	1—本月（千元）	增减（%）	1—本月（千元）	增减（%）
农副食品加工业	543	8879022	9.12	4570685	2.38
食品制造业	138	6999965	59.58	3548210	62.76
酒、饮料和精制茶制造业	119	4147732	6.72	735194	-7.26
采盐业（行业中类）	4	49720	-0.69	36720	2.87

指标名称	资产合计		其中：主营业务收入		其中：主营业务成本	
	1—本月（千元）	增减（%）	1—本月（千元）	增减（%）	1—本月（千元）	增减（%）
农副食品加工业	62831954	14.53	145979551	6.88	125643910	10.78
食品制造业	86332025	17.60	87519765	65.71	71965885	78.70
酒、饮料和精制茶制造业	26036262	9.10	29845202	8.35	22725909	12.19
采盐业（行业中类）	626900	14.08	217946	-18.26	135376	-22.07

指标名称	其中：主营业务税金及附加		利润总额	
	1—本月（千元）	增减（%）	1—本月（千元）	增减（%）
农副食品加工业	735402	20.09	8212212	-14.22
食品制造业	355341	14.85	7946698	60.33
酒、饮料和精制茶制造业	953008	-4.44	2328428	-8.81
采盐业（行业中类）	7668	-33.80	8889	-56.02

备注：1、本表里数据是2014年快报数。我处不掌握全国数据。

2、按照2011年国民经济行业分类目录。本表里农副食品加工业、食品制造业、酒、饮料和精制茶制造业均是行业大类。采盐业是非金属矿采选行业大类中的一个行业中类，不划分在食品工业内。

3、调味品是食品制造业里的行业中类。

4、酒、饮料和精制茶制造业中我区只有酒、饮料两个行业的企业，精制茶行业没有企业。即酒、饮料和精制茶制造业行业大类的效益指标等于酒、饮料两个行业中类的效益指标合计。

陶格仓

3.17 四川省

【a 概况】

1、经济运行平稳

2014年，四川食品工业在原材料和劳动力成本上升，内需消费动力减弱的困境下，继续保持了稳中有进的发展态势。全省3683家规模以上农产品加工企业累计完成工业总产值9822.08亿元，同比增长8.3%。完成销售产值9507.86亿元，同比增长7.96%，产销率为96.8%。其中，全省2117家规模以上饮料食品企业，累计实现工业总产值6621.18亿元，同比增长10.97%。实现主营业务收入6337.9亿元，同比增长8.58%。实现销售产值6376.4亿元，同比增长8.03%，产销率为96.3%。受白酒行业效益下滑拖累，全省食品工业的利润和利税全年持续下降，分别同比下降11.46%和6.14%，降幅较年初逐月收窄。企业产销率为96.3%，内销率为95.39%，均同比有所下降。

2、主要产品产量快速增长

从重点监测的产品产量上来看，增长幅度较大的有大米615.6万吨，累计同比增长18.9%；膨化食品2.8万吨，累计同比增长28.3%；糖果11.2万吨，累计同比增长24.4%；速冻食品9.7万吨，累计同比增长24.4%；味精（谷氨酸钠）3.5万吨，累计同比增长34.6%。

3、市食品工业发展良好

从食品工业市数据来看，工业总产值位居前3位的分别是：成都市1158.85亿元，累计同比增长10.44%；泸州市1000.09亿元，累计同比增长13.57%；宜宾市818.54亿元，累计同比增长5.57%。

4、产业体系更加完整

（1）贯彻落实四川省政府1号文件精神，以重振川茶品牌，打造千亿产业为目标，制定了《四川省川茶加工业转型升级工作方案》，详细制定了未来4年四川省茶叶加工转型升级路线和预期目标。2014年规模以上精制茶加工企业数为122家，同比增加22个，实现工业总产值166.15亿元，同比增长14.25%，比全省食品工业产值增幅高5.85个百分点。茶叶出口取得较大突破，实现出口交货值0.52亿元人民币，同比增长28.74%。做大做强重点企业的工作成效尤为显著，宜宾叙府茶业集团（15.3亿元）和四川龙都茶业集团（13.3亿元）的销售收入双双突破10亿元，成为川茶加工行业领军企业，早白尖、米仓山和竹叶青茶业集团以销售收入超过6亿元，成为四川省精制茶加工企业第二梯队。

（2）大力推行川菜调味品行业清洁生产标准，以郫县川菜产业园骨干企业为试点单位，支持一批生产环境、技术和工艺更新改造项目。鹃城、满江红、丹丹等豆瓣生产企业均按照《郫县豆瓣清洁生产规范》以及3个标准实施了技改，产品质量和生产环境均较传统生产企业明显改善。

（3）推动主食加工业发展。引导有条件的主食加工企业围绕川菜预加工和早餐食品等方向，开发预制菜肴和即食早餐产品。积极扶持主食加工企业发展中央厨房+餐饮门店+加工企业+营销网络的新型产业形态。2014年新增4家“全国主食加工示范企业”。

（4）大力推进白酒行业转型升级。树立以市场需求为导向、“酿造老百姓喝得起的好酒”的发展理念，推进企业发展从数量规模型向质量效益型转变，促进白酒产业科学发展。四川省一线品牌的酒企重构产品市场定位，二线和三线酒企瞄准省外大众消费市场，纷纷推出中低价位的品牌系列酒，构建出了高、中、低多层级的产品结构体系。

5、重点项目稳步推进

围绕稳增长，突出抓好项目建设工作，强化食品饮料产业工业投资和技改投资对全省经济增长的支撑作用，促进统一企业、厦门银鹭、香飘飘食品、加多宝饮品、五友农牧等大项目在2014年全面开工建设。进一步优化和支持农产品加工业企业技术改造增量投资，利用现有政策资金渠道，重点支持了105个中小企业农产品深加工技术改造项目，预期新增销售收入77.1亿元，利润7.4亿元，税金3.3亿元。全面梳理和跟踪上一年度项目投资建设进展和经济贡献，确保2013年度123个中小企业农产品深加工项目资金按时拨付到位，项目按期完工率达99%，达产率超过95%，并通过财政绩效抽查考核。

6、企业服务工作进一步优化

（1）协助融资工作。着力落实金融支持农产品加工业发展系列工作。积极向农业部农产品加工局争取支持，主动协调国开行省分行，帮助1家企业争取获得3000万元开发性金融支持；大力推荐10家农产品加工企业争取农业部与中国民生银行的金融合作项目。积极推动银企对接，全年先后推介2批次食品工业企业参加全省工业重点项目银企对接和轻纺食品饮料重点企业银企座谈会，累计向银行业金融机构和担保机构推介项目561个，融资需求188亿元人民币。

（2）协助开拓市场。先后组织全省部分农产品加工企业参加第九届东亚食品交易博览会、中国农产品加工业投资贸易洽谈会、中国国际中小企业博览会等国家级展会，让企业产品走向外埠市场。面准专业性展会，推动四川名优茶和主食加工业企业抱团参展，提高了企业形象，川茶集团与俄罗斯两河流域州政府签约建厂，颐康实业集团与黑龙江木兰县政府达成2亿元投资协议，建设面向东北亚市场的方便营养速食餐生产基地。三是加强企业人员知识更新，对出口型农产品加工企业开展了国际贸易经理人培训，组织全省7家主食加工示范企业负责人参加农业部主食加工业培训工作。

【b. 食品安全】

印发了《2014年全省食品工业企业诚信体系建设工作方案》，推动1家企业完成评价，12家企业启动CMS建标工作。

指导四川省食研院和省轻工院成功通过工信部食品企业质量安全检测技术示范中心评审，成为西南地区唯一一家国家级质量安全检测服务机构，成为四川省服务食品企业人员培训、检测技术、司法鉴定的重要公共服务平台。

针对特殊时间节点，按要求组织了食品安全宣传周活动，开展食品企业质量安全检查，同时加强了调研检查，督促食品企业落实主体责任，防范食品安全风险。

朱旭

3.18 贵州省

【a. 概况】

2014 年，全省经济社会发展稳中有进、稳中向好，综合经济实力跃上新台阶，经济增速继续保持良好发展趋势。全省生产总值 (GDP) 达到 9251.01 亿元，而作为贵州省国民经济中的重要支柱产业的食品工业，实现生产总值 (GDP)1514.58 亿元，现价同比增长 19.8%，食品工业的总产值占全省总产值 (GDP) 的 16.4%，继续保持在全省产业结构中和经济发展中举足轻重的重要地位。

2014 年，全省规模（2000 万元）以上食品工业企业完成工业总产值 1514.58 亿元，现价同比增长 19.8%，增幅同比下降 7.91%；其中：农副食品加工业 271.56 亿元，现价增速 16.3%，增幅同比下降 21.8%；食品制造业 126.9383.06 亿元，现价增速 47.8%，增幅同比上升 21.5%；酒、饮料和精制茶制造业 746.96 亿元，现价增速 23.5%，增幅同比下降 7.9%，其中酒的制造 619.10 亿元，现价增速 20.9%，增幅同比下降 17.7%; 烟草制造业 369.12 亿元，现价增速 8.4%，增幅同比下降 3.0%。

1、产业效益

全省食品工业完成增加值与食品工业实现总产值之比为 65.38%, 同比下降 2.46%，贵州省食品工业依然是全省工业经济各产业门类中效益最好的工业经济产业。其中：农副食品加工业完成增加值与实现总产值之比为 14.69%，同比增长 0.53%；食品制造业完成增加值与实现总产值之比为 37.07%，同比增长 5.27%；酒、饮料和精制茶制造业完成增加值与实现总产值之比为 82.18%，同比下降 3.66%，其中酒的制造为 92.54%，同比下降 1.46%；烟草制品业完成增加值与实现总产值之比为 81.8779.71%，同比增长 2.16%。

2、生产效益

2014 年，全省食品工业实现利润总额 316.46308.45 亿元，全行业利润率为 20.89%，同比下降 4.41%，利润现价增速 2.9%，同比下降 10.04%；农副食品加工业实现利润总额 8.666.27 亿元，同比增加 2.39 亿元，利润现价增速 30.6%，同比增加 17.22%，行业利润率为 3.19%，同比增加 0.27% ；食品制造业实现利润总额 15.33 亿元，同比增加 3.18 亿元，利润现价增速 45.5%，同比增加 44.59%，行业利润率为 12.08%，同比下降 2.55% ；酒、饮料和精制茶制造业实现利润总额 247.41 亿元，同比增加 2.71 亿元，利润现价增速 1.0%，同比下降 13.69%，行业利润率为 33.12%，同比下降 9.26%，其中酒的制造实现利润总额 233.64233.56 亿元，同比增加 0.16 亿元，利润现价增速 0.3%，同比下降 12.23%，行业利润率为 46.63% ，与 2013 年持平；烟草制品业实现利润总额 45.0645.33 亿元，同比下降 0.27 亿元，利润现价增速下降 0.6%，同比下降 8.09%，行业利润率为 12.21%，同比下降 0.94%。

3、产业贡献

2014 年，全省食品工业实现税金总额 347.07 亿元，同比增加 21.46 亿元，全行业产值税赋率为 22.91%，税金现价增速 7.2%；农副食品加工业实现税金总额 3.14 亿元，行业税赋率为 1.16%，税金现价增速下降 11.3%；食品制造业实现税金总额 6.15 亿元，税金现价增速 43.0%，行业税赋率为 4.8%；酒、饮料和精制茶制造业实现税金总额 106.11 亿元，税金现价增速 2.8%，行业税赋率为 14.20%，其中酒的制造实现税金总额101.45亿元，税金现价增速0.4%，行业税赋率为16.39%；烟草制品业实现税金总额231.67亿元，税金现价增速9.6%，行业税赋率为63.76%。

【b.大事记】

1月3日，配合贵州省质量技术监督局、贵州省食品药品监督管理局，开展全省红糖生产企业的食品安全监督管理工作。

1月20日，受贵州省卫生和计划生育委员会委托，在贵阳举办GB 29921-2013《食品安全国家标准 食品中致病菌限量》的培训宣贯。

1月23日，回复贵州省政协袁建林委员在贵州省政协十一届二次会议上，提出尽快制定贵州省“薏苡仁”地方标准的提案。

1月24日，组织省内调味品行业相关人员进行第四届调味品国家评委考聘的培训。

2月27日，为全省白酒产业发展做出重大贡献的原贵州金沙酒厂丁光成厂长逝世。

3月6日，为实现全省食品工业的产业升级发展、跨越发展，为省内外食品工业行业企业搭建专业商贸信息平台，决定由贵州省食品工业协会主办，贵阳梓铭会展策划有限公司承办“2014首届中国.贵州国际食品工业博览会”。向全省各食品生产企业发出，由国家安全生产监督管理总局，根据《中华人民共和国安全生产法》等有关法律、行政法规，制定的《食品生产企业安全生产监督管理暂行规定》（第66号令）的通知。

3月20日，组织《中国食品工业年鉴2011-2013》贵州篇的撰写。

3月31日，为依法行使行业协会和食品生产企业的法定职责，维护行业协会和全省食品生产企业的良好形象及合法权益，为协会重大行业活动及食品生产企业经营决策、重要经济活动等方面提供法律服务和法律保障，促进全省食品工业的健康发展，经研究，决定聘请贵州准据律师事务所刘润生、杜振家律师为贵州省食品工业协会常年法律顾问。

4月08日，组织省内食品生产企业进入由贵州日报报业集团开发,《贵州商报》执行的“读者乐购”宣传、销售平台。

4月10-13日，由省食协副会长王遵带队，组织全省调味品国家评委参考人员到北京参加全国调味品国家评委考试。

4月14-20日，由庹文升会长率贵州白酒企业到河南鹿邑宋河酒厂、安徽古井酒厂、山东东方海洋科技股份有限公司、烟台花冠包装有限公司、山东张裕葡萄酒公司,酒文化博物馆、鲁花集团、青啤考察学习。

4月29日，协会副秘书长杨世尧参加由省农委组织的酸汤产业发展研讨会。

6月10日，组织通过贵州茅台酒厂（集团）习酒有限责任公司“功能性微生物定向固态发酵偶联风味设计加速在习酒生产中的应用研究”省级新技术鉴定。

6月26日，组织通过贵州鑫龙食品开发有限公司“薏仁露饮料”省级新产品鉴定。

7月2日，向中国食品工业协会推荐茅台酒厂（集团）有限责任公司“酱香型白酒酿造微生物代谢产物解析平台的建设及应用研究”（特等奖）、贵州茅台酒厂（集团）习酒有限责任公司“功能性微生物定向固态发酵偶联风味设计加速在习酒生产中的应用研究”（二等奖）、贵州大学“一株红曲霉的分离、产酶鸡应用”（二等奖）、贵州黔五福“蔬菜猪肉干的开发研究”（二等奖）项目。

以及推荐张汝平、周娟、钟方达、胡峰四人为全国食品工业科技创新卓越工作者。

7月3日，向贵州省卫生和计划生育委员会申报2014年“风味竹笋”、“香酥脆辣椒”、“黔派优雅型浓香白酒”三个地方标准立项。

8月22日，由中国食品工业协会支持，贵州省食品工业协会、贵阳梓铭会展策划有限公司联合主办的“2014首届中国.贵州国际食品工业博览会”在贵阳金阳贵阳国际会展中心成功举举办。

10月15日，“2014-法国南部葡萄酒贵阳巡展”，在贵阳喜来登酒店举行。

10月19日，贵州富鑫酒业集团公司在位于贵阳乌当火石坡食品工业区的总部举行“贵州富鑫酒业建厂30周年暨封坛盛典”仪式，来自省内外和香港的客商及嘉宾300余人出席了建厂30周年暨封坛盛典仪式。

10月30日，贵州省食品工业协会在贵阳召开贵州省食品工业协会第七届理事大会，庹文升同志当选贵州省食品工业协会会长。

21、11月13日，贵州省食品工业协会根据贵州省人社厅年度职称工作安排和黔人社厅通【2004】600号《关于同意组建2014年度贵州省食品行业专业技术职务资格中级评审委员会的批复》对2014年度全省食品行业申报的初级、中级专业技术职务人员的材料分别进行了初审、推荐评审。

12月10日，筹办2015年中国（贵阳）新春年货购物博览会。

【c. 食品工业主要产品产量】

贵州省食品工业主要产品产量

产品名称	单位	1～12月	同比增长%
白酒	万升	38045.20	11.0
精制茶	吨	35326.76	16.45
包装饮用水类	万吨	260.63	34.2
啤酒	万升	78633.33	46.17
乳制品	万吨	7.87	16.78
精制食用植物油	万吨	35.79	21.36
大米	万吨	86.59	35.5
方便面	万吨	1.62	28.63
鲜、冷藏肉	万吨	13.15	—5.8
酱油	万吨	3.38	9.54
罐头	万吨	2.48	19.57
糖果	万吨	4.67	13.72
卷烟	万支	1291.78	1.6

【d. 主要经济指标】

贵州省规模以上食品分行业产值表

行业分类	工业总产值		工业增加值	
	绝对数（万元）	现价增速（%）	绝对数（万元）	可比价增速(%)
食品工业合计	15145795	19.8	9903043	10.9
农副食品加工业	2715624	16.3	399024	8.4
食品制造业	1269309	47.8	343628	20.2
酒、饮料和精制茶制造业	7469630	23.5	6138471	13.7
酒的制造	6191048	20.9	5729196	13.0
烟草制品业	3691232	8.4	3021920	8.8

行业分类	利润总额		税金总额	
	绝对数（亿元）	现价增速(%)	绝对数（亿元）	现价增速(%)
食品工业合计	316.46	2.9	347.07	7.2
农副食品加工业	8.66	30.6	3.14	-11.3
食品制造业	15.33	45.5	6.15	43.0
酒、饮料和精制茶制造业	247.41	1.0	106.11	2.8
酒的制造	233.64	0.3	101.45	0.47
烟草制品业	45.06	-0.6	231.67	9.0

【e. 先进企业和名优产品】

中国贵州茅台酒厂（集团）有限责任公司、贵州中烟工业有限责任公司、贵阳南明老干妈风味食品有限公司荣获2014年贵州省百强企业称号；全省食品工业企业有46家企业54个产品荣获贵州省名牌产品称号，占当年贵州省名牌产品总数的42.8%。

2014年贵州省名牌产品名单

单位名称	商 标	产品名称	规格型号
贵州海航怀酒酒业有限公司	怀	怀酒	53%vol酱香型白酒
贵州省仁怀市茅台镇华星酒业有限公司	皇家井	白酒	53%vol酱香型白酒
贵州茅台酒厂（集团）习酒有限责任公司	習酒及图	金质习酒	53%vol 500mL(酱香型)
贵州茅台酒厂（集团）习酒有限责任公司	習酒及图	老习酒	53%vol 500mL(酱香型)
贵州茅台酒厂（集团）习酒有限责任公司	習酒及图	五星习酒	53%vol 500mL(酱香型)
贵州茅台酒厂（集团）习酒有限责任公司	習酒及图	习酱酒	53%vol 500mL(酱香型)
贵州茅台酒厂（集团）习酒有限责任公司	習酒及图	习酒*窖藏1988	53%vol 500mL(酱香型)
遵义陆圣康源科技开发有限责任公司	陆圣康源	七润茶饮料	350mL/瓶

单位名称	商 标	产品名称	规格型号
道真仡佬族苗族自治县千山药业有限公司	鸡笼山	金银花茶	盒装
贵州旭阳食品（集团）有限公司	旭阳	鲜糟辣椒	瓶装、袋装、计量
贵州旭阳食品（集团）有限公司	旭阳	辣子鸡油辣椒	瓶装、袋装、计量
贵州山珍宝绿色科技开发有限公司	珍西琦	蜜饯	刺梨干、野木瓜干、刺梨糕、野木瓜果派
遵义市黔兴油脂有限责任公司	天然花	菜籽油	2L、4L、5L、15L、22L、27.17L
贵州长城油脂化工有限公司	红旗飘飘	菜籽油	19.L、1.8L、2L、3L、4L、5L、15L四级
遵义市兴伟食品有限责任公司	精麦汇	挂面	800g、900g、1kg、2kg、2.5kg
余庆县银梭米业有限公司	再亮	粮山丝米	10kg、 25kg
贵州省湄潭县永隆粮油有限责任公司	余乡多	菜籽油	浸出四级菜籽油
贵州省安顺市茶叶开发中心	瀑布	瀑布绿茶	特级 一级 二级
贵州夜郎蜂业科技有限公司	夜郎	蜂蜜	250g/瓶 0.5g×20包/盒
贵州飞龙雨绿色实业有限公司	飞龙雨	饮用天然泉水	18.9升/桶装、550mL/瓶装、350mL/瓶装
六盘水永恒粮油贸易有限公司	永恒	袋装米	1kg、 3.5kg 、5kg 、10kg、 25kg
贵州青酒厂	青溪	酱香青酒	53%vol酱香白酒
贵州省雷山县毛克翕茶叶发展研究有限责任公司	毛克翕	雷公山清明茶	特级
贵州黄平牛老大食品有限公司	牛老大	牛肉干	22g/袋-666g/袋
贵州千里山生态食品股份有限公司	千里山	三穗鸭——黄焖鸭	480g/袋
贵州华力农化工程有限公司	华力	葛根精粉	600g、400g
毕节市天河食品有限责任公司	段卯氏	酿造食醋	438mL、500mL、800mL
贵州从江香猪食品开发有限公司	月亮山	从江香猪腊（烤）香猪	1500g/盒、1000g/盒、500g/盒
石阡县茗茶科技开发有限责任公司	泉都坪山	石阡苔茶	特级一级
石阡县夷州贡茶有限责任公司	华贯	石阡苔茶	特级一级
毕节市正文食品加工厂	李正文	腊肉	袋装、称重
毕节市王傻子烧鸡食品有限公司	王维让	烧鸡	500g/袋
贵州赫之林食品饮料有限公司	韩明著	赫之林核桃乳	240mL/听

单位名称	商 标	产品名称	规格型号
贵州金沙窖酒酒业有限公司	金沙	金沙回沙酒（酱香型）	48%vol、51%vol、52%vol、53%vol
贵州金沙冠香坊调味食品有限公司	冠香源	油辣椒	300g/瓶、220g/瓶、210g/瓶
贵州金沙冠香坊调味食品有限公司	冠香源	糟辣椒	2.5kg/袋、1.5kg/瓶、1.15kg/瓶、570g/瓶、450g/瓶
贵州金沙冠香坊调味食品有限公司	冠香源	红酸汤	1.7kg/瓶、620g/瓶、410g/瓶
贵州龙膳香坊食品有限公司	贵州龙	广味香肠	210g/袋、400g/袋、680g/袋
金沙县禹谟供销合作社	禹谟	禹谟醋	12mL/瓶、430mL/袋、438mL/袋、450mL/瓶、800mL/瓶、1600mL/瓶
黔西县绿原食品开发有限公司	金刺维	刺梨果汁饮料	罐装100mL-500mL 瓶装50-100mL
贵州五福坊食品有限公司	黔五福	小米鲊	250g/袋400g/袋 1kg/袋1.5kg/盒
贵州五福坊食品有限公司	黔五福	香腊仔排	400g/袋680g/袋散装便装
贵州五福坊食品有限公司	黔五福	猪肉干	袋装散装
贵州北极熊实业有限公司	北极熊	饮用纯净水	18.9L/桶、550mL/瓶、350mL/瓶
修文县果品有限责任公司	六广河	鲜食猕猴桃	5公斤/盒、3公斤/盒、2.5公斤/盒
贵阳三联乳业有限公司	山花	特浓牛奶	大特浓486mL/袋 小特浓200mL/袋
贵阳三联乳业有限公司	山花	纯牛奶	220mL/袋200mL/袋243mL/盒
丹寨县黔丹硒业有限责任公司	黔丹	硒锌米	5kg/袋、4kg/盒
贵州乡下妹食品有限公司	郷下妹	油辣椒	80g—5000g
贵州金誉玺生物科技有限责任公司	南黔记	斗篷山酱制野山鸡	628g/318g
贵州金誉玺生物科技有限责任公司	南黔记	斗篷山香辣野山鸡	210g
贵州省瓮安县冬秀孃酸辣食品有限公司	冬秀孃	泡酸辣	350g
都匀市匀城春茶叶有限公司	匀城春	都匀毛尖茶	珍品、特级、一级
黔南州梅渊商贸有限公司	梅渊	都匀毛尖茶	特级、一级

单位名称	商 标	产品名称	规格型号
贵州都云毛尖茶叶有限公司	红敏	都匀毛尖茶	特级、一级、二级
贵州纯露饮品有限责任公司	宝立	饮用天然泉水	380mL、550mL、600mL、1500mL、11.3L、18.9L

【f. 市场开拓和产品开发】

贵州省作为国内白酒，尤其是酱香型的主要生产地，为促进中国酒业发展，加强中国酒类企业与国外酒类企业的合作交流，推动区域合作和西部大开发，经国务院同意，国家商务部和贵州省人民政府将于2014年9月9日至13日，在贵阳国际会议展览中心共同举办"第四届中国（贵州）国际酒类博览会"。

为发挥贵州生态文明的优势，贵州省食品行业在重点开拓白酒市场的同时，采取积极走出去引进来的措施，首次在省内按市场经济的规则，在中国食品工业协会、贵州省商务厅和会员单位的支持下，成功举办了"首届中国.贵州国际食品博览会"。为期的4天的会期，省外和境外的参展商超过50%，共吸引3万人次观众及1000多家专业采购商到场参观和洽谈。

在坚持市场开拓和产品创新开发齐头并进中，贵州乡下妹食品有限公司针对市场需求开发了"豆米火锅"等系列火锅底料，为发挥贵州薏苡仁米的资源优势，兴仁县马大姐食品有限公司、贵州兴诚华英食品有限公司、兴仁县引力粮油加工有限责任公司、贵州薏米阳光产业开发有限责任公司等企业开发了"薏仁椒"、"薏仁米面条"、"方便薏仁粉"、"爆薏仁米"等新产品。

【g. 科技进步和科研成果】

2014年白酒国家评委年会在内蒙古自治区鄂尔多斯市隆重召开，贵州茅台镇陈年酒厂研发的酱香白酒酒样连续三年获得总分第一名；贵州茅台酒厂（集团）习酒有限责任公司，研发的"功能性微生物定向固态发酵偶联风味设计加速在习酒生产中的应用研究"新技术，通过省级鉴定；贵州鑫龙食品开发有限公司研发的"薏仁露饮料"新产品，通过省级新产品鉴定。

贵州省食品工业协会

3.19 云南省

【a. 概况】

2014 年，云南省食品工业在国内外经济形势大环境的影响下，与全国的经济增长乏力的大趋势一样，市场竞争加剧，产品销售不畅，价格波动大，劳动力成本增加，企业经济效益下滑，行业增幅下降。但是，全省食品行业坚持改革开放的思想，遵照调结构，稳增长的方针，使全省食品工业增长仍然达到两位数，超过云南省优势产业和支柱行业。食品工业产值首次突破 1000 亿元，同比增长 14.69%，占全省工业总产值 8.95%，增加值占 7.77%。占全国食品工业主营业收入 0.82%，主营业收入和增加值增长分别比全国食品工业高 7.75% 和 3.76%。

【b. 运行情况】

2014 年全省实现食品工业产值 1013.57 亿元，同比增长 14.69%；实现主营收入 897.52 亿元，同比增长 15.75%；工业增加值 275.34 亿元，同比增长 11.56%；全行业实现利税 70.87 亿元，利润 46.44 亿元，同比下降 4.18% 和 11.68%。

1、产品产量

全省食品工业主要产品产量：小麦粉 12.27 万吨、大米 19.24 万吨、食用植物油 25.35 万吨、冷、鲜肉 14.6 万吨、蔗糖 249068 万吨、 罐头 1.7 万吨、方便 3.98 万吨、糖果 10.39 万吨、乳制品 5207 万吨、白酒 8.56 万升、啤酒 100.39 万升、葡萄酒 2.46 万升、精制茶 13.19 万吨、饮料 303.67 万吨、酱油 2.12 万吨。

2、农产品与食品出口

全省出口创汇 26.9 亿美元，占全省出口创汇 15.4%，在全国排第 7 位。其中，水果出口 8.2 亿美元，蔬菜 6.9 亿美元，烟草 5 亿美元，咖啡 1.5 亿美元，水产品 0.47 亿美元，其他出口 4.83 亿元。

【c. 运行特点】

1、2014 年，食品工业产值和主营业收入比正常年份低了 7—8 个百分点，是 10 多年来增长最低的一年。说明市场销售不畅，食品行业经济形势遇到新情况。

2、食品工业增长仍然保持 2 位数增长，高于重化工业和医药业增长。这 2 位数的增长是在受国内外经济下滑和限制 3 公经费使用的不利影响下取得的，是非常不容易的，我们这个速度也引起政府相关部门的重视。在国家产业结构调整和优化大背景下，食品工业是支持经济持续增长的最重要支撑，他的重要性越来越明显。

3、全省食品工业效益严重滑坡，呈现负增长。分析其原因主要是农副食品加工业效益深度负增长造成的。农副食品加工业主营业累计收入只增长 10.1%，远低于增长为 20.9% 食品制造业，以及增长为 19.4% 的酒、饮料和茶制造业。 2014 年农副食品加工业的利税增长 –49.4%，造成全省食品工业效益大幅下降，2014 年全行业利税增长 –4.18%，利润增长 –11.68%。

4、主要产业效益下降，其他产业难于弥补。蔗糖是有史以来产量最大的一年，但由于糖市场价格大幅降低，造成全省食品工业产值减少 20 多亿元，效益减少 10 亿元。啤酒产量也从每年 18% 的增速，下降到 5%。

5、电商这一新的销售模式进入食品工业领域，业绩可喜。糕点行业借中秋节日，重点企业使用电商销售，使云南的云腿月饼和鲜花饼销往全国，不仅宣传了云南的食品，同时为企业带来意想不到的效益。

做得比较好的如吖咪、嘉华、经贸宾馆等。为此受到省工信委的奖励。电商这一新的销售模式具有强大的生命力，势不可挡，应在食品行业全面推行。

6、出口产品仍以初级食品和农产品为主，制造产品很少，总的出口结构没有大改变。

【d. 招商引资】

一批国内知名大企业进入云南食品行业，将会改变云南相关食品产业的结构，产生较大影响。嘉士伯大理100万吨啤酒基地建设工程，益海嘉里2期20万吨食用植物油工程，联想20万亩蓝莓种植计划项目，伊利1000吨牛奶加工和百威20万吨啤酒等项目的投产，双汇年生产5万吨肉制品。这些项目的投产将给云南食品工业发展带来震撼，我们欢迎中国航母型食品企业进入云南，加快云南食品工业发展步伐，同时也要做好激化市场竞争的思想准备。随着国内外大型企业不断进入云南，必然促进云南食品行业融资结构、产业结构和市场格局的大调整。

【e. 协会工作】

2014年协会根据形势的变化，克服机构不完善，人员较少的不利条件，调动各方面有利因素，全方位为企业服务。

1、充分把握省工信委产业发展政策，利用熟悉行业的优势，为企业提供相关信息，帮助企业用好发展扶持政策和有关认定、评选申报工作。

（1）为企业技术改造申报进行服务，及时将申报内容发布在协会网站上，到企业现场调查研究，将好的项目向相关处推荐，组织相关处到企业实际考察，上下沟通，有利项目落到实处。如：洪斌建水县10万吨小米辣、通海县阳光5万吨小米辣、大理100万吨啤酒、燕京20万吨啤酒、新海丰罗非鱼及综合利用项目、德和罐头搬迁项目等重点项目都有协会的帮助。还有扶持中小项目，省、市科技项目很多企业都会感受到协会的支持。

（2）申请省工信委技术中心和实验室认证工作。技术中心是企业研发平台，体现企业技术和管理水平。涉及食品企业技术中心的认定，协会几乎参与了从推荐到评审的全过程。我们推荐的企业技术中心工信委认为条件好、技术水平 高，认定率高。如龙润、新海丰、雪兰等企业。被认定的企业工信委原则上给予50万元的扶持技术中心建设费。

（3）新产品申报工作。食品工业新产品的申报评审工作工信委委托协会来办，今年评审了3家，猫哆里的花之蓝、滇雪原味菜籽油、雪兰风味奶。由于人员少，没有全面铺开，2015年准备扩大工作量。

（4）利用工信委电商奖励政策，积极推荐丫咪、经贸宾馆参加申报。全年已有4家食品企业得奖励。电商在食品行业实施来的最快，因此工信委经济运行处与协会商议2015年在食品行业加大试点推行工作。只要销售额在225万元以上可奖励20万元，最高可以奖励100万元。

（5）积极参加国家和省资质及奖励评定工作。有3位被评为调味品国家评委。努力推荐玉林泉和香格里拉酒业公司的副总经理参加工信委举办的首届云南省工信系统杰出人才贡献奖评选。两位条件基本符合，由于企业规模的不利因素未上榜，但给工信委留下深刻印象。太阳魂酒业董事长被评选为管理人才杰出贡献奖。

2、服务企业，为企业解忧

（1）新技术推广工作有新收获。今年上半年围绕上海利麦和伟隆食品机器公司研制的滇式月饼包馅成型机开了2次展示推广会，比较好的解决了滇式月饼机器化生产的难题，使滇式糕饼的生产走向新时期。购买并使用该设备的企业普遍反映好。

（2）银企合作帮助企业解决资金困难问题。我们与民生银行合作社充分合作，对焙烤企业流动资金不足的企业进行无担保贷款，有7家企业进入贷款程序。

下半年协会与民生银行合作单位建立了融资合作社，专门为企业解决贷款难问题。

（3）抓技术培训工作。协会与质量协会、进出口检疫局办了2个质量检疫检验班，时间不长，但有收获。下半年与进出口检疫局举办了出口罐头杀菌工艺学习班，迎接美国FDA验收。并到企业进行技术交流和指导，帮助企业解决FDA验收中的技术问题。

（4）开展了优质月饼生产企业评比活动，有13家企业获得此荣誉。今年外部环境变化对今年月饼销售生产影响较大，为了提升焙烤企业的士气搞了这次评比。春城晚报、中国食品报进行了报道。

（5）参与相关食品标准制定工作。主要参加了鲜花月饼标准和米线标准的制定。制定过程中与相关部门多次研究、论证、考察、参观等，工作现已完成，标准也以发布。

（6）严肃认真向省工信委反映食品工业用盐问题。上、下半年两次报告和协商要求省工信委给予解决，随着国家政策的调整，将会得到彻底解决。

3、与媒体合作，为宣传云南食品服务

协会与中国食品报合作，在中国食品报上开辟“云南食品专栏”介绍我们省的食品，已出了很多期。与春城晚报长期合作在“食在幸福专版”展示云南食品。中秋节与春城晚报合作举办惠购会和报商销售等销售新形式合作，探索新的销售模式。另外与“中国食品安全报”和“云南日报”都有同样的合作。

4、协会重视全行业食品安全工作。

参与省食品安全办公室和省食药局组织的相关活动，为省食安办和食药局提供全省食品工业经济、质量安全方面的信息与数据，为食品安全做了贡献。2014年全省食品未出现重大安全事故。

在2014年3.15时，与春城晚报进行了食品安全诚信活动合作。在昆明市2个地方举办了现场宣传活动，有十几个重点食品企业参加，并在现场解答相关问题。

5、加强协会自身建设，搭建服务平台。

（1）协会根据省社团管理局要求较好的办理了各项登记事宜，第一批被通过。

（2）按照章程要求成立了监事会，完善了信息中心平台，努力办好协会网站。对《云南食品》杂志进行整改，实现彩板和扩大了内容。明年扩大期数

（3）继续办好技术职称评定工作。2004年有21个技术人员被评为初、中、高级工程师，受到企业的聘任。

雷金福

3.20 陕西省

【a. 概况】

2014 年，陕西规模以上食品企业完成工业总产值 2156.76 亿元、主营业务收入 1908.50 亿元、实现利润 166.74 亿元，3 项指标分别同比增长 14.8%、12.9% 和 19.9%，分别比全省工业平均水平高 4.00、5.16 和 32.28 个百分点，分别占全省工业同口径指标的 10.71%、10.32% 和 9.34%。食品工业百元主营业务收入成本为 76.39 元，同比下降 0.56 元。主营业务收入利润率为 8.74%，同比增加 0.51 个百分点。食品工业拉动全省经济增长 1.51 个百分点。按全省工业 12 大类行业排序，食品工业产值和主营业务收入紧随石化、机械和煤炭双居第 4 位，利润总额紧随石化、煤炭居第 3 位。

同期全省食品工业主要产品产量为小麦粉 568.01 万吨，精制食用植物油 146.21 万吨，饲料 436.71 万吨，乳制品 161.34 万吨，白酒 11.92 万千升，啤酒 95.99 万千升，软饮料 560.93 万吨，卷烟 914.50 亿支。

【b. 行业运行特点】

1、主要经济指标稳步增长，全面强于全省工业平均水平，特别是效益增升，凸显了行业内力增强。

2、除乳制品外，主要产品产量平稳增长，饲料增长高达 33.7%。

3、投资加大，增强了产业发展后劲。

2014 年，行业投资完成 406.22 亿元，同比增长 38.0%，投入增幅超过产值增幅 23.2 个百分点。

4、龙头企业支撑作用不断强化。

2014 年，陕西中烟公司产值完成 216.19 亿元，西凤酒公司完成 38.00 亿元，石羊集团完成 60.00 亿元，银桥集团完成 45.09 亿元，西安伊利泰普克公司完成 29.98 亿元，西安国维淀粉有限公司完成 26.81 亿元，海升公司完成 26.75 亿元，康师傅（西安）饮品有限公司完成 18.93 亿元，西安顶益食品有限公司完成 16.95 亿元，陕富面业有限责任公司完成 12.97 亿元，陕西恒通果汁公司完成 13.49 亿元，青啤西安汉斯集团完成 11.02 亿元。12 户 10 亿元以上企业产值占全省食品工业产值 24.68%，凸显了龙头骨干企业在全省食品行业的支柱地位。

【c. 大事记】

1、成功举办了《第六届中国西安糖酒食品农副产品交易会暨中国西部绿色食品博览会》和《第六届中国（西安）糖酒食品交易会》。

2014 年，陕西食协加大了会展平台的支持力度，会同展览公司多次深入有关市、县、园区和企业实地考察和组织招展，有力地促进了食品会展经济和商贸流通的健康发展。4 月 17 至 20 日，陕西食协和陕西振华国际会展有限公司，在西安曲江国际会展中心合作主办了《第六届中国西安糖酒食品农副产品交易会暨中国西部绿色食品博览会》。展会以“倡导绿色发展，引领绿色消费”为主题，吸引了 250 余家食品企业参展，展示面积 1.5 万平方米，展位 300 余个。特别是铜川、渭南、宝鸡、咸阳和商洛等市积极组团参会，保障了展会圆满成功。11 月 13 至 16 日，陕西食协与旭峰会展公司在曲江国际会展中心合作承办了《第六届中国（西安）糖酒食品交易会》。展示面积 1.5 万平方米，吸引了 500 余家参展厂商，展位 600 多个，到会参观和购买商品的消费者达 30 万人之多，聚集了较高人气，扩大了产品销路，提高了陕西食品的市场占有率和知名度。两个展会互有侧重，各具千秋，形成了陕西食品行业的两个不同展销平台，较好地发挥了作用。

2、召开了“陕西省食品协会二届二次理事会暨工作座谈会”和“陕西省食品工业发展研讨会”

2 月 25 日，陕西食协在安旗公司大力支持下，在灞桥区安旗公司新址组织召开了“陕西省食品协会二届二次理事会暨工作座谈会”。协会总结了 2013 年工作并具体安排了 2014 年重点任务；会议特别邀请有关专家就科学建立产品追溯体系；功能性食品研发与成果转化利用；纳豆产品与人体健康等做了专题讲座；安旗公司介绍了企业创新发展壮大的经验；振华公司汇报了《第六届中国西安糖酒食品农副产品交易会暨中国西部绿色食品博览会》组织情况；会议就陕西食品工业发展相关问题进行了交流研讨；省轻工协会会长韩登新出席会议并做了重要讲话。

11 月 19 日，陕西食协与陕西学前师范学院在该院共同承办了 2014 年“陕西省食品工业发展研讨会”。陕师院和省轻工协会领导，省工信厅有关处室负责人，有关市、县食协或涉食管理部门，有关大专院校和科研院所，省食协特聘专家，行业主流媒体和部分龙头企业会员的百余名代表参加了会议。会议介绍了前三季度全省食品工业经济运行情况和产业转移最新态势；交流了学前师范学院“产学研”结合典型经验；探讨了产业联盟、产业升级与科技成果转化；分析了功能食品及纳豆产品新进展；前瞻了“十三五”期间行业发展机遇和挑战；汇集了今后工作的好思路好意见；参观了学前师范学院生物工程研究所产学研成果展示；授予了学前师范学院产学研结合优秀单位证书；给新增聘的两位专家颁发了聘书。会议通过多角度、多层面、多内容研讨交流，提高了大家新常态下发展食品工业新认识，明晰了产业升级新机遇，凝聚了搞好工作的新动力。会议在学前师范学院领导高度重视和大力支持下取得圆满成功。

3、强化“产学研”结合，助推科技成果加速转化

陕西食品科技力量和科研成果充沛，但转化率低，接“地气”难。如：陕西北部南瓜资源丰富，除少量加工成瓜子外，其余部分商品化程度很低。如何创新“产学研”结合破解两难，一直是省食协为行业服务的重点。为此省食协今年搭桥引线，介绍榆林老闫家瓜子公司与陕西学前师范学院生物工程研究所“产学研”合作，本着诚信、公平、共赢的原则，签订了互惠互利的战略协议，由学前师范学院生物工程研究所成立“陕西省南瓜深加工研究中心”负责攻关研发，老闫家瓜子公司投资百万提供资金支持，至今已研发出了南瓜酥、南瓜速溶粉、南瓜果丹皮和南瓜果蔬脆片等多种深精系列产品。为了迅速转化这批科研成果，老闫家瓜子公司抓住 2014 年工信系统征集技改专项的机遇，及时向工信厅申报了总投资 5000 万元、年深加工 6000 吨南瓜系列产品的项目可研报告，得到了工信厅有关业务部门的重视与支持。

陕西食协还介绍了卧龙茶叶公司与陕科大和陕西学前师范学院合作，争取在茶文化、茶新品和消费方式上有所突破。

组织了有关专家赴府谷县中森农副产品物流中心实地考察，提出了中心建设启动方案可行性完善的意见；受蒲城金陵农耕文化产业园委托，组织了相关单位专家对蒲城县规划的《中国红枣博览馆》项目进行了可行性论证。

【d. 强化服务宗旨】

1、为政府搞好行政服务。

2 月，按照工信厅要求，陕西食协及时向工信厅提交了“陕西食品工业稳增长促销售的有关建议”。3 月陕西食协有关领导陪同省科技厅许春霞副厅长专程到陕西学前师范学院和安旗公司实地考察，具体了解“产学研”结合和纳豆项目进展情况；5 月安排石羊、八鱼、安旗、志健、秦洋和朱鹮公司等企业，申报了省中小企业局开展的“2014 年陕西中小企业创新研发中心”工作；9 月推荐了英考、秦洋、锦泰、心特软、秦宝和宏祥公司等企业，参加了省贸促会筹办的“2014 年跨国采购会”；根据工信厅和轻工协会安排，积极完成了《陕西省工业志》中省食协章节及轻工章节内容的编撰工作。

2、落实中食协布置的工作。

年初，根据中食协要求，陕西食协推荐陕西省科学院等四单位5名同志，参加了中食协组织的第四届调味品国家评委考评报名；3月陪同中食协企业发展部领导专程赴洋县实地考察食品强县建设情况，推荐洋县政府出席中食协5月在河南汤阴召开的全国食品工业强县创新发展研讨会，李天刚副县长在大会上代表洋县政府做了“打造朱鹮品牌，确保质量安全，发展有机产业，建设食品强县”的典型经验介绍；7月介绍红西凤公司与洋县政府合作，意向在洋县共建有机生态循环示范县；9月推荐省功能食品研究中心、锦泰和志健公司等会员企业参加了中食协在天津举办的“中国功能性食品技术应用及产业化发展研讨会”；10月通过三原县食协组织该县有关蓼花糖生产企业参加了中食协“2014年中国上海国际食品博览会”；同月推荐银桥、双亚、三原兴邦、朱鹮等5家企业高管人员，参加了中食协组织的“中国食品安全高级管理人员能力提升研修班”培训；11月组织有关企业出席了中食协在上海举办的“中国2014食品产业发展论坛”，交流学习了食品工业改革发展的成功经验。

3、为横向合作提供支持。

3月，陕西食协有关领导应邀到陕科大生命科学与工程学院为师生们专题讲授了“陕西食品工业发展若干问题的研究”；9月再次应邀为该校管理学院师生们作了《我国食品工业项目投资有关问题探讨》的主题报告；10月陕西食协有关领导应邀到河南安阳，为中食协组织的中国食品安全高级管理人员能力提升研修班学员，做了“创新驱动，破解中国食品工业发展瓶颈性问题”的专题讲座；11月陕西食协有关领导出席了“陕西省食品科学技术学会2014年年会”；12月有关领导出席了“陕西省工业和信息化职业教育集团成立大会”。

4、为企业发展提供帮助。

元月，陕西食协为西安上可食品公司巧克力项目与安旗公司合作提供了帮助；3月推荐洋县大咸德调味品和三原古池阳蓼花糖进入了省政府超市；4月协助石羊集团与米旗公司进行了营销业务方面的交流；5月为志健、康原，古池阳公司等企业申报陕西省名牌提供了帮助指导；7月协助志健公司向农业厅推介了农业产业园项目，同月协助该公司向省食药局申请了银杏胶囊保健品的行政许可；9月组织陕西恒源煤电集团相关人员，分别到美可高特公司富平分公司和渭南经开区新项目建设基地进行了意向性合作考察；10月协助美可高特、天食公司分别与石羊集团进行了商务合作访谈；12月应三原县食协要求，以陕西食协文件形式向国家工商总局上报了“关于加快三原蓼花糖商标异议案件审理的申请”。

【e.“十二五”规划中期评估】

1、“十二五”规划的总结

“十二五”以来，陕西规模以上食品工业产值平均同比递增15.81%，增加值平均同比递增10.51%，实现利润平均同比递增23.82%。比“十一五”，全省规模以上食品工业产值递增下降12.82个百分点，增加值递增下降14.25个百分点，利润递增下降16.23个百分点。预测“十二五”末，全省规模以上食品工业产值接近完成2600亿元规划目标，增加值和利润仅能达到规划目标的80%和65%。

2014年，陕西规模以上食品企业完成工业总产值2156.76亿元、增加值715.42亿元、实现利润166.74亿元，3项指标分别占全省工业同口径指标的10.71%、10.32%和9.34%。食品工业拉动全省经济增长1.51个百分点。按全省工业12大类行业排序，食品工业产值和主营业务收入列石化、机械和煤炭之后双居第4位，利润总额紧随石化、煤炭居第3位。

2、存在问题

（1）中小企业贷款难，构成了产业发展瓶颈；

（2）财政投入不足，扶持政策少而乏力；

（3）产业结构层次低，原料综合利用水平不高；

（4）品牌影响力弱，技术创新能力不强。

3、措施建议

寻求机体制突破，提升新常态下食品工业战略地位；

（2）建立食品产业技术联盟，形成“产学研”结合的技术创新体系；

（3）推进特色食品升级转化，打造中国奶山羊科学养殖与羊乳产品加工示范生产基地，中国富硒生物原料种植与富硒食品制造推广基地，全产业链与食品安全并举的中国魔芋种植与精深加工产业化示范区；

（4）重视国际先进技术的应用；

（5）支持食品电子商务平台建设；

（6）扶持食品展会做大做强；

（7）培养业界高素质职业经理人和高技能两类亟须人才。

4、“十二五”规划以来陕西食品工业经济运行有如下特征

（1）新常态下经济增速呈现了较为正常的减缓趋势；

（2）乳品、果汁、焙烤、烟酒等主导产业技术装备水平有了大幅提升，推动了行业转型升级步伐；

（3）食品安全宏观形势逐步好转，食品产品总体质量不断提高；

（4）食品产业转移速度加快，促进了行业集约化、规模化进程；

（5）固定资产投资逐年增加，民间社会资本成为主体。

【f. 先进企业和名优产品】

通过多年发展，陕西拥有全国食品工业强县25个，全国食品工业优秀龙头食品企业123个，中、省级农业产业化重点龙头企业61个。培育出了陕西卷烟总厂、石羊集团、国维淀粉、西凤酒集团、太白酒厂、海升果业、恒兴公司、银桥集团、东方乳品厂、青岛汉斯啤酒、米旗公司、安琪公司、陕富面粉、老牛面粉、秦宝牧业、锦泰集团、本香集团、八鱼油脂、赛德集团等一大批行业骨干企业。

全省食品行业获得中国驰名商标商品5个，出口名牌2个，中国名牌产品7个（“秦俑奶粉”、“银桥”液态奶、“海升”浓缩果汁、“汉斯”啤酒、米旗糕点、陕富面粉和老牛面粉），陕西名牌产品162个，“西凤”酒、“汉斯”啤酒、“秦俑”乳品还荣获了全国知名商标称号。

【g. 市场开拓和产品开发】

2014年，陕西省水果总面积达到1838万亩，总产量1530万吨，实现“双增长”，果品实现增加值310亿元。至此，陕西果业面积和产量均实现“十四连增”。陕西省苹果产量也由上年占世界1/7提高到1/6，成为全球集中连片种植苹果最大区域。陕西省果业积极开拓国际市场，扩大周边国家和港、澳、台地区市场占有份额。同时，以中哈苹果友谊园建设为引导，携手甘肃、新疆以及河南等丝路沿线省份，达成苹果产业联盟，开辟果品西进通道，不断将陕西果业融入丝绸之路经济带。目前，陕西果品已行销80多个国家和地区。陕西果业近年来科学布局苹果、猕猴桃、葡萄、鲜食枣、柑橘、传统水果及时令水果7大板块，积极构建标准化生产、科技研发、经营组织创新、市场品牌和社会化服务等5大体系，全面实施标准化果园建设、现代园区打造、科技研发创新、良种苗木繁育、经营主体培育、市场规划开发、现代金融引领、信息服务联通、质检平台构建、果业品牌创建等十大工程，实现了“果业强、果农富、果乡美”三大目标。

2014年，锦泰公司着力开拓国际市场，成功地将魔芋挂面系列产品批量销往日本、新西兰、澳大利亚、香港等与地区。安康市立足陕南丰富的富硒生物资源，打造富硒食品全产业链取得了长足进步，目前已拥有5大系列50余个品种富硒食品上市。陕西羊乳产业近年发展迅猛，奶山羊数量、羊乳制品产销量均居全国第一，市场份额占全国80以上。

【h. 国际交流】

2014年7月，陕西锦泰魔芋公司派员，再次赴日本详细考察了该国魔芋精深加工、技术装备及市场销售情况，进一步商谈了双方合作意向。上海玄龙公司常年与日方保持纳豆业务密切联系，积极协助陕西食协做好2015年组团赴日学习考察工作，为促进我国纳豆产业健康发展做出了努力。陕西农垦集团和喀麦隆政府合作，在该国建起的大面积原料种植基地生

产经营情况良好。石羊集团通过与澳大利亚、新西兰和巴西等国家稳定的国际贸易，顺畅地解决了大豆原料进口。

【i. 科技进步和科研成果】

2014年，陕西天食食品有限公司在获得“馒头在线无菌热包装保鲜技术”国家发明专利基础上，进一步成功研发了多项实用配套技术。使“馒头在线无菌热包装保鲜技术”适用范围有了大的扩充。

西凤酒公司创新研发出的主打品牌“旗帜”新产品投放市场后受到了广大消费者青睐。

陕西学前师范学院生物工程研究所立足地方资源搞研发，面向企业需求寻突破，已拥有开发应用技术成果36项，实现成果转化15项。该所面向市场推出的杜仲系列保健饮料、石榴酒、山茱萸系列休闲食品、果蔬脆片系列休闲食品、蜂蜜酒、黄芪保健饮料、木瓜果脯等系列产品生产技术，已经和相关企业实施了产、学、研对接，产生出良好的经济和社会效益。该所还先后与天津国际生物医药（联合）研究院、太白县、杨凌开发区、渭南开发区、云智公司等20余家企业、科研单位联合，共同组建“秦巴山区生物资源开发利用研究中心（院）”、“云智生物农林资源研发中心”、“太白县林特产品研发中心”等。

林晓平

3.21 甘肃省

【a. 概况】

2014年，甘肃食品工业继续呈现了健康发展态势，食品工业完成的利润总额、利税总额在全省支柱产业中，仅排在石化产业之后，位居全省第2。

甘肃省规模以上食品企业429户，同比减少11户，占全省规模以上工业企业1914户的22.41%。其中农副食品加工业279户，同比减少8户；食品制造业66户，同比减少1户；酒、饮料和精制茶制造业82户，同比减少2户；烟草制品业2户，同比持平。

从业人员57598人，同比减少4779人，占全省规模以上工业企业从业人员610034人的9.44%。

食品工业资产总计为777.93亿元，同比增加95.14亿元，同增长13.93%，占全省规模以上工业企业资产总额10720.59亿元的7.25%。

食品工业完成增加值（生产法）255.07亿元，同比增加8.97亿元，同比增长3.65%，占全省工业增加值2070.01亿元的12.32%。

食品工业完成营业收入688.1亿元，同比增加52亿元，同比增长8.17%，占全省规模以上工业企业营业收入9262.96亿元的7.43%。

食品工业完成利润总额41.96亿元，同比增加5.52亿元，同比增长15.15%，占全省利润总额244.57亿元的17.15%。

食品工业过完成利税总额170.74亿元，同比增加26.87亿元，同比增长18.68%，占全省利税总额1154.88亿元的14.78%。

其中，农副食品加工业实现营业收入303.36亿元，利润总额15.78亿元，利税总额17.79亿元，分别占全省食品工业的44.09%、37.61%、10.42%。

食品制造业完成营业收入103.83亿元，利润总额4.51亿元，利税总额5.75亿元，分别占全省食品工业的15.09%、10.75%、3.37%。

酒、饮料和精制茶制造业实现营业收入126.75亿元，利润总额5.40亿元，利税总额14.21亿元，分别占全省食品工业的18.42%、12.87%、8.32%。

烟草制造业实现营业收入154.16亿元，利润总额15.59亿元，利税总额124.73亿元，分别占全省食品工业的22.40%、38.77%、77.89%。

【b. 主要经济指标】

2014年甘肃省食品工业主要经济指标

单位：亿元

指标 / 行业	食品工业总计	农副食品加工业	食品制造业	酒、饮料精制茶制造业	烟草制造业
营业收入	688.1	303.36	103.83	126.75	154.16
资产总计	777.93	340.49	140.06	183.35	114.03
利润总额	41.96	15.78	4.51	5.40	15.59
利税总额	170.74	17.79	5.75	14.21	124.73
税金总额	128.78	1.41	1.24	8.81	109.14
企业数（户）	429	279	66	82	2
年末平均从业人数	57598	25967	13126	15156	3349

【c. 主要产品产量】

名称	计量单位	12月止累计	累计增长%
小麦粉	万吨	1417882.9	-3.5
饲料	万吨	1554075.2	-6.1
配合饲料	万吨	798512.5	-17.7

名称	计量单位	12月止累计	累计增长%
混合饲料	万吨	556538.0	11.4
精制食用植物油	万吨	59383.2	-14.5
成品糖	万吨	43583.5	15.0
鲜、冷藏肉	万吨	148521.9	14.5
焙烤松脆食品	万吨	50147.0	-28.4
糖果	万吨	4522.0	89.3
方便面	万吨	0.0	-100.0
乳制品	万吨	335493.6	12.5
液体乳	万吨	314620.8	11.7
固体及半固体乳制品	万吨	20872.8	27.0
婴幼儿配方乳粉	万吨	2990.0	0.0
乳粉	万吨	12493.0	24.7
罐头	万吨	36129.0	26.9
味精（谷氨酸钠）	万吨	1812.0	21.0
酱油	万吨	20425.0	23.9
食醋	万吨	6855.0	67.9
鸡精	万吨	7258.0	202.4
营养、保健食品	万吨	1220.9	6394.1
冷冻饮品	万吨	2731.0	23.8
食用盐	万吨	29603.7	7.3
食品添加剂	万吨	277.0	-8.0
发酵酒精（折96度，商品量）	万千升	18499.0	-20.6
饮料酒	万千升	778217.8	-2.3
白酒（折65度，商品量）	万千升	44420.3	-1.6
啤酒	万千升	659720.2	-3.2
黄酒	万千升	0.0	0.0
葡萄酒	万千升	73439.3	6.8
软饮料	万吨	2254150.5	6.1
碳酸型饮料（汽水）	万吨	208886.3	7.5
包装饮用水	万吨	831873.2	9.2
果汁和蔬菜汁类饮料	万吨	885909.9	12.2
卷烟	亿支	5000000.0	6.4

成富山　阎莲芬

3.22 青海省

【a. 概况】

青海省地处青藏高原东部，位于祖国的内陆腹地，资源丰富，多民族聚居，孕育中华民族悠久历史和灿烂的文化，两江一河（长江、黄河、澜沧江）发源其间，堪称“三江源”。全省土地面积72万平方公里，总人口数583.42万人。全省耕地面积54万公顷，盛产马铃薯、油菜籽、蚕豆、沙棘、枸杞、蕨麻（人参果）、虫草、白刺等土特产。可利用草原面积3610万公顷，是我国的五大牧区之一。

全省食品工业经过多年发展，已经形成农副产品加工、食品制造、饮料制造等系列、近20个行业、50多个门类，资产总额超过75亿元。全省共有食品工业企业648户，从业人数11740人。

2014年，全省食品工业完成增加值51.93亿元，同比增长近40%。其中农副食品加工业完成工业增加值20.22亿元，增长30.0%；食品制造业完成工业增加值9.99亿元，增长63.6%；酒、饮料和精制茶制造业完成工业增加值21.72亿元，增长24.2%，完成主营业务收入29亿元，同比增长3.6%；实现利润3亿元，同比增长207.1%。水的生产和供应业完成主营业务收入2.4亿元，同比增长3.6%；实现利润9030万元，同比增长11.7%。食品制造业完成主营业务收入15.1亿元，同比增长10.4%；实现利润5496万元，同比下降56.7%。

全省食品工业总产值：农副食品加工业519387万元、食品制造业227916万元、酒、饮料和精制茶制造业404471万元，营业收入；农副食品加工业403564万元、食品制造业140681万元、酒、饮料和精制茶制造业280725万元，全省食品工业营业税金及附加：农副食品加工业617万元，食品制造业843万元，酒、饮料和精制茶制造业24807万元。利润总额：农副食品加工业10104万元，食品制造业13038万元，酒、饮料和精制茶制造业9978万元，全省食品工业：农副食品加工业完成工业增加值20.22亿元，同比增长30.0%；食品制造业完成工业增加值9.99亿元，同比增长63.6%；酒、饮料和精制茶制造业完成工业增加值21.72亿元，同比增长24.2%，完成主营业务收入29亿元，同比增长3.6%；实现利润3亿元，同比增长207.1%。水的生产和供应业完成主营业务收入2.4亿元，同比增长3.6%；实现利润9030万元，同比增长11.7%。食品制造业完成主营业务收入15.1亿元，同比增长10.4%；实现利润5496万元，同比下降56.7%。

【b. 主要产品产量】

青海省10种主要食品工业产品中11种实现了不同程度的增长，其中牛肉10.28万吨，同比增长7.45%、羊肉10.53万吨，同比增长1.4%、乳制品16.64万吨，同比增长2.1、枸杞4.04万吨，同比增长52.9%、白酒21.2万千升，同比增12.3%、马铃薯35.90万吨，同比增长10.5%、青稞8.2万吨，同比下降15.5%、原盐261.3万吨，同比增长5.3%、饮料酒13.72万千升，同比增长14%、植物油9.3万吨，同比增长1.4%。白酒14.19万千升，同比下降9.7%。

【c. 大事记】

4月24日，青海省食品工业协会第五次代表大会在西宁召开，修改通过了适应全面深化改革要求，落实全面依法治国精神的协会新章程，选举产生了由民营企业家担任会长、专业人士担任秘书长的新一届协会领导机构。自此，青海省食品工业协会的“官方色彩”逐步剥落，正在成为真正意义上的自我管理、自我服务、自我监督、自我教育的社会组织和市场主体，迈出了社会化发展的新步伐。

参办“2014 中国（青海）清食展”，直接参与组委会项目部的工作，编印发放《2014 中国（青海）国际清真食品及用品展览会食品工业招商合作项目及相关政策汇编》200 多册，并开展相关信息发布工作，完成对宁夏回族自治区政府代表团接待任务，为成功举办“2014 清食展”做出了贡献，青海省经信委获得组委会颁发的“优秀组织奖”，省商务厅发来了感谢信。

6 月 10–23 日，组织 5 家企业在西宁中心广场开展了“尚德守法 提升食品安全治理能力”主题的宣传学习培训活动。

6 月 24 日，青海省食品工业协会围绕“尚德守法”主题，落实《关于开展 2015 年全国食品安全宣传周活动的通知》要求，组织社区消费者实地考察食品企业生产和管理情况，举办“食品安全深度行公众开放日”活动。

9 月，认真开展食品工业企业诚信管理体系建设先后到 10 个企业进行学习和辅导，并对企业职工进行了培训，针对我省食品企业目前普遍存在企业文化建设薄弱、法律法规意识淡薄、对失信的识别能力不充分、管理制度组织机构设置不健全等一系列问题，我们先后组织有诚信评价资格证的人员多次到 10 户企业开展技术指导。

3 月 –12 月委积极培育特色项目，促进食品工业快速发展先后参加省农牧厅、省商务厅、省农业综合开发办公室、省科技厅组织评审的各种项目 48 项。通过企业的不断努力和自主创新，提高技术装备水平，扩大了企业生产规模。

【d.“十二五”规划中期评估及展望】

1、青海省食品工业“十二五”前三年发展特点

特色资源得以不断开发，成为食品工业新亮点。在特色资源食品开发方面，如沙棘、枸杞、冬虫夏草、青稞白酒、精炼油菜籽加工、野生植物等，这些产品加工已初具规模，成为我省食品工业新的增长点，为我省食品工业开拓新的领域，为今后积极开发青海的资源优势产品，打造“特色”加“绿色”的产品品牌，奠定了良好的基础。

2、企业结构呈多元化，民营企业发展迅速。

随着企业体制改革，涌现出了大批建立起现代企业制度的民营企业，将成为各行业的龙头，特别是引进省外部分有实力的食品生产企业，多种经济成分的企业不断参与食品工业加工，使企业在发展理念和经营机制上有了新的转换。如青海天露乳业有限公司 5 万吨液态奶和 2 万吨奶粉项目、青海小西牛乳业有限公司液态奶、乳酸奶改造项目提高了我省乳制品生产规模；青海可可西里食品有限公司万吨牦牛肉精深加工项目显现出规模效益；青海威思顿薯业马铃薯全淀粉生产线和三江薯业变性淀粉加工与粉丝加工项目大大提升了我省马铃薯加工规模和技术水平；青海昆仑山矿泉水有限公司新建的 20 万吨矿泉水项目，该产品为走向国内及国际高端市场开拓了先例。这些项目的建成和投产，极大的推动我省食品工业发展的进程，使产品结构得到初步优化。

3、大力推动品牌建设，特色产品品牌优势再现新高。

全省农畜产品和食品注册商标 300 多个，其中“极草”“天佑德”“可可西里”、“江河源”、“三江雪”、“三江源”“八瓣莲花”“绿草原”、“西北骄”等商标，被国家工商总局认定为中国驰名商标，中国驰名商标到 2013 年增加到 28 件，全省著名商标 34 件，另外，一批国际国内知名食品企业纷纷在我省落户，如加多宝、康师傅、黄河啤酒等在我省建立生产基地，成为我省食品工业发展的重要力量，品牌优势逐步显现，特色优势产品在国内外占有一定地位，为我省食品工业发展奠定了坚实基础。

4、市场开拓稳步推进，引资平台展现活力。

全省每年召开的《中国青海绿色经济投资贸易洽谈会》，已成功举办了十三届，是一项参与国家部委和省份最多的重要经济活动，也是全省食品工业宣传特色产品，开拓市场的重要平台，全省每年拿出一些优势资源项目进行招商引资，并且取得了很大成果。

每年举办的中国（青海）国际清真食品及用品展览会又是全省食品企业宣传推介的大舞台，通过这两次大型活动，每年使一些优势项目得到建成投产，极大地推动了全省食品工业发展的进程，也宣传了青海特色食品和食品企业形象。

5、食品质量安全总体向好，安全隐患依然存在。

全省食品工业质量安全形势总体是好的，没有发生重大的群体性食品安全事件，但是食品安全隐患依然存在，食品标准化制定方法和体系不能适应食品安全控制的要求。食品工业结构不合理，龙头企业不大不强，产业结构为粗放型，技术装备落后，产品档次不高，市场竞争力不强。产业集群规模小，产业聚集度低等问题，特别是在肉制品、乳制品、饮料等方面仍然为食品安全质量带来不安全因素。

【e. 名优企业及产品】

1、企业名单产品及品牌：

青海互助青稞酒股份有限公司
天佑德 青稞酒

青藏高原特色资源开发有限责任公司
七里寺 矿泉水

昆仑山矿泉水有限公司
昆仑山 矿泉水

青海可可西里肉食品有限公司
可可西里 牛肉干

青海青海湖乳业有限责任公司
圣湖乳制品

湟中弘大农副产品购销有限公司
弘大菜籽油

青海天露乳业有限责任公司情况介绍
天露乳制品

青海小西牛生物乳业股份有限公司
小西牛乳制品

青海绿草原食品有限公司
绿草原肉制品

青海康普生物科技有限公司
康普沙棘 枸杞

青海三江雪食品集团有限公司
三江雪枸杞

青海合杰工贸有限责任公司
合小白蛋白粉饮品

青海康健生物科技有限公司
白刺果

2、青海省规模以上食品工业增加值表

单位：亿元

分　类	1—12月	同比增长（%）
食品工业合计	51.93	40
农副食品加工业	20.22	30.0
食品制造业	9.99	63.6
酒、饮料和精制茶制造业	21.72	24.2

3、青海省规模以上食品工业主要经济指标

分类	单位	1—12月	同比增长（%）
企业数	个	47	4.3
营业收入	万元	824970	16.5
利润总额	万元	33120	19.7
利税总额	万元	80985	17

4、青海省食品工业主要产品产量

产品名称	单位	1—12月	同比增长（%）
牛肉	万吨	10.61	3.2
羊肉	万吨	10.92	3.7
乳制品	万吨	19	14.2
枸杞	万吨	5.31	31.5
白酒	千升	21131	12.4
马铃薯	万吨	35.95	0.1
青稞	万吨	8.20	-15.1
原盐	万吨	221.85	5.3
饮料酒	万千升	13.84	0.8
植物油	万吨	9.38	1.4

白建喜

3.23 宁夏回族自治区

【a. 概况】

2014 年宁夏食品工业在回族自治区加快建设内陆开放型经济试验区，打造丝绸之路经济带战略支点，统筹推进稳增长、促改革、调结构、惠民生中，一手抓增量培育，一手抓存量提升，抓住国家实施“一路一带”战略的难得机遇，主动对接，充分发挥清真食品工业独特的人文优势和显著的资源优势，迈上了全方位对外开放发展创新的新台阶。规模以上食品工业企业完成工业总产值 315.56 亿元，同比增长 18.21%，比宁夏地区生产总值年增长 8% 发展水平高 10 个百分点；实现利税 241 001 万元，同比增长 42.19%。其中清真食品工业发展，在兴龙头、抓基地、创品牌中，形成了以清真肉制品、乳制品、糕点、饼干、调味品、休闲食品、食品添加剂、粮食、植物油、清真饮品、保健品等生产加工的产业带，促使清真食品工业产值和利税增长率都达到 60% 以上，亦远远高于全部食品工业和宁夏工业产值利税增长幅度，在清真食品工业所占食品工业比重达到 83% 以上的状况下，成长为宁夏工业的主流产业之一。

宁夏发展清真食品工业具有得天独厚的人文和资源优势。作为中国唯一的回族省级民族区域自治区，地处中国的中心地带，穆斯林回族人口占宁夏总人口 35.7%，是中国在国际社会主打民族自治中的民族团结典范。发展清真食品产业和落实中国共产党民族宗教政策，一直是宁夏的重点。在当代为了落实国家经济发展战略，建设清真食品产业基地，打造面向世界的清真食品聚集地，促进国际清真食品贸易健康交流，秉承互认、互信、互通、互利、合作、共赢的宗旨，探索建立区域性国际清真食品认证机构联盟，探讨清真食品国家贸易便利化、自由化的互利互惠途径，发挥中国和宁夏回族自治区“一带一路”清真产业动力源的作用。宁夏清真食品认证中心已经与国际上 17 个国家和地区的 21 家机构达到了清真食品认证标准的互认；与河南、四川、天津、辽宁等省市签署地方联盟标准合作备忘录，将地方标准联盟扩大到 9 个。回族自治区已形成较完整的清真产业发展战略，已建有国家肉类进口指定口岸、综合保税区，以及国内首个国家认监委认可的清真食品认证中心。作为中国首个内陆开放型经济试验区、为与更多丝绸之路经济带上的国家实现清真食品标准国家互认，为清真食品产业走向规模化、标准化、国际化，正在努力搭建更加广阔的服务平台。目前，宁夏清真食品产业得到空前发展，全部清真食品工业产值近 15 年来以年平均增长 35% 以上的速度达到 300 亿元以上，已成为中国境内清真食品国际贸易最具影响力的省区之一。宁夏绝大多数人的饮食习惯亦被同化为清真的饮食习惯。在全国各种食品安全事件中，也极少发生在清真食品行业中。

【b. 行业情况】

1、农副产品加工业

在清真食品工业中占主要地位。2014 年，实现工业产值 132.69 亿元，同比增长 21.94%，这样的突出业绩，主要归功于宁夏在调结构、转方式，坚持市场导向，提质增效一产，优化升级二产，发展壮大三产，推动经济在新常态下行稳致远中；农业上，出台促进现代农业发展 20 条，加大农业投入，推动葡萄、枸杞、草畜、瓜菜产业加快发展，建设现代农业示范基地 122 个、标准化养殖场 408 个，建成永久性蔬菜基地 10.4 万亩，设施农业生产面积达 92.4 万亩；工业上，着力提升经济发展的质量和效益，实施产业结构调整方案，宁夏工业银川、吴忠、中卫、石嘴山、固原等市纷纷出台促进清真食品产业发展的实施意见，设立清真食品产业发展基金，设立清真食品产业园；清真食品工业借势调整发展战略，发展坚持园区发展与产业培育两结合，大企业与中小微企业两扶持，扩增量与调存量两手抓，形成大企业“顶天立地”、中小微企业“铺天盖地”的发展格局，促使当年实现利税 84 060 万元，较上年同期 22 495 万元增长幅度达到了 373.68%，有效支撑了全部食品工业经济效益没有出现大下滑的被动现象。

2、食品制造业

在肉制品制造加工和淀粉制造业产值下降经济效益下滑的不利局面影响下，2014 年，完成工业产值 145.87 亿元，同比增长 14.96%；实现利税 89 695 万元，同比增长 9.23%。

3、饮料制造业

在宁夏做强特色高效农业中发展特色饮料制品。葡萄产业上，充分发挥宁夏贺兰山东麓酿酒葡萄获得国家地理标志保护的资源优势，大力推进贺兰山东麓葡萄文化长廊建设，加快形成葡萄种植、生产加工销售和产供销配套服务为一体的全产业链，酿酒葡萄种植面积达到 51 万亩，投产酒庄 72 家。枸杞产业上，推广新品种、新技术，强化小产区管理、质量控制和精深加工，力争销售产值过百亿元的产业发展规划中，枸杞种植面积达到 85 万亩，涌现出宁夏厚生记清真食品有限公司的“杞动力”、吴忠市“杞叶青”等一批枸杞饮品。白酒制造业以宁夏昊王酒业为龙头的“银川牌”白酒，畅销陕甘蒙青等地区，实现了较好的经济效益。在这些行业支柱企业努力下，宁夏饮料制造业完成工业总产值 37.01 亿元，同比增长 18.40%，实现利税 67 246 万元，同比增长 8.67%。

吴俊

3.24 重庆市

【a. 概况】

2014年，在国际金融危机和国内其他行业经济下行的大环境下，特别是在食品安全形势严峻，企业成本普遍增高，市场竞争激烈的形势下，重庆市食品工业仍快速稳步的增长。全市规模以上企业完成工业生产总值1325.5482亿元，同比增长9.8%；主营业务收入1290.0578亿元，同比增长9.99%；实现利税236.7521亿元，同比增长6.2%；其中，实现利润84.6569亿元，同比增长6%。我市规模以上企业567户，其中，产值5亿元以上的有51户，全行业从业人员达11万余人。

食品工业排名前20位的企业是：重庆烟草工业有限责任公司、重庆市涪陵榨菜集团股份有限公司、重庆百发肉类加工有限公司、重庆索特盐化股份有限公司、益海嘉里（重庆）粮油有限公司、重庆恒都食品开发有限公司、重庆市钱江食品（集团）有限公司、道道全重庆粮油有限责任公司、康师傅（重庆）方便食品有限公司、重庆新涪食品有限公司、重庆啤酒股份有限公司、重庆市金山鑫泰包装有限公司永川公司、重庆市红蜻蜓油脂有限责任公司九龙坡食用油厂、重庆飞亚实业有限公司、重庆华牧富邦食品有限公司、上海梅林正广和重庆食品有限公司、重庆亿口鲜实业有限公司、重庆汇东生物科技有限公司、中粮粮油工业（重庆）有限公司、重庆市江津酒厂（集团）有限公司。

【b. 食品工业动态】

1、推进电子商务平台建设。

2013年12月，市食协牵头行业企业组建成立重庆味派网络科技公司并建立味派网站。

2014年10月13日，市食协和重庆味派公司联合承办“全国首届食品电子商务高峰论坛”。

2、与银行、小贷公司合作，为企业融资贷款提供服务。

为解决食品企业贷款难的问题，我们积极与银行、小贷公司加强合作，探索新的融资贷款新模式，为企业排忧解难。

重庆市食品工业协会牵头与科研院所搭建技术平台，

3、为食品园区和企业提供研发、检测技术服务。

（1）在食品园区搭建研发和检测平台，既可完善园区功能，为园区提供技术支撑，也是科研院所科研将成果转化为生产力，为企业直接提供技术服务企业的新举措。

（2）2014年8月，在市食协协调下，达州市通川区政府与西南大学食品科学院、重庆食品工业研究所达成在通川区食品集中区联合组建研发检测中心共识，并签订合作协议。

4、开展多项内容丰富的培训。

10月28日，市食协会同重庆市糖果糕点行业协会、豆制品协会在金质花苑酒店举办重庆市食品安全地方标准培训，共计100余家企业共计120人参加培训。

5、开展调味品国家评委的推荐培训工作。

第四届调味品国家评委考聘工作于2014年年初开始，重庆市食品工业协会与重庆市调味品协会联合行文，向相关企业发出了考评通知，组织调味品专业技能人员积极申报。

6、反映行业和企业诉求，帮助企业切实解决实际问题。

（1）7 月 22 日，召集诗仙太白、有友、冰晶、梅香园、胖子天骄等企业代表座谈，广泛收集企业反映的情况和问题，听取他们的诉求，并认真加以整理，以书面形式报市人大办公厅。

（2）7 月 28 日上午，重庆市食品工业协会秘书长参加市人大常委会办公厅召开的评议市人民政府企业发展法制环境工作企业（行业）协会调研座谈会。

（3）4 月，帮助瓶（桶）装水企业办理货车绿色通行证 。

（4）在食品标准清理、修订过程中，为充分反映企业的诉求，使标准符合客观实际，我们通过组织企业座谈、征求意见书、协会 QQ 群、协会网站，广泛征求企业意见 。

（5）5 月 1 日，帮助企业处理 “驰名商标” 包装问题。

7、组织开展各种展会、参观交流活动，为企业投资兴业寻求商机。

（1）组织企业参观、考察了广安临港大市场。广安临港大市场是广安市唯一的农产品一级批发市场、川渝品类最齐全的食品批发市场、川东北最大的冷链商品市场、广安首家进口食品农产品市场、广安最专业的餐饮用品批发市场。

（2）7 月 10 日，组织企业前往“重庆凯尔国际冷链物流产业园”参观考察 . 该冷链物流 是重庆首个冷链物流产业园。

（3）3 月 28 日，组织天友、红蜻蜓、飞亚等 8 家企业，20 余人参加第 90 届成都春季糖酒会国际食品机械和包装机械展览和以“迈入自动化时代的食品行业”为主题的国际自动化高峰论坛。

（4）7 月 16–18 日，组织 18 家企业 24 人，前往上海参观 2014 上海国际加工包装展览会。

（5）与展览公司进行合作，组织企业参加 2014 重庆秋季糖酒会。第 91 届全国秋季糖酒会于 2014 年 10 月 12–15 日在我市举行，

（6）9 月 23 日，组织汀来、雅婷、恋上、欣和等 8 家企业参加澳大利亚农业部食品参观团来渝投资合作洽谈会。

（7）11 月 14 日，组织 60 余家企业，90 余人，到江津德感食品园区参观考察，与有鼎公司签订了建立渝西服务中心的战略合作协议。

（8）认真办好《重庆食品》杂志，适时做好对企业的宣传。

【c. 新的政策、法规】

对以下 16 项食品安全地方标准重新进行了清理，他们是：

《保鲜花椒》、《泡椒肉制品》、《风味蔬菜》、《大足冬菜》、《麻饼》、《麻花》、《风味水产品》、《风味食用菌》、《传统风干菜》、《血旺》、《江津米花糖》、《江津芝麻秆》、《老鸭汤炖料》、《麻辣调料》、《火锅底料》、《合川桃片》。

【d. 主要产品产值】

2014年重庆市食品工业主要产品产值

指标名称	工业总产值（当年价格）（万元）		
	本月止累计	累计同比±%	
盐业	241724	3.8	
采盐	241724	3.8	
农副食品加工业	7802313	13.2	
谷物磨制	640442	20.5	
饲料加工	1355708	12.4	
植物油加工	1092010	4.1	
制糖业	120331	13.9	
屠宰及肉类加工	2483681	10.3	
水产品加工	0	0.0	
蔬菜、水果和坚果加工	1233849	21.2	
其他农副食品加工	876291	20.4	
食品制造业	1895235	10.4	
焙烤食品制造	173773	11.1	
糖果、巧克力及蜜饯制造	44679	36.4	
方便食品制造	288547	2.4	
乳制品制造	211009	6.9	
罐头食品制造	165792	9.0	
调味品、发酵制品制造	643005	16.2	

指标名称	工业总产值（当年价格）（万元）		
	本月止累计	累计同比±%	
其他食品制造	368431	7.5	
酒、饮料和精制茶制造业	1688778	1.2	
酒的制造	882345	1.3	
饮料制造	580935	-3.0	
精制茶加工	225498	11.6	

指标名称	工业总产值（当年价格）（万元）		
	本月止累计	累计同比±%	
烟草制品业	1627432	4.1	
烟叶复烤	20624	3.1	
卷烟制造	1606808	4.1	
其他烟草制品制造	0	0.0	

邹世云

3.25 辽宁省

【a. 概况】

受市场需求不足、产能过剩等因素的叠加影响，2014年，辽宁省食品工业面临的下行压力巨大，行业发展遇到了近年来少有的困难。面对严峻的经济形势，在辽宁省委、省政府的正确领导下，全省食品工业企业紧紧把握市场脉搏，从严管理、提质量、挖潜力、上水平入手，实践稳增长、促改革、调结构各个环节，实现了“稳中求进”的总基调，使行业运行好于预期，避免了出现严重的行业下行风险。

2014年辽宁省食品工业主要经济数据指标同比均有不同程度下降。行业运行的特点可以归纳为以下几个方面

1、在“三期叠加”的宏观背景下，产业调整和升级没能较快适应行业发展新常态的需要，行业运行向下压力增大，加上结构性产能过剩和消费需求不足双向加力，致使行业整体下行；

2、行业总量小幅下降，虽好于预期，但利润降幅较大；受“剪刀差”幅度缩小及人工成本持续上升影响，行业利润空间被进一步压缩，行业的竞争、同业的冲击更使得狭窄的利润空间变得有限；

3、大豆、白糖、原料乳等大宗商品价格持续低迷，企业无奈的限产保价，对行业下行形成拖累；

4、新的营销模式还未形成优势，食品企业仍习惯以传统的商业业态为销售渠道，而以电子商务为代表的新型业态对传统销售渠道的替代比例还较低，难以适应年轻消费群体的需求，形成拉动消费的新着力点；

以民营和股份制为主体的食品产业从业者，已经对市场有更深的体会，对政策的研读和立足自我发展的能力显著增强，成为产业保持较平稳发展的重要支撑；

5、企业主动适应市场，紧紧把握市场脉搏，从严管理、提质量、挖潜力、上水平入手，实践稳增长、促改革、调结构各个环节，在不利的形势下，企业延续着发展的内力凝聚，为满足民生需求、提供安全食品做着负责的努力；

6、行业在市场资源的引导下开始新的整合，依托新技术新资源、面向新市场、注重特色、适应新业态的产业调整和产品升级，成为业界的普遍共识，辽宁食品的新的形象在变革中开始形成；

7、食品院校、科研院所和专业人才受关注，在产业进步发展和实现食品安全上作用明显；

8、食品生产规范化、标准化水平和工作力度显著强化，成为行业发展的重要保障。

2014年，辽宁省规模以上食品工业增加值按可比价格计算同比下降10.1%，增幅比全省工业平均低14.9个百分点，比全国食品工业平均低17.9个百分点。其中：农副食品加工业增加值同比下降10.7%，食品制造业增加值同比下降11.0%，酒、饮料和精制茶制造业增加值同比下降10.7%，烟草制品业增加值同比增长9.0%。

辽宁省规模以上食品企业2031户，同比减少57户。规模以上食品企业完成销售收入5597.12亿元，同比下降6.1%；其中：农副食品加工业完成4363.87亿元，下降5.9%；酒、饮料和精制茶制造业完成470.17亿元，同比5.3%；食品制造业完成684.81亿元，下降8.8%；烟草加工业完成78.24亿元，增长4.7%。实现利税总额443.45亿元，同比下降29.4%；其中：农副食品加工业完成268.67亿元，下降37.8%；酒、饮料

和精制茶制造业实现61.98亿元，下降7.0%；食品制造业完成57.18亿元，下降26.0%；烟草加工业完成55.62亿元，增长7.1%。实现利润270.51亿元，同比下降33.7%；其中：农副食品加工业实现191.24亿元，下降37.9%；酒、饮料和精制茶制造业实现37.15亿元，下降10.2%；食品制造业实现38.57亿元，下降28.2%；烟草加工业实现3.55亿元，下降26.2%。

2014年，辽宁省规模以上食品工业企业完成出口交货值3260.1亿元，同比增长0.9%；其中：农副食品加工业完成出口交货值514.5亿元，增长0.5%。

【b. 行业分析】

从主要产品看，2014年，辽宁省食品工业主要产品产量降多涨少：乳制品产量87.48万吨、同比下降21.32%，占全国乳品产量比重3.3%、占比同比下降0.3个百分点；啤酒272.07万千升、同比增长1.96%，占全国比重5.5%、占比同比增加0.1个百分点；白酒50.4万千升（折成65度计）、同比下降15.33%，占全国比重4.0%、占比同比下降0.5个百分点；精制食用植物油263.61万吨、同比增长7.91%，占全国比重4.0%、占比同比增加0.1个百分点；软饮料452.0万吨、同比下降5.4%，占全国比重2.7%、占比同比下降0.2个百分点；葡萄酒40568千升、同比下降3.94%，占全国比重3.5%；罐头56.15万吨、同比增长8.68%，占全国比重4.8%、占比同比增加1.1个百分点。

从细分行业情况看，2014年，辽宁省食品工业细分行业同比降多涨少。部分大宗原料产品价格持续低迷，拖累行业下行；比如猪肉、大豆、白糖等价格低位运行，带动农副食品加工业下行。国内原料奶价格及国际乳品价格双双持续回路，企业限产保价，导致乳品行业全年总产量同比下降21.32%。白酒行业受外埠高端酒价格下沉，挤压了地产白酒市场，销量同比下降15.33%，同时，市场回归价值消费和理性消费，利润较高的中高端产品出现较严重的库存挤压，导致行业整体利润下滑。啤酒行业表现较好，行业整合提速、产品结构不断优化，再加上世界杯等时间性因素推动，促进行业逆势增长。

从全国情况上看，按国家行业数据分析，2014年，辽宁规模以上食品工业销售收入同比下降6.1%，比全国平均增幅低14.1个百分点；占全国比重为5.1%，同比下降0.9个百分点。在全国排名（按主营业务收入计）从上年的第4位降至第7位；

主要产品按产量排名，多数行业产量排名在全国前10位以内，其中：啤酒上升1位居第4位，乳制品上升1位居第10位，罐头上升2位居第8位，白酒下降1位至第9位，葡萄酒下降1位降至第8位，软饮料下降3位降至第17位，植物油仍位居第9位。

辽宁省规模以上食品企业户均实现销售收入2.76亿元，同比下降0.09亿元，比全国平均低0.14亿元；户均实现利润1332万元，同比减少621万元，比全国平均低684万元；户均上缴税金2183万元，同比减少824万元，比全国平均低274万元；规模以上企业平均净利润率为4.83 %（即每百元获利4.83元），同比下降2.01个百分点，比全国平均低2.13个百分点。

从价格指数看，2014年，居民消费价格同比增长1.7%，增幅回落0.7个百分点；其中：食品类价格上涨2.7%，增幅回落1.9个百分点；烟酒及用品类价格上涨0.3%，增幅回落0.3个百分点。全年农产品生产价格同比增长1.7%，增幅增加0.6个百分点；而工业生产者出厂价格同比下降1.8%，降幅增加0.8个百分点。

【c. 酒类产业】

1、白酒

辽宁白酒行业在经济下行压力下，连续第2年深度调整。辽宁规模以上企业白酒产量50.4万千升，同比下降15.33 %，增幅比全国平均低18.08个百分点；占全国白酒产量比重4.0%，产量排名从上年的全国第8位下降至第9位。

面对白酒市场需求发生变化、企业效益不断下滑的局面，辽宁白酒企业积极调整思路，顺应形势，针对目标市场的大部分在省内和当地市场的特点，重点从超出价格正常状态的部分产品入手，全方位调整产销环节，重新定位发展战略，以适应市场变化、蓄力企业长远发展。

（1）调整和优化产品结构，针对高端酒不再是宠儿、价格开始逐渐回落、转型民酒趋势明显这一特点，企业通过改变生产工艺，合理调配产品比例，开发并适时推出适销产品。

（2）调整和优化市场结构；企业都意识到，随着在消费层面上的变化，中低价位酒将是今后市场的主角，白酒行业将逐渐向大众化，以及商务和个性化消费转变，白酒产品的消费逻辑也将回归“价值消费”；因此，纷纷下沉销售渠道和服务，努力向中低价位酒市场辐射和延伸；在优化产品及市场结构的同时，许多企业已渐渐放弃了短期的利益诉求，全面推进科技、管理、商业模式的创新，并开始着力推进长期的经营体系和品牌力打造。

（3）企业对品牌价值的认知度不断提升，企业更加注重以品牌价值的提升和文化内涵的挖掘来提高产品的竞争力。

2、啤酒

全国啤酒产量在连续多年正增长首次出现负增长，同比下降0.96%。辽宁啤酒行业在行业发展出现下行拐点的背景下，加大产品结构调整力度，加快产品创新速度，狠挖内部节能降耗，保持了平稳增长态势，且效益指标好于总量指标。

2014年，辽宁啤酒总产量为272.1万千升，同比增长1.96%，增幅比全国平均高2.92个百分点；产量占全国总产量的5.5%，同比增加0.13个百分点。排名（按产量）上升1位，位居山东、河南、广东之后，排在全国第4。

根据辽宁省啤酒行业统计数据分析，2014年，辽宁省重点啤酒企业18户，合计产量247.1万千升、同比增长0.26%。17户年产量超过3万千升，其中：产量超过10万千升以上的企业7户、占38.9%，合计产量174.7千升、占70.7%。华润（沈阳）雪花啤酒公司完成产量75.7万千升是产量最高的单体企业，占统计总产量31.5%；营口百威英博是产量增长最快的企业，产量为5.9万千升，同比增长689.16%；华润雪花是产量最高的品牌，辽宁的10户企业，总产量达到174.5万千升，占统计产量71.2%；地产品牌仅有2户，合计产量21.8万千升，占统计产量8.8%。从地区情况看：沈阳、大连、鞍山位居产量前3位，分别为85.0万千升、44.5万千升、22.2万千升，分别占统计总产量的34.4%，18.0%和9.0%，三市合计产量占统计产量61.4%。

辽宁省18户重点啤酒企业全年实现利税总额为23.34亿元，同比增长15.47%；实现产品销售收入净额为63.6亿元，同比增长4.35%；实现利润总额为10.7亿元，同比增长27.4%。

千升酒平均利润情况：千升酒平均利润增长30.4%。千升酒利润达到100元以上（含100元）的企业共有12户，华润（大连）最高。

人均实现利税情况：全年人均实现利税21.34万元，同比增长14.5%，达到30万元企业有16家，华润（沈阳）最高。

【d. 诚信体系建设】

2014年，辽宁省食品工业企业诚信管理体系建设稳步推进。

新增辉山（锦州）乳业、阜新三沟酒业、阜新振隆土特产3家

公司通过第三方诚信管理体系初次评价，辉山（法库）乳业及丹东升泰通过诚信管理体系监督评价；截至2014年底，全省共有5户企业通过食品工业企业诚信管理体系评价。

加强省内诚信体系评价机构建设和人才建设，东北认证公司派出专业人员参加北京评价人员培训班。

【e. 品牌建设】

2014年，辽宁食品工业认真落实名牌推进战略，推进企业品牌建设，塑造和推广辽宁食品新形象。

国家工商总局新认定辽宁37件中国驰名商标，其中：食品类有14件，占辽宁被认定商标总数的37.8%；辽宁省工商局认定辽宁著名商标106件，其中：食品类39件，占36.8%。

国家质检总局批准188个示范区为国家级出口食品农产品质量安全示范区，其中：辽宁14个，占7.4%。

辽宁省名推委经全体会议审定和社会公示，最终

认定218项产品为2013年度辽宁名牌产品，其中：食品类企业产品57项（新评15项，复评42项），占认定总数的26.1%。

辽宁田园实业有限公司等3户企业获得中国食品工业协会“国家科技竞争力企业”称号；阜新振隆特产有限公司获中国食品工业协会“全国食品工业优秀龙头食品企业”称号。

【f. 食品安全】

国家食品药品监督管理总局对瓶装水、食品添加剂等产品开展了专项监督抽检。瓶（桶）装饮用水监督抽检覆盖全国31个省（区、市）1197家生产企业，共抽检样品1863批次，抽检项目包括菌落总数、致病菌等36项，共检出不合格样品444批次，抽检不合格率23.83%；其中：辽宁有23户企业不合格，占不合格批次的5.2%。食品添加剂抽检覆盖全国31个省份的食品添加剂获证生产企业，在生产企业成品库中抽取主导产品，依据食品添加剂相关标准实施检验；共抽取产品1567个批次，其中：9个批次产品检出质量指标不合格，辽宁企业全部合格。

【g. 协会动态】

辽宁省食品工业协会围绕食品安全月活动主题“尚德守法，提升食品安全治理能力”，组织沈阳、抚顺、朝阳三市5户企业参观在北京召开的“第二届中国国际食品安全与创新技术展览会”，提高企业运用技术手段提升食品安全的能力。

辽宁省食品工业协会各分会按照章程依法合规开展相关服务工作。省啤酒协会在沈阳召开了质量品评及技术研讨会议，研讨会对参会的16户企业的19个产品样品进行了暗评，并对每个酒的优缺点及全省啤酒的共性问题进行了研讨。

根据辽宁省有关规定，辽宁省食品工业协会在2014年底完成了人员、资产等的清理工作。按照规定，协会任职的相关领导人员应按管理权限进行审批或退出，为此协会进行了必要的调整，待按照协会章程履行有关程序后，完成对协会的组织结构的调整。协会的运作将真正步入市场化发展的新阶段。

辽宁省白酒工业协会在沈阳举办了全省“酿造工”、“品酒师”两大系列的国家职业资格培训及鉴定活动。此次活动是在国家轻工职业技能培训及鉴定总站、国家酒业协会具体指导和参与下进行的。全省30多家白酒企业共80名学员参加了培训，通过职业技能鉴定后，获得了由国家劳动和社会保障部颁发的职业资格证书。

【h. 小资料】

1、2014年获得驰名商标的辽宁食品商标及其企业

序号	商标	注册人/所有人
1	重工及图	沈阳重工食品有限公司
2	中街	沈阳中街冰点城食品有限公司
3	头牌	大连头牌食品工程有限公司
4	团圆岛（TUANYUANDAO）	大连东方润隆水产有限公司
5	洪家(Hong jia)	大连洪家畜牧有限公司
6	亚洲渔港	大连美资克特食品有限公司
7	海大厨（SEAFOODMASTER）及图	大连瑞驰企业集团有限公司
8	北海明珠	大连北海明珠商贸有限公司
9	辽海LIAOHAI及图	大连辽海水产食品贸易有限公司
10	天正及图	大连天正实业有限公司
11	鸭绿江及图	辽宁鸭绿江米业（集团）有限公司
12	望儿山及图	辽宁望儿山酒业有限公司
13	银霞	营口北方糖业有限公司
14	羽叶YUYE及图	辽宁盛德牧业集团

2、2013年度辽宁名牌产品中的食品产品及其生产企业

	产品名称	注册商标	申请单位	备注
1	白酒	三沟	辽宁三沟酒业有限责任公司	复评
2	白酒	道光	辽宁道光廿五集团满族酿酒有限责任公司	复评
3	白酒	铁刹山	辽宁铁刹山酒业（集团）有限公司	复评
4	白酒	凌塔	朝阳凌塔酿造科技开发有限公司	复评
5	白酒	九门口	葫芦岛市九江酒业有限责任公司	复评
6	白酒	六股河	辽宁忠华酒业有限责任公司	复评
7	干红葡萄酒	丽洲庄园	喀左县丽洲庄园葡萄酿酒有限公司	新评
8	陈醋	塔城	辽宁塔城陈醋酿造有限公司	复评

	产品名称	注册商标	申请单位	备注
9	大米	鸭绿江	辽宁鸭绿江米业（集团）有限公司	复评
10	大米	春缘	辽宁恒信粮食集团有限公司	复评
11	大米	兴桓	桓仁满族自治县粮库粮油加工厂	复评
12	大米	佳玉	沈阳粮油集团有限公司	复评
13	盘锦大米	天禹	盘锦千鹤米业有限公司	复评
14	杂粮系列及全谷物食品	赛香	本溪赛香生态农业有限公司	新评
15	面粉	明山富佳	本溪市明山粮食加工有限公司	新评
16	糕点	阿美莉卡	沈阳阿美莉卡食品工业有限公司	复评
17	面包、糕点、月饼等产品	康福	沈阳康福食品有限公司	复评
18	大豆油	北亚	中航（铁岭）药业有限公司	复评
19	大豆油	富虹	富虹集团有限公司	新评
20	系列植物食用油	辽花	辽宁绿色芳山有机食品有限公司	复评
21	野生山核桃油	长白仙子	辽宁长白仙子生物科技有限公司	复评
22	鲜冻分割鸡肉	龙鸟	北票市宏发食品有限公司	复评
23	鲜冻分割鸡肉	成达	大连成达食品集团有限公司	复评
24	鲜冻分割鸡肉	老九股	鞍山市九股河食品有限责任公司	新评
25	鲜冻分割鸡肉	意生	盘锦意丰肉联加工（集团）有限公司	复评
26	鲜冻分割牛肉	宏福	辽宁宏福肉类集团有限公司	复评
27	生鲜猪肉	双增	辽宁双增食品开发（集团）有限公司	复评
28	系列肉制品	克拉古斯	沈阳克拉古斯食品有限公司	复评
29	肉罐肠制品	金百味	大连金百味食品有限公司	复评
30	酱卤鸡肉系列食品	阿雷	沈阳阿雷食品有限公司	复评
31	山参系列产品	森涛	桓仁巨户沟森涛山参基地	复评
32	加工海参	长生岛	大连长生岛集团有限公司	新评
33	加工海参	三山岛	大连三山岛海产食品有限公司	新评
34	加工海参	虹参岛	辽宁阿里郎生物工程股份有限公司	新评
35	即食海蜇	九品九行	大连九鲜房食品有限公司	新评
36	褐蘑菇	王府田园	辽宁田园实业有限公司	复评
37	中国对虾	二界沟	辽宁每日农业集团有限公司	复评
38	海参肽胶囊	非得	大连非得生物产业有限公司	新评
39	杂色蛤系列制品	海之情	丹东泰丰食品有限公司	复评
40	绿色食品蔬菜系列产品	现代波特	辽阳新特现代农业园区	新评
41	蔬菜制品（酱腌菜）	洪浩	开原市鸿浩食品有限公司	复评
42	系列酱	豆中宝	铁岭市铁荣调味食品有限公司	复评
43	豆酱	铁石	铁岭市铁石调味品有限公司	复评
44	调味品	天力	大连天力调味食品有限公司	新评
45	冷冻饮品	德氏	沈阳德氏冷饮食品有限公司	复评
46	冷冻饮品	天淇	辽宁天淇食品集团有限公司	复评
47	冷冻饮品	中街	沈阳中街冰点城食品有限公司	复评
48	花生露	闪亮e族	辽宁兴坤饮品有限公司	复评
49	饮用天然矿泉水	大清宝泉	沈阳大清宝泉矿泉水饮品制品有限公司	复评
50	白砂糖	银霞	营口北方糖业有限公司	新评
51	水果罐头	头	大连头牌食品工程有限公司	复评
52	水果罐头	君澳	丹东君澳食品有限公司	复评
53	罐头产品	魁	大连魁氏食品有限公司	复评
54	水果罐头	龙山	大石桥市龙山罐头食品有限公司	复评
55	饲料	NBM	辽宁华达牧业有限公司	新评
56	饲料	SANA	辽宁众友饲料有限公司	复评
57	乳制品	辉山	辽宁辉山乳业集团有限公司	新评

3、2014年荣获辽宁著名商标的食品产品及其企业

序号	注册人/使用人	商 标	使用商品/服务
1	沈阳八王寺饮料有限公司	八王寺	汽水
2	沈阳大清宝泉矿泉水饮品制品有限公司	水首长	矿泉水
3	沈阳市万谷园米业有限公司	康森	米
4	沈阳永生堂贸易有限公司	中广糖	糖
5	林晶/大连保税区诚健国际贸易有限公司	诚健	贝壳类动物（非活）
6	大连金百味集团有限公司	金百味	肉
7	大连龙海阁海洋生物有限公司		海参（非活）
8	大连东泽海产品有限公司	東澤	海参（非活）
9	大连盖世食品有限公司	Gaishi盖世	腌蘑菇
10	大连成达食品集团有限公司	成达	肉
11	大连九鲜房食品有限公司	久尊	海蜇皮

序号	注册人/使用人	商 标	使用商品/服务
12	大连新玉麟海洋珍品有限公司	RainLion 新玉麟	海参（非活）
13	大连宝发海珍品有限公司	宝发海珍	海参（非活）
14	大连环岛食品集团有限公司	渔大叔	贝壳类动物（非活）
15	大连金圆罐头食品有限公司	[illegible]	水果罐头
16	台安县英达禽羽有限公司	WD 闻达	肉
17	桓仁盛东商贸有限公司	盛东	水果罐头
18	丹东永明食品有限公司	渔之郎	鱼制食品;水产罐头
19	丹东泰宏食品有限公司	海御王	特许经营的商业管理
20	锦州伦泽食品有限公司	朱仕	蛋;咸蛋
21	锦州福汇食品有限公司	五味福	蛋
22	锦州益多乐乳业有限公司	益多乐	牛奶饮料（以牛奶为主）
23	营口张兄弟酒酿造有限公司	张兄弟及图	白酒
24	盖州市白鹭湖水产品养殖专业合作社	咕咕考克	蛋
25	营口渤海米业有限公司	胜远	大米
26	大石桥香之源调味食品有限公司	香秀	豆酱（调味品）
27	阜新佳信合花生制品有限公司	阜花	食用油
28	辽宁老世泰果木食品有限公司	老世泰	猪肉食品
29	西丰县贵勤榛子种植专业合作社	贵勤及图	加工过的榛子
30	开原市亚辉禽业有限公司	YHQY	板鸭
31	铁岭市豆中宝调味食品有限公司	豆中宝	调味酱
32	开原市周氏米业有限公司	开宝	米;谷类制品
33	朝阳市德凤生态养殖有限责任公司	四季圆满	肉
34	建平县源丰有机杂粮有限公司	红山绿珠及图	谷类制品
35	朝阳华兴粮食开发有限公司	盖老大	谷类制品
36	北票市华溢酒业有限公司	村井坊 CUNJINGFANG	烧酒
37	朝阳三庆酒业有限公司	三庆烧锅	烧酒
38	辽宁天赐农产品开发有限公司	晶硕及图	谷类制品
39	盘锦龙人米业有限公司	鑫龍人	米
40	盘锦柏氏米业有限公司	bs 柏氏 bais	米

4、2014年国家级出口食品农产品质量安全示范区名单（辽宁）

序号	示范区名称	产品品种
1	大连市旅顺口区国家级出口水产品质量安全示范区	裙带菜、水产品（鱼类、贝类、藻类、棘皮类等）
2	大连市国家级出口粮食加工质量安全示范区	粮谷产品
3	西丰县国家级出口鹿产品质量安全示范区	鹿产品
4	瓦房店市国家级出口食品农产品质量安全示范区	水果、禽肉、辣根（辣根油、辣根膏、辣根粉、辣根片）
5	法库县国家级出口果蔬质量安全示范区	水果、蔬菜及其制品
6	喀左县国家级出口蔬菜质量安全示范区	蔬菜及其制品
7	宽甸满族自治县国家级出口板栗质量安全示范区	板栗
8	沈阳市沈北新区国家级出口禽肉产品质量安全示范区	禽肉产品
9	岫岩满族自治县国家级出口食用菌质量安全示范区	食用菌鲜品、干品、盐渍、深加工罐头等
0	辽中县国家级出口果蔬质量安全示范区	蔬菜、水果
11	东港市国家级出口食品农产品质量安全示范区	草莓、贝类
12	新民市国家级出口食品农产品质量安全示范区	农产品
13	长海县国家级出口海产品质量安全示范区	海产品（活品、冻品、即食品）
14	凌海市国家级出口蔬菜质量安全示范区	黄瓜、西兰花、萝卜、茄子

郭建国

3.26 吉林省

【a. 概况】

1、吉林省食品工业主要产品产量

产品名称	单位	产量	同比增长(%)
大米	万吨	1040.74	2.71
饲料	万吨	790.56	6.5
酱油	万吨	10.69	26.40
卷烟	亿支	585.00	3.5
精制食用植物油	万吨	76.62	-10.6
软饮料	万吨	801.83	4.9
发酵酒精	千升	1562515.86	-2.5
葡萄酒	千升	131259.39	-15.03
冷冻饮品	万吨	33.76	13.31
速冻米面食品	万吨	9.53	1.37

2、主要农副产品产量及其增长速度

产品分类	单位	产量	同比增长
粮食	万吨	3532.8	-0.5
蔬菜及食用菌	万吨	876.0	-0.7
猪、牛、羊、禽肉	万吨	256.7	0.3
水产品	万吨	19.0	2.3
禽蛋	万吨	98.5	0.8
生牛奶	万吨	49.3	3.6

【b. 行业动态】

吉林省食品药品监督管理局出台了《吉林省食品小作坊生产加工许可管理办法（试行）》的通知为规范全省食品小作坊生产加工许可管理，该办法一是体现了因地制宜的原则。根据各地区经济发展水平不一、地方特色各异的特点，明确由各地区自行确定纳入许可的食品品种范围和日常监管的侧重点；二是体现了可操作性原则。本着方便群众生活需求和促进就业的原则，适当降低了准入门槛，先将小作坊"请进来"，然后再通过宣传、帮扶和监管引导小作坊"步入正轨"；三是体现了便民原则。《办法》在保证符合法律法规要求的前提下，简化了许可的条件和程序，取消了原来办理小作坊生产加工许可所要求的产品检验过程，为业主提供了方便、减轻了经济负担；四是体现了社会共治原则。

6月13日是全国食品安全宣传周国家工信部主题宣传日，由吉林省工信厅主办的"2014年吉林省食品工业企业诚信体系建设培训班"在长春举办。来自全省各市州和重点县市工信系统的负责同志、近两年通过评价的食品工业企业诚信体系建设试点企业和今年拟建立该体系的企业代表及全省婴幼儿配方乳粉企业相关管理人员100余人参加了培训。食品工业企业诚信体系建设是国家工信部按照国务院食品安全办统一部署着力推动的一项重要工作，自2011年9月，全省食品工业诚信体系建设工作启动以来，吉林省先后完成了两批20户试点企业诚信管理体系试点建设工作。

11月18日，"前行的力量"2014吉林省食品行业品牌峰会在长春隆重举行。本次会议由同鑫国际食品展示交易中心向吉林省食品行业品牌企业发起邀约，来自吉林省食品行业的200余家品牌企业相关负责人参与本次活动，就吉林省食品行业的发展趋势和前景进行了热烈的交流和讨论。活动现场，同鑫国际食品展示交易中心发起"吉林省食品行业同心聚力发展宣言"，品牌企业代表在宣言板上郑重签名，承诺为吉林省食品行业的蓬勃发展贡献力量。

【c. 区域特色】

延吉卷烟厂是全国烟草行业 36 户重点企业之一，始建于 1975 年。以延吉卷烟厂为产业核心的烟草工业一直以来都是延吉经济增长的主要支柱，税收收入的重要来源，现已成为延吉乃至全州工业发展的重要组成部分，做大做强延吉烟草工业，对新时期实现延吉经济社会全面发展具有极其重要的战略意义。2014 年，延吉卷烟厂实现产值 85.26 亿元，比上年增长 5.6%，占全市规模以上工业企业总产值的 26.8%；卷烟产量达到 60 万箱；应缴税金 47.22 亿元，增长 5.9%，占全市规模以上工业企业利税总额的 92.5%。以延吉卷烟厂、延边友利打叶复烤有限责任公司、延边长白山咀棒有限公司三家烟草工业企业为主的烟草制品业实现工业增加值 62.88 亿元，增长 3.1%；主营业务收入实现 85.45 亿元，占全市规模以上工业的 28.8%；加上与之相配套的专用设备制造、印刷包装等行业，保持着延吉经济支柱产业的绝对优势地位。

吉林长白山区被国际饮水资源保护组织认定为与欧洲阿尔卑斯山和俄罗斯高加索山齐名的世界三大优质矿泉水产地。长白山区特别是靖宇县矿泉水储量丰富，2001 年 4 月，吉林省政府批准建立“长白山天然矿泉水靖宇水源保护区”，成为我国第一个为保护天然矿泉水资源而成立的省级保护区；2012 年 1 月，国务院批准建立“吉林靖宇国家级自然保护区”。截至 2014 年年底，保护区内矿泉饮品企业预计将达 15 家，可实现产量 150 万吨，这其中包括有娃哈哈、康师傅、农夫山泉、恒大冰泉等多家大型水企。

长白山矿泉水工业园区各项经济指标稳步提高并呈现加速发展的势头。实现产值 6.27 亿元，同比增长 36%；实现销售收入 6.54 亿元，同比增长 44%；实现利润 4209 万元，同比增长 54.7%；实现税金 2263 万元，同比增长 3.2%。今年 1–6 月，实现产值 3 亿元，同比增长 32%；实现销售收入 2.6 亿元，同比增长 30%；实现利润 1800 万元，同比增长 33%；实现税金 1513 万元，同比增长 35%。

人参是“东北三宝”之冠。长白山区是中国乃至世界的人参主产区，人参总产量占全国的 85%，占世界的 70%。“中国人参看吉林，吉林人参看白山。”白山市是典型的“九山半水半分田”，发展人参产业却具有得天独厚的优势。经过多年培育，白山已经形成较好的产业基础和完备的产业体系。人参加工产品有成品参、人参药品、人参保健品、日用化工产品、人参食品五大类 310 个品种，人参面积、产量分别占吉林省的 48% 和 68%，出口占全国的 80%。2014 年，吉林省出口人参总量 484390 公斤，同比增长 –39.79%；出口价格为 133.38 美元 / 公斤，同比增长 82.21%，创历史新高。

【d. 食品安全】

2014 年是食品药品监管体制改革关键的一年。为全面深化食品药品监管体制改革，贯彻落实吉林省委十届三次全会、全省经济工作会议和全国食品药品监督管理暨党风廉政建设工作会议精神，着力提升食品药品监管保障能力，省食品药品监督管理局将扎实推进重点工程，确保全省食品药品安全形势继续呈现出平稳向好态势。

强化五项整治，着力解决食品药品安全突出问题。部署继续开展非法加工病死畜禽、农药残留超标、中药非法生产经营、婴幼儿配方乳粉质量安全、非法使用和滥用食品添加剂等五项整治，突出加大对违禁超限、假冒伪劣违法行为的打击力度。

开展“四打击四规范”行动 严把农村食品“入口”关，将利用三个月时间，严厉打击农村食品市场各类违法违规行为，全面提升农村食品质量安全。行动中，我省将严厉打击无证无照行为，规范食品生产经营者主体资格；严厉打击销售、使用无合法来源食品和原料违法行为，规范食品生产经营者采购活动；严厉打击生产经营侵权仿冒和“五无”（无生产厂家、无生产日期、无保质期、无食品生产许可、无食品标签）食品违法行为，规范食品包装标签标识管理；严厉打击生产经营“两超一非”（超范围、超限量非法使用食品添加剂和添加非食用物质）等伪劣食品行为，规范食品生产经营过程。

1月14日，国家食品安全风险监测吉林中心挂牌成立，自此，我省将构建起食源性疾病监测网络体系，实现从食品的养殖业，到食品的销售流通，直至到食品的餐饮服务的各个环节安全风险全程监控。植物食品是否存在农药残留？动物食品在养殖过程中是否添加了违禁药品？食品中食品添加剂是否超标？这些问题，中心都能检测。国家食品安全风险监测吉林中心设在吉林省疾病预防控制中心，是在营养与食品安全评估所、理化检验所、微生物检验所、卫生毒理与功能检验所等所室基础上组建而成的。它以省疾病预防控制中心为龙头、以各市州疾病预防控制中心为骨干、以县（市、区）60家疾病预防控制中心为辅助和70家医疗机构为哨点医院的全省食品安全风险监测网络。

1月17日，省政府食品药品安全委员会召开2014年第一次全体（扩大）会议，吉林省将深入实施食品药品安全放心工程，着力构建完善“体制健全、标准完善、产地准出、销地准入、质量可追溯、风险可控制、责任可追究”的食品药品安全全程监管机制。“实施食品药品安全放心工程”已被纳入省委、省政府重点推进的15项民生重大工程。今年，吉林省将重点抓好示范创建活动，培育15个食品药品安全示范县（市、区）、3个食品安全示范园区、1个药品安全示范园区，全面推进可追溯体系建设。

3月31日，在国家食品药品监督管理总局统一部署下，吉林省举办“3.31”食品药品举报主题宣传日活动，今后食品药品问题可以统一拨打12331进行投诉举报。能够进一步畅通12331投诉举报渠道，能够普及食品药品安全知识，广泛动员公众参与食品药品安全监督。

12月23日，吉林省食品药品安全专家委员会正式成立，省主管领导及省内80多位食品药品安全领域专家参加会议。会议讨论通过了《吉林省食品药品安全专家委员会章程》，任命了专家委员会人员组成，向专家代表颁发了聘书。

张迎新

3.27 黑龙江省

【a. 概况】

2014年，全省食品工业克服宏观经济下行，在市场需求萎缩等诸多困难情况下，仍成为全省内第二大支柱产业，拉动了全省工业经济的增长。全省规模以上食品加工企业达到1341家，同比增加140家，其中，主营业务收入超亿元企业691家，同比增加284家；超10亿元企业48家，同比增加20家；超100亿元企业1家。全省已形成了以乳品、肉类、酒类、水稻、玉米、饮料、杂粮、大豆、马铃薯和山特产品加工为主导的绿色食品加工产业集群。

全省食品工业实现总产值3603亿元，实现销售收入3575亿元。全省食品工业累计完成固定资产投资3225亿元，占全省工业固定资产的25%；全省县域经济投资中近80%为食品工业投资。

全省以食品工业为主导的产业园区已达38个，其中有37个为县域园区，成为提升全行业综合竞争实力的中坚力量。以肇东、富锦两个省级绿色食品产业园区和宝西、双城、肇州等10个绿色食品重点产业园为重点，全省已形成了“2+10”的食品产业园区发展格局。这些省重点食品加工园区现已入驻企业600多户。

2014年，全省粮食产量1352亿斤，连续4年蝉联全国产粮榜首。近年来，黑龙江依托农副产品资源优势，加大了食品工业发展力度，食品工业发展态势总体较好，呈现企业规模逐步壮大，品牌战略稳步推进，投资热情不断激发，产业集聚优势逐步显现，市场空间进一步拓展，为我省工业结构调整、产业升级奠定了坚实的基础。

全省绿色食品加工企业发展到580个，完成绿色食品加工总量1290万吨，有效使用绿色（有机）食品标志的产品1902个；有效使用无公害农产品标志的产品9020个，农产品地理标志产品86个，均居全国前列。在“三品一标”产品中，黑龙江著名商标160个，全国驰名商标15个。全省绿色食品实现省外销售额800亿元，销遍全国，远销五大洲40多个国家和地区。

【b. 食品工业发展重点】

近年来，我省食品工业进入了发展的快车道，发展势头强劲，发展潜力巨大。为了进一步明确发展方向和重点，省工信委谋划了10个产业链，主要有：水稻加工产业，玉米加工产业链，大豆加工产业链，马铃薯加工产业链，乳制品加工产业链，酒类加工产业链，休闲食品加工产业链，肉类加工产业链，饮料制造产业链，山特产品加工产业链

【c. 食品工业发展需求】

黑龙江省食品工业的发展不仅仅需要我们自身的努力，更需要外部力量的参与和帮助。为实现更高水平的资源利用，现阶段黑龙江省食品工业发展要素需求主要有以下几方面：

1、技术需求

主要包括先进技术、工艺和装备。通过技术合作：

（1）可提升精深加工水平；

（2）可提升产品品质水平；

（3）可实现综合利用，“吃干榨净”；

（4）可提升质量安全水平。

2、资金需求

我省食品企业发展中遇到的瓶颈问题之一就是资金问题。欢迎阿勒泰市食品加工企业来黑龙江进行考察和各种形式的投资，包括：项目、园区、营销及资源整合等等。

3、品牌需求

黑龙江省食品最突出的特点就是绿色有机无公害，但是我们产品的品牌影响力还不大。欢迎阿勒泰的知名品牌企业与我省食品加工企业以“品牌”为纽带展开多种形式的合资合作。

4、管理和营销模式需求

黑龙江省的一些食品企业，特别是中小企业，管理和营销模式相对粗放和落后。希望阿勒泰市食品工业企业能将先进的管理及营销模式带入黑龙江，实现合作共赢。

【d. 行业工作】

1、围绕实现稳增长，努力提升行业发展质量

（1）抓存量，促进行业稳定增长。

（2）抓增量，积累行业发展后劲。

（3）抓产业链，提升行业发展档次。

（4）抓园区，促进产业集聚发展。

（5）抓服务，破解企业发展难题。

2、围绕行业发展新形势，努力创新工作思路

（1）密切关注国内外政治、经济社会变化所带来的市场机遇，及时以重大事项报告形式向省政府呈报有关对策建议，积极组织、引导企业找准定位、快速行动、抢占市场。

（2）充分把握政策契机，积极推进婴幼儿配方乳粉企业兼并重组、大米加工资源整合，带动全行业集约、集中发展。

（3）创新理念，探索对外合作新模式。

（4）组织编制了行业发展报告。

3、围绕食品质量安全，积极构建质量保障体系

（1）根据工信部的总体要求，率先在我省乳品行业中开展质量追溯体系建设试点工作，并逐步拓展至酒类制造、肉类加工等企业。

（2）充分全省科研资源，将食品安全检测技术示范、检测人员培训、检测委托、食品安全事件应急检测以及食品安全技术咨询等公共平台服务提升至国家级。

（3）组建专家诊断咨询队伍。聘请全省及国家级专家，组成专业诊断咨询委员会，为食品企业提供服务。

（4）会同省政府诚信办，支持、指导全省40余家食品企业建立了诚信体系，并通过了相关机构的认证评价。进一步完善并丰富了“诚信龙江网”平台功能，定期发布食品企业信用信息并提供信用查询等服务。

（5）围绕贯彻落实《绿色食品产业发展纲要》、“35”条、“65”条等政策，对牵头的工作积极提出工作意见和方案，组织相关单位落实。

车有春

国家级4A旅游景区
周君记火锅食品工业体验园

重庆周君记火锅食品有限公司

重庆周君记火锅食品有限公司，成立于1993年，现注册资金1100万元。系重庆火锅底料、调料生产的龙头企业之一，系九龙坡区重点企业，重庆市总商会副会长单位，国家级农业产业化重点龙头企业，国家级4A旅游景区，中国调味品协会副会长单位，中国调味品协会火锅调料专委会主任委员单位，全国食品安全百佳示范单位，西南大学食品科学院教学科研实习基地，重庆市工业设计体验中心。拥有一个中国驰名商标、三个重庆市著名商标，公司已先后通过ISO9001、HACCP、QS、GAP认证，是调味品行业率先获得绿色食品认证标志企业，现正参与火锅底料国家标准的起草工作，是全国调味品标准化技术委员会火锅底料复合调料工作组秘书处承担单位，是集科研、设计、生产、加工、销售为一体的专业火锅底料、复合调料生产企业。

公司董事长周英明，男，1942年12月生，汉族，高级工程师。重庆市总商会副会长，重庆市总商会餐饮商会副会长，重庆市总商会餐饮商会调味品分会会长，重庆市第四届劳动模范，中国调味品协会副会长，中国绿色食品协会理事，中国杰出华商协会会员，中国优质农产品开发服务协会常务理事，全国调味品标准化技术委员会委员。

公司主要以生产和销售“周君记”牌重庆火锅底料系列、麻辣香水鱼底料系列、拌菜香佐料系列、药膳滋补炖汤料系列、速溶增味营养火锅底料系列、川味菜、川味面调料等复合调料、休闲食品及手提式旅游火锅馆为主。近三年累计研发投入1200万元，其中倾力打造的手提式旅游火锅馆通过重庆市科委科技成果鉴定。在重庆、四川以及全国的多个省市县地区有着多年的美誉，而且还销往美国、法国、新加坡、加拿大、澳大利亚、香港和东南亚地区。

公司打造的周君记火锅食品工业园，座落于九龙坡区九龙工业园区内。占地40余亩，建筑面积30800m2,职工人数500余人。具备年产三至五万吨的生产能力，是西南地区规模最大、机械化程度最高、最具现代化的火锅底料、调料生产基地。是集重庆火锅底料、复合调料、火锅产品生产、研发、观光等功能于一体的特色工业园。先后完成了对生产车间改建，对原有的生产设备和加工工艺进行技术改造，对火锅底料、调料产品档次的提升。工业园内环境优美、布局合理，特色鲜明，拥有国内首屈一指的火锅底料、复合调料炒制、包装生产线，同行业一流水平的火锅底料、调料加工工艺、独具巴蜀地方特色的产品展示和品尝大厅。“周君记”的品牌形象与代表巴蜀饮食的火锅底料、调料资源交相辉映，现代企业氛围与浓郁的重庆火锅文化完美交融。在同行业具有极高的影响力和带动力。

为保证农副产品原料生产安全，食品质量安全，我公司特在重庆市石柱土家族自治县投资1000万元，建立无公害原料种植基地和原料加工基地，其中辣椒15000亩，花椒3000亩，生姜、大蒜各5000亩，胡豆3000亩，具备年产豆瓣20000吨，泡辣椒6000吨，各种粗加工原料15000吨的生产能力，能够保证为我公司提供优质的、无公害的火锅底料、调料的农副产品原材料。

重质量、讲信誉、求创新是我公司一直以来的发展宗旨，希望通过我们的努力，能够将重庆火锅这一名片发往全中国、全世界！

重庆火锅文化长廊

品尝 展示 购物 体验大厅

火锅调料自动包装流水生产线

丰收庄园3D画

重庆火锅底料雕塑

诚信铸就辉煌

——滑县道口画宝刚烧鸡有限责任公司

滑县道口画宝刚烧鸡有限责任公司的前身是“宝盛祥”烧鸡老铺，于1956年由画宝刚之父画善堂先生创立。在继承父亲传统配方及加工技术的基础上，画宝刚潜心琢磨，大胆创新，取百家之长，独树一帜，让烧鸡达到了色香味形俱佳的境界。1996年，画宝刚以他的名字注册了“画宝刚”牌道口烧鸡商标，并被有关部门命名为“烧鸡大师”。

画宝刚烧鸡以独特的风味、优良的品质稳占滑县市场，并在郑州、安阳、濮阳、新乡、鹤壁、漯河、北京、邯郸等地建起了160多个连锁店或加盟店。公司总投资500余万元、面积1.2万平方米的画宝刚烧鸡有限责任公司，拥有现代化生产厂房和设施，以及一流的屠宰、煮制、软包装工业化生产线，年加工道口烧鸡50多万只。2013年，公司又投资100余万元建起储存量达500吨的冷库，确保白条鸡保鲜，以满足销售旺季市场需求。

滑县道口画宝刚烧鸡有限责任公司却拥有一串串耀眼的光环：中华名吃、河南省名牌产品、河南省著名商标、河南省守合同重信用企业、河南省质量诚信A级工业企业、河南省个体私营经济博览会金奖、市“红旗渠精神奖”等荣誉称号。

在传统的烧鸡制作过程中，油炸是烧鸡着色不可缺少的工序，然而，油炸不仅污染环境，也容易破坏烧鸡的营养成分。经过多年潜心钻研，反复试验，2010年春天，画宝刚成功研制出了一种烧鸡着色方法，并获国家发明专利。这种新方法制作的烧鸡颜色更鲜艳，鸡肉更可口，且不加任何化学添加剂。在江苏昆山举行的第七届中国国际发明展览会上，这项发明荣获铜奖。随后，公司对原有生产线进行了改进，并投资50余万元新上一条非油炸烧鸡加工生产线，为“画宝刚”烧鸡走绿色环保之路奠定了基础。

江苏省农业科学院

鲜食玉米保鲜加工与品质控制关键技术研究成果丰硕

鲜食玉米保鲜加工与品质控制关键技术研究由江苏省农科院农产品加工研究所果蔬加工研究室李大婧、刘春泉两位研究员领衔，从2003年起以提高鲜食玉米产品品质、效益为目标，开展技术攻关，在理论研究、技术创新与产业化应用方面取得了重大突破与创新，研究成果获中国食品工业协会科学技术特等奖和江苏省科学技术三等奖，2015年被农业部列为农业技术试验示范（农产品加工）项目。

1．构建了鲜食玉米加工品种品质评价技术体系，筛选并育成系列鲜食加工专用品种。基于建立稳定的优质加工专用原料来源，引进鲜食玉米品种80份，通过风味、支/直淀粉比、可溶性固形物等6个品质指标对不同加工用品种进行有效评价，建立起风味、类胡萝卜素质量特征指纹图谱及鲜食玉米品种加工品质基础数据库系统。

2．创新了鲜食玉米保鲜加工关键技术，从分子水平阐明了保鲜加工过程中品质变化与控制机理。根据鲜食玉米采后生理生化特性与品质特征，提出安全无害化低温保鲜-玻璃态贮藏控制技术，速冻玉米冷藏温度提高2-3℃，节能10%；发明高温高压调理杀菌增香、节能降本真空软包装玉米加工技术；研究创制了果蔬连续预煮机、果蔬冷却节水装置，节能22%，生产效率提高10%；创制复合生物酶系液化与酶解终点控制技术、液体混菌发酵及分子修饰技术，糯玉米出汁率提高15%、甜玉米功能饮料叶黄素含量≥2mg/100g；揭示了鲜食玉米加工贮藏过程中风味成分变化规律、色泽与香气形成途径、叶黄素降解和稳定作用机理，实现了鲜食玉米精深加工和高值化利用。

3．研制了7种鲜食玉米高品质、高附加值产品，集成鲜食玉米保鲜加工产业化技术体系。研制生产了真空软包装玉米、甜糯玉米汁、甜玉米泥、甜玉米复合固体饮料等系列高值及新产品，获江苏省名牌农产品称号。集成了从品种筛选及选育到种植、采收、加工、品质控制全产业链技术体系，处国内领先水平。

项目实施以来，申请国家发明专利12项，其中8项授权，申请并授权实用新型专利1项；制定地方标准5项、企业标准5项；审定品种4个，申请植物新品种权2个；发表论文87篇，其中SCI10篇。该成果已在江苏、湖北、安徽、山西、吉林等20多个省市推广应用，19家企业应用近3年增加经济效益11.61亿元。

2012年度江苏省科学技术奖

证　书

为表彰江苏省科学技术奖获奖单位，特颁发此证书。

项目名称：鲜食玉米保鲜加工关键技术集成创新与应用

奖励等级：三　等

获奖单位：江苏省农业科学院

江苏省人民政府

2013年1月23日

证书号：2012-3-96-D1

江苏名牌农产品证书

江苏省明天农牧科技有限公司

你单位生产的下列产品被江苏省农业委员会、江苏省海洋与渔业局授予江苏名牌农产品称号（苏农市〔2011〕11号），特发此证。

产品名称：方欣 即食糯玉米

证书有效期：2011年12月-2014年12月

江苏省农业委员会
江苏省海洋与渔业局
二〇一一年十一月

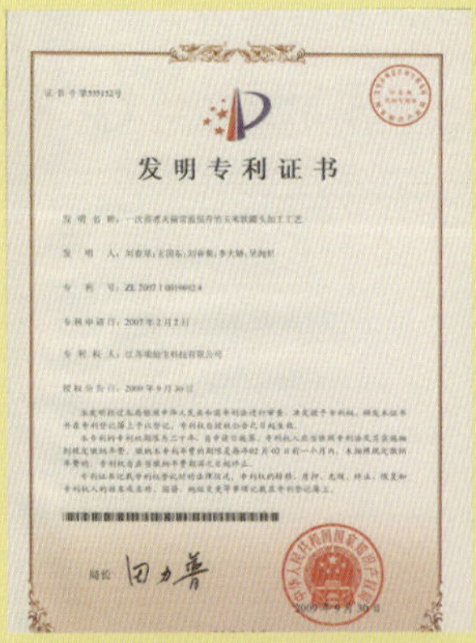
发明专利证书

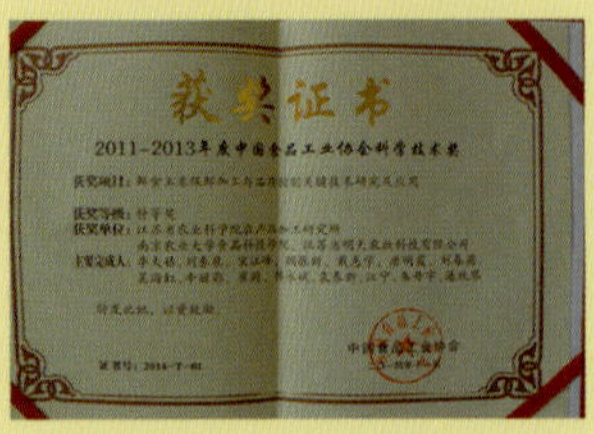
获奖证书

鹤壁市食品产业

一、鹤壁市食品产业现状

食品产业是我市三大特色主导产业之一。近年来，我们按照“调结构、扩规模、建集群、延链条、提质量、保安全”的总体要求，充分发挥资源和产业优势，重点打造肉制品、面制品两大食品产业集群，着力培育调理快餐和休闲饮品两大新兴食品产业。目前，鹤壁食品加工企业发展到322家，初步形成了浚县、鹤淇两个食品产业集聚区，鹤壁市食品产业被确定为河南省重点打造的千亿级产业集群。

鹤壁现有永达、大用、至真等规模以上肉制品生产企业18家，年产肉制品50万吨以上，禽肉生产量占全省的90%以上；中鹤、豫光等规模以上面制品加工企业14家，年生产加工面制品200万吨以上，位居全省前列；中鹤100万吨小麦深加工、永昌60万吨小麦深加工、天龙30万吨小麦深加工项目全部完成后，鹤壁将成为我国小麦谷朊粉生产基地；淇雪、飞天、鑫洋淀粉及淀粉糖产量达70万吨以上，已成为河南淀粉糖生产基地。

中鹤20万吨速冻面制品、谷夫20万吨谷物早餐、帮太20万吨营养早餐、安贵5万吨速冻米面制品、恒云5万吨速冻食品、天香2万吨速冻食品等项目已建成投产；赛德50万吨快餐食品、永达央厨50万吨食品产业园等项目正在加快建设；项目全部完成后，鹤壁调理快餐食品产业规模达到200万吨，形成超300亿元调理快餐食品产业。

捷恩家6万吨面包、谷夫20万吨谷物饮料、帮太10万吨饮料、淇河酒业3000吨白酒、河南老窑4000吨白酒等项目已建成投产；淇县140公斤氧18联产1700吨低氘水、百翼蜂业18万吨蜂饮料、珍源牛肉制品等一批项目正在建设；项目完成后，鹤壁休闲饮品产业规模达到100万吨，形成超100亿元休闲食品产业。

二、鹤壁市食品产业发展优势

食品产业是国民经济的支柱产业和保障民生的基础性产业，是永远的朝阳产业，也是当前国家财政金融政策支持的重点产业。随着经济社会发展，生活节奏越来越快、消费结构日益提升，食品产业消费需求十分旺盛、市场日益广阔。鹤壁市发展食品产业恰逢其时，具有较为明显的比较优势。

产业优势。经过多年的发展和改造提升，鹤壁市食品产业实现了由初加工向深加工转变、由低附加值向高附加值转变，食品制造、饮料等深加工行业占食品工业比重达到30%以上。浚县、淇县食品产业均已占据半壁江山，龙头企业带动、中小企业集群发展的格局基本形成，产业产品优势进一步凸显。永达、大用食品被评为全国名牌并跻身中国肉类食品企业50强，进入了国际市场，是麦当劳、肯德基等知名快餐企业的主要供应商；淇雪、飞天等10个企业的产品被评为河南省名牌产品。

资源优势。一是原料方面。鹤壁是全国优质小麦基地、优质农畜产品主产区、重点生猪养殖区和河南省肉鸡生产加工基地、禽蛋生产基地，周边地区玉米产量1000万吨、小麦产量900万吨。鹤壁土特产品品种繁多，具有极高的商业开发价值。二是水资源方面。鹤壁水资源丰富，淇河水质全省排名第一、常年保持二类标准，南水北调中线工程每年向鹤壁供水量1.6亿立方米，充足的高品质水资源为食品产业发展提供了安全保障。三是电力资源方面。鹤壁市电力供应充足，常年不缺电不限电，充分保障企业动力供应。四是载体平台方面。浚县产业集聚区、鹤淇产业集聚区、浚县粮食精深加工园区建成区面积34.5平方公里，已入驻食品企业70家，为食品产业预留了足够的发展空间。五是人力资源方面。鹤壁人力资源丰富，可年新增就业人口约2万人。多年的食品产业发展，培养了一大批产业工人。鹤壁职业技术学院等职业院校开设了的食品工程专业，市政府每年与高校合作培养培训食品产业管理及技术工人3000人。

科研优势。近年来，我市不断加强与高等院校、科研院所合作，市政府先后与郑州大学、河南农业大学、河南工业大学等签订了合作协议，多家食品生产企业与数十家知名科研院所、高校开展技术合作，建成国家级食品企业研发中心2家、省级研发中心10家，申报专利200项以上。2014年10月，大用集团、永达集团联合河南农业大学等多家单位，在我市成立了河南省肉禽产业技术创新战略联盟。

服务优势。一是物流服务。鹤壁地处豫北十字交通枢纽，距离郑州国际机场130公里，距离天津港、青岛港500多公里，培育了瑞丰物流、四季青物流、远通物流等一批具有一定影响力的物流企业，正在推进淇滨区钜桥物流园区、新大陆农业物流港和食品物流园等专业园区建设，为企业原料输入、产品外运提供了便利条件。二是进出口服务。鹤壁海关、鹤壁出入境检验检疫局投入运行，即将实行通关一体化，鹤壁综合保税区申建进展顺利，为企业拓展国际市场搭建了平台、提供了条件。三是电子商务服务。市政府出台了《关于加快电子商务发展的实施意见》，慧聪网鹤壁产业带上线运行，培育了新农帮B2C平台、宏昌物流中国物连网、众鑫团购便民服务平台、炳良电子商务等电商平台和企业。四是政务服务。建立了招商引资、项目建设、企业服务三位一体工作机制，努力打造最优发展环境。专门成立了市级领导牵头的食品产业推进领导小组，设立了食品产业办公室，全力服务食品产业转型升级、快速发展。整合全市粮食果蔬、畜禽、食品检测资源，着力打造覆盖全域的公共质量安全检测平台，为食品产业安全发展提供有力支撑。

政策优势。设立了食品产业发展基金，对生产规模大、市场前景好、带动能力强的食品企业给予重点扶持。制定了食品企业发展金融扶持措施，全力支持企业加快发展。对企业招聘的高级技术、管理人才，享受鹤壁市高层次人才相应待遇。

为了促进食品产业转型升级、加快发展，打造千亿元食品产业集群，市政府出台了《鹤壁市食品产业发展三年行动方案》。鹤壁市每年举办由商务部外贸发展事务局、河南省食品工业协会主办的中国（鹤壁）快餐食品及供应链博览会，在成功举办2015食博会的基础上，2016中国（鹤壁）快餐食品及供应链博览会将于2016年4月15~17日举办，同时举办中国快餐食品产业发展论坛，届时欢迎各位嘉宾赴鹤壁参观指导。我们有信心把鹤壁打造成中国调理快餐及休闲饮品产业基地和全国有影响力的食品强市。鹤壁的食品产业发展充满着旺盛活力与无限商机，具备了加快发展的潜力和持续发展的动力，我们殷切地希望与各位携手共同打造鹤壁千亿级食品产业。

诚挚欢迎各位企业家到鹤壁走一走，看一看，了解鹤壁风土人情，领略鹤壁悠久的历史文化，共同感受鹤壁生态活力幸福之城，共寻合作商机，共创美好未来！

万载县有机农业

瑞士客户在仙源有机姜基地留影

有机毛豆生产基地

万载县位于赣西北边陲，与湖南浏阳山水相连，是全国闻名的“花炮之乡”、“百合故里”之美誉。国土面积1719平方公里，其中耕地面积48万亩，森林面积163万亩，森林覆盖率达65.3%，辖7镇9乡1个街道办事处，人口60万。县内工业污染少，自然生态环境优越。

1999年，万载县利用自身生态优势，按照国际生产有机食品标准要求，在茭湖乡建设生态农业有机食品示范园区。至2003年，茭湖全乡范围内实现了土壤有机转换，建立了有机产品质量控制体系，被国家环保总局授予“全国有机食品生产基地”称号。在茭湖取得成功经验基础上，万载县委、县政府总结经验，提出了“生态立县、有机富民”发展战略，组织专家编制了《有机农业产业化发展总体规划》。2006年，县委全委（扩大）会上通过了进一步扩大有机农业生产区的决议，县委、县政府作出了《关于进一步加快发展有机农业的决定》，提出了“打造江南有机农业第一县”的奋斗目标。

经过十多年不懈努力，万载县有机农业取得了明显成效。一是生态优美了。万载已成为江南最大的有机水稻、有机木姜生产基地。有机基地扩大了，全县化学肥料、化学农药的使用量大大减少了，对土壤、水体、空气的污染大大降低了。二是企业发展了。万载发展有机农业，坚持产业化发展思路，加大有机农业招商力度，鼓励社会各界从事有机农业开发，走“开放型贸工农一体化”发展道路。建立了10多家有机食品加工企业，吸引关联企业100多家，有10多个系列160多个品种进入国际市场，产品销往欧美、日本、香港等国家和地区，预计2015年有机产值达到25亿元。 三是农民增收了。据农民测算，农民种1亩有机稻产值可达2000元，种1亩有机毛豆产值可达1800元，种1亩有机木姜产值可达5000元。农民养1只兔可获纯利30元，养1只羊获纯利润300多元。万载有机产业的发展给农民带来了实实在在的利益。

2015年6月，万载县作为论坛发起单位参与了国家认监委组织牵头成立的“全国有机产业区域发展论坛”，作为论坛执行主席，主导组建全国“有机产业发展示范联盟”，参与“美丽中国故事 ——有机产品示范创建”一书的编写。10月，国家认监委授予万载县“国家有机产品认证示范区”称号。

国家认监委授予示范区奖牌

有机糖水姜

有机结晶明姜片

南酸枣糕

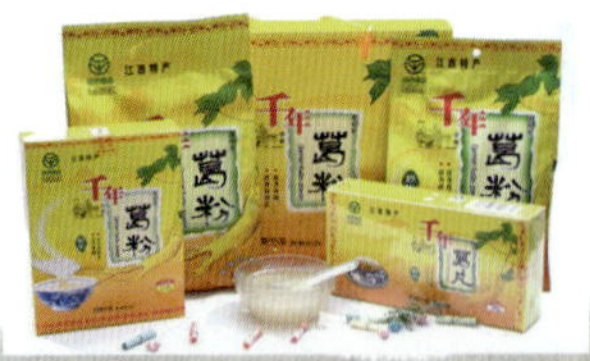

葛粉

万载县有机水稻生产基地

郸城县以产业集聚区为平台
大力发展农产品加工业打造全国食品工业强县

一、基本县情

郸城，隶属于周口市，位于河南省东部，豫皖两省交界处，北依鹿邑县，西接淮阳县，南靠沈丘县，东与安徽省的亳州为邻。面积1490平方公里，人口132万，耕地164万亩，辖8镇11乡3个办事处和1个产业集聚区。是中国书法之乡、中华诗词名县、全国粮食生产先进县、全国食品工业强县、科技进步县、中医药工作先进县、科技富民强县试点县，是河南省对外开放重点县、企业服务先进县、农业综合开发先进县、卫生工作先进县、双拥模范县、国土资源节约集约模范县。

郸城是千年古县，底蕴深厚。郸城是钟灵毓秀之城，人文荟萃之所，号称“仙城”，早期属大汶口文化，相传，春秋时老子执炉炼丹于洺水之滨，丹成后著《道德经》，便有“丹成”称谓。战国后期属楚，隋朝置“郸”县，明清归鹿邑县， 1952年8月成立郸城县，仅置县历史就有2000多年。今境内现存有老子炼丹遗址、段寨遗址、西汉“社稷之臣”汲黯墓遗址、东汉公主刘伯姬陵墓等。城东15公里的国家2A级旅游景区“中原民俗园”，收藏农耕文化用具10万多件，其中石磨近5万扇，列入世界吉尼斯纪录。段寨遗址被国务院公布为全国第七批重点文物保护单位。郸城坠剧、郸城大鼓、张振福泥塑被省人民政府公布为第三批省级非物质文化遗产保护名录。

郸城是豫东要地，区位独特。郸城是东部沿海经济发达地区向中西部地区产业梯次转移的桥头堡， S210、S329、S207交汇于郸城。南距商洛高速30公里，北距永登高速32公里，东距济广高速45公里，西距大广高速30公里。西距漯阜铁路周口站和河南省内最大的内河港周口港65公里，可连京九、京广两大铁路动脉，可入淮河、进运河、通长江直达长三角。

郸城是农业大县，资源丰富。郸城地处黄淮平原腹地，地势平坦，气候温和湿润，年均气温14.6℃，年降水量755毫米，盛产小麦、玉米、大豆、红薯、烟叶等作物，常年粮食总产量突破20亿斤。初步形成以甘薯、中药材、蔬菜等为主的高效农业示范基地。畜牧业以生猪、槐山羊、黄牛、肉鸡为主，是豫东重要的畜产品生产基地。劳动力资源丰富，总人口132.89万人，农村劳动力86万人，现有青壮年劳动力约55万人。常年外出务工人员40万人，仅从事制衣、制伞行业人员就达15万人，大部分受过专业技能培训，具有一定的岗位技能。

郸城是教育名县，享誉全国。郸城县有职业教育学校5所，普通高中7所，初中65所，小学546所，在校生31.8万人，义务教育普及率100%；职业教育年培训各类技术工人3多万名，就业率达到95%。三年来，全县高招本科上线19528人，74名学生被清华、北大录取。开创了远近闻名的“郸城教育”模式。实现了普通教育与职业教育比翼齐飞、公办教育与民办教育竞相发展的新格局。

二、全县食品工业发展现状和主要做法

目前，我县现有规模以上食品工业企业45家，其中：金丹乳酸科技有限公司是亚洲最大的乳酸生产企业；财鑫糖业有限公司是河南省规模最大的淀粉糖生产企业，2010年进入全国民营企业500强；天豫薯业股份有限公司全国食品工业优秀龙头企业；金星、文玉、华星、广利发、润华、正星等企业市场占有率较高，在国内市场有一定知名度。充分发挥现有农副产品资源优势着力拉长食品加工企业链条依靠科技创新，先后实施先进技术和高新技术56项，荣获国家、省（部）、市级科技进步奖20项。获驰名商标、著名商标10个，获省（部）级质量信得过企业12家，质量管理达标企业26家。郸城县进一步突出产业集聚区的科技孵化功能，先后组建1个院士工作站、2个博士后工作站、9个国家和省级技术研发中心专门从事产品研发和技术支持工作。截止目前食品工业占全县工业总产值43%，食品工业销售收入增长26.1%。主要做法是：

（一）立足农产品精深加工，构建食品工业体系。近年来，县委、县政府解放思想、创新思路，经过近几年探索并取得初步成效，不仅为大量农产品找到了出路，促进了农业生产和农民增收，而且带动了相关产业的发展，形成了以食品、医药为主导产业的工业化发展格局。一是突出发展主导产业。立足玉米、小麦和红薯产量大、品质好的实际，大力发展农产品精深加工，着力拉长产业链条，形成了乳酸、液糖、面粉、食品油等主导产业，食品工业成为全县工业的两大支柱之一。二是培育壮大龙头企业。坚持把培育龙头企业作为带动全县产业发展的火车头，通过承接转移、战略重组、淘汰落后、技术改造、延长链条等手段，培育了一批食品工业龙头企业。河南金丹乳酸科技股份有限公司是亚洲最大的乳酸生产企业、产量居世界第二位，河南财鑫糖业有限公司是河南省规模最大的淀粉糖生产企业，河南天豫薯业股份有限公司是河南省农业产业化重点龙头企业，其产品荣获全国“百佳标准化农产品品牌”，金星啤酒郸城分公司、文玉食品有限公司等10多家食品加工企业，产品市场占有率较高，在省内外有一定的知名度。三是着力发展配套产业。食品工业的发展，拉动了一批配套产业的发展，运输、包装、餐饮、零售、房地产等行业日益繁荣，起到了一业起百业兴的局面。

（二）加快产业集聚发展，培育食品产业集群。我们深刻感到，当今时代，市场竞争已经不再是单个企业的竞争，而是集群的竞争、产业体系的竞争。发挥县域农产品加工业基础优势，明确把发展食品工业作为全县产业结构调整的方向，集聚优质产业资源和生产要素，着力培育了一批具有鲜明特色和较强竞争力的食品工业集群，从根本上提升了产业竞争力，在激烈的市场竞争中牢牢占据有利地位。一是突出农产品基地建设。充分发挥近农龙头企业的带动作用，积极培育新型农业经营组织，累计发展家庭农场、专业大户、农民合作社、产业化龙头企业等新型经营主体1000多家，流转土地30万亩，现代农业产业化进程加快，“公司＋基地＋农户”经营模式、“农民专业合作社＋农户＋基地”模式逐步推开，初步形成了以红薯、玉米等为主的高效农业示范基地，农业规模经营水平进一步提高。全国甘薯产业化高层论坛在郸城举办，成功申报了省级农业科技园区。财鑫糖业有限公司与农户签订长期供销合同，为农户无偿提供玉米品种，全程搞好种植服务和指导，优惠提供各种肥料，带动全县8万户农民从事玉米生产，总面积发展到45万亩。二是突出产业集群发展。目前，初步形成以财鑫、金丹、天豫等企业为龙头的食品产业集群。其中依托玉米加工，培育出以金丹乳酸公司、财鑫糖业公司公司等为主的玉米精深加工产业集群，年加工转化玉米66万吨左右。以天豫薯业公司为龙头的红薯精深加工产业集群，年产精制红薯粉条、粉丝4万吨、精制红薯淀粉5万吨，产品出口日本、韩国、美国等国家，真正“把土产品做成了洋产品”。

（三）大力加强科技创新，提高产品市场竞争力。郸城县把推动科技创新作为企业发展的生命，强化技术开发机构建设，建立有效的技术奖励机制，坚持每年筛选确定一批重点项目，加强引导扶持，帮助企业大胆引进先进技术，对现有工艺进行改造升级，提高产品科技含量和市场竞争力。一是加快企业升级改造。把技术改造作为突破口，促进产品升级步伐，形成了一批具有竞争优势的品牌产品。天豫薯业是一家红薯淀粉加工企业，经过多年技术改造，产品质量得到很大提高，淀粉纯度提高到99%，产品质量技术标准成为全国淀粉行业的国标，也使我县成为国内最大的红薯制品生产加工基地，生产、加工、储运、销售能力均居全国同行业前列。二是突出技术自主创新。河南金丹乳酸科技有限公司是以生产乳酸为主的国家火炬计划重点高新技术企业。该公司大胆进行技术创新，优化产业升级，逐步掌握了世界先进的L型乳酸生产技术，由生产传统乳酸向L—乳酸、乳酸盐、乳酸钙和聚乳酸转变，企业生产能力达到年产24万吨，产品出口北美、欧盟、俄罗斯等80多个国家和地区。三是开展产学技术联合攻关。把借助外力作为企业发展的捷径，加强与科研单位合作，促进企业发展与技术研究双赢。目前，我县建有1个院士工作站，填补了我市没有院士工作站的空白。建有2个博士后科研工作站和9个省级以上技术研发中心，23项科研成果荣获国家和省市科技进步奖。金丹乳酸科技有限公司设立全国首家乳酸工程技术研究中心，被定为国家高新技术企业，荣获国家级科技进步二等奖、“河南省省长质量奖”、“河南省质量标杆”企业称号。科技对经济增长的贡献率进一步提高。

食品产业专区

创业大楼

华润饮料

公共服务平台集中签约仪式

青岛啤酒

中国安全食品产业的“蓝月谷”

——宁乡经济技术开发区

宁乡经济技术开发区成立于2002年，2010年经国务院批准为中西部地区首家由县级政府主导创建的国家级经济技术开发区，总规划面积60平方公里，是国家战略长沙湘江新区的重要组成部分。园区现已形成以食品饮料、先进装备制造、新能源新材料和现代商贸服务业为主导的“3+1”产业格局，拥有企业400余家，格力电器、中联重科、楚天科技、中国建筑、马克菲尔、松井新材料等知名企业成功进驻。2014年，园区完成规模工业总产值783.9亿元、规模工业增加值201亿元、财政收入16.8亿元，其中食品饮料产值达350亿元。

园区2006年开始将食品饮料作为第一主导产业，坚持“安全食品”发展理念和“生态、健康、和谐”的“蓝月谷”战略定位，通过差异化主攻液态食品、休闲食品、清真食品和农副产品精深加工，建立“可检测、可预警、可追溯、可评价”的“四可”机制，现已汇聚康师傅、加加食品、华润饮料、青岛啤酒、洋河酒业、洽洽食品、盼盼食品、皇氏乳业、小洋人乳业、绝味食品等40余家品牌企业，成为了国内影响较大、特色鲜明、辐射带动明显的食品加工基地。产业定位精准。园区成功创建首家“中国食品工业示范园区”、湖南省唯一“食品加工特色产业园”，是湖南省唯一将食品饮料作为第一大主导产业的国家级园区。交通区位便捷。园区距长沙市约30分钟车程，距高铁、机场、港口约60分钟车程，辐射半径达500公里，可覆盖湖南、湖北、贵州、重庆、广西、广东、江西、四川等8个省市、约3亿人口。发展平台高端。园区投资50亿元建设中部地区首个食品饮料公共集成服务器--玉屏山国际产业城，成功与中国食品发酵工业研究院共编千亿食品产业规划，与新华社和人民日报社共建“中国食品安全舆情中心”，与安徽滁州经开区和甘肃甘南州组建食品饮料产业联盟，与国家工信部、中国农科院、中国轻工集团、江南大学、华南理工大学、湖南农业大学共建食品研发、检测、成果转移转化、信息、电子商务等公共服务平台；与全球认可度最高的马来西亚“JAKIM”清真认证咨询中心共建中部地区唯一中马国际清真产业园，与浦发银行共设食品饮料产业发展基金，与团委、教育、旅游等部门共建青少年食品安全教育基地和食品工业旅游4A级景区。基础配套完善。园区拥有湖南省唯一区域性热电联供企业、湖南省最大冷链物流基地及食品饮料包装配套产业园、食品专用水厂，拥有红星美凯龙、北大附小、宁乡职业中专、蓝月谷综合医院、工人文化宫等高端生活配套。资源禀赋丰富。宁乡是全国著名的“鱼米之乡”“养殖之乡”“果蔬之乡”“技工之乡”，是湖南省首批农副产品加工特色县域经济重点县。政务服务直通。园区党工委、管委会属于湖南省委、省政府派出机构，委托长沙市委、市政府管理，享有省、市、县三级经济管理和行政审批职能。

目前，园区正在全力创建“国家转型升级示范开发区”“国家火炬安全食品特色产业示范基地”“国家级农业科技示范园区”和首家“中国安全食品示范园区”；积极融入国家“一带一路”战略，按照一个中心（承东启西特色食品加工贸易集散中心）、两个目标（2020年产值和加工贸易总收入分别达到500亿元和1000亿元，2025年产值和加工贸易总收入分别达到1000亿元和2000亿元）、三个特色（科技、清真、地域）、四个片区（蓝月谷高端品牌集聚区、玉屏山综合服务平台区、桃花林特色食品加工贸易区、菁华湖都市观光农业示范区）的思路，加快建设规划面积15平方公里的中国·长沙丝绸之路特色食品产业园，全力打造中国安全食品产业的“蓝月谷”。

湖南省委书记徐守盛视察加加食品

康师傅方便面、饮品湖南生产基地签约仪式

玉屏山国际产业城

潮州市饶平县钱东镇发展情况

广东钱东中潮食品质量检验检测中心

2013年12月7日，广东省禽类制品行业协会成立暨第一次会员大会在饶平县钱东镇绿岛山庄召开。

2014年4月18日，中食协领导到我镇考察中国盐焗鸡之乡申报工作进展情况。

2014年8月27日，钱东镇在人民大会堂举行荣获中国盐焗鸡之乡称号新闻发布会

2015年3月6日，黄圃－钱东两镇领导参观钱东食品工业园

【简况】钱东镇地处饶平西大门，东与县城黄冈镇毗邻，西与汕头市澄海区盐鸿镇、潮州市湘桥区铁铺镇交界，南与汫洲镇接壤，北与高堂镇、樟溪镇相连。镇域总面积136平方公里，其中耕地2.55万亩，山地8.8万亩，海滩涂5000亩；总人口97106人，辖25个村委会、3个社区居委会和2个果林场。钱东镇是“潮州市文明镇”、“广东省食品专业镇”、“广东省中心镇”、“广东省城镇化技术集成应用试点镇”、“广东省旅游特色镇”、“广东旅游名镇”、“全国小城镇建设试点镇”、“全国重点镇”。2014年8月8日，钱东镇获得“中国盐焗鸡之乡”称号，这是全国目前唯一获得“中国盐焗鸡之乡”称号的乡镇，也是中国食品工业协会第一次把“之乡”称号授予给镇级。

【主要经济指标】2014年，全镇完成工业产值27.2亿元，比增26%；其中规模以上工业产值22.45亿元，比增30.2%；农业产值11.52亿元，比增11%；固定资产投资3.1亿元，比增47.2%；农民人均纯收入10482元，比增13.3%。国税收入6025.3万元，比增14.3%；地税收入2536.4万元，比增37.2%；

【食品行业发展概述】我镇以盐焗食品为代表的特色产业，近年来发展迅猛，并带动了调味、印刷包装、运输等产业链发展，初具规模。盐焗产业已形成该镇的特色支柱产业，盐焗鸡销量占全国八成的市场份额，目前，全镇食品企业有38家，其中盐焗鸡食品企业11家，产业年总产值达30亿元，成为国内重要禽类制品加工基地。其中，“无穷”、“无尽”、“好味来”等三家食品企业属规模以上企业。我镇多效并举，积极发展盐焗鸡产业。

一是着力打造盐焗鸡之乡品牌。我镇于2013年被广东省科技厅确定为广东省技术创新专业镇(盐焗食品)。2013年12月7日，广东省禽类制品行业协会在钱东镇成立，这是首个落户饶平的省级行业协会。2014年8月8日，中国食品工业协会授予广东省饶平县钱东镇“中国盐焗鸡之乡“称号，并于2014年8月27日在人民大会堂成功举办了钱东镇荣获“中国盐焗鸡之乡”称号新闻发布会。通过打造特色产业，有效增强行业聚集力，促使盐焗品牌系列不断壮大，奠定钱东盐焗食品坚实的产业基础。

2014年8月8日，钱东镇荣获中国盐焗鸡之乡称号

二是借力帮扶，推进专业镇深层次合作。去年以来，我镇与中山市黄圃镇结对帮扶，助力食品产业发展。一是建设广东钱东中潮食品质量检验检测中心。注册资金1000万元，投资额3500万元，目前已获资质认证，着重在禽肉制品质量检测方面为我镇盐焗食品提供检测保障。二是建设钱东镇中潮食品工业园。园区面积1000亩，首期已完成开发220亩（有用地指标），引进企业10家，年产值3.2亿元。三是建设钱东镇食品加工技术创新服务平台。以“无穷公司”产学研创新平台为依托建立钱东专业镇实体创新服务平台，目前服务平台的产品研发中心有序运作。我镇将落实重点项目的各项工作，推动食品行业向规范、有序、专业化的方向发展。

三是制定行业标准，规范企业生产。2014年6月4日，《熏烧焙烤盐焗肉制品加工技术规范》国家标准专家审定会在饶平召开。来自相关企业、监督检测机构、地方行政主管部门、研究机构、高等院校以及行业协会的11名专家组成的标准审查组一致通过该国家标准（送审稿）的审定。此标准是我国肉禽蛋制品领域内一项十分重要的管理性标准，对熏烧焙烤盐焗肉制品的生产加工具有很好的指导意义。

南丰县简介

万亩生态蜜橘园

南丰县位于江西省东南部，山清水秀，人杰地灵，区位优越，交通便捷，距今1700多年历史，素有“华夏桔都、曾巩故里、傩舞之乡”之称，全县土地面积1920平方公里，辖5乡7镇1场，人口30万，是连接广东、福建、浙江经济发达地区的重要交通枢纽，也是中国内陆地区农业特色鲜明的资源大县。

南丰有中国最古老的文化艺术之——南丰傩舞。南丰傩舞起源于汉代，被誉为“中国古代舞蹈活化石”，现今不仅保留有古老的傩祭仪式和江西现存最早的明代傩神庙，而且留存有70多个傩舞节目和100多种面具，南丰被文化部命名为“中国民间艺术傩舞之乡”，南丰傩舞也被列为中国首批非物质文化遗产名录。

南丰森林覆盖率达73.8%，是传统的农业大县。境内农产品众多，其中以南丰蜜桔、南丰腌菜、南丰豆腐皮等特色产品享誉中外。南丰蜜桔有着1300多年的栽培史，自唐代以来被列为皇室贡品，具有“皮薄核少、汁多无渣、色泽金黄、甜酸适口、营养丰富”的特点，曾被斯大林誉为“桔中之王”，被国务院温家宝总理赞为“金牌产业”，2015年“两会”期间，习近平总书记在参加江西代表团的审议时也称赞南丰蜜桔很好吃。南丰蜜桔是中国十大良种之一和十大优质水果之一，是中国柑桔类水果第一个国家原产地域保护产品，被国家绿色食品发展中心认定为A级绿色食品产品，被国家农业部评为中国名牌农产品。目前，全县蜜桔种植面积达70万亩，年总产达35亿斤；南丰腌菜，在南丰县已有近百年的栽培史，积累了丰富的生产技术经验，并形成了一套腌制腌菜的工艺。其色、香、味独特，味比泡菜鲜，质比榨菜脆，酸中带甜，香气诱人，具有生津开胃、助消化、振食欲之功效。南丰豆腐皮以“色如金、薄如纸、脆如酥”而声名远播，产自于明代，距今已有六百余年的历史，也是省内外有名的土特产品。豆腐皮食用方便，且营养丰富，含有植物蛋白和不饱和脂肪酸，是老年人、产妇及心脏病、高血压患者的保健佳品。

南丰是“2010-2011年全国食品工业强县”和“江西省农副食品加工基地县”，2014年，南丰县绿色食品加工企业增至43户，新增13户，增长34.38%，其中投产企业36户，规模以上企业达10家。从业人员近6000人。有国家级食品工业

橘焰酒系以蜜橘为原料的果酒

龙头企业2家，省级龙头企业1家，拥有中国“驰名商标”企业2家，江西省著名商标2户。全县43户食品加工企业工业增加值完成10.64亿元，同比增长30.87%，占全县工业增加值37.20%；主营业务收入完成42.55亿元，同比增长30.84%，占全县的36.73%；食品工业税金为1.25亿元，占全县工业税金的35.92%；食品工业利润为1.62亿元，占全县工业利润的34.99%；从业人员5750人，同比增长4.5%。食品产业成为全县最重要的支柱产业。

打造中国食品产业集聚地

中国泉乡·圣源泗水

ZHONGGUO QUANXIANG SHENGYUAN SISHUI

泗水县位于山东省中南部，总面积1119平方公里，辖13个乡镇（街道）、1个省级经济开发区，63.8万人。

泗水因古老泗河发源于境内而得名，人文历史悠久，是东夷文化的摇篮，儒家学说的发祥地。区位优势明显，日兰高速、京台高速、京沪高铁、济宁机场、济南机场、日照海港，构筑起四通八达的交通网络。自然生态优良，森林覆盖率达50.46%，山青水秀，林密泉美，名胜众多，素有“海岱名川”之美誉，被评为“中国宜居宜业典范县城”。泗水拥有省级开发区1处，乡镇产业园区9处。泗水经济开发区规划总面积100平方公里，完成控制性规划面积34平方公里，入驻企业200余家，形成了以食品饮料、包装彩印、机械电子、生物医药为主导产业的多元化发展格局。2013年，泗水经济开发区被评为“山东省投资环境最佳园区”；2015年，建立了“济宁国家高新区泗水产业园”。

近年来，泗水县牢固坚持“生态优先、绿色发展”理念，实现了经济发展和生态建设互促并进，走出了一条绿色崛起之路，2014年被山东省委、省政府确定为全省两个“县域经济科学发展生态文明建设类试点县”之一。大力发展食品产业，形成了矿泉水及果蔬饮料、肉类加工、薯类淀粉制品、粮油精深加工四大食品产业，食品产业已经成为泗水县的支柱产业，荣获“全国食品工业强县”称号。预计2016年，全县食品产业完成产值200亿元。目前，食品生产企业达到200余家，全国食品工业优秀龙头企业2家，省级农业产业化龙头企业3家，市级农业产业化龙头企业27家，建成国家级高新技术企业2家，省级企业技术中心2个，市级企业技术中心3个，拥有“驰名”商标1个，省著名商标2个，省名牌产品5种，企业创新能力不断提升。年加工各类食品200多万吨，产品达10大系列500多个花色品种，畅销全国各地并远销30多个国家和地区。

科学的规划为食品产业集聚发展描绘了美好蓝图。编制《食品加工行业调整振兴规划》，出台《关于实施“13512”产业培植工程的意见》，明确了绿色食品产业发展目标和各项措施。坚持以县经济开发区及各乡镇（街道）产业园区为重点，按照“布局集中、产业集聚、土地集约、生态保护”的原则，整合、优化、提升现有各类工业园区，加快建设区中园、园中园、专业园，形成集聚效应、洼地效应的产业集群。

龙头企业为食品产业集聚发展发挥了强势带动作用。泗水坚持招商新上企业和壮大原有企业双轨并进，康师傅、娃哈哈、汇源、鸿润等国内食品行业巨头相继落户泗水，利丰、新绿食品、田尔农业、慧丰花生等规模企业增资扩能，形成了产业龙头带动四大链条发展的良好格局。

优质原材料基地为食品产业集聚发展提供了良好平台。全县“三品”认证基地达66处、近40万亩，各类规模化养殖场3300多个。所有基地推行“统一农资供应、统一技术指导、统一生产管理、统一质量检测、统一收购销售”的五统一管理模式，实现了基地生产标准化、规模化和产品的无公害化、优质化。不断完善基地与农户、生产企业的利益联结机制，保证了食品工业优质专用原料的有效供给。

优质高效的服务环境为食品产业集聚发展增强了核心竞争力。针对食品产业成立了由县级领导、有关部门和乡镇（街道）主要负责人组成的服务组，帮助企业协调项目用地、环保容量等指标，为企业“量身定做”融资方案；对食品项目实行县级领导包保、专门小组推进和项目服务“绿色通道”，建立“一站式”服务，确保项目快建设、快达产；对食品企业实行县级领导联系、“挂牌保护”，积极为企业排忧解难，确保企业快速健康发展。基于优越的服务环境，汇源、娃哈哈、康师傅等项目，都实现了当年开工建设、当年投产达效，在山东省形成了轰动一时的“泗水现象”。

展望未来，泗水县将始终坚持绿色发展，建立门类齐全、市场互补、链条紧密、循环持续的产业体系，着力打造全国食品产业集聚地，使食品工业成为我县经济发展的第一大支柱产业，引领和推动泗水县域经济科学发展、跨越发展。

安徽淮北凤凰山

安徽淮北凤凰山食品经济开发区于2009年5月经安徽省人民政府批准
被授予“国家农业科技园区”、“国家农业产业化示范基地”、“全
品牌基地”、“安徽省新型工业化产业示范基地”等称号。

发展规划高标准。2011年，开发区委托中国建筑设计研究院、中国
29.6平方公里和核心区详细性规划11.2平方公里，现建成区面积13平方

基础设施完善。累计投入资金20.69亿元，实现建成区13平方公里水
理站、天然气管网、污水管网、职工公寓、大唐集中供热项目等配套设

发展成效显著。近年来，开发区不断加大招商选资力度，招商区域
工业产值突破190亿元，今年1-7月份，开发区完成规模以上工业总产值
城市转型、打造精致淮北”的重要平台。

未来目标展望。下一步，我们将围绕建设“国家级食品产业基地”
齐全、产业精良的新型食品园区。到2018年，开发区将形成由焙烤类、
总数超200家，工业总产值超500亿元。到2020年，开发区规模再扩大
北”的示范区。

凤凰山食品经济开发区诚邀四海宾朋投资考察，从探索食品产业蓬勃发
路中，谱写新的篇章，创造新的辉煌！

左起依次为：安

凤凰山食品经济开发区远景规划效果图

开发区全景图

食品经济开发区

建设，位于淮北市西郊，东邻202省道，西接101省道和连霍高速公路连接线，是全省首家省级食品专业经济开发区。先后
国农产品加工示范基地”、“安徽省十佳投资环境开发区”、“安徽省农业产业化示范区”、“安徽省谷物食品专业商标

农业大学，分别编制《凤凰山食品经济开发区总体规划》和《2010-2020食品产业发展规划》，完成先期概念性规划设计
公里。
、电、路、通讯、污水管网、天然气、热气“九通一平”，建设“四纵十横”路网30公里。物流中心、公交车站、垃圾处
施全部建成并投入使用；农商行金融中心、商务综合服务中心、食品博览馆、开发区冷链物流基地现已启动建设。
涉及美国、香港、台湾以及省内外25个地区，共引进食品加工及配套项目187个，引进内资超百亿元。2014年开发区食品
105.4亿元，同比增长16.3%；食品加工产业已成为相山区两大主导产业之一，凤凰山食品经济开发区已成为淮北市“推进

的目标，进一步解放思想，创新发展方式，高品位建设，精细化管理，努力把开发区建设成为宜商宜居、文明和谐、功能
软饮料类、肉制品深加工、粮油深加工、服务配套等五大精良产业集群，初步建成五个“百亿园中园”，企业
一倍，形成“千亿板块”新城，成为淮北城市转型的领跑者，建设“精致淮

食品有限公司、安徽浩大淀粉加工有限公司、安徽曦强乳业集团有限公司、思朗食品（淮北）有限公司、松源饮料生产车间、徽香昱原早餐工程

科创大厦

中国坚果炒货食品城主广场效果

中国坚果炒货食品城——临安

中国坚果炒货食品城，位居中国坚果品牌名区——临安，地处坚果产业龙头之龙岗镇，是国际现代化的第五代全产业链专业市场，占地面积800余亩，建筑面积100余万平方米，项目整体规划为“一城四区五中心”集产品展销、技术研发、仓储物流、产业发布、坚果文化等于一体的全球坚果产业中心。

中国坚果炒货食品城于2010年10月动工建设，项目总投资21.48亿元，分五期建设，目前项目一期已竣工，总用地面积85.38亩，总建筑面积94215平方米。整个工程预计在2020年整体交付。届时将吸引国内外加工企业100家以上，预计入城企业年加工销售总产值达150亿元以上，年交易额达300亿元以上。

坚果城电子商务中心，依托其独特的资源与技术，以及阿里巴巴电商坚果产业平台的合作，倾力将坚果城打造成一个立足于未来产业尖端的综合平台，实现线上线下“020”的运作模式，保证所有入驻坚果城的电商店家能够有个高效稳健的发展平台和强大的竞争决胜条件。

坚果城现已引进最先进的物流仓储设备、量身订制第三方物流软件，建造最先进的自动化物流配送中心，打造高效率、高配置的顶级仓配中心。通过和临安市质监部门合作建立坚果城QS分装基地，为入驻坚果城的电商客户提供分装资质以及规范电商企业严格执行食品卫生标准，保障客户货源安全。

坚果城计划于2015年开成，我们主要依托苏杭庞大的旅游消费群体，以及临安周边众多的旅游资源，2015年预计临安旅游游客将突破1000万人次，仅距离中国坚果炒货食品城5KM的浙西大峡谷旅游景区，2015年预计游客将超100万人次，且呈逐步上升趋势。而中国坚果炒货食品城AAA级旅游景区的成功申报，结合景区资源整合，将形成人流汇集。商业态势旺发的场景。

我们将通过发挥自己的天然优势和后天努力来完成我们“一城四区五中心”的愿景，将我们打造成一个集休闲娱乐购物文化为一体的综合性市场。为龙岗的当地文化的宣传，临安的旅游开发，坚果行业的蓬勃发展贡献微薄力量。

3.28 台湾地区

【a. 概况】

食品工业是台湾的重要民生工业，拥有一批以旺旺、统一、康师傅、卜蜂等为代表的知名企业和品牌。近年，食品工业在民生工业的地位进一步提升，食品工业营业收入占民生工业的比例约为 36%。

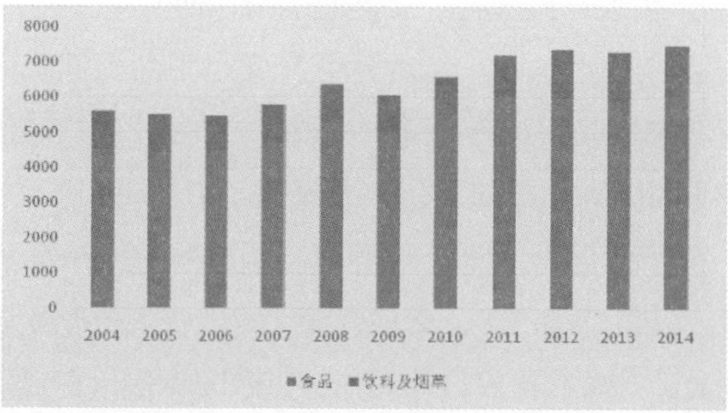

图6 2004–2014年台湾食品工业营业收入变化情况（台币）

整体来看，相比整体制造业，台湾食品工业近年保持不景气态势。2004–2014 年，台湾制造业年均增长 5.2%，而食品工业由 5624 亿台币增加到 7499 亿台币，年均增长 2.9%，其中食品由 4544 亿台币增加到 6097 亿台币，年均增长 3.0%，饮料及烟草由 1080 亿台币增加到 1402 亿台币，年均增长 2.6%。

2014 年，随着台湾经济逐渐回暖，GDP 实现了 3.4% 的增长，人均收入高达 586532 台币，台湾食品工业扭转了自 2011 年以来的下降趋势。台湾食品、饮料与烟草营业收入分别为 6097 亿台币、1402 亿台币，分别同比增长 2.5%、2.8%，占制造业的份额分别为 2.2% 和 0.5%。（见表1）

表1 2014年台湾食品工业营业收入及变化情况

（台币，%）

	制造业	食品	饮料及烟草
Q1	62994	1444	309
Q2	66560	1525	350
Q3	69567	1584	388
Q4	74275	1544	355
全年累计金额	273396	6097	1402
全年累计增长	3.5	2.5	2.8

从投资来看，虽然台湾食品工业扭转了下降态势，但增长仍不稳固，可以判断台湾未来一两年内增长预期不高。2014 年，食品投资同比增长 10.2%，而饮料与烟草同比下降 5.5%。（见表2）

表2 2014年台湾食品工业固定资产投资及变化情况

（台币，%）

	制造业	食品	饮料及烟草
Q1	2259	42	8
Q2	2378	55	18
Q3	2379	45	11
Q4	2883	63	20
全年累计金额	9899	205	57
全年累计增长	-0.8	10.2	-5.5

分产品产量来看，台湾主要食品产品产量增长分化明显，整体来看以运动饮料、冰淇淋、即食食品为代表的休闲、方便类食品增长较快，而罐头、乳粉为代表的传统食品增速较慢。2014 年，运动饮料、冰淇淋、即食食品产量分别同比增长 34.8%、31.7% 和 18.6%，而饼干、水产品罐头、营养保健品、乳粉分别同比下降 5.7%、8.9%、16.4% 和 16.7%。（见表3）

表3 2014年台湾部分食品产量及同比增长情况（%）

产品	单位	产量	同比增长
猪肉	公吨	695616	-5.0
鸡肉	公吨	193865	9.0

产品	单位	产量	同比增长
冷冻肉	公吨	327479	1.4
腌制食品	公吨	40721	-2.2
冷冻水产食品	公吨	88874	4.8
冷冻蔬菜水果	公吨	53921	6.1
脱水食品	公吨	28383	6.2
豆油	公吨	350621	6.3
鲜乳	公吨	352583	2.0
乳粉	公吨	1766	-16.7
调味乳	公吨	90125	-5.3
发酵乳	公吨	89725	-0.3
冰淇淋	公吨	22458	31.7
大米	公吨	1145	14.8
面粉	公吨	837299	-0.1
饲料	公吨	5160507	1.2
饼干	公吨	37113	-5.7
糖果	公吨	32539	4.5
精制茶	公吨	7448	0.4
味精	公吨	55142	-0.8
酱油	公吨	154828	2.3
蔬菜水果罐头	标准箱	1092018	-2.4
水产品罐头	标准箱	1420151	-8.9
即食食品	千元	20200338	18.6
营养保健品	千元	11748246	-16.4
啤酒	公石	3800970	0.5
酒类（不含啤酒）	公石	1260690	0.2
果蔬汁	千公升	268384	-5.0
碳酸饮料	千公升	268877	-2.7
矿泉水	千公升	503766	7.0
运动饮料	千公升	168673	34.8
咖啡饮料	千公升	184858	2.4
茶类饮料	千公升	1167470	1.8

【b. 台湾地区食品产业发展趋势】

1、食品生产将朝着优质、绿色、健康方向发展

虽然受到国际市场低迷，食品出口减缓，原材料、能源价格居高不下，生产成本不断上涨等不利因素的影响，但整体而言，伴随着人们收入水平的缓慢增长和生活方式的转变，未来，台湾地区食品生产将朝着优质、绿色、保健和差异化方向发展。从产品种类看，保健食品，尤其是生技保健食品、绿色食品、有机食品等将成为未来相当长一段时期内，食品产业的重要发展方向。此外，结合休闲娱乐、观光旅游、餐饮服务以及地方文化元素与一体的多元化发展模式也将得到进一步的提升。

2、食品产业国际化趋势日益增强

受本地区资本、劳动等生产成本不断上涨，区内消费需求增长缓慢等因素的影响，未来，台湾地区食品产业的国际化趋势将进一步增强。在国际化进程中，更多的食品企业，尤其是行业巨头将实施全球化发展战略，布局全球，整合全球资源，实现资源优化配置，促进人才、资本和原料的自由流动，以降低生产成本，提高效率。此外，针对日本、欧洲、美国和中国大陆地区的高端食品市场，未来，凭借过硬的生产技术、良好的品牌声誉，越来越多的企业将会选择进军这一市场。

3、食品质量安全监管将更加严苛

长期以来，因受到严格的监管和行业约束，中国台湾地区食品产业一直保持了较好的声誉，但近年来频发的食品质量安全事件使得人们开始重新审视食品产业的质量安全监管和企业的质量控制。2013 年以来，顺丁烯二酸酐化制淀粉污染食品事件、过期原料事件、橄榄油掺假或含铜叶绿素等食品安全疑似事件，极大地打击了消费者信心和台湾食品的口碑。因此，未来，台湾地区食品质量安全监管将会更加严苛，尤其是涉及食品原料以及生产过程的质量控制。

中国食品科学技术学会

第四部分

数据统计

2014 年主要原料 产品产 量 -1

单位：万吨

年份 地区	粮食	谷物	#稻谷	#小麦	#玉米	豆类	薯类	棉花	油料	#花生	#油菜籽	#芝麻	麻类
总计	60702.6	55740.7	20650.7	12620.8	21564.6	1625.5	3336.4	617.8	3507.4	1648.2	1477.2	63.0	23.1
北京	63.9	62.6	0.1	12.2	50.0	0.7	0.7	0.0	0.7	0.6		0.0	
天津	176.0	174.3	12.1	58.6	101.4	1.1	0.5	3.8	0.5	0.4		0.0	
河北	3360.2	3224.9	54.2	1429.9	1670.7	34.8	100.5	43.1	150.2	129.2	3.2	0.8	0.1
山西	1330.8	1260.3	0.6	259.1	938.1	31.4	39.1	2.4	17.3	1.6	0.6	0.3	0.0
内蒙古	2753.0	2493.1	52.4	153.9	2186.1	98.5	161.4	0.2	170.3	4.9	39.6	0.1	
辽宁	1753.9	1674.8	451.5	2.8	1170.5	25.7	53.5	0.0	63.7	62.0	0.2	0.0	
吉林	3532.8	3420.8	587.6	0.1	2733.5	55.5	56.5	0.1	85.7	54.6		0.7	0.0
黑龙江	6242.2	5665.5	2251.0	46.6	3343.4	469.6	107.1		17.1	5.2	0.1	0.1	2.5
上海	112.5	110.5	84.1	18.6	2.6	1.3	0.8	0.1	1.3	0.2	1.0	0.0	
江苏	3490.6	3386.3	1912.0	1160.4	239.0	70.4	33.9	16.0	146.6	34.8	110.1	1.7	0.1
浙江	757.4	664.2	590.1	31.0	30.1	35.8	57.4	2.5	30.7	4.0	25.9	0.8	0.0
安徽	3415.8	3260.2	1394.6	1393.6	465.5	122.2	33.5	26.3	228.8	94.4	127.8	6.7	2.4
福建	667.0	519.7	497.1	0.7	20.3	22.3	125.0	0.0	29.8	27.8	1.8	0.2	0.0
江西	2143.5	2041.5	2025.2	2.6	12.3	31.9	70.0	13.4	121.7	45.7	72.3	3.7	0.7
山东	4596.6	4361.5	101.0	2263.8	1988.3	41.7	193.4	66.5	335.9	331.3	2.4	0.1	0.0
河南	5772.3	5604.6	528.6	3329.0	1732.1	59.0	108.7	14.7	584.3	471.3	86.4	25.9	2.9
湖北	2584.2	2454.5	1729.5	421.6	293.7	36.4	93.2	36.0	341.7	69.1	257.2	14.5	2.5
湖南	3001.3	2839.8	2634.0	10.3	188.6	36.4	125.1	12.9	233.8	29.5	202.6	1.5	1.7
广东	1357.3	1171.0	1091.6	0.3	76.9	21.1	165.2		105.5	104.3	0.8	0.4	0.0
广西	1534.4	1435.7	1166.1	0.2	266.4	24.6	74.2	0.3	61.3	57.6	2.5	0.7	1.2
海南	186.6	155.5	155.4			2.5	28.6		11.6	11.4		0.2	0.1
重庆	1144.5	796.8	503.2	27.0	256.0	46.6	301.1		56.9	11.6	44.0	0.7	0.9
四川	3374.9	2784.2	1526.5	423.2	751.9	96.2	494.5	1.2	300.8	66.6	233.1	0.5	5.4
贵州	1138.5	816.0	403.2	61.5	313.8	32.6	289.9	0.1	98.0	9.7	86.7	0.0	0.1
云南	1860.7	1534.9	666.1	83.6	743.3	133.1	192.7	0.0	64.7	8.1	54.9	0.0	0.4
西藏	98.0	95.2	0.5	23.7	2.4	2.2	0.5		6.4	0.0	6.3		
陕西	1197.8	1079.8	90.9	417.2	539.6	28.1	89.8	4.2	62.3	10.1	41.6	2.5	0.1
甘肃	1158.7	887.6	3.5	271.6	564.5	33.2	237.9	6.4	72.4	0.4	34.5		0.3
青海	104.8	63.2		34.9	18.7	5.7	36.0		31.5		31.0		
宁夏	377.9	332.4	61.8	40.6	224.1	3.4	42.1		16.5		0.2		
新疆	1414.5	1369.1	76.2	642.3	641.1	21.7	23.7	367.7	59.3	1.6	10.3	0.9	1.6

注：2003年起水果产量包括瓜果类产量。

2014年主要原料产品产量-2

单位：万吨

年份 地区	#黄红麻	甘蔗	甜菜	烟叶	#烤烟	蚕茧	#桑蚕茧	茶叶	水果	#苹果	#柑桔	#梨	#葡萄	#香蕉
总计	5.6	12561.1	800.0	299.4	279.5	89.5	81.9	209.6	26142.2	4092.3	3492.7	1796.4	1254.6	1179.2
北京				0.0					96.5	7.5		13.3	3.4	
天津									62.7	5.0		4.0	10.4	
河北	0.1		75.6	0.9	0.7	0.1	0.1		2019.0	345.7		473.5	155.0	
山西			8.0	1.1	1.1	0.6	0.6	0.0	770.8	417.3		59.3	22.6	
内蒙古			160.2	1.1	0.9	0.8			322.3	18.9		6.5	12.4	
辽宁			10.1	3.4	3.2	5.1	0.0		870.6	247.6		137.1	82.7	
吉林			6.4	5.4	2.8	0.3			229.7	15.7		13.8	15.7	
黑龙江			41.1	8.4	7.8	0.5			258.7	14.9		3.4	11.8	
上海		0.6							86.2	0.0	23.4	3.7	9.7	
江苏		10.1	0.0	0.0	0.0	5.7	5.7	1.5	861.6	59.8	4.8	83.1	58.7	
浙江	0.0	62.7		0.2		4.7	4.7	16.5	714.8		200.9	40.6	72.1	
安徽	1.3	19.7		4.3	4.3	3.1	3.1	11.1	965.3	39.2	3.6	108.1	39.6	
福建	0.0	53.1		15.5	15.4			37.2	790.8	0.0	346.0	22.5	15.3	91.7
江西	0.1	64.5		5.9	5.8	0.7	0.7	4.7	627.1		382.5	15.3	6.4	
山东	0.0		0.0	7.1	7.1	2.5	2.5	1.8	3134.0	929.7		134.2	118.6	
河南	2.9	27.3		30.0	29.7	2.4	1.7	6.1	2560.2	441.7	4.7	112.9	58.4	
湖北	0.0	30.4	0.0	8.8	7.2	0.6	0.6	25.0	972.3	1.0	437.1	54.6	27.1	
湖南	0.1	65.9		23.3	22.4	0.1	0.1	16.2	920.0		438.5	17.1	15.9	
广东	0.0	1504.7		5.6	5.1	10.5	10.5	7.4	1560.7		472.3	9.6		426.3
广西	1.0	7952.6		3.4	2.7	34.0	34.0	5.9	1560.6		472.2	29.7	39.9	259.2
海南	0.1	424.9		0.0	0.0	0.1	0.1	0.1	413.0		5.9			160.0
重庆	0.0	10.3		8.4	7.1	1.8	1.8	3.4	347.6	0.5	207.2	37.5	9.5	0.1
四川	0.1	55.7	0.2	22.5	18.2	11.3	11.3	23.4	884.5	58.3	360.4	96.7	30.7	4.2
贵州	0.0	168.3	0.0	37.4	35.3	0.0	0.0	10.7	196.4	4.4	28.9	27.3	18.3	0.6
云南	0.0	2110.4	0.0	98.3	94.5	3.2	3.2	33.5	669.0	38.7	53.6	48.1	80.5	237.0
西藏								0.0	1.4	0.6	0.1	0.1	0.1	
陕西	0.0	0.1	0.0	7.3	7.2	1.2	1.2	4.9	1849.9	988.0	50.4	101.5	59.5	
甘肃			26.4	1.0	0.8	0.0	0.0	0.1	636.6	297.1	0.1	36.3	29.4	
青海			0.1	0.0					2.6	0.5		0.4	0.0	
宁夏				0.2	0.2				290.2	53.9		1.7	19.2	
新疆			471.9						1466.9	106.3		104.5	231.6	

注：2003年起水果产量包括瓜果类产量。

城镇居民家庭平均每人全年购买主要商品数量

项　目	单位	2014年	2013年	2012年	2011年	2010年
粮　　食	千克	117.18	121.33	78.76	80.71	81.53
鲜　　菜	千克	100.07	100.09	112.33	114.56	116.11
食用植物油	千克	10.85	10.77	9.14	9.26	8.84
猪　　肉	千克	20.79	20.43	21.23	20.63	20.73
牛 羊 肉	千克	3.41	3.35	3.73	3.95	3.78
禽　　类	千克	9.07	8.13	10.75	10.59	10.21
鲜　　蛋	千克	9.81	9.43	10.52	10.12	10.00
水 产 品	千克	14.43	13.96	15.19	14.62	15.21
鲜　　奶	千克	18.13	17.13	13.95	13.70	13.98
鲜 瓜 果	千克	52.95	51.05	56.05	52.02	54.23
酒	千克			6.88	6.76	7.02

出口主要食品数量和金额

金额单位：万美元

品　名	2014年		2013年		2012年		2011年		2010年	
	数　量	金　额	数　量	金　额	数　量	金　额	数　量	金　额	数　量	金　额
活猪　(万头)	173	45635	168	45918.5	164	46056	156	45205	172	33854
活家禽　(万只)	493	1851	717	2975.6	736	3094	723	2862	696	2610
鲜、冻牛肉　(万吨)	1	5927	0.5874	4431.6	1	8060	2	11959	2	10909
鲜、冻猪肉　(万吨)	9	42269	7.3395	32539.2	7	29504	8	32610	11	33201
冻鸡　(万吨)	12	28197	9.99	24211.9	9	22175	11	26823	10	20828
水海产品　(万吨)	403	2086382	384	1942860.2	368	1811810	288	1098377	243	880218
鲜蛋　(百万个)	1141	12262	1074	10687.9	1230	11203	1285	12107	1298	9789
谷物及谷物粉　(万吨)	71	55566	95	66415.8	96	59373	116	75346	120	66066
#稻谷和大米　(万吨)	42	37840	47.8473	41674.1	28	27213	52	42698	62	41868
玉米　(万吨)	2	769	7.7640	3318.6	26	10117	14	4658	13	3335
蔬菜　(万吨)	803	980042	778	900552.1	741	755935	772	934993	655	798093
#鲜或冷藏蔬菜　(万吨)	555	383362	519	340190.6	485	317737	505	397112	421	377180
橘、橙　(吨)	836682	102757	866531	99120.8	942596	83932	792721	63686	814322	52098
鲜苹果　(吨)	865048	102758	994664	103007.4	975878	95991	1034635	91433	1122953	83163
核桃仁　(吨)			7222.343	6250.9	7199	5480	7066	4675		
栗子　(吨)			39067	8439.2	35027	8606	45811	7604		
松子仁　(吨)	11428	23407	10683	21232	11576	17459	9633	15390	7027	15928
大豆　(万吨)	21	19908	21	20194	32	27913	21	16154	16	11825
花生及花生仁　(万吨)	14	20065	13	21907	15	27236	17	25977	19	24176
食用植物油(含棕榈油)(吨)	133858	20033	115491	19313	99519	18357	121602	20804	92461	12262

品名		2014年		2013年		2012年		2011年		2010年	
		数量	金额	数量	金额	数量	金额	数量	金额	数量	金额
食糖	(吨)	46218	3786	47771	4178	47144	4349	59389	5128	94348	6386
天然蜂蜜	(吨)	129824	26026	124901	24655	110158	21505	99894	20147	101138	18251
茶叶	(吨)	301484	127266	325806	124631	313484	104226	322580	96510	302525	78412
辣椒干	(吨)	38392	9803	47168	10993	51957	13748	63107	17954	44535	11500
猪肉罐头	(吨)	50088	15347	48624	14944	48109	14967	45108	12567	41932	10604
蘑菇罐头	(吨)	265364	52614	275028	52716	307841	52250	326575	55514	329621	46185
啤酒	(万升)	25821	17704	24944	16289	22574	14099	22091	13068	19410	11234
肠衣	(吨)	90534	102945	79462	96164	82809	109716	86443	109991	74961	82930
烤烟	(吨)	88043	42040	101547	45783	100800	46326	103496	47757	90784	43862

分地区农副食品加工业主营业务收入及利润总额

单位：亿元

	2014年		2013年		2012年		2011年		2010年	
	主营业务收入	利润总额	主营业务收入	利润总额	主营业务收入	利润总额	主营业务收入	利润总额	主营业务收入	利润总额
全国	63533.18	3069.95	60117.42	3473.53	52145.58	3202.68	43848.58	2795.22	34668.26	2343.61
北京市	423.44823	16.06141	411	15.77	383.2406	10.95999	349.86339	13.63877	312.95	7.99
天津市	840.01028	10.54942	785.5	20.64	829.47188	18.9856	521.9103	11.49858	402.00	11.61
河北省	2149.45373	81.58572	2087.81	104.06	1929.45791	95.10674	1746.97774	89.71916	1347.52	80.36
山西省	340.13167	13.06239	349.63	25.6	299.32841	22.37073	267.65962	28.6622	192.29	15.69
内蒙古	1461.12214	82.58639	1602.55	111.14	1292.12089	74.41982	1236.91285	78.22578	955.44	74.33
辽宁省	4363.87116	191.24348	4635.09	301.82	4298.20416	311.56077	3422.31556	226.99794	2744.94	215.29
吉林省	3014.74841	96.87112	3039.6	115.05	2685.80652	132.66137	2141.77684	101.7146	1554.44	73.00
黑龙江省	2727.90178	110.40295	2834.74	123.35	2220.8392	104.44707	1726.28601	80.99562	1266.67	80.30
上海市	410.21194	13.53434	429.3	14.53	357.64161	16.38804	336.58578	9.77725	279.28	11.44
江苏省	4175.33414	253.11022	3794.13	259.84	3272.69569	210.8311	2555.54559	160.37987	2258.84	125.09
浙江省	1039.03017	32.46183	1041.74	38.77	946.80769	34.59976	846.92876	33.14078	761.33	31.46
安徽省	2765.48204	123.50434	2501.97	131.33	2206.32882	120.38816	1839.44393	104.70841	1270.53	93.21
福建省	2312.20521	115.40792	2084.12	132.67	1781.2742	109.40356	1477.29176	100.71117	1205.35	79.82
江西省	1709.35715	99.05927	1452.52	81.88	1164.35473	70.68817	855.02119	47.82233	667.26	38.91
山东省	12475.79237	623.16339	11608.86	627.62	10237.3724	629.95617	8449.70912	525.80799	7287.00	440.10
河南省	5528.99351	408.41226	4973.19	403.86	4202.09605	354.4129	3949.83928	353.45084	3024.34	291.53
湖北省	4313.04223	189.40316	3882.59	261.4	3153.5387	212.10692	2253.76782	154.50374	1488.45	125.25
湖南省	2563.31958	99.36536	2402.17	133.34	2128.57842	119.93591	1988.80046	119.09642	1385.23	93.04
广东省	2886.97357	102.61754	2747.35	134.12	2322.96304	121.74324	2201.31636	113.51608	1786.01	115.08
广西	1940.34111	98.01993	1878.14	116.95	1690.82844	140.52754	1377.39719	168.84583	1064.13	124.37
海南省	117.24476	-2.78751	127.19	-2.04	113.37012	0.27367	96.90295	3.37482	94.27	6.34
重庆市	744.74264	45.01303	649.48	37.6	545.67723	28.81364	455.1418	24.98632	348.81	23.08

	2014年		2013年		2012年		2011年		2010年	
	主营业务收入	利润总额	主营业务收入	利润总额	主营业务收入	利润总额	主营业务收入	利润总额	主营业务收入	利润总额
四川省	2747.58347	154.48916	2494.06	147.01	2249.85449	144.83252	2294.16615	139.50751	1838.16	102.00
贵州省	228.36217	8.65642	204.08	9.94	137.14189	6.26307	111.83677	5.52009	79.32	4.15
云南省	503.81449	4.77099	469.93	26.01	382.3378	30.39207	298.56797	43.72492	242.57	32.37
西藏	2.26311	0.1714	2.33	0.18	2.08733	0.27525	1.95002	0.21967	2.00	0.25
陕西省	893.01153	51.28366	802.5	54.06	642.25307	44.54742	505.25015	27.90816	381.76	21.13
甘肃省	294.58577	15.77788	292.54	12.49	238.53299	11.17814	189.38411	8.18543	129.40	9.46
青海省	52.86636	1.31815	40.3	1.01	35.15991	1.05293	21.36086	0.64349	22.74	1.33
宁夏	113.2923	4.98918	106.8	5.66	75.94911	2.79636	56.71153	4.07576	47.94	1.92
新疆	394.64255	25.84294	386.2	27.87	320.26419	20.76209	271.95766	13.85592	227.31	13.70

分地区食品制造业主营业务收入及利润总额（当年价）

单位：亿元

地区	2014年		2013年		2012年		2011年		2010年	
	主营业务收入	利润总额	主营业务收入	利润总额	主营业务收入	利润总额	主营业务收入	利润总额	主营业务收入	利润总额
全国	20261.67212	1692.61305	18546.36	1646.98	15834.33	1423.1	13875.73	1232.25	11133.5	1015.45
北京市	443.68523	18.34487	407.14	17.64	369.2191	16.93447	294.26732	14.57648	245.69	8.86
天津市	1243.19604	186.38301	1078.35	176.62	894.93183	150.46318	691.84197	91.70769	331.54	50.12
河北省	921.45155	65.59779	836.55	67.11	723.79922	57.0346	625.1215	44.96156	439.29	30.04
山西省	123.84144	8.49362	121.51	9.11	111.64487	9.38133	93.57601	7.82515	74.84	6.68
内蒙古	875.19765	79.46698	841.28	56.66	547.06026	35.94141	618.03678	62.47573	612.35	80.61
辽宁省	684.81486	38.5684	762.34	54.58	661.74273	51.85316	544.01928	40.8172	478.29	44.78
吉林省	354.69069	10.75138	363.49	11.21	328.8668	19.66684	277.06832	25.43635	205.59	11.59
黑龙江省	536.44236	50.72044	513.09	46.60	446.59156	33.97425	467.00584	33.16133	409.42	38.39
上海市	712.86872	41.14182	700.17	45.33	685.4813	50.87279	547.97627	37.88847	484.58	32.22
江苏省	824.6798	63.24821	728.10	59.24	627.47811	45.60666	481.87859	36.15502	414.24	27.25
浙江省	557.36418	48.78463	548.90	51.48	500.09134	52.11827	440.51994	31.92684	382.93	29.99
安徽省	544.38007	27.65047	492.57	37.50	410.96655	29.76979	338.31351	21.79439	230.24	18.08
福建省	1060.0242	77.66195	920.09	70.16	800.56276	65.39508	680.89292	62.64693	535.02	41.62
江西省	493.77424	43.32594	428.23	37.57	351.12905	26.94674	273.90678	20.83158	241.57	17.94
山东省	2508.6939	180.08174	2366.13	177.36	2232.88432	159.16528	2036.56553	161.97967	1843.02	144.46
河南省	2269.38865	218.61701	1951.20	202.81	1592.68499	170.56495	1501.2074	170.66781	1131.84	138.33
湖北省	932.10468	52.93187	821.84	55.61	665.28484	51.32934	518.91909	43.77266	378.52	32.97
湖南省	842.16823	36.92507	774.56	50.93	639.75642	43.68503	605.88216	44.59813	425.2	34.09
广东省	1801.81691	256.29846	1664.78	238.75	1409.64027	206.37298	1249.60527	155.29158	1074.73	136.65
广西	302.59421	20.38621	266.67	22.41	216.63255	21.19813	168.48874	17.06195	116.13	12.41
海南省	44.53271	3.90613	44.37	2.76	38.38661	2.40632	33.84972	2.29033	38.33	4.71
重庆市	204.69228	14.23579	174.10	14.16	137.0611	9.61245	133.83254	9.61037	110.34	9.79

地区	2014年		2013年		2012年		2011年		2010年	
	主营业务收入	利润总额	主营业务收入	利润总额	主营业务收入	利润总额	主营业务收入	利润总额	主营业务收入	利润总额
四川省	861.85967	61.99811	768.92	61.66	653.7661	49.72149	625.55079	41.88973	428.73	27.93
贵州省	114.1671	15.32983	87.91	13.78	66.73168	12.02973	72.12548	15.45929	54.94	8.89
云南省	180.42721	12.92877	156.34	12.24	133.19089	10.14718	89.61445	7.33508	64.97	4.7
西藏	5.52934	1.9792	1.38	0.30	1.33383	0.1662	1.05124	0.08463	0.92	0.03
陕西省	376.87401	34.11862	346.43	30.77	288.18176	24.91347	245.05477	16.53825	184.68	13.32
甘肃省	102.42179	4.50572	72.79	2.72	61.14089	2.82872	38.23967	1.2743	34.46	0.77
青海省	15.11026	0.54964	14.01	1.30	13.15911	1.30273	10.91431	1.24948	17.66	1.3
宁夏	125.74011	5.37623	119.11	5.09	97.79176	4.7098	58.51665	6.77606	43.88	3.47
新疆	197.14003	12.30514	174.00	13.50	127.13931	6.98618	111.88905	4.16767	99.59	3.43

分地区烟草制品业主营业务收入及利润总额（当年价）

单位：亿元

地区	2014年		2013年		2012年		2011年		2010年	
	主营业务收入	利润总额	主营业务收入	利润总额	主营业务收入	利润总额	主营业务收入	利润总额	主营业务收入	利润总额
全国	8906.06905	1215.79962	8308.08	1222.61	7571.52	1071.49	6666.90	840.52	5628.19	734.00
北京市	48.91722	3.84899	46.94	3.16	44.89636	3.36885	42.15303	4.36685	36.56	3.40
天津市	51.06433	7.20269	48.90	7.89	45.47086	7.24428	32.26397	1.23348	26.61	1.91
河北省	170.21446	14.84596	164.02	17.78	155.8272	17.37316	131.66954	14.05449	113.54	11.06
山西省	43.70826	7.49872	40.41	7.01	36.54748	4.96827	30.49417	3.8952	26.36	2.89
内蒙古	90.44028	9.72912	82.04	9.74	71.00902	8.18112	58.66737	5.11194	49.96	5.47
辽宁省	78.26736	3.55052	74.74	4.81	67.73785	4.51419	57.63463	3.93168	50.91	3.44
吉林省	153.26223	17.13139	124.24	16.29	118.88678	12.51677	115.61068	10.89716	88.77	6.92
黑龙江省	105.3941	10.33862	114.30	15.01	101.25428	12.4864	86.92498	11.02901	63.34	9.41
上海市	932.02961	231.90615	849.54	211.85	763.05562	191.14753	669.49114	168.23654	538.16	141.76
江苏省	513.28192	92.20606	474.30	90.93	440.75374	82.55661	403.6229	68.76816	345.16	65.15
浙江省	420.59068	37.60835	377.10	41.89	347.68798	35.42344	322.54228	27.97072	279.33	19.44
安徽省	341.41123	30.81113	318.63	35.36	290.75408	33.67051	261.18062	29.02473	225.04	25.53
福建省	248.49656	23.72004	236.66	23.13	226.75077	23.14839	202.01404	17.99809	167.77	16.69
江西省	178.59229	30.39882	155.65	27.51	136.52407	21.88021	108.13812	10.16387	94.00	8.65
山东省	336.16617	38.03173	322.85	38.51	303.01246	34.3335	261.30877	25.72481	259.14	20.73
河南省	458.22333	79.02676	448.38	78.29	414.03359	66.26703	337.44401	35.71863	280.93	27.36
湖北省	559.04212	66.55107	489.63	56.03	449.3234	43.46999	457.42771	34.66182	359.47	18.89
湖南省	816.22451	115.51266	778.67	118.52	709.33859	109.07586	618.42804	88.11285	520.78	68.47
广东省	424.93865	45.26003	399.51	45.65	369.86228	43.19458	351.49122	43.95825	312.16	47.21
广西	214.16202	26.41786	188.65	27.12	166.92742	24.20411	140.10151	16.08386	118.99	11.75
海南省	26.81588	3.80034	24.51	3.26	21.14227	1.88161	16.07643	0.74526	13.43	1.03
重庆市	151.78658	12.49904	145.54	12.38	131.409	10.26756	115.58298	13.54923	97.56	8.59

地区	2014年		2013年		2012年		2011年		2010年	
	主营业务收入	利润总额	主营业务收入	利润总额	主营业务收入	利润总额	主营业务收入	利润总额	主营业务收入	利润总额
四川省	265.09273	14.19995	255.61	17.34	237.35677	15.13551	199.33349	15.22641	171.16	15.04
贵州省	359.53251	45.06479	339.47	45.08	305.07489	42.21063	262.01151	23.37303	212.11	17.71
云南省	1492.94193	198.70081	1438.12	221.52	1288.25098	184.35172	1105.81845	138.2684	949.58	156.20
西藏										
陕西省	213.8646	25.66615	193.74	24.93	179.97633	21.30476	151.61021	16.75708	120.59	11.42
甘肃省	154.1542	16.27777	137.48	15.48	112.947	11.82455	90.55183	7.5981	78.47	5.99
青海省										
宁夏	14.49869	2.2739	0.23	0.04	0.24655	0.00933	7.10081	-0.00938	4.69	-0.43
新疆	42.9546	5.7202	38.21	6.09	35.45887	5.47514	30.2058	4.0648	23.60	2.34

分地区酒、饮料和精制茶制造业总产值及其比例（当年价）

单位：亿元

地区	2014年		2013年		2012年		2011年		2010年（2010年为饮料制造业）	
	主营业务收入	利润总额	主营业务收入	利润总额	主营业务收入	利润总额	主营业务收入	利润总额	主营业务收入	利润总额
全国	16232.01299	1603.10294	15327.37	1716.90	13549.14	1602.36	11774.80	1315.37	9165.70	991.33
北京市	226.00754	7.93513	228.07	9.96	228.59	8.88	222.10	16.66	185.47	14.32
天津市	187.63345	-0.27219	188.15	-1.35	149.59	5.30	153.82	3.61	113.81	4.83
河北省	474.58646	50.07674	441.64	48.46	373.02	41.58	333.29	33.85	257.35	23.72
山西省	193.68297	8.01287	199.53	17.32	190.66	22.61	147.23	16.24	109.64	12.12
内蒙古	301.68416	23.13236	276.46	25.79	271.06	25.07	221.27	21.35	182.71	17.34
辽宁省	470.17019	37.14745	485.21	40.47	500.48	46.13	406.39	36.10	329.35	32.13
吉林省	478.5547	19.48589	465.12	21.54	435.39	22.59	373.15	22.54	267.66	10.63
黑龙江省	310.65914	15.60282	308.76	13.63	285.12	14.39	232.33	14.83	194.53	15.62
上海市	131.22749	8.69398	120.54	10.45	117.07	6.02	192.95	11.43	170.59	7.49
江苏省	965.21752	146.23058	927.62	150.65	853.21	153.84	747.25	124.89	584.19	60.25
浙江省	465.83327	45.6052	490.68	51.03	472.06	48.70	503.89	40.08	480.23	35.55
安徽省	558.89098	60.32948	506.98	60.41	479.96	56.18	367.20	42.07	280.18	35.00
福建省	786.31448	62.95761	750.76	72.48	614.84	63.13	512.23	55.70	367.04	42.12
江西省	310.37207	25.6524	263.22	23.67	219.79	21.74	161.31	18.12	129.65	13.99
山东省	1442.21197	119.45123	1360.65	118.06	1337.49	119.30	1130.23	107.57	991.36	95.92
河南省	1374.94517	125.30606	1208.06	113.06	1008.61	96.73	911.64	98.74	672.84	79.01
湖北省	1395.56671	98.63045	1229.67	119.09	961.97	88.89	763.36	71.64	549.84	53.61
湖南省	553.26618	25.64035	544.29	30.67	461.26	34.83	384.11	26.84	289.38	27.13
广东省	1047.06405	83.22456	942.66	73.81	850.60	39.72	808.86	45.32	639.98	40.77
广西	363.55818	37.67726	342.10	41.93	296.77	42.35	247.90	34.94	179.05	28.03
海南省	20.87014	0.36009	19.65	1.09	19.11	1.86	18.57	5.31	19.62	3.14

地区	2014年		2013年		2012年		2011年		2010年(2010年为饮料制造业)	
	主营业务收入	利润总额	主营业务收入	利润总额	主营业务收入	利润总额	主营业务收入	利润总额	主营业务收入	利润总额
重庆市	166.26657	12.60858	160.05	15.89	135.13	10.74	119.20	9.56	104.71	9.31
四川省	2463.335	223.75913	2439.22	299.85	2144.11	330.78	1945.82	253.90	1413.32	189.12
贵州省	609.22614	247.40955	563.26	257.22	436.89	211.83	298.75	141.84	184.25	91.24
云南省	213.28455	28.74421	184.93	27.13	135.26	16.19	116.94	13.26	92.10	11.93
西藏	16.70512	5.63582	13.50	4.06	13.48	5.04	11.17	2.77	9.37	1.89
陕西省	424.75512	55.66947	381.24	44.83	317.55	40.08	256.26	26.63	199.23	17.40
甘肃省	117.6662	5.39568	133.29	5.75	106.25	6.08	83.42	4.94	73.06	4.98
青海省	28.95718	2.97493	27.98	1.00	25.06	0.92	12.66	-0.24	15.76	-0.77
宁夏	26.40825	3.39938	24.16	3.58	19.15	5.09	17.24	3.61	15.84	2.08
新疆	107.09204	16.62587	99.93	15.36	89.64	15.78	74.30	11.26	63.56	11.44

2014年分地区酒、饮料和精制茶制造业经济指标

单位：亿元

	工业销售产值(当年价格)	其中：出口交货值	资产总计	利润总额	亏损企业亏损额	产成品	负债合计	主营业务收入	主营业务成本	应收账款
全国		270.673	14010.89941	1603.10294	84.84287	783.25334	6375.50055	16232.01299	12080.17336	841.80334
北京市		1.41142	429.66531	7.93513	8.77158	9.004	181.29807	226.00754	164.69103	12.90314
天津市		0.77175	136.84132	-0.27219	5.61391	6.07724	89.7843	187.63345	152.50145	21.25171
河北省		7.75027	445.58514	50.07674	3.84409	28.24619	253.18045	474.58646	354.28403	23.92252
山西省		0.2471	203.94764	8.01287	1.81849	22.52934	94.37313	193.68297	145.55042	6.11763
内蒙古自治区		1.06474	260.36262	23.13236	1.21413	7.35194	141.24598	301.68416	230.46191	9.02706
辽宁省		11.07869	282.25809	37.14745	0.88964	13.55191	129.59717	470.17019	385.5615	18.54443
吉林省		2.2797	286.54509	19.48589	4.57416	15.51727	137.88567	478.5547	395.33361	14.91552
黑龙江省		0.00817	287.6623	15.60282	3.82753	13.0807	168.41867	310.65914	248.65823	14.18207
上海市		6.92151	121.99594	8.69398	2.02617	4.68231	63.96968	131.22749	88.33763	20.59092
江苏省		2.76541	993.29385	146.23058	2.8963	36.1836	421.664	965.21752	701.87291	59.75848
浙江省		35.55041	578.83305	45.6052	7.36029	45.57915	290.55586	465.83327	341.44526	44.65522
安徽省		12.14885	478.90092	60.32948	2.2987	46.94023	231.91057	558.89098	392.33139	34.03108
福建省		14.55158	455.32252	62.95761	1.1699	27.3524	186.02328	786.31448	605.75223	48.655
江西省		2.06731	229.07604	25.6524	0.73958	12.18985	130.44885	310.37207	244.46088	8.00332
山东省		45.94756	985.21769	119.45123	3.81984	55.67256	392.08278	1442.21197	1152.9328	52.29467
河南省		13.7909	1054.35455	125.30606	2.93951	30.87208	467.63647	1374.94517	1130.65247	60.66926
湖北省		7.86257	1008.62064	98.63045	3.8608	50.28299	592.75241	1395.56671	1041.90736	57.18616
湖南省		6.30545	264.87147	25.64035	2.92108	15.6823	98.3023	553.26618	445.43024	12.6369
广东省		10.72632	800.87431	83.22456	8.83224	20.43758	429.46684	1047.06405	706.06474	65.76452
广西壮族自治区		0.24933	243.71562	37.67726	1.3061	12.31844	122.2384	363.55818	276.77995	17.55751
海南省		0.0119	36.18288	0.36009	0.47047	3.05401	19.68137	20.87014	15.24711	1.26579

	工业销售产值（当年价格）	其中：出口交货值	资产总计	利润总额	亏损企业亏损额	产成品	负债合计	主营业务收入	主营业务成本	应收账款
重庆市		5.2192	140.52685	12.60858	1.63845	6.74937	75.05266	166.26657	122.60074	10.95915
四川省		23.00805	2068.9163	223.75913	4.40873	167.37709	834.15018	2463.335	1855.8872	132.66751
贵州省		21.63773	1156.59415	247.40955	1.89638	36.057	266.23775	609.22614	225.65143	24.35736
云南省		5.17752	282.10846	28.74421	1.05585	23.63315	150.52426	213.28455	151.12764	18.98043
西藏自治区		0	52.89853	5.63582	0.18969	0.91726	22.65962	16.70512	9.75552	0.7574
陕西省		27.99785	322.39472	55.66947	1.29311	35.61726	160.12377	424.75512	296.84041	28.99034
甘肃省		3.42392	163.27655	5.39568	1.28929	18.49009	88.96508	117.6662	89.94017	12.67276
青海省		0	39.57768	2.97493	1.01938	3.2053	24.78242	28.95718	20.52613	1.37479
宁夏回族自治区		0.29871	55.99337	3.39938	0.26883	5.59377	30.33315	26.40825	15.87834	2.7432
新疆维吾尔自治区		0.39908	144.48581	16.62587	0.58865	9.00696	80.15541	107.09204	71.70863	4.36749

2014年全国分地区农副食品加工业主要经济指标

单位：亿元

	工业销售产值（当年价格）	其中：出口交货值	资产总计	利润总额	亏损企业亏损额	产成品	负债合计	主营业务收入	主营业务成本	应收账款
食品工业总计		3189.62429	30480.98135	3069.94774	198.45338	2047.95244	15887.79992	63533.17957	57016.24521	2420.71689
北京市		10.33046	385.70416	16.06141	3.81185	27.39725	225.44361	423.44823	358.09814	40.05261
天津市		13.30347	669.41989	10.54942	10.40893	18.02352	511.85359	840.01028	797.24819	46.91236
河北省		83.30564	1005.64891	81.58572	18.04248	72.38251	535.54556	2149.45373	1967.12702	65.83459
山西省		2.04186	241.23211	13.06239	1.63615	22.73669	126.97748	340.13167	312.96224	16.97034
内蒙古自治区		2.107	623.75686	82.58639	3.9882	45.70685	273.31404	1461.12214	1257.70097	37.1694
辽宁省		514.47188	1834.49218	191.24348	11.93366	98.64721	862.78001	4363.87116	3963.37952	126.10745
吉林省		82.63179	1092.60355	96.87112	1.36452	105.14884	589.9261	3014.74841	2731.59005	76.58262
黑龙江省		19.50029	1551.0233	110.40295	11.24144	121.37022	969.61594	2727.90178	2495.63653	107.09197
上海市		7.63529	281.8806	13.53434	0.77363	17.95637	143.72116	410.21194	363.69796	34.48811
江苏省		105.65029	1715.28305	253.11022	5.94886	89.04409	956.08748	4175.33414	3720.75601	160.78662
浙江省		163.15101	764.17197	32.46183	3.36754	79.8229	465.72525	1039.03017	947.10883	100.58643
安徽省		45.63263	1021.84556	123.50434	2.2281	64.86093	483.67492	2765.48204	2501.50084	100.16818
福建省		475.74148	1281.30437	115.40792	4.72412	120.768	764.10232	2312.20521	2065.83038	178.39638
江西省		60.03216	528.35525	99.05927	0.41488	22.74993	250.1187	1709.35715	1547.19567	38.7279
山东省		981.48972	5683.78686	623.16339	17.39287	373.79626	2797.46758	12475.79237	11277.79231	374.3486
河南省		30.53066	2911.84363	408.41226	9.91514	95.67906	919.76005	5528.99351	4852.24159	140.59346
湖北省		153.83076	1512.25219	189.40316	4.47543	125.79647	680.00717	4313.04223	3869.03817	131.48157
湖南省		32.34871	911.35988	99.36536	1.59209	45.10478	344.06672	2563.31958	2221.36634	65.33227
广东省		209.9036	1815.8251	102.61754	19.35786	96.95839	1275.92381	2886.97357	2653.1194	194.96387
广西壮族自治区		96.28805	1412.59105	98.01993	22.78563	106.43508	935.91663	1940.34111	1739.14187	122.14568
海南省		24.87724	129.78344	-2.78751	4.87168	12.34146	105.92948	117.24476	112.40092	15.97064

	工业销售产值（当年价格）	其中：出口交货值	资产总计	利润总额	亏损企业亏损额	产成品	负债合计	主营业务收入	主营业务成本	应收账款
重庆市		13.92404	289.00494	45.01303	1.84039	15.69829	123.71367	744.74264	646.43045	21.97289
四川省		13.40945	1044.33271	154.48916	2.96618	75.79136	518.53256	2747.58347	2409.66242	84.14358
贵州省		0.3428	111.41892	8.65642	1.84177	10.14067	56.55601	228.36217	206.16042	10.06627
云南省		35.599	448.66195	4.77099	18.76765	29.07928	300.61183	503.81449	456.23676	36.54064
西藏自治区		0	6.16674	0.1714	0.00659	0.39302	1.94253	2.26311	1.78603	0.85323
陕西省		0.79932	389.64658	51.28366	1.09798	38.29122	192.76729	893.01153	787.2156	31.3811
甘肃省		5.7815	301.8839	15.77788	2.44224	44.24339	160.77311	294.58577	264.22961	29.40752
青海省		0.12206	50.87447	1.31815	0.3256	5.60262	26.62807	52.86636	48.91804	4.49823
宁夏回族自治区		1.89769	90.9122	4.98918	0.82359	9.96916	46.4944	113.2923	101.45046	7.1067
新疆维吾尔自治区		2.94444	373.91503	25.84294	8.06633	56.01662	241.82285	394.64255	339.22247	20.03568

2014年全国分地区食品制造业主要经济指标

单位：亿元

	工业销售产值（当年价格）	其中：出口交货值	资产总计	利润总额	亏损企业亏损额	产成品	负债合计	主营业务收入	主营业务成本	应收账款
食品工业总计		1109.85747	12929.35053	1692.61305	85.29344	620.78872	5983.28661	20261.67212	16139.66339	1299.75971
北京市		14.56774	328.34695	18.34487	6.54351	18.27181	206.54486	443.68523	290.45624	46.35111
天津市		27.82832	535.98292	186.38301	9.14138	14.16847	267.95128	1243.19604	923.71609	82.5951
河北省		20.41324	494.95092	65.59779	2.47964	21.81235	205.11642	921.45155	764.10053	46.25774
山西省		1.51219	109.72427	8.49362	0.51386	7.40712	51.52724	123.84144	100.11327	12.96809
内蒙古自治区		21.62562	863.32025	79.46698	1.51665	35.4821	459.2581	875.19765	719.65885	34.68918
辽宁省		56.10617	402.79751	38.5684	1.96627	17.50291	171.46403	684.81486	593.75664	38.81828
吉林省		6.217	232.43949	10.75138	7.62726	9.57136	105.38213	354.69069	304.79357	17.23398
黑龙江省		4.97676	382.22868	50.72044	3.70193	21.81109	206.85642	536.44236	414.40238	48.57706
上海市		33.34332	662.25581	41.14182	12.66376	37.76097	394.76141	712.86872	471.05637	165.49961
江苏省		90.45262	616.11796	63.24821	2.28962	31.99374	311.45304	824.6798	630.45054	77.08089
浙江省		91.6059	561.59517	48.78463	4.24554	36.04359	281.26078	557.36418	444.9856	98.99139
安徽省		20.32737	273.05891	27.65047	1.82595	16.86644	141.11021	544.38007	461.48775	28.97807
福建省		160.80009	594.37776	77.66195	1.81457	43.88762	244.60254	1060.0242	882.52374	69.08723
江西省		71.28907	178.27989	43.32594	0.19746	6.6625	59.00123	493.77424	411.83413	14.22081
山东省		188.54254	1438.1762	180.08174	2.7085	62.80336	613.58078	2508.6939	2137.80048	101.47766
河南省		38.06934	1312.77865	218.61701	0.24463	31.8276	459.6955	2269.38865	1929.56607	88.40876
湖北省		67.66332	458.53778	52.93187	2.77293	27.38384	196.71242	932.10468	775.58204	45.76717
湖南省		14.16991	336.20307	36.92507	0.46304	13.88922	124.26653	842.16823	708.8878	22.67715
广东省		88.21399	1314.37481	256.29846	4.25018	55.92353	562.29015	1801.81691	1134.5376	120.21731
广西壮族自治区		14.89435	195.80789	20.38621	1.92654	11.21804	89.13753	302.59421	245.34693	17.76897
海南省		0.87403	45.38456	3.90613	0.00196	1.77558	23.41232	44.53271	28.51244	2.61881

	工业销售产值（当年价格）	其中：出口交货值	资产总计	利润总额	亏损企业亏损额	产成品	负债合计	主营业务收入	主营业务成本	应收账款
重庆市		5.21625	118.42691	14.23579	0.36055	5.14138	58.57329	204.69228	164.40713	8.23683
四川省		23.74996	474.85219	61.99811	1.37884	22.59558	202.42936	861.85967	707.98413	34.00698
贵州省		0.40938	62.72722	15.32983	0.22621	3.70392	32.51253	114.1671	88.39365	4.72711
云南省		10.74712	144.06261	12.92877	0.90775	9.67894	72.74861	180.42721	143.77153	12.06739
西藏自治区		0	7.25175	1.9792	0	0.15642	1.20547	5.52934	3.60931	0.44448
陕西省		4.43593	192.29213	34.11862	0.32693	9.50319	83.3739	376.87401	302.24095	21.1234
甘肃省		1.28625	143.14514	4.50572	0.36296	10.40056	59.21282	102.42179	85.15124	7.72881
青海省		0	23.7754	0.54964	0.5946	2.59974	11.52163	15.11026	12.02639	0.93899
宁夏回族自治区		11.89222	122.91505	5.37623	0.48573	7.13252	73.11495	125.74011	105.01628	10.4918
新疆维吾尔自治区		18.62747	303.16268	12.30514	11.75469	25.81323	213.20913	197.14003	153.49372	19.70955

2014年全国分地区烟草制品业主要经济指标

单位：亿元

	工业销售产值（当年价格）	其中：出口交货值	资产总计	利润总额	亏损企业亏损额	产成品	负债合计	主营业务收入	主营业务成本	应收账款
食品工业总计		37.73924	8368.43207	1215.79962	0.76178	297.54483	1886.39867	8906.06905	2319.47343	369.15995
北京市		1.25501	33.40299	3.84899	0	0.55366	5.50524	48.91722	15.98828	1.10527
天津市		0	34.42065	7.20269	0	0.25449	34.42065	51.06433	17.73489	1.4365
河北省		0	120.73569	14.84596	0	1.87817	33.2693	170.21446	60.28436	13.84548
山西省		0	29.67459	7.49872	0	1.16851	1.76599	43.70826	14.38318	0.39079
内蒙古自治区		0	66.29304	9.72912	0	3.3613	22.99651	90.44028	28.19049	15.74639
辽宁省		0.09114	52.97413	3.55052	0.00197	1.24496	48.48987	78.26736	24.12386	1.72468
吉林省		0	152.32033	17.13139	0	2.00134	77.09108	153.26223	51.12776	17.56504
黑龙江省		0	89.30386	10.33862	0	1.8405	13.86653	105.3941	42.89734	14.53554
上海市		9.85698	1124.8372	231.90615	0	17.38974	71.63852	932.02961	99.77381	15.27113
江苏省		0	507.28325	92.20606	0.09638	4.05012	39.29531	513.28192	105.68412	3.68343
浙江省		2.88442	390.01939	37.60835	0	32.5519	73.83503	420.59068	80.85765	20.10045
安徽省		0.11136	290.11541	30.81113	0.27822	8.33284	78.17376	341.41123	102.48407	4.3249
福建省		0.17441	263.87778	23.72004	0.06788	6.32471	86.40668	248.49656	73.32997	10.25685
江西省		0	167.38766	30.39882	0	6.37298	34.50525	178.59229	55.99584	25.97552
山东省		1.31149	326.42647	38.03173	0.13064	0.73709	92.83331	336.16617	118.23855	13.647
河南省		0	394.91306	79.02676	0.09839	9.52643	117.25053	458.22333	135.54267	20.0161
湖北省		1.25716	411.23928	66.55107	0.03059	28.56165	149.52612	559.04212	116.84839	20.75447
湖南省		3.5354	707.94458	115.51266	0.03673	31.38037	93.95591	816.22451	158.14924	15.28566
广东省		1.9566	490.07111	45.26003	0	16.45382	128.18029	424.93865	135.46467	21.82336
广西壮族自治区		0.08568	162.48952	26.41786	0	1.49052	26.08253	214.16202	63.71148	25.96888
海南省		0	24.0548	3.80034	0	0.80495	6.91081	26.81588	9.63459	0.74091
重庆市		0	102.08835	12.49904	0	3.85791	52.79911	151.78658	53.23446	12.18762

	工业销售产值（当年价格）	其中：出口交货值	资产总计	利润总额	亏损企业亏损额	产成品	负债合计	主营业务收入	主营业务成本	应收账款
四川省		0.0463	151.81851	14.19995	0.01695	4.50784	77.57933	265.09273	88.37795	1.7268
贵州省		0.08777	277.95884	45.06479	0	10.29553	69.92778	359.53251	99.64938	11.7978
云南省		14.72084	1677.90038	198.70081	0	98.34954	376.39705	1492.94193	434.37731	46.32279
西藏自治区										
陕西省		0.36468	150.00063	25.66615	0	3.35535	23.59828	213.8646	71.58192	9.1645
甘肃省		0	116.05847	16.27777	0.00403	0.01221	32.69784	154.1542	41.45998	19.1909
青海省										
宁夏回族自治区		0	8.0309	2.2739	0	0.2352	7.83096	14.49869	5.25912	1.40749
新疆维吾尔自治区		0	44.7912	5.7202	0	0.6512	9.5691	42.9546	15.0881	3.1637

居民消费价格分类指数

（上年 =100）

项　　目	2014年	2013年	2012年	2011年	2010年
居民消费价格指数	102	102.6	102.6	105.4	103.3
食品	103.1	104.7	104.8	111.8	107.2
粮食	103.1	104.6	104.0	112.2	111.8
#大米	101.2	102.3	104.0	114.2	116.2
面粉	103.1	108.8	102.6	109.4	107.5
淀粉及制品	102.2	103.3	103.2	115.9	108.2
干豆类及豆制品	104	105.3	102.0	105.4	109.2
油脂	95.1	100.3	105.1	113.4	103.8
肉禽及其制品	100.4	104.3	102.1	122.6	102.9
蛋	110.4	104.9	97.1	114.2	108.3
水产品	104.4	104.2	108.0	112.1	108.1
菜	99.2	108.0	113.7	101.1	118.5
#鲜菜	98.5	108.1	115.9	100.5	118.7
调味品	103.1	103.6	104.2	105.5	104.1
糖	100.1	100.5	104.2	111.2	108.3
茶及饮料	101.8	102.0	104.2	104.0	101.3
茶叶	101.9	102.0	103.3	103.9	102.6
饮料	101.8	102.0	104.6	104.0	100.7
干鲜瓜果	114.1	105.9	100.1	115.9	114.6
#鲜果	118	107.1	98.8	116.4	115.6
糕点饼干面包	101.9	102.5	104.3	108.1	102.4
液体乳及乳制品	108.5	105.7	103.2	105.1	102.8
在外用膳食品	103.3	104.7	106.7	108.2	103.6
其他食品	101.6	101.4	104.2	105.7	101.7
烟酒及用品	99.4	100.3	102.9	102.8	101.6
烟草	100.2	100.4	100.5	100.3	100.5
酒	98.2	100.3	106.3	106.7	103.6

农产品生产价格指数

（上年 =100）

项 目	2014年	2013年	2012年	2011年	2010年
农产品生产价格指数	99.8	103.2	102.7	116.5	110.9
种植业产品	101.8	104.3	104.8	107.8	116.6
谷物	102.7	103.1	104.8	109.7	112.8
#小麦	105.1	106.7	102.9	105.2	107.9
稻谷	102.2	102.2	104.1	113.3	112.8
玉米	101.7	100.2	106.6	109.9	116.1
大豆	101.8	105.7	105.7	106.3	107.9
油料	99.9	102.4	105.2	112.1	112.1
糖料	99.7	98.9	105.0	125.5	106.0
蔬菜	98.5	106.9	109.9	103.4	116.8
水果	106.4	106.2	103.9	106.2	118.9
畜牧业产品	97.1	102.4	99.7	126.2	103.0
猪（毛重）	92.2	99.3	95.9	137.0	98.3
牛（毛重）	104.4	113.1	116.8	108.1	104.7
羊（毛重）	100.8	109.1	107.8	115.7	108.7
家禽（毛重）	104.4	103.2	103.8	112.0	107.0
蛋类	105.7	105.8	100.5	112.6	107.5
奶类	107.9	111.0	103.9	108.1	115.3
渔业产品	103.1	104.3	106.2	110.0	107.6

分行业食品工业生产者出厂价格指数

（上年 =100）

	2014年	2013年	2012年	2011年	2010年
农副食品加工业	99.10	101.2	102.2	110.6	105.5
食品制造业	102.00	101.7	102.2	106.3	103.3
饮料制造业	100.50	100.1	101.9	104.4	102.9
烟草制品业	100.30	100.4	101.3	100.3	100.4

分行业食品工业固定资产投资-1

单位：亿元

行业	按建设性质分														
	新建					扩建					改建				
	2014年	2013年	2012年	2011年	2010年	2014年	2013年	2012年	2011年	2010年	2014年	2013年	2012年	2011年	2010年
食品工业合计															
农副食品加工业	5510.1	4615.1	3640.6	2788.3	1901.7	1920.3	1630.0	1493.4	1163.4	830.1	2340.3	2144.6	1571.5	1138.9	760.70
食品制造业	2389.6	1926.2	1573.4	1205.8	957.7	814.2	714.0	607.4	532.1	484.4	1077.4	911.9	769.7	533.7	406.90
酒、饮料及精制茶制造业	1945.8	1618.1	1198.7	873.4	608.1	777.3	716.7	605.7	451.5	306.9	1022.4	902.0	658.1	464.1	338.00
烟草制品业	102.9	92.6	70.3	75.0	35.7	42.3	34.2	26.5	34.1	35.0	104.3	129.0	100.1	79.1	73.40

分行业食品工业固定资产投资-2

单位：亿元

行业	按资金来源分														
	国家预算资金					国内贷款					利用外资				
	2014年	2013年	2012年	2011年	2010年	2014年	2013年	2012年	2011年	2010年	2014年	2013年	2012年	2011年	2010年
食品工业合计															
农副食品加工业	39.4	31.8	39.90	47.20	28.30	696.5	740.6	534.50	418.20	288.00	88.30	73.60	86.70	91.20	77.30
食品制造业	10.8	12.1	7.70	7.20	10.20	342.9	301.8	252.80	194.80	198.10	38.70	67.90	86.80	87.10	66.50
酒、饮料及精制茶制造业	19.2	12.7	4.90	6.30	3.70	237.2	198.0	173.20	118.90	97.60	37.60	66.10	63.40	45.60	64.00
烟草制品业	9.2	10.1	4.90	1.30	1.80	13.7	17.6	11.10	14.30	3.80	3.00		2.00	2.00	0.20

分行业食品工业固定资产投资-3

单位：亿元

行业	按资金来源分									
	自筹资金					其他资金				
	2014年	2013年	2012年	2011年	2010年	2014年	2013年	2012年	2011年	2010年
食品工业合计										
农副食品加工业	9079.0	7723.8	6300.90	4797.70	3282.90	297.5	281.1	216.20	167.6	141.3
食品制造业	4053.0	3327.0	2822.30	2216.70	1653.30	87.1	76.9	63.90	72.8	78.2
酒、饮料及精制茶制造业	3926.4	3212.8	2413.40	1737.90	1256.00	80.6	68.8	52.00	49	40.2
烟草制品业	259.4	276.4	244.90	288.60	225.50	4.9	4.4	3.20	4.5	0.5

分行业食品工业固定资产投资及新增固定资产

单位：亿元

	固定资产投资额					新增固定资产					固定资产交付使用率（%）				
	2014年	2013年	2012年	2011年	2010年	2014年	2013年	2012年	2011年	2010年	2014年	2013年	2012年	2011年	2010年
食品工业合计															
农副食品加工业	9994.0	8580.1	6858.70	5233.70	3632.00	7792.70	6315.30	5180.40	3864.10	2569.90	78.00	73.60	75.5	73.8	70.8
食品制造业	4447.1	3685.9	3061.50	2404.90	1946.90	3288.00	2714.60	2116.70	1839.10	1312.20	73.90	73.70	69.1	76.5	67.4
酒、饮料及精制茶制造业	3919.3	3386.6	2581.50	1910.10	1354.10	2927.60	2292.50	1797.50	1345.20	904.70	74.70	67.70	69.6	70.4	66.8
烟草制品业	284.0	303.0	238.80	268.60	208.40	199.10	185.10	108.80	125.60	91.30	70.10	61.10	45.6	46.8	43.8

分行业食品工业固定资产投资及新增固定资产

单位：个

	施工项目数					全部建成投产项目数					项目建成投产率（%）				
	2014年	2013年	2012年	2011年	2010年	2014年	2013年	2012年	2011年	2010年	2014年	2013年	2012年	2011年	2010年
食品工业合计															
农副食品加工业	17296.00	15995	14185	14184	12430	12405	10712	9468	9619	8436	72	67.0	66.8	67.8	67.9
食品制造业	6878.00	6322	5697	5839	5598	4781	4189	3723	3951	3563	70	66.3	65.4	67.7	63.7
酒、饮料及精制茶制造业	6056.00	5498	4672	4369	4012	4164	3477	2959	2861	2563	69	63.2	63.3	65.5	63.9
烟草制品业	267.00	283	253	251	327	155	160	118	117	175	58	56.5	46.6	46.6	53.5

分行业食品工业资产及负债

单位：亿元

行业	2014年		2013年		2012年		2011年		2010年	
	资产总计	负责总计	资产总计	负责总计	资产总计	负责总计	资产总计	负责总计	资产总计	负责总计
食品工业合计										
农副食品加工业	30480.98135	15887.79992	27717.15	14915.12	23454.1249	12745.29368	19725.22027	10657.85536	16731.35	9121.78
谷物磨制	4537.67895	1848.14528	4100.65	1746.56	3430.91642	1513.6805	2810.66869	1245.15598	2379.62	1117.74
饲料加工	3846.45805	1845.11381	3375.35	1663.56	2823.29076	1358.80485	2647.35493	1242.5403	2055.75	1049.14
植物油加工	5730.59792	3729.29234	5558.82	3813.45	4992.91328	3461.1828	4122.0341	2866.00672	3504.29	2398.42
制糖	1739.09554	1427.27239	1590.49	1206.62	1380.03279	989.75868	1169.35696	782.26716	995.08	637.59
屠宰及肉类加工	6245.70952	3006.73057	5525.95	2729.48	4552.55825	2288.88353	3749.52581	1903.19527	3141.65	1619.99
水产品加工	2807.82223	1408.06407	2609.52	1387.50	2273.60552	1212.58371	1865.33192	998.47267	1687.61	879.44
蔬菜、水果和坚果加工	2396.48493	993.50473	2091.16	908.75	1737.59424	736.13846	1486.58237	614.72851	1342.07	567.11
其他农副食品加工	3177.13421	1629.67673	2865.21	1459.19	2263.21364	1184.26115	1874.36549	1005.48875	1625.27	852.35
食品制造业	12929.35053	5983.28661	11609.77	5639.13	10009.6781	4836.06217	8511.61299	4231.63903	7229.41	3685.27
焙烤食品制造	1293.4526	520.98691	1167.75	494.26	967.00244	418.48213	858.35554	372.83159	698.62	327.9
糖果、巧克力及蜜饯制造	1031.18116	398.32426	936.03	391.55	812.66721	345.63786	677.06371	298.26103	578.66	272.18
方便食品制造	1970.25424	821.47416	1732.02	758.20	1530.33443	663.54714	1324.27051	609.9075	1004.64	488.05
乳制品制造	2321.23314	1241.27155	2100.58	1143.40	1782.48347	976.19636	1579.21846	902.75284	1383.55	767.35
罐头食品制造	848.64362	452.7784	810.37	457.97	747.04004	431.38204	674.90892	397.75437	593.63	348.32
调味料、发酵制品制造	2114.23611	1009.89195	1910.51	951.33	1561.16368	775.91419	1291.2971	640.83932	1136.21	587.94
其他食品制造	3350.34966	1538.55938	2952.51	1442.43	2608.98683	1224.90245	2106.49875	1009.29238	1834.11	893.53
酒、饮料及精制茶制造业	14010.89941	6375.50055	13119.56	6253.80	11176.83666	5392.42601	9441.17918	4685.26311	7852.83	3954.34
酒的制造	9000.24824	4018.40097	8568.62	4090.02	7345.62462	3540.02935	5599.5981	2703.9836	4603.93	2240.24
饮料制造	4078.3655	1988.40645	3731.22	1823.90	3180.93906	1569.3156	2753.83625	1432.40529	2431.86	1260.2
精制茶加工	932.28567	368.69313	819.73	339.87	650.27298	283.08106	578.53496	227.41913	431.44	202.85
烟草制品业	8368.43207	1886.39867	7979.59	2025.08	7084.34049	1770.49732	6169.24582	1492.43037	5484.04	1318.71
烟叶复烤	329.82138	39.11727	289.56	45.39	267.78409	55.50738	200.26405	35.59969	164.79	39.97
卷烟制造	7890.41129	1787.437	7562.91	1922.26	6720.37491	1670.80667	5896.37808	1422.91698	5248.3	1246.28
其他烟草制品制造	148.1994	59.8444	127.12	57.42	96.18149	44.18327	72.60369	33.9137	70.95	32.47

分行业食品工业主营业务收入和主营业务成本

单位：亿元

行业	2014年		2013年		2012年		2011年		2010年	
	主营业务收入	主营业务成本	主营业务收入	主营业务成本	主营业务收入	主营业务成本	主营业务收入	主营业务成本	主营业务收入	主营业务成本
食品工业合计										
农副食品加工业	63533.17957	57016.24521	60117.42	53220.82	52145.57749	45740.92063	43848.57952	38437.31074	34668.26	30338.53
谷物磨制	12571.5059	11274.93203	11520.88	10197.58	9972.62531	8755.29864	8159.10435	7192.62504	6268.94	5527.7
饲料加工	10813.85022	9744.61166	10048.44	8955.16	8557.2004	7526.75597	7299.96991	6431.28976	5557.9	4879.62
植物油加工	10650.50057	9905.53443	10503.05	9641.16	9198.65062	8370.52109	7573.18874	6896.67799	5984.9	5396.32
制糖	1121.75554	1023.99769	1186.44	1011.66	1098.09831	902.8297	1008.1907	771.67253	771.58	593.3

行业	2014年		2013年		2012年		2011年		2010年	
	主营业务收入	主营业务成本	主营业务收入	主营业务成本	主营业务收入	主营业务成本	主营业务收入	主营业务成本	主营业务收入	主营业务成本
屠宰及肉类加工	12874.00853	11477.49247	12069.05	10614.62	10449.44535	9103.36677	9214.92619	8072.84821	7470.52	6560.83
水产品加工	5087.19737	4529.13544	4972.97	4360.13	4426.44128	3876.42724	3535.97707	3076.71728	2951.39	2574.59
蔬菜、水果和坚果加工	4888.69763	4188.0603	4420.47	3736.10	3838.08993	3225.0475	3291.33088	2777.9085	2697.97	2287.34
其他农副食品加工	5525.66381	4872.48119	5396.11	4704.40	4605.02629	3980.67372	3765.89168	3217.57143	2965.06	2518.83
食品制造业	20261.67212	16139.66339	18546.36	14617.09	15834.33191	12324.5665	13875.73189	10921.33407	11133.5	8760.31
焙烤食品制造	2426.67037	1945.9741	2218.25	1756.26	1877.21918	1478.16713	1656.53373	1309.16291	1262.5	1003.59
糖果、巧克力及蜜饯制造	1714.01908	1322.4193	1567.25	1170.01	1324.92717	981.03748	1127.58666	843.23003	904.71	662.24
方便食品制造	3463.8661	2880.78206	3140.87	2563.81	2839.79594	2294.13224	2560.04427	2095.92447	1862.25	1511.31
乳制品制造	3297.72819	2619.09643	3078.89	2428.05	2501.9723	1889.9317	2314.90234	1776.05042	1939.79	1453.06
罐头食品制造	1631.72783	1405.23005	1528.62	1304.98	1310.20868	1106.28739	1163.04885	983.64515	863.02	736.48
调味料、发酵制品制造	2649.063	2152.7148	2328.15	1870.04	2097.5103	1689.63149	1843.50846	1490.3684	1601.74	1313.53
其他食品制造	5078.59755	3813.44665	4684.33	3523.94	3882.69834	2885.37907	3210.10758	2422.95269	2699.49	2080.1
酒、饮料及精制茶制造业	16232.01299	12080.17336	15327.37	11197.63	13549.14297	9703.25286	11774.80188	8581.47363	9165.7	6669.36
酒的制造	8778.05163	6259.43126	8467.63	5908.19	7752.82798	5238.72003	5936.95482	3979.85533	4658.07	3144.92
饮料制造	5784.85533	4482.39324	5350.56	4104.86	4619.17473	3546.88852	4222.87882	3291.82641	3324.69	2549.92
精制茶加工	1669.10603	1338.34886	1509.18	1184.57	1177.14026	917.64431	925.1399	726.20592	716.56	569.42
烟草制品业	8906.06905	2319.47343	8308.08	2128.02	7571.51649	1965.75865	6666.90024	1856.69578	5628.19	1737.77
烟叶复烤	186.2289	127.48065	180.04	125.37	167.48579	113.55824	128.13375	79.00746	106.54	70.57
卷烟制造	8595.22738	2108.00735	8011.67	1926.69	7308.44374	1785.09171	6463.80424	1722.6038	5463.9	1624.25
其他烟草制品制造	124.61277	83.98543	116.36	75.96	95.58696	67.1087	74.96225	55.08452	57.75	42.94

各地区城镇居民家庭平均每人全年现金消费性支出-1

地 区	现金消费性支出				食品				粮 食			淀粉及薯类		
	2013年	2012年	2011年	2010年	2013年	2012年	2011年	2010年	2012年	2011年	2010年	2012年	2011年	2010年
全 国	18022.64	16674.32	15160.89	13471.45	6311.92	6040.85	5506.33	4804.71	458.53	437.58	385.51	54.05	49.65	41.74
北 京	26274.89	24045.86	21984.37	19934.48	8170.22	7535.29	6905.51	6392.90	432.00	441.43	409.02	51.55	55.07	54.33
天 津	21711.86	20024.24	18424.09	16561.77	7943.06	7343.64	6663.31	5940.44	438.70	426.79	385.73	61.37	64.67	51.34
河 北	13640.58	12531.12	11609.29	10318.32	4404.93	4211.16	3927.26	3335.23	391.57	380.71	326.16	48.95	45.48	37.79
山 西	13166.19	12211.53	11354.30	9792.65	3676.65	3855.56	3558.04	3052.57	421.97	408.04	369.50	70.33	67.67	64.52
内蒙古	19249.06	17717.10	15878.07	13994.62	6117.93	5463.18	4962.40	4211.48	488.84	461.19	401.60	39.84	41.57	37.49
辽 宁	18029.65	16593.60	14789.61	13280.04	5803.90	5809.39	5254.96	4658.00	472.76	457.31	387.35	69.55	63.96	52.27
吉 林	15932.31	14613.53	13010.63	11679.04	4658.13	4635.27	4252.85	3767.85	453.09	435.00	391.04	59.95	56.89	47.39
黑龙江	14161.71	12983.55	12054.19	10683.92	5069.89	4687.23	4348.45	3784.72	479.60	454.91	429.72	71.66	71.42	64.97
上 海	28155.00	26253.47	25102.14	23200.40	9822.88	9655.60	8905.95	7776.98	699.84	677.47	614.73	71.01	70.14	58.23
江 苏	20371.48	18825.28	16781.74	14357.49	7074.11	6658.37	6060.91	5243.14	442.90	417.74	373.38	62.70	56.66	47.99
浙 江	23257.19	21545.18	20437.45	17858.20	8008.16	7552.02	7066.22	6118.46	467.83	437.87	364.15	58.42	50.82	40.80
安 徽	16285.17	15011.66	13181.46	11512.55	6370.23	5814.92	5246.76	4369.63	455.44	433.96	337.74	39.51	35.26	22.52

地 区	现金消费性支出				食品				粮 食			淀粉及薯类		
	2013年	2012年	2011年	2010年	2013年	2012年	2011年	2010年	2012年	2011年	2010年	2012年	2011年	2010年
福 建	20092.72	18593.21	16661.05	14750.01	7424.67	7317.42	6534.94	5790.72	563.59	520.87	469.71	58.60	51.42	44.02
江 西	13850.51	12775.65	11747.21	10618.69	5221.10	5071.61	4675.16	4195.38	437.95	408.64	353.11	30.76	31.77	23.81
山 东	17112.24	15778.24	14560.67	13118.24	5625.94	5201.32	4827.61	4205.88	394.36	392.46	343.91	53.85	44.96	36.97
河 南	14821.98	13732.96	12336.47	10838.49	4913.87	4607.47	4212.76	3575.75	393.08	393.17	349.36	60.79	57.26	48.11
湖 北	15749.50	14495.97	13163.77	11450.97	6259.22	5837.93	5363.68	4429.30	583.33	541.43	516.40	36.74	28.16	29.69
湖 南	15887.11	14608.95	13402.87	11825.33	5583.99	5441.63	4943.89	4322.09	423.53	382.99	329.92	34.21	28.11	24.13
广 东	24133.26	22396.35	20251.82	18489.53	8856.91	8258.44	7471.88	6746.62	544.10	523.23	460.12	44.17	43.44	35.60
广 西	15417.62	14243.98	12848.37	11490.08	5841.16	5552.56	5074.49	4372.75	387.45	377.10	321.35	37.30	34.29	27.78
海 南	15593.04	14456.55	12642.75	10926.71	6979.22	6556.10	5673.65	4895.96	330.15	313.07	307.56	28.90	24.75	22.12
重 庆	17813.86	16573.14	14974.49	13335.02	7245.12	6870.23	5847.90	5012.56	417.12	364.42	311.81	59.87	45.28	39.19
四 川	16343.45	15049.54	13696.30	12105.09	6471.84	6073.86	5571.69	4779.60	413.09	390.83	336.37	73.96	67.07	53.77
贵 州	13702.87	12585.70	11352.88	10058.29	4915.02	4992.85	4565.85	4013.67	395.96	374.20	320.00	31.13	25.86	19.45
云 南	15156.15	13883.93	12248.03	11074.08	5741.01	5468.17	4802.26	4593.49	408.86	387.35	335.31	48.84	45.41	31.99
西 藏	12231.86	11184.33	10398.91	9685.54	5889.48	5517.69	5184.18	4847.58	462.52	517.68	432.38	26.98	26.12	33.54
陕 西	16679.69	15332.84	13782.75	11821.88	6075.58	5550.71	5040.47	4381.40	441.54	419.44	390.19	65.40	63.77	53.95
甘 肃	14020.72	12847.05	11188.57	9895.35	5162.87	4602.33	4182.47	3702.18	404.81	380.56	352.83	48.52	42.97	40.73
青 海	13539.50	12346.29	10955.46	9613.79	4777.10	4667.34	4260.27	3784.81	481.05	469.35	452.34	50.99	49.13	37.60
宁 夏	15321.10	14067.15	12896.04	11334.43	4895.20	4768.91	4483.44	3768.09	389.07	394.84	343.10	57.05	56.74	49.36
新 疆	15206.16	13891.72	11839.40	10197.09	5323.50	5238.89	4537.46	3694.81	494.46	441.69	362.74	56.37	50.16	41.08

各地区城镇居民家庭平均每人全年现金消费性支出-2

地 区	干豆类及豆制品			油脂类			肉禽及制品			蛋 类		
	2012年	2011年	2010年	2012年	2011年	2010年	2012年	2011年	2010年	2012年	2011年	2010年
全 国	72.68	69.31	66.48	161.48	151.07	125.43	1183.59	1105.93	914.22	119.00	116.65	98.02
北 京	73.30	72.84	77.39	177.90	156.41	136.85	1084.73	1045.05	909.54	146.93	146.78	120.22
天 津	58.37	62.38	59.61	182.78	153.66	130.85	1128.65	1037.96	865.70	192.10	195.87	158.77
河 北	58.59	55.72	50.84	148.51	137.60	119.09	764.95	716.53	578.26	125.99	126.47	103.51
山 西	69.71	65.44	64.93	117.58	111.20	88.12	546.45	511.25	432.23	106.60	106.52	89.86
内蒙古	44.05	42.91	39.20	116.43	109.36	94.12	990.75	925.73	761.02	83.19	82.42	66.43
辽 宁	75.58	71.19	65.31	152.21	139.25	113.27	979.53	873.02	738.95	131.32	130.71	104.74
吉 林	74.58	66.49	68.69	135.65	124.94	106.00	803.19	736.97	657.07	99.27	93.62	89.84
黑龙江	68.97	66.73	66.13	147.34	138.90	109.58	857.79	807.37	692.99	112.20	109.62	94.90
上 海	108.67	105.18	98.45	139.82	134.47	113.73	1447.45	1344.65	1136.23	149.84	144.47	117.29
江 苏	95.14	86.92	82.77	134.40	124.47	108.09	1315.82	1205.12	1027.57	128.98	123.90	106.86
浙 江	99.87	93.99	82.66	144.84	138.89	117.84	1128.30	1048.80	845.32	108.24	105.45	85.88
安 徽	82.67	78.74	68.55	158.16	156.63	113.86	1035.59	982.96	742.07	148.34	153.78	125.39
福 建	73.22	71.47	72.96	142.13	143.68	120.13	1484.76	1348.75	1152.92	131.03	125.83	112.40
江 西	90.66	87.17	86.22	200.83	191.16	164.49	1161.74	1107.29	916.40	104.09	104.28	89.11

地区	干豆类及豆制品			油脂类			肉禽及制品			蛋类		
	2012年	2011年	2010年	2012年	2011年	2010年	2012年	2011年	2010年	2012年	2011年	2010年
山东	52.92	56.02	53.77	147.07	130.81	107.28	860.31	831.03	682.72	151.22	152.57	132.17
河南	59.64	62.29	60.95	128.00	128.10	105.41	796.87	756.56	611.01	131.49	134.03	110.61
湖北	85.61	82.97	83.47	196.98	185.13	152.31	1118.08	1083.30	853.27	115.20	111.11	96.35
湖南	87.86	77.75	80.32	206.38	212.09	164.97	1172.72	1126.05	918.32	96.52	92.10	75.51
广东	65.47	62.00	59.75	185.80	169.36	142.28	2086.69	1926.38	1640.60	107.81	104.49	83.75
广西	69.62	67.38	62.27	143.58	136.37	93.84	1617.61	1554.17	1280.94	83.19	81.07	69.24
海南	35.51	32.35	28.57	151.43	128.46	117.67	1840.30	1681.02	1285.53	60.81	58.42	51.22
重庆	82.88	67.98	62.47	266.56	232.24	199.45	1591.79	1427.15	1142.96	135.26	117.26	101.66
四川	72.03	68.62	61.95	195.95	178.61	166.62	1512.48	1473.67	1177.98	120.48	113.44	93.47
贵州	58.77	52.72	49.79	167.13	156.85	137.06	1147.14	1082.74	880.80	79.12	75.36	65.76
云南	40.81	38.68	49.70	155.16	151.70	81.44	1138.47	1031.71	882.90	69.72	67.41	72.53
西藏	10.51	10.24	5.21	143.22	136.12	163.40	1204.78	1124.98	1084.98	41.05	48.67	53.89
陕西	75.20	72.72	69.59	142.18	132.78	110.86	716.92	642.23	533.01	98.47	96.75	79.56
甘肃	49.60	46.64	46.27	161.61	148.66	134.30	705.05	621.34	529.16	87.86	85.68	70.19
青海	37.36	40.08	34.37	125.99	125.63	107.83	966.15	910.27	708.90	80.99	82.70	66.87
宁夏	51.72	49.33	48.16	124.26	126.31	111.58	834.58	782.52	626.04	65.78	65.62	56.92
新疆	39.44	37.41	36.93	177.44	155.97	131.07	1205.88	1048.21	815.84	91.01	85.84	68.38

各地区城镇居民家庭平均每人全年现金消费性支出-3

地区	水产品类			蔬菜类			调味品			糖类		
	2012年	2011年	2010年	2012年	2011年	2010年	2012年	2011年	2010年	2012年	2011年	2010年
全国	408.92	353.99	326.86	591.97	527.32	501.65	76.10	68.84	63.28	55.06	50.59	41.67
北京	296.17	254.38	250.95	583.57	536.87	530.94	128.73	120.90	108.97	81.42	77.31	71.05
天津	564.76	492.85	443.79	614.19	555.79	521.49	116.79	103.06	98.08	54.46	52.21	44.08
河北	177.91	153.67	141.81	412.78	390.51	403.14	69.11	60.18	55.43	42.12	35.99	30.13
山西	73.25	63.43	57.45	383.69	352.14	347.90	56.58	51.61	47.78	33.00	28.12	24.13
内蒙古	144.44	111.97	102.05	457.17	403.33	353.14	62.79	61.18	54.51	39.79	35.21	30.27
辽宁	474.35	403.53	364.23	581.19	515.76	499.40	90.33	82.16	75.88	44.15	40.41	30.54
吉林	208.16	178.78	173.70	489.50	452.21	462.56	78.69	68.53	66.91	34.27	32.00	26.77
黑龙江	213.69	204.51	185.57	463.23	441.68	420.29	74.44	69.69	65.21	48.48	42.69	36.29
上海	1011.40	912.35	817.64	761.58	672.39	622.01	91.92	85.49	79.76	125.58	133.36	103.92
江苏	542.92	458.25	421.94	662.97	582.89	568.46	76.37	66.92	61.18	57.90	54.13	40.25
浙江	949.22	811.65	713.79	660.54	582.55	543.17	65.02	61.93	54.28	54.47	57.13	46.73
安徽	268.20	235.67	211.35	577.93	538.66	472.44	47.99	43.21	42.23	48.36	40.15	19.91
福建	1219.95	1029.64	999.62	629.91	534.17	543.68	76.61	68.23	67.26	48.38	45.51	39.44
江西	291.38	260.95	254.69	671.48	580.69	581.89	56.84	51.93	51.35	48.16	44.10	39.31
山东	384.33	339.25	321.62	439.17	427.02	401.49	67.06	62.46	55.60	41.38	38.66	32.16
河南	105.77	89.38	78.49	400.70	375.92	373.02	64.16	59.05	55.32	39.66	35.36	27.62

地 区	水产品类			蔬菜类			调味品			糖 类		
	2012年	2011年	2010年	2012年	2011年	2010年	2012年	2011年	2010年	2012年	2011年	2010年
湖 北	334.46	294.01	267.47	703.01	653.65	615.32	73.89	76.33	68.05	43.30	38.98	34.30
湖 南	272.49	233.01	219.42	627.38	558.90	512.80	57.37	52.39	50.63	50.01	44.80	38.94
广 东	792.27	700.98	657.73	742.25	642.09	615.84	74.15	62.43	58.80	81.35	74.70	63.92
广 西	378.22	324.82	293.42	521.24	448.41	428.87	45.74	41.84	38.57	60.04	53.02	42.27
海 南	963.24	770.92	669.83	726.07	580.75	528.01	53.56	46.54	45.62	32.82	31.22	26.76
重 庆	266.13	200.42	190.51	797.03	624.99	559.89	137.92	110.56	97.50	74.79	58.45	57.01
四 川	185.40	161.85	144.56	710.36	608.90	580.03	115.95	105.69	98.87	64.07	55.51	51.48
贵 州	99.05	86.94	81.01	558.19	513.14	457.11	67.21	64.05	58.70	61.01	53.33	43.48
云 南	116.62	96.68	122.38	744.88	614.03	562.90	65.53	59.07	46.78	51.71	46.11	34.99
西 藏	50.96	41.45	51.08	682.52	600.81	566.63	59.32	60.02	45.92	53.66	64.11	59.19
陕 西	116.03	94.89	86.70	538.90	481.61	443.78	87.52	79.13	64.86	52.66	56.40	37.44
甘 肃	88.24	79.64	72.29	509.66	462.58	437.07	77.02	67.01	62.17	36.77	31.50	30.63
青 海	112.87	95.79	83.40	493.94	467.77	405.40	61.36	62.69	50.02	41.58	40.90	38.73
宁 夏	81.17	80.01	70.21	422.65	402.09	370.71	58.93	54.91	47.67	46.90	43.40	36.01
新 疆	115.34	100.17	87.82	499.33	427.51	363.33	57.90	49.22	41.76	71.91	56.49	47.10

各地区城镇居民家庭平均每人全年现金消费性支出-4

地 区	烟草类			酒和饮料			干鲜瓜果类			糕点类		
	2012年	2011年	2010年	2012年	2011年	2010年	2012年	2011年	2010年	2012年	2011年	2010年
全 国	271.47	249.11	232.59	294.58	259.63	230.36	506.30	449.14	378.75	122.97	110.09	98.30
北 京	301.41	251.45	249.11	590.23	510.02	480.22	772.88	705.92	646.29	258.05	234.48	220.03
天 津	290.64	242.35	235.43	416.94	396.75	355.53	664.40	615.62	539.06	215.76	202.48	185.61
河 北	145.33	138.55	130.65	279.81	249.90	209.73	408.96	366.89	287.33	109.95	98.32	80.78
山 西	255.65	225.09	206.51	186.72	164.64	138.13	402.92	353.45	289.15	105.19	94.52	78.02
内蒙古	337.22	282.97	272.32	368.71	335.60	333.55	484.96	432.46	339.56	73.46	66.63	58.43
辽 宁	250.70	227.62	231.66	287.47	249.35	234.80	638.97	562.50	455.52	108.22	92.59	88.77
吉 林	202.16	167.49	144.45	208.24	179.10	165.20	530.94	460.69	381.68	76.83	68.69	54.38
黑龙江	164.63	161.69	128.33	208.41	176.77	155.31	502.81	459.06	395.02	89.08	79.83	68.23
上 海	469.37	474.73	444.70	372.72	381.32	336.51	756.66	695.27	593.73	272.02	237.51	205.14
江 苏	386.30	378.79	309.24	345.41	303.68	248.73	513.86	441.46	382.30	130.17	118.39	102.73
浙 江	407.55	445.71	413.12	265.03	287.54	256.99	664.99	611.57	491.58	139.95	133.88	109.27
安 徽	436.60	392.64	345.48	481.81	410.68	359.12	378.58	351.57	286.14	84.12	73.41	91.58
福 建	231.11	213.78	176.06	317.01	298.89	261.05	541.04	468.01	411.69	117.68	101.71	87.77
江 西	241.42	211.15	207.44	196.48	137.02	136.82	423.16	392.04	345.92	110.03	96.87	86.13
山 东	149.42	136.13	128.31	375.43	336.95	294.71	546.77	484.14	403.26	127.56	120.75	107.78
河 南	185.98	163.26	158.35	299.33	250.38	224.66	410.78	357.91	288.11	107.05	94.61	79.69
湖 北	405.88	358.06	280.32	278.36	250.11	177.09	385.98	345.60	265.53	120.33	106.18	95.33
湖 南	294.25	249.19	250.42	228.79	173.00	162.11	471.33	412.81	348.30	95.62	75.76	72.24
广 东	162.23	132.93	146.00	294.75	247.22	216.23	551.94	483.95	432.64	160.84	141.64	133.63

地区	烟草类			酒和饮料			干鲜瓜果类			糕点类		
	2012年	2011年	2010年	2012年	2011年	2010年	2012年	2011年	2010年	2012年	2011年	2010年
广西	164.41	125.98	123.30	165.68	152.57	131.71	406.75	363.02	329.18	100.08	97.34	76.10
海南	156.74	141.60	155.39	113.14	104.90	111.46	377.61	326.35	297.01	83.11	74.30	70.06
重庆	323.04	274.12	260.70	244.37	201.37	171.39	460.46	362.69	309.52	85.30	69.92	73.30
四川	283.69	272.53	276.91	251.90	228.04	214.08	425.78	378.78	323.71	78.21	71.82	70.48
贵州	308.76	277.38	278.65	222.31	178.08	172.84	408.36	375.50	316.56	74.61	72.26	68.66
云南	456.40	397.84	434.46	143.83	117.86	140.81	422.47	353.03	315.52	155.90	139.19	83.05
西藏	496.27	443.67	408.16	299.33	292.56	298.35	315.56	292.39	248.62	33.67	34.23	38.04
陕西	284.20	273.09	283.99	278.52	235.17	227.22	527.62	486.65	393.86	157.30	137.73	116.65
甘肃	279.55	250.87	220.24	263.44	234.71	204.79	443.60	384.88	327.13	74.23	64.65	61.63
青海	264.65	192.76	185.01	273.25	209.15	224.59	408.76	386.02	308.84	76.31	67.58	62.13
宁夏	259.75	267.59	239.60	193.38	187.33	165.73	504.76	454.83	360.36	74.97	65.37	54.69
新疆	132.86	122.31	101.52	199.04	169.59	142.49	549.88	462.68	363.77	105.05	92.51	77.10

各地区城镇居民家庭平均每人全年现金消费性支出-5

地区	奶及奶制品			其他食品			在外用餐			食品加工服务费		
	2012年	2011年	2010年	2012年	2011年	2010年	2012年	2011年	2010年	2012年	2011年	2010年
全国	253.57	234.01	198.47	93.64	88.44	80.45	1315.09	1183.20	1019.29	1.85	1.77	1.63
北京	421.05	384.52	371.04	101.16	79.17	68.75	2032.46	1831.93	1687.28	1.76	0.97	0.92
天津	325.39	252.24	236.06	136.77	118.75	128.83	1881.44	1689.69	1500.26	0.13	0.19	0.23
河北	203.69	179.01	148.19	110.71	102.67	81.67	710.96	687.47	549.54	1.30	1.57	1.17
山西	209.63	201.17	161.23	82.80	75.04	62.66	732.17	677.22	529.24	1.30	1.48	1.21
内蒙古	237.35	205.68	173.47	239.87	228.21	175.72	1252.86	1134.80	917.50	1.45	1.18	1.08
辽宁	244.07	213.82	188.03	91.41	85.15	64.70	1116.80	1045.82	961.85	0.77	0.81	0.76
吉林	159.41	141.82	109.85	99.16	110.96	137.34	921.42	877.62	684.09	0.78	1.05	0.89
黑龙江	179.71	151.50	137.02	62.25	58.12	64.38	942.22	853.02	670.14	0.74	0.94	0.62
上海	494.26	462.70	410.27	85.15	99.23	99.39	2598.09	2274.91	1925.05	0.22	0.29	0.18
江苏	303.81	279.66	234.10	127.26	122.96	107.13	1327.86	1235.52	1017.48	3.60	3.46	2.93
浙江	283.59	274.03	219.84	88.76	81.26	77.86	1963.11	1841.80	1653.25	2.29	1.34	1.95
安徽	323.75	305.14	241.78	89.43	90.84	104.18	1156.17	920.87	782.30	2.27	2.58	2.98
福建	264.37	254.99	203.15	52.03	52.72	44.39	1364.83	1204.34	983.66	1.16	0.93	0.81
江西	217.66	205.83	171.04	113.02	103.59	96.92	674.62	659.42	589.09	1.33	1.27	1.64
山东	263.62	251.31	225.43	103.51	90.99	89.00	1041.41	929.82	788.18	1.92	2.29	1.54
河南	214.23	207.20	170.31	98.41	95.23	72.35	1110.10	951.70	761.04	1.45	1.35	1.34
湖北	218.63	205.33	146.55	57.09	70.44	49.03	1078.62	930.62	697.16	2.44	2.26	1.67
湖南	147.40	156.98	128.30	124.04	114.83	92.83	1049.17	951.37	850.94	2.56	1.77	1.99
广东	246.06	228.97	211.35	64.95	56.68	52.94	2052.64	1870.65	1734.51	0.99	0.71	0.91
广西	189.55	179.19	152.45	56.13	51.05	63.39	1123.88	985.61	836.69	2.09	1.26	1.38
海南	144.75	137.22	160.75	33.26	38.10	44.81	1424.35	1183.49	973.47	0.33	0.17	0.12
重庆	317.50	268.29	234.68	99.43	71.46	70.43	1505.04	1346.93	1126.43	5.75	4.36	3.67

地　区	奶及奶制品			其他食品			在外用餐			食品加工服务费		
	2012年	2011年	2010年	2012年	2011年	2010年	2012年	2011年	2010年	2012年	2011年	2010年
四　川	269.99	238.86	203.04	65.73	57.98	60.61	1231.24	1094.72	861.22	3.56	4.79	4.45
贵　州	169.88	157.23	154.78	86.95	99.50	88.27	1054.53	918.02	818.58	2.72	2.69	2.17
云　南	216.00	187.40	89.80	59.61	58.24	64.54	1172.06	1009.25	1242.76	1.29	1.30	1.64
西　藏	398.54	410.33	310.55	156.05	151.91	82.02	1079.75	927.08	964.20	2.98	1.81	1.41
陕　西	273.33	256.62	224.00	116.87	112.00	100.16	1577.08	1398.60	1164.90	0.96	0.90	0.66
甘　肃	221.40	200.05	168.11	171.88	188.84	159.19	978.18	890.58	784.97	0.90	1.31	0.49
青　海	204.82	193.65	187.53	94.18	106.57	101.02	892.64	759.01	729.74	0.45	1.22	0.49
宁　夏	243.08	218.14	176.87	137.20	120.43	107.80	1223.25	1113.42	902.98	0.43	0.56	0.30
新　疆	237.05	197.70	164.52	82.34	65.47	59.04	1122.63	973.82	788.94	0.96	0.73	1.41

进口主要食品数量和金额

金额单位：万美元

品　名		2014年		2013年		2012年		2011年		2010年	
		数　量	金　额	数　量	金　额	数　量	金　额	数　量	金　额	数　量	金　额
谷物及谷物粉	（万吨）	1951	621731	1458	510060	1398	478673	545	204380	571	152726
#小麦	（万吨）	300	97855	554	188056	370	110863	126	42369	123	31584
稻谷和大米	（万吨）	258	125424	227	108303	237	115335	60	40764	39	27136
大豆	（万吨）	7140	4026172	6338	3800944	5838	3499017	5264	2983418	5480	2508123
食用植物油	（万吨）	650	593153	810	807489	845	969212	657	771400	687	602672
其他植物油	（万吨）										
乳制品	（万吨）										
葡萄酒	（万升）					42565	257335	39100	217852	30490	133335
食糖	（万吨）	349	149424	455	206867	375	224374	292	194340	177	90578

2014年酒、饮料和精制茶制造业主要经济指标-1

单位：亿元

地　区	出口交货值	资产总计	流动资产合　计	应收账款	存货	产成品				
全　国	270.673	14249.9	7428.86	841.80334	2322.46376	783.25334	6489.28	16369.97	12164.42	504.83
北　京	1.41142	429.66531	173.4773	12.90314	29.51125	9.004	181.29807	226.00754	164.69103	8.48976
天　津	0.77175	136.84132	52.27649	21.25171	16.14571	6.07724	89.7843	187.63345	152.50145	2.13213
河　北	7.75027	445.58514	251.07856	23.92252	82.32291	28.24619	253.18045	474.58646	354.28403	21.81221
山　西	0.2471	203.94764	111.62319	6.11763	54.33528	22.52934	94.37313	193.68297	145.55042	9.94949
内蒙古	1.06474	260.36262	112.50244	9.02706	41.47732	7.35194	141.24598	301.68416	230.46191	9.53008
辽　宁	11.07869	282.25809	109.49489	18.54443	39.0977	13.55191	129.59717	470.17019	385.5615	11.3289
吉　林	2.2797	286.54509	113.32456	14.91552	55.42412	15.51727	137.88567	478.5547	395.33361	13.45457
黑龙江	0.00817	287.6623	111.20326	14.18207	43.67611	13.0807	168.41867	310.65914	248.65823	10.01266
上　海	6.92151	121.99594	70.93718	20.59092	19.74167	4.68231	63.96968	131.22749	88.33763	3.04285
江　苏	2.76541	993.29385	501.18819	59.75848	207.93205	36.1836	421.664	965.21752	701.87291	23.7033

地　　区	出口交货值	资产总计	流动资产合　　计	应收账款	存货	产成品				
浙　　江	35. 55041	578. 83305	315. 05145	44. 65522	116. 69863	45. 57915	290. 55586	465. 83327	341. 44526	10. 4933
安　　徽	12. 14885	478. 90092	258. 10613	34. 03108	104. 45062	46. 94023	231. 91057	558. 89098	392. 33139	32. 65896
福　　建	14. 55158	455. 32252	243. 26186	48. 655	56. 46368	27. 3524	186. 02328	786. 31448	605. 75223	13. 18236
江　　西	2. 06731	229. 07604	89. 78431	8. 00332	25. 87678	12. 18985	130. 44885	310. 37207	244. 46088	10. 33743
山　　东	45. 94756	985. 21769	418. 5703	52. 29467	147. 41177	55. 67256	392. 08278	1442. 21197	1152. 9328	44. 99662
河　　南	13. 7909	1054. 35455	494. 14069	60. 66926	89. 81654	30. 87208	467. 63647	1374. 94517	1130. 65247	22. 20654
湖　　北	7. 86257	1008. 62064	625. 52603	57. 18616	131. 23895	50. 28299	592. 75241	1395. 56671	1041. 90736	31. 86548
湖　　南	6. 30545	264. 87147	98. 22157	12. 6369	39. 53629	15. 6823	98. 3023	553. 26618	445. 43024	9. 65531
广　　东	10. 72632	800. 87431	447. 69066	65. 76452	74. 20858	20. 43758	429. 46684	1047. 06405	706. 06474	23. 25561
广　　西	0. 24933	243. 71562	103. 31623	17. 55751	33. 55859	12. 31844	122. 2384	363. 55818	276. 77995	11. 65812
海　　南	0. 0119	36. 18288	23. 64651	1. 26579	6. 8458	3. 05401	19. 68137	20. 87014	15. 24711	0. 5496
重　　庆	5. 2192	140. 52685	71. 20632	10. 95915	23. 12673	6. 74937	75. 05266	166. 26657	122. 60074	5. 39662
四　　川	23. 00805	2068. 9163	1308. 21594	132. 66751	384. 11633	167. 37709	834. 15018	2463. 335	1855. 8872	96. 95756
贵　　州	21. 63773	1156. 59415	748. 01401	24. 35736	271. 34237	36. 057	266. 23775	609. 22614	225. 65143	45. 55892
云　　南	5. 17752	282. 10846	154. 63413	18. 98043	68. 03708	23. 63315	150. 52426	213. 28455	151. 12764	4. 38838
西　　藏	0	52. 89853	25. 78614	0. 7574	2. 16025	0. 91726	22. 65962	16. 70512	9. 75552	0. 15384
陕　　西	27. 99785	322. 39472	147. 6229	28. 99034	57. 94725	35. 61726	160. 12377	424. 75512	296. 84041	13. 19351
甘　　肃	3. 42392	163. 27655	85. 21773	12. 67276	38. 8125	18. 49009	88. 96508	117. 6662	89. 94017	5. 18809
青　　海	0	39. 57768	17. 93238	1. 37479	5. 26493	3. 2053	24. 78242	28. 95718	20. 52613	2. 24372
宁　　夏	0. 29871	55. 99337	31. 72854	2. 7432	13. 92622	5. 59377	30. 33315	26. 40825	15. 87834	1. 59233
新　　疆	0. 39908	144. 48581	69. 36376	4. 36749	41. 95975	9. 00696	80. 15541	107. 09204	71. 70863	5. 87477

2014年酒、饮料和精制茶制造业主要经济指标-2

单位：亿元

地　　区	主营业务收　　入	主营业务成　　本	销售费用	管理费用		财务费用			投资收益（损失以“-”号记）	营业利润
全　　国				利息收入	利息支出					
北　　京	1257. 66279	698. 27389	122. 37557		123. 29219			1670. 75	84. 84287	635. 14
天　　津	42. 24761	13. 71653	0. 65711		3. 69583			7. 93513	8. 77158	12. 16359
河　　北	24. 14014	6. 96582	0. 65478		1. 26406			-0. 27219	5. 61391	5. 65621
山　　西	36. 7891	15. 94472	5. 26814		4. 33512			50. 07674	3. 84409	16. 76988
内 蒙 古	18. 56068	11. 2588	1. 73478		1. 73417			8. 01287	1. 81849	7. 47702
辽　　宁	10. 38229	12. 59944	3. 32454		2. 71622			23. 13236	1. 21413	8. 43944
吉　　林	20. 2551	14. 46329	2. 37433		1. 69394			37. 14745	0. 88964	13. 50577
黑 龙 江	21. 60466	22. 23554	4. 35903		3. 40902			19. 48589	4. 57416	10. 31832
上　　海	19. 38627	16. 2854	2. 53491		2. 39948			15. 60282	3. 82753	8. 92595
江　　苏	22. 81845	8. 83729	0. 40843		0. 17793			8. 69398	2. 02617	5. 78784
浙　　江	55. 75638	39. 90513	6. 45065		9. 55136			146. 23058	2. 8963	46. 13205
安　　徽	62. 64516	20. 02352	5. 29662		6. 07622			45. 6052	7. 36029	18. 4869
福　　建	48. 99714	26. 99434	3. 65499		3. 9127			60. 32948	2. 2987	23. 11852

地区	主营业务收入	主营业务成本	销售费用	管理费用		财务费用			投资收益（损失以“–”号记）	营业利润
全国				利息收入	利息支出					
江西	64.42888	38.72392	3.24521		4.16187			62.95761	1.1699	28.71173
山东	16.17462	9.12791	1.79255		2.62382			25.6524	0.73958	12.39006
河南	92.65543	39.11315	10.4848		7.76584			119.45123	3.81984	51.83414
湖北	46.23863	31.92764	16.43579		12.02888			125.30606	2.93951	29.65408
湖南	120.9108	64.99063	14.57214		13.09345			98.63045	3.8608	40.34754
广东	31.07922	24.3985	4.81093		3.48258			25.64035	2.92108	17.27093
广西	180.20977	46.73536	2.55926		3.3703			83.22456	8.83224	50.74633
海南	17.99724	18.16773	3.13439		2.27917			37.67726	1.3061	10.41193
重庆	2.4801	2.51669	-0.08836		0.13691			0.36009	0.47047	0.75204
四川	14.40226	9.83196	1.53309		1.47164			12.60858	1.63845	8.81606
贵州	173.99354	108.02192	13.51141		18.52405			223.75913	4.40873	88.50704
云南	36.95073	48.67726	2.45576		2.85291			247.40955	1.89638	60.55398
西藏	16.78104	10.32603	3.87623		3.98804			28.74421	1.05585	5.885
陕西	1.12015	0.98032	-0.21787		0.03491			5.63582	0.18969	1.17604
甘肃	32.61529	22.86527	3.42832		2.68016			55.66947	1.29311	19.93198
青海	9.91218	4.99109	2.59319		2.27567			5.39568	1.28929	3.6225
宁夏	3.79858	1.68448	-0.06877		0.01307			2.97493	1.01938	1.31079
新疆	3.16602	1.81532	0.65092		0.64683			3.39938	0.26883	0.91224
	9.16533	4.14889	0.94827		0.89604			16.62587	0.58865	4.56084

新增主要产品生产能力

名称	单位	2012年	2011年	2010年
啤酒	万吨／年	379	376	290
白酒	万吨／年	290	199	175
其他酒	万吨／年	47	26	56
卷烟	箱／年	1320000	1097000	1083600

注：没有2013年的资料。

分行业分经济类型食品工业主要经济指标-1

行业名称	经济类型	企业单位数	税金总额			应交增值税		
		本月止累计	本月止累计	去年同期	增减	本月止累计	去年同期	增减
		个	千元	千元	%	千元	千元	%
农副食品加工业	国有企业	279	1495220	1395312	7.2	1225557	1152620	6.3
农副食品加工业	集体企业	93	801690	707913	13.2	648176	578974	12.0
农副食品加工业	股份合作企业	41	105011	107483	-2.3	71719	75791	-5.4
农副食品加工业	股份制企业	712	8024131	7476265	7.3	5719652	5465482	4.7
农副食品加工业	私营企业	14859	78067719	73362940	6.4	61059139	57186844	6.8
农副食品加工业	外商和港澳台投资企业	1923	20118139	21471723	-6.3	17541722	18859327	-7.0

行业名称	经济类型	企业单位数 本月止累计 个	税金总额 本月止累计 千元	去年同期 千元	增减 %	应交增值税 本月止累计 千元	去年同期 千元	增减 %
农副食品加工业	其他	5877	30493543	28969821	5.3	24546413	23191184	5.8
食品制造业	国有企业	68	804638	667246	20.6	633408	553401	14.5
食品制造业	集体企业	24	153012	128255	19.3	134139	109680	22.3
食品制造业	股份合作企业	12	54016	67861	-20.4	45226	60969	-25.8
食品制造业	股份制企业	251	7266739	6495042	11.9	6354636	5634129	12.8
食品制造业	私营企业	4158	22893769	21414722	6.9	18087669	17022517	6.3
食品制造业	外商和港澳台投资企业	1202	29846507	29191465	2.2	26249012	25937689	1.2
食品制造业	其他	2066	17824616	15314622	16.4	13347365	11927101	11.9
酒、饮料和精制茶制造业	国有企业	60	3511014	4741320	-25.9	1603932	2276580	-29.5
酒、饮料和精制茶制造业	集体企业	18	105547	81768	29.1	48430	37020	30.8
酒、饮料和精制茶制造业	股份合作企业	19	210064	233659	-10.1	60068	77360	-22.4
酒、饮料和精制茶制造业	股份制企业	251	17583160	18004646	-2.3	8609430	8660630	-0.6
酒、饮料和精制茶制造业	私营企业	3067	24580051	23148220	6.2	13655647	12813063	6.6
酒、饮料和精制茶制造业	外商和港澳台投资企业	791	26103211	25633566	1.8	16333642	15897910	2.7
酒、饮料和精制茶制造业	其他	1705	39810929	40159234	-0.9	21106525	21677000	-2.6
烟草制品业	国有企业	50	372759820	339015597	10.0	66312865	60289261	10.0
烟草制品业	集体企业	12	137650	116858	17.8	123196	105059	17.3
烟草制品业	股份制企业	6	5661307	5056382	12.0	1054537	892676	18.1
烟草制品业	私营企业	0	48294	37949	27.3	41185	29763	38.4
烟草制品业	外商和港澳台投资企业	0	24057	22265	8.0	21481	19881	8.0
烟草制品业	其他	59	215671396	198978634	8.4	42469588	38630113	9.9
谷物磨制	国有企业	100	535133	456710	17.2	432929	365605	18.4
谷物磨制	集体企业	18	84249	77887	8.2	61627	64363	-4.3
谷物磨制	股份合作企业	12	45330	43497	4.2	29372	30040	-2.2
谷物磨制	股份制企业	132	963083	959391	0.4	812417	708750	14.6
谷物磨制	私营企业	4370	19284816	18812729	2.5	14417240	13896388	3.7
谷物磨制	外商和港澳台投资企业	100	637267	449953	41.6	515468	325056	58.6
谷物磨制	其他	1329	5635591	4859623	16.0	4229634	3696402	14.4
饲料加工	国有企业	17	109717	103543	6.0	100268	95237	5.3
饲料加工	集体企业	0	2501	1780	40.5	2166	1418	52.8
饲料加工	股份合作企业	4	24758	19664	25.9	20761	16605	25.0
饲料加工	股份制企业	149	767426	832296	-7.8	569848	609118	-6.4
饲料加工	私营企业	2184	10864447	9568048	13.5	8628013	7553692	14.2
饲料加工	外商和港澳台投资企业	356	1871421	2209310	-15.3	1515275	1731448	-12.5
饲料加工	其他	1129	4414989	3673418	20.2	3646394	3065056	19.0
植物油加工	国有企业	22	90300	74501	21.2	56363	43257	30.3
植物油加工	集体企业	7	13295	9182	44.8	10014	7305	37.1
植物油加工	股份合作企业	0	222	168	32.1	91	153	-40.5
植物油加工	股份制企业	75	473113	661901	-28.5	365349	540726	-32.4
植物油加工	私营企业	1325	8618335	8501319	1.4	6998906	7006935	-0.1

行业名称	经济类型	企业单位数	税金总额			应交增值税		
		本月止累计	本月止累计	去年同期	增减	本月止累计	去年同期	增减
		个	千元	千元	%	千元	千元	%
植物油加工	外商和港澳台投资企业	134	6422838	6670496	-3.7	6147443	6308452	-2.6
植物油加工	其他	621	4768351	4425795	7.7	4162988	3637500	14.4
制糖业	国有企业	14	140949	180688	-22.0	127581	163926	-22.2
制糖业	股份合作企业	0	0	8631	-100.0	0	7358	-100.0
制糖业	股份制企业	25	394654	537427	-26.6	363875	478452	-23.9
制糖业	私营企业	105	570002	900213	-36.7	456325	757833	-39.8
制糖业	外商和港澳台投资企业	30	732879	1036471	-29.3	645063	906170	-28.8
制糖业	其他	136	1583178	2197682	-28.0	1358053	1631402	-16.8
屠宰及肉类加工	国有企业	94	422124	387068	9.1	360761	331690	8.8
屠宰及肉类加工	集体企业	27	147385	120595	22.2	120521	98083	22.9
屠宰及肉类加工	股份合作企业	8	12034	13836	-13.0	8205	6881	19.2
屠宰及肉类加工	股份制企业	130	2395534	2141422	11.9	1309587	1219655	7.4
屠宰及肉类加工	私营企业	2342	14568353	13775957	5.8	11444955	10756811	6.4
屠宰及肉类加工	外商和港澳台投资企业	210	3105404	3257667	-4.7	2673749	2822226	-5.3
屠宰及肉类加工	其他	975	5440708	6077133	-10.5	4075660	4848869	-15.9
水产品加工	国有企业	11	109277	104176	4.9	69476	69771	-0.4
水产品加工	集体企业	12	167131	148931	12.2	120270	107151	12.2
水产品加工	股份合作企业	5	2278	4341	-47.5	1898	3800	-50.1
水产品加工	股份制企业	53	1073864	666005	61.2	900414	540194	66.7
水产品加工	私营企业	1172	8322318	7724926	7.7	6695028	6156173	8.8
水产品加工	外商和港澳台投资企业	439	3676871	4396430	-16.4	3084285	3849165	-19.9
水产品加工	其他	393	2825158	2472292	14.3	2293198	2015178	13.8
蔬菜、水果和坚果加工	国有企业	8	14155	5352	164.5	13416	4528	196.3
蔬菜、水果和坚果加工	集体企业	6	58265	42365	37.5	51854	37697	37.6
蔬菜、水果和坚果加工	股份合作企业	5	12826	10418	23.1	5093	5149	-1.1
蔬菜、水果和坚果加工	股份制企业	71	949153	798615	18.8	786398	676088	16.3
蔬菜、水果和坚果加工	私营企业	1902	8670671	7507854	15.5	6946772	6004481	15.7
蔬菜、水果和坚果加工	外商和港澳台投资企业	456	2634003	2344193	12.4	2111509	1982551	6.5
蔬菜、水果和坚果加工	其他	655	2478906	2112752	17.3	2072429	1737687	19.3
其他农副食品加工	国有企业	13	73565	83274	-11.7	64763	78606	-17.6
其他农副食品加工	集体企业	20	328864	307173	7.1	281724	262957	7.1
其他农副食品加工	股份合作企业	5	7563	6928	9.2	6299	5805	8.5
其他农副食品加工	股份制企业	77	1007304	879208	14.6	611764	692499	-11.7
其他农副食品加工	私营企业	1459	7168777	6571894	9.1	5471900	5054531	8.3
其他农副食品加工	外商和港澳台投资企业	198	1037456	1107203	-6.3	848930	934259	-9.1
其他农副食品加工	其他	639	3346662	3151126	6.2	2708057	2559090	5.8
焙烤食品制造	国有企业	7	31815	28983	9.8	26184	23879	9.7
焙烤食品制造	集体企业	0	33039	13619	142.6	31728	12758	148.7
焙烤食品制造	股份合作企业	4	5362	8838	-39.3	3853	7000	-45.0

行业名称	经济类型	企业单位数	税金总额			应交增值税		
		本月止累计	本月止累计	去年同期	增减	本月止累计	去年同期	增减
		个	千元	千元	%	千元	千元	%
焙烤食品制造	股份制企业	22	107544	104562	2.9	83079	80961	2.6
焙烤食品制造	私营企业	710	3825371	3444612	11.1	3016404	2616046	15.3
焙烤食品制造	外商和港澳台投资企业	248	3571544	3712002	-3.8	3161106	3301682	-4.3
焙烤食品制造	其他	285	1564656	1265614	23.6	1227414	1023255	20.0
糖果、巧克力及蜜饯制造	集体企业	4	21245	14276	48.8	19244	12461	54.4
糖果、巧克力及蜜饯制造	股份制企业	11	882967	840193	5.1	793459	766355	3.5
糖果、巧克力及蜜饯制造	私营企业	451	2212872	2071651	6.8	1729704	1614162	7.2
糖果、巧克力及蜜饯制造	外商和港澳台投资企业	111	3761283	3808045	-1.2	3358609	3419095	-1.8
糖果、巧克力及蜜饯制造	其他	178	800764	666206	20.2	621795	521549	19.2
方便食品制造	国有企业	11	142179	103310	37.6	123586	88888	39.0
方便食品制造	集体企业	4	44921	40903	9.8	37737	34322	9.9
方便食品制造	股份制企业	38	652002	654057	-0.3	527694	514168	2.6
方便食品制造	私营企业	711	3401796	3105901	9.5	2643003	2477884	6.7
方便食品制造	外商和港澳台投资企业	192	5332003	5096760	4.6	4874346	4763508	2.3
方便食品制造	其他	337	2776047	2410246	15.2	2199314	1937009	13.5
乳制品制造	国有企业	11	46761	34565	35.3	41728	31167	33.9
乳制品制造	集体企业	0	3321	2599	27.8	2826	1596	77.1
乳制品制造	股份合作企业	0	4311	18345	-76.5	4016	16868	-76.2
乳制品制造	股份制企业	44	2669085	2192636	21.7	2377271	1919789	23.8
乳制品制造	私营企业	214	1147471	1128072	1.7	900902	873445	3.1
乳制品制造	外商和港澳台投资企业	98	4262757	5388151	-20.9	3765720	4856101	-22.5
乳制品制造	其他	261	2370775	2401516	-1.3	2075958	2103019	-1.3
罐头食品制造	国有企业	0	50429	43358	16.3	45574	38470	18.5
罐头食品制造	集体企业	0	927	7202	-87.1	840	5827	-85.6
罐头食品制造	股份合作企业	0	470	1796	-73.8	176	1549	-88.6
罐头食品制造	股份制企业	34	511579	355895	43.7	453741	301689	50.4
罐头食品制造	私营企业	469	2996714	2864772	4.6	2415314	2395131	0.8
罐头食品制造	外商和港澳台投资企业	142	1129225	886839	27.3	960369	737914	30.1
罐头食品制造	其他	196	1574731	1365519	15.3	1335375	1139449	17.2
调味品、发酵制品制造	国有企业	11	263046	265507	-0.9	187833	234042	-19.7
调味品、发酵制品制造	集体企业	6	11165	24008	-53.5	8819	20979	-58.0
调味品、发酵制品制造	股份合作企业	0	11303	7693	46.9	10184	6956	46.4
调味品、发酵制品制造	股份制企业	35	1509983	1448360	4.3	1296849	1253684	3.4
调味品、发酵制品制造	私营企业	607	3926268	3585738	9.5	3116091	2917149	6.8
调味品、发酵制品制造	外商和港澳台投资企业	132	2423553	2083307	16.3	2069515	1793878	15.4
调味品、发酵制品制造	其他	294	2338739	1953143	19.7	1990746	1675804	18.8
其他食品制造	国有企业	25	270408	191523	41.2	208503	136955	52.2
其他食品制造	集体企业	4	38394	25648	49.7	32945	21737	51.6
其他食品制造	股份合作企业	0	32570	31189	4.4	26997	28596	-5.6

行业名称	经济类型	企业单位数	税金总额			应交增值税		
		本月止累计	本月止累计	去年同期	增减	本月止累计	去年同期	增减
		个	千元	千元	%	千元	千元	%
其他食品制造	股份制企业	67	933579	899339	3.8	822543	797483	3.1
其他食品制造	私营企业	996	5383277	5213976	3.2	4266251	4128700	3.3
其他食品制造	外商和港澳台投资企业	279	9366142	8216361	14.0	8059347	7065511	14.1
其他食品制造	其他	515	6398904	5252378	21.8	3896763	3527016	10.5
酒的制造	国有企业	34	3253842	4488066	-27.5	1400349	2074538	-32.5
酒的制造	集体企业	9	59524	55340	7.6	11508	15840	-27.3
酒的制造	股份合作企业	15	188270	177357	6.2	50312	52142	-3.5
酒的制造	股份制企业	147	15244035	15904309	-4.2	6715731	6961333	-3.5
酒的制造	私营企业	1347	16037937	15037805	6.7	7114505	6890515	3.3
酒的制造	外商和港澳台投资企业	251	13767965	13891342	-0.9	5325757	5402285	-1.4
酒的制造	其他	799	34529808	35194897	-1.9	16862829	17768824	-5.1
饮料制造	国有企业	9	164037	149656	9.6	126087	114543	10.1
饮料制造	集体企业	0	12977	10540	23.1	9488	8085	17.4
饮料制造	股份制企业	68	2123621	1887719	12.5	1721442	1532607	12.3
饮料制造	私营企业	779	4812993	4276880	12.5	3816443	3453080	10.5
饮料制造	外商和港澳台投资企业	495	12038324	11572031	4.0	10769529	10349166	4.1
饮料制造	其他	470	3522641	3177500	10.9	2878250	2590586	11.1
精制茶加工	国有企业	17	93135	103598	-10.1	77496	87499	-11.4
精制茶加工	集体企业	7	33046	15888	108.0	27434	13095	109.5
精制茶加工	股份合作企业	4	21794	56302	-61.3	9756	25218	-61.3
精制茶加工	股份制企业	36	215504	212618	1.4	172257	166690	3.3
精制茶加工	私营企业	941	3729121	3833535	-2.7	2724699	2469468	10.3
精制茶加工	外商和港澳台投资企业	45	296922	170193	74.5	238356	146459	62.7
精制茶加工	其他	436	1758480	1786837	-1.6	1365446	1317590	3.6
烟叶复烤	国有企业	10	973121	927162	5.0	769771	736855	4.5
烟叶复烤	集体企业	0	10532	11075	-4.9	10532	11075	-4.9
烟叶复烤	股份制企业	0	9419	10465	-10.0	8178	9155	-10.7
烟叶复烤	其他	29	1008725	912090	10.6	901387	826202	9.1
卷烟制造	国有企业	33	371597240	337913264	10.0	65372795	59395625	10.1
卷烟制造	集体企业	0	18848	20793	-9.4	16351	18435	-11.3
卷烟制造	股份制企业	0	5635980	5015820	12.4	1034230	856340	20.8
卷烟制造	其他	19	214156162	197613117	8.4	41170551	37446758	9.9
其他烟草制品制造	国有企业	7	189459	175171	8.2	170299	156781	8.6
其他烟草制品制造	集体企业	9	108270	84990	27.4	96313	75549	27.5
其他烟草制品制造	股份制企业	0	15908	30097	-47.1	12129	27181	-55.4
其他烟草制品制造	私营企业	0	48294	37949	27.3	41185	29763	38.4
其他烟草制品制造	外商和港澳台投资企业	0	24057	22265	8.0	21481	19881	8.0
其他烟草制品制造	其他	11	506509	453427	11.7	397650	357153	11.3

分行业分经济类型食品工业主要经济指标-2

行业名称	经济类型	企业单位数	亏损企业	去年同期	增减	应收帐款	去年同期	增减
		本月止累计	本月止累计			本月止累计		
		个	个	个	%	千元	千元	%
农副食品加工业	国有企业	279	59	57	3.5	2415814	2244294	7.6
农副食品加工业	集体企业	93	8	6	33.3	351083	340557	3.1
农副食品加工业	股份合作企业	41	4	5	-20.0	295449	268814	9.9
农副食品加工业	股份制企业	712	95	83	14.5	14600509	13177468	10.8
农副食品加工业	私营企业	14859	706	626	12.8	101347070	89175204	13.6
农副食品加工业	外商和港澳台投资企业	1923	368	310	18.7	55780792	47826764	16.6
农副食品加工业	其他	5877	630	551	14.3	67280972	56385121	19.3
食品制造业	国有企业	68	8	5	60.0	1118527	1012183	10.5
食品制造业	集体企业	24	1	1	0.0	245010	264537	-7.4
食品制造业	股份合作企业	12	0	0		71737	78229	-8.3
食品制造业	股份制企业	251	23	18	27.8	11503209	10028020	14.7
食品制造业	私营企业	4158	219	191	14.7	30623975	27034640	13.3
食品制造业	外商和港澳台投资企业	1202	230	191	20.4	60507454	54961511	10.1
食品制造业	其他	2066	189	171	10.5	25906059	22943209	12.9
酒、饮料和精制茶制造业	国有企业	60	16	13	23.1	2142134	1631627	31.3
酒、饮料和精制茶制造业	集体企业	18	0	0		151236	160242	-5.6
酒、饮料和精制茶制造业	股份合作企业	19	1	1	0.0	201801	43800	360.7
酒、饮料和精制茶制造业	股份制企业	251	32	23	39.1	9109356	9872324	-7.7
酒、饮料和精制茶制造业	私营企业	3067	143	109	31.2	22474465	19126389	17.5
酒、饮料和精制茶制造业	外商和港澳台投资企业	791	185	172	7.6	26946987	24807825	8.6
酒、饮料和精制茶制造业	其他	1705	193	167	15.6	23154355	21408129	8.2
烟草制品业	国有企业	50	4	2	100.0	16749439	19184497	-12.7
烟草制品业	集体企业	12	3	1	200.0	449853	340579	32.1
烟草制品业	股份制企业	6	1	1	0.0	1448532	1401480	3.4
烟草制品业	私营企业	0	0	0		468908	254837	84.0
烟草制品业	外商和港澳台投资企业	0	0	0		32624	37162	-12.2
烟草制品业	其他	59	4	2	100.0	17766639	20157288	-11.9
谷物磨制	国有企业	100	19	18	5.6	530878	552390	-3.9
谷物磨制	集体企业	18	1	0		16421	43755	-62.5
谷物磨制	股份合作企业	12	1	0		167896	149988	11.9
谷物磨制	股份制企业	132	15	10	50.0	988562	1061267	-6.9
谷物磨制	私营企业	4370	89	71	25.4	18873779	16753292	12.7
谷物磨制	外商和港澳台投资企业	100	33	28	17.9	2435598	2127172	14.5
谷物磨制	其他	1329	84	83	1.2	8829524	7423801	18.9
饲料加工	国有企业	17	3	4	-25.0	334318	263457	26.9
饲料加工	集体企业	0	0	0		5923	6292	-5.9
饲料加工	股份合作企业	4	0	0		19159	5758	232.7
饲料加工	股份制企业	149	16	17	-5.9	2294854	1880198	22.1
饲料加工	私营企业	2184	137	130	5.4	13973659	12227292	14.3

行业名称	经济类型	企业单位数	亏损企业	去年同期	增减	应收帐款	去年同期	增减
		本月止累计	本月止累计			本月止累计		
		个	个	个	%	千元	千元	%
饲料加工	外商和港澳台投资企业	356	57	52	9.6	7017315	5462410	28.5
饲料加工	其他	1129	117	128	-8.6	8822048	7278134	21.2
植物油加工	国有企业	22	3	1	200.0	511408	285739	79.0
植物油加工	集体企业	7	1	0		17819	23136	-23.0
植物油加工	股份合作企业	0	0	0		1241	1024	21.2
植物油加工	股份制企业	75	12	9	33.3	775382	807513	-4.0
植物油加工	私营企业	1325	89	65	36.9	8889253	8094005	9.8
植物油加工	外商和港澳台投资企业	134	36	34	5.9	15863369	13890176	14.2
植物油加工	其他	621	88	63	39.7	11216854	9260715	21.1
制糖业	国有企业	14	10	12	-16.7	88092	249797	-64.7
制糖业	股份合作企业	0	0	0		0	2664	-100.0
制糖业	股份制企业	25	13	12	8.3	878782	1116659	-21.3
制糖业	私营企业	105	50	40	25.0	2096224	2670814	-21.5
制糖业	外商和港澳台投资企业	30	15	11	36.4	1231101	1294243	-4.9
制糖业	其他	136	83	56	48.2	5250675	4926575	6.6
屠宰及肉类加工	国有企业	94	18	18	0.0	449146	424870	5.7
屠宰及肉类加工	集体企业	27	3	3	0.0	72192	59718	20.9
屠宰及肉类加工	股份合作企业	8	1	2	-50.0	5486	24665	-77.8
屠宰及肉类加工	股份制企业	130	18	17	5.9	3568827	2724419	31.0
屠宰及肉类加工	私营企业	2342	143	135	5.9	18678583	16889819	10.6
屠宰及肉类加工	外商和港澳台投资企业	210	58	45	28.9	9008404	5610922	60.6
屠宰及肉类加工	其他	975	110	104	5.8	14957300	11556743	29.4
水产品加工	国有企业	11	0	0		203573	233504	-12.8
水产品加工	集体企业	12	0	0		90439	55132	64.0
水产品加工	股份合作企业	5	0	0		70947	60051	18.1
水产品加工	股份制企业	53	11	8	37.5	3055273	2617304	16.7
水产品加工	私营企业	1172	82	84	-2.4	16357028	12594384	29.9
水产品加工	外商和港澳台投资企业	439	71	66	7.6	9750595	8973692	8.7
水产品加工	其他	393	40	44	-9.1	6360073	5142643	23.7
蔬菜、水果和坚果加工	国有企业	8	3	1	200.0	37171	11957	210.9
蔬菜、水果和坚果加工	集体企业	6	0	1	-100.0	16657	21212	-21.5
蔬菜、水果和坚果加工	股份合作企业	5	1	1	0.0	23030	17498	31.6
蔬菜、水果和坚果加工	股份制企业	71	6	6	0.0	1082071	1354653	-20.1
蔬菜、水果和坚果加工	私营企业	1902	53	46	15.2	12215154	11181939	9.2
蔬菜、水果和坚果加工	外商和港澳台投资企业	456	55	36	52.8	5166630	5316252	-2.8
蔬菜、水果和坚果加工	其他	655	31	25	24.0	4627456	4310251	7.4
其他农副食品加工	国有企业	13	3	3	0.0	261228	222580	17.4
其他农副食品加工	集体企业	20	3	2	50.0	131632	131312	0.2
其他农副食品加工	股份合作企业	5	1	2	-50.0	7690	7166	7.3
其他农副食品加工	股份制企业	77	4	4	0.0	1956758	1615455	21.1
其他农副食品加工	私营企业	1459	63	55	14.5	10263390	8763659	17.1

行业名称	经济类型	企业单位数	亏损企业	去年同期	增减	应收帐款	去年同期	增减
		本月止累计	本月止累计			本月止累计		
		个	个	个	%	千元	千元	%
其他农副食品加工	外商和港澳台投资企业	198	43	38	13.2	5307780	5151897	3.0
其他农副食品加工	其他	639	77	48	60.4	7217042	6486259	11.3
焙烤食品制造	国有企业	7	0	1	-100.0	33997	31832	6.8
焙烤食品制造	集体企业	0	0	0		6626	30731	-78.4
焙烤食品制造	股份合作企业	4	0	0		17844	19183	-7.0
焙烤食品制造	股份制企业	22	1	3	-66.7	113687	102498	10.9
焙烤食品制造	私营企业	710	37	33	12.1	3953536	3333627	18.6
焙烤食品制造	外商和港澳台投资企业	248	54	48	12.5	6402454	6859620	-6.7
焙烤食品制造	其他	285	23	21	9.5	2533292	2094700	20.9
糖果、巧克力及蜜饯制造	集体企业	4	0	0		7465	6965	7.2
糖果、巧克力及蜜饯制造	股份制企业	11	0	0		819650	703789	16.5
糖果、巧克力及蜜饯制造	私营企业	451	8	10	-20.0	3709734	3578971	3.7
糖果、巧克力及蜜饯制造	外商和港澳台投资企业	111	16	10	60.0	5624741	5290868	6.3
糖果、巧克力及蜜饯制造	其他	178	9	6	50.0	1727678	1501131	15.1
方便食品制造	国有企业	11	0	0		78294	80572	-2.8
方便食品制造	集体企业	4	1	0		28377	22370	26.9
方便食品制造	股份制企业	38	6	3	100.0	648874	544233	19.2
方便食品制造	私营企业	711	24	24	0.0	4162875	3795824	9.7
方便食品制造	外商和港澳台投资企业	192	36	32	12.5	14275375	13917224	2.6
方便食品制造	其他	337	20	18	11.1	2989484	2474953	20.8
乳制品制造	国有企业	11	2	2	0.0	53099	43834	21.1
乳制品制造	集体企业	0	0	0		6101	2216	175.3
乳制品制造	股份合作企业	0	0	0		211	1075	-80.4
乳制品制造	股份制企业	44	5	4	25.0	4617222	3189022	44.8
乳制品制造	私营企业	214	26	21	23.8	2626869	2514485	4.5
乳制品制造	外商和港澳台投资企业	98	19	20	-5.0	8582235	7727367	11.1
乳制品制造	其他	261	48	40	20.0	7583859	5814021	30.4
罐头食品制造	国有企业	0	0	0		39909	38114	4.7
罐头食品制造	集体企业	0	0	0		1850	17520	-89.4
罐头食品制造	股份合作企业	0	0	0		8142	7941	2.5
罐头食品制造	股份制企业	34	4	3	33.3	552216	463827	19.1
罐头食品制造	私营企业	469	32	29	10.3	3353426	3033383	10.6
罐头食品制造	外商和港澳台投资企业	142	25	22	13.6	2483537	2388679	4.0
罐头食品制造	其他	196	17	24	-29.2	1890837	2843854	-33.5
调味品、发酵制品制造	国有企业	11	4	1	300.0	274681	208973	31.4
调味品、发酵制品制造	集体企业	6	0	0		19112	17874	6.9
调味品、发酵制品制造	股份合作企业	0	0	0		7895	10147	-22.2
调味品、发酵制品制造	股份制企业	35	2	2	0.0	1869373	2198650	-15.0
调味品、发酵制品制造	私营企业	607	20	18	11.1	4244166	3410612	24.4
调味品、发酵制品制造	外商和港澳台投资企业	132	23	20	15.0	6585573	5594792	17.7

行业名称	经济类型	企业单位数	亏损企业	去年同期	增减	应收帐款	去年同期	增减
		本月止累计	本月止累计			本月止累计		
		个	个	个	%	千元	千元	%
调味品、发酵制品制造	其他	294	25	23	8.7	2882358	2599789	10.9
其他食品制造	国有企业	25	2	1	100.0	638547	608858	4.9
其他食品制造	集体企业	4	0	1	-100.0	175479	166861	5.2
其他食品制造	股份合作企业	0	0	0		37645	39883	-5.6
其他食品制造	股份制企业	67	5	3	66.7	2882187	2826001	2.0
其他食品制造	私营企业	996	72	56	28.6	8573369	7367738	16.4
其他食品制造	外商和港澳台投资企业	279	57	39	46.2	16553539	13182961	25.6
其他食品制造	其他	515	47	39	20.5	6298551	5614761	12.2
酒的制造	国有企业	34	12	9	33.3	2002969	1496928	33.8
酒的制造	集体企业	9	0	0		117225	121501	-3.5
酒的制造	股份合作企业	15	1	1	0.0	195332	32236	505.9
酒的制造	股份制企业	147	23	18	27.8	6451016	7578256	-14.9
酒的制造	私营企业	1347	85	67	26.9	9878378	8245324	19.8
酒的制造	外商和港澳台投资企业	251	73	70	4.3	6394670	5991452	6.7
酒的制造	其他	799	133	111	19.8	14691701	13588146	8.1
饮料制造	国有企业	9	3	2	50.0	86714	77192	12.3
饮料制造	集体企业	0	0	0		8716	16969	-48.6
饮料制造	股份制企业	68	8	5	60.0	2184270	1932016	13.1
饮料制造	私营企业	779	39	34	14.7	6339757	5185507	22.3
饮料制造	外商和港澳台投资企业	495	109	98	11.2	19703335	18094492	8.9
饮料制造	其他	470	48	43	11.6	5162545	4611942	11.9
精制茶加工	国有企业	17	1	2	-50.0	52451	57507	-8.8
精制茶加工	集体企业	7	0	0		25295	21772	16.2
精制茶加工	股份合作企业	4	0	0		6469	11564	-44.1
精制茶加工	股份制企业	36	1	0		474070	362052	30.9
精制茶加工	私营企业	941	19	8	137.5	6256330	5695558	9.8
精制茶加工	外商和港澳台投资企业	45	3	4	-25.0	848982	721881	17.6
精制茶加工	其他	436	12	13	-7.7	3300109	3208041	2.9
烟叶复烤	国有企业	10	2	0		228073	466222	-51.1
烟叶复烤	集体企业	0	0	0		3457	3704	-6.7
烟叶复烤	股份制企业	0	1	1	0.0	14677	15342	-4.3
烟叶复烤	其他	29	3	0		1325115	1022555	29.6
卷烟制造	国有企业	33	1	1	0.0	15926590	18417439	-13.5
卷烟制造	集体企业	0	1	0		95657	61799	54.8
卷烟制造	股份制企业	0	0	0		1245550	1238150	0.6
卷烟制造	其他	19	0	0		14038420	16988913	-17.4
其他烟草制品制造	国有企业	7	1	1	0.0	594776	300836	97.7
其他烟草制品制造	集体企业	9	2	1	100.0	350739	275076	27.5
其他烟草制品制造	股份制企业	0	0	0		188305	147988	27.2

行业名称	经济类型	企业单位数	亏损企业	去年同期	增减	应收帐款	去年同期	增减
		本月止累计	本月止累计			本月止累计		
		个	个	个	%	千元	千元	%
其他烟草制品制造	私营企业	0	0	0		468908	254837	84.0
其他烟草制品制造	外商和港澳台投资企业	0	0	0		32624	37162	-12.2
其他烟草制品制造	其他	11	1	2	-50.0	2403104	2145820	12.0

分行业分经济类型食品工业主要经济指标-3

行业名称	经济类型	企业单位数	存货	去年同期	增减	其中：产成品	去年同期	增减
		本月止累计	本月止累计			本月止累计		
		个	千元	千元	%	千元	千元	%
农副食品加工业	国有企业	279	7314408	7275062	0.5	4094679	4075227	0.5
农副食品加工业	集体企业	93	656855	650936	0.9	372134	413951	-10.1
农副食品加工业	股份合作企业	41	1254004	696650	80.0	462824	261074	77.3
农副食品加工业	股份制企业	712	32359742	26483613	22.2	15552888	10480161	48.4
农副食品加工业	私营企业	14859	184325737	169597775	8.7	84147326	74305461	13.2
农副食品加工业	外商和港澳台投资企业	1923	104585334	100416716	4.2	39751848	40292711	-1.3
农副食品加工业	其他	5877	141658158	132311582	7.1	60413545	57489977	5.1
食品制造业	国有企业	68	1907606	1684386	13.3	788287	693449	13.7
食品制造业	集体企业	24	263123	232600	13.1	38799	33756	14.9
食品制造业	股份合作企业	12	92203	89436	3.1	37761	34276	10.2
食品制造业	股份制企业	251	13181489	11387052	15.8	6028531	5221341	15.5
食品制造业	私营企业	4158	42947942	40112255	7.1	20227639	18490315	9.4
食品制造业	外商和港澳台投资企业	1202	45916642	42676902	7.6	19852320	17414145	14.0
食品制造业	其他	2066	35514371	29649416	19.8	15105535	11399723	32.5
酒、饮料和精制茶制造业	国有企业	60	10397885	10130212	2.6	3715336	3825137	-2.9
酒、饮料和精制茶制造业	集体企业	18	183271	173009	5.9	110648	106857	3.5
酒、饮料和精制茶制造业	股份合作企业	19	321328	313377	2.5	110857	109864	0.9
酒、饮料和精制茶制造业	股份制企业	251	48041650	43251327	11.1	12962208	11968344	8.3
酒、饮料和精制茶制造业	私营企业	3067	45763870	38135630	20.0	21882621	17861690	22.5
酒、饮料和精制茶制造业	外商和港澳台投资企业	791	40191584	40216998	-0.1	11786116	11340979	3.9
酒、饮料和精制茶制造业	其他	1705	87346788	74782050	16.8	27757548	23893696	16.2
烟草制品业	国有企业	50	258712221	222601123	16.2	21528881	14340130	50.1
烟草制品业	集体企业	12	238826	239815	-0.4	108199	148609	-27.2
烟草制品业	股份制企业	6	1528707	1507782	1.4	443035	255676	73.3
烟草制品业	私营企业	0	391313	661595	-40.9	71934	78027	-7.8
烟草制品业	外商和港澳台投资企业	0	10062	11260	-10.6	3121	948	229.2
烟草制品业	其他	59	125869196	111451690	12.9	7599313	6174984	23.1
谷物磨制	国有企业	100	1728294	1877180	-7.9	789612	1026119	-23.0
谷物磨制	集体企业	18	26489	34177	-22.5	13657	21474	-36.4
谷物磨制	股份合作企业	12	1107444	539902	105.1	396598	209140	89.6
谷物磨制	股份制企业	132	3093903	2710612	14.1	786670	746861	5.3
谷物磨制	私营企业	4370	42484962	39720688	7.0	12555830	11087338	13.2

行业名称	经济类型	企业单位数	存货	去年同期	增减	其中：产成品	去年同期	增减
		本月止累计	本月止累计			本月止累计		
		个	千元	千元	%	千元	千元	%
谷物磨制	外商和港澳台投资企业	100	8912914	7336912	21.5	1673864	1307670	28.0
谷物磨制	其他	1329	27782593	26317539	5.6	8693215	8420001	3.2
饲料加工	国有企业	17	156983	132682	18.3	20178	18908	6.7
饲料加工	集体企业	0	4625	4219	9.6	1893	2689	-29.6
饲料加工	股份合作企业	4	5513	4380	25.9	3199	2730	17.2
饲料加工	股份制企业	149	3723295	3963178	-6.1	822769	709137	16.0
饲料加工	私营企业	2184	23338359	21539626	8.4	7910246	6287377	25.8
饲料加工	外商和港澳台投资企业	356	11130478	10902994	2.1	2502130	2860550	-12.5
饲料加工	其他	1129	15161850	15062539	0.7	4951655	4887267	1.3
植物油加工	国有企业	22	1958296	1876041	4.4	864420	929185	-7.0
植物油加工	集体企业	7	47571	107614	-55.8	6554	62536	-89.5
植物油加工	股份合作企业	0	1695	1356	25.0	1695	1356	25.0
植物油加工	股份制企业	75	5477173	2845264	92.5	4155492	1710726	142.9
植物油加工	私营企业	1325	29775069	28480269	4.5	13681676	12980914	5.4
植物油加工	外商和港澳台投资企业	134	38301312	40457796	-5.3	14707244	16491477	-10.8
植物油加工	其他	621	37362636	36278792	3.0	14971951	16974270	-11.8
制糖业	国有企业	14	910687	956995	-4.8	767985	710320	8.1
制糖业	股份合作企业	0	0	2530	-100.0	0	0	
制糖业	股份制企业	25	2122093	1464830	44.9	1478359	825862	79.0
制糖业	私营企业	105	3280927	3253416	0.8	1733395	2092484	-17.2
制糖业	外商和港澳台投资企业	30	3003479	3105590	-3.3	2226145	2352153	-5.4
制糖业	其他	136	7201628	5869382	22.7	3568163	2858280	24.8
屠宰及肉类加工	国有企业	94	994330	902884	10.1	657464	530812	23.9
屠宰及肉类加工	集体企业	27	105535	76798	37.4	22583	18866	19.7
屠宰及肉类加工	股份合作企业	8	27039	33602	-19.5	9337	10000	-6.6
屠宰及肉类加工	股份制企业	130	7504007	6532528	14.9	3793195	2693891	40.8
屠宰及肉类加工	私营企业	2342	30728091	26890455	14.3	17140416	14462726	18.5
屠宰及肉类加工	外商和港澳台投资企业	210	11096329	9811689	13.1	5209773	4810068	8.3
屠宰及肉类加工	其他	975	20090686	19915405	0.9	11133354	10321322	7.9
水产品加工	国有企业	11	1158042	1139119	1.7	683270	582465	17.3
水产品加工	集体企业	12	199543	197713	0.9	152216	145093	4.9
水产品加工	股份合作企业	5	21782	15481	40.7	15967	11477	39.1
水产品加工	股份制企业	53	3922847	3937972	-0.4	2336478	1721645	35.7
水产品加工	私营企业	1172	20858878	19266472	8.3	12801214	11404326	12.2
水产品加工	外商和港澳台投资企业	439	14909068	13386908	11.4	7121635	6365115	11.9
水产品加工	其他	393	10078167	8441907	19.4	4839537	4157931	16.4
蔬菜、水果和坚果加工	国有企业	8	91965	96762	-5.0	37755	49187	-23.2
蔬菜、水果和坚果加工	集体企业	6	93991	82178	14.4	36402	42413	-14.2
蔬菜、水果和坚果加工	股份合作企业	5	68318	83878	-18.6	26003	18752	38.7
蔬菜、水果和坚果加工	股份制企业	71	3556521	2918622	21.9	1236395	1046398	18.2
蔬菜、水果和坚果加工	私营企业	1902	17853932	15589404	14.5	8988356	7507710	19.7

行业名称	经济类型	企业单位数	存货	去年同期	增减	其中：产成品	去年同期	增减
		本月止累计	本月止累计			本月止累计		
		个	千元	千元	%	千元	千元	%
蔬菜、水果和坚果加工	外商和港澳台投资企业	456	7894058	7680044	2.8	3341219	2770417	20.6
蔬菜、水果和坚果加工	其他	655	6112241	5105472	19.7	2986922	2359646	26.6
其他农副食品加工	国有企业	13	315811	293399	7.6	273995	228231	20.1
其他农副食品加工	集体企业	20	179101	148237	20.8	138829	120880	14.8
其他农副食品加工	股份合作企业	5	22213	15521	43.1	10025	7619	31.6
其他农副食品加工	股份制企业	77	2959903	2110607	40.2	943530	1025641	-8.0
其他农副食品加工	私营企业	1459	16005519	14857445	7.7	9336193	8482586	10.1
其他农副食品加工	外商和港澳台投资企业	198	9337696	7734783	20.7	2969838	3335261	-11.0
其他农副食品加工	其他	639	17868357	15320546	16.6	9268748	7511260	23.4
焙烤食品制造	国有企业	7	78376	75195	4.2	35307	32042	10.2
焙烤食品制造	集体企业	0	22190	28760	-22.8	4840	8694	-44.3
焙烤食品制造	股份合作企业	4	14723	14930	-1.4	8780	5331	64.7
焙烤食品制造	股份制企业	22	112521	122905	-8.4	41295	39254	5.2
焙烤食品制造	私营企业	710	4639982	4211807	10.2	1803314	1661805	8.5
焙烤食品制造	外商和港澳台投资企业	248	4352684	4309748	1.0	1960873	1960971	0.0
焙烤食品制造	其他	285	2165841	2010248	7.7	663193	540401	22.7
糖果、巧克力及蜜饯制造	集体企业	4	3903	3672	6.3	2548	2310	10.3
糖果、巧克力及蜜饯制造	股份制企业	11	703481	571170	23.2	89745	71561	25.4
糖果、巧克力及蜜饯制造	私营企业	451	4028375	4318807	-6.7	1969144	2016150	-2.3
糖果、巧克力及蜜饯制造	外商和港澳台投资企业	111	4665678	4544176	2.7	2109040	1953075	8.0
糖果、巧克力及蜜饯制造	其他	178	1859358	1695204	9.7	868961	737293	17.9
方便食品制造	国有企业	11	197739	189725	4.2	144921	114947	26.1
方便食品制造	集体企业	4	11956	7285	64.1	4458	4207	6.0
方便食品制造	股份制企业	38	1388569	1263966	9.9	744831	606721	22.8
方便食品制造	私营企业	711	5642274	5353935	5.4	2434725	2309542	5.4
方便食品制造	外商和港澳台投资企业	192	7094948	7596853	-6.6	2047325	2283232	-10.3
方便食品制造	其他	337	3502311	2867101	22.2	1423253	1178606	20.8
乳制品制造	国有企业	11	291098	161726	80.0	192157	69971	174.6
乳制品制造	集体企业	0	5145	4982	3.3	4478	4125	8.6
乳制品制造	股份合作企业	0	348	1612	-78.4	311	1505	-79.3
乳制品制造	股份制企业	44	3658852	2570980	42.3	1833220	1270227	44.3
乳制品制造	私营企业	214	3172352	2658777	19.3	1357632	924979	46.8
乳制品制造	外商和港澳台投资企业	98	9612628	7047964	36.4	3791879	2510031	51.1
乳制品制造	其他	261	6288847	4708874	33.6	2150640	1550922	38.7
罐头食品制造	国有企业	0	75858	81923	-7.4	52519	57784	-9.1
罐头食品制造	集体企业	0	1020	10115	-89.9	520	1365	-61.9
罐头食品制造	股份合作企业	0	14506	14259	1.7	12859	13204	-2.6
罐头食品制造	股份制企业	34	1188343	1086465	9.4	820714	749410	9.5
罐头食品制造	私营企业	469	6681913	6273964	6.5	4230665	4003117	5.7
罐头食品制造	外商和港澳台投资企业	142	3634689	3391590	7.2	2077562	2014658	3.1
罐头食品制造	其他	196	4561013	4732862	-3.6	2906909	2886173	0.7

行业名称	经济类型	企业单位数 本月止累计	存货 本月止累计	去年同期	增减	其中：产成品 本月止累计	去年同期	增减
		个	千元	千元	%	千元	千元	%
调味品、发酵制品制造	国有企业	11	734165	768475	-4.5	115029	200249	-42.6
调味品、发酵制品制造	集体企业	6	27019	11215	140.9	9689	6316	53.4
调味品、发酵制品制造	股份合作企业	0	14857	13546	9.7	1050	1761	-40.4
调味品、发酵制品制造	股份制企业	35	2160635	2154359	0.3	923310	964455	-4.3
调味品、发酵制品制造	私营企业	607	7262724	6582733	10.3	2956443	2821995	4.8
调味品、发酵制品制造	外商和港澳台投资企业	132	5999500	5631633	6.5	2674103	2073349	29.0
调味品、发酵制品制造	其他	294	8272602	6594049	25.5	2992142	1706773	75.3
其他食品制造	国有企业	25	530370	407342	30.2	248354	218456	13.7
其他食品制造	集体企业	4	191890	166571	15.2	12266	6739	82.0
其他食品制造	股份合作企业	0	47769	45089	5.9	14761	12475	18.3
其他食品制造	股份制企业	67	3969088	3617207	9.7	1575416	1519713	3.7
其他食品制造	私营企业	996	11520322	10712232	7.5	5475716	4752727	15.2
其他食品制造	外商和港澳台投资企业	279	10556515	10154938	4.0	5191538	4618829	12.4
其他食品制造	其他	515	8864399	7041078	25.9	4100437	2799555	46.5
酒的制造	国有企业	34	10118090	9867836	2.5	3646563	3755952	-2.9
酒的制造	集体企业	9	126460	127351	-0.7	81307	80983	0.4
酒的制造	股份合作企业	15	311290	296522	5.0	103556	94626	9.4
酒的制造	股份制企业	147	42442624	38462837	10.3	11054686	10234638	8.0
酒的制造	私营企业	1347	29378651	23450549	25.3	13167441	10600089	24.2
酒的制造	外商和港澳台投资企业	251	21204136	20299072	4.5	2969046	3135949	-5.3
酒的制造	其他	799	74667235	63758615	17.1	21106648	18347137	15.0
饮料制造	国有企业	9	89490	93663	-4.5	13912	18766	-25.9
饮料制造	集体企业	0	671	923	-27.3	450	375	20.0
饮料制造	股份制企业	68	4740292	4106564	15.4	1498294	1410556	6.2
饮料制造	私营企业	779	7437453	6825954	9.0	3481902	2989464	16.5
饮料制造	外商和港澳台投资企业	495	18070921	19104393	-5.4	8561320	7975284	7.3
饮料制造	其他	470	6667779	5744977	16.1	3275961	2907253	12.7
精制茶加工	国有企业	17	190305	168713	12.8	54861	50419	8.8
精制茶加工	集体企业	7	56140	44735	25.5	28891	25499	13.3
精制茶加工	股份合作企业	4	10038	16855	-40.4	7301	15238	-52.1
精制茶加工	股份制企业	36	858734	681926	25.9	409228	323150	26.6
精制茶加工	私营企业	941	8947766	7859127	13.9	5233278	4272137	22.5
精制茶加工	外商和港澳台投资企业	45	916527	813533	12.7	255750	229746	11.3
精制茶加工	其他	436	6011774	5278458	13.9	3374939	2639306	27.9
烟叶复烤	国有企业	10	4749897	3941636	20.5	4539162	3858549	17.6
烟叶复烤	集体企业	0	2195	1080	103.2	506	664	-23.8
烟叶复烤	股份制企业	0	7875	0		5396	0	
烟叶复烤	其他	29	962938	1156649	-16.7	806753	925920	-12.9
卷烟制造	国有企业	33	253498419	218250425	16.2	16798409	10349230	62.3
卷烟制造	集体企业	0	42334	43487	-2.7	26731	37846	-29.4
卷烟制造	股份制企业	0	1420680	1396680	1.7	404440	227190	78.0

行业名称	经济类型	企业单位数	存货	去年同期	增减	其中：产成品	去年同期	增减
		本月止累计	本月止累计			本月止累计		
		个	千元	千元	%	千元	千元	%
卷烟制造	其他	19	123050635	108879304	13.0	5690715	4443789	28.1
其他烟草制品制造	国有企业	7	463905	409062	13.4	191310	132351	44.5
其他烟草制品制造	集体企业	9	194297	195248	-0.5	80962	110099	-26.5
其他烟草制品制造	股份制企业	0	100152	111102	-9.9	33199	28486	16.5
其他烟草制品制造	私营企业	0	391313	661595	-40.9	71934	78027	-7.8
其他烟草制品制造	外商和港澳台投资企业	0	10062	11260	-10.6	3121	948	229.2
其他烟草制品制造	其他	11	1855623	1415737	31.1	1101845	805275	36.8

分行业分经济类型食品工业主要经济指标-4

行业名称	经济类型	企业单位数	流动资产合计			资产合计		
		本月止累计	本月止累计	去年同期	增减	本月止累计	去年同期	增减
		个	千元	千元	%	千元	千元	%
农副食品加工业	国有企业	279	25338168	20587392	23.1	44774621	34306381	30.5
农副食品加工业	集体企业	93	2498277	2307458	8.3	8247112	7682896	7.3
农副食品加工业	股份合作企业	41	2524762	1948240	29.6	4169866	3362126	24.0
农副食品加工业	股份制企业	712	135982046	109325002	24.4	255162509	208948840	22.1
农副食品加工业	私营企业	14859	606347475	543302928	11.6	1247839203	1071400818	16.5
农副食品加工业	外商和港澳台投资企业	1923	368756732	378519799	-2.6	597727899	581760609	2.7
农副食品加工业	其他	5877	482321415	440175095	9.6	890176925	797682069	11.6
食品制造业	国有企业	68	6863266	6331320	8.4	14441524	13452731	7.4
食品制造业	集体企业	24	780675	805893	-3.1	1961355	1760881	11.4
食品制造业	股份合作企业	12	336907	324384	3.9	679731	608500	11.7
食品制造业	股份制企业	251	83960524	78759967	6.6	165855792	144186272	15.0
食品制造业	私营企业	4158	156195234	145374719	7.4	351660296	308257377	14.1
食品制造业	外商和港澳台投资企业	1202	255844245	234226516	9.2	443131828	405274407	9.3
食品制造业	其他	2066	141870057	121441853	16.8	315204527	264640829	19.1
酒、饮料和精制茶制造业	国有企业	60	39192848	34570816	13.4	72037869	62254156	15.7
酒、饮料和精制茶制造业	集体企业	18	465476	443948	4.8	1017838	840499	21.1
酒、饮料和精制茶制造业	股份合作企业	19	2055311	1140631	80.2	3081058	1815137	69.7
酒、饮料和精制茶制造业	股份制企业	251	123911284	121469265	2.0	207531818	197701349	5.0
酒、饮料和精制茶制造业	私营企业	3067	128532623	112060593	14.7	277912510	237607906	17.0
酒、饮料和精制茶制造业	外商和港澳台投资企业	791	163502060	153490706	6.5	359998646	337611243	6.6
酒、饮料和精制茶制造业	其他	1705	280754763	255745639	9.8	479510202	437396405	9.6
烟草制品业	国有企业	50	344708661	327208926	5.3	499860207	478594825	4.4
烟草制品业	集体企业	12	1182031	1106627	6.8	2038684	1877589	8.6
烟草制品业	股份制企业	6	5144130	4593868	12.0	6903745	7087808	-2.6
烟草制品业	私营企业	0	1146651	1054040	8.8	2168746	2086244	4.0
烟草制品业	外商和港澳台投资企业	0	85117	86721	-1.8	197567	188124	5.0
烟草制品业	其他	59	236465192	228231455	3.6	325674258	309960968	5.1
谷物磨制	国有企业	100	3897595	3919539	-0.6	7853824	7098866	10.6

行业名称	经济类型	企业单位数	流动资产合计			资产合计		
		本月止累计	本月止累计	去年同期	增减	本月止累计	去年同期	增减
		个	千元	千元	%	千元	千元	%
谷物磨制	集体企业	18	176552	215414	-18.0	554568	463739	19.6
谷物磨制	股份合作企业	12	2054420	1475423	39.2	2829620	2192840	29.0
谷物磨制	股份制企业	132	9198271	7631668	20.5	18954347	15440776	22.8
谷物磨制	私营企业	4370	124251848	110990376	11.9	265851400	226953919	17.1
谷物磨制	外商和港澳台投资企业	100	17964275	15972386	12.5	29617401	28557959	3.7
谷物磨制	其他	1329	66281064	60663891	9.3	128106735	115162224	11.2
饲料加工	国有企业	17	811661	636014	27.6	1492414	1280501	16.5
饲料加工	集体企业	0	19457	17745	9.6	31018	43872	-29.3
饲料加工	股份合作企业	4	34285	19285	77.8	80616	57625	39.9
饲料加工	股份制企业	149	24234859	20463682	18.4	42113124	34670248	21.5
饲料加工	私营企业	2184	78405424	71304917	10.0	169445174	143903531	17.7
饲料加工	外商和港澳台投资企业	356	44037217	40443651	8.9	74888932	66091180	13.3
饲料加工	其他	1129	47811385	45681119	4.7	96594527	86878345	11.2
植物油加工	国有企业	22	12059117	7715249	56.3	20577930	12149445	69.4
植物油加工	集体企业	7	109333	172161	-36.5	180807	212424	-14.9
植物油加工	股份合作企业	0	15751	5539	184.4	22226	12014	85.0
植物油加工	股份制企业	75	13246362	10303808	28.6	20009182	15669831	27.7
植物油加工	私营企业	1325	79457695	72659695	9.4	147035502	127235506	15.6
植物油加工	外商和港澳台投资企业	134	151574686	177864105	-14.8	191044824	216884095	-11.9
植物油加工	其他	621	131836497	119392748	10.4	194189321	175933001	10.4
制糖业	国有企业	14	2200313	2304426	-4.5	3523182	3717155	-5.2
制糖业	股份合作企业	0	0	26989	-100.0	0	85933	-100.0
制糖业	股份制企业	25	8385428	7639522	9.8	17772877	18982327	-6.4
制糖业	私营企业	105	31240671	24638085	26.8	42745853	35806479	19.4
制糖业	外商和港澳台投资企业	30	18835496	17491156	7.7	27983840	26215865	6.7
制糖业	其他	136	55387955	49349144	12.2	81883802	71694727	14.2
屠宰及肉类加工	国有企业	94	3425923	3237861	5.8	5963873	5306552	12.4
屠宰及肉类加工	集体企业	27	313836	278685	12.6	763616	652672	17.0
屠宰及肉类加工	股份合作企业	8	96814	116234	-16.7	238134	243676	-2.3
屠宰及肉类加工	股份制企业	130	42176082	29274121	44.1	78156771	55758666	40.2
屠宰及肉类加工	私营企业	2342	120764330	110142962	9.6	268374685	233930955	14.7
屠宰及肉类加工	外商和港澳台投资企业	210	44426913	38794421	14.5	96572217	85216390	13.3
屠宰及肉类加工	其他	975	80606863	74052412	8.9	174501656	159505621	9.4
水产品加工	国有企业	11	1804388	1884445	-4.2	3161937	2983329	6.0
水产品加工	集体企业	12	517799	431112	20.1	928721	864874	7.4
水产品加工	股份合作企业	5	119366	96614	23.5	150318	120127	25.1
水产品加工	股份制企业	53	11502484	10757868	6.9	26693050	24321899	9.7
水产品加工	私营企业	1172	67697903	60156654	12.5	121921715	104639303	16.5
水产品加工	外商和港澳台投资企业	439	43128296	41944360	2.8	77795208	67328990	15.5
水产品加工	其他	393	29240678	26491185	10.4	50131274	44131865	13.6
蔬菜、水果和坚果加工	国有企业	8	463646	184582	151.2	852438	533835	59.7

行业名称	经济类型	企业单位数	流动资产合计			资产合计		
		本月止累计	本月止累计	去年同期	增减	本月止累计	去年同期	增减
		个	千元	千元	%	千元	千元	%
蔬菜、水果和坚果加工	集体企业	6	212527	172009	23.6	566476	411745	37.6
蔬菜、水果和坚果加工	股份合作企业	5	125173	141374	-11.5	672613	495245	35.8
蔬菜、水果和坚果加工	股份制企业	71	14472281	12826198	12.8	26128203	23581229	10.8
蔬菜、水果和坚果加工	私营企业	1902	53763661	47682266	12.8	118152363	99678629	18.5
蔬菜、水果和坚果加工	外商和港澳台投资企业	456	24644520	23970556	2.8	48363533	43479236	11.2
蔬菜、水果和坚果加工	其他	655	19717130	17444983	13.0	44912867	38830369	15.7
其他农副食品加工	国有企业	13	675525	705276	-4.2	1349023	1236698	9.1
其他农副食品加工	集体企业	20	1148773	1020332	12.6	5221906	5033570	3.7
其他农副食品加工	股份合作企业	5	78953	66782	18.2	176339	154666	14.0
其他农副食品加工	股份制企业	77	12766279	10428135	22.4	25334955	20523864	23.4
其他农副食品加工	私营企业	1459	50765943	45727973	11.0	114312511	99252496	15.2
其他农副食品加工	外商和港澳台投资企业	198	24145329	22039164	9.6	51461944	47986894	7.2
其他农副食品加工	其他	639	51439843	47099613	9.2	119856743	105545917	13.6
焙烤食品制造	国有企业	7	204760	198194	3.3	322237	306704	5.1
焙烤食品制造	集体企业	0	38781	90168	-57.0	104617	140202	-25.4
焙烤食品制造	股份合作企业	4	44319	52677	-15.9	66237	80937	-18.2
焙烤食品制造	股份制企业	22	1196512	1022895	17.0	2985542	2559386	16.7
焙烤食品制造	私营企业	710	19718136	17117864	15.2	47603581	39348779	21.0
焙烤食品制造	外商和港澳台投资企业	248	26863927	26919778	-0.2	51892041	49598760	4.6
焙烤食品制造	其他	285	11342319	9582446	18.4	26371005	22837185	15.5
糖果、巧克力及蜜饯制造	集体企业	4	18375	18123	1.4	52965	58316	-9.2
糖果、巧克力及蜜饯制造	股份制企业	11	6021331	5583095	7.8	13135799	10889164	20.6
糖果、巧克力及蜜饯制造	私营企业	451	14263006	13337155	6.9	30886151	26708548	15.6
糖果、巧克力及蜜饯制造	外商和港澳台投资企业	111	23678382	23134812	2.3	43219787	40629953	6.4
糖果、巧克力及蜜饯制造	其他	178	8363577	7241888	15.5	15823414	14136426	11.9
方便食品制造	国有企业	11	436919	393924	10.9	854041	776223	10.0
方便食品制造	集体企业	4	78191	61092	28.0	419725	285629	46.9
方便食品制造	股份制企业	38	10221695	7380921	38.5	17667364	13038734	35.5
方便食品制造	私营企业	711	21385711	19450817	9.9	52985970	44682960	18.6
方便食品制造	外商和港澳台投资企业	192	43075952	42812615	0.6	85979441	83099416	3.5
方便食品制造	其他	337	17043709	14334474	18.9	39118883	32426746	20.6
乳制品制造	国有企业	11	896903	581542	54.2	1731986	1445183	19.8
乳制品制造	集体企业	0	19216	13465	42.7	21073	14925	41.2
乳制品制造	股份合作企业	0	33171	40356	-17.8	71701	91009	-21.2
乳制品制造	股份制企业	44	28737845	29573730	-2.8	57423596	51288241	12.0
乳制品制造	私营企业	214	13773875	11758645	17.1	29976780	26091757	14.9
乳制品制造	外商和港澳台投资企业	98	48792260	46421688	5.1	83912515	79018068	6.2
乳制品制造	其他	261	31442689	23261579	35.2	58985663	48393023	21.9
罐头食品制造	国有企业	0	675552	534434	26.4	1035710	912022	13.6
罐头食品制造	集体企业	0	5410	46019	-88.2	7510	71009	-89.4

行业名称	经济类型	企业单位数	流动资产合计			资产合计		
		本月止累计	本月止累计	去年同期	增减	本月止累计	去年同期	增减
		个	千元	千元	%	千元	千元	%
罐头食品制造	股份合作企业	0	27114	26843	1.0	32416	32176	0.7
罐头食品制造	股份制企业	34	2531351	2273420	11.3	4687755	4368857	7.3
罐头食品制造	私营企业	469	17711616	16754514	5.7	36268784	32773304	10.7
罐头食品制造	外商和港澳台投资企业	142	9576504	9232690	3.7	18139297	15983133	13.5
罐头食品制造	其他	196	13518438	13908030	-2.8	24692890	25020341	-1.3
调味品、发酵制品制造	国有企业	11	1908968	2403442	-20.6	4620352	5469037	-15.5
调味品、发酵制品制造	集体企业	6	90074	129375	-30.4	245480	216502	13.4
调味品、发酵制品制造	股份合作企业	0	61531	54448	13.0	141843	82733	71.4
调味品、发酵制品制造	股份制企业	35	17013114	15599383	9.1	33122865	29742340	11.4
调味品、发酵制品制造	私营企业	607	25972156	23340592	11.3	61953088	53420463	16.0
调味品、发酵制品制造	外商和港澳台投资企业	132	24852270	21201558	17.2	48426953	43671419	10.9
调味品、发酵制品制造	其他	294	24191869	20848890	16.0	62913030	51438822	22.3
其他食品制造	国有企业	25	2740164	2219784	23.4	5877198	4543562	29.4
其他食品制造	集体企业	4	530628	447651	18.5	1109985	974298	13.9
其他食品制造	股份合作企业	0	170772	150060	13.8	367534	321645	14.3
其他食品制造	股份制企业	67	18238676	17326523	5.3	36832871	32299550	14.0
其他食品制造	私营企业	996	43370734	43615132	-0.6	91985942	85231566	7.9
其他食品制造	外商和港澳台投资企业	279	79004950	64503375	22.5	111561794	93273658	19.6
其他食品制造	其他	515	35967456	32264546	11.5	87299642	70388286	24.0
酒的制造	国有企业	34	37831798	33385461	13.3	69363016	59673291	16.2
酒的制造	集体企业	9	311037	300149	3.6	793892	651391	21.9
酒的制造	股份合作企业	15	2002146	1085919	84.4	2992427	1728129	73.2
酒的制造	股份制企业	147	96064340	97809555	-1.8	158883263	153865017	3.3
酒的制造	私营企业	1347	72307399	62563524	15.6	154372493	129787037	18.9
酒的制造	外商和港澳台投资企业	251	55362384	53961193	2.6	127060598	120932884	5.1
酒的制造	其他	799	235737027	216937697	8.7	386559135	356503582	8.4
饮料制造	国有企业	9	994259	816807	21.7	1916788	1870689	2.5
饮料制造	集体企业	0	18418	26000	-29.2	27233	35296	-22.8
饮料制造	股份制企业	68	25194324	21658321	16.3	43881185	40069047	9.5
饮料制造	私营企业	779	29750082	26125239	13.9	71365145	63575161	12.3
饮料制造	外商和港澳台投资企业	495	105276222	96676579	8.9	228183575	212167970	7.5
饮料制造	其他	470	28507374	24392632	16.9	62462624	54754086	14.1
精制茶加工	国有企业	17	366791	368548	-0.5	758065	710176	6.7
精制茶加工	集体企业	7	136021	117799	15.5	196713	153812	27.9
精制茶加工	股份合作企业	4	53165	54712	-2.8	88631	87008	1.9
精制茶加工	股份制企业	36	2652620	2001389	32.5	4767370	3767285	26.5
精制茶加工	私营企业	941	26475142	23371830	13.3	52174872	44245708	17.9
精制茶加工	外商和港澳台投资企业	45	2863454	2852934	0.4	4754473	4510389	5.4
精制茶加工	其他	436	16510362	14415310	14.5	30488443	26138737	16.6
烟叶复烤	国有企业	10	9278130	7602926	22.0	13223638	11621929	13.8
烟叶复烤	集体企业	0	18004	14339	25.6	39064	31998	22.1

行业名称	经济类型	企业单位数	流动资产合计			资产合计		
		本月止累计	本月止累计	去年同期	增减	本月止累计	去年同期	增减
		个	千元	千元	%	千元	千元	%
烟叶复烤	股份制企业	0	30726	22636	35.7	68119	64024	6.4
烟叶复烤	其他	29	11399136	9871965	15.5	19651317	17297695	13.6
卷烟制造	国有企业	33	333673071	317967440	4.9	483108227	463960315	4.1
卷烟制造	集体企业	0	187861	156887	19.7	212705	184650	15.2
卷烟制造	股份制企业	0	4715610	4228240	11.5	6302170	6525520	-3.4
卷烟制造	其他	19	219483757	213569289	2.8	299418027	286950739	4.3
其他烟草制品制造	国有企业	7	1757460	1638560	7.3	3528342	3012581	17.1
其他烟草制品制造	集体企业	9	976166	935401	4.4	1786915	1660941	7.6
其他烟草制品制造	股份制企业	0	397794	342992	16.0	533456	498264	7.1
其他烟草制品制造	私营企业	0	1146651	1054040	8.8	2168746	2086244	4.0
其他烟草制品制造	外商和港澳台投资企业	0	85117	86721	-1.8	197567	188124	5.0
其他烟草制品制造	其他	11	5582299	4790201	16.5	6604914	5712534	15.6

分行业分经济类型食品工业主要经济指标-5

行业名称	经济类型	企业单位数	负债合计			主营业务收入		
		本月止累计	本月止累计	去年同期	增减	本月止累计	去年同期	增减
		个	千元	千元	%	千元	千元	%
农副食品加工业	国有企业	279	27227809	20608403	32.1	85255223	80704806	5.6
农副食品加工业	集体企业	93	1887521	1769022	6.7	29735174	26709306	11.3
农副食品加工业	股份合作企业	41	2743025	2068168	32.6	5143839	5048009	1.9
农副食品加工业	股份制企业	712	132314800	109619240	20.7	349305258	323135451	8.1
农副食品加工业	私营企业	14859	545085966	479423320	13.7	3112328768	2892586039	7.6
农副食品加工业	外商和港澳台投资企业	1923	361565182	367979159	-1.7	1056224302	1043934561	1.2
农副食品加工业	其他	5877	517955689	468275147	10.6	1715325393	1565152048	9.6
食品制造业	国有企业	68	9139420	9648401	-5.3	17858589	16323930	9.4
食品制造业	集体企业	24	511273	307441	66.3	4515647	4087097	10.5
食品制造业	股份合作企业	12	201198	187260	7.4	1267777	1399958	-9.4
食品制造业	股份制企业	251	73855465	63318258	16.6	164596747	153197926	7.4
食品制造业	私营企业	4158	146585844	137209488	6.8	696320731	628854534	10.7
食品制造业	外商和港澳台投资企业	1202	213651031	203135527	5.2	599824071	542177338	10.6
食品制造业	其他	2066	154384430	138596356	11.4	541783650	459018338	18.0
酒、饮料和精制茶制造业	国有企业	60	36490624	32082017	13.7	37692962	37278426	1.1
酒、饮料和精制茶制造业	集体企业	18	428125	377594	13.4	1994825	1896293	5.2
酒、饮料和精制茶制造业	股份合作企业	19	2015402	1038190	94.1	1926033	1810186	6.4
酒、饮料和精制茶制造业	股份制企业	251	104227659	103854893	0.4	205165147	191456660	7.2
酒、饮料和精制茶制造业	私营企业	3067	120725683	106606535	13.2	498195076	449033665	10.9
酒、饮料和精制茶制造业	外商和港澳台投资企业	791	181239804	171572680	5.6	409943612	396997733	3.3
酒、饮料和精制茶制造业	其他	1705	192422758	181401317	6.1	468283644	438748990	6.7
烟草制品业	国有企业	50	116991915	126240228	-7.3	553531903	511667513	8.2
烟草制品业	集体企业	12	1169098	1016484	15.0	2109167	2065622	2.1

行业名称	经济类型	企业单位数	负债合计			主营业务收入		
		本月止累计	本月止累计	去年同期	增减	本月止累计	去年同期	增减
		个	千元	千元	%	千元	千元	%
烟草制品业	股份制企业	6	3439788	3241286	6.1	9379905	8911374	5.3
烟草制品业	私营企业	0	1684877	1787102	-5.7	1528255	1243498	22.9
烟草制品业	外商和港澳台投资企业	0	45779	68818	-33.5	224844	225123	-0.1
烟草制品业	其他	59	65308410	70693263	-7.6	323832831	305001030	6.2
谷物磨制	国有企业	100	3898316	3682263	5.9	18446368	19179341	-3.8
谷物磨制	集体企业	18	124449	161193	-22.8	2441585	2339950	4.3
谷物磨制	股份合作企业	12	2136206	1495367	42.9	2511783	2414289	4.0
谷物磨制	股份制企业	132	8257781	7243134	14.0	35634008	34344434	3.8
谷物磨制	私营企业	4370	93409119	83081954	12.4	849505689	776908535	9.3
谷物磨制	外商和港澳台投资企业	100	17379749	16433729	5.8	46569582	42385545	9.9
谷物磨制	其他	1329	59608908	52722476	13.1	302041575	272915262	10.7
饲料加工	国有企业	17	829232	693168	19.6	2675631	2633575	1.6
饲料加工	集体企业	0	10535	15941	-33.9	218150	232639	-6.2
饲料加工	股份合作企业	4	40906	27279	50.0	623462	537523	16.0
饲料加工	股份制企业	149	19491815	15257010	27.8	76171650	72586581	4.9
饲料加工	私营企业	2184	73284193	62945260	16.4	521693556	482098847	8.2
饲料加工	外商和港澳台投资企业	356	42156688	36879692	14.3	176288012	166995488	5.6
饲料加工	其他	1129	48698012	47078344	3.4	303714561	272095062	11.6
植物油加工	国有企业	22	12943297	7875978	64.3	29733120	25167914	18.1
植物油加工	集体企业	7	68336	123286	-44.6	743646	693256	7.3
植物油加工	股份合作企业	0	13672	3465	294.6	31100	52660	-40.9
植物油加工	股份制企业	75	13275927	9486860	39.9	27744935	25002733	11.0
植物油加工	私营企业	1325	66431192	61343620	8.3	330554036	325302600	1.6
植物油加工	外商和港澳台投资企业	134	138735311	168517842	-17.7	328328027	338142365	-2.9
植物油加工	其他	621	141461499	129818690	9.0	347915193	319354954	8.9
制糖业	国有企业	14	3277837	3086809	6.2	4135740	4311983	-4.1
制糖业	股份合作企业	0	0	24616	-100.0	0	126615	-100.0
制糖业	股份制企业	25	11196039	11168620	0.2	9461307	11752267	-19.5
制糖业	私营企业	105	37691474	30295144	24.4	22354467	26181428	-14.6
制糖业	外商和港澳台投资企业	30	21710641	19827795	9.5	19010999	21740952	-12.6
制糖业	其他	136	68851248	56337193	22.2	57213041	55224088	3.6
屠宰及肉类加工	国有企业	94	3417367	2661630	28.4	21287443	21343884	-0.3
屠宰及肉类加工	集体企业	27	269677	241919	11.5	5938375	5364117	10.7
屠宰及肉类加工	股份合作企业	8	149765	151936	-1.4	558097	735633	-24.1
屠宰及肉类加工	股份制企业	130	39908862	29972799	33.2	113144235	100209029	12.9
屠宰及肉类加工	私营企业	2342	119961012	106349656	12.8	611755165	569697748	7.4
屠宰及肉类加工	外商和港澳台投资企业	210	48424194	41768480	15.9	171815047	156320187	9.9
屠宰及肉类加工	其他	975	88542180	84559635	4.7	362902491	334132969	8.6
水产品加工	国有企业	11	1762729	1748228	0.8	5431254	5204027	4.4
水产品加工	集体企业	12	387231	365377	6.0	4113712	4924856	-16.5
水产品加工	股份合作企业	5	99523	83453	19.3	325983	284356	14.6

行业名称	经济类型	企业单位数	负债合计			主营业务收入		
		本月止累计	本月止累计	去年同期	增减	本月止累计	去年同期	增减
		个	千元	千元	%	千元	千元	%
水产品加工	股份制企业	53	13314886	13503693	-1.4	25646246	25603332	0.2
水产品加工	私营企业	1172	60270055	53216166	13.3	249888047	233807157	6.9
水产品加工	外商和港澳台投资企业	439	38062257	35145037	8.3	125271413	119854487	4.5
水产品加工	其他	393	26909726	24758777	8.7	98043082	93887620	4.4
蔬菜、水果和坚果加工	国有企业	8	498101	210739	136.4	876417	888629	-1.4
蔬菜、水果和坚果加工	集体企业	6	185567	190122	-2.4	1313948	1022930	28.4
蔬菜、水果和坚果加工	股份合作企业	5	240365	225102	6.8	778279	644153	20.8
蔬菜、水果和坚果加工	股份制企业	71	12762568	11188597	14.1	26146773	23503907	11.2
蔬菜、水果和坚果加工	私营企业	1902	46921806	40649438	15.4	279154875	249006664	12.1
蔬菜、水果和坚果加工	外商和港澳台投资企业	456	20557762	18294831	12.4	89666883	84204529	6.5
蔬菜、水果和坚果加工	其他	655	18184304	17234728	5.5	90932588	78711683	15.5
其他农副食品加工	国有企业	13	600930	649588	-7.5	2669250	1975453	35.1
其他农副食品加工	集体企业	20	841726	671184	25.4	14965758	12131558	23.4
其他农副食品加工	股份合作企业	5	62588	56950	9.9	315135	252780	24.7
其他农副食品加工	股份制企业	77	14106922	11798527	19.6	35356104	30133168	17.3
其他农副食品加工	私营企业	1459	47117115	41542082	13.4	247422933	229583060	7.8
其他农副食品加工	外商和港澳台投资企业	198	34538580	31111753	11.0	99274339	114291008	-13.1
其他农副食品加工	其他	639	65699812	55765304	17.8	152562862	138830410	9.9
焙烤食品制造	国有企业	7	136448	148475	-8.1	429557	364426	17.9
焙烤食品制造	集体企业	0	12952	69356	-81.3	339915	299752	13.4
焙烤食品制造	股份合作企业	4	47174	46192	2.1	74364	116077	-35.9
焙烤食品制造	股份制企业	22	761323	590613	28.9	4972514	4364406	13.9
焙烤食品制造	私营企业	710	19081299	16105971	18.5	105794979	95236244	11.1
焙烤食品制造	外商和港澳台投资企业	248	22244839	22701598	-2.0	77652179	75040951	3.5
焙烤食品制造	其他	285	9814656	8656564	13.4	53403529	44630135	19.7
糖果、巧克力及蜜饯制造	集体企业	4	16149	15619	3.4	539175	450969	19.6
糖果、巧克力及蜜饯制造	股份制企业	11	4666839	3484047	33.9	13691277	11364029	20.5
糖果、巧克力及蜜饯制造	私营企业	451	12258997	16024725	-23.5	66180844	58077490	14.0
糖果、巧克力及蜜饯制造	外商和港澳台投资企业	111	17305045	17668997	-2.1	61120018	59122213	3.4
糖果、巧克力及蜜饯制造	其他	178	5585396	5281806	5.7	29870594	25741166	16.0
方便食品制造	国有企业	11	275628	274816	0.3	2342270	2112420	10.9
方便食品制造	集体企业	4	26599	9179	189.8	1455835	1239992	17.4
方便食品制造	股份制企业	38	9403441	5998132	56.8	28902302	28337438	2.0
方便食品制造	私营企业	711	18897732	16734596	12.9	118329712	103371318	14.5
方便食品制造	外商和港澳台投资企业	192	37425731	38062986	-1.7	116423170	112758549	3.2
方便食品制造	其他	337	16118285	13363214	20.6	78933321	67172454	17.5
乳制品制造	国有企业	11	1115992	1055013	5.8	2033549	1890819	7.5
乳制品制造	集体企业	0	11805	9168	28.8	55764	50801	9.8
乳制品制造	股份合作企业	0	2355	2856	-17.5	36510	342745	-89.3
乳制品制造	股份制企业	44	27394454	23345883	17.3	47239537	40566635	16.4
乳制品制造	私营企业	214	15262694	12825627	19.0	46298320	43229465	7.1

行业名称	经济类型	企业单位数	负债合计			主营业务收入		
		本月止累计	本月止累计	去年同期	增减	本月止累计	去年同期	增减
		个	千元	千元	%	千元	千元	%
乳制品制造	外商和港澳台投资企业	98	47641558	45960857	3.7	134700096	102497859	31.4
乳制品制造	其他	261	32698297	28776296	13.6	99409043	90715119	9.6
罐头食品制造	国有企业	0	694292	582230	19.2	1953023	1434789	36.1
罐头食品制造	集体企业	0	2500	64124	-96.1	21005	124903	-83.2
罐头食品制造	股份合作企业	0	21823	21996	-0.8	70152	63163	11.1
罐头食品制造	股份制企业	34	2650205	2417469	9.6	9629004	8725930	10.3
罐头食品制造	私营企业	469	15907862	14775072	7.7	82211027	77293858	6.4
罐头食品制造	外商和港澳台投资企业	142	10253519	10030424	2.2	30567073	27425704	11.5
罐头食品制造	其他	196	15747639	16039091	-1.8	38721499	35265422	9.8
调味品、发酵制品制造	国有企业	11	2755905	4312011	-36.1	4073876	3696242	10.2
调味品、发酵制品制造	集体企业	6	42448	36445	16.5	732879	697507	5.1
调味品、发酵制品制造	股份合作企业	0	37336	15481	141.2	364033	308780	17.9
调味品、发酵制品制造	股份制企业	35	14805243	14383823	2.9	30601452	29185941	4.8
调味品、发酵制品制造	私营企业	607	25642800	21911853	17.0	101819053	89327716	14.0
调味品、发酵制品制造	外商和港澳台投资企业	132	24242021	22619280	7.2	56812403	54534256	4.2
调味品、发酵制品制造	其他	294	33463442	28645886	16.8	70502604	54680865	28.9
其他食品制造	国有企业	25	4161155	3275856	27.0	7026314	6825234	2.9
其他食品制造	集体企业	4	398820	103550	285.1	1371074	1223173	12.1
其他食品制造	股份合作企业	0	92510	100735	-8.2	722718	569193	27.0
其他食品制造	股份制企业	67	14173960	13098291	8.2	29560661	30653547	-3.6
其他食品制造	私营企业	996	39534460	38831644	1.8	175686796	162318443	8.2
其他食品制造	外商和港澳台投资企业	279	54538318	46091385	18.3	122549132	110797806	10.6
其他食品制造	其他	515	40956715	37833499	8.3	170943060	140813177	21.4
酒的制造	国有企业	34	35416404	31113953	13.8	33632516	33522535	0.3
酒的制造	集体企业	9	327868	291970	12.3	815397	911643	-10.6
酒的制造	股份合作企业	15	1986921	1004684	97.8	1506598	1410333	6.8
酒的制造	股份制企业	147	81858820	83208642	-1.6	144603755	135260347	6.9
酒的制造	私营企业	1347	69936587	61233910	14.2	258578210	231944908	11.5
酒的制造	外商和港澳台投资企业	251	65722744	64715750	1.6	109918315	109059195	0.8
酒的制造	其他	799	146590753	142239360	3.1	328750372	317199823	3.6
饮料制造	国有企业	9	721083	637296	13.1	2190542	2024896	8.2
饮料制造	集体企业	0	13823	21753	-36.5	410325	375508	9.3
饮料制造	股份制企业	68	20103380	19088900	5.3	55863214	51955311	7.5
饮料制造	私营企业	779	31086378	27991705	11.1	137574842	125614890	9.5
饮料制造	外商和港澳台投资企业	495	114043590	105534777	8.1	292857519	281161490	4.2
饮料制造	其他	470	32872391	27333100	20.3	89589091	77162187	16.1
精制茶加工	国有企业	17	353137	330768	6.8	1869904	1730995	8.0
精制茶加工	集体企业	7	86434	63871	35.3	769103	609142	26.3
精制茶加工	股份合作企业	4	28481	33506	-15.0	419435	399853	4.9
精制茶加工	股份制企业	36	2265459	1557351	45.5	4698178	4241002	10.8
精制茶加工	私营企业	941	19702718	17380920	13.4	102042024	91473867	11.6

行业名称	经济类型	企业单位数	负债合计			主营业务收入		
		本月止累计	本月止累计	去年同期	增减	本月止累计	去年同期	增减
		个	千元	千元	%	千元	千元	%
精制茶加工	外商和港澳台投资企业	45	1473470	1322153	11.4	7167778	6777048	5.8
精制茶加工	其他	436	12959614	11828857	9.6	49944181	44386980	12.5
烟叶复烤	国有企业	10	2682857	2947860	-9.0	11099262	8300713	33.7
烟叶复烤	集体企业	0	4033	3381	19.3	280966	253386	10.9
烟叶复烤	股份制企业	0	11782	6795	73.4	56510	60055	-5.9
烟叶复烤	其他	29	1213055	1507205	-19.5	7186152	6941172	3.5
卷烟制造	国有企业	33	113451383	122523047	-7.4	539025249	499320442	8.0
卷烟制造	集体企业	0	174094	146205	19.1	295402	267441	10.5
卷烟制造	股份制企业	0	3350370	3155790	6.2	8465050	8060626	5.0
卷烟制造	其他	19	61767853	66893399	-7.7	311737037	293665577	6.2
其他烟草制品制造	国有企业	7	857675	769321	11.5	3407392	4046358	-15.8
其他烟草制品制造	集体企业	9	990971	866898	14.3	1532799	1544795	-0.8
其他烟草制品制造	股份制企业	0	77636	78701	-1.4	858345	790693	8.6
其他烟草制品制造	私营企业	0	1684877	1787102	-5.7	1528255	1243498	22.9
其他烟草制品制造	外商和港澳台投资企业	0	45779	68818	-33.5	224844	225123	-0.1
其他烟草制品制造	其他	11	2327502	2292659	1.5	4909642	4394281	11.7

分行业分经济类型食品工业主要经济指标-6

行业名称	经济类型	企业单位数	营业费用			管理费用		
		本月止累计	本月止累计	去年同期	增减	本月止累计	去年同期	增减
		个	千元	千元	%	千元	千元	%
农副食品加工业	国有企业	279	1418467	1439736	-1.5	1973513	1962971	0.5
农副食品加工业	集体企业	93	709419	566558	25.2	869367	816663	6.5
农副食品加工业	股份合作企业	41	135457	116295	16.5	149928	126807	18.2
农副食品加工业	股份制企业	712	9160360	8727376	5.0	9828978	9184351	7.0
农副食品加工业	私营企业	14859	63237952	57900804	9.2	65682088	60974180	7.7
农副食品加工业	外商和港澳台投资企业	1923	22425578	22342095	0.4	20401057	19941609	2.3
农副食品加工业	其他	5877	31167318	28716508	8.5	33226451	30555284	8.7
食品制造业	国有企业	68	1012528	947057	6.9	935351	998420	-6.3
食品制造业	集体企业	24	95928	83194	15.3	138047	178132	-22.5
食品制造业	股份合作企业	12	78465	71241	10.1	46057	86178	-46.6
食品制造业	股份制企业	251	13390848	11803042	13.5	6240303	5568373	12.1
食品制造业	私营企业	4158	23783232	21276806	11.8	21921164	20418212	7.4
食品制造业	外商和港澳台投资企业	1202	86717978	80151527	8.2	26950786	24294424	10.9
食品制造业	其他	2066	25165891	21937647	14.7	15090949	13744389	9.8
酒、饮料和精制茶制造业	国有企业	60	3657790	4146877	-11.8	2165352	2168079	-0.1
酒、饮料和精制茶制造业	集体企业	18	55598	52163	6.6	93873	81002	15.9
酒、饮料和精制茶制造业	股份合作企业	19	25017	31063	-19.5	113361	62348	81.8
酒、饮料和精制茶制造业	股份制企业	251	18277602	18423376	-0.8	10786405	8759767	23.1
酒、饮料和精制茶制造业	私营企业	3067	18131451	16589336	9.3	16229732	14431764	12.5

行业名称	经济类型	企业单位数	营业费用			管理费用		
		本月止累计	本月止累计	去年同期	增减	本月止累计	去年同期	增减
		个	千元	千元	%	千元	千元	%
酒、饮料和精制茶制造业	外商和港澳台投资企业	791	52216155	50835166	2.7	17178129	16403663	4.7
酒、饮料和精制茶制造业	其他	1705	33402666	30804514	8.4	23260537	21575404	7.8
烟草制品业	国有企业	50	10059100	10714616	-6.1	28345092	27860874	1.7
烟草制品业	集体企业	12	39360	30979	27.1	296688	315094	-5.8
烟草制品业	股份制企业	6	88458	82117	7.7	747337	730360	2.3
烟草制品业	私营企业	0	51894	48391	7.2	140210	98761	42.0
烟草制品业	外商和港澳台投资企业	0	5477	5339	2.6	27194	22803	19.3
烟草制品业	其他	59	4440701	4606845	-3.6	16221433	15543637	4.4
谷物磨制	国有企业	100	454677	456046	-0.3	490178	484773	1.1
谷物磨制	集体企业	18	40470	35585	13.7	40413	30922	30.7
谷物磨制	股份合作企业	12	68229	65376	4.4	54105	51718	4.6
谷物磨制	股份制企业	132	646153	592349	9.1	593624	584983	1.5
谷物磨制	私营企业	4370	15491843	13914327	11.3	15995796	14611133	9.5
谷物磨制	外商和港澳台投资企业	100	1435343	1342362	6.9	842141	784442	7.4
谷物磨制	其他	1329	5342498	4904008	8.9	5882237	5102261	15.3
饲料加工	国有企业	17	52360	58647	-10.7	74692	93442	-20.1
饲料加工	集体企业	0	5349	5548	-3.6	8296	9392	-11.7
饲料加工	股份合作企业	4	18580	6984	166.0	8106	6343	27.8
饲料加工	股份制企业	149	1707948	1675871	1.9	2152032	2062546	4.3
饲料加工	私营企业	2184	10778687	10014256	7.6	9946748	9715391	2.4
饲料加工	外商和港澳台投资企业	356	5030006	4756519	5.7	4354852	4317816	0.9
饲料加工	其他	1129	6254531	5671417	10.3	5648956	5430381	4.0
植物油加工	国有企业	22	204721	192643	6.3	340236	307955	10.5
植物油加工	集体企业	7	25216	12622	99.8	23840	15231	56.5
植物油加工	股份合作企业	0	860	30	2766.7	2550	338	654.4
植物油加工	股份制企业	75	550639	572963	-3.9	656143	659203	-0.5
植物油加工	私营企业	1325	6314061	5799583	8.9	6268925	5862028	6.9
植物油加工	外商和港澳台投资企业	134	4707064	4940279	-4.7	3206705	3042440	5.4
植物油加工	其他	621	4463158	4056839	10.0	4310555	4341957	-0.7
制糖业	国有企业	14	89142	108084	-17.5	196520	179207	9.7
制糖业	股份合作企业	0	0	3941	-100.0	0	6066	-100.0
制糖业	股份制企业	25	359746	412065	-12.7	733961	674049	8.9
制糖业	私营企业	105	432551	449483	-3.8	835045	856037	-2.5
制糖业	外商和港澳台投资企业	30	551069	546857	0.8	998313	1037508	-3.8
制糖业	其他	136	779289	843191	-7.6	1908807	1863088	2.5
屠宰及肉类加工	国有企业	94	477741	491585	-2.8	612797	657381	-6.8
屠宰及肉类加工	集体企业	27	66941	63010	6.2	105069	98633	6.5
屠宰及肉类加工	股份合作企业	8	15347	10707	43.3	27553	23142	19.1
屠宰及肉类加工	股份制企业	130	3220962	3062510	5.2	3118012	2850764	9.4
屠宰及肉类加工	私营企业	2342	11796817	11016258	7.1	12460454	11676816	6.7
屠宰及肉类加工	外商和港澳台投资企业	210	4289942	4307531	-0.4	3683922	3725860	-1.1

行业名称	经济类型	企业单位数	营业费用			管理费用		
		本月止累计	本月止累计	去年同期	增减	本月止累计	去年同期	增减
		个	千元	千元	%	千元	千元	%
屠宰及肉类加工	其他	975	6790333	6194788	9.6	7010317	6247006	12.2
水产品加工	国有企业	11	56861	60800	-6.5	162329	157450	3.1
水产品加工	集体企业	12	62442	57802	8.0	148488	166844	-11.0
水产品加工	股份合作企业	5	2720	2200	23.6	3083	2819	9.4
水产品加工	股份制企业	53	636464	587605	8.3	670291	664008	0.9
水产品加工	私营企业	1172	4046185	3825596	5.8	5206415	5087450	2.3
水产品加工	外商和港澳台投资企业	439	2003633	1998300	0.3	2779818	2860066	-2.8
水产品加工	其他	393	2101041	1909015	10.1	2544626	2332683	9.1
蔬菜、水果和坚果加工	国有企业	8	37937	28086	35.1	40023	36332	10.2
蔬菜、水果和坚果加工	集体企业	6	14324	12159	17.8	19784	17397	13.7
蔬菜、水果和坚果加工	股份合作企业	5	16705	16430	1.7	36001	21146	70.2
蔬菜、水果和坚果加工	股份制企业	71	1167913	992845	17.6	830821	709477	17.1
蔬菜、水果和坚果加工	私营企业	1902	7554295	6585903	14.7	7945532	6757383	17.6
蔬菜、水果和坚果加工	外商和港澳台投资企业	456	2503913	2549858	-1.8	2416935	2304612	4.9
蔬菜、水果和坚果加工	其他	655	2170785	1949899	11.3	1956357	1759158	11.2
其他农副食品加工	国有企业	13	45028	43845	2.7	56738	46431	22.2
其他农副食品加工	集体企业	20	494677	379832	30.2	523477	478244	9.5
其他农副食品加工	股份合作企业	5	13016	10627	22.5	18530	15235	21.6
其他农副食品加工	股份制企业	77	870535	831168	4.7	1074094	979321	9.7
其他农副食品加工	私营企业	1459	6823513	6295398	8.4	7023173	6407942	9.6
其他农副食品加工	外商和港澳台投资企业	198	1904608	1900389	0.2	2118371	1868865	13.4
其他农副食品加工	其他	639	3265683	3187351	2.5	3964596	3478750	14.0
焙烤食品制造	国有企业	7	22291	19750	12.9	38043	34149	11.4
焙烤食品制造	集体企业	0	23100	14755	56.6	19322	12827	50.6
焙烤食品制造	股份合作企业	4	6310	6448	-2.1	5225	5353	-2.4
焙烤食品制造	股份制企业	22	225745	241281	-6.4	226083	240014	-5.8
焙烤食品制造	私营企业	710	4204104	3738598	12.5	3647323	3382668	7.8
焙烤食品制造	外商和港澳台投资企业	248	9309546	8672722	7.3	3556596	3190608	11.5
焙烤食品制造	其他	285	2453420	2012656	21.9	1533766	1258318	21.9
糖果、巧克力及蜜饯制造	集体企业	4	13194	10999	20.0	17859	13565	31.7
糖果、巧克力及蜜饯制造	股份制企业	11	323460	226564	42.8	215085	183483	17.2
糖果、巧克力及蜜饯制造	私营企业	451	2733784	2356992	16.0	2261037	2510190	-9.9
糖果、巧克力及蜜饯制造	外商和港澳台投资企业	111	10367355	10439892	-0.7	3530131	3138374	12.5
糖果、巧克力及蜜饯制造	其他	178	977231	944660	3.4	865904	816512	6.0
方便食品制造	国有企业	11	138647	121127	14.5	147171	159856	-7.9
方便食品制造	集体企业	4	9726	7894	23.2	35478	83678	-57.6
方便食品制造	股份制企业	38	1071290	1246309	-14.0	541800	515652	5.1
方便食品制造	私营企业	711	3486750	3070739	13.5	3228697	2749600	17.4
方便食品制造	外商和港澳台投资企业	192	13979620	14283330	-2.1	3557296	3173168	12.1
方便食品制造	其他	337	2665002	2335462	14.1	2149867	1885394	14.0
乳制品制造	国有企业	11	143519	122008	17.6	84516	91163	-7.3

行业名称	经济类型	企业单位数	营业费用			管理费用		
		本月止累计	本月止累计	去年同期	增减	本月止累计	去年同期	增减
		个	千元	千元	%	千元	千元	%
乳制品制造	集体企业	0	2305	1068	115.8	3999	1908	109.6
乳制品制造	股份合作企业	0	2458	12194	-79.8	2408	50417	-95.2
乳制品制造	股份制企业	44	7448767	6321975	17.8	1970993	1682279	17.2
乳制品制造	私营企业	214	2208445	2295032	-3.8	1341164	1300873	3.1
乳制品制造	外商和港澳台投资企业	98	18139980	19232900	-5.7	4283544	3709158	15.5
乳制品制造	其他	261	7143572	6189993	15.4	2652502	2309598	14.8
罐头食品制造	国有企业	0	47940	40233	19.2	31531	28281	11.5
罐头食品制造	集体企业	0	256	1708	-85.0	350	2205	-84.1
罐头食品制造	股份合作企业	0	1458	1524	-4.3	2581	2379	8.5
罐头食品制造	股份制企业	34	589477	282975	108.3	475042	210976	125.2
罐头食品制造	私营企业	469	1720708	1579028	9.0	1869420	1878915	-0.5
罐头食品制造	外商和港澳台投资企业	142	820030	800134	2.5	832546	746287	11.6
罐头食品制造	其他	196	2405781	2273341	5.8	1498516	1397886	7.2
调味品、发酵制品制造	国有企业	11	303758	304548	-0.3	269893	298087	-9.5
调味品、发酵制品制造	集体企业	6	15461	13161	17.5	22688	20923	8.4
调味品、发酵制品制造	股份合作企业	0	4618	1967	134.8	3199	1981	61.5
调味品、发酵制品制造	股份制企业	35	2342419	2174483	7.7	1480812	1441375	2.7
调味品、发酵制品制造	私营企业	607	3802221	3325055	14.4	3591597	3190955	12.6
调味品、发酵制品制造	外商和港澳台投资企业	132	3412461	3250131	5.0	3079716	2956187	4.2
调味品、发酵制品制造	其他	294	2266819	1978337	14.6	2312741	1963028	17.8
其他食品制造	国有企业	25	356373	339391	5.0	364197	386884	-5.9
其他食品制造	集体企业	4	31886	33609	-5.1	38351	43026	-10.9
其他食品制造	股份合作企业	0	63621	49108	29.6	32644	26048	25.3
其他食品制造	股份制企业	67	1389690	1309455	6.1	1330488	1294594	2.8
其他食品制造	私营企业	996	5627220	4911362	14.6	5981926	5405011	10.7
其他食品制造	外商和港澳台投资企业	279	30688986	23472418	30.7	8110957	7380642	9.9
其他食品制造	其他	515	7254066	6203198	16.9	4077653	4113653	-0.9
酒的制造	国有企业	34	3361156	3849030	-12.7	1896827	1908610	-0.6
酒的制造	集体企业	9	29565	30132	-1.9	27291	24945	9.4
酒的制造	股份合作企业	15	16378	16552	-1.1	103126	44544	131.5
酒的制造	股份制企业	147	14403120	14763951	-2.4	9081137	7264239	25.0
酒的制造	私营企业	1347	7718426	7078128	9.0	7480375	6645030	12.6
酒的制造	外商和港澳台投资企业	251	10707351	11512919	-7.0	7385505	7504439	-1.6
酒的制造	其他	799	23861774	22612834	5.5	17655668	16801490	5.1
饮料制造	国有企业	9	221606	221930	-0.1	145636	157237	-7.4
饮料制造	集体企业	0	3077	2456	25.3	3982	3299	20.7
饮料制造	股份制企业	68	3660345	3490527	4.9	1478501	1296122	14.1
饮料制造	私营企业	779	6347286	6036194	5.2	4440787	3992581	11.2
饮料制造	外商和港澳台投资企业	495	41071422	38919779	5.5	9339113	8462312	10.4
饮料制造	其他	470	7260688	6222259	16.7	3290259	2821521	16.6
精制茶加工	国有企业	17	75028	75917	-1.2	122889	102232	20.2

行业名称	经济类型	企业单位数	营业费用			管理费用		
		本月止累计	本月止累计	去年同期	增减	本月止累计	去年同期	增减
		个	千元	千元	%	千元	千元	%
精制茶加工	集体企业	7	22956	19575	17.3	62600	52758	18.7
精制茶加工	股份合作企业	4	8639	14511	-40.5	10235	17804	-42.5
精制茶加工	股份制企业	36	214137	168898	26.8	226767	199406	13.7
精制茶加工	私营企业	941	4065739	3475014	17.0	4308570	3794153	13.6
精制茶加工	外商和港澳台投资企业	45	437382	402468	8.7	453511	436912	3.8
精制茶加工	其他	436	2280204	1969421	15.8	2314610	1952393	18.6
烟叶复烤	国有企业	10	548958	575857	-4.7	821044	792398	3.6
烟叶复烤	集体企业	0	9222	4085	125.8	3248	4509	-28.0
烟叶复烤	股份制企业	0	10093	0		33717	33210	1.5
烟叶复烤	其他	29	153619	179883	-14.6	760040	789043	-3.7
卷烟制造	国有企业	33	9421722	10061585	-6.4	27242134	26790117	1.7
卷烟制造	集体企业	0	4651	3648	27.5	78986	74320	6.3
卷烟制造	股份制企业	0	67660	70020	-3.4	664740	649410	2.4
卷烟制造	其他	19	4133502	4273250	-3.3	15081119	14357008	5.0
其他烟草制品制造	国有企业	7	88420	77174	14.6	281914	278359	1.3
其他烟草制品制造	集体企业	9	25487	23246	9.6	214454	236265	-9.2
其他烟草制品制造	股份制企业	0	10705	12097	-11.5	48880	47740	2.4
其他烟草制品制造	私营企业	0	51894	48391	7.2	140210	98761	42.0
其他烟草制品制造	外商和港澳台投资企业	0	5477	5339	2.6	27194	22803	19.3
其他烟草制品制造	其他	11	153580	153712	-0.1	380274	397586	-4.4

分行业分经济类型食品工业主要经济指标-7

行业名称	经济类型	企业单位数	营业费用			管理费用		
		本月止累计	本月止累计	去年同期	增减	本月止累计	去年同期	增减
		个	千元	千元	%	千元	千元	%
农副食品加工业	国有企业	279	1418467	1439736	-1.5	1973513	1962971	0.5
农副食品加工业	集体企业	93	709419	566558	25.2	869367	816663	6.5
农副食品加工业	股份合作企业	41	135457	116295	16.5	149928	126807	18.2
农副食品加工业	股份制企业	712	9160360	8727376	5.0	9828978	9184351	7.0
农副食品加工业	私营企业	14859	63237952	57900804	9.2	65682088	60974180	7.7
农副食品加工业	外商和港澳台投资企业	1923	22425578	22342095	0.4	20401057	19941609	2.3
农副食品加工业	其他	5877	31167318	28716508	8.5	33226451	30555284	8.7
食品制造业	国有企业	68	1012528	947057	6.9	935351	998420	-6.3
食品制造业	集体企业	24	95928	83194	15.3	138047	178132	-22.5
食品制造业	股份合作企业	12	78465	71241	10.1	46057	86178	-46.6
食品制造业	股份制企业	251	13390848	11803042	13.5	6240303	5568373	12.1
食品制造业	私营企业	4158	23783232	21276806	11.8	21921164	20418212	7.4
食品制造业	外商和港澳台投资企业	1202	86717978	80151527	8.2	26950786	24294424	10.9
食品制造业	其他	2066	25165891	21937647	14.7	15090949	13744389	9.8
酒、饮料和精制茶制造业	国有企业	60	3657790	4146877	-11.8	2165352	2168079	-0.1

行业名称	经济类型	企业单位数	营业费用			管理费用		
		本月止累计	本月止累计	去年同期	增减	本月止累计	去年同期	增减
		个	千元	千元	%	千元	千元	%
酒、饮料和精制茶制造业	集体企业	18	55598	52163	6.6	93873	81002	15.9
酒、饮料和精制茶制造业	股份合作企业	19	25017	31063	-19.5	113361	62348	81.8
酒、饮料和精制茶制造业	股份制企业	251	18277602	18423376	-0.8	10786405	8759767	23.1
酒、饮料和精制茶制造业	私营企业	3067	18131451	16589336	9.3	16229732	14431764	12.5
酒、饮料和精制茶制造业	外商和港澳台投资企业	791	52216155	50835166	2.7	17178129	16403663	4.7
酒、饮料和精制茶制造业	其他	1705	33402666	30804514	8.4	23260537	21575404	7.8
烟草制品业	国有企业	50	10059100	10714616	-6.1	28345092	27860874	1.7
烟草制品业	集体企业	12	39360	30979	27.1	296688	315094	-5.8
烟草制品业	股份制企业	6	88458	82117	7.7	747337	730360	2.3
烟草制品业	私营企业	0	51894	48391	7.2	140210	98761	42.0
烟草制品业	外商和港澳台投资企业	0	5477	5339	2.6	27194	22803	19.3
烟草制品业	其他	59	4440701	4606845	-3.6	16221433	15543637	4.4
谷物磨制	国有企业	100	454677	456046	-0.3	490178	484773	1.1
谷物磨制	集体企业	18	40470	35585	13.7	40413	30922	30.7
谷物磨制	股份合作企业	12	68229	65376	4.4	54105	51718	4.6
谷物磨制	股份制企业	132	646153	592349	9.1	593624	584983	1.5
谷物磨制	私营企业	4370	15491843	13914327	11.3	15995796	14611133	9.5
谷物磨制	外商和港澳台投资企业	100	1435343	1342362	6.9	842141	784442	7.4
谷物磨制	其他	1329	5342498	4904008	8.9	5882237	5102261	15.3
饲料加工	国有企业	17	52360	58647	-10.7	74692	93442	-20.1
饲料加工	集体企业	0	5349	5548	-3.6	8296	9392	-11.7
饲料加工	股份合作企业	4	18580	6984	166.0	8106	6343	27.8
饲料加工	股份制企业	149	1707948	1675871	1.9	2152032	2062546	4.3
饲料加工	私营企业	2184	10778687	10014256	7.6	9946748	9715391	2.4
饲料加工	外商和港澳台投资企业	356	5030006	4756519	5.7	4354852	4317816	0.9
饲料加工	其他	1129	6254531	5671417	10.3	5648956	5430381	4.0
植物油加工	国有企业	22	204721	192643	6.3	340236	307955	10.5
植物油加工	集体企业	7	25216	12622	99.8	23840	15231	56.5
植物油加工	股份合作企业	0	860	30	2766.7	2550	338	654.4
植物油加工	股份制企业	75	550639	572963	-3.9	656143	659203	-0.5
植物油加工	私营企业	1325	6314061	5799583	8.9	6268925	5862028	6.9
植物油加工	外商和港澳台投资企业	134	4707064	4940279	-4.7	3206705	3042440	5.4
植物油加工	其他	621	4463158	4056839	10.0	4310555	4341957	-0.7
制糖业	国有企业	14	89142	108084	-17.5	196520	179207	9.7
制糖业	股份合作企业	0	0	3941	-100.0	0	6066	-100.0
制糖业	股份制企业	25	359746	412065	-12.7	733961	674049	8.9
制糖业	私营企业	105	432551	449483	-3.8	835045	856037	-2.5
制糖业	外商和港澳台投资企业	30	551069	546857	0.8	998313	1037508	-3.8
制糖业	其他	136	779289	843191	-7.6	1908807	1863088	2.5
屠宰及肉类加工	国有企业	94	477741	491585	-2.8	612797	657381	-6.8
屠宰及肉类加工	集体企业	27	66941	63010	6.2	105069	98633	6.5

行业名称	经济类型	企业单位数	营业费用			管理费用		
		本月止累计	本月止累计	去年同期	增减	本月止累计	去年同期	增减
		个	千元	千元	%	千元	千元	%
屠宰及肉类加工	股份合作企业	8	15347	10707	43.3	27553	23142	19.1
屠宰及肉类加工	股份制企业	130	3220962	3062510	5.2	3118012	2850764	9.4
屠宰及肉类加工	私营企业	2342	11796817	11016258	7.1	12460454	11676816	6.7
屠宰及肉类加工	外商和港澳台投资企业	210	4289942	4307531	-0.4	3683922	3725860	-1.1
屠宰及肉类加工	其他	975	6790333	6194788	9.6	7010317	6247006	12.2
水产品加工	国有企业	11	56861	60800	-6.5	162329	157450	3.1
水产品加工	集体企业	12	62442	57802	8.0	148488	166844	-11.0
水产品加工	股份合作企业	5	2720	2200	23.6	3083	2819	9.4
水产品加工	股份制企业	53	636464	587605	8.3	670291	664008	0.9
水产品加工	私营企业	1172	4046185	3825596	5.8	5206415	5087450	2.3
水产品加工	外商和港澳台投资企业	439	2003633	1998300	0.3	2779818	2860066	-2.8
水产品加工	其他	393	2101041	1909015	10.1	2544626	2332683	9.1
蔬菜、水果和坚果加工	国有企业	8	37937	28086	35.1	40023	36332	10.2
蔬菜、水果和坚果加工	集体企业	6	14324	12159	17.8	19784	17397	13.7
蔬菜、水果和坚果加工	股份合作企业	5	16705	16430	1.7	36001	21146	70.2
蔬菜、水果和坚果加工	股份制企业	71	1167913	992845	17.6	830821	709477	17.1
蔬菜、水果和坚果加工	私营企业	1902	7554295	6585903	14.7	7945532	6757383	17.6
蔬菜、水果和坚果加工	外商和港澳台投资企业	456	2503913	2549858	-1.8	2416935	2304612	4.9
蔬菜、水果和坚果加工	其他	655	2170785	1949899	11.3	1956357	1759158	11.2
其他农副食品加工	国有企业	13	45028	43845	2.7	56738	46431	22.2
其他农副食品加工	集体企业	20	494677	379832	30.2	523477	478244	9.5
其他农副食品加工	股份合作企业	5	13016	10627	22.5	18530	15235	21.6
其他农副食品加工	股份制企业	77	870535	831168	4.7	1074094	979321	9.7
其他农副食品加工	私营企业	1459	6823513	6295398	8.4	7023173	6407942	9.6
其他农副食品加工	外商和港澳台投资企业	198	1904608	1900389	0.2	2118371	1868865	13.4
其他农副食品加工	其他	639	3265683	3187351	2.5	3964596	3478750	14.0
焙烤食品制造	国有企业	7	22291	19750	12.9	38043	34149	11.4
焙烤食品制造	集体企业	0	23100	14755	56.6	19322	12827	50.6
焙烤食品制造	股份合作企业	4	6310	6448	-2.1	5225	5353	-2.4
焙烤食品制造	股份制企业	22	225745	241281	-6.4	226083	240014	-5.8
焙烤食品制造	私营企业	710	4204104	3738598	12.5	3647323	3382668	7.8
焙烤食品制造	外商和港澳台投资企业	248	9309546	8672722	7.3	3556596	3190608	11.5
焙烤食品制造	其他	285	2453420	2012656	21.9	1533766	1258318	21.9
糖果、巧克力及蜜饯制造	集体企业	4	13194	10999	20.0	17859	13565	31.7
糖果、巧克力及蜜饯制造	股份制企业	11	323460	226564	42.8	215085	183483	17.2
糖果、巧克力及蜜饯制造	私营企业	451	2733784	2356992	16.0	2261037	2510190	-9.9
糖果、巧克力及蜜饯制造	外商和港澳台投资企业	111	10367355	10439892	-0.7	3530131	3138374	12.5
糖果、巧克力及蜜饯制造	其他	178	977231	944660	3.4	865904	816512	6.0
方便食品制造	国有企业	11	138647	121127	14.5	147171	159856	-7.9
方便食品制造	集体企业	4	9726	7894	23.2	35478	83678	-57.6
方便食品制造	股份制企业	38	1071290	1246309	-14.0	541800	515652	5.1

行业名称	经济类型	企业单位数	营业费用			管理费用		
		本月止累计	本月止累计	去年同期	增减	本月止累计	去年同期	增减
		个	千元	千元	%	千元	千元	%
方便食品制造	私营企业	711	3486750	3070739	13.5	3228697	2749600	17.4
方便食品制造	外商和港澳台投资企业	192	13979620	14283330	-2.1	3557296	3173168	12.1
方便食品制造	其他	337	2665002	2335462	14.1	2149867	1885394	14.0
乳制品制造	国有企业	11	143519	122008	17.6	84516	91163	-7.3
乳制品制造	集体企业	0	2305	1068	115.8	3999	1908	109.6
乳制品制造	股份合作企业	0	2458	12194	-79.8	2408	50417	-95.2
乳制品制造	股份制企业	44	7448767	6321975	17.8	1970993	1682279	17.2
乳制品制造	私营企业	214	2208445	2295032	-3.8	1341164	1300873	3.1
乳制品制造	外商和港澳台投资企业	98	18139980	19232900	-5.7	4283544	3709158	15.5
乳制品制造	其他	261	7143572	6189993	15.4	2652502	2309598	14.8
罐头食品制造	国有企业	0	47940	40233	19.2	31531	28281	11.5
罐头食品制造	集体企业	0	256	1708	-85.0	350	2205	-84.1
罐头食品制造	股份合作企业	0	1458	1524	-4.3	2581	2379	8.5
罐头食品制造	股份制企业	34	589477	282975	108.3	475042	210976	125.2
罐头食品制造	私营企业	469	1720708	1579028	9.0	1869420	1878915	-0.5
罐头食品制造	外商和港澳台投资企业	142	820030	800134	2.5	832546	746287	11.6
罐头食品制造	其他	196	2405781	2273341	5.8	1498516	1397886	7.2
调味品、发酵制品制造	国有企业	11	303758	304548	-0.3	269893	298087	-9.5
调味品、发酵制品制造	集体企业	6	15461	13161	17.5	22688	20923	8.4
调味品、发酵制品制造	股份合作企业	0	4618	1967	134.8	3199	1981	61.5
调味品、发酵制品制造	股份制企业	35	2342419	2174483	7.7	1480812	1441375	2.7
调味品、发酵制品制造	私营企业	607	3802221	3325055	14.4	3591597	3190955	12.6
调味品、发酵制品制造	外商和港澳台投资企业	132	3412461	3250131	5.0	3079716	2956187	4.2
调味品、发酵制品制造	其他	294	2266819	1978337	14.6	2312741	1963028	17.8
其他食品制造	国有企业	25	356373	339391	5.0	364197	386884	-5.9
其他食品制造	集体企业	4	31886	33609	-5.1	38351	43026	-10.9
其他食品制造	股份合作企业	0	63621	49108	29.6	32644	26048	25.3
其他食品制造	股份制企业	67	1389690	1309455	6.1	1330488	1294594	2.8
其他食品制造	私营企业	996	5627220	4911362	14.6	5981926	5405011	10.7
其他食品制造	外商和港澳台投资企业	279	30688986	23472418	30.7	8110957	7380642	9.9
其他食品制造	其他	515	7254066	6203198	16.9	4077653	4113653	-0.9
酒的制造	国有企业	34	3361156	3849030	-12.7	1896827	1908610	-0.6
酒的制造	集体企业	9	29565	30132	-1.9	27291	24945	9.4
酒的制造	股份合作企业	15	16378	16552	-1.1	103126	44544	131.5
酒的制造	股份制企业	147	14403120	14763951	-2.4	9081137	7264239	25.0
酒的制造	私营企业	1347	7718426	7078128	9.0	7480375	6645030	12.6
酒的制造	外商和港澳台投资企业	251	10707351	11512919	-7.0	7385505	7504439	-1.6
酒的制造	其他	799	23861774	22612834	5.5	17655668	16801490	5.1
饮料制造	国有企业	9	221606	221930	-0.1	145636	157237	-7.4

行业名称	经济类型	企业单位数	营业费用			管理费用		
		本月止累计	本月止累计	去年同期	增减	本月止累计	去年同期	增减
		个	千元	千元	%	千元	千元	%
饮料制造	集体企业	0	3077	2456	25.3	3982	3299	20.7
饮料制造	股份制企业	68	3660345	3490527	4.9	1478501	1296122	14.1
饮料制造	私营企业	779	6347286	6036194	5.2	4440787	3992581	11.2
饮料制造	外商和港澳台投资企业	495	41071422	38919779	5.5	9339113	8462312	10.4
饮料制造	其他	470	7260688	6222259	16.7	3290259	2821521	16.6
精制茶加工	国有企业	17	75028	75917	-1.2	122889	102232	20.2
精制茶加工	集体企业	7	22956	19575	17.3	62600	52758	18.7
精制茶加工	股份合作企业	4	8639	14511	-40.5	10235	17804	-42.5
精制茶加工	股份制企业	36	214137	168898	26.8	226767	199406	13.7
精制茶加工	私营企业	941	4065739	3475014	17.0	4308570	3794153	13.6
精制茶加工	外商和港澳台投资企业	45	437382	402468	8.7	453511	436912	3.8
精制茶加工	其他	436	2280204	1969421	15.8	2314610	1952393	18.6
烟叶复烤	国有企业	10	548958	575857	-4.7	821044	792398	3.6
烟叶复烤	集体企业	0	9222	4085	125.8	3248	4509	-28.0
烟叶复烤	股份制企业	0	10093	0		33717	33210	1.5
烟叶复烤	其他	29	153619	179883	-14.6	760040	789043	-3.7
卷烟制造	国有企业	33	9421722	10061585	-6.4	27242134	26790117	1.7
卷烟制造	集体企业	0	4651	3648	27.5	78986	74320	6.3
卷烟制造	股份制企业	0	67660	70020	-3.4	664740	649410	2.4
卷烟制造	其他	19	4133502	4273250	-3.3	15081119	14357008	5.0
其他烟草制品制造	国有企业	7	88420	77174	14.6	281914	278359	1.3
其他烟草制品制造	集体企业	9	25487	23246	9.6	214454	236265	-9.2
其他烟草制品制造	股份制企业	0	10705	12097	-11.5	48880	47740	2.4
其他烟草制品制造	私营企业	0	51894	48391	7.2	140210	98761	42.0
其他烟草制品制造	外商和港澳台投资企业	0	5477	5339	2.6	27194	22803	19.3
其他烟草制品制造	其他	11	153580	153712	-0.1	380274	397586	-4.4

分行业分经济类型食品工业主要经济指标–8

行业名称	经济类型	企业单位数	财务费用			利息支出		
		本月止累计	本月止累计	去年同期	增减	本月止累计	去年同期	增减
		个	千元	千元	%	千元	千元	%
农副食品加工业	国有企业	279	523042	562567	-7.0	436963	418480	4.4
农副食品加工业	集体企业	93	179283	166117	7.9	144963	143531	1.0
农副食品加工业	股份合作企业	41	62185	68885	-9.7	48334	62313	-22.4
农副食品加工业	股份制企业	712	4227624	3702124	14.2	4127079	3669024	12.5
农副食品加工业	私营企业	14859	25635412	24090748	6.4	18932898	18270343	3.6
农副食品加工业	外商和港澳台投资企业	1923	7179204	4365759	64.4	7135421	6462920	10.4
农副食品加工业	其他	5877	16415316	14163269	15.9	14498424	13416927	8.1

行业名称	经济类型	企业单位数	财务费用			利息支出		
		本月止累计	本月止累计	去年同期	增减	本月止累计	去年同期	增减
		个	千元	千元	%	千元	千元	%
食品制造业	国有企业	68	175974	239976	-26.7	189572	221004	-14.2
食品制造业	集体企业	24	20689	18358	12.7	13579	13902	-2.3
食品制造业	股份合作企业	12	5818	6284	-7.4	2430	1786	36.1
食品制造业	股份制企业	251	1504186	1473665	2.1	1717956	1725770	-0.5
食品制造业	私营企业	4158	6308157	5737672	9.9	4695516	4353566	7.9
食品制造业	外商和港澳台投资企业	1202	1216659	855217	42.3	2259902	2042381	10.7
食品制造业	其他	2066	4378416	3741408	17.0	3402370	2979486	14.2
酒、饮料和精制茶制造业	国有企业	60	687378	686536	0.1	886766	903662	-1.9
酒、饮料和精制茶制造业	集体企业	18	9711	10813	-10.2	4433	4342	2.1
酒、饮料和精制茶制造业	股份合作企业	19	18052	15107	19.5	23322	3912	496.2
酒、饮料和精制茶制造业	股份制企业	251	1993537	1901319	4.9	2190473	2212453	-1.0
酒、饮料和精制茶制造业	私营企业	3067	5039648	4295539	17.3	3808530	3401305	12.0
酒、饮料和精制茶制造业	外商和港澳台投资企业	791	1398811	1087949	28.6	1890063	2017779	-6.3
酒、饮料和精制茶制造业	其他	1705	3090420	2036228	51.8	3525632	3059210	15.2
烟草制品业	国有企业	50	-231500	-115533	100.4	785614	884872	-11.2
烟草制品业	集体企业	12	13621	15406	-11.6	25767	18046	42.8
烟草制品业	股份制企业	6	-49356	-19808	149.2	378	444	-14.9
烟草制品业	私营企业	0	48883	44009	11.1	49805	50547	-1.5
烟草制品业	外商和港澳台投资企业	0	1304	1362	-4.3	1504	1514	-0.7
烟草制品业	其他	59	-1422073	-1070518	32.8	358905	300798	19.3
谷物磨制	国有企业	100	141141	128890	9.5	78391	86186	-9.0
谷物磨制	集体企业	18	19020	18310	3.9	7973	7859	1.5
谷物磨制	股份合作企业	12	49549	45259	9.5	38457	43721	-12.0
谷物磨制	股份制企业	132	304523	343174	-11.3	277615	314087	-11.6
谷物磨制	私营企业	4370	5882391	5509104	6.8	4454945	4349897	2.4
谷物磨制	外商和港澳台投资企业	100	435607	419763	3.8	341771	348150	-1.8
谷物磨制	其他	1329	2824336	2662439	6.1	2132163	2319998	-8.1
饲料加工	国有企业	17	5498	12399	-55.7	32409	9133	254.9
饲料加工	集体企业	0	1368	639	114.1	1088	610	78.4
饲料加工	股份合作企业	4	421	1579	-73.3	421	1579	-73.3
饲料加工	股份制企业	149	484700	510605	-5.1	417553	422100	-1.1
饲料加工	私营企业	2184	2745930	2582798	6.3	2094810	1975950	6.0
饲料加工	外商和港澳台投资企业	356	617699	501283	23.2	964362	850861	13.3
饲料加工	其他	1129	1483128	1256416	18.0	1113900	934341	19.2
植物油加工	国有企业	22	118812	193476	-38.6	57973	77786	-25.5
植物油加工	集体企业	7	1427	2874	-50.3	1024	2765	-63.0
植物油加工	股份合作企业	0	283	128	121.1	0	0	
植物油加工	股份制企业	75	210878	124933	68.8	263092	297060	-11.4
植物油加工	私营企业	1325	3057290	2856322	7.0	2479921	2361259	5.0
植物油加工	外商和港澳台投资企业	134	1476714	-829202	-278.1	2250997	2043283	10.2
植物油加工	其他	621	3332453	1968493	69.3	3912272	2870228	36.3

行业名称	经济类型	企业单位数	财务费用			利息支出		
		本月止累计	本月止累计	去年同期	增减	本月止累计	去年同期	增减
		个	千元	千元	%	千元	千元	%
制糖业	国有企业	14	119222	89698	32.9	113104	93607	20.8
制糖业	股份合作企业	0	0	280	-100.0	0	269	-100.0
制糖业	股份制企业	25	399679	400453	-0.2	466510	424616	9.9
制糖业	私营企业	105	942533	806050	16.9	762123	742834	2.6
制糖业	外商和港澳台投资企业	30	799393	614262	30.1	610461	571966	6.7
制糖业	其他	136	1709608	1550961	10.2	1608424	1440114	11.7
屠宰及肉类加工	国有企业	94	30343	35538	-14.6	54602	53940	1.2
屠宰及肉类加工	集体企业	27	5165	5058	2.1	4581	4575	0.1
屠宰及肉类加工	股份合作企业	8	1549	10379	-85.1	784	6761	-88.4
屠宰及肉类加工	股份制企业	130	1461274	1093787	33.6	1640886	1280887	28.1
屠宰及肉类加工	私营企业	2342	5027140	4617511	8.9	3478855	3418206	1.8
屠宰及肉类加工	外商和港澳台投资企业	210	928916	781479	18.9	920038	717281	28.3
屠宰及肉类加工	其他	975	3123132	3121691	0.0	2449631	2967170	-17.4
水产品加工	国有企业	11	73618	76746	-4.1	73095	73419	-0.4
水产品加工	集体企业	12	61960	54537	13.6	42859	50634	-15.4
水产品加工	股份合作企业	5	3222	4112	-21.6	2599	3424	-24.1
水产品加工	股份制企业	53	531099	484618	9.6	342010	273230	25.2
水产品加工	私营企业	1172	2757166	2847999	-3.2	1924411	1946933	-1.2
水产品加工	外商和港澳台投资企业	439	1427362	1546147	-7.7	944072	960555	-1.7
水产品加工	其他	393	955286	1059400	-9.8	733951	738161	-0.6
蔬菜、水果和坚果加工	国有企业	8	16839	5476	207.5	13673	5689	140.3
蔬菜、水果和坚果加工	集体企业	6	2444	3266	-25.2	2105	3033	-30.6
蔬菜、水果和坚果加工	股份合作企业	5	4342	4993	-13.0	3955	4575	-13.6
蔬菜、水果和坚果加工	股份制企业	71	441410	331476	33.2	434530	332148	30.8
蔬菜、水果和坚果加工	私营企业	1902	2662909	2447258	8.8	1772407	1588528	11.6
蔬菜、水果和坚果加工	外商和港澳台投资企业	456	668734	650584	2.8	413849	361076	14.6
蔬菜、水果和坚果加工	其他	655	716323	618318	15.9	484024	412362	17.4
其他农副食品加工	国有企业	13	17569	20344	-13.6	13716	18720	-26.7
其他农副食品加工	集体企业	20	87899	81433	7.9	85333	74055	15.2
其他农副食品加工	股份合作企业	5	2819	2155	30.8	2118	1984	6.8
其他农副食品加工	股份制企业	77	394061	413078	-4.6	284883	324896	-12.3
其他农副食品加工	私营企业	1459	2560053	2423706	5.6	1965426	1886736	4.2
其他农副食品加工	外商和港澳台投资企业	198	824779	681443	21.0	689871	609748	13.1
其他农副食品加工	其他	639	2271050	1925551	17.9	2064059	1734553	19.0
焙烤食品制造	国有企业	7	6927	6040	14.7	5515	4689	17.6
焙烤食品制造	集体企业	0	656	1376	-52.3	656	1376	-52.3
焙烤食品制造	股份合作企业	4	123	223	-44.8	0	135	-100.0
焙烤食品制造	股份制企业	22	12888	10813	19.2	10196	10312	-1.1
焙烤食品制造	私营企业	710	815848	740901	10.1	620543	540263	14.9

行业名称	经济类型	企业单位数	财务费用			利息支出		
		本月止累计	本月止累计	去年同期	增减	本月止累计	去年同期	增减
		个	千元	千元	%	千元	千元	%
焙烤食品制造	外商和港澳台投资企业	248	247302	218141	13.4	339043	318499	6.5
焙烤食品制造	其他	285	300523	247279	21.5	228144	193121	18.1
糖果、巧克力及蜜饯制造	集体企业	4	7638	3877	97.0	6838	3404	100.9
糖果、巧克力及蜜饯制造	股份制企业	11	59075	48975	20.6	69137	44619	54.9
糖果、巧克力及蜜饯制造	私营企业	451	637507	567479	12.3	451264	415409	8.6
糖果、巧克力及蜜饯制造	外商和港澳台投资企业	111	66831	-134636	-149.6	240155	131500	82.6
糖果、巧克力及蜜饯制造	其他	178	202599	208759	-3.0	166454	172989	-3.8
方便食品制造	国有企业	11	1812	1925	-5.9	4055	3299	22.9
方便食品制造	集体企业	4	4573	4015	13.9	2575	2201	17.0
方便食品制造	股份制企业	38	333685	354847	-6.0	337108	360386	-6.5
方便食品制造	私营企业	711	939404	778295	20.7	678010	603869	12.3
方便食品制造	外商和港澳台投资企业	192	-272066	-185317	46.8	386521	325650	18.7
方便食品制造	其他	337	504761	453329	11.3	362413	329027	10.1
乳制品制造	国有企业	11	3748	3814	-1.7	3456	4276	-19.2
乳制品制造	集体企业	0	269	308	-12.7	271	0	
乳制品制造	股份合作企业	0	180	842	-78.6	182	167	9.0
乳制品制造	股份制企业	44	109388	-9524	-1248.6	236507	225373	4.9
乳制品制造	私营企业	214	414789	377204	10.0	310211	300180	3.3
乳制品制造	外商和港澳台投资企业	98	31410	-158726	-119.8	128900	106633	20.9
乳制品制造	其他	261	562333	420371	33.8	446416	354204	26.0
罐头食品制造	国有企业	0	-1257	24	-5337.5	3000	2890	3.8
罐头食品制造	集体企业	0	110	3132	-96.5	108	3132	-96.6
罐头食品制造	股份合作企业	0	1275	1263	1.0	1270	1250	1.6
罐头食品制造	股份制企业	34	60780	75680	-19.7	52507	57756	-9.1
罐头食品制造	私营企业	469	810098	812144	-0.3	599635	621034	-3.4
罐头食品制造	外商和港澳台投资企业	142	334235	317721	5.2	221219	212310	4.2
罐头食品制造	其他	196	546938	577828	-5.3	463108	500508	-7.5
调味品、发酵制品制造	国有企业	11	122161	180385	-32.3	109510	159059	-31.2
调味品、发酵制品制造	集体企业	6	4856	2604	86.5	608	823	-26.1
调味品、发酵制品制造	股份合作企业	0	281	234	20.1	0	0	
调味品、发酵制品制造	股份制企业	35	418664	450919	-7.2	485290	462868	4.8
调味品、发酵制品制造	私营企业	607	1023510	896587	14.2	803101	685972	17.1
调味品、发酵制品制造	外商和港澳台投资企业	132	519955	573951	-9.4	554636	549053	1.0
调味品、发酵制品制造	其他	294	1014274	730807	38.8	819635	587925	39.4
其他食品制造	国有企业	25	42583	47788	-10.9	64036	46791	36.9
其他食品制造	集体企业	4	2587	3046	-15.1	2523	2966	-14.9
其他食品制造	股份合作企业	0	3959	3722	6.4	978	234	317.9
其他食品制造	股份制企业	67	509706	541955	-6.0	527211	564456	-6.6
其他食品制造	私营企业	996	1667001	1565062	6.5	1232752	1186839	3.9

行业名称	经济类型	企业单位数	财务费用			利息支出		
		本月止累计	本月止累计	去年同期	增减	本月止累计	去年同期	增减
		个	千元	千元	%	千元	千元	%
其他食品制造	外商和港澳台投资企业	279	288992	224083	29.0	389428	398736	-2.3
其他食品制造	其他	515	1246988	1103035	13.1	916200	841712	8.8
酒的制造	国有企业	34	560018	558073	0.3	861427	881952	-2.3
酒的制造	集体企业	9	8243	8608	-4.2	3273	2213	47.9
酒的制造	股份合作企业	15	16153	13038	23.9	22050	2182	910.5
酒的制造	股份制企业	147	1193608	1206459	-1.1	1404005	1469887	-4.5
酒的制造	私营企业	1347	2706801	2399716	12.8	2197574	1982801	10.8
酒的制造	外商和港澳台投资企业	251	479294	263723	81.7	654340	738715	-11.4
酒的制造	其他	799	1835494	905053	102.8	2532396	2163348	17.1
饮料制造	国有企业	9	94764	100619	-5.8	2438	1120	117.7
饮料制造	集体企业	0	64	47	36.2	64	47	36.2
饮料制造	股份制企业	68	732669	635407	15.3	729957	688817	6.0
饮料制造	私营企业	779	1177824	903719	30.3	737508	689846	6.9
饮料制造	外商和港澳台投资企业	495	885291	798930	10.8	1208583	1253918	-3.6
饮料制造	其他	470	737937	676667	9.1	580343	514160	12.9
精制茶加工	国有企业	17	32596	27844	17.1	22901	20590	11.2
精制茶加工	集体企业	7	1404	2158	-34.9	1096	2082	-47.4
精制茶加工	股份合作企业	4	1899	2069	-8.2	1272	1730	-26.5
精制茶加工	股份制企业	36	67260	59453	13.1	56511	53749	5.1
精制茶加工	私营企业	941	1155023	992104	16.4	873448	728658	19.9
精制茶加工	外商和港澳台投资企业	45	34226	25296	35.3	27140	25146	7.9
精制茶加工	其他	436	516989	454508	13.7	412893	381702	8.2
烟叶复烤	国有企业	10	-114987	-110525	4.0	-17156	1320	-1399.7
烟叶复烤	集体企业	0	405	1050	-61.4	405	1050	-61.4
烟叶复烤	股份制企业	0	-4	-20	-80.0	0	0	
烟叶复烤	其他	29	-203449	-173132	17.5	-13244	214	-6288.8
卷烟制造	国有企业	33	-108369	4425	-2549.0	798597	879833	-9.2
卷烟制造	集体企业	0	930	963	-3.4	1135	963	17.9
卷烟制造	股份制企业	0	-49520	-20040	147.1	0	0	#DIV/0!
卷烟制造	其他	19	-1247920	-919199	35.8	328693	268989	22.2
其他烟草制品制造	国有企业	7	-8144	-9433	-13.7	4173	3719	12.2
其他烟草制品制造	集体企业	9	12286	13393	-8.3	24227	16033	51.1
其他烟草制品制造	股份制企业	0	168	252	-33.3	378	444	-14.9
其他烟草制品制造	私营企业	0	48883	44009	11.1	49805	50547	-1.5
其他烟草制品制造	外商和港澳台投资企业	0	1304	1362	-4.3	1504	1514	-0.7

行业名称	经济类型	企业单位数	财务费用			利息支出		
		本月止累计	本月止累计	去年同期	增减	本月止累计	去年同期	增减
		个	千元	千元	%	千元	千元	%
其他烟草制品制造	其他	11	29296	21813	34.3	43456	31595	37.5

分行业分经济类型食品工业主要经济指标-9

行业名称	经济类型	企业单位数	利润总额			亏损企业亏损额		
		本月止累计	本月止累计	去年同期	增减	本月止累计	去年同期	增减
		个	千元	千元	%	千元	千元	%
农副食品加工业	国有企业	279	2321147	2614981	-11.2	841441	534809	57.3
农副食品加工业	集体企业	93	1957198	1829176	7.0	4420	4354	1.5
农副食品加工业	股份合作企业	41	163092	192071	-15.1	24704	16530	49.4
农副食品加工业	股份制企业	712	17171517	16186048	6.1	1033295	727269	42.1
农副食品加工业	私营企业	14859	169972205	168571135	0.8	4209671	2867947	46.8
农副食品加工业	外商和港澳台投资企业	1923	42806789	46094043	-7.1	5615130	4333356	29.6
农副食品加工业	其他	5877	72602826	72861624	-0.4	8116677	4649028	74.6
食品制造业	国有企业	68	958999	780575	22.9	196301	43595	350.3
食品制造业	集体企业	24	329802	305998	7.8	8	297	-97.3
食品制造业	股份合作企业	12	64406	122346	-47.4	0	0	
食品制造业	股份制企业	251	16828171	16114507	4.4	149600	280682	-46.7
食品制造业	私营企业	4158	47100530	43673472	7.8	1000634	743006	34.7
食品制造业	外商和港澳台投资企业	1202	55552707	51864998	7.1	4827134	3067911	57.3
食品制造业	其他	2066	48426690	41329003	17.2	2355667	1533904	53.6
酒、饮料和精制茶制造业	国有企业	60	1928378	2848618	-32.3	234446	193430	21.2
酒、饮料和精制茶制造业	集体企业	18	129746	114970	12.9	0	0	
酒、饮料和精制茶制造业	股份合作企业	19	156137	158944	-1.8	1871	129	1350.4
酒、饮料和精制茶制造业	股份制企业	251	22816538	24568180	-7.1	852211	250908	239.7
酒、饮料和精制茶制造业	私营企业	3067	39800335	36754099	8.3	620406	527475	17.6
酒、饮料和精制茶制造业	外商和港澳台投资企业	791	33928474	34499469	-1.7	4739834	4241825	11.7
酒、饮料和精制茶制造业	其他	1705	61550686	66487706	-7.4	2035519	1908841	6.6
烟草制品业	国有企业	50	63852761	63689948	0.3	36572	20601	77.5
烟草制品业	集体企业	12	75396	82827	-9.0	5839	1041	460.9
烟草制品业	股份制企业	6	666359	797437	-16.4	13064	15367	-15.0
烟草制品业	私营企业	0	205258	62001	231.1	0	0	
烟草制品业	外商和港澳台投资企业	0	78519	85222	-7.9	0	0	
烟草制品业	其他	59	56701669	56574504	0.2	20703	8337	148.3
谷物磨制	国有企业	100	756457	797822	-5.2	98446	38997	152.4
谷物磨制	集体企业	18	188234	184845	1.8	2056	0	
谷物磨制	股份合作企业	12	87999	88521	-0.6	18	0	
谷物磨制	股份制企业	132	1934388	1657830	16.7	52794	47025	12.3

行业名称	经济类型	企业单位数	利润总额			亏损企业 亏损额		
		本月止累计	本月止累计	去年同期	增减	本月止累计	去年同期	增减
		个	千元	千元	%	千元	千元	%
谷物磨制	私营企业	4370	45749934	43153035	6.0	154525	151787	1.8
谷物磨制	外商和港澳台投资企业	100	851695	586108	45.3	283557	393628	-28.0
谷物磨制	其他	1329	14889884	13351912	11.5	727809	630334	15.5
饲料加工	国有企业	17	116290	91453	27.2	2523	759	232.4
饲料加工	集体企业	0	9120	9970	-8.5	0	0	
饲料加工	股份合作企业	4	24952	29126	-14.3	0	0	
饲料加工	股份制企业	149	4873268	4685512	4.0	88254	60133	46.8
饲料加工	私营企业	2184	24729706	25164570	-1.7	208413	313074	-33.4
饲料加工	外商和港澳台投资企业	356	7527114	7071998	6.4	407302	455691	-10.6
饲料加工	其他	1129	13521622	11585007	16.7	419814	374046	12.2
植物油加工	国有企业	22	558302	839253	-33.5	337837	150314	124.8
植物油加工	集体企业	7	25751	11376	126.4	71	0	
植物油加工	股份合作企业	0	4	12	-66.7	0	0	
植物油加工	股份制企业	75	1035281	1152247	-10.2	140507	73493	91.2
植物油加工	私营企业	1325	18144058	19138863	-5.2	484914	300103	61.6
植物油加工	外商和港澳台投资企业	134	8723997	9317401	-6.4	1518708	1409541	7.7
植物油加工	其他	621	7357307	10040400	-26.7	2628346	689024	281.5
制糖业	国有企业	14	-239007	-255617	-6.5	356218	283488	25.7
制糖业	股份合作企业	0	0	17253	-100.0	0	0	
制糖业	股份制企业	25	662755	417146	58.9	508821	263982	92.7
制糖业	私营企业	105	-511405	428777	-219.3	1461816	779073	87.6
制糖业	外商和港澳台投资企业	30	1285623	2524333	-49.1	1025301	473286	116.6
制糖业	其他	136	642938	2165793	-70.3	2446648	1140442	114.5
屠宰及肉类加工	国有企业	94	731751	771807	-5.2	21246	33771	-37.1
屠宰及肉类加工	集体企业	27	407944	402154	1.4	234	531	-55.9
屠宰及肉类加工	股份合作企业	8	8868	7579	17.0	13599	15139	-10.2
屠宰及肉类加工	股份制企业	130	3867722	3663945	5.6	95190	109360	-13.0
屠宰及肉类加工	私营企业	2342	33061153	33348592	-0.9	1321382	832694	58.7
屠宰及肉类加工	外商和港澳台投资企业	210	8010259	9076332	-11.7	1151074	902844	27.5
屠宰及肉类加工	其他	975	18275583	19132982	-4.5	754477	853186	-11.6
水产品加工	国有企业	11	270458	272635	-0.8	0	0	
水产品加工	集体企业	12	260615	296461	-12.1	0	0	
水产品加工	股份合作企业	5	25919	30120	-13.9	0	0	
水产品加工	股份制企业	53	1381701	1609106	-14.1	115715	47439	143.9
水产品加工	私营企业	1172	14162309	13886055	2.0	262394	256137	2.4
水产品加工	外商和港澳台投资企业	439	6743580	6822724	-1.2	235494	198709	18.5
水产品加工	其他	393	4821373	4711762	2.3	261491	296168	-11.7
蔬菜、水果和坚果加工	国有企业	8	27040	39505	-31.6	7854	1967	299.3

行业名称	经济类型	企业单位数	利润总额			亏损企业亏损额		
		本月止累计	本月止累计	去年同期	增减	本月止累计	去年同期	增减
		个	千元	千元	%	千元	千元	%
蔬菜、水果和坚果加工	集体企业	6	194720	151622	28.4	0	1231	-100.0
蔬菜、水果和坚果加工	股份合作企业	5	4254	11554	-63.2	9824	3	327366.7
蔬菜、水果和坚果加工	股份制企业	71	1607422	1510705	6.4	9228	19363	-52.3
蔬菜、水果和坚果加工	私营企业	1902	19460137	18625904	4.5	162238	95183	70.4
蔬菜、水果和坚果加工	外商和港澳台投资企业	456	7366103	7154194	3.0	193082	90585	113.2
蔬菜、水果和坚果加工	其他	655	6160636	5433948	13.4	70994	218014	-67.4
其他农副食品加工	国有企业	13	99856	58123	71.8	17317	25513	-32.1
其他农副食品加工	集体企业	20	870814	772748	12.7	2059	2592	-20.6
其他农副食品加工	股份合作企业	5	11096	7906	40.3	1263	1388	-9.0
其他农副食品加工	股份制企业	77	1808980	1489557	21.4	22786	106474	-78.6
其他农副食品加工	私营企业	1459	15176313	14825339	2.4	153989	139896	10.1
其他农副食品加工	外商和港澳台投资企业	198	2298418	3540953	-35.1	800612	409072	95.7
其他农副食品加工	其他	639	6933483	6439820	7.7	807098	447814	80.2
焙烤食品制造	国有企业	7	27308	17751	53.8	0	2702	-100.0
焙烤食品制造	集体企业	0	33231	20139	65.0	0	0	
焙烤食品制造	股份合作企业	4	1384	3773	-63.3	0	0	
焙烤食品制造	股份制企业	22	577673	551634	4.7	2130	4747	-55.1
焙烤食品制造	私营企业	710	8340858	7440645	12.1	95276	57725	65.1
焙烤食品制造	外商和港澳台投资企业	248	6596398	6690917	-1.4	559126	445880	25.4
焙烤食品制造	其他	285	4695233	4037860	16.3	122628	80419	52.5
糖果、巧克力及蜜饯制造	集体企业	4	33730	21353	58.0	0	0	
糖果、巧克力及蜜饯制造	股份制企业	11	1534018	1485953	3.2	0	0	
糖果、巧克力及蜜饯制造	私营企业	451	4762488	4360876	9.2	32116	47675	-32.6
糖果、巧克力及蜜饯制造	外商和港澳台投资企业	111	6972105	7499797	-7.0	70151	32439	116.3
糖果、巧克力及蜜饯制造	其他	178	2422118	2164498	11.9	22824	10824	110.9
方便食品制造	国有企业	11	267632	235307	13.7	0	0	
方便食品制造	集体企业	4	112360	106014	6.0	8	0	
方便食品制造	股份制企业	38	2493700	3091113	-19.3	23199	54048	-57.1
方便食品制造	私营企业	711	7283696	6656342	9.4	55641	48479	14.8
方便食品制造	外商和港澳台投资企业	192	7408890	8227177	-9.9	383591	233093	64.6
方便食品制造	其他	337	6243997	5400371	15.6	119739	165531	-27.7
乳制品制造	国有企业	11	148826	135434	9.9	2516	1266	98.7
乳制品制造	集体企业	0	5989	5868	2.1	0	0	
乳制品制造	股份合作企业	0	9128	56779	-83.9	0	0	
乳制品制造	股份制企业	44	4499777	3869100	16.3	20984	29179	-28.1
乳制品制造	私营企业	214	2875028	2608663	10.2	121298	125587	-3.4
乳制品制造	外商和港澳台投资企业	98	8566290	6194617	38.3	1760997	851144	106.9
乳制品制造	其他	261	6427226	5064289	26.9	365499	259176	41.0

行业名称	经济类型	企业单位数	利润总额			亏损企业亏损额		
		本月止累计	本月止累计	去年同期	增减	本月止累计	去年同期	增减
		个	千元	千元	%	千元	千元	%
罐头食品制造	国有企业	0	102319	83706	22.2	0	0	
罐头食品制造	集体企业	0	5642	15921	-64.6	0	0	
罐头食品制造	股份合作企业	0	554	367	51.0	0	0	
罐头食品制造	股份制企业	34	881098	800347	10.1	20608	39650	-48.0
罐头食品制造	私营企业	469	4495367	4440252	1.2	101544	102933	-1.3
罐头食品制造	外商和港澳台投资企业	142	2157755	1549525	39.3	206594	318164	-35.1
罐头食品制造	其他	196	1506499	1614608	-6.7	1043614	426189	144.9
调味品、发酵制品制造	国有企业	11	-34515	69476	-149.7	180102	39182	359.7
调味品、发酵制品制造	集体企业	6	42957	51093	-15.9	0	0	
调味品、发酵制品制造	股份合作企业	0	11885	16074	-26.1	0	0	
调味品、发酵制品制造	股份制企业	35	3578753	2984717	19.9	61536	146107	-57.9
调味品、发酵制品制造	私营企业	607	7887425	7201966	9.5	248737	153931	61.6
调味品、发酵制品制造	外商和港澳台投资企业	132	5949707	5386633	10.5	853004	735817	15.9
调味品、发酵制品制造	其他	294	5116460	3971001	28.8	183231	167122	9.6
其他食品制造	国有企业	25	447429	238901	87.3	13683	445	2974.8
其他食品制造	集体企业	4	95893	85610	12.0	0	297	-100.0
其他食品制造	股份合作企业	0	41455	45353	-8.6	0	0	
其他食品制造	股份制企业	67	3263152	3331643	-2.1	21143	6951	204.2
其他食品制造	私营企业	996	11455668	10964728	4.5	346022	206676	67.4
其他食品制造	外商和港澳台投资企业	279	17901562	16316332	9.7	993671	451374	120.1
其他食品制造	其他	515	22015157	19076376	15.4	498132	424643	17.3
酒的制造	国有企业	34	1527991	2452939	-37.7	216995	158238	37.1
酒的制造	集体企业	9	67730	72045	-6.0	0	0	
酒的制造	股份合作企业	15	123405	103741	19.0	1871	129	1350.4
酒的制造	股份制企业	147	17207455	19769576	-13.0	754484	140016	438.9
酒的制造	私营企业	1347	19478406	18240001	6.8	470672	398304	18.2
酒的制造	外商和港澳台投资企业	251	8848722	8057249	9.8	1525146	2040088	-25.2
酒的制造	其他	799	50363551	56772305	-11.3	1502114	1473086	2.0
饮料制造	国有企业	9	264381	253689	4.2	13713	29999	-54.3
饮料制造	集体企业	0	18570	13242	40.2	0	0	
饮料制造	股份制企业	68	5071620	4353632	16.5	97717	110892	-11.9
饮料制造	私营企业	779	11887922	10438464	13.9	138311	120407	14.9
饮料制造	外商和港澳台投资企业	495	24319469	25707810	-5.4	3207615	2194967	46.1
饮料制造	其他	470	6681662	5531536	20.8	508209	422399	20.3
精制茶加工	国有企业	17	136006	141990	-4.2	3738	5193	-28.0
精制茶加工	集体企业	7	43446	29683	46.4	0	0	
精制茶加工	股份合作企业	4	32732	55203	-40.7	0	0	
精制茶加工	股份制企业	36	537463	444972	20.8	10	0	
精制茶加工	私营企业	941	8434007	8075634	4.4	11423	8764	30.3

行业名称	经济类型	企业单位数	利润总额			亏损企业亏损额		
		本月止累计	本月止累计	去年同期	增减	本月止累计	去年同期	增减
		个	千元	千元	%	千元	千元	%
精制茶加工	外商和港澳台投资企业	45	760283	734410	3.5	7073	6770	4.5
精制茶加工	其他	436	4505473	4183865	7.7	25196	13356	88.6
烟叶复烤	国有企业	10	1824016	1214574	50.2	14284	0	
烟叶复烤	集体企业	0	9112	11060	-17.6	0	0	
烟叶复烤	股份制企业	0	-13064	-15367	-15.0	13064	15367	-15.0
烟叶复烤	其他	29	2021621	1920972	5.2	20300	0	
卷烟制造	国有企业	33	61475103	61973424	-0.8	12650	8217	53.9
卷烟制造	集体企业	0	840	1162	-27.7	197	0	
卷烟制造	股份制企业	0	604680	739740	-18.3	0	0	
卷烟制造	其他	19	52779894	53003736	-0.4	0	0	
其他烟草制品制造	国有企业	7	553642	501950	10.3	9638	12384	-22.2
其他烟草制品制造	集体企业	9	65444	70605	-7.3	5642	1041	442.0
其他烟草制品制造	股份制企业	0	74743	73064	2.3	0	0	
其他烟草制品制造	私营企业	0	205258	62001	231.1	0	0	
其他烟草制品制造	外商和港澳台投资企业	0	78519	85222	-7.9	0	0	
其他烟草制品制造	其他	11	1900154	1649796	15.2	403	8337	-95.2

全国食品工业主要产品产量

产品名称	单位	2014年	2013年	2012年	2011年	2010年
原盐	万吨	7049.71	7367.6	6911.78	6742.16	7037.76
小麦粉	万吨	14116.02	13204.58	11404.04	11324.11	10118.5
大米	万吨	13042.82	11798.6	10777.52	8839.5	8244.2
饲料	万吨	21791.64	24869.55	21682.07	19079.7	17440.42
精制食用植物油	万吨	6534.1	5590.55	5172.97	4331.8	3878.54
成品糖	万吨	1642.67	1592.76	1409.47	1187.43	1117.59
鲜、冷藏肉	万吨	3903.44	3325.66	3128.2	2655.1	2116.8
冷冻水产品	万吨	857.57	751.51	677.4	609.4	484.5
糖果	万吨	362.41	265.58	241.9	222.5	179.9
速冻米面食品	万吨	528.26	567.87	415.82	346.5	297.8
方便面	万吨	1025.64	986.31	946.7	827.5	688.2
乳制品	万吨	2651.81	2636.87	2537.91	2316.44	2157.77
其中:液体乳	万吨	2400.12	2353.52	2280.88	2089.54	1959.51
乳粉	万吨					
罐头	万吨	1256.32	1163.62	1043.01	1093.41	980.52
酱油	万吨	938.83	752.58	700.2	662.8	595.7
冷冻饮品	万吨	308.57	299.54	254.3	249.3	242.26
食品添加剂	万吨					

兴建中的海峡两岸（漳州）农业硅谷

中国食品名城——漳州

漳州市地处福建省最南端，东邻厦门，西南与广东交界，东南与台湾省隔海相望，属南亚热带季风气候，农业资源丰富，素有“鱼米花果之乡”、“中国花都”、“中国菇都”等美誉，是全国重要的农副产品出口基地、绿色食品生产基地、对台农业合作基地，先后被授予“中国食品名城”、“中国罐头之都”、“世界食用菌罐头之都”等称号，生态城市竞争力位居福建第1，全国第21。2014年，全市生产总值2506亿元，公共财政总收入264亿元，规模以上工业产值3990.8亿元，工业出口交货值662.6亿元。

一、总体概况

近年来,漳州市突出食品产业特色发展，积极帮扶企业开拓市场、转型升级，漳州“中国食品名城”品牌影响力持续提升，“漳州味”食品扬名省内外。2014年，全市各类食品加工企业达3000多家，规模以上食品企业511家，规模产值1029.7亿元，分别占全市规模工业总产值、福建省规模食品工业总产值的四分之一强，成为漳州集约化程度最高、产业规模最大的支柱产业。

二、主要特点

1、行业门类齐全。拥有以水产品加工、果蔬食品、休闲食品、粮油、罐头、肉制品、制茶等为主要内容的食品产业体系，行业门类涵盖16个大类、40多个小类，部分产品产量居全国、全省首位，如大闽公司生产的速溶茶年产量达1.8万吨，占有80%国内市场份额；盈丰公司是国内最大的糖姜生产企业；东亚水产品出口量在全国行业中排名第二。此外，食品包装、食品机械、仓储物流等相关产业基本配套，整个产业链条上下游完整，多元化发展特征突出。

2、骨干企业众多。全市3000多家食品加工企业中，规模以上企业511家，约占17%，年产值亿元以上企业265家，约占8.8%，大企业无论是数量还是占比远远高于其他产业。一批食品企业产值和效益同步快速增长，显示出良好的发展势头，今年我市确认的55家成长型企业中，食品加工企业有20家，占比高达36.4%。

3、区域特色明显。各县区依托当地资源优势，培育形成了一批具有典型区域特色的食品生产基地，产业集聚效应突出。如产水产品加工主要集中在东山、诏安、云霄、漳浦、龙海等沿海区域，果蔬、食用菌、休闲食品主要集中在芗城、龙文、龙海、台商投资区等沿九龙江流域，茶叶加工集中在华安、平和、南靖等区域，粮油加工依托港口主要集中在漳州开发区等。

4、漳台合作深化。台商投资区、台湾农民创业园、海峡两岸水产品加工集聚基地等对台合作平台，为一大批台湾先进食品生产设备、精深加工技术、管理理念进入漳州提供了良好载体。至2014年，全市台资食品企业达500多家，是全国同类型企业最多的设区市，两岸两岸食品产业的深度合作，有效提升了我市食品产业发展层次和水平。

5、品牌效应扩大。积极组织食品企业外出参展办展，在帮助企业开拓市场的同时，“中国食品名城”品牌影响力和“漳州味”食品整体形象都得到了极大的提升，今年我市在福州、济南举办的两场“漳州味”展销与订会，都受到了市民和各地经销商的欢迎，取得令人满意的销售业绩。

三、漳州市食品工业协会简介

漳州市食品工业协会于2012年11月初成立，并召开了第一次会员代表大会，审议通过了《漳州市食品工业协会章程》、《漳州市食品工业协会会费管理暂行办法》，选举产生协会理事、常务理事、会长、副会长、秘书长等领导机构人员名单。市委、市政府对协会成立工作高度重视，会前市委常委会专门研究并同意提名市人大常委会原党组书记、副主任何红孙任会长，市人大财经委主任陈仕雄、市经贸委主任吴文团、市农办主任郭福泉、市发改委主任卢力等4位同志兼任副会长，市经贸委党组成员、调研员苏斌钢兼任协会秘书长。大闽食品（漳州）有限公司等7家企业作为协会成立的发起单位，7家企业的董事长或特别高管提名为副会长。确定常务理事51名，理事120名。同时，为加强协会工作，市编委批准设立了漳州市食品产业发展中心，负责承办协会日常工作事务。

协会自成立以来，认真按照章程要求，积极开展产业调研，参与职能部门研究制定支持食品产业发展政策措施，帮助食品企业创建品牌商标，加强行业自律，推动食品安全体系建设，打造“放心食品”、“安全食品”，建设“生态型”、“标准化”原料生产基地。特别是在帮助食品企业开拓市场方面，积极组织企业外出参展办展，组织企业开展民企、外企、央企“三维”项目对接，为推动食品产业发展开展了大量工作。

漳州大闽食品公司全景

紫山集团灌装生产线

宿迁经济技术开发区欢迎您

宿迁产业集聚的示范区　转型升级的示范区　对外开放的示范区

宿迁是江苏省13个省辖市之一，也是长三角25个地级以上城市之一,位于长三角北翼、江苏省北部，下辖三县五区，面积8555平方公里、人口580万，分列全省第四位和第六位。建市19年来，地区生产总值增长了14.5倍，成功进入全国90强；一般公共预算收入增长了60.4倍，成功进入全国70强。2014年，在江苏省列统的16项主要经济指标中，有7项增幅位居全省前列，创造了后发快进、洼地崛起的“宿迁速度”。食品产业是宿迁支柱产业之一，宿迁食品产业已经集聚了60余个食品行业龙头及配套企业，总投资超过360亿元。2014年食品饮料产业总产值超过500亿元，是宿迁第一个产值超过500亿级的产业，目前已经成为江苏省最大的食品产业基地。正在全力打造“中国饮料之都”和“中国食品名城”。

宿迁经济技术开发区成立于1998年11月，经国务院批准，2013年1月升格为国家级经济技术开发区。开发区位于宿迁中心城市南部，距市政府仅1.5公里，行政管辖面积118平方公里，社会人口20万，是全市最重要的政策、资本、技术和人才高地，也是宿迁产业集聚的示范区、转型升级的示范区、对外开放的示范区。

江苏省唯一的国家级特色食品园区落户在宿迁经济技术开发区，2008年获批为“省级食品产业园”，2010年被中国食品工业协会正式命名为国家级“中国宿迁食品产业园”。中国宿迁食品产业园规划控制面积5平方公里，园区道路、

宿迁经济技术开发区

台商科技产业园标准厂房东区图

宿迁市委书记、市人大常委会主任魏国强会见蒙牛乳业公司总裁孙伊萍

宿迁市委副书记、市长王天琦与中国食品工业协会副会长沈蔗为2015中国宿迁食品高峰会议揭牌

宿迁市委常委、宿迁经济技术开发区党工委书记许步健到食品配套企业调研

供电、供水、供热、弱电管网、排水及排污处理等设施配套完备，实现"九通一平"。目前已汇集娃哈哈、蒙牛、汇源、嘉士利、康师傅、海天、福达坊、顶古屋等30余家食品生产企业，成为全省最大、特色鲜明的食品饮料生产基地。

宿迁经济技术开发区党工委副书记、管委会主任高玉华调研海天调味品项目建设

宿迁经济技术开发区将立足国家级宿迁食品产业园，以打造"中国食品工业名城"为目标不断汇集发展要素，重点招引乳品饮料、烘焙食品、调味品、保健食品等国内外品牌食品生产企业。聚焦重点行业，加强基础设施配套建设，将产业链由加工制造向原料采购、物流配送、食品销售和进出口贸易等上下游环节延伸，形成从原材料生产到食品终端消费的大食品产业链。至2020年，实现食品产业园工业总产值超百亿元，形成具有特色的现代化食品产业园，成为华东地区及淮海经济区最具特色的现代化食品产业园，并培育一批在国内外有影响力的龙头企业和中国驰名品牌，努力形成更具影响力和竞争力的食品饮料产业集群。

宿迁的知名食品企业

中国驰名商标 娃哈哈
MENGNIU 蒙牛
汇源 中国驰名商标
嘉士利
海天
康师傅
福达坊 BLESSING MILL
顶古屋
百事美特 Bestmaker
亚克西
洋河酒厂 YANGHE
双沟集团 SHUANGGOU GROUP
中粮 COFCO
达利园
TSINGTAO 青島啤酒
Budweiser 百威啤酒
好彩头 HAOCAITOU
yurun 雨润
baodi 宝迪

联系地址：江苏省宿迁市人民大道888号经济技术开发区商务大楼1902室
联系电话：0527-888859881　传真：0527-888859222

中国海洋食品名城—荣成

WELCOME TO RONGCHENG

『山东威海海洋食品博览中心』

博览中心总面积3万平米，建有海洋食品主题区、展示区、体验区及海洋科技馆等功能区，将打造成为集展览展示、旅游观光、休闲购物和产业对接为一体的4A级综合性景区。

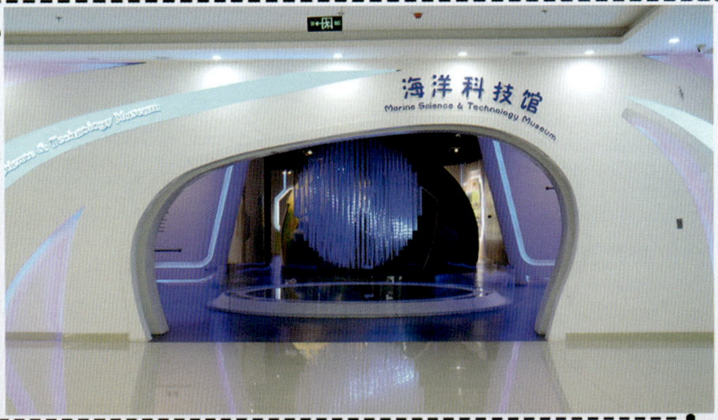

『海域环境』

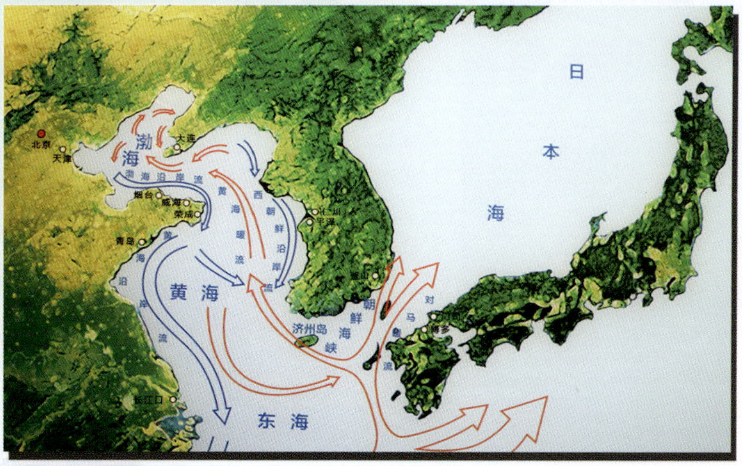

『生态养殖』

『大洋渔业』

金枪钓船

『精深加工』

全封闭无菌加工车间

『优势产品』

冷冻调理水产食品

海产罐头食品

海藻食品

海洋保健食品

\即食休闲食品\

中国最具竞争力的食品名城
——漯河

漯河市地处中原腹地，1948年设立县级市，1986年升格为省辖市，2003年被列入中原城市群，现辖临颍、舞阳两县和郾城、源汇、召陵三区及一个国家级经济技术开发区、西城区，总面积2617平方公里，总人口260万人，其中城市建成区面积60平方公里，城区人口60万人。2014年，全市生产总值952.3亿元，增长9.2%；规模以上工业增加值555.3亿元，增长12%；固定资产投资773.3亿元，增长19.3%；财政总收入突破100亿元大关，达到112.6亿元。漯河历史悠久、文化灿烂，拥有贾湖遗址、受禅台、三绝碑、小商桥等一大批名胜古迹，更是字学宗师许慎的故里，他编纂的《说文解字》是中国乃至世界最早的字典。漯河区位优越、交通发达，是国家二类交通枢纽城市，距郑州新郑国际机场不足一小时车程，京广、漯宝（丰）、漯阜（阳）、京广高铁和京港澳高速、南洛高速、107国道及5条省道贯穿全境，构成全省重要的铁路和高速公路“双十字”交通枢纽。漯河钟灵毓秀、环境优美，淮河的两大支流沙河、澧河贯穿全境并在市区交汇，是北方少有的水景城市、森林城市，先后摘取摘取国家园林城市、全国绿化模范城市、中国优秀旅游城市、中国特色魅力城市、中国人居环境范例奖等桂冠。漯河特色鲜明、享誉四方，食品加工主导产业特色明显，培育出亚洲最大的肉类加工企业双汇集团、全国著名的方便面生产企业南街村集团、全国首家葡萄糖饮料企业乐天澳的利集团等一批知名食品企业，是全国首家中国食品名城、全国食品安全信用体系和保证体系建设双试点市、全国肉类蔬菜流通追溯体系建设试点市、全国首家农业标准化综合示范市、全省食品工业基地市、全省无公害食品基地示范市。

近年来，漯河市委、市政府高度重视食品工业发展，培育了一大批龙头骨干企业，实现了食品工业的原料基地化、产品系列化、加工多元化、销售网络化、企业集团化，肉类加工、粮食加工、饮料加工、果蔬加工等四大食品企业群体已成为全市经济的“中流砥柱”。为充分发挥食品产业特色优势，自2003年起，漯河连续成功举办了十三届中国（漯河）食品博览会，扩大了中国食品名城的影响力，加速了食品产业优势资源向漯河集聚，不断为全市食品工业发展注入了新的活力。

（一）规模大、实力强。2014年，全市规模以上食品工业实现销售收入1548.5亿元，占全市工业销售收入的59.6%；实现税金总额46.2亿元，占全市工业税金总额的69.1%；食品工业增加值占规模以上工业增加值的“半壁江山”，达53.7%，占GDP的31.3%。漯河拥有规模以上食品工业企业202家，占规模以上工业企业总数的31.7%；食品工业从业人员13万人，占职工总数的40%。年生猪屠宰能力达2000万头，是漯河生猪出栏量的5.5倍，占全省的30%；年加工转化粮食600万吨，是本地粮食年产量的3倍，占全省的12%；年产蔬菜218.2万吨，实现蔬菜总产值37.3亿元，人均蔬菜占有量达到840公斤，是全国人均蔬菜占有量的1.7倍；鲜冻肉出口占全省的90%以上，占全国的四分之一。

（二）名企多、名牌多。双汇、南街、龙云、北徐、澳的a利等8家企业入围河南省食品工业50强；全市通过国家认证的无公害农产品、畜产品分别达到116个和71个，国家级标准化规模养殖示范场和农业产业化重点龙头企业分别达到12个、6家，是全省生态畜牧业建设试点市；全市食品行业拥有中国驰名商标4个，中国名牌产品4个，国家级高新技术企业3家，全国主食加工业示范企业3家，河南省著名商标57个，河南省名牌产品28个。其中，成立30周年的双汇集团作为世界最大的猪肉加工企业，品牌价值高达429.75亿元，连续14年雄踞中国肉类行业第一的霸主地位，是“中国行业标志性品牌”。此外，可口可乐、美国杜邦、美国嘉吉、日本火腿株式会社、香港巧巧、台湾旺旺、中粮集团、江苏雨润等一大批世界500强企业和全国知名食品企业巨头也在我市竞相投资，漯河已成为全国重要的食品加工业集聚地和“中国大厨房”。

（三）产品多、链条全。在国家统计局统计的22类食品行业中，漯河就拥有18类，全市已形成了以肉类加工、粮食加工、饮料加工、果蔬加工、包装材料、食品机械六大产业链为核心，以分割肉、肉制品、面粉、罐头、饮料、奶制品、休闲食品、方便食品、调味品、果蔬制品等15个大类、50多个系列、上千个品种为主导产品的食品工业大格局。

（四）品质高、市场广。漯河已连续5年被省委、省政府授予“食品安全先进城市”和“食品安全优秀城市”，全市食品行业拥有博士后科研工作站2个、院士工作站1个、全国主食加工业示范企业3家、国家级高新技术企业3家、省级工程技术研究中心8家，国家肉制品质量监督检验中心和国家肉及肉制品检测重点实验室两个“国”字号食品检测机构落户漯河，全面保障了食品行业质量管控能力、产品研发能力和新技术推广应用能力的持续提升。龙头企业双汇集团先后被评为“省长质量奖”和中国食品标杆企业“金箸奖”，董事长万隆还被国际食品安全协会授予“食品安全终生成就奖”。在国内市场上，每10根火腿肠有5根出自双汇；在香港，漯河出口的肉制品占全港总需求量的四分之一以上；在北京，来自漯河的肉制品、无公害蔬菜在市民菜篮子中占近20%；在距拉萨300公里的小镇上，漯河生产的饮料摆上了小商店的柜台。

商丘生态食品产业园

一、园区基本情况。

商丘生态食品产业园是中国食品工业协会与商丘市政府合作共建的集食品加工、制造、食品物流、技术研发为一体的省级食品工业专业园区，为商丘市城市发展战略“东跨南拓西移”中“西移”和“东跨”的重要组成部分，位于商丘市中心西南部，北起文化路，南到商宁路，东起苏通路，西到环城高速，规划面积16.76平方公里。园区以金桥路为界限划分为食品产业生产区和综合配套区，金桥路以西为食品产业生产区;金桥路以东是综合配套区。依托商丘得天独厚的食品产业优势，商丘生态食品产业园重点发展食品制造、食品专业配套、食品物流三大产业。食品制造主要包括面及面制品、特色休闲食品、方便食品、畜禽肉制品、果蔬制品等。食品配套包括食品机械制造、食品包装生产和副产品循环利用。打造集国家生态数字食品产业示范、食品科技孵化、食品冷链物流、河南省健康配餐制造、食品现代服务培训于一体的生态型食品产业园，本区域将成为商丘城市空间拓展、产业升级的吸引资金及技术的主要平台，也将是未来商丘重要的文化展示区和形象窗口。

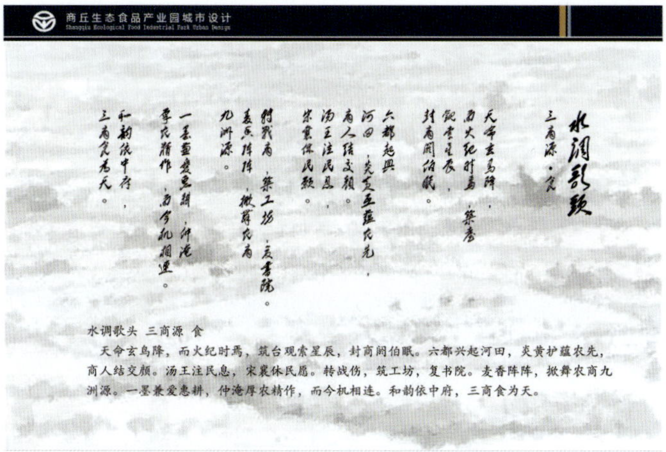

园区已建成南京西路、珠江西路、振兴路、长江西、君台路、金桥路，形成了三纵三横的路网结构，水、电、暖、气、污水处理等市政设施全部接通。目前正在建设富康路、红星路、希望路、河湖路、春兰路。

园区已入住邦杰牛肉、北京中农泰丰、肠衣产业园、万象食品等国内、省内等11家知名品牌企业。

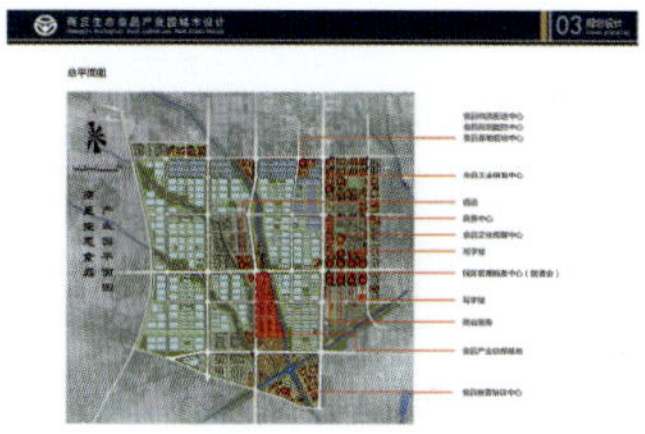

二、园区投资优惠政策

投资兴办工业项目，平均每亩固定资产投资不低于230万元（外汇投入按当时汇率折算，下同），投资者可依法取得土地使用权。投资兴办项目符合园区主导产业的项目用地，按照国家有关规定优先供应。投资兴办一次性固定资产投资3亿元以上工业、物流项目用地，土地净收益部分由园区采用一事一议政策给予支持。

投资兴办非营利性教育、卫生、文化、体育、社会福利等事业用地和城市基础设施、非营利性邮政设施、公益性城市建设设施、公益性科研机构等项目用地，符合《划拨用地目录》的，可按采取划拨方式提供；若改变土地用途，予以收回再以招拍挂方式公开出让。

投资兴办四星级以上标准旅游饭店，建筑面积达2万、3万、5万平方米以上的项目用地，分别将园区土地净收益部分给予投资者60％、80％和100％支持用于基础设施建设。

兰考县食品产业发展概况

兰考是焦裕禄精神的发源地，地处豫东平原，辖14个乡镇，3个街道办事处，451个行政村，总人口83万，面积1116平方公里，耕地面积105万亩。兰考是习近平总书记党的群众路线教育实践活动联系点，并于去年先后两次亲临兰考调研指导，对兰考发展给予了殷切期望。

近年来，我县大力实施“城市带动”发展战略，强化城市基础设施建设，形成了9纵12横的城市道路网络，城市绿化率超过30%，建成城区面积29平方公里，实现了城市发展质量和城市品位的双提升，先后被评为省级生态县城、省级卫生县城。兰考县是：国家新型城镇化综合试点、河南省直管县体制改革试点县、全面改革发展和加强党的建设综合试验示范县。正逐步发展成为豫东地区精神文化建设、经济发展建设的一张崭新的名片。

兰考是焦裕禄精神的发源地，焦裕禄同志那种亲民爱民、艰苦奋斗、科学求实、迎难而上、无私奉献的高贵品质，激励着我们兰考的每一个人民。在焦裕禄精神的强大历史感召、习总书记教育实践活动的洗礼下，兰考政通人和、风清气正，全县广大干部脚踏实地、干事热情高涨，是焦裕禄精神活在当下的有力证明。

为学习、弘扬、传承焦裕禄精神，我县修建了焦裕禄干部学院。兰考县焦裕禄干部学院是全国13个地方党性教育特色基地之一，学院自2013年开班以来，已培训省部级干部185人，厅局级干部2760人，县处级干部1.5万人，其他干部2.8万人。

兰考位于开封、商丘、菏泽三市中心地带，陇海铁路穿境而过，220、310、106三条国道在县城交汇，连霍、日南两条高速公路在兰考交叉而过，并与大广高速公路联网，形成了方便快捷的交通网络。距新郑国际机场车程仅需1小时，距世界不冻港口连云港只需4小时。正在建设的郑徐高速客运铁路专线在兰考设有客运站，是国家战略“郑州航空港区”和河南“一极两圈三层”中“半小时交通圈”的重要组成部分。兰考经开封到新郑国际机场的城际快速通道已列入“十三五”规划。郑新欧国际铁路线、新郑航空港链接国际市场，兰考货运、客运通达四海，便捷、低价、高效。

兰考食品产业的发展离不开各级领导的鼓励和支持。2014年3月18日，习近平总书记在河南省兰考县委常委扩大会议上把兰考定为第二批党的群众路线教育实践活动联系点，并对兰考改革和发展提出了新的要求：“把兰考发展潜力转化为发展优势，根本靠改革。兰考高档家具及木业加工、食品及农副产品深加工等主导产业比较有特色，现代农业发展潜力也很大，要努力做精做大做强。要开动脑筋，打开大门，引进来，走出去，激活各类生产要素。要充分运用省直管县的体制条件，精心运筹，大胆实践，在县域改革中走出一条好路子”。

为实现食品产业集约发展，兰考县规划面积6467亩食品产业园，由位于集聚区西部及北部的两个园区组成。规划区内在建项目有：华天药业、油脂加工、冻干食品、润野养生菌深加工等4个项目。

以兰考为中心方圆300公里内有3亿人口，有着巨大的消费能力，同时，庞大的人口基数满足了产业的用工需要。兰考作为全国粮食生产基地，年产小麦40万吨、花生7万吨、玉米15万吨；年出栏猪、牛、羊、禽分别达到28.3万头、4.2万头、17万只。457万只，农林资源的充足为产业的不断发展提供充足的动力。兰考现有食品及农副产品深加工企业174家，其中规模以上企业34家。

成立兰考县企业服务中心，中心采用“1+6+N”和“局长+1”的模式对外服务。“1+6+N”模式指：以1个中小企业服务平台为依托，设立6个服务窗口，吸纳N个社会化专业服务机构，提供专业优质服务，满足企业实际需求。“局长+1”工作模式是指涉及办理企业各项手续、业务的职能部门，由单位负责人指定一人入驻企业服务中心，全程代理入驻企业的手续办理，实现两个零接触（建设过程中不用与当地村民接触，项目手续办理过程中不与部门直接接触），努力打造成省内一流的企业服务平台。

实践证明，市场在哪，投资就应该在哪，生产也应该在哪，兰考应天时、秉地利、聚人和，愿与每一位有识之士携手共同谱写兰考更辉煌的乐章！

華潤
與您攜手 改變生活
正大集团
CP GROUP

邵阳县油茶产业发展情况

邵阳县位于湘中偏西南、资水上游，人口105万，面积2001平方公里,辖25个乡镇场、658个村(社区），是国家扶贫开发工作重点县。近年来，邵阳县委、县政府立足县情，抢抓机遇，实施超常规战略发展油茶富民产业。坚持以“超常规”的思路谋划油茶产业，以“超常规”的力度扶持油茶产业，以“超常规”的措施发展油茶产业,把油茶产业作为全县“四大”农业支柱产业的领军产业来扶持，按照“政府引导、市场主导、典型示范、社会参与”的发展思路，每年整合退耕还林后续产业、现代农业生产发展、油料生产大县、油茶丰产林基地建设等专项资金5000万元捆绑用于油茶产业，努力实现油茶面积、茶籽产量和茶油质量的“三量”齐升。到目前为止,全县油茶林面积达58.7万亩（其中完成油茶造林13.5万亩，油茶低改14万亩)，年产茶油1.39万吨。据统计，全县良种油茶推广面积达万亩以上的乡镇有2个，千亩以上的村有17个，100亩以上的种植大户有378家，并拥有年产值过千万元的加工企业4家，正在兴建中的湖南长江粮油发展有限公司年加工能力过10万吨，小型加工企业216家，油茶生产从业人员达35万余人。

2009年以来，我县连续五年被评为湖南省油茶生产先进县,先后荣获全国油茶基地示范县、“中国茶油之都”、“中国油茶之乡”称号，“邵阳茶油”被注册认证为国家地理标志证明商标和国家地理标志产品保护。我县“茶仔皇”、“瑞

2013年10月22日，湖南省委书记、省人大常委会主任徐守盛（左一）到邵阳县指导油茶产业工作

邵阳县黄亭市镇万亩油茶丰产基地

邵阳县金称市镇油茶场3000亩油茶造林基地

2014年9月28日湖南省首届油茶产业户外新闻发布会在白仓镇迎丰高产油茶造林基地成功举办

“中国 · 邵阳国家油茶产业示范园”鸟瞰图

2015年3月29日国家林业局计财司正司级副司长孙建(左)向邵阳县颁发“国家油茶产业示范园”牌匾，县长袁玉华（右）接牌。

柏”、“宝庆桂芳”等5个茶油品牌成为湖南省名牌产品和著名商标，获得绿色食品认证和有机食品的冠名认证，5次获得全国绿博会、农博会、林博会、食博会、义乌森博会的金奖。 2014年9月28日，我县在白仓镇迎丰高产油茶造林基地成功举办了“湖南省首届油茶产业发展户外新闻发布会”，邀请了新华社、湖南日报等34家中央、境外、省级、市级主流媒体参加，全面展示和推介了我县油茶产业发展和“邵阳茶油”的绿色魅力； 10月14日，我县又与中诚大通投资有限公司正式签约“中国茶油之都·邵阳油茶产业园”项目，项目计划总投资8亿元，将打造全国规模最大的油茶集散基地。今年3月29日，国家油茶产业示范园授牌仪式暨奠基典礼在我县城东新区举行。项目总规划范围面积2067.5亩，拟建成以现代电子商务、现代金融服务、现代物流商贸来引领产业发展为特征的国家级产业示范园。园区建成后，将成为中国乃至世界最大的茶油大宗商品交易中心及相关金融、物流服务中心，将实现年茶油大宗商品交易超100亿、茶籽交易量至100万吨以上的全国最大的油茶及衍生品交易基地。

邵阳县油茶产业发展办公室简介

邵阳县油茶产业发展办公室为邵阳县油茶产业发展领导小组下设常设工作机构，具体负责全县油茶产业发展的综合管理和统筹协调。随着邵阳县油茶产业的不断发展壮大，于2014年升格为正科级行政支持型事业单位，内设5个职能股室，即综合股、计财股、基地建设股、加工管理股、产业文化股。基本情况如下：

一、单位主要工作职责

1、负责拟定全县油茶产业发展中长期规划及营造林计划的下达。

2、负责国家、省、市油茶产业工程项目建设的规划、实施和检查验收，并配合有关部门做好水土保持和油茶生态文化宣传等工作。

3、组织指导全县油茶采摘、加工、产品营销、育苗、幼林抚育、低产林改造、封山育林等森林经营工作。

4、负责指导油茶品种的选优、科研、基地建设、实用技术应用和科研成果的推广。

5、承担县油茶产业发展领导小组办公室及县林业局交办的其他任务。

二、单位法人代表：刘豪健

三、办公地点：邵阳县林业局办公楼二层（塘渡口镇大木山）

四、联系电话：0739—6832363

漯河食品职业学院

漯河食品职业学院是国家教育部和河南省人民政府批准成立的河南省唯一、全国仅有的两所食品类高职院校之一，主要为漯河中国食品名城和河南省食品产业培养急需的高素质技术技能人才。学院是“全国职业教育先进单位”、“国家级重点职业学校”、“中央财政支持的职业教育实训基地”，是“河南省食品行业职业教育校企合作指导委员”和“河南省食品职业教育集团”牵头单位，并被省政府确定为“河南省职业教育品牌示范特色院校”建设单位。

学院创建于1985年。近年来随着漯河中国食品名城的崛起而一步步由小到大、由弱变强。目前学院在校生15000多人，设有10个系部，28个专业，专任教师432人，一批省内外知名专家学者在校专职任教，如学院院长、河南省著名分析化学专家、硕士生导师李五聚教授；教学副院长、河南省职业教育专家，食品学博士、硕士生导师高愿军教授；学院副院长、河南省市场营销学科奠基人、硕士生导师汪润元教授；学院副院长、中国第一支火腿肠发明人之一张学全高级工程师等。校内建有肉制品工艺、乳品工艺、焙烤工艺、饮料工艺、食品分析、食品检验等41个专业实验实训室，校内实验实训设备价值3000多万元，同时依托双汇集团、乐天澳的利集团、三全集团、思念集团、众品集团等成立了32个校外实习实训基地，为提高学生的动手能力和实践能力提供了有力保证。

漯河市政府依托学院成立了“漯河市食品研发中心”、“漯河市食品产业技术创新战略联盟”和“漯河市食品产业知识产权战略联盟”。学院教师承担了一批国家、省、市科技攻关项目，在国家核心期刊以上发表论文100多篇，获得河南省科技进步奖3项、漯河市科技进步奖12项、河南省教育厅教育教学成果奖26项。

学院近年来为社会培养毕业生近50000人，培训食品企业在职职工8000多人，完成农村劳动力转移培训13000多人。毕业生就业率达到100%，就业满意率95%以上；大部分安置在双汇集团、乐天澳的利集团、三全集团、思念集团等河南省著名食品企业，多数已成为企业的生产骨干和经营骨干，一部分已发展为企业高管，为推动河南食品产业的发展作出了贡献。

为落实河南省和漯河市职业教育攻坚计划，我院于2011年开始启动新校区建设项目。新校区位于漯河市郾城区107国道以西，文明路以北，总占地面积800亩，一期工程占地513亩。新校区本着“和谐、人文、绿色、环保、集约、信息化、人文化、生态化”的理念，以“五区”（教学实验区、行政办公区、学生生活区、体育运动区、生活服务区）、“二带”（绿化带、人文景观带）和人工湖为主体进行空间布局，功能分区明确、结构科学合理、人文色彩浓厚、生态环境优越，充满浓郁人文气息和沙澧许慎文化特色。教学、实验实训等按照本科院校标准建设。

新校区于2014年6月12日开工建设，建设期为三年，总建筑规模20万平方米，总投资3.6亿元，2014年已投资1.2亿元，2015年计划投资1.5亿元，2016年计划投资0.9亿元。目前，新校区一期建设已基本完工，二期工程正在启动建设。2015年9月新校区一期工程投入使用，以后边使用，边建设，直至全部建设工程结束。新校区建成后可满足15000名师生的教学、办公、生活和文体活动，将极大改善我院的办学条件，显著提升我院的办学实力，为我院升入本科奠定坚实的基础。

院以城兴，城以院荣。学院将按照三任省委书记的嘱托，奋力拼搏，务实重干，担当起漯河食品教育基地建设主力军和食品研发基地建设生力军的作用，不辜负省委、省政府及社会各界的期望，加强专业建设，加强师资队伍建设，加强实训基地建设，加强产学研一体化的推进，努力使学校成为食品特色鲜明的高职院校，成为漯河中国食品名城的一张新名片，力争二到三年内升入本科院校，以提升服务经济社会发展的能力。

漯河食品职业学院新校区

学院正门

漯河食品职业学院新校区位于郾城区107国道以西，文明路以北，总占地面积800亩，一期工程占地513亩。新校区本着“和谐、人文、绿色、环保、集约、信息化、人文化、生态化”和50年不落伍的的理念，以“五区”（教学实验区、行政办公区、学生生活区、体育运动区、生活服务区 ）、“二带”（绿化带、人文景观带)和人工湖为主体进行空间布局,功能分区明确、结构科学合理、人文色彩浓厚，生态环境优越，充满浓郁人文气息和沙澧许慎文化特色。教室、实验室等按工学本科院校要求建设。

新校区于2014年6月12日开工建设，建设期为三年，项目建设内容主要为教学实训楼、学生宿舍楼、学生餐厅、图书信息中心、后勤服务楼、学生服务中心、学术交流中心、行政办公楼、生产实训楼、体育场等，总建筑规模20万平方米，总投资3.6亿元，其中河南恒诚建设有限公司投资0.8亿元。2014年计划投资规模0.9亿元，2015年计划投资1.8亿元，2016年计划投资0.9亿元。预计2015年9月新校区投入使用，以后边使用，边建设，直至全部建设工程结束。

新校区建成后满足9000多名师生的教学、办公、生活、和文体活动，将大大改善我院的的办学条件，显著提升我院的办学实力，将为我院实现升本奠定坚实的基础。

漯河食品职业学院是河南省唯一的、全国仅有的两所食品类高等院校之一。中共中央政治局委员、全国政协副主席王刚、原河南省委书记徐光春、卢展工及漯河市历任市委书记、市长等领导先后到校调研和视察。学院先后被评定为“全国职业教育先进单位”、“国家级重点职业院校”、“中央财政支持的职业教育实训基地”“河南省职业教育品牌示范和特色院校”，经省政府和教育厅批准牵头组建“河南省食品行业职业教育校企合作指导委员会”和“河南省食品职业教育集团”牵头组建单位。

学术交流中心

食堂与后勤服务楼

教学实训楼

武冈市特色产业发展概况

2007年自我办成立以来，我市先后获得“中国卤菜之都”、“湖南省十大湘菜产业县（市）”、“湖南湘菜原材料示范供应基地”、邵阳市商标工作先进集体等荣誉，武冈特色产业逐步走出了一条以基地建设为载体，以地方特色产品为品牌的产业发展之路。现就特色产业发展情况简介如下：

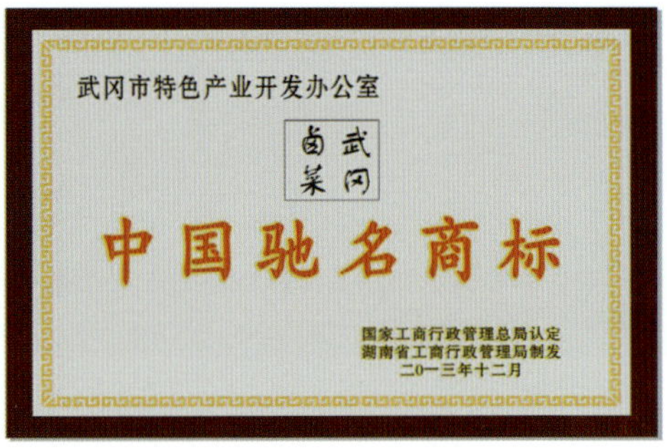

一、武冈卤菜、武冈铜鹅产业发展概况

我市拥有年产值过亿元的武冈卤菜加工企业4家（华鹏、福元、乡乡嘴、亚太），年产值过千万元的16家（法新、长园、云山、有个味等），小型加工企业含卤菜作坊196家,其中华鹏为省级龙头企业，另有邵阳市级龙头企业7家，从业人员达18000余人，武冈卤菜总产值由2005年的8000万元攀升到去年的20亿元，武冈卤菜已形成了卤豆腐、卤铜鹅、卤猪肉、卤牛肉、卤蛋等10多个系列100多个品种，武冈卤菜产品畅销全国21个省市区。目前，全市拥有九塘、玉屏、曹家塘等年出笼铜鹅2000羽的规模铜鹅养殖场18个，去年我市共出笼铜鹅已达10万羽。武冈铜鹅现存笼种鹅2500羽，存笼武冈铜鹅商品鹅12000羽。

二、品牌创建情况

目前，武冈卤菜行业共拥有品牌商标38件。其中，中国驰名商标2件（华鹏和武冈卤菜），省著名商标11件，邵阳市知名商标18个，“武冈卤菜”“武冈铜鹅（活体）”“武冈铜鹅（肉体）”“武冈葛根”国家地理标志证明商标7件，拥有“武冈卤铜鹅”“武冈卤豆腐”地理标志产品保护两项。武冈卤菜制作术列入了湖南省非物质文化遗产名录，武冈铜鹅民俗列入了邵阳市非物质文化遗产名录。华鹏食品被指定为航空航天专用食品生产企业。武冈卤菜评为2014年食品营养与健康养生产品，我办被评为2014年优秀非物质食文化遗产保护单位。

近年来，先后组织企业参加了农博会、食品博览会、南京小食品博览会、成都非遗展览、中国商标广告节、青海清真食品展、奥林匹克公园国家烹饪美食大赛食材展、中国食品工业协会豆制品专业委员会高峰论坛、亚洲香港优势农产品展、第七届中国中部投资贸易博览会、首届中国国际地理标志产品（上海）博览会等多项商贸洽谈活动。

省委副书记省长杜家毫视察武冈卤菜生产企业（华鹏食品）

武冈铜鹅,，欢歌载舞

武冈市玉屏铜鹅养殖场

武冈市特色产业开发办公室简要介绍

一、单位主要工作职责

1、贯彻执行国家、省、市有关产业开发的政策和法规；拟订我市特色产业开发政策。

2、编制我市特色产业开发总体规划和中长期发展计划，分配我市特色产业开发投资计划和建设任务。指导各乡、镇、街道办事处、各部门进行特色产业开发。

3、会同有关部门监督管理卤菜发展基金和科研经费的投入使用。

4、按照产业发展的要求，评估、申报特色产业发展项目。

5、指导、协调特色产业的发展，维护行业公平竞争秩序；受市人民政府委托，管理好“武冈卤菜”“武冈铜鹅”商标。

6、以“中国卤菜之都”为契机，做好卤菜原产地申报，制订统一的行业标准，专利申报，改进卤菜包装设计。

二、单位法人代表：林立东

三、办公地点：武冈市工业园春光路

四、电话：0739—4256836

一、遂平县概况

遂平县位于河南省中南部，总面积 1080 平方公里，人口 55 万，辖 11 个乡镇、3 个街道办事处、两个景区管委会、201 个行政村（居委会）。遂平县区位优越，交通便利，农副产品资源丰富，种植养殖基础较好，是全国商品粮生产基地县、全国食品工业强县、全国食品工业十大发展特色县、全国食品安全示范县。

二、遂平县发展食品工业状况

遂平县现食品企业 82 家，其中规模以上企业 57 家，占全县规模工业企业总数的 48%左右，食品工业成为推动遂平县经济社会快速发展的一个重要增长点。

（一）食品龙头企业初具规模。一是名牌食品企业成为亮点。近几年来，先后引进了英联饲料、众品食业、徐福记食品、燕京啤酒、扬翔饲料、益康面粉、思念冷冻食品、克明面业、今麦郎等一批国内外名牌食品加工企业，成为遂平县食品工业的骨干。二是集群化发展成为趋势。引导食品企业向集聚区集中。目前，落户产业集聚区企业 57 家。三是食品产业链条不断延伸。目前遂平县食品工业初步形成了面粉、挂面、糕点、速冻食品、肉制品、啤酒饮料等门类齐全的食品工业体系。

（二）竞争能力不断提升。一是资源充足价廉。遂平县位于国家粮食生产核心区，粮食和畜产品产量大、质量优；劳动力资源丰富，用工、用地都比较廉价，工业用电供应充足。二是市场占有广泛。徐福记食品、克明挂面已覆盖全国大中型连锁超市；益康面粉为统一集团、康师傅方便面全国唯一定点供应产品；一加一面粉已占据河南市场；众品食业生鲜肉已覆盖长三角、珠三角、闽三角、华中及环渤海等 18 个省（市）肉制品企业、连锁餐饮业的上链供应等高端市场。四是创新能力较强。遂平县有 3 家省级工程研究中心、3 家市级企业技术中心。五是龙头企业迅速成长。年销售收入 10 亿元以上的企业 2 家、5 亿元以上的企业 7 家、亿元以上的企业 8 家。

（三）带动作用逐步凸显。一是产业基地带动。目前全县建成优质小麦基地 70 万亩，建成畜禽养殖专业村 48 个、专业户 1.3 万户，标准化养殖小区累计达到 268 个，初步形成了食用菌、瓜菜、花生等特色农业生产基地。二是相关产业带动。食品企业的发展带动了包装、运输等相关产业的发展。据不完全统计，遂平县食品企业每年可拉动相关产业增加产值 5 亿元以上。三是企业用工带动。食品工业企业吸收当地劳动力 1.2 万人，年工资收入 2 亿多元，对提高农民收入的贡献率达到 30% 以上。

（四）安全监管更加严格。一是健全监管网络。建立了从产品设计到售后服务的工业品全过程监管链条，从种植养殖到餐饮消费的食品全过程监管链条。二是完善监管制度。建立产品质量和食品安全质量追溯体系和责任追究体系，严格落实食品进货索证、标识标签管理、市场检验检测、食品经营实名登记、卫生监督公示等制度。三是推行标准化生产。深入开展“无公害农产品生产基地”建设和产品认证、产地认定等工作，无公害农产品生产基地 8 个，无公害农产品达到 10 个。

哈尔滨·双城 全国放心食品产业城

HARBIN SHUANGCHENG-NATIONWIDE ASSURED FOOD INDUSTRY CITY

哈尔滨市双城区位于北半球寒暑分界四季分明的黄金地带，松嫩平原腹地。亿万年四季轮回形成的沉积物质，造就了这片最为肥沃的黑土地。加之碧水蓝天、清风白云的纯净自然条件和一年一季的种植模式，使这里生产的五谷杂粮、畜禽产品最富营养，最为安全。

双城是黑龙江省南大门，地理位置、交通条件十分优越。到哈尔滨市区中心，乘高铁只需15分钟，走高速公路20分钟，距哈尔滨太平国际机场仅26公里。交通便捷，物流成本低，适宜企业发展。多年来，一些国际国内知名食品企业纷纷落户双城。

双城经济技术开发区，规划面积70.8平方公里，建成区17平方公里。分为食品加工、现代物流、装备制造三大产业园，入园企业143户，总投资350亿元。

双城是全国改革试点县、全国粮食生产十强县、国家现代农业示范县、全国新型工业化食品产业示范基地、全国食品工业百强县、全国蔬菜产业重点县、全国牛奶生产第一县。2013年，全区粮食总产突破50亿斤，年产鲜奶88万吨，蛋品30万吨，肉制品30万吨，饮品109万吨。农畜资源丰富，食品加工业原料充足。

双城食品产业基础雄厚、规模庞大，是双城经济的主导产业。现已经形成乳制品、肉制品、白酒、饮品、调味品、休闲食品、禽蛋、有机果蔬八大产业。2014年，食品工业产值实现304亿元，占工业总产值的75.2%，食品加工业税收达到7.5亿元，占工业企业税收82.5%。在哈尔滨市第一个超千亿产值的食品产业中，双城所占比重超过四分之一。

双城拥有世界500强食品企业双城雀巢有限公司，拥有国内500强食品企业完达山、娃哈哈、汇源、雨润、旺旺、洽洽以及哈肉联、华丰、天顺源、老村长等知名品牌。现有各类食品企业1400多家，其中规模以上食品企业52家，国际国内500强食品企业17家，中国驰名商标17个，中华老字号2个，知名品牌标识55个，有机食品标识52个，绿色食品标识51个，无公害标志15个。

双城食品已经进入国际市场。在2013年和2014年两次赴香港参加食品展销活动中，双城食品倍受港民青睐，展销的商品很快就被抢购一空。香其酱、喜丰收烤醋、岗子峪小米、龙江福大米等33种食品正式进入了香港九大卖场。

双城正在通过“创建全国放心食品产业城”,全面实施“质量双城，品牌双城”战略，以“双城食品，安全放心”的崭新形象跻身国内国际市场。

永城市食品工业

一、永城概况。

（一）基本市情。永城市位于河南省最东部，地处豫、鲁、苏、皖四省接合部，素有“豫东门户”之称，是河南省东引西进的桥头堡。全市总面积 2020 平方公里，总人口 157 万人，下辖 29 个乡镇。1996 年 10 月撤县设市，2011 年 6 月被省确定为 10 个直管试点县（市）之一，2014 年初被省全面直管。2009 年以来，连续 6 年跨入中国百强县（市）行列，2014 年位居第 87 位。

（二）城市荣誉。2014 年，全市地区生产总值完成 412.3 亿元，增长 10%。境内财政总收入 67.67 亿元，其中，公共财政预算收入 31.77 亿元，居全省第 3 位、直管县（市）第 2 位，增长 14%。各项指标攀升较快，社会大局和谐稳定，发展势头持续向好。相继被评为中原最具投资价值县市区、全国最具投资潜力中小城市百强、全国科技进步先进市、全国生态宜居城市、中国幸福感城市、国家园林城、国家卫生城、全国文明城资格提名城市、全国现代农业示范区改革与建设试点县（市）、中华诗词之乡、中国书法之乡等荣誉称号。永城汉兴之地、能源之都、面粉之城、生态之市、长寿之乡的五张城市名片，享誉国内外。永城区位优越、交通便利，矿产丰富、经济发达，气候宜人、环境优美，是一个“三化”协调发展之城、文化底蕴厚重之城、宜居宜业宜游之城、和谐幸福之城。

（三）食品产业。永城是全国粮油百强市、全国粮食生产先进市、国家现代农业示范区，小麦产量常年稳定在 18 亿斤以上，面粉加工企业有 5 大集团 142 家，年加工面粉 60 亿斤，产品畅销 20 多个省、市、自治区，2005 年 10 月被授予目前全国唯一的“中国面粉城”称号，2007 年荣获“河南省食品工业强市”称号，连续成功举办七届中国（永城）面粉食品博览会。经过不断发展，形成了以汇丰面粉有限公司、华星面粉有限公司等为基础，以小麦加工为特色的优势产业群；以华星宫川食品有限公司、华星民生食品有限公司、鑫麦园粉业等企业为基础，以挂面、保湿面、方便面、面制营养食品等为特色的食品加工优势产业群；以众品食业、永盛食品等企业为龙头，以屠宰、肉制品加工、熟肉制品为特色的优势产业群；以皇沟集团为龙头的粮食——酒类制品优势产业基地；以河南金晶玉米加工有限公司等企业为龙头的玉米制品优势产业基地。食品产业园是永城市产业集聚区内快速发展、带动作用明显的园中园，道路、电力、市政等各项基础设施设计合理、建设完备，新建的 25.7 万㎡的职工公寓主体已完工，银行、医院、中小学校等生活配套设施齐全，以产带城、产城一体、产城融合的发展格局已经形成。已经培育出了一批上规模、有很强辐射带动作用的龙头食品企业，形成了以工帮农、以农促工、贸工农相结合、产加销一体化经营的模式，促进了农业结构的优化和升级，同时为广大农民增收奠定了坚实的基础，成为经济发展新的增长点。

二、推进食品工业发展的主要做法

（一）突出产业园区。永城食品产业园是国家农业产业化示范基地，位于市区南侧（产业集聚区中东部），规划面积 12 平方公里，现有众品食业、伟硕实业、麦客多等 10 余家大型骨干企业，年可生产 10 万吨无公害猪肉、20 万吨强化营养食品、10 万吨高档休闲食品。食品产业园以“安全、优质、营养、方便”为原则，以满足食品供应、保障食品安全、提高营养水平和扩大有效需求为目的，以现有面粉加工企业为支撑，定位建设品种齐全、覆盖半径大、质量水平高、发展前景好的现代食品产业。产业园坚持长远发展，以优惠政策吸引龙头企业入驻，培植产业，带动食品工业规模化、集约化、品牌化发展，努力把食品工业园打造成为以拉长产业链条为目标的食品深加工“园中园”和带动我市经济发展新的增长极。

（二）强化服务企业。永城市委、市政府先后下发了《关于做大做强永城面粉食品产业的意见》和《关于鼓励、支持面粉食品产业发展的意见》等政策性文件，编制了《永城市面粉食品产业中长期发展规划》，对发展“白色经济”制定完善了一整套优惠政策。对重点企业实行挂牌保护，在用地、资金、技术、项目等方面，为企业大开“绿灯”，帮助解决有关实际问题。同时，落实“五个一、两不接触”工作机制。“五个一”即一个项目、一名牵头领导、一套班子服务、一个部门负责、一套实施方案；“两个不接触”即对承接产业转移项目做到“受理、代理、办理”一条龙服务，项目手续办理由服务单位全程代办，投资商不与审批单位直接接触，征地不与农民直接接触，为招商引资和新项目新企业落地建设提供了最优的环境支持和最快捷便利的服务。

高速发展的永城，如冉冉升起的朝阳充满活力和潜力，在此我们诚邀全国各地客商前来考察投资，我们将以最好的服务、最诚挚的热情欢迎您的到来！

北京二锅头酒业股份有限公司

恪守质量诚信
践行社会责任

北京二锅头酒业股份有限公司成立于 2002 年 8 月，始建于 1949 年 10 月国营北京大兴酒厂的改制企业。据《北京通史》记载大兴酒厂距今已有 800 多年的悠久历史，可追溯到金大定三年（公元 1163 年）金世宗下诏，令大兴少尹招复酒户酿制美酒，当时烧酒作坊烧制的“金澜酒”，口味醇厚、清洌甘爽、十分香美，此酒专为金王朝上层所享用。世人以钦之为荣，金人曾有诗赞曰：“金澜酒皓月委波入牖，冰台避暑压琼艘，火坑敌寒挥玉斗。追欢长是秉烛游，日高未放传杯手。”由诗中可见当时王公贵戚通宵达旦欢饮此酒的景象。到了元英宗（公元 1322 年）时在大都设置糟房百所，酿制“阿剌吉酒”（即白酒）和小米黄酒等酒类。明、清两代为皇家禁苑，瀛海行宫即皇帝行围打猎、论功行赏之地也，当时建有烧酒作坊一个，名叫“裕兴烧锅”，专为皇宫酿造御酒，北京同仁堂药店开业后，规定只用此酒入药，当地老人解放前多赶着毛驴车为同仁堂送酒，到了 1949 年 10 月，华北野战军任邱“溢泉涌”酒厂随军迁址于此“裕兴烧锅”归为国有，随改名为国营北京大兴酒厂（今北京二锅头酒业股份有限公司的前身）。

今天的北京二锅头酒业股份有限公司，传承传统酿造技艺，产品选用优质高粱为原料，以麸曲为糖化发酵剂，采用老五甑发酵、混蒸混烧，看花接酒、掐头去尾、长期储存、精工勾调而成。酒液清澈透明，酒体醇厚，绵甜爽净，余味悠长等特点，饮誉全国。公司以崭新的姿容展现在京南大地，实现了“酿成春夏秋冬酒，迎来东西南北客。销通五湖四海路，博得天涯海角名”的几代人为之奋斗的夙愿。

目前公司现有员工 400 余人，净资产超亿元，京王子酒、醉流霞酒、二锅头等系列产品 120 余种。2007 年全年销售 1.5 亿元人民币，2008 年全年预计两亿元以上。我公司产品多次获得各种优质产品称号，“永丰牌”商标 2000 年度、2004 年度、2007 年度连续三届被北京市工商行政管理局认定为北京著名商标；2003 年 9 月“永丰”二锅头、京王子酒被评为北京市优秀新产品奖，2004 年 10 月被授予“中国白酒质量优秀产品”称号；2004 年 11 月被授予首都市场“质量、信誉、服务”优秀企业、优质产品称号；2006 年 11 月被中国诗酒文化协会，酒业文化专业委员会评为“中国历史文化名酒”；2007 年 12 月在中国酿酒工业协会组织的企业信用状况评价中，被评为“AAA”级信用企业；同年荣获“中国质量过硬知名品牌”。2009 年 7 月，被北京老字号协会授予北京老字号企业，2011 年 5 月“永丰”被中华人民共和国商务部授予“中华老字号”荣誉称号，2012 年 11 月北京二锅头酒业股份有限公司被中国食品安全年会组委会授予“食品安全示范单位”。

为了提高技术开发与自主创新能力，建立技术创新体系，促进产品结构调整和产业升级，增强市场竞争能力，为保持经济效益和可持续发展力，公司按产、学、研一体化的思路，建立技术研发检验中心。技术研发中心以白酒系列、黄酒系列、保健酒系列等三大类为研发方向，为公司发展提供技术支持。“永丰牌”二锅头系列酒、京王子系列酒、黄酒系列、烹饪料酒系列等，行销东北三省及北京、河北、山东、河南、陕西、内蒙、江苏、天津、上海、南京、广州等二十多个省、市、自治区，深受广大用户和消费者的一致好评和青睐，在老百姓心中提升了“永丰牌”的形象。目前公司已有多种产品外包装获得了国家外观设计专利。

公司十分重视产品质量服务，对消费者反映的问题及时解决，制定相应的纠正措施并加以改进，以达到消费者的满意。公司以优质的售后服务来维护公司和消费者的合法权益，不断完善企业管理制度和工作程序，以满足顾客的需求为目标。

北京二锅头酒业股份有限公司，本着以质量保证体系贯穿公司的生产、品供、人力资源、物流营销等各方面，始终坚持以“科技为先导、质量为生命、顾客为中心、改进求发展”的经营方针，在目前已经基本实现信息化管理的基础上，进一步完善了公司的管理体系，提高了公司各项工作的管理水平。2007 年 12 月通过 IS09001;2000 质量管理体认证和 IS02200、IS014001 体系认证。在科学管理上又迈上了一个新的台阶。公司在长期发展过程中，培养了一批专业技术员工队伍，同时也培养了一批国家级专业技术人才。目前我公司拥有中国白酒国评大师 1 人、中国国家白酒评委 2 人、国家级品酒师 3 人、高级酿酒师 5 人、品酒员 4 人，为公司拓宽科技领域奠定了基础，同时也锻炼了一批成熟的经营管理者，建立完善了行之有效的生产服务体系，提高了“永丰牌”白酒系列产品的知名度，增加产品在市场上的份额。产品质量、销量、销售收入、利润逐年递增，为公司今后的发展腾飞创造了良好的条件

产品名称	单位	2014年	2013年	2012年	2011年	2010年
发酵酒精(折96度,商品量)	万千升	984.28	899.15	820.7	824.77	825.9
饮料酒	万千升	6543.99	6558.26	6239.37	6168.41	5668.13
其中:白酒(折65度,商品量)	万千升	1257.13	1189.01	1153.1	1011.14	886.51
啤酒	万千升	4936.29	4982.79	4778.58	4834.5	4490.16
葡萄酒	万千升	116.1	114.46	138.2	111.34	108.8
软饮料	万吨	16676.81	15661.76	13024	11812.18	9953.37
其中:碳酸饮料类(汽水)	万吨	1810.66	1760.49	1311.4	1640.72	1265.2
包装饮用水类	万吨	7816.14	6574.15	5562.8	4788.8	4249.6
果汁和蔬菜汁饮料类	万吨		2446.67	2228.9		
精制茶	万吨	243.76	198.02	193		
卷烟	万支	260984900	256038600	251609000	244740000	237526000

2010～2014年分地区食品工业主要产品产量-1

地区	大米(万吨)					小麦粉(万吨)				
	2014年	2013年	2012年	2011年	2010年	2014年	2013年	2012年	2011年	2010年
全　国	13042.815497	11768.818119	10769.655256	8839.539435		14116.017269	13204.579249	12331.723937	11677.793979	
北　京	3.0051	2.8933	3.6808	3.9486		66.893098	71.869709	52.218726	47.569746	
天　津	5.317255	3.953806	6.638965	7.614		25.3657	39.031506	33.765765	44.41185	
河　北	8.5638	8.0922	7.0995	17.13884		1009.77558	892.957304	883.294487	1211.15708	
山　西	0.0001	0.045	0.4474	0.8435		17.243674	27.363559	27.526685	24.4616	
内蒙古	89.642607	70.5858	67.695963	58.310858		82.567	96.0689	113.7142	121.6879	
辽　宁	707.243242	630.24343	789.402791	914.163408		47.6894	42.7809	24.5508	25.930088	
吉　林	1040.736812	995.762744	1023.714123	811.903146		2.4653	1.9758	1.284	1.1219	
黑龙江	1504.149282	1619.932419	1503.780301	932.078242		70.20082	71.16835	69.2158	60.07989	
上　海	15.4925	12.9229	18.0089	19.612526		25.297303	15.475202	17.239044	20.985	
江　苏	997.6954	797.640027	687.996147	548.73049		1250.331157	967.749035	897.170172	788.180011	
浙　江	88.506401	58.24656	49.40244	47.2966		81.8427	56.792783	59.328259	58.548319	
安　徽	1725.489899	1576.957325	1424.699965	1146.956972		1669.57487	1369.904148	1297.592383	1279.302404	
福　建	187.000417	177.93613	164.465431	114.33569		127.0511	124.534848	115.4622	57.9468	
江　西	687.069915	591.108418	526.645855	458.653462						
山　东	54.311553	48.53945	37.37218	33.97275		2394.266332	2401.522216	2470.181394	2182.795406	
河　南	600.498432	545.094858	500.716576	422.86414		5196.790334	5243.793387	4584.058299	4281.72675	
湖　北	2631.669034	2241.772791	1708.27233	1288.325954		577.537125	389.259506	414.3215	339.8832	
湖　南	1245.060048	1198.451547	1186.250043	1022.57207		24.2088	24.312	15.5285	23.9112	
广　东	128.268148	93.532852	81.116933	104.858306		272.381904	257.087449	231.403405	196.460422	
广　西	262.621725	221.102664	206.840813	160.21803		22.7193	28.8062	25.0241	23.5378	
海　南	1.0942	0.714	1.3431	4.1319		0.501319	0.548585	0.5953	0.737	

地区	大米（万吨）					小麦粉（万吨）				
	2014年	2013年	2012年	2011年	2010年	2014年	2013年	2012年	2011年	2010年
重　庆	154.425672	123.694755	109.948935	86.866908		16.9653	9.3187	7.265	3.1839	
四　川	615.597283	531.755784	504.611664	520.442097		193.900197	211.276487	226.140068	234.122763	
贵　州	86.590594	78.773729	44.9041	35.1198		1.4531	3.3465	2.0868	2.5613	
云　南	19.2357	13.598453	12.8561	7.7211		12.2682	7.81153	6.9605	5.316	
西　藏						2.2391	2.2273	1.0786	1.4441	
陕　西	78.384677	53.2188	44.53047	31.23056		568.013626	523.250223	419.910048	358.05108	
甘　肃						141.788292	139.329191	162.57315	127.513632	
青　海						12.700742	7.9208	7.5218	6.2708	
宁　夏	85.953601	59.711477	45.370531	35.563686		58.580983	49.0538	37.781452	30.541718	
新　疆	19.1921	12.5369	11.8429	4.0658		143.404913	128.043331	126.9315	118.35432	

2010～2014年分地区食品工业主要产品产量-2

地区	乳制品（万吨）					食品植物油（万吨）				
	2014年	2013年	2012年	2011年	2010年	2014年	2013年	2012年	2011年	2010年
全　国	2651.812318	2636.87	2537.91	2316.44	2157.77	6534.127369	5590.55	5172.97	4331.8	3878.54
北　京	60.623792	58.9	56.6	58.6	52.3	3.388516	3.37	4	3.9	1.2
天　津	76.796068	60.45	44	22.99	26.58	752.88355	572.94	272.3	288.4	277.02
河　北	328.947008	310.85	272.5	269	255.44	169.505761	142.44	147.2	146.2	130.25
山　西	48.078696	49.86	65.2	52.5	50.03	29.954261	24.92	18.5	16.2	12.26
内蒙古	269.832786	300.27	325.7	383.2	345.36	49.681417	75.2	63.6	62.1	56.8
辽　宁	87.478662	109.36	106	102.9	101.55	263.6112	243.55	234.5	169.8	192.85
吉　林	15.710034	15.1	16.7	6.9	6.96	76.619144	81.71	81.3	87.9	60.22
黑龙江	195.375764	211.15	185.7	178.3	183.9	312.98256	339.86	304.8	288.8	209.97
上　海	53.715077	47.06	58.2	45.7	42.3	109.84791	104.65	101.7	84.6	85.31
江　苏	141.949545	134	128.3	100.2	99.71	566.027186	525.23	474.9	482.5	496.72
浙　江	49.744383	55.69	42.1	35.7	30.76	46.486782	37.59	37.3	43.1	44.59
安　徽	108.166166	92.23	71.16	79	66.48	122.426088	106.3	127	76.3	66.23
福　建	20.365954	26.24	22.4	19.4	16.74	190.277365	116.72	105.3	71.6	168.43
江　西	33.163034	32.15	28.5	28.9	28.17	188.818854	197.37	111.8	28.6	30.96
山　东	212.751435	259.36	319.9	246.08	249.11	861.366095	606.74	878.3	557.5	556.83
河　南	220.794499	183.89	175.4	153.17	132.54	366.843901	299.32	232	265.9	216.72
湖　北	87.096056	76.4	60.5	49.1	57.53	686.536551	603.75	429.57	346.9	275.3
湖　南	36.420684	29.75	35.35	27	18.06	298.809765	254.14	283.4	266.2	219.31
广　东	56.998328	49.73	56.8	61.2	58.02	589.637073	548.63	583.9	510.8	344.21
广　西	37.582839	28.14	15.7	14.3	11.17	258.13484	237.45	198.3	131.7	110.41
海　南	0.4759	0.45	0.4	0.4	0.46					

地区	乳制品（万吨）					食品植物油（万吨）				
	2014年	2013年	2012年	2011年	2010年	2014年	2013年	2012年	2011年	2010年
重 庆	14.7811	13.74	11.2	12.9	12.58	89.943483	68.67	63.1	48.6	19.78
四 川	102.712136	96.71	77.2	78	58	142.251629	114.44	139	162.3	117.72
贵 州	7.8659	6.74	5.9	5.5	4.4	35.792834	17	23.1	11.4	10.22
云 南	52.700789	50.49	47	34.6	31	25.350191	17.38	13.6	9.1	18.23
西 藏	0.6271	0.48	0.5	0.6	0.7	0.0729		0.1	0.1	0.08
陕 西	161.342236	184.01	172.1	160.2	147.97	146.214125	127.34	121.9	88.1	67.92
甘 肃	33.549363	29.56	24	16.7	14.34	5.938321	4.17	9.6	9.1	6.06
青 海	18.9955	16.64	15.8	12.2	11.9	11.154	9.25	11.3	7.6	6.18
宁 夏	75.211863	65.47	56.6	25.2	13.41	12.370658	7.34	6	6.3	2.53
新 疆	41.959621	42	40.5	36	30.3	121.200409	103.08	95.6	60.2	74.23

2010～2014年分地区食品工业主要产品产量-3

地区	成品糖（万吨）					鲜、冻畜肉（万吨）				
	2014年	2013年	2012年	2011年	2010年	2014年	2013年	2012年	2011年	2010年
全 国	1642.67	1592.76	1409.47	1187.43	1117.59	3903.443238	3387.876805	3128.063579	2654.929231	
北 京						84.162353	75.074953	78.193869	68.588718	
天 津						25.505064	32.862817	22.015053	18.001857	
河 北	5.8	9.47	2.88	4.99	2.75	103.105128	76.716996	68.998365	64.089505	
山 西		2.74	5.3	4.3	4.35	52.97331	40.144205	39.967862	34.440527	
内蒙古	51.1	41.31	31.1	17.96	12.04	175.851287	113.884986	109.183974	94.052669	
辽 宁	4.49	4.06	5.4	24.21	6.11	359.12863	162.20905	162.894574	136.60652	
吉 林						192.640471	195.972595	195.085972	183.11222	
黑龙江	5.8	15.6	28.35	22.42	22.28	142.593771	158.063721	114.001481	88.24984	
上 海						14.04073	8.05827	5.32945	4.55298	
江 苏	0.85	0.83	0.97	0.84	0.14	79.553728	36.14007	39.807446	41.192317	
浙 江	0.26	0.21	0.19	0.16	0.17	39.948303	23.072426	22.114259	29.73603	
安 徽						142.196597	90.267254	74.034126	89.433774	
福 建	0.85	3.63	7	10.01	3.73	89.658407	76.341336	68.350206	41.4908	
江 西	4.11	3.27		0.01	0.01	28.278597	20.50563	17.308309	13.235648	
山 东	0.93	3.55	3.34	3.13	0.99	987.431106	1021.965164	955.807033	751.924805	
河 南	0.1	0.09	0.79	0.86	0.96	439.007902	411.324229	387.154989	324.19593	
湖 北			3.3			189.983831	155.947542	105.87564	70.556684	
湖 南	8.38	7.19	5.96	4.33	0.73	103.054458	91.76716	82.164514	75.301824	
广 东	140.88	146.9	149.79	101.65	94.85	48.967797	38.794389	34.213534	28.874734	
广 西	1077.11	1010.55	861.51	742.31	705.46	47.409057	51.829881	45.225037	30.157212	

地区	成品糖（万吨）					鲜、冻畜肉（万吨）				
	2014年	2013年	2012年	2011年	2010年	2014年	2013年	2012年	2011年	2010年
海　南	33.8	43.72	31.31	25.19	30.69	0.180787	0.295721	0.165708		
重　庆	1.28	1.51	1.2	0.54	1.9	77.007422	69.336868	63.886742	58.15069	
四　川	2.16	2.99	2.58	2.52	3.81	356.826245	345.883503	349.716116	350.680624	
贵　州	5.76	6.58	2.93	0.67	1.01	13.153924	13.28558	8.870392	6.455324	
云　南	250.08	238.07	207.93	173.55	179.78	16.607763	14.84049	14.392884	8.71012	
西　藏										
陕　西				0.04		61.907407	39.923746	36.797297	30.243779	
甘　肃	4.4	3.76	4	1.6	0.73	14.852192	9.751756	7.632739	2.4765	
青　海						7.472598	3.330198	2.064287	1.5635	
宁　夏						1.480693	1.641671	8.19848	1.3609	
新　疆	44.53	46.73	53.64	46.14	45.1	8.46368	8.644598	8.613241	7.4932	

2010～2014年分地区食品工业主要产品产量-4

地区	罐头（万吨）					糖果（万吨）				
	2014年	2013年	2012年	2011年	2010年	2014年	2013年	2012年	2011年	2010年
全　国	1171.893469	1163.62	1043.01	1093.41	980.52	362.406364	262.577643	242.085756	222.794692	
北　京	0.6774	0.69	0.76	0.7	0.63	3.900689	4.196035	5.386481	5.541732	
天　津	4.437756	6.91	14.2	16.9	17.6	0.38915	0.3786	0.3238	0.247343	
河　北	49.283116	45.21	47.09	38.37	30.54	6.616772	10.181553	7.104037	4.706525	
山　西	1.675951	2.93	2.51	1.55	1.98					
内蒙古	0.1264	0.35	0.4	0.3	0.2	0.157				
辽　宁	56.15181	53.57	43.56	25.17	19.96	6.0616	2.107568	1.7204	2.0943	
吉　林	0.8448	0.89	0.8	0.7	0.5				0.0333	
黑龙江	8.7892	7.47	2.76	2.65	2.69		0.02216	0.0166	0.02275	
上　海	3.999467	3.48	4.43	3.9	4.1	19.681299	18.653431	16.547478	15.417556	
江　苏	23.756214	26.64	15.24	16.78	18.31	6.985479	6.045313	4.563165	3.8162	
浙　江	61.444658	80.27	75.2	99.46	90.43	2.848252	8.507792	5.731571	4.550857	
安　徽	59.231664	56.91	44.99	37.4	33.5	6.348464	4.131205	6.16844	4.2204	
福　建	269.477466	254.95	242.6	243.82	203.2	66.700593	58.730912	52.931756	29.361117	
江　西	14.72437	14.63	13.46	11.2	7.91	8.8145	7.6601	7.835496	10.970432	
山　东	106.279341	107.8	97.94	80.06	69.05	33.4448	22.86489	13.12257	14.646392	
河　南	39.858167	35.48	32.74	34.55	29.51	15.6765	13.30031	10.53928	8.62835	
湖　北	128.410311	126.48	92.02	80.69	70.95	24.696943	19.684152	17.867758	24.52519	
湖　南	98.696005	90.11	76.62	115.33	95.44	64.446	18.64095	15.408	18.32649	

地区	罐头（万吨）					糖果（万吨）				
	2014年	2013年	2012年	2011年	2010年	2014年	2013年	2012年	2011年	2010年
广　东	50.632538	42.98	32.58	26.37	32.53	60.590419	54.921398	59.239962	52.212324	
广　西	46.779893	54.84	51.57	48.7	47.92	0.034462	0.085887	4.359035	6.8412	
海　南	24.611282	26.52	24.5	23.2	20.3	0.659931	0.646297	0.592983	0.833166	
重　庆	9.347555	9.32	6.17	5.49	6.91	2.262141	0.751949	0.763706	0.780498	
四　川	35.850339	36.86	42.23	49.05	52.01	11.16157	8.792543	10.67724	14.5356	
贵　州	2.477329	1.3	1.46	1.6	1.2	4.665829	0.260235	0.1388	0.085	
云　南	1.6974	2.57	3.09	2.38	2.5	1.256446	1.264166	0.571068	0.247	
西　藏										
陕　西	5.782621	3.69	1.7	1.42	1.7	0.974025	0.511357	0.33983	0.05417	
甘　肃	3.612895	2.97	3.02	9.64	8.62	0.4522	0.23884			
青　海					0.01	13.434				
宁　夏	0.0854	0.06								
新　疆	63.152121	67.74	69.37	116.03	110.3	0.1473		0.1363	0.0968	

2010～2014年分地区食品工业主要产品产量-5

地区	白酒（万千升）					啤酒（万千升）				
	2014年	2013年	2012年	2011年	2010年	2014年	2013年	2012年	2011年	2010年
全　国	1257.131811	1226.203742	1153.158158	1025.550766		4936.29	4982.79	4778.58	4834.5	4490.16
北　京	29.496592	28.002212	24.12144	20.569327		156.6	168.27	166.21	164.82	164.64
天　津	2.30127	2.7745	2.82957	4.275011		27.5	26.17	27.1	33.2	31.97
河　北	29.367453	27.664317	29.082589	32.385565		166.02	157	157.51	160.34	134.68
山　西	9.359709	11.188079	13.06908	14.5722		43.62	47.31	41.92	45.68	33.92
内蒙古	61.670551	64.586593	54.048902	52.278611		109.4	100.94	104.3	116.4	113.03
辽　宁	50.445486	54.775392	80.581924	68.053298		272.1	266.76	264.1	262.2	248.06
吉　林	59.415129	56.168533	53.53804	42.447509		144.36	148.77	135.25	148.64	142.17
黑龙江	57.0329	50.052337	38.021934	20.882		204.79	214.2	210.95	223.67	187.69
上　海	0.075	0.6307	0.614	1.0798		61.1	55.41	59.5	50.9	65.36
江　苏	89.851468	94.051701	91.412217	67.854848		203.53	220.67	217.61	235.41	258.59
浙　江	1.859334	2.066398	2.182466	2.051059		268.38	289.46	268.55	281.4	283.41
安　徽	43.598581	40.197026	40.772271	39.497468		136.48	162.76	152	170.6	154.11
福　建	4.43983	3.863773	3.463754	3.327074		182.97	200.43	198.07	198.52	188.78
江　西	16.381	14.185167	15.705987	14.581658		133.38	126.18	117.15	130.07	123.7
山　东	118.142914	131.710508	124.443761	99.167967		740.95	678.02	665.53	642.75	537.15
河　南	107.746236	106.760471	99.903971	105.27839		406.36	402.62	369.25	357	411.04

地区	白酒（万千升）					啤酒（万千升）				
	2014年	2013年	2012年	2011年	2010年	2014年	2013年	2012年	2011年	2010年
湖　北	84.935454	72.151158	72.120384	29.807073		224.21	240.53	226.8	202.5	187.06
湖　南	21.710208	25.674921	19.850708	12.949758		76.8	71.11	79.73	127.12	104.19
广　东	17.131637	11.875495	11.018897	10.034936		433.39	471.7	474.2	482.24	400.16
广　西	9.939959	9.308861	6.756604	7.324203		190.23	185.25	169.45	150.74	138.26
海　南	0.1999	0.1159		0.4236		7.1	8.37	8.8	10.1	16.11
重　庆	19.798719	17.229775	18.221807	17.349595		74.26	80.79	77.2	77.3	75.19
四　川	349.970504	336.361569	295.176016	309.38652		228.12	238.1	198	192.1	158.9
贵　州	38.045202	32.380049	26.831904	24.659044		80.19	49.7	41.4	36.28	33.36
云　南	8.632716	7.63237	6.497569	5.8634		100.82	96.41	89.09	76.22	54.72
西　藏	0.073					15.8	16.32	17.5	18.2	13.33
陕　西	11.919088	10.490948	9.305667	7.986593		96	102.18	102.13	99	94.37
甘　肃	4.442025	4.461079	3.669599	2.965256		66	68.18	63.17	64.9	65.52
青　海	1.944225	2.112814	1.917797	1.705509		11.9	11.61	10.1	8.9	12.5
宁　夏	0.87447	1.2641	1.6669	1.5374		27.7	25.9	15.4	16.2	14.1
新　疆	6.331251	6.466996	6.3324	5.256094		46.2	51.67	50.61	51.1	44.09

2010～2014年分地区食品工业主要产品产量-6

地区	葡萄酒（万千升）					软饮料（万吨）					卷烟（万支）				
	2014年	2013年	2012年	2011年	2010年	2014年	2013年	2012年	2011年	2010年	2014年	2013年	2012年	2011年	2010年
全　国	116.098945	117.834104	138.161456	115.686495		16676.808295	15661.76	13024	11812.18	9953.37	260984900	256038600	251609000	244740000	237526000
北　京	0.701429	0.831565	0.927393	1.217472		465.055479	474.52	430.6	381.9	332.33	1892000	2010500	1986000	2089000	2030000
天　津	2.023299	2.09781	3.2269	4.1095		513.744315	481.98	408.8	468.1	448.57	2360000	2340000	2390000	2260000	2205000
河　北	6.665264	6.514877	10.581962	9.371318		488.751552	401.56	308.5	267.7	180.05	8635000	8475000	8275000	8075000	7750000
山　西	0.626368	0.24192	0.21882	0.19236		145.260231	147.87	128.5	83.5	63.69	1635000	1585000	1560000	1550000	1475000
内蒙古	0.657611	0.377195	0.8205	0.85366		456.716575	404.78	200.2	204.5	263.69	3550000	3325000	3150000	2875000	2650000
辽　宁	4.056834	3.951507	4.304242	2.017473		451.985125	495.62	446.4	397.1	381.54	2904000	2788800	2764000	2745000	2653000
吉　林	16.550353	26.736001	32.699166	20.6519		801.833298	735.52	762.6	623.5	504.68	5850000	4850000	4650000	4300000	4000000
黑龙江	3.822	4.9184	3.7942	2.149		364.148514	332.63	261.5	239.5	172.46	4500000	4395500	4370000	4361000	4310000
上　海	0.0333	0.0648	0.078422	0.12184		285.218532	292.26	284.2	268.2	260.98	9715000	9341700	9169000	8961000	8826000
江　苏						537.762776	488.93	595.5	400.3	390.19	10390000	10212900	10062000	9911000	9595000
浙　江				0.00039		859.967927	910.06	904.4	856.2	685.51	9310000	9234700	9011000	8852000	8510000
安　徽						421.380176	320.44	191	161.1	146.3	13298000	13133500	12861000	12583000	12258000
福　建	0.009571	0.03057	0.3196			536.182783	493.95	398.2	424.8	386.96	9697000	9486200	9212000	8843000	8438000
江　西	0.851	0.5591	0.66007	0.442174		320.852496	311.5	236.7	213.3	189.57	6765000	6390000	5990000	5840000	5590000

地区	葡萄酒（万千升）					软饮料（万吨）					卷烟（万支）				
	2014年	2013年	2012年	2011年	2010年	2014年	2013年	2012年	2011年	2010年	2014年	2013年	2012年	2011年	2010年
山东	39.230635	44.49888	46.714126	44.608552		649.073757	647.27	610.4	589.7	535.86	14472000	14201400	13831000	13613000	13331000
河南	16.777277	13.79767	21.89878	17.69007		1401.081136	1217.41	909.1	833.4	694.6	17332000	17129600	16910000	16761000	16504000
湖北	0.15768	0.15326	0.1717	0.0484		784.926473	844.01	628.5	622	438.06	14077000	13979900	13674000	13475000	13147000
湖南	0.8892	0.742	0.686	2.4433		548.212178	495.91	372.1	268.18	141.45	17438000	18621000	18377000	18162000	17527000
广东						2646.689945	2443.69	2103.5	2015	1768.52	14084000	13919100	13709000	13456000	13035000
广西	0.2569	0.231	0.1874	0.243623		730.007935	690.25	675.5	545.1	342.33	7840000	7685100	7535000	7415000	7165000
海南						54.781146	51.13	48.4	42.1	42.13	1225000	1150000	1050000	950000	875000
重庆						273.615092	285.42	261.3	298.4	349.97	5760000	5710000	5510000	5160000	5010000
四川	0.1226	0.087463	0.081095	0.051614		1275.365051	1141.05	745.4	644.7	495.91	10036900	9986700	9789000	9442000	9142000
贵州	0.003656	0.001882	0.00677	0.004717		342.519969	257.26	137.8	109.5	68.6	12918000	12714400	12467000	12262000	11962000
云南	2.4613	2.181729	1.8494	2.3866		303.672875	317.86	262.6	245	186.1	38481000	37877600	38412000	36499000	35738000
西藏						16.258947	13.29	13.2	10.2	8.41	0				
陕西	5.405025	4.12736	3.0221	1.5289		560.930389	555.39	419.8	383.5	215.79	9145000	8995000	8795000	8600000	8300000
甘肃	7.343925	1.021209	1.102381	1.407446		225.415047	214.65	110.1	93	138.43	5000000	4700000	4400000	4100000	4000000
青海						48.082005	27.55	22.7	12.4	15.31	0				
宁夏	2.022144	1.672211	1.6527	2.520473		10.656189	9.32	11.7	7.3	13.84	775000				
新疆	5.431574	2.995695	3.157729	1.625713		156.660382	158.68	134.8	103	91.54	1900000	1800000	1700000	1600000	1500000

分行业食品工业能源消费总额

单位：万吨标准煤

	2013年	2012年	2011年	2010年
食品工业合计				
农副食品加工业	3904.82	2750.55	2663.79	2644.27
食品制造业	1890.21	1621.32	1517.97	1508.52
酒、饮料及精制茶制造业	1609.55	1180.09	1197.41	1130.42
烟草制品业	255.72	247.42	272.31	228.89

限额以上批发和零售业商品销售类值

单位：万元

项目	销售合计			批发			零售			
	2012年	2011年	2010年	2012年	2011年	2010年	2013年（亿元）	2012年	2011年	2010年
粮油、食品、饮料、烟酒类	428669815	360407406	275131446	304607428	259103944	203282461	14833	124062387	101303462	71848985
粮油、食品类	207642212	172003097	124765080	123441374	102000511	75198914	10065	84200838	70002586	49566166
粮油类	76384009	63505135	46511552	55084505	46392938	35263873	2522	21299504	17112197	11247680

肉禽蛋类	24342006	20422205	14697530	10765778	8585262	6371464	1605	13576228	11836944	8326066
饮料类	30261109	25642956	18627797	17644844	15262240	11107511	1534	12616265	10380716	7520286
烟酒类	191145883	162756788	131738569	163851925	141839764	116976035	3234	27293958	20917024	14762534

注：自2013年起不再公布销售和批发的资料。

分行业大中型食品工业企业研究与试验发展（R&D　）情况-1

		R&D人员全时当量（人年）				
	2014年	2013年	2012年	2011年	2010年	2014年
食品工业合计						
农副食品加工业	42985.00	38162	30426	25154	13362	1959217
食品制造业	28769.00	27389	23471	19564	11010	1126691
酒、饮料及精制茶制造业	23331.00	21113	22728	20013	13803	988016
烟草制品业	3657.00	4246	4126	3483	4029	209204

分行业大中型食品工业企业研究与试验发展（R&D　）情况-2

	R&D经费（万元）					R&D项目数（项）			
	2013年	2012年	2011年	2010年	2014年	2013年	2012年	2011年	2010年
食品工业合计									
农副食品加工业	1729827	1357189	920658	478254	6791	5987	5269	3545	1622
食品制造业	985302	868614	626131	388737	4874	4530	3798	2917	1826
酒、饮料及精制茶制造业	827430	800503	693436	460381	3297	2738	2800	2742	1665
烟草制品业	221056	198001	159702	138549	1157	1285	1161	884	689

分行业大中型食品工业企业新产品开发及生产情况

		新产品项目数（项）					开发新产品经费（万元）					新产品销售收入（万元）			
	2014年	2013年	2012年	2011年	2010年	2014年	2013年	2012年	2011年	2010年	2014年	2013年	2012年	2011年	2010年
食品工业合计															
农副食品加工业	7594.00	6816	5542	3947	1792	2250687	2140687	1611686	1197057	522260	24650632	21216453	20041824	14677321	7623757
食品制造业	5471.00	4982	4041	3007	1810	1315864	1049122	897428	682741	403400	11587057	10968404	8444769	6814431	5906578
酒、饮料及精制茶制造业	3028.00	2969	2899	2628	1502	841500	941907	825783	716557	430503	10501766	11337692	10686172	7833815	5825543
烟草制品业	923.00	948	901	800	662	201413	195984	152354	164401	127833	15222667	15913130	13836853	14928820	8014047

分行业大中型食品工业企业专利情况 -1　　（件）

		专利申请数					其中发明专利					有效发明专利数			
	2014年	2013年	2012年	2011年	2010年	2014年	2013年	2012年	2011年	2010年	2014年	2013年	2012年	2011年	2010年
食品工业合计															

		专利申请数					其中发明专利					有效发明专利数			
	2014年	2013年	2012年	2011年	2010年	2014年	2013年	2012年	2011年	2010年	2014年	2013年	2012年	2011年	2010年
农副食品加工业	8449.00	7344	5927	4350	1908	4632	3090	2398	1689	558	4858	3221	2261	1613	621
食品制造业	6180.00	5421	4716	3870	1875	2752	2147	1809	1512	834	4411	3105	2375	1435	948
酒、饮料及精制茶制造业	4312.00	3863	3699	2174	1961	1164	937	994	600	272	1817	1538	1290	1239	563
烟草制品业	2257.00	2634	1581	1145	766	919	965	550	381	245	1605	1168	710	490	251

2014年食品制造业主要经济指标

地　区	出口交货值	资产总计	流动资产合计	应收账款	存货	产成品	负债合计	所有者权益合计	主营业务收入	主营业务成本	主营业务税金及附加	销售费用
全　国	1109.85747	13138.79	6436.43	1299.75971	1398.23376	620.78872	6158.94	6870.47	20399.89	16293.88	138.04	1502.4487
北　京	14.56774	328.34695	204.7364	46.35111	39.12435	18.27181	206.54486		443.68523	290.45624	2.61805	106.19534
天　津	27.82832	535.98292	293.914	82.5951	34.6433	14.16847	267.95128		1243.19604	923.71609	20.67738	93.37037
河　北	20.41324	494.95092	207.16666	46.25774	52.27301	21.81235	205.11642		921.45155	764.10053	3.71512	66.96328
山　西	1.51219	109.72427	53.77989	12.96809	17.18128	7.40712	51.52724		123.84144	100.11327	0.36469	8.28404
内蒙古	21.62562	863.32025	397.26509	34.68918	69.99965	35.4821	459.2581		875.19765	719.65885	3.55341	66.58727
辽　宁	56.10617	402.79751	184.55488	38.81828	34.81391	17.50291	171.46403		684.81486	593.75664	5.36703	24.26246
吉　林	6.217	232.43949	95.2419	17.23398	34.23429	9.57136	105.38213		354.69069	304.79357	1.82286	16.59083
黑龙江	4.97676	382.22868	212.56016	48.57706	54.42984	21.81109	206.85642		536.44236	414.40238	2.04272	53.88024
上　海	33.34332	662.25581	409.82226	165.49961	75.0792	37.76097	394.76141		712.86872	471.05637	3.40894	153.79645
江　苏	90.45262	616.11796	310.93616	77.08089	73.60825	31.99374	311.45304		824.6798	630.45054	5.25823	94.32391
浙　江	91.6059	561.59517	317.78396	98.99139	84.8246	36.04359	281.26078		557.36418	444.9856	2.73467	37.94782
安　徽	20.32737	273.05891	127.3374	28.97807	38.37854	16.86644	141.11021		544.38007	461.48775	2.5021	29.47056
福　建	160.80009	594.37776	310.21934	69.08723	86.90173	43.88762	244.60254		1060.0242	882.52374	4.50665	50.48122
江　西	71.28907	178.27989	66.50803	14.22081	17.79009	6.6625	59.00123		493.77424	411.83413	4.08078	17.87816
山　东	188.54254	1438.1762	628.57986	101.47766	151.88408	62.80336	613.58078		2508.6939	2137.80048	18.08774	73.6403
河　南	38.06934	1312.77865	605.27018	88.40876	85.48477	31.8276	459.6955		2269.38865	1929.56607	12.00545	58.33357
湖　北	67.66332	458.53778	206.03654	45.76717	51.59613	27.38384	196.71242		932.10468	775.58204	6.93475	50.56902
湖　南	14.16991	336.20307	127.75322	22.67715	35.51631	13.88922	124.26653		842.16823	708.8878	8.22088	35.62884
广　东	88.21399	1314.37481	870.61422	120.21731	134.33586	55.92353	562.29015		1801.81691	1134.5376	14.98192	301.67513
广　西	14.89435	195.80789	86.35828	17.76897	21.1195	11.21804	89.13753		302.59421	245.34693	1.7362	18.44654
海　南	0.87403	45.38456	30.40117	2.61881	4.19466	1.77558	23.41232		44.53271	28.51244	0.32554	11.59915
重　庆	5.21625	118.42691	59.16676	8.23683	14.17104	5.14138	58.57329		204.69228	164.40713	1.89635	14.71945
四　川	23.74996	474.85219	199.80096	34.00698	58.183	22.59558	202.42936		861.85967	707.98413	6.45467	50.42203
贵　州	0.40938	62.72722	38.52282	4.72711	6.57894	3.70392	32.51253		114.1671	88.39365	1.02874	4.00136
云　南	10.74712	144.06261	72.67442	12.06739	18.88013	9.67894	72.74861		180.42721	143.77153	0.5886	14.20942
西　藏	0	7.25175	3.42627	0.44448	0.28599	0.15642	1.20547		5.52934	3.60931	0.03798	0.37244
陕　西	4.43593	192.29213	95.18336	21.1234	19.33996	9.50319	83.3739		376.87401	302.24095	3.23613	20.93198
甘　肃	1.28625	143.14514	56.83578	7.72881	20.45186	10.40056	59.21282		102.42179	85.15124	0.26401	5.84797

地　区	出口交货值	资产总计	流动资产合计	应收账款	存货	产成品	负债合计	所有者权益合计	主营业务收入	主营业务成本	主营业务税金及附加	销售费用
青　海	0	23.7754	10.39348	0.93899	4.04508	2.59974	11.52163		15.11026	12.02639	0.10428	1.00655
宁　夏	11.89222	122.91505	53.29549	10.4918	15.26224	7.13252	73.11495		125.74011	105.01628	0.44803	9.99371
新　疆	18.62747	303.16268	122.37014	19.70955	43.62217	25.81323	213.20913		197.14003	153.49372	0.91452	11.01929

2014年食品制造业主要经济指标-2

地　区	管理费用	税金	财务费用	利息收入	利息支出	投资收益（损失以"－"号记）	营业利润	利润总额	亏损企业亏损额	应交增值税	应交所得税	从业人员平均人数（万人）
全　国	713.22657		136.09899		122.81325			1744.68	85.29344	660.78		
北　京	25.43686		1.92792		2.05949			18.34487	6.54351	22.27816		
天　津	22.48121		-2.00337		1.05192			186.38301	9.14138	40.14839		
河　北	22.19217		4.79589		4.01377			65.59779	2.47964	23.17385		
山　西	5.30592		2.1356		1.69688			8.49362	0.51386	2.37923		
内蒙古	29.67365		1.3125		2.29371			79.46698	1.51665	27.66808		
辽　宁	20.45303		3.7785		2.64579			38.5684	1.96627	13.24327		
吉　林	13.90338		6.17373		4.71439			10.75138	7.62726	7.42747		
黑龙江	16.80302		2.38842		2.29102			50.72044	3.70193	12.93202		
上　海	51.39688		1.88873		2.61161			41.14182	12.66376	34.61991		
江　苏	36.59852		6.90369		7.29594			63.24821	2.28962	30.14281		
浙　江	27.96735		6.19317		6.82033			48.78463	4.24554	20.50663		
安　徽	19.30182		3.89714		3.01743			27.65047	1.82595	11.84402		
福　建	39.07835		8.78642		7.61931			77.66195	1.81457	29.43714		
江　西	13.60734		2.62034		2.22618			43.32594	0.19746	18.46023		
山　东	61.41352		22.77225		16.95677			180.08174	2.7085	71.37747		
河　南	36.80511		14.82457		12.56607			218.61701	0.24463	47.77579		
湖　北	42.04962		8.68966		7.26075			52.93187	2.77293	26.17052		
湖　南	33.30774		7.38172		4.7819			36.92507	0.46304	27.12872		
广　东	99.54543		3.62006		5.99029			256.29846	4.25018	105.54424		
广　西	14.60906		3.11214		2.47016			20.38621	1.92654	9.58763		
海　南	1.4855		-0.13441		0.05593			3.90613	0.00196	2.87237		
重　庆	7.84585		2.15918		1.94198			14.23579	0.36055	8.28621		
四　川	30.35859		8.20023		6.66954			61.99811	1.37884	28.49156		
贵　州	3.71907		0.77365		0.61606			15.32983	0.22621	5.12453		
云　南	6.69001		2.96937		2.94365			12.92877	0.90775	3.69245		
西　藏	0.14264		0.00862		0.009			1.9792	0	0.31568		
陕　西	12.60329		1.05696		1.90301			34.11862	0.32693	10.22536		
甘　肃	4.67077		2.41451		1.34694			4.50572	0.36296	0.97254		
青　海	1.55884		0.15504		0.05781			0.54964	0.5946	0.32238		

地　区	管理费用	税金	财务费用	利息收入	利息支出	投资收益（损失以“–”号记）	营业利润	利润总额	亏损企业亏损额	应交增值税	应交所得税	从业人员平均人数（万人）
宁　夏	5.01586		2.32646		2.2326			5.37623	0.48573	2.26591		
新　疆	7.20617		4.9703		4.65302			12.30514	11.75469	4.09998		

2014年烟草制品业主要经济指标–1

单位：亿元

地　区	出口交货值	资产总计	流动资产合　计	负债合计	主营业务收　入	主营业务成　本	主营业务税金及附加	销售费用	管理费用	税金
全　国	37.73924	8484.66	5824.89	1822.26	8962.65	2394.77	4834.34	146.8499	457.77954	
北　京	1.25501	33.40299	18.02066	5.50524	48.91722	15.98828	25.08656	1.18913	2.9297	
天　津	0	34.42065	17.88372	34.42065	51.06433	17.73489	22.50439	0.75985	3.07931	
河　北	0	120.73569	90.31417	33.2693	170.21446	60.28436	82.25608	1.2461	11.62846	
山　西	0	29.67459	19.30603	1.76599	43.70826	14.38318	19.28477	0.37223	2.5995	
内蒙古	0	66.29304	53.1924	22.99651	90.44028	28.19049	46.43068	0.94242	5.16687	
辽　宁	0.09114	52.97413	29.96827	48.48987	78.26736	24.12386	42.15038	1.21239	7.62685	
吉　林	0	152.32033	107.9001	77.09108	153.26223	51.12776	67.98832	4.14967	10.68406	
黑龙江	0	89.30386	52.95037	13.86653	105.3941	42.89734	43.13615	1.28407	8.04688	
上　海	9.85698	1124.8372	850.69444	71.63852	932.02961	99.77381	590.79302	5.16074	36.4587	
江　苏	0	507.28325	397.02343	39.29531	513.28192	105.68412	299.39584	6.21114	16.91033	
浙　江	2.88442	390.01939	274.59633	73.83503	420.59068	80.85765	266.23961	12.09048	17.90047	
安　徽	0.11136	290.11541	202.47282	78.17376	341.41123	102.48407	179.79158	6.90254	20.29579	
福　建	0.17441	263.87778	172.49419	86.40668	248.49656	73.32997	138.59142	2.24183	12.14783	
江　西	0	167.38766	127.23952	34.50525	178.59229	55.99584	81.56817	2.26798	9.48815	
山　东	1.31149	326.42647	202.28811	92.83331	336.16617	118.23855	150.02659	9.69122	21.21304	
河　南	0	394.91306	277.85321	117.25053	458.22333	135.54267	206.1279	12.16196	26.55843	
湖　北	1.25716	411.23928	319.38012	149.52612	559.04212	116.84839	336.82332	12.01286	24.91591	
湖　南	3.5354	707.94458	519.2481	93.95591	816.22451	158.14924	496.46801	12.23819	41.97039	
广　东	1.9566	490.07111	363.22647	128.18029	424.93865	135.46467	212.29871	9.04038	26.70372	
广　西	0.08568	162.48952	109.25643	26.08253	214.16202	63.71148	111.79584	3.51546	9.74513	
海　南	0	24.0548	12.24975	6.91081	26.81588	9.63459	12.23811	0.16545	1.33319	
重　庆	0	102.08835	74.54296	52.79911	151.78658	53.23446	76.97595	0.33945	8.55564	
四　川	0.0463	151.81851	98.89113	77.57933	265.09273	88.37795	149.20885	0.26468	12.70131	
贵　州	0.08777	277.95884	201.16074	69.92778	359.53251	99.64938	188.09901	6.41031	21.5297	
云　南	14.72084	1677.90038	1078.75953	376.39705	1492.94193	434.37731	781.19715	27.77451	79.48051	
西　藏										
陕　西	0.36468	150.00063	101.33835	23.59828	213.8646	71.58192	100.45919	4.87544	11.47818	

地　区	出口交货值	资产总计	流动资产合　计	负债合计	主营业务收　入	主营业务成　本	主营业务税金及附加	销售费用	管理费用	税金
甘　肃	0	116.05847	87.9074	32.69784	154.1542	41.45998	90.61069	1.69132	3.7539	
青　海										
宁　夏	0	8.0309	4.47997	7.83096	14.49869	5.25912	6.08773	0.2214	0.66169	
新　疆	0	44.7912	22.6791	9.5691	42.9546	15.0881	19.1627	0.4167	2.2159	

2014年烟草制品业主要经济指标-2

单位：亿元

地　区	财务费用	利息收入	利息支出	投资收益（损失以"–"号记）	营业利润	利润总额	亏损企业亏损额	应交增值税	应交所得税	从业人员平均人数（万人）
全　国	-16.39121		12.21973			1221.09	0.76178	1105.19		
北　京	0.05744		0.14264			3.84899	0	6.10734		
天　津	-0.26022		0			7.20269	0	5.89332		
河　北	-0.04434		0.00043			14.84596	0	19.32376		
山　西	-0.46281		0			7.49872	0	5.43518		
内蒙古	-0.5403		0			9.72912	0	10.57425		
辽　宁	-0.27476		0			3.55052	0.00197	9.91724		
吉　林	1.21366		1.3222			17.13139	0	16.91943		
黑龙江	-0.16954		0.02242			10.33862	0	11.66676		
上　海	-12.52464		0			231.90615	0	139.94576		
江　苏	-6.00879		-1.34276			92.20606	0.09638	67.43078		
浙　江	0.10834		0.19387			37.60835	0	52.34962		
安　徽	0.66264		1.10246			30.81113	0.27822	38.37248		
福　建	0.69997		0.79778			23.72004	0.06788	25.85737		
江　西	-0.14687		0.19636			30.39882	0	20.08237		
山　东	0.27344		0.43547			38.03173	0.13064	36.14257		
河　南	0.27612		0.96621			79.02676	0.09839	56.44321		
湖　北	1.25713		1.4583			66.55107	0.03059	75.12375		
湖　南	-1.26369		-0.0338			115.51266	0.03673	107.8326		
广　东	1.8992		2.64647			45.26003	0	42.75851		
广　西	-0.60021		0.01372			26.41786	0	26.13377		
海　南	0.0719		0.10522			3.80034	0	3.37426		
重　庆	1.10749		1.17713			12.49904	0	17.4998		
四　川	0.60976		0.61306			14.19995	0.01695	29.22415		
贵　州	-0.73135		0			45.06479	0	43.56735		
云　南	-1.84457		1.8351			198.70081	0	182.03404		

地　区	财务费用	利息收入	利息支出	投资收益（损失以“-”号记）	营业利润	利润总额	亏损企业亏损额	应交增值税	应交所得税	从业人员平均人数（万人）
西　藏										
陕　西	0.08319		0.27314			25.66615	0	25.35557		
甘　肃	0.27391		0.28971			16.27777	0.00403	18.53997		
青　海										
宁　夏	-0.01001		0.0046			2.2739	0	1.66121		
新　疆	-0.1033		0			5.7202	0	4.6621		

2014年全国各省市食品工业主要经济指标

单位：亿元

地区	主营业务收入	主营收入增长率	利润总额	利润总额增长率	税金	税金增长
总计	108932.93	7.98	7581.46	1.19	9241.55	7.21
山东省	16762.86	9.68	960.73	5.50	687.88	6.94
河南省	9631.55	12.25	831.36	6.00	484.19	3.78
湖北省	7199.76	12.54	407.52	2.13	600.48	18.59
江苏省	6478.51	10.12	554.80	2.48	618.12	8.70
四川省	6337.87	8.57	454.45	-11.46	476.54	-0.42
广东省	6160.79	7.73	487.40	7.15	486.02	10.04
辽宁省	5597.12	-5.88	270.51	-22.89	172.94	-2.36
湖南省	4774.98	7.07	277.44	0.02	762.35	11.06
福建省	4407.04	10.68	279.75	4.89	324.17	5.43
安徽省	4210.16	10.10	242.30	6.22	323.72	8.30
吉林省	4001.26	0.41	144.24	-3.20	155.68	-0.01
河北省	3715.71	5.30	212.11	-2.59	197.96	2.37
黑龙江省	3680.40	-1.60	187.06	-4.04	123.48	-25.59
广西壮族自治区	2820.66	6.69	182.50	-4.21	212.04	10.51
内蒙古自治区	2728.44	21.93	194.91	9.16	130.47	1.93
江西省	2692.10	16.74	198.44	16.74	185.44	20.09
浙江省	2482.82	1.50	164.46	-8.75	386.26	8.58
云南省	2390.47	8.83	245.14	-9.12	987.16	6.47
天津市	2321.90	10.83	203.86	2.75	104.91	2.76
上海市	2186.34	4.15	295.28	5.46	781.99	9.60
陕西省	1908.51	12.94	166.74	19.91	197.05	19.28
贵州省	1311.29	12.06	316.46	2.91	347.08	7.25
重庆市	1267.49	10.08	84.36	5.94	150.95	6.22
北京市	1142.06	4.52	46.19	-0.23	92.68	5.23

地区	主营业务收入	主营收入增长率	利润总额	利润总额增长率	税金	税金增长
新疆维吾尔自治区	741.83	7.86	60.49	4.19	44.82	10.54
山西省	701.36	-0.98	37.07	-18.19	46.23	-11.62
甘肃省	668.83	6.73	41.96	18.25	120.61	12.48
宁夏回族自治区	279.94	9.50	16.04	24.42	13.63	11.37
海南省	209.46	-2.13	5.28	2.03	20.86	9.07
青海省	96.93	19.49	4.84	39.43	4.15	-15.40
西藏自治区	24.50	39.75	7.79	90.39	1.70	-9.64

第五部分

附　录

5.1 部分国家食品产业发展现状分析

2014 年，全球经济在历经两年的低迷成长后，终于呈现出复苏的迹象。在此背景下，食品产业作为各国或地区经济发展中的重要产业，也呈现出不同程度的发展。

一、欧洲食品工业发展现状分析

（一）欧洲食品工业发展概况

食品工业在欧盟经济中处于重要的地位，是仅次于金属制造业的第二大产业。其中，法国、荷兰、英国、德国均是世界上重要的食品生产和出口大国。近年来，欧盟各国食品企业通过加大创新、开发新产品和规模化生产来振兴食品工业。目前，欧盟食品饮料工业企业数量 288655 个，其中食品、饮料分别为 264699 个、23956 个；产值 9778.6 亿欧元，其中食品、饮料分别为 8370 亿欧元、1408.6 亿欧元。

2014 年，受累于欧盟内需不振，食品工业延续低速增长态势。2014 年，欧盟 GDP13.92 万亿欧元，仅同比增长 1.3%，内需不振导致欧盟食品与饮料工业仅同比增长 1.7%。分行业来看，饮料相比食品增速较快，食品子行业中除内加工及保存和肉制品，水果、蔬菜加工及保存，动植物油制造分别同比增长 2.1%、4.2% 和 5.1% 外，其他子行业增速均低于 2%。

表1　2014年欧盟食品饮料及子行业同比增长情况（%）

行业	子行业	增长率
食品与饮料		1.7
其中：食品		1.6
	肉加工及保存和肉制品	2.1
	鱼类加工及保存	1.0
	水果、蔬菜加工及保存	4.2
	动植物油制造	5.1
	奶制品制造	1.7
	谷物制品、淀粉、淀粉制品制造	0.3
	烘烤食品制造	1.5
	其他食品制造	1.3
	饲料制造	1.9
饮料		2.2

数据来源：Eurostat。

分国别来看，欧盟内部各国食品饮料工业增长分化明显，同比增长幅度在 5.6% 和 –6.4% 之间。其中，爱沙尼亚、英国、立陶宛分别同比增长 5.6%、5.4% 和 5.0%，增速较为明显，而保加利亚、芬兰、瑞典降速较为明显，分别同比下降 2.0%、2.9% 和 6.4%。

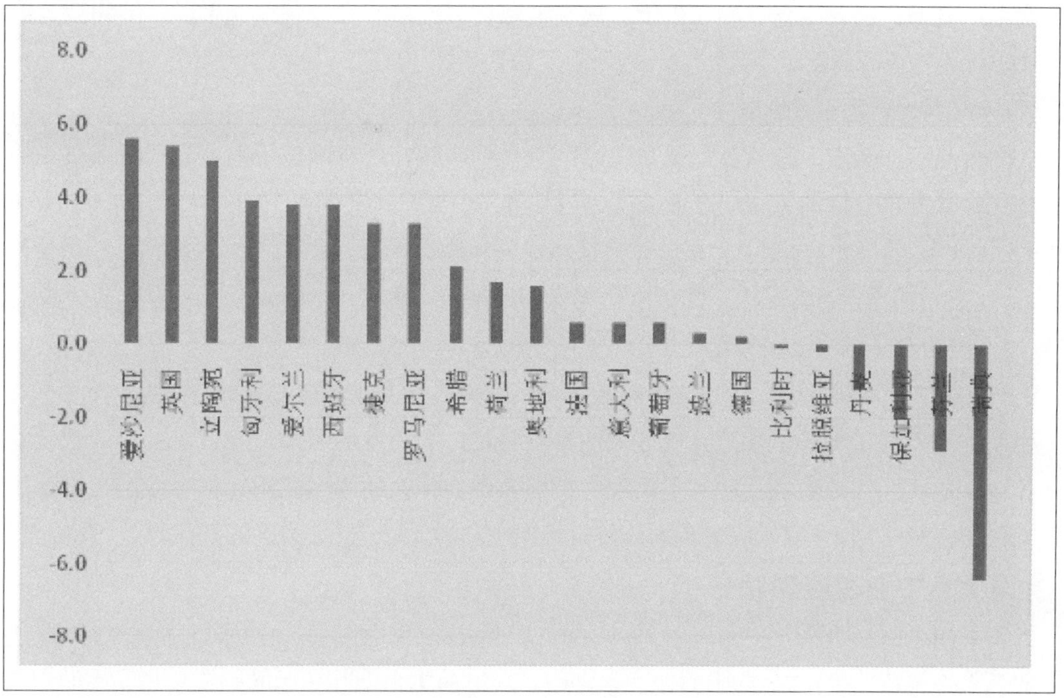

数据来源：Eurostat。

图[1] 2014年欧盟各国食品饮料工业增长情况（%）

贸易情况亦不景气。2014年，欧盟食品饮料出口4311.3亿美元，相比2013年增长1.9%，进口3875.5亿美元，增长1.7%。从出口目的地来看，欧盟食品饮料出口国家主要为欧盟内部，前十大国家中仅美国为非欧盟内部国家，其中前十大出口国家出口占欧盟食品饮料总出口的59.6%。

表[2] 2014年欧盟食品饮料前十大出口国（亿美元）

出口国	出口额
德国	521.9
英国	386.0
法国	373.3
荷兰	270.9
意大利	266.4
比利时	212.7
美国	190.9
西班牙	148.4
波兰	108.6
奥地利	91.1
前十大国家占比（%）	59.6

数据来源：Eurostat。

（二）欧洲食品工业发展趋势

1、愉悦感产品及乳制品将成为创新重点

据欧洲食品及饮料行业联盟（CIAA）2013年的一项调查，消费需求的五大创新方向分别为愉悦、健康、体感与体能、便利、道德。其中，带给消费者愉悦的产品占整体市场的57%，而乳制品将是产品创新的最大潜力来源，

其次为即食食品、清凉饮料、冷冻食品、饼干、禽肉与熟食等产品。可以预测，可以带给消费者愉悦的产品及乳制品将是欧盟食品工业的创新重点。

2、食品安全成为消费者重要诉求

近年，欧洲食品欺诈频繁，消费者利益和生命健康受到威胁，严重降低了消费者对欧盟食品的的信任度。据 CIAA 调查，2014 年信任度前五位的产业依次为科技业（71%）、汽车业（60%）、食品及饮料业（57%）、快速消费品（56%）及药品业（45%）。在全球信任指数整体增长 10% 的背景下，欧洲信任指数增长幅度较低，仅有只有 1%，这表明消费者对食品安全的诉求仍将会明显增加，也暗示着欧洲食品安全仍有成长空间。

3、可持续发展的食品供应链成为发展重点

未来，欧洲将朝农产原料安全、食物资源有效供应、鼓励消费当地食材三大方向发展。除了强化科学研究，欧洲还将大力发展全面性的供应链规范，更加关注自给自足，大力发展可以适应气候变化的现代农业。以英国为例，近年英国开始发起当地农业活动，不仅大力提倡弹性农作，还通过运用轮作有效利用水资源、依照温度与浇水模式调整播种时间、种植灌木以避免水分流失等顺应环境的措施，大力发展现代农业，保障食品原料供给。

二、美国食品工业发展现状分析

（一）美国食品工业发展概况

食品工业是美国制造业 19 大行业中的第一大部门，产值高于石油和煤制品制造、化学制品制造、汽车及零配件等部门，在美国经济中拉动内需、带动就业、推动经济增长方面起着重要作用。自 2000 年以来，美国食品工业保持了年均 3.9% 的增速，成为制造业中仅次于石油和煤制品（10.0%）、其他运输装备（5.5%）、初级金属制造（5.2%）、化学制品（4.3）增速最快的部门，作为全球食品工业大国，世界上前 50 名的食品公司总部超过 1/3 设在美国，代表性企业包括卡夫食品、泰森食品、亨氏、百事可乐等公司。

2014 年，随着美国经济增长恢复加快，预计美国食品工业产值 9417 亿美元，增加值为 2423 亿美元。近年，美国食品工业产值占制造业的份额稳定在 13% 以上，特别是金融危机后 2009 年该份额最高达到 17.3%，此后稳定在 15.5% 左右。

2014 年，美国食品饮料出口 761.3 亿美元，相比 2013 年增长 3.2%。其中前十大出口国家和地区分别为加拿大、墨西哥、日本、中国、韩国、香港、菲律宾、荷兰、澳大利亚、英国，累积出口占美国总出口的 68.2%。

表 3　2014 年美国食品饮料前十大出口国（亿美元）

出口国家/地区	出口额
加拿大	167.1
墨西哥	110.8
日本	70.4
中国	50.3
韩国	38.7
香港	26.3
菲律宾	19.0
荷兰	13.2
澳大利亚	12.4
英国	10.9
前十大国家占比（%）	68.2

数据来源：UNCOMTRADE。

（二）美国食品产业发展趋势

1、食品生产朝着低糖、健康方向发展

由于肥胖以及由此引发的糖尿病等在美国国内被广泛关注，人们对健康优质生活的追求正推动美国食品生产结构的优化，低糖、低脂的健康食品正迅速走向人们的生活。为迎合人们追求健康、控制体重以及对麸质或小麦不耐症，食品企业积极开发无麸质食品；为满足人们对替代糖的需求，百事、可口和箭牌公司食品企业巨头等纷纷选择天然蔗糖等作为糖的替代品。未来，在市场需求的引领下，美国食品生产将进一步朝着低糖、健康方向发展。

2、天然食品添加剂、新型包装的需求量不断增长

随着天然食品添加剂在口感、健康等方面的优势逐渐被人们认可，未来美国对天然色素、增味剂、防腐剂等的需求将持续增长，相应的研发生产也将持续加强。如雀巢与美国 Chromocell 合作研发，以需求可替代盐且不影响产品最终呈味的物质。此外，出于环保和健康的考虑，新型食品包装的需求也将持续攀升。

3、便利食品、街头食品进一步发展

长久以来，美国居民追求饮食简单化、享受生活和避免枯燥的家庭杂物。因此，在食品选择上，方便速食的便利食品成为人们的首选，如超市中新鲜蔬菜和水果调配的沙拉、各种配比好的蔬菜包和便利食品等成为畅销品。未来，人们追求便利的动机将使得这一趋势进一步强化。此外，随着节奏的加快，街头食品日益成为美国居民饮食的重要组成部分，方便快捷的街头食品正逐渐受到食品企业的关注。

三、日本食品产业发展现状分析

（一）日本食品产业发展概况

1、食品产业生产情况

食品工业在日本经济和社会发展中发挥着举足轻重的作用，是制造业中仅次于汽车制造业的第二大产业。从生产情况看，除部分年份受市场需求、原材料价格和进出口等因素的影响，产值略有下降外，食品制造业整体保持了较为平稳的发展势头。2003–2013 年，日本食品制造业最终产品产值由 33.4 万亿日元增长至 34.1 万亿日元，增幅仅为 2%。同期，食品产业在制造业中所占比重由 12.1% 下降至 11.6%，产业地位略有下降，详见图 1。

从生产指数变动情况看，2014 年 4 月 –2015 年 6 月间，日本食品产业生产指数呈现大幅波动，由期初的 97.5 波动增长至期末的 112.3，在 2015 年 1 月更是下降至 77.7 的历史低点。这一结果表明，受国内经济增长乏力、国际进出口贸易形势严峻等因素的影响，日本食品产量波动起伏较大。

2、食品产业进出口贸易情况

日本食品饮料进出口贸易主要以进口贸易为主，存在巨大的贸易逆差。2014 年，日本食品饮料进出口总额 511 亿美元，其中进口额 470.1 亿美元，出口额 40.9 亿美元，逆差高达 429.1 亿美元，比 2013 年增长 0.89%。

从进口来源地看，2014 年，日本食品饮料进口前 5 大来源地依次为美国、中国、泰国、澳大利亚和巴西，其中自美国和中国的进口金额最高，分别为 79.2 亿美元和 73.8 亿美元。从出口目的地看，2014 年，日本食品饮料出口前 5 大目的地依次为中国香港、美国、中国大陆、泰国和越南，其中以出口至中国香港和美国的金额最高，分别为 9 亿美元和 7.2 亿美元。

表4 2014年日本食品饮料进出口贸易排名前十位的国家和地区（亿美元）

出口国别	金额	进口国别	金额
中国香港	9.0	美国	79.2

出口国别	金额	进口国别	金额
美国	7.2	中国	73.8
中国	4.0	泰国	41.0
泰国	2.4	澳大利亚	29.5
越南	2.3	巴西	18.0
韩国	2.2	加拿大	17.5
新加坡	1.5	越南	12.0
澳大利亚	0.8	新西兰	10.2
加拿大	0.6	俄罗斯	9.9
阿拉伯联合酋长国	0.5	印度尼西亚	9.4

数据来源：UNCOMTRADE。

（二）日本食品产业发展趋势

1、食品饮料产量仍将波动增长

依据近十年来日本食品产业生产情况判断，未来，受国际经济复苏乏力、国内经济发展不确定因素增多以及国际食品市场供求变动等因素的影响，短期内日本食品产业生产发生大幅波动的可能依然存在。但从行业发展的长期趋势看，受国内外食品需求增长和出口因素的影响，产量波动增长将是大势所趋。

2、食品种类结构性变动

随着人们消费习惯的变化，食品产业产品结构也会相应做出调整。根据近年来日本主要食品产量变动情况判断，未来，随着人们生活节奏的加快和对方便食品需求的增长，加工类食品尤其是加工肉类和方便食品的产量将进一步增长，而对酒类、初加工农副食品的消费可能会有所下降。从前期的数据看，日本酒类产量由 2005 年的 902.9 万升下降至 794.9 万升，其中啤酒产量降幅较大。

3、茶饮料产业仍将保持中高速增长

茶饮料是日本食品工业的重要组成部分，在软饮料产业中占据着十分重要的地位。未来，在市场需求的引导下，茶饮料尤其是绿茶饮料仍将保持中高速的增长态势。首先，饮茶作为日本居民的传统消费习惯，近年来得到了进一步的引导和推进。其次，茶饮料绿色、健康的特点迎合了消费者的健康需求，一系列新产品的开发有效地创造出新的市场需求。最后，包装、印刷技术的进步，使得茶饮料包装精美、携带方便，更加符合现代日本居民的消费习惯和生活节奏。

5.2 中国食协[2015]号关于发布 2014 年度中国食品工业百强企业和重点行业十强企业的通知

各省、自治区、直辖市食品工业协会（食品办），中国食协各专业委员会，有关食品企业：

根据 2014 年食品工业统计年报，按照企业主营业务收入、资产规模、盈利能力等各项综合实力指标，对 2014 年度全国农副食品加工业、食品制造业、酒饮料和精制茶制造业三大行业进行行业统计，确定了百强企业和重点行业十强企业名单，现予发布（见附件）。

2014 年规模以上大中型食品工业企业共计 5789 家占食品工业企业数的 15.4%，完成主营业务收入占全行业的 54.0%，实现利润总额占 62.9%，上缴税金占 83.2%。此次发布的百强企业和重点行业十强企业代表了当前食品工业发展的总体水平，在我国食品工业发展中起到了主要的推动作用，是我国食品工业的骨干和中坚力量。

希望中国食品工业百强企业和重点行业十强企业，继续贯彻落实党中央十八大和中央经济工作会议精神，积极应对国内外经济形势变化，以提高食品工业技术水平、经济效益和确保食品质量安全为目标，优化产品结构，提高企业核心竞争力，为满足城乡居民食品消费需求，推动食品工业持续健康发展做出新贡献。

附件：1、2014 年度中国农副食品加工业百强企业名单

2、2014 年度食品制造业百强企业名单

3、2014 年度酒、饮料和精制茶制造业百强企业名单

4、2014 年度重点行业十强企业名单

二〇一五年三月　日

主题词：发布 2014 年度 食品 百强企业 通知

中国食品工业协会办公室　　2015 年 3 月 日印发

附件1　2014年度中国农副食品加工业百强企业名单

（排名不分先后）

北京顺鑫农业股份有限公司	山东嘉冠粮油工业集团有限公司
天津市红玫瑰食品有限公司	兖州市绿源食品有限公司
嘉里粮油（天津）有限公司	赤山集团有限公司
九三集团天津大豆科技有限公司	山东新良油脂有限公司
中粮佳悦（天津）有限公司	日照市凌云海糖业集团有限公司
河北赵州利民淀粉企业集团总公司	邦基三维油脂有限公司
河北兴柏生物科技有限公司	中粮黄海粮油工业（山东）有限公司
秦皇岛金海粮油工业有限公司	日照昌华海产食品有限公司
秦皇岛金海食品工业有限公司	临沂新程金锣肉制品集团有限公司
三河汇福粮油集团饲料蛋白有限公司	临沂盛泉油脂化工有限公司
三河汇福粮油集团精炼植物油有限公司	临沂凯佳食品有限公司
山西大象农牧集团有限公司	山东德州双汇食品有限公司
鄂尔多斯市四季青农业开发有限公司	发达面粉集团有限公司
辽宁禾丰牧业股份有限公司	山东省高唐蓝山集团总公司
中纺粮油（沈阳）有限公司	山东香驰粮油有限公司
九三集团大连大豆科技有限公司	山东渤海油脂工业有限公司
嘉里粮油（营口）有限公司	西王集团有限公司
九三集团铁岭大豆科技有限公司	山东三星集团有限公司
长春大成实业集团有限公司	河南众品食业股份有限公司
吉林省长春皓月清真肉业股份有限公司	河南省漯河市双汇实业集团有限责任公司
黑龙江九三粮油工业集团有限公司	河南省北徐集团有限公司
大庆市鑫珑腾肉业有限公司	河南省潢川华英禽业总公司
上海嘉里食品工业有限公司	河南省志元食品有限公司
中粮东海粮油工业（张家港）有限公司	益海嘉里（武汉）粮油工业有限公司
嘉吉粮油（南通）有限公司	湖北梅园粮油集团有限公司
益海（连云港）粮油有限公司	湖北三杰粮油食品集团有限公司
淮安双汇食品有限公司	宜城市襄大农牧有限公司
仪征方顺粮油工业有限公司	湖北国宝桥米有限公司
中储粮镇江粮油有限公司	福娃集团有限公司
益海（泰州）粮油工业有限公司	洪湖市洪湖浪米业有限责任公司
靖江龙威粮油工业有限公司	湖北省潜江市华山水产食品有限公司
泰兴市振华油脂有限公司	湖南巴陵油脂有限公司
舟山中海粮油工业有限公司	广东海大集团股份有限公司
合肥华泰集团股份有限公司	广州植之元油脂实业有限公司
福建元成豆业有限公司	益海（广州）粮油工业有限公司

泉州福海粮油工业有限公司	南海油脂工业（赤湾）有限公司
福建圣农发展股份有限公司	湛江渤海农业发展有限公司
江西正邦科技股份有限公司	嘉吉粮油（阳江）有限公司
双胞胎（集团）股份有限公司	阳江喜之郎果冻制造有限公司
中粮粮油工业（九江）有限公司	东莞市富之源饲料蛋白开发有限公司
九江市嘉盛粮油工业有限公司	中储粮油脂工业东莞有限公司
青岛渤海农业发展有限公司	中粮新沙粮油工业（东莞）有限公司
青岛万福集团股份有限公司	广西农垦明阳生化集团股份有限公司
青岛九联集团股份有限公司	广西渤海农业发展有限公司
龙口香驰粮油有限公司	广西惠禹粮油工业有限公司
龙大食品集团有限公司	大海粮油工业（防城港）有限公司
山东鲁花集团有限公司	中粮油脂（钦州）有限公司
山东北联集团总公司	龙州南华糖业有限责任公司
诸城市外贸有限责任公司	四川省井研县食品有限责任公司
得利斯集团有限公司	四川省资阳市四海发展实业有限公司

附件 2　2014 年度中国食品制造业百强企业名单

（排名不分先后）

蒙牛高科乳制品（北京）有限责任公司	山东齐鲁味精食品集团有限公司
北京三元食品股份有限公司	山东奥克特化工有限公司
和路雪（中国）有限公司	郑州思念食品有限公司
玛氏食品（中国）有限公司	三全食品股份有限公司
天津澳斯乳业有限公司	安阳市健丰食品有限公司
天津天狮生物工程有限公司	新乡市亚特兰食品有限责任公司
康师傅方便面投资（中国）有限公司	蒙牛乳业（焦作）有限公司
天津顶益食品有限公司	漯河市恒达食品工业有限公司
石家庄君乐宝乳业有限公司	中盐舞阳有限责任公司
今麦郎食品有限公司	漯河晋江福源食品工业有限公司
定州伊利乳业有限责任公司	巧巧（漯河）食品有限公司
蒙牛乳业（察北）有限公司	漯河临颍县亲亲食品有限公司
好丽友食品有限公司	河南省南街村（集团）有限公司
内蒙古伊利实业集团股份有限公司	河南省龙云集团有限公司
内蒙古蒙牛乳业（集团）股份有限公司	河南省科迪食品集团股份有限公司
通辽梅花生物科技有限公司	周口金丝猴食品有限公司
呼伦贝尔东北阜丰生物科技有限公司	河南省莲花味精集团有限公司
蒙牛乳业（沈阳）有限责任公司	安琪酵母股份有限公司
黑龙江省完达山乳业股份有限公司	湖北天峡鲟业有限公司

双城雀巢有限公司	广源食品集团股份有限公司
飞鹤(甘南)乳品有限公司	湖北达利食品有限公司
黑龙江省飞鹤乳业有限公司	三友（随州）食品有限公司
黑龙江贝因美乳业有限公司	武汉真巧食品有限公司
不凡帝范梅勒糖果（中国）有限公司	湖南胖哥食品有限责任公司
光明乳业股份有限公司	广州统一企业有限公司
可口可乐饮料（上海）有限公司	美赞臣营养品（中国）有限公司
上海太太乐食品有限公司	箭牌糖果（中国）有限公司
百事食品（中国）有限公司	广州顶益食品有限公司
箭牌糖类（上海）有限公司	广州市合生元生物制品有限公司
上好佳(中国)有限公司	佛山市海天调味食品股份有限公司
南京喜之郎食品有限公司	佛山市海天（高明）调味食品有限公司
康宝莱（中国）保健品有限公司	无限极（中国）有限公司
惠氏营养品（中国）有限公司	李锦记新会食品有限公司
杭州顶益食品有限公司	东莞徐记食品有限公司
贝因美婴童食品股份有限公司	完美(中国)有限公司
杭州贝因美母婴营养品有限公司	广东美味鲜调味食品有限公司
宁波王龙科技股份有限公司	广西东蒙乳业有限公司
同福碗粥股份有限公司	广西黑五类食品集团有限责任公司
福建省晋江福源食品有限公司	康师傅（重庆）方便食品有限公司
江西汪氏蜜蜂园有限公司	成都统一企业食品有限公司
山东旺旺食品有限公司	四川省美宁食品有限公司
圣元营养食品有限公司	四川高金食品股份有限公司
青岛雀巢有限公司	贵阳南明老干妈风味食品有限责任公司
烟台新时代健康产业有限公司	西安银桥生物科技有限责任公司
潍坊英轩实业有限公司	西安伊利泰普克饮品有限公司
菱花集团有限公司	武威荣华工贸有限公司
山东雪花生物化工股份有限公司	甘肃达利食品有限公司
山东圣花实业有限公司	宁夏伊品生物科技股份有限公司
山东鼎力枣业食品集团有限公司	新疆阜丰生物科技有限公司
山东星光糖业有限公司	新疆梅花氨基酸有限责任公司

附件 3 2014 年度中国酒、饮料和精制茶制造业百强企业名单

（排名不分先后）

北京燕京啤酒产业基地	新乡娃哈哈昌盛饮料有限公司
加多宝（中国）饮料有限公司	天冠集团新乡乙醇有限公司
北京可口可乐饮料有限公司	焦作市河阳酒精实业有限公司

北京统一饮品有限公司	孟州市华兴食用酒精有限公司
红牛维他命饮料有限公司	乐天澳的利饮料有限公司
今麦郎饮品股份有限公司	河南天冠企业集团有限公司
康师傅饮品投资（中国）有限公司	百威（武汉）国际啤酒有限公司
天津可口可乐饮料有限公司	武汉统一企业食品有限公司
天津顶津食品有限公司	劲牌有限公司
康师傅（天津）饮品有限公司	湖北稻花香集团
中纺油脂（天津）有限公司	湖北邓村绿茶集团有限公司
河北承德露露股份有限公司	湖北枝江酒业集团
承德避暑山庄企业集团有限责任公司	湖北银鹭食品有限公司
河北衡水老白干酒业股份有限公司	湖北白云边股份有限公司
河北养元智汇饮品股份有限公司	红牛维他命饮料（湖北）有限公司
山西杏花村汾酒集团有限责任公司	燕京啤酒（仙桃）有限公司
内蒙古利牛生物化工有限责任公司	广州珠江啤酒股份有限公司
华润雪花啤酒（辽宁）有限公司	广东太古可口可乐有限公司
吉林省博大生化有限公司	广州王老吉大健康产业有限公司
吉林省新天龙实业股份有限公司	广州顶津饮品有限公司
梅河口市阜康酒精有限责任公司	广州顶津食品有限公司
中粮生化能源肇东分公司	广州娃哈哈恒枫饮料有限公司
上海申美饮料食品有限公司	华润怡宝食品饮料（深圳）有限公司
红牛维他命饮料（江苏）有限公司	广东红牛维他命饮料有限公司
维维集团股份有限公司	百威英博（佛山）啤酒有限公司
江苏今世缘酒业股份有限公司	可口可乐装瓶商生产（佛山）有限公司
江苏洋河酒厂股份有限公司	东莞雀巢有限公司
江苏双沟酒业股份有限公司	广东加多宝饮料食品有限公司
杭州顶津食品有限公司	乐百氏（广东）食品饮料有限公司
杭州中萃食品有限公司	燕京啤酒（桂林漓泉）股份有限公司
安徽口子酒业股份有限公司	桂林娃哈哈食品有限公司
安徽滁州养元饮品有限公司	燕京啤酒（玉林）有限公司
安徽金种子集团有限公司	重庆啤酒股份有限公司
安徽迎驾贡酒股份有限公司	泸州老窖集团有限责任公司
安徽古井贡酒股份有限公司	四川桂康酒业集团有限公司
厦门银鹭食品有限公司	中国四川仙潭酒厂
百威英博雪津啤酒有限公司	四川郎酒集团有限责任公司
江西四特酒有限责任公司	四川蓝剑饮品集团有限公司
济南达利食品有限公司	四川剑南春集团有限责任公司
青岛啤酒股份有限公司	四川沱牌舍得集团有限公司
山东扳倒井集团	四川燕京啤酒有限公司

山东绿洲醇食品有限公司	四川省宜宾五粮液集团有限公司
山东鹤园食品有限公司	四川江口醇酒业（集团）有限公司
烟台张裕集团有限公司	四川远鸿小角楼酒业有限公司
烟台北方安德利果汁股份有限公司	四川华通柠檬有限公司
山东振龙生物化工集团有限公司	贵阳娃哈哈饮料有限公司
山东景芝酒业股份有限公司	贵州茅台酒厂（集团）有限责任公司
山东新银麦啤酒有限公司	青岛啤酒西安汉斯集团有限公司
郑州太古可口可乐饮料有限公司	陕西西凤酒股份有限公司
郑州顶津食品有限公司	新疆伊力特实业股份有限公司

附件4　2014 年度中国食品工业重点行业十强企业名单

（排名不分先后）

谷物磨制业	植物油加工业
山东永乐食品有限公司	嘉里粮油（天津）有限公司
发达面粉集团有限公司	三河汇福粮油集团饲料蛋白有限公司
湖北梅园粮油集团有限公司	黑龙江九三粮油工业集团有限公司
湖北天谷粮油食品有限公司	中粮东海粮油工业（张家港）有限公司
湖北三杰粮油食品集团有限公司	益海（连云港）粮油有限公司
湖北国宝桥米有限公司	益海（泰州）粮油工业有限公司
福娃集团有限公司	靖江龙威粮油工业有限公司
洪湖市洪湖浪米业有限责任公司	山东鲁花集团有限公司
湖南金健米业股份有限公司	日照昌华海产食品有限公司
四川省若愚粮业有限公司	山东香驰粮油有限公司
制糖业	屠宰及肉类加工业
库伦旗佐源糖业有限公司	吉林省长春皓月清真肉业股份有限公司
营口北方糖业有限公司	青岛九联集团股份有限公司
日照市凌云海糖业集团有限公司	龙大食品集团有限公司
广州市华侨糖厂	诸城市外贸有限责任公司
广东大华糖业有限公司	得利斯集团有限公司
南宁糖业股份有限公司	临沂新程金锣肉制品集团有限公司
广西崇左市湘桂糖业有限公司	河南众品食业股份有限公司
广西东门南华糖业有限责任公司	河南省漯河市双汇实业集团有限责任公司
广西宁明东亚糖业有限公司	河南省志元食品有限公司
龙州南华糖业有限责任公司	四川省资阳市四海发展实业有限公司
焙烤食品制造业	糖果制造业
好丽友食品有限公司	玛氏食品（中国）有限公司
百事食品（中国）有限公司	不凡帝范梅勒糖果（中国）有限公司
上好佳(中国)有限公司	箭牌糖类（上海）有限公司
福建省晋江福源食品有限公司	南京喜之郎食品有限公司

安阳市健丰食品有限公司	玛氏食品（嘉兴）有限公司
漯河市恒达食品工业有限公司	巧巧(漯河)食品有限公司
漯河晋江福源食品工业有限公司	周口金丝猴食品有限公司
漯河临颍县亲亲食品有限公司	武汉真巧食品有限公司
广源食品集团股份有限公司	箭牌糖果（中国）有限公司
湖北达利食品有限公司	东莞徐记食品有限公司
乳品制造业	方便食品制造业
蒙牛高科乳制品（北京）有限责任公司	康师傅方便面投资（中国）有限公司
天津澳斯乳业有限公司	天津顶益食品有限公司
内蒙古伊利实业集团股份有限公司	今麦郎食品有限公司
内蒙古蒙牛乳业（集团）股份有限公司	杭州顶益食品有限公司
蒙牛乳业（沈阳）有限责任公司	三全食品股份有限公司
黑龙江省完达山乳业股份有限公司	河南省南街村(集团)有限公司
黑龙江省飞鹤乳业有限公司	河南省龙云集团有限公司
光明乳业股份有限公司	河南省科迪食品集团股份有限公司
蒙牛乳业(焦作)有限公司	广州统一企业有限公司
美赞臣营养品（中国）有限公司	广西黑五类食品集团有限责任公司
白酒制造业	啤酒制造业
山西杏花村汾酒集团有限责任公司	北京燕京啤酒产业基地
江苏洋河酒厂股份有限公司	华润雪花啤酒（辽宁）有限公司
湖北稻花香集团	百威英博雪津啤酒有限公司
湖北枝江酒业集团	青岛啤酒股份有限公司
泸州老窖集团有限责任公司	百威（武汉）国际啤酒有限公司
四川郎酒集团有限责任公司	百威英博(佛山)啤酒有限公司
四川剑南春集团有限责任公司	燕京啤酒(桂林漓泉)股份有限公司
四川省宜宾五粮液集团有限公司	燕京啤酒(玉林)有限公司
贵州茅台酒厂（集团）有限责任公司	重庆啤酒股份有限公司
陕西西凤酒股份有限公司	青岛啤酒西安汉斯集团有限公司
葡萄酒制造业	饮料制造业
长白山酒业集团有限公司	河北养元智汇饮品股份有限公司
青岛爱迪尔葡萄酿酒有限公司	维维集团股份有限公司
烟台张裕集团有限公司	厦门银鹭食品有限公司
山东威龙集团公司	烟台北方安德利果汁股份有限公司
烟台海市葡萄酒有限公司	乐天澳的利饮料有限公司
烟台凯斯特酒庄葡萄酿酒有限公司	广州王老吉大健康产业有限公司
中粮长城葡萄酒（烟台）有限公司	华润怡宝食品饮料(深圳)有限公司
烟台御任葡萄酿酒有限公司	广东红牛维他命饮料有限公司
烟台九品红葡萄酒有限公司	乐百氏(广东)食品饮料有限公司
民权县九鼎葡萄酒业有限公司	桂林娃哈哈食品有限公司

5.3 2011—2013年度“中国食品工业协会科学技术奖”获奖项目名单

一、特等奖

鲜食玉米保鲜加工与品质控制关键技术研究及应用

——江苏省农业科学院农产品加工研究所、南京农业大学食品科技学院、江苏省明天农牧科技有限公司

典型特色果蔬贮运及加工关键技术开发与应用

——南京农业大学、连云港市东海果汁有限公司

复糟酒机械化（自动化）生产线及配套工艺研究与应用

——宜宾五粮液股份有限公司

二、一等奖

基于物联网的肉品安全溯源系统及产业化

——江苏雨润肉类产业集团有限公司、南京财经大学、镇江江大科茂信息系统有限责任公司

食品安全国家标准腌腊肉制品酸价问题研究

——中国肉类食品综合研究中心

白云边酒香型形成的特殊微生物分子特征研究

——湖北白云边酒业股份有限公司、湖北大学

健康因子功能菌在红星蓝瓶二锅头酒生产工艺中的研究与应用

——北京红星股份有限公司、中国科学院成都生物研究所

提高特香型白酒特征性香味成分丙酸乙酯含量关键技术的应用

——四特酒有限责任公司、天津科技大学

酱香型白酒酿造微生物代谢产物解析平台的建设及应用研究

——中国贵州茅台酒厂（集团）有限责任公司

功能微生物定向固态发酵偶联风味设计技术在习酒生产中的应用服务研究

——贵州茅台酒厂（集团）习酒有限责任公司、四川大学轻纺与食品学院

黄酒高效节能制造关键技术及产业化应用

——江南大学、中国绍兴黄酒集团有限公司、江苏大学

塑料制品迁移物对酿酒生产影响的研究

——宜宾五粮液股份有限公司

高效啤酒有害微生物检测综合配套技术与应用

——北京燕京啤酒股份有限公司

近红外光谱技术控制固态法酿酒生产入窖条件的应用研究

——宜宾五粮液股份有限公司

福矛窖酒高温大曲微生物宏基因组及筛选功能菌强化发酵技术研究

——福建师范大学、福建建瓯黄华山酿酒有限公司

黄酒优质高效生产关键技术

——中国绍兴黄酒集团有限公司、江南大学、浙江古越龙山绍兴酒股份有限公司

国井白酒功能性微生物复合菌的研究

——山东扳倒井股份有限公司

大豆核桃乳和乳酸菌发酵大豆核桃乳产品开发

——北京食品科学研究院、北京二商希杰食品有限公司

玉米油质量安全控制及营养成分高效保留关键技术开发与应用

——河南工业大学、山东三星玉米产业科技有限公司

果桑产业链创新研究与应用

——宁波天宫庄园果汁果酒有限公司、浙江医药高等专科学校、浙江万里学院

桃汁超高压加工技术及工艺研究

——北京食品科学研究院

发酵红曲的开发及应用

——武汉佳成生物制品有限公司、湖北工业大学

三、二等奖

生鲜肉中掺假鉴别技术及标准化研究

——中国肉类食品综合研究中心

冠军宝贝系列婴幼儿配方奶粉关键技术及产业化研究

——贝因美婴童食品股份有限公司、浙江大学、浙江科技学院、杭州市质量技术监督检测院

火腿高汤加工关键技术中试及产业化示范

——金字火腿股份有限公司

猪肉及其制品质量安全控制关键技术集成及应用

——河南众品食业股份有限公司、河南农业大学

无添加凝固型风味酸乳（十天）研制与开发

——辽宁辉山乳业集团有限公司、辽宁辉山生物科技研究有限公司

防止窖池窖泥退化 提高酒质的关键技术

——河北三井酒业股份有限公司

一种稻花香创新白酒生产工艺

——湖北稻花香酒业股份有限公司、

无泥窖浓香型白酒生产方法

——湖北枝江酒业股份有限公司

生物法直条米粉生产新工艺及自动化装备的中试
——江西省春丝食品有限公司
米乳饮料加工关键技术研究及应用示范
——三明市扬晨食品有限公司、福建省轻工研究所
绿岭原香核桃乳生产技术
——河北绿岭果业有限公司
高品位大曲酱香珍酒微生物群落及生产工艺技术体系研究
——贵州珍酒酿酒有限公司、贵州大学
非油炸多口味方便型热干面的研究与开发
——武汉大汉口食品有限公司
香薯泥奶香味系列产品的研制
——内蒙古奈伦集团股份有限公司、康莱纳（内蒙古）食品有限公司
褐蘑菇工厂化生产技术
——辽宁田园实业有限公司
龙眼果肉果冻褐变减缓的研究
——福建天线宝宝食品股份有限公司、福建农林大学
酶法制备海蜇 ACE 抑制肽的关键技术及应用开发
——好当家集团有限公司、山东省科学院生物研究所
一株紫色红曲霉的分离筛选、产酶及应用
——贵州大学、贵州青酒集团有限责任公司
鱼糜废水净化及蛋白分级等电促沉回收工艺技术
——荣成泰祥食品股份有限公司、山东省海洋食品营养研究院
新食品原料壳寡糖酶法清洁生产
——江西思达生物技术有限公司、江西省食品与生物技术产学研合作示范基地（江西师范大学）
高黄酮苦荞保健醋的开发及降脂作用研究
——山西水塔醋业股份有限公司

四、三等奖

蔬菜猪肉干的开发研究
——贵州五福坊食品有限公司
共轭亚油酸鸡蛋研制
——江西东华种畜禽有限公司、南昌大学
一种冻干米粥及其生产工艺研究
——福建立兴食品有限公司、福建农林大学食品工程设计研究所
景德镇碱水粑工业化生产关键技术研究
——江西瑶园食品有限公司
新型营养花生露的研制与开发

——辽宁兴坤饮品有限公司

研究推广适合沙化土壤栽植的深加工树莓品种

——辽宁鑫华科技发展有限公司

基于新型复合食品胶高品质水果沙拉的研制与产业化

——福建天线宝宝食品股份有限公司、华东理工大学

安琪酱油活性干酵母在酱油浇淋工艺中的应用

——北京龙菲业食品有限公司

固稀连罐发酵高档酱油新工艺研究与开发

——金冠食品（福建）有限公司

江苏省功能糖工程技术中心建设项目

——南京甘汁园糖业有限公司、华南理工大学轻工与食品学院

5.4 调味品食品安全追溯系统的建立与应用

孙胜枚　　李叶菊
李锦记（新会）食品有限公司

摘 要

民以食为天，食以安为先。食品安全性必然牵涉到食品原料的种养殖、收获、运输、生产、加工、贮藏、销售及食用等过程。调味品的大部分原料都来自于农产品，我国农产品多数是分散管理模式，由于没有集中管理，控制农产品安全有一定的难度。因此，建立食品安全追溯系统是生产全程质量控制的一个重要举措。全程可追溯系统，是将食品生产整个过程中安全监控点记录一系列表格上，增加以物料内部编码、物料批号，形成相互关联的集成信息，从而实现从“农田到餐桌”的全程安全监控。

关键词：食品安全；监控点；集成信息；全程可追溯系统。

Abstract

“Food and safety come as the first”. There are a series of links related hazards from raw material planting and breeding, harvest, transportation, production processing, storage, sales and consumption. Most of the condiments raw materials come from agricultural products which are a non-centralized status in our country. There is no centralized management and monitory on farmland that causes the difficulty of controlling agricultural products safety. Therefore, the establishment of food safety traceability system is an important measure of entire production quality control. Construct the traceability system is a formation of interconnected integrated unified information by recording the whole safety monitory point on a series of form and using internal encoding and batch number of material so as to achieve food “from farm to table” the whole safety monitoring.

Key Words: Food safety, Monitory point, Unified information, Safety traceability system

1、调味品食品安全追溯系统建立的意义

民以食为天，食以安为先。食品安全问题是广大人民群从都关心的大事，而保障食品安全是一个复杂的系统工程。由于生产的专业化和分工的逐步细化，食品从原材料生产、加工，到储藏、运输，直至销售，每一环节都可能导致食品安全问题发生。为应对食品安全问题，世界各国相继采取了一系列措施保障食品安全，建立

包括食品质量安全法律法规体系、食品质量安全检测及标准体系、食品质量安全认证体系等。与此同时，食品可追溯体系作为食品安全信息的披露工具，将食品链全过程的信息链接起来进行监控，被认为是实现食品“从农田到餐桌”全程质量安全的一种可行方案 [1]。

食品可追溯系统 (food traceability system)，是从“可追溯性”发展而来，目的是解决食品自生产到消费过程的质量安全问题。“可追溯性”，又称为溯源，其概念源于质量管理标准，最早在 1987 年的 ISO 8402 中被描述为“通过标识来记录或跟踪某实体历史、用途及位置”。“可追溯性”的本质是信息记录和定位跟踪系统 [1]。

在《食品安全法》第五十条明确要求食品生产企业应当建立食品原料、食品添加剂、食品相关产品进货查验记录制度，如实记录食品原料、食品添加剂、食品相关产品的名称、规格、数量、生产日期或者生产批号、保质期、进货日期以及供货者名称、地址、联系方式等内容，并保存相关凭证。记录和凭证保存期限不得少于产品保质期满后六个月；没有明确保质期的，保存期限不得少于二年。

同样，在该法第五十一条明确要求食品生产企业应当建立食品出厂检验记录制度，查验出厂食品的检验合格证和安全状况，如实记录食品的名称、规格、数量、生产日期或者生产批号、保质期、检验合格证号、销售日期以及购货者名称、地址、联系方式等内容，并保存相关凭证。

上述法条是食品生产企业追溯体系的构建的基本框架。

食品生产企业建立可追溯系统的意义：

（1）有利于发现生产中的问题。一个有效的、低成本的可追溯系统能够把一个问题的范围缩小到供应链一个具体环节而无需在整个环节中寻找问题的源头。可以减轻与问题无关的环节受到负面经济影响。

（2）有利于重建消费信心。建立食品生产企业可追溯信息系统，可以对生产全过程进行监督，官方监管机构、甚至消费者也可参与到监督中来，从而确保食品安全，最终形成从农田、到加工企业、到官方监管机构、到最终消费者多方共赢的局面。

（3）有利于我国食品的出口。加入 WTO 之后，我国的各类产品的出口量逐年增加，但食品出口却由于安全问题一直徘徊不前，特别是近期出口更是呈下降趋势。“溯源性”生产系统被认为是在出口贸易中提高竞争能力的有效手段。

因此，建立行之有效的食品的信息追溯系统和体系势在必行。

本项目研究调味品生产追溯机制，提出调味品生产追溯信息管理模型；针对调味品生产建立全程可追溯体系，并在企业进行推广、运用。

2 追溯系统建立

2.1 建立调味品生产安全追溯信息管理模型

首先建立食品安全小组，分析确认产品的生产流程，切分为原料、包装材料、产品实现过程、物流几个阶层，通过流程步骤的确认，明确了产品从原料到成品的所有生产环节，以及各个环节的链接方式，明确了信息流的走向，从而建立起追溯信息的管理模型，如图 1 所示。

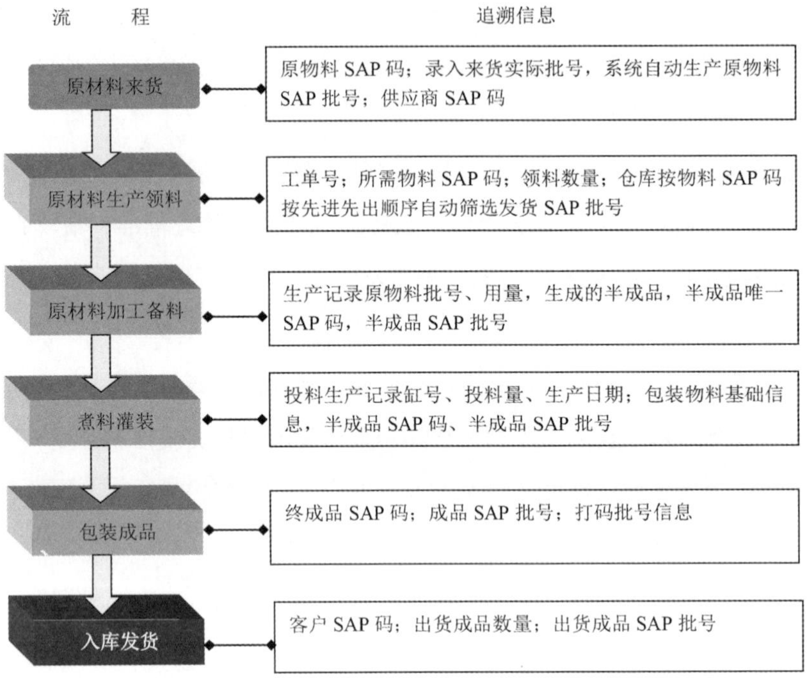

图1 追溯信息的管理模型

物流到产成品的 SAP 实际流程，通过编码的记录传递，实现 SAP 运作过程操作模块如图 2 所示。

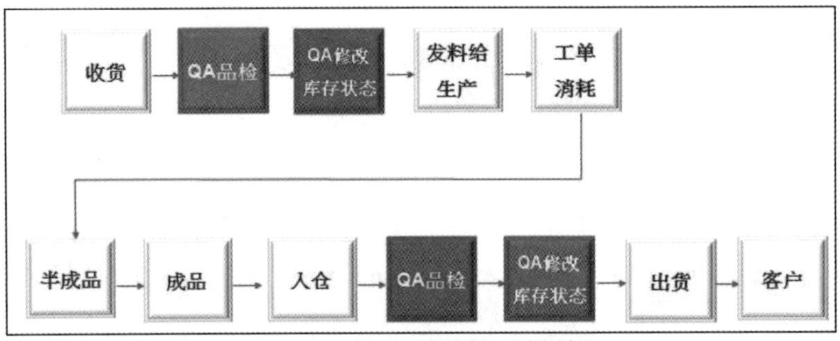

图2 SAP运作过程操作模块图

2.1.1 由原料向成品追溯信息流（自下而上），如图 3 所示。

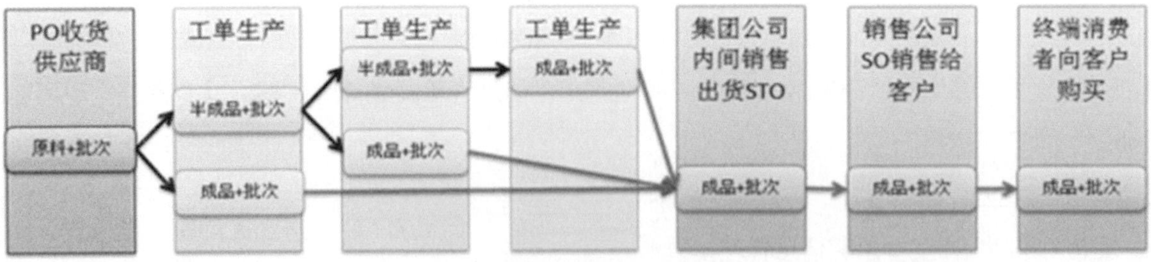

图3 原料向成品追溯信息流

2.1.2 由成品向原料追溯信息流（自上而下），如图 4 所示。

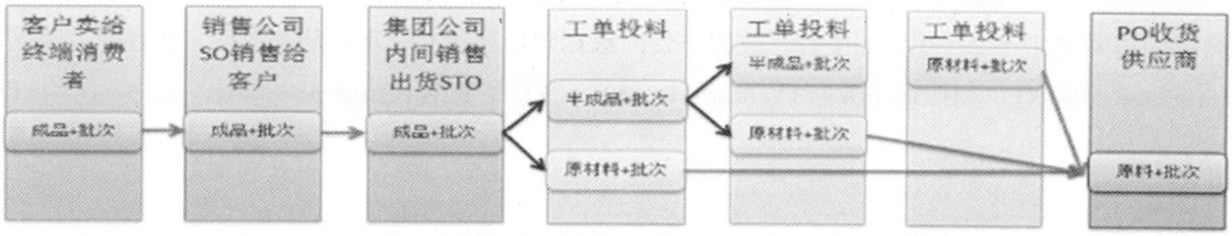

图4 成品向原料追溯信息流

该模型实现整个信息链的正向和反向的追溯，并且在整个链的任何环节，只要是提供任何一个信息源，还可同时从该点向两端进行追溯。

2.2 针对调味品生产的元数据集建立信息编码规范

建立编码规范是完成信息追溯的关键所在，给每个需要查询的信息进行编码，物料有了标识具备了查询的依据。具体的编码规范，如表 1 所示。

表1 信息编码规范

类型	编码规则 物料编码10位数	编码
成品 半成品 标签	1开头1XX XXX XXXX 2开头2XX XXX XXXX 3开头3XX XXX XXXX	第1位数：物料类别 第2-3位数：源代码（例如10表示香港大埔） 第4-6位数：配方类别（例如001表示旧庄蚝油） 第7-10位数：流水号
包装用的材料 促销宣传物料	4开头4XX XXX XXXX 5开头5XX XXX XXXX	第1位数：物料类别 第2-3位数：源代码 第4-6位数：物料种类（例如001表示玻璃类） 第7-10位数：流水号
制造用原材料	6 开头 6XX XXX XXXX	第 1 位数：物料类别 第 2-3 位数：源代码 第 4-6 位数：类别（例如 010 表示食用盐） 第 7-10 位数：流水号

同样原理还有供应商编码规范、客户编码规范、成品、半成品批号编制规范，以此作为追溯的标记。如图 5 所示，成品、半成品批号编制规范，常规的批号格式举例：XA89D0001。

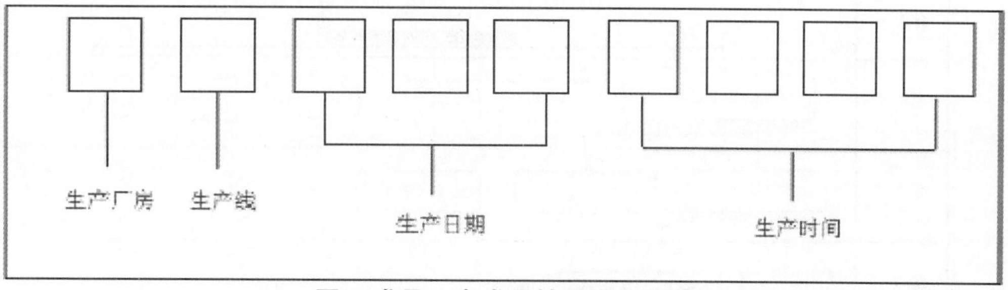

图5 成品、半成品批号编制规范

每一种码另有不同的字母或数字代表相应的意义，比如年月日都用数字和字母代表，生产厂使用不同英文字母代表等，但都有唯一性和统一性。公司制定了“产品批号、生产线代码工作指引”，以及“生产日期代码、生产时间代码、特殊日期时间代码工作指引”，对代码规则进行了严格定义，帮助进行追溯。

通过运作 SAP 系统，实现从产品到包装材料或者包装材料再到产品的查询。相同原理，从原料到产品或者产品到原料，从任何一个信息编码，都能查询到一条完整的追溯链。

2.3 建立企业食品安全追溯数据中心，开发调味品生产安全追溯系统。

追溯系统需要建立一个共用数据平台，数据平台的数据化需要建立一定的基础数据，其包括主数据：物料主数据 (Material Master) 、供应商主数据 (Vendor Master)、 客户主数据 (Customer Master) 、物料清单 (BOM)，如图 6 所示。

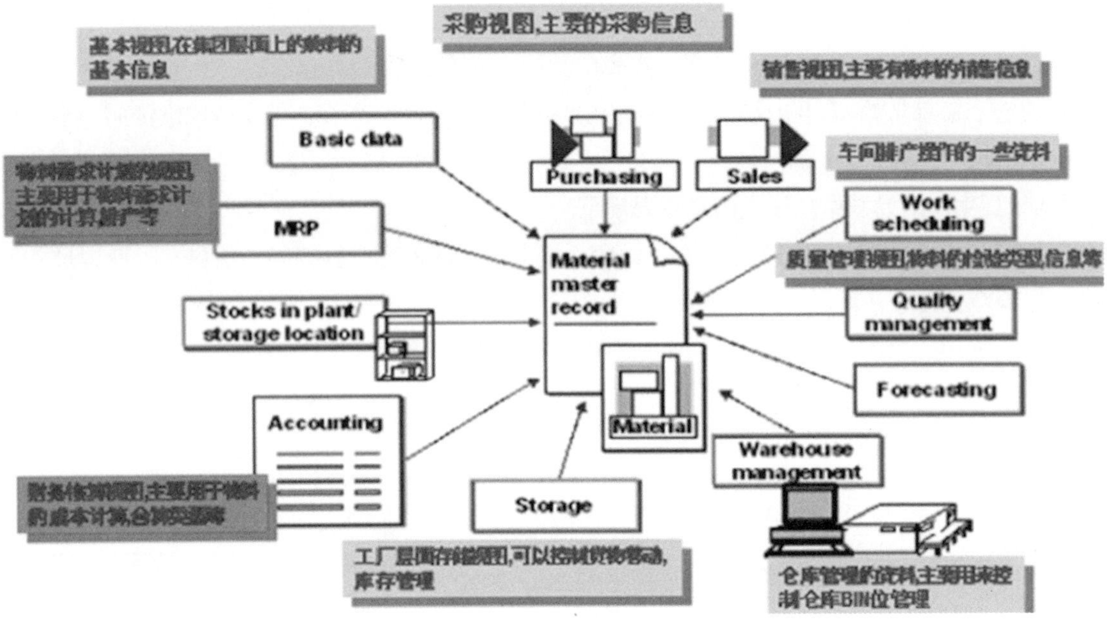

图6 数据平台

我们以 BOM 表为例，对成品进行层层分解，在不同层级，都可以设立不同的记录内容，并且上级能共享和透视下级的数据。

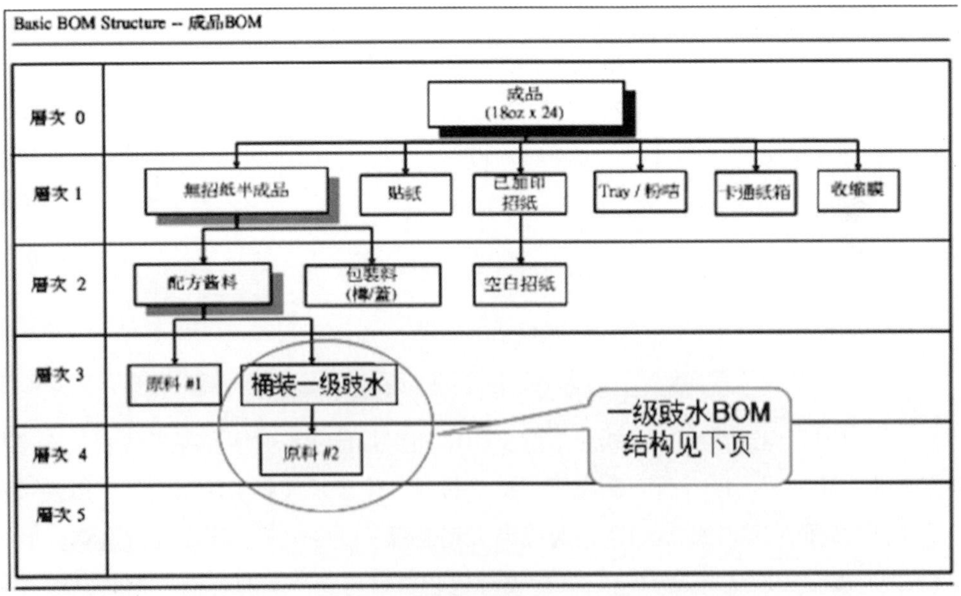

图7 成品BOM

所需的所有相关信息都将记录其中，追溯时只要点击 BOM 表，所有信息即可获得。

强大的数据中心是整个追溯的核心，它将所有需要信息集成化。根据设计好的流程、输入端口及信息链的传递，真正实现了数据链，实现了追溯连续性。

3、追溯系统应用案例

3.1 假设有一个批号成品受到客户投诉，收集批号：YFC47，根据所提供的产品名称、规格等信息；确定成品 SAP 码：1300480117。

根据批号，我们知道是三厂 2012 年 4 月 12 日 L12 线所生产；

如图 8 所示，将批号 YFC47、成品 SAP 编码 1300480117 输入系统准备查询物料。

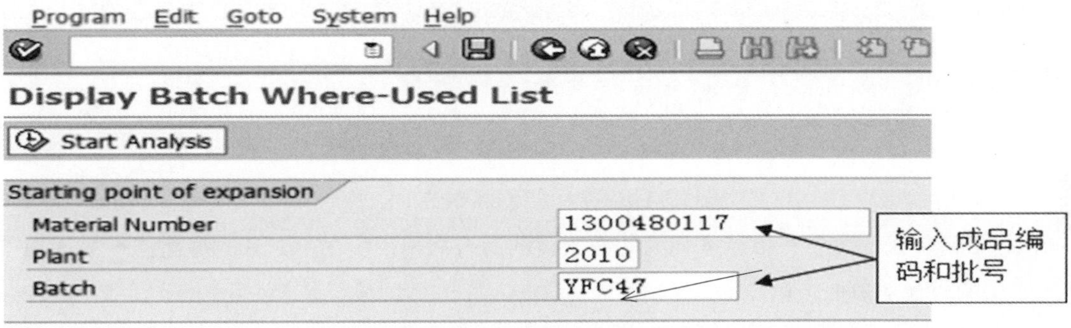

图8 输入成品编码和批号

3.2 由上述资料查询到当天该产品入库总量及该产品当天使用的物料用量及其批号、如图 9 所示。

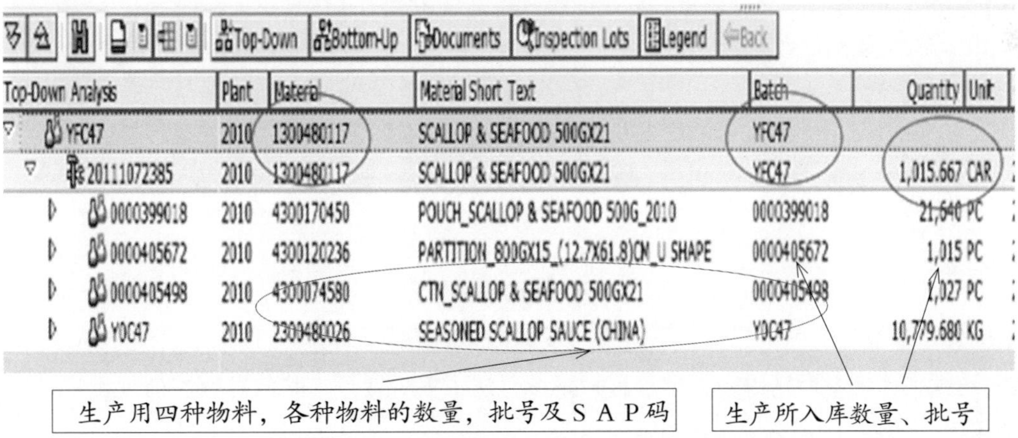

图9 由成品批号和编码查询到所用的物料

3.3 以上物料的信息可在生产车间查询到生产的备料工单、灌装工单、包装工单。根据工单记录查询实际生产所使用物料的情况。

3.4 以编码为 4300170450 的包装材料为例子，系统可查到该批产品所使用包装材料信息，如供应商、来货数量、日期、批次等。包装材料的追溯信息，如图 10 所示。

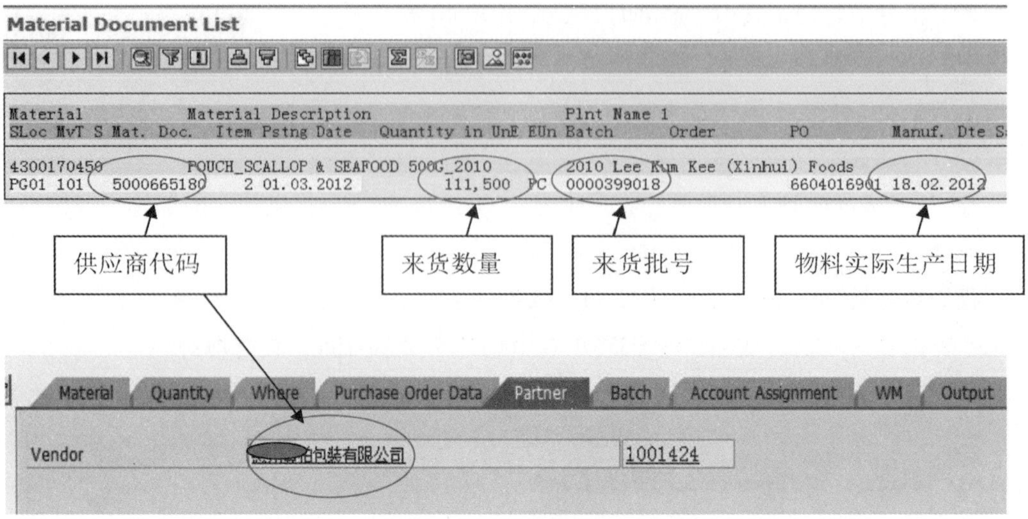

图10 包装材料的追溯信息

3.5 再根据该包装袋的来货数量和批号来查询此次来货的所有物料使用信息，如哪些批次产品使用了该批包装袋，各种批次使用的数量是多少，生产多少成品入库，这些入库成品批号是多少，发到何地何人的商铺地点等。

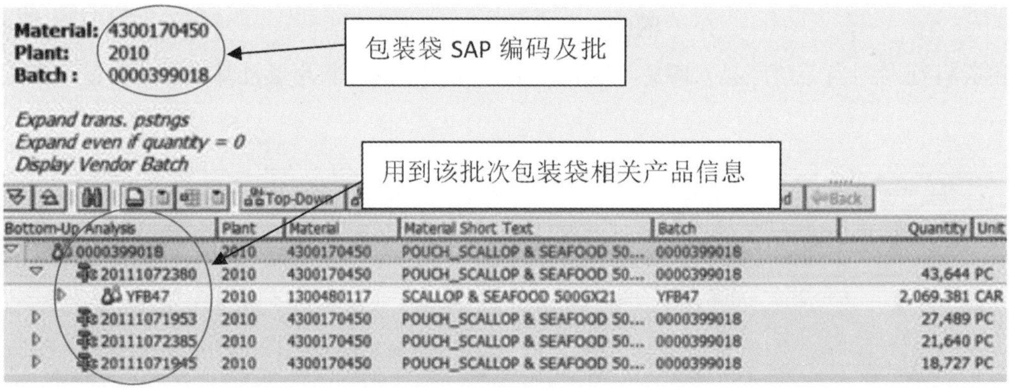

图11 包装袋的追溯信息

3.6 向上追溯到了所有用料的情况，向下追溯。根据产品编码为 1300480117 和批号为 YFC47 查得的信息，所有入库批次会透视出去向，即送哪个订单，客户是谁，送了多少货等这些信息都被梳理出来。反向追查所有成品发货去向的信息，如图 12 所示。

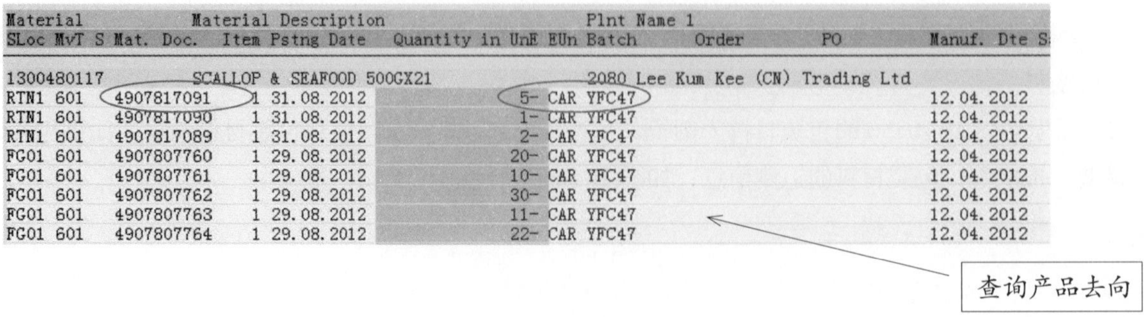

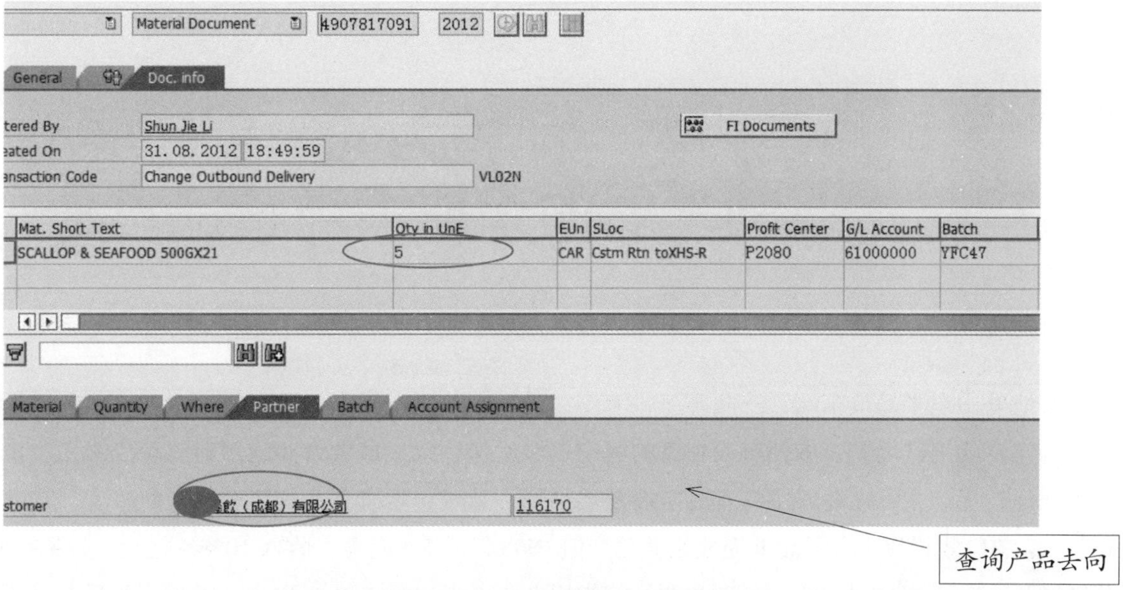

图12 反向追查所有成品发货去向的信息

3.7 整个追溯过程全部完成，实现从产品到包装材料，包装材料再到产品，产品到经销商的一个完整链条的查询。相同原理，从原料到产品或从产品到原料，只要能提供任何一个控制点的信息，即可完成追溯工作。

4 总结与讨论

1）运用这套质量追溯模型，能快速准确的获得结果。如果出现任何质量问题，只需要在 2 个小时内就可以找出所有相关的原料或者卖给的相关客户，准确率达到 100%；而没有使用 SAP 之前，需要 2 天的时间，而且准确率只有 90%；

2）运用这个追溯管理系统之后，所有原物料、半成品、产品的检验标准和检验结果都会存放在 SAP 系统中，随时可以快速查询，方便检索；而之前只是用多个 Excel 文件保存，容易丢失，并且查询速度慢、不准确；

借助现有先进数字技术，与生产的实际流程相结合，探索信息追溯的科学管理模型，设计各流程生产产出品的编码规则，形成一个科学的集成信息系统。储存真实的巨大数据库，将实现随机追溯成为可能。该追溯模式在公司进行了成功地应用，并定期的进行回收演练，效果理想。

参 考 文 献

[1]. 郑火国 . 食品安全可追溯系统研究 . 北京 : 中国农业科学院，2012.

5.5 质量为本　品牌为先　创新驱动
——蓬勃发展的荣成海洋食品产业

荣成市地处山东半岛最东端，三面环海，海岸线长500公里，年水产品产量120万吨左右，是我国海洋生物资源最为丰富的地区之一，依托得天独厚的区位资源优势，荣成市大力实施创新驱动战略和质量品牌战略，形成了以海洋食品为主，多业并举的食品工业发展格局。荣成市现有食品加工企业700多家，其中海洋食品企业600多家，2014规模以上食品企业完成工业总产值1063亿元，主营业务收入1058.9亿元，实现利润64.3亿元，同比分别增长7.9%、7.4%和8%，各项主要经济指标占全市工业经济40%以上。荣成市先后荣获了中国海洋食品名城、中国绿色食品城、全国食品工业强市（县）、全国食品工业十大发展特色县、中国产业集群品牌50强、中国海洋保健食品开发示范基地、中国海洋产品集散基地、中国食品行业诚信产业基地等称号。

1、主导产业优势突出

荣成是全国重要的冷冻水产品、冷冻调理（水产）食品、海带食品、海产罐头食品、鱼油软胶囊生产基地。其中，海带食品、冷冻调理食品分别被国家农业部评为全国农产品加工示范基地。形成了以好当家即食休闲食品，泰祥冷冻调理食品，海芝宝和食藻宝海带食品，创新和广信海产罐头等为代表的海洋食品；以好当家的海参胶囊、海参多糖颗粒，鸿洋神的深海鱼油软胶囊为代表的海洋生物保健品；以凯普生物、海森药业等为代表的海洋生物制品和药品，“海洋三品”独具特色。荣成素有“中国海带之乡”的美誉，海带产量约占全国的50%；荣成海域是我国刺参的重要产区，海参产量占全国的24.5%，主要有淡干海参、盐干海参、高压即食海参、冻干海参、海参胶囊、海参口服液六大类制品。荣成市还是全国鱿鱼、金枪鱼等鱼种的重要捕捞和加工生产基地。

2、品牌建设成效显著

荣成市食品工业现拥有中国名牌产品2个，中国驰名商标4个，山东名牌产品31个，山东省著名商标16个，“荣成海带”、“荣成海参”、“荣成鲍鱼”、“荣成裙带菜”、“荣成魁蚶”、“荣成海胆”、“荣成牡蛎”等16个地理标志商标、产品。

海洋生物食品行业品牌商标

序号	企业名称	中国驰名商标(4个)	山东著名商标(16个)	中国名牌产品(2个)	山东名牌产品（31个）
1	达因	伊可新	达因	——	伊可新牌维生素AD制剂
2	好当家	好当家		冷冻调理水产品	好当家牌白身鱼排、好当家牌即食海参、好当家牌冷冻调理水产品、好当家牌调理食品（速冻水饺）、好当家牌鱼粉、好当家牌即食大虾、好当家牌速冻调制食品、好当家牌干海参、好当家牌即食鲍鱼

序号	企业名称	中国驰名商标(4个)	山东著名商标(16个)	中国名牌产品(2个)	山东名牌产品（31个）
3	泰祥	泰祥	——	冷冻调理水产品	泰祥牌冷冻调理水产品、 泰祥牌冷冻调理肉制品
4	嘉盛乳业	——	——	——	嘉盛牌液体乳
5	石岛广信	——	广信	——	广信牌鱼罐头
6	马大哈	——	MADAHA	——	——
7	恒缘水产	——	恒缘	——	——
8	鸿洋神	——	——	——	鸿洋神牌海带制品、鱼油软胶囊
9	明鑫水产	——	可麦得	——	——
10	朱口集团	——	水帘洞	——	——
11	神农实业	——		——	神农牌海带制品
12	渔业协会	荣成海带	荣成海带	——	——
13	宏业水产	——	鑫湲	——	鑫湲牌即食软烤海鲜制品
14	泓达集团	——	创新	——	创新牌贝类罐头、创新牌香辣鱼块罐头、创新牌水果罐头
15	俚岛海科	——	食藻宝	——	海藻宝牌海带制品
16	高绿水产	——	高绿	——	——
17	波德隆	——	波德隆	——	波德隆牌速冻调理食品（蒸饺）、 波德隆牌冷冻调理肉制品
18	荣喜集团	——	苏山岛	——	——
19	汇英食品	——	——	——	汇英食品牌鱼松罐头
20	泰红水产	——	——	——	泰红牌即食鱼干
21	国香斋	——	宋家	——	——
22	协汇食品				泰祥牌藻·集味鲜（水产调味品）
23	宏伟食品				海宝三味牌即食海参
24	仁一食品				仁一牌手削昆布（海带）片
25	赤山集团		康进鱼粉		鱼粉
26	海之宝				海芝宝休闲食品
27	石岛集团		渔港		

3、科技创新显著增强

荣成市“十一五”以来联合承担省级以上研发课题60多项，其中国家海洋“863”计划项目34项，国家科技支撑计划项目10多项，获得国家科技进步二等奖2项，获中国食品工业科技进步一等奖2项，二等奖3项，优秀项目奖3项，4家企业获“全国食品工业科技进步优秀企业”称号。拥有好当家集团牵头的海参产业技术创新战略联盟、寻山集团牵头的现代海水养殖产业技术创新战略联盟、山东海之宝公司牵头的海藻产业技术创新战略联盟3个。创建了山东半岛蓝色经济区海洋食品产业联盟，建有好当家、泰祥、寻山集团、海之宝、宏业、马山等7个“院士工作站”，好当家、泰祥2个“博士后科研工作站”。成立了威海海洋职业学院和山东省海洋食品营养研究院，全市拥有水产专业科技人员1000多名，水产职业中专和职业中学在校学生2000余名，每年输送毕业生600多名，为食品产业发展提供了源源不断的高素质人才和智力支持。

4、质量安全体系健全

荣成市有农产品检测中心、好当家、泰祥3个“CNAS国家实验室”；泰祥检测中心还被国家工信部认定为“国家中小企业公共服务示范平台”。建立了海水全天候水质检测、产品原料把关、生产过程有效控制体系，实现了产品从源头到餐桌食品质量安全可追溯管理。300多处食品企业通过了ISO9000认证，HACCP，日、韩、欧盟、美国、俄罗斯、巴西等国家区域认证；全市有机食品、绿色食品、无公害农产品认证产品524个，“三品”认证基地70多万亩。65名食品企业人员取得中级食品安全师证书。鸿洋神海带养殖加工，好当家海参养殖加工，泰祥出口速冻裹衣水产品、肉类及蔬菜类产品，朱口集团裙带菜养殖加工是国家级农业标准化示范区。

5、龙头企业实力较强

好当家集团、泰祥集团、赤山集团、靖海集团、寻山集团、俚岛海科、石岛集团、西霞口集团8家企业被评为农业产业化国家重点龙头企业；泓达食品、鸿洋神等26家企业被评为山东省农业产业化重点龙头企业。好当家集团、泰祥集团、赤山集团、鸿洋神、俚岛海科、泓达罐头、广信食品、波德隆、宏业食品、海之宝10家企业被中食协评为中国食品工业优秀龙头企业。好当家集团、泰祥集团连续多年荣获中国食品工业质量效益优秀企业。全市拥有各类冷库504家，总库容量135万吨，年冷链物流周转量达到300万吨。石岛现代冷链物流园是山东省服务业重点园区和山东省惟一一家冷链物流园区。赤山集团冷链物流库房总容积达到15万吨。鑫发集团超低温冷库温度达到-60℃，保证了金枪鱼等高端海产品的质量。

6、产业发展软实力不断增强

荣成市先后建设了海洋食品展销中心、海洋食品博览中心，成为全国首家海洋食品专题展览馆，正打造国家AAAA级景区。定期举办“中国·威海荣成海峡两岸海洋食品展销会”，打造面向东亚、东北亚地区的区域海洋食品集散中心。每年投入2000多万元在央视、高铁、机场等媒体和场所宣传推介荣成的海洋食品。连续举办七届海洋食品产业加工技术论坛，开展了多层次的海洋食品生物技术的对接合作和海洋食品文化的研究，海参传统加工技艺、胶东饺子食俗、蜢子虾酱传统加工技艺被评为“山东省非物质文化遗产”，海蛰传统加工技艺被评为“威海市级非物质文化遗产”。好客山东有三宝：“阿胶、海带、胶东参”，“海芝宝”牌海带、“爱伦湾”牌海带、“好当家”牌海参成为“好客山东三珍产品”。荣成还启动了海洋科技孵化基地、荣成·中国中韩边贸城、中国（荣成）海洋食品综合电子商务基地建设、京易通冷链物流等项目建设，这些新业态服务业项目的实施，融合了旅游业、会展业、电子商务、物流业等相关服务业，推动了荣成食品产业向更高的层次发展。

7、电子商务方兴未艾

荣成市建有海易网、haishi360网、rongcheng360.com网、皇朝马汉外贸综合服务平台（http://www.hcmhservice.com）等电子商务平台。目前约100家食品企业建立了自己的门户网站，200多家企业通过加入阿里巴巴、京东、1号店、中国水产商务网、21食品商务网等B2B平台进行产品销售或宣传推广。电子商务应用主要有三种形式：实体企业+网上销售、个体实体门店+网上销售、个人自找货源+网上开店销售。开展海洋食品电子商务主体日渐增多，在天猫商城、京东商城、1号店等开设旗舰店、专营店有15家，成立海洋食品电商服务企业30多家、个人网店300多家，海洋食品电子商务销售额年均增长40%以上。鸿洋神水产科技有限公司2014年网络销售额约1.41亿元，其中B2B销售额10500万元、B2C销售额3600万元，同比分别增长45%以上；南光食品有限公司2015年1-10月份年网络销售额完成1870万元，是去年同期的两倍。

8、外销别具特色，内销市场不断扩大

荣成市出口食品备案企业达到226家，国外卫生注册企业294家（次），是山东省最大的食品出口集群，年出口货值近10亿美元，产品主要销往日本、韩国、美国、欧盟、东盟、澳大利亚、俄罗斯等100多个国家和地区。日本和韩国是我市农产品第一、第二大出口市场，出口企业152家，2014年对日食品农产品出口4.3亿美元，同比增长4%，占山东对日出口的9.5%，主要出口冷冻水产加工品和花生食品；对韩出口1.2亿美元，同比增10.8%，主要出口为冷冻水产品。荣成市2012年成立了海洋食品市场管理委员会，积极推进区域资源整合和市场创新发展，实施“高端产品研发、终端市场拓展”的“两端”战略，在全国开展了“中国海洋食品名城·荣成”营销网店建设，鼓励引导开设荣成海产品店，目前，已在石家庄、济南、邯郸、潍坊等全国20多个城市开设了近百家荣成海洋食品营销网店，荣成海洋食品通过连锁专卖、商超合作、品牌营销、网上营销等方式，产品销售市场已覆盖国内90%的省份。

5.6 中国白酒中青年专家——贡献文

贡献文 高级工程师，国家级高级品酒师，国家级高级酿酒师。现任北京二锅头酒业股份有限公司董事，总工程师，副总经理。

贡献文是中国酒业协会白酒分会技术委员会委员，中国白酒标准化技术委员会清香型白酒分会技术委员会委员，国家职业技能竞赛裁判员。1987 年以来他凭借自己的刻苦努力，连续四届五次以优异的成绩被北京酿酒协会聘为北京市白酒评委。第七届、第八届连续两届担任中国白酒国家评委。1994 年荣获大兴区人民政府科学技术委员会清香白酒特制研制科学技术进步二等奖。1985 年荣获市政府颁发的科学技术创新进步三等奖。2014 年获得国家级高级食品安全管理师。贡献文同志做为中国白酒国家评委，国家级高级品酒师，长期热衷酿酒事业、苦心钻研、有着多年白酒生产、品评、勾调专业基础，并在酿酒技术研究创新能力应用方面攻克了大量技术难题。他所领导的技术团队均以科学严谨的工作作风，团结务实的工作态度，高效扎实的工作精神，致力于公司品牌文化创新、技术创新与科技成果研发。2015 年 9 月 9 日他组织研发“永丰酒坊酒”荣获中国（贵阳）比利时布鲁塞尔国际烈性酒大奖赛“金奖”。赢得了世界级著名评酒大师的一致好评，在国际烈性酒舞台上发出自己“最美的声音”。建立了中国白酒世界品牌声誉，为企业取得了重大经济效益和社会效益。

5.7 中国白酒评酒大师——高连华

高连华 现任北京二锅头酒业股份有限公司副总工程师，技术质检中心主任。自 1987 年起连续五届被聘为北京市白酒评委。2000 年以来连续三届，第六、第七、第八届担任中国白酒国家评委。2011 年被授予国家职业技能竞赛（品酒师）职业裁判员，国家职业技能鉴定高级考评员，被中国酒业协会聘为国家级高级品酒师教师。2014 年获得国家级高级食品安全师，中国白酒标准化技术委员会清香型白酒分技术委员会委员。1999 年被北京市总工会评为爱国立功标兵，2002 年被北京市总工会评为技术创新标兵，2005 年被北京质量协会评选为质量能手。

2015 年 1 月 18 日全国人大会议中心第二届全国白酒科技大会上荣获“中国白酒评酒大师”荣誉称号。2015 年 9 月 9 日高连华及团队研发选送的“永丰酒坊酒”荣获中国（贵阳）比利时布鲁塞尔国际烈性酒大奖赛“金奖”。

高连华同志通过三十多年对白酒的潜心研究，不断创新学习在实际工作中对白酒的生产、品评、储存、勾调过程中积累了丰富的实践经验，攻克了大量技术难题，为我国的白酒事业作出了巨大的贡献。